금속의 부식 및 장수명화 원리

Corrosion of Metallic Materials and
Lifetime Extension

김영식 · 유영란 · 김기태 지음

도서출판 홍릉

김영식 교수

1985 ~ 1990 연세대학교 대학원 공학박사
1990 ~ 1991 한국전력기술주식회사 선임연구원
1998 ~ 1999 Visiting Professor, The Uhlig Corrosion Laboratory, MIT, USA
1994 ~ 2018 한국부식방식학회 이사, 부회장, 회장
1991 ~ 현재 안동대학교 신소재공학부 교수

유영란 교수

2003 ~ 2007 안동대학교 대학원 공학박사
2007 ~ 2008 Post Doc. University of Maryland, USA
2009 ~ 2010 한국전자통신연구원 연구원
2010 ~ 2014 포항금속소재산업진흥원 선임연구원
2014 ~ 2016 한국조선해양기자재연구원 파트장
2017 ~ 현재 안동대학교 산학협력단 연구교수

김기태 박사

2016 ~ 2020 안동대학교 대학원 공학박사
2020 ~ 현재 안동대학교 청정에너지소재기술연구센터 전임연구원

금속의 부식 및 장수명화 원리

인 쇄: 2020년 3월 2일 초판 1쇄
발 행: 2020년 3월 9일 초판 1쇄

저 자: 김영식 · 유영란 · 김기태
발행인: 송 준
발행처: 도서출판 홍릉
주 소: 01093 서울시 강북구 인수봉로 50길 10
등 록: 1976년 10월 21일 제5-66호

전 화: 02-999-2274~5
팩 스: 02-905-6729
e-mail: hongpub@hongpub.co.kr
http://www.hongpub.co.kr
ISBN: 979-11-5600-742-5(93580)

정 가: 39,000원

머리말

표지의 그림은 지구상의 모든 곳에서 부식 열화가 발생하고 있음을 상징적으로 보여주고 있다. 특별히 사람들이 거주하고 있는 곳은 더욱더 부식 열화가 심하게 일어나고 있다. 우리가 잠들어 있는 시간에도 우리가 활동하는 시간에도 세상의 모든 재료는 부식으로 인하여 열화되고 있으나 사람들은 이를 잘 인식하지 못하고 있다. 왜 그럴까? 그것은 가랑비에 옷이 젖는 줄 모르고 살아가는 것처럼 부식으로 인한 열화는 눈에 보이기는 하지만 인식하기 어려울 정도로 느끼기가 쉽지 않기 때문일 것이다.

최근에 국내외에서 산업설비 등이 손상되어 많은 사고가 발생하고 인명의 피해와 재산상의 손실이 급증하고 있는 것은 아직도 부식으로 인한 열화를 그저 가랑비처럼 느끼고 있어서는 아닐까? 실제로 시스템 손상 원인의 50% 이상이 부식으로 인한 열화 때문임에도 불구하고 등한시 하는 것은 인간의 오만함으로 인한 대가를 치르게 될 것이라는 암울한 예견을 낳게 한다.

그러면 세상의 모든 재료는 왜 부식으로 인해서 열화되는 것일까? 태초에 지구상에 인류가 살아가면서 처음으로 접한 재료는 세라믹 재료일 것이다. 이 재료는 자연계에 그대로 존재하고 있는 것을 그대로 또는 깨거나 갈아서 인간에게 유리하게 사용하였을 것이다. 이러한 시기에는 부식으로 인한 열화는 문제가 되지 않았을 것이다.

그러나 인류가 불을 이용할 수 있게 되면서부터 자연계에 안정하게 존재하던 원광석으로부터 막대한 에너지를 가해 금속으로 환원시켜서 사용하게 된다. 부식으로 인한 열화는 이때부터 기원하게 되며 지금까지 아니 이 세상 끝까지 지속될 것이다. 그것은 자연스럽게 만들어진 세상을 사람들이 에너지를 높여 부자연스럽게 변형하였으니 하느님이 다시 자연스럽게 만드는 것은 아닐까?

본서는 총3편으로 구성하였다. 제1편에서는 금속의 부식에 대하여 왜 부식이 되는가? 부식비용과 부식지도, 부식열역학, 부식속도론, 부식의 형태 및 부식방지의 5가지 원리에 대하여 기술하고 있다. 제2편에서는 장수명 재료공학에 대하여 장수명화 원리를 제시하

머리말

고 합금의 고내식성화, 양극억제제와 흡착억제제의 상승작용, 전기방식, 도장을 통한 장수명화, 화학적/전기화학적 표면처리를 통한 장수명화 기술에 대하여 소개하고 있다. 마지막으로 재료의 수명 감시기술에 대하여 제3편에 서술하고 있는데, 크게 부식감시와 방식감시 기술을 소개하고 있다.

인류에게 주어진 영원한 숙제이지만, 지구 상의 모든 장소에서 항상 발생되고 있는 부식 현상을 잘 이해하고 관리하게 된다면 경제적 효과 이외에도 인류의 문명과 인간의 생명까지지도 파괴의 위험으로부터 안전하게 보호할 수 있을 것이라는 믿음으로 본서를 출판하였다. 본서를 출판하는데 많은 도움을 준 도서출판 홍릉과 안동대학교 부식 및 방식연구실의 허승영, 장익준, 김민기, 김재성, 전종모 군에게 감사의 마음을 전합니다.

2021년 교정에서

김영식 교수

유영란 교수

김기태 박사

차례

PART 1

금속의 부식

차례

PART 2 장수명 재료공학

차례

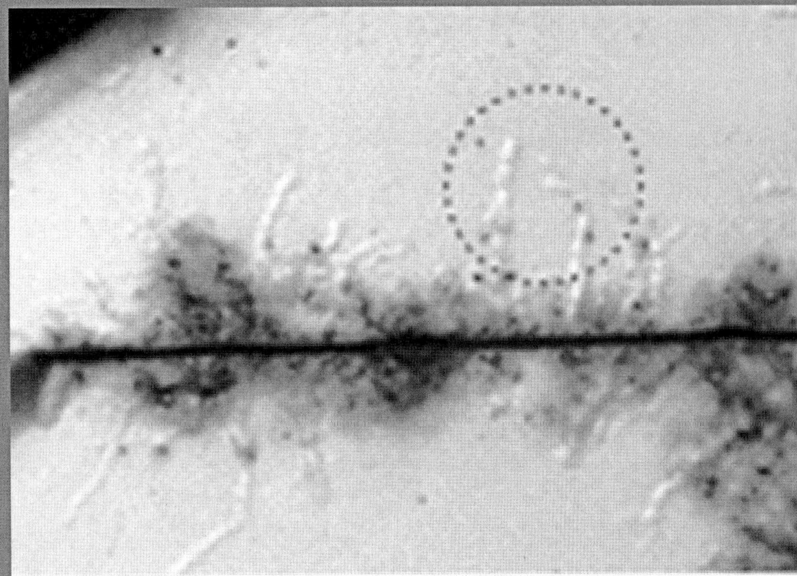

제1편
금속의 부식

제1장
금속은 왜 부식이 되는가

1.1 부식이란

부식은 우리 일상 생활 주변에서 항상 나타나고 있다. 자동차의 차체나 머플러에 발생하는 부식공(rust hole), 상하수도는 물론 각종 배관의 부식에 의한 공공주택의 적수/누수 현상이나 산업 현장에서는 부식방지를 위해 값비싼 재료는 물론 고가의 수처리 시스템을 적용하고 있다. 최근에 관심이 증대되고 있는 대형 건물이나 교량 등의 안전성 역시 부식과 밀접한 관련이 있는 문제이다.

부식의 정의는 금속재료가 그 주변 환경과의 사이에서 화학적 혹은 전기화학적으로 반응하는 것을 부식(corrosion, 腐蝕)이라 한다. 그러나 좁은 의미에서 부식이란 금속재료가 사용 환경 속에서 퇴화되어 본래의 기능을 상실하게 되는 것을 의미한다. 이러한 금속의 부식은 자발적인 현상으로서 금속이나 합금이 본래의 형태인 광석의 상태로 회귀하려는 것으로 이해할 수 있다.

금속은 자연계에서 대부분 산화물이나 황화물 등의 형태로 존재하고 있다. 우리는 이것을 환원(reduction)이라는 것을 통하여 유용한 금속(높은 에너지 상태)을 얻어서 각종 용도에 활용하고 있다. 다시 말해서 자연 상태로 존재하는 광석에 제련이라는 형태로 에너지를 주입하여 금속을 생산하게 되는데, 에너지가 주입되어 불안정한 금속이 자연 상태로 안정한 화합물 상태로 되는 것이 에너지적으로 안정하기 때문에 금속재료는 주위에 존재하는 다른 원소와 결합하여 화합물(광석)의 상태로 회귀하려고 하는 과정을 부식이라고 이해할 수 있다.

부식에 관한 연구가 진행되어온 역사를 살핀다는 것은 대단히 중요한 일이다. 인류가 처음 사용한 금속은 자연 그대로의 것이거나 또는 물리적 분리방법으로 쉽게 금속원소로 얻을 수 있는 것들이었다. 따라서 이러한 금속들은 쉽게 부식되지 않으므로 부식 문제가 커다란 문제로 야기되지는 않았다. 그러나 철을 사용하게 된 이후로 부식 문제가 크게 두드러지게 되었다. 제련과정에서 많은 양의 에너지가 투입된 금속은 불안정하여 부식되려는 경향이 크고, 반면에 제련이 용이한 금속은 부식되려는 경향이 작다고 할 수 있다. 예를 들어, 구리나 구리합금 등은 철이나 강에 비해 제련에 필요한 에너지가 훨씬 적으므로 부식에 대한 저항성이 크다. 자연 상태에서도 금속의 형태로 존재하는 금이 부식되지 않는 이유도 여기에 있다.

1.2 부식발생의 기본원리

아래 그림 1.1은 염산 용액을 담은 비커에 철 조각을 침지시켰을 경우에 발생하는 반응을 단순하게 나타낸 것이다. 그림에서 알 수 있듯이 철판을 비커에 침지하는 순간 일어나는 반응은 일반적으로 크게 3가지 현상을 기대할 수 있을 것이다.

첫째는 기포가 발생한다. 그러면 이 기포는 과연 어디에서 나타났으며, 그 원인은 무엇인가? 바로 이것을 알면 부식의 모든 기본원리는 간단하게 해결된다.

둘째는 철판이 변색되면서 표면에 부식생성물이 생긴다. 그러면 이것 또한 어디에서 왔는가?

셋째는 이러한 기포반응과 부식반응은 언젠가는 멈추어진다는 사실이다.

실습; 부식용액을 비이커에 담고 주변에서 구할 수 있는 금속을 침지하여 시간에 따른 변화를 관찰하고 기록하고 분석한다

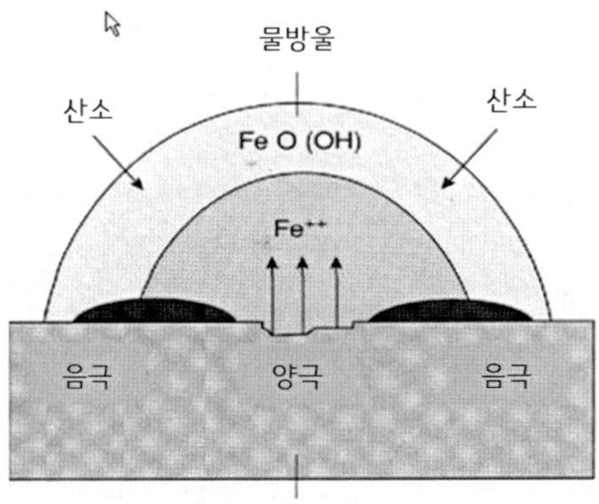

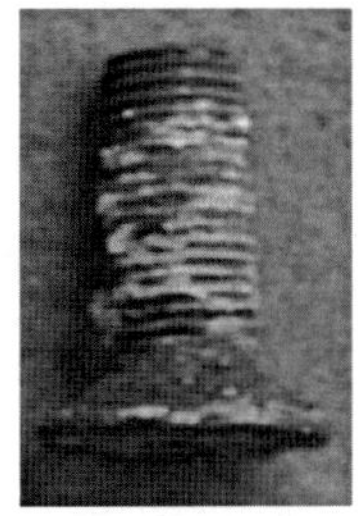

그림 1.1 금속의 부식반응

이러한 세 가지 경우에 대한 답은 그림 왼쪽에 나타난 부식반응 메커니즘으로 설명될 수 있다.

1.2.1 부식과 분극

금속은 자연 상태에서는 항상 불안정한 상으로 존재한다는 기본원리로부터 부식반응이 일어난다는 것은 주변의 환경에 밀접한 관계가 있다. 여기서 기본원리는 자연 상태인 광석의 산화물을 용광로에서 산화/환원 반응을 거쳐 철(강) 및 비철과 같은 인간이 사용할 수 있는 금속제품으로 만들고, 이들 제품은 시간의 경과와 함께 주변 환경에 의해 자연 상태(광석)로의 회귀 본성을 가지고 있다는 의미이다. 즉, 부식성 매질 중에 금속재료가 있게 되면, 부식반응이 시작되는 바로 그 시점에서 분극 현상(polarization)이 나타나는 것이다.

분극 현상에 의해서 부식이 되는 곳은 양극(Anode)이 되고 부식이 되지 않는 곳은 음극(Cathode)이 되어 두 가지의 극이 존재함으로써 계속해서 부식반응이 진행된다고 할 수 있다.

1.2.2 부식과 용액의 pH

금속의 부식은 부식환경에 따라서 여러 가지 반응에 따라서 변화된다. 다음의 표에 정리하였듯이, 용액의 pH가 산성인가, 중성인가, 아니면 알칼리성인가에 따라서 음극에서의 환원 반응이 변화하며, 용액 중에 용존산소가 존재하는가에 따라서 반응식이 변화된다. Fe, Al, Zn의 세 가지 금속에 대하여 부식에 따른 양극반응과 음극반응을 작성하여 보자.

- 산성 용액
  - 양극 반응 ; $M \rightarrow M^{z+} + ze^-$
  - 음극 반응 ; $2H^+ + 2e^- \rightarrow H_2 \uparrow$ (탈기 용액)
    $O_2 + 4H^+ + 4e^- \rightarrow 2H_2O$ (호기 용액)
- 중성 용액
  - 양극 반응 ; $M \rightarrow M^{z+} + ze^-$
  - 음극 반응 ; $2H_2O + 2e^- \rightarrow H_2\uparrow + 2OH^-$ (탈기 용액)
    $O_2 + 2H_2O + 4e^- \rightarrow 4OH^-$ (호기 용액)
- 알칼리성 용액($H_2O = H^+ + OH^-$이므로 중성 용액과 동일한 반응식이 됨)
  - 양극 반응 ; $M \rightarrow M^{z+} + ze^-$
  - 음극 반응 ; $2H_2O + 2e^- \rightarrow H_2\uparrow + 2OH^-$ (탈기 용액)
    $O_2 + 2H_2O + 4e^- \rightarrow 4OH^-$ (호기 용액)

실습; 3가지 금속을 선택하여 용액의 pH에 따른 반응식을 작성해 본다.

(1) Fe

(2) Al

(3) Zn

1.2.3 부식과 공격성 이온

예를 들어, 용액 중에 해수 중의 주성분인 NaCl과 같은 물질이 용해되어 있다면, 해리되어 Cl^-이온이 생성된다. 이러한 이온이 존재하게 되면 양극에서 외부의 강한 공격적 음이온(Cl^-)에 의해 표면에너지가 가장 높은 금속표면의 원자 중에서 최외각 전자가 이탈하여 표면 원자는 이온화가 되어 양이온으로 남게 되며, 동시에 이탈된 전자는 음극으로 이동하여 금속표면에서 자유로이 이동하는 수소 원자와 결합하여 H_2가 됨으로써 기포가 발생하게 된다.

또한, 이와 동시에 양극에서 이온화된 Fe^{2+}는 Cl^-와 두 개와 만나서 안정된 가용성의 부식화합물($FeCl_2$)을 생성하게 되어 음극과 양극의 반응물이 생성하게 된다.

그러므로 모든 부식반응의 기본 원리는 간략히 말해서 양극과 음극의 상호반응으로 이루어진다고 할 수 있으며, 부식생성물은 항상 양극에서 나타나는 것을 알 수 있다.

이외에도 음극반응 중에서도 금속이온의 환원 반응도 가능하다. 이러한 반응식들을 살펴보면 아래와 같다.

$$Fe^{3+} + e \rightarrow Fe^{2+}$$

$$M^{+} + e \rightarrow M$$

1.3 부식발생 조건

그림 1.2는 부식이 일어날 수 있는 5가지 조건을 나타낸 것이다. 여기의 5가지 조건 중에서 1가지만이라도 제어할 수 있으면 방식이 가능한 것이다.

① 금속이라는 전자전도체가 존재하여야 한다. 이것은 전자가 생성되고 소모되는 반응부위들 사이에 전자의 흐름이 가능한 전도체가 있어야 한다는 것이다.

② 금속 주변에 이온전도체가 있어야 한다.

③ 양극반응 및 ④ 음극반응이 있어야 한다. 두 가지 반응에는 모두 이온들이 참여하고 있는데 이러한 이온의 전달이 가능한 매체가 있어야 한다는 것이다.

⑤ 전류의 흐름이 가능한 폐쇄회로(Closed Loop)가 구성되어야 한다는 것이다. 이것은 전자전도체와 이온전도체 사이에 전류 흐름 양상의 변환이 있어야 함을 의미하는 것으로서, 계면반응에 의한 전하전달(Charge Transfer) 과정을 의미한다.

실습; 금속, 세라믹, 고분자 재료를 준비하여 임의의 부식 용액에 침지하고 위의 상황을 재현하여 부식의 발생 또는 중지 여부를 판단한다.

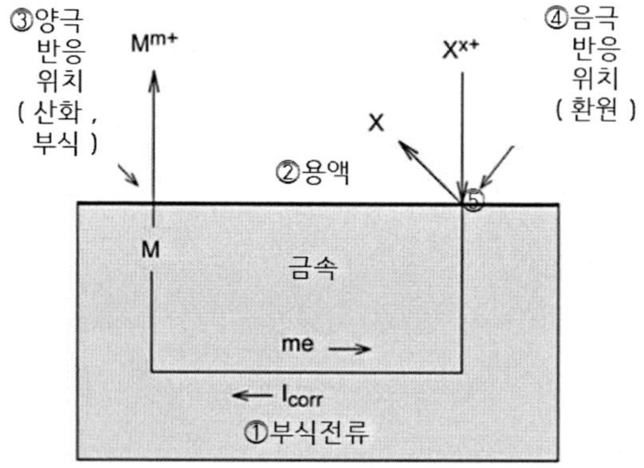

그림 1.2 부식반응의 5요소

제2장
부식비용

2.1 부식비용 실태조사

현재까지 외국의 경우 부식 방지 대책 수립을 위해 국가적인 지원 하에 실태 조사를 실시(미국 3회, 영국, 일본 및 중국은 각 2회 실시, 전 세계적으로 11개국이 실시 완료) 하였으며(표 2.1 참조), 이를 근거로 국가별 실정에 맞는 부식방지를 위한 표준화 자료 및 가이드 라인을 제시한 바 있으나, 국내의 경우, 최근에 1회 조사되었다.

[표 1.1] 국외의 부식 손실 실태조사 및 총 손실

	조사국	부식에 의한 총 손실	GNP 대비 비율(%)	조사년도
1	영국	£ 1.365 billion	3.5	1970
2	미국	$ 534 billion	6.0	1998
3	일본	Y 9694.7 billion	1.9	1997
4	호주	$ 2 billion	1.5	1982
5	소련	$ 6.7 billion	2.0	1969
6	서독	$ 6 billion	3.0	1967
7	핀란드	$ 54 million	-	1965
8	스웨덴	$ 77 million	-	1964
9	인도	$ 320 million	-	1960
10	쿠웨이트	$ 1 billion	5.2	1987
11	중국	$ 35.5 billion	-	2000

부식비용의 조사방법은 아직 표준화되어 있지 않으나, Uhlig에 의해 수행된 생산·제조면으로부터 부식 대책비를 산출한 방법과 Hoar가 수행한 사용 분야별로 부식사고에 의한 직접적 손실과 부식 대책비를 합산하는 방법, Battelle Columbus Lab.에서 수행한 "산업연관

표"(Input-Output Matrix)를 기초로 하여 계산하는 방법이 있다. 대표적인 이들 세 가지 방법에 대하여 간략히 설명한다.

Uhlig방식은 생산·제조 면으로부터 직접적인 부식대책비를 단순히 합한 것이다. 보통 표면 도장, 도금 등의 표면처리, 내식재료, 방청유, 전기방식 및 부식연구의 7개 항목에 대하여 수행하며, 각 항목별 부식비용의 산출은 충분히 고려할 수 있으나, 전체 비용의 다수를 점하고 있는 도장 관련 비용을 어떻게 할 것인가에 따라 수치가 크게 변한다.

[표 2.2] Uhlig법으로 추산한 부식비용의 예

Control Methods/Services	Cost of Corrosion Estimation
Coating(painting)	Amount of total sale x Proportion used for corrosion protection x Cost for applying coating /Cost of material for coating(in construction, structure, marine transportation, trucks and rail road car, home appliances, road construction, machinery, metal goods, wooden products, government supplies, export etc)
Metal surface finishing	Amount of order(including import) in tin plate, tin free steel, galvanized steel, other surface treated steel, weathering steel, lining pipe, steel pile x price difference between mild steel
Corrosion resistant materials	Amount of order in ferritic and austenitic stainless steels x amount of order of titanium and copper alloys x price difference between mild steel x Proportion used for corrosion protection
Anti-rust oil	Amount of total sale of grease and lubrication oil x Proportion used for corrosion protection
Inhibitor	Amount of total sale in boiler water, cooling water, treatment on process side and anti-rusting for feed water
Anodic and cathodic protection	Amount of total sale
Research	Amount of total research fund related with corrosion
Corrosion control and monitoring	Amount of total sale(suppliers only) x proportion for corrosion protection

Hoar법은 각 사용분야별로 상세하게 검토하여 부식사고에 의한 직접적인 손실과 부식 대책비를 합산하는 방법이다. 보통 에너지, 운수, 건설, 화학, 금속, 기계의 분야별로 다수의 관련 기관에 앙케이트를 배포하여 회신을 얻고, 필요한 경우에 방문조사를 수행하여 데이터의

신뢰성을 높여 추산한다.

투입산출법에서는 산업 연관표를 사용하며, 산업연관표는 각 산업간의 금전 출입관계를 하나의 표로써 정리한 것이다. 국내의 경우 매 5년마다 산출되고 있다. 이 방법에서는 미국의 Battelle Lab.에 서 정리한 바와 같이 다음 3가지의 분류에 근거하고 있다.

- World I : 현실의 부식이 존재하는 세계
- World II : 부식이 존재하지 않는 가상세계
- World III : 부식이 이상적으로 억제된 세계로 하여
- World II - World I = 부식비용
- World III - World I = 절약할 수 있는 부식비용

으로 정의하고 있다. 각 부문별로 세 가지 World의 비용을 산출하여 추산하는 것이다. NBS (현재 NIST)는 30%정도의 불확실성이 누락되는 것으로 하고 있다.

국내에서 처음으로 실시되는 부식 비용의 조사 대상년도를 산업 연관표가 매 5년마다 조사되고, 2005년이 산업연관표가 발표되는 해이므로 I/O법에 의한 분석과 일치시키기 위해 2005년으로 정하였다.

Uhlig 법은 부식 방지 기술의 공급자를 대상으로 하는 조사로서 공급자가 각 경제 주체에 공급한 매출액을 부식 비용으로 산정하며, 조사 분과는 다음의 표에서와 같이 종합, 도장, 표면처리, 내식재료-철강, 내식재료-비철, 방청유, 부식 방지제, 전기방식, 부식연구비, 부식진단비의 10개 분과로 결정하였다.

Hoar 법은 부식 방지기술의 수요자인 각 산업 분야에서 부식 방지에 투입된 비용을 조사하여 산정하며, 조사 분과는 다음의 표와 같이 일반기계, 전기, 전자, 철강, 비철, 석유 화학/정제, 일반화학, 자동차, 선박, 전철, 철도, 전력, 가스, 수도, 건축, 주택, 도로, 하천, 항만 등의 20개 분과이다.

Hoar법에 의한 조사에서는 산업계의 특성이 다양한 만큼, 각 산업 분야의 특성을 반영한 조사 양식이 필요하다. 조사 양식은 이미 공개된 외국의 예를 참조하여 국내의 실정에 맞게 조정하였다. 각 분야별 조사 대상 업체의 선정 원칙은 각 조사 대상 분야별로 조사 분야의 2005년도 매출액을 조사하고, 조사 대상 업체는 매출액이 해당 조사 분야의 매출액의 대략

50 % 이상이 되도록 하고, 대중소 업체를 가급적 골고루 포함시키는 것이다.

[표 2.3] 부식 비용 조사 분과의 편성

	조사 분과
Uhlig 법	A.도장, B.표면처리, C.내식재료-철강 D.내식재료-비철 E.방청유, F.부식 방지제 G.전기방식, H.부식연구비 I.부식진단비
Hoar 법	A.일반기계, B.전기, C.전자, D. 철강 E.비철 F.석유화학/정제, 일반화학, G.자동차 H.선박, I. 전철, J. 철도, K. 전력, L. 가스, M. 수도, N.건축, O.주택, P. 도로, Q.하천 R. 항만
I/O 법	1개 분과

2.2 우리나라의 부식비용

공급자 측면의 Uhlig법, 수요자 측면의 Hoar법 및 투입산출분석법으로 구한 우리나라의 부식비용은 아래 그림과 같다. 투입산출분석법의 경우는 2005년 GDP 대비 약 2.7%의 부식비용이 계산되었다.

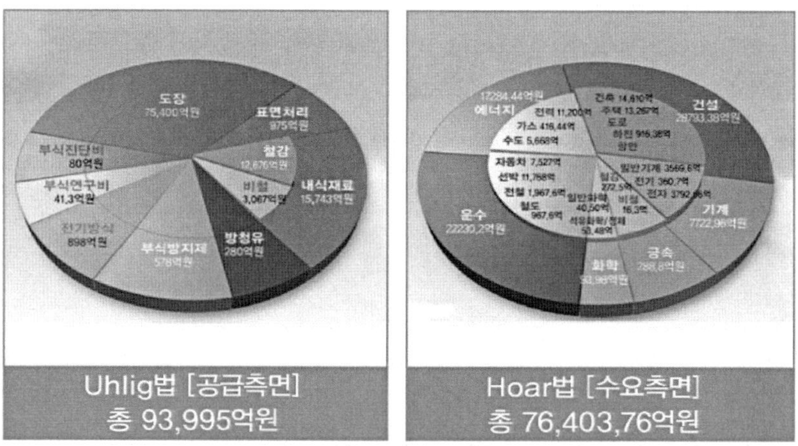

그림 2.1 Uhlig법 및 Hoar법에 의한 우리나라의 부식비용

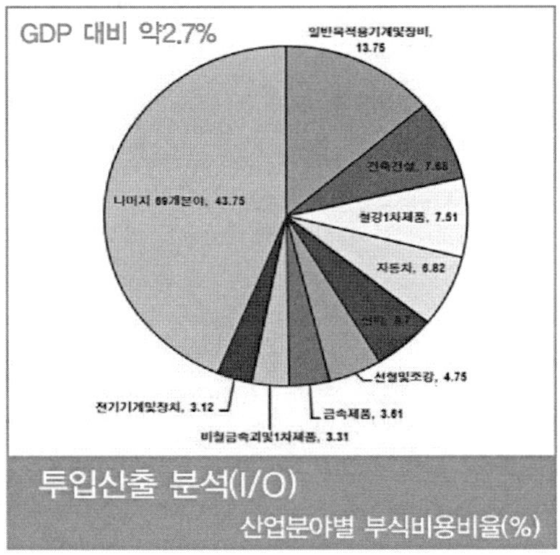

그림 2.2 투입산출법에 의한 우리나라의 부식비용(2005년 GDP 대비)

제3장 부식지도

3.1 서론

부식은 모든 산업 설비와 기간 시설에서 발생되어 경제적인 손실뿐만 아니라 대형 사고와 다수의 인명 피해로 이어지며, 1970년대의 산업화 시작 이후에 노후화된 설비를 다수 보유하고 있는 국내의 경우 부식 발생의 문제는 매우 심각한 상태이다. 부식에 의한 손실은 선진 기술국에서도 GNP의 1~6%에 달하는 것으로 보고되고 있으며, 우리나라의 경우 GDP의 2.7%에 이르는 것으로 최근 조사되었다.

최근 급속한 산업화로 인하여 에너지의 소비가 빠르게 증가하고 있는 실정이다. 공업화 과정에서 황을 포함한 연료를 대량 사용하고 있으며, 이에 따른 도시화와 이동오염원의 증가로 이산화황과 질소산화물의 배출이 증가하는 추세이다. 대기오염에 의한 부식 피해는 공업지대나 대도시에서 매우 심하게 나타난다. 또한, 해안지대에 위치한 도시에서는 대기오염으로 인한 부식과 더불어 해염입자가 중요한 부식 요인이 된다. 해염입자의 양은 해안으로부터의 거리, 풍향, 풍속에 들에 따라서 달라지지만, 염분의 부착은 부식속도를 크게 증가시키며, 적절한 방식 대책을 수립하지 않을 경우 심각한 부식손상을 초래하게 된다.

금속의 대기부식(Atmospheric corrosion)은 다양한 수분함량을 가진 자연의 대기환경(빗물 및 물 튀김 등)에 노출되어졌을 때의 온도 및 조건에서 발생하는 부식을 말하는데, 대기 중의 수분이 금속 표면에 흡착 또는 응축되어 얇은 수막(~200μm)을 형성하고, 여기에 대기 중의 산소나 오염물질 등이 용해되어 얇은 전해질 층을 형성함으로써 발생된다. 대기부식의 일반적인 형태는 균일하지만, 환경에 따라서 공식과 같이 국부적인 부식도 발생하며, 다른 종류의 금속과 전기적으로 접촉되어 있는 경우 이종금속접촉부식을 일으키기도 한다.

대기부식 환경은 금속 표면에 형성되는 얇은 수막층, 대기 중에 존재하는 산소, 대기 중에 존재하여 물에 용해되는 오염 물질, 그리고 대기 중에 존재하여 금속의 표면에 부착되는 미립자에 의해서 조성된다. 금속의 대기부식 반응에 직접 관여하는 성분은 산소와 수분이다. 대기 중에 수분이 없는 경우 부식 반응은 화학적 과정이다. 그런데, 상대 습도가 증가하여 대기 중의 수분의 양이 증가하면 금속 표면에 수막이 형성되고, 수막의 두께가 증가하여 전해질로 작용하므로 부식 반응이 전기화학적 과정으로 된다. 또한, 금속이 물 속에 완전히 침적된 경우보다 금속표면에 일정한 두께의 얇은 수막이 형성된 경우에 산소의 이동이 더욱 용이하므로 부식 반응이 더 활발히 일어난다.

대기부식에 영향을 미치는 인자는 크게 화학적 인자와 물리적 인자로 나눌 수 있다. 화학적 인자는 산소와 오존, 수분, 이산화황, 염분, 먼지, 산성비, 금속 표면의 부착물, 기타 가스 성분 등이며, 물리적 인자는 온도, 바람의 세기, 태양광 등이다. 이러한 인자들은 자연 환경과 계절에 따라 변화하며, 환경 인자와 대기부식환경의 변화로 금속의 부식특성에 영향을 미치게 된다.

일반적으로 금속이 사용되는 환경은 해안, 공업, 도시 및 전원 지역으로 크게 분류된다. 이는 여러 가지 대기 환경을 상당히 단순화시킨 것이다. 모든 금속의 수명은 사용되는 환경에 따라 상당한 영향을 받으므로 금속의 실제 수명을 예측하기 위해서는 사용 환경에 대한 충분한 이해가 필요하다.

대표적인 환경을 설정하여 그 환경에서 부식의 진행을 직접 관찰하는 연구 조사가 여러 나라에서 수십 년 동안 활발히 진행되어왔다. 그 예로 다양한 대륙별 대기부식 프로그램이 진행되고 있다. ISO CORRAG Collaborative Exposure Program은 유럽과 북중미, 일본 등지에서 1년, 2년, 4년, 8년간의 대기 노출 시 부식성 평가를 하는 대기부식 프로그램이다.

MICAT (Iberoamerican Atmospheric Corrosion Map Project)은 북중미의 14개국 72개 장소에서 1988년부터 Iberoamerican의 부식지도를 구축, 대기부식 현상의 해석을 제공하고 기상과 대기오염의 함수로서 금속부식속도를 예측할 수 있는 수학적 모델링을 위한 부식성 평가 프로그램이다.

ICP/UNECE Program은 유럽과 북미에서 농작물, 산림, 수자원, 고문화재에 미치는 대기오염과 오존의 영향조사를 위한 프로그램이고, North-East Asia Program은 한국, 일본, 중국의 극동 3국의 여러 지역에서 문화재 재료 보호 차원에서 지역별 대기부식속도를 조사하는 프로그램으로 여기서 한국의 측정 지역은 대구와 대전의 2개 도시이다.

국내의 경우 최근 대기오염에 의한 부식 문제에 대한 환경 단체의 관심은 점차 커지고 있는데, 1999년 환경운동연합의 대기오염물질에 의한 금속부식도 조사, 2001년 경주 환경연합의 대기오염에 의한 문화재의 부식에 대한 보고서가 있으나 대기부식에 대한 체계적인 연구는 거의 없다.

2004년 제주도 지역에서 ISO표준에 의한 구조용 금속재료의 대기부식성 평가에 관한 연구가 진행되었으며, 2006년부터 한국부식방식학회에서 "산업설비의 부식방식 기술 표준화 기반구축" 사업을 추진해 오고 있으며, 그중 금속 부식지도 작성은 각종 금속재료에 대한 전국적 부식속도 측정을 통하여 부식지도를 작성 중에 있다.

우리나라는 국토면적에 비하여 상대적으로 복잡하고 다양한 지형의 영향으로 인해 기후의 지역적인 차이가 뚜렷하게 나타나며, 이러한 특성은 금속의 대기부식 특성에 많은 영향을 준다. 따라서 우리나라의 지역별 환경에 따른 환경 인자를 분석하고 기본 소재의 대기부식에 관한 연구가 필요하다.

3.2 대기부식

3.2.1 대기부식에 영향을 주는 주요 인자

[1] 수분

수분은 대기 중에 세 번째로 많이 함유된 성분으로 그 함량은 일정하지 않고 큰 폭으로 변화를 하며 그 형태도 고체, 액체, 기체 상태 등으로 존재를 한다. 대기 중의 수분의 함량은 강수량과 절대습도(대기 중의 수분량)에 의해서 영향을 받으며 적도지방에서의 연중 강우량은 3,000mm에 달하기도 한다.

대기 중의 수분은 대기부식에서 매우 중요하게 작용하는데 이는 금속표면에 존재하는 수분은 전기화학적 부식의 주요 매체로 작용하기 때문이다. 금속 표면에 존재하는 수분은 비, 안개, 이슬, 눈 등에 의해서 뿐만 아니라 대기 중에 존재하는 수증기의 응축 및 흡착에 의해서도 형성되므로 대기 중의 절대습도와 온도의 관계를 나타내는 상대 습도는 대기부식을 좌우하는 주요 인자가 된다.

대기 중에 존재하는 수분은 대기 중의 고체 및 기체성분 등을 용해하여 다른 형태의 화합물 등으로 변환시키며 수분은 항상 산소로 포화되어 있다. 공기 중에 이산화황이나 기타 다른 가스들이 존재한다면 수분은 이들 가스들을 흡수하며, 따라서 안개 형태로 존재하는 수분은 공기 중에서 다량의 유해가스를 흡수하게 된다.

장기간의 강우는 금속표면의 전기화학적 반응을 지속화시켜 부식을 촉진시키기도 하지만 반면 공기 중의 유해가스 성분을 희석시켜서 부식의 발생인자를 약화시키기도 한다. 또한, 금속표면에 잔재하는 수분은 대기효과에 의해서 유기질의 보호피막 등을 열화시키는 역할도 한다. 이처럼 수분에 의해 금속표면에 형성된 얇은 막은 전기화학적 부식의 주요 동기를 제공하여 부식속도를 증가시키지만 오염되지 않은 환경에서는 수분의 막이 형성되었다 할지라도 대기부식은 매우 서서히 진행된다. 그림 3.1은 상대 습도에 따라 강판이 부식되는 경향을 보여주고 있는데 습도의 증가는 부식을 가속화시킴을 알 수 있다.

시험편 표면의 습도가 대기부식에 미치는 영향을 파악하기 위하여 시험편의 표면에 ASTM에서 규정한 Time of Wetness 측정 장치를 부착하여 금속의 부식에 직접적으로 영향을 미칠 수 있는 습기의 양을 지속적으로 측정한다. 시험편 표면에 있는 습기의 양도 중요하지만 습기의 성분도 매우 중요하다. 금속편이 해안에 노출된 경우 물방울이나 물보라의 형태로 시험편의 표면에 존재하는 습기는 빗물 형태로 내리는 상당량의 습기보다 더욱 부식에 치명적으로 작용한다. 그러나 공장지대에 금속편이 노출되면 습기 자체보다도 공기 중의 이산화황으로부터 흡착된 산성 석출물이 매우 중요한 부식인자로 작용할 수 있다.

응축수의 존재를 규정하는 것은 상대 습도(= 수증기압/포화수증가압)에 의한 것이며, 절대 습도(= 1m^{3}의 공기 중의 수증기량(g))에 의한 것은 아니다. 응축수는 상대 습도가 100% 이상일 때 확실하게 존재하지만 100% 미만에서도 흡착 응축수 층이 존재하여 이것이 부식을 일으킨다.

Vernon은 금속의 대기부식속도가 급격히 증가하는 임계습도(critical humidity)가 존재함을 알아내었으며, 임계습도의 실측치는 강, 동, 니켈 및 아연 등에서는 50~70%이며, 이산화황이 없는 대기에서 철의 임계상대 습도는 60%이다(그림 3.2(a)). 비슷한 조건 하에서 마그네슘의 임계상대 습도는 90%이다(그림 3.2(b)). 이처럼 각 재료의 임계상대 습도는 일정한 값이 아니며, 부식 생성물과 오염물질의 흡습성에 따라 달라진다.

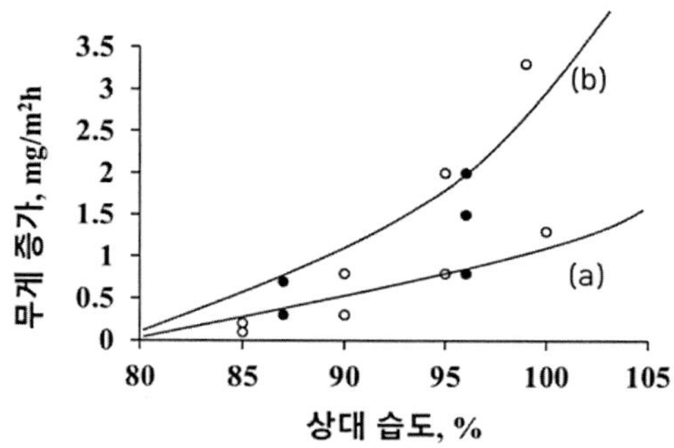

그림 3.1 상대 습도와 부식속도의 의존성(○: 계산값, ●: 측정값);
(a) 낮은 부식성 환경, (b) 높은 부식성 환경

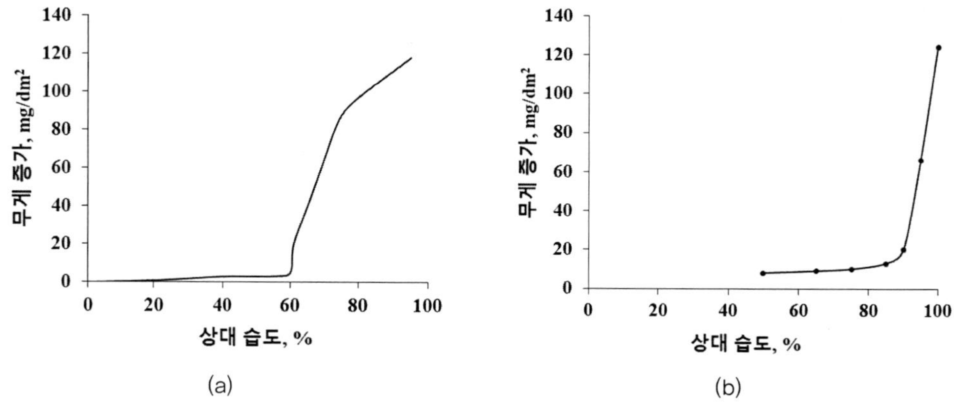

그림 3.2 Fe와 Mg의 부식속도에 미치는 상대 습도의 영향; (a) Fe, 임계상대 습도는 60%,
(b) Mg, 90%의 임계상대 습도에서 부식속도가 급속히 증가함

[2] 해염입자

해안지대에서는 해수 성분인 해염 입자가 중요한 부식 성분이 된다. 그림 3.3에 아연의 부식에 미치는 부착 염화물 이온과 젖음시간의 영향을 나타내었다. 염화물 이온의 증가에 따라서 아연의 부식이 크게 상승하고 있다. 염화물 이온을 주성분으로 하고 있는 해염 입자의 양은 해안으로부터의 거리, 풍향, 풍속 등에 따라서 달라지지만, 해안으로부터 멀리 떨어져 위치할수록 감소하는 경향을 보인다. 가장 높은 염화물 농도는 부서지는 파도에서 나타나는데 그 양은 약 30mg/m^{3}까지 이르며 바닷가의 평균값은 대략 최고 100μg/m^{3}정도 된다. 한편 공장지대나 도시지대에서의 Cl^-의 함량은 10~30μg/m^{3}을 초과하지 않는다. 겨울철에 제설용으로 살포되는 염은 특히 부식성이 매우 강하다.

대기 염분 함량과 측정된 부식속도 사이에는 직접적인 관계가 있다. 그림 3.4는 열대지방

연안에서 측정된 바다 염분의 양과 강의 부식속도 사이의 관계를 설명해준다. 염분의 양이 증가할수록 부식속도는 증가하였으며, 해안으로부터 가까운 지역일수록 부식속도는 크게 나타났다.

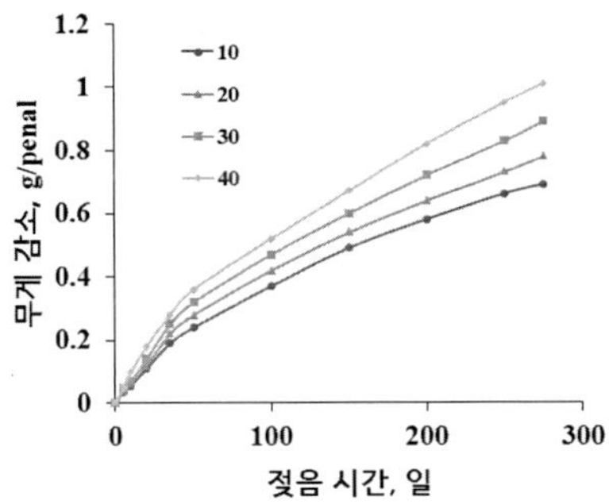

그림 3.3 Zn의 무게감량에 미치는 젖음시간 및 염화물의 영향

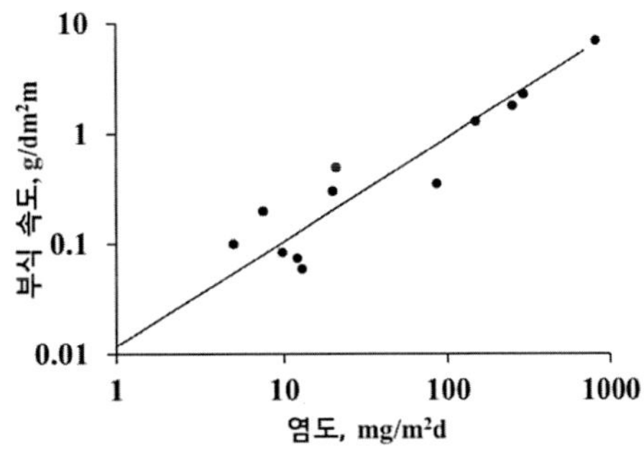

그림 3.4 열대지방의 여러 지역에서의 연강의 부식속도에 미치는 염도의 영향

그림 3.5는 남미의 한 도시에서 해안으로부터 거리에 따른 탄소강의 부식속도를 나타낸 것이다. 내륙으로 이동할수록 부식속도는 감소하였으며, 해안으로부터 약 1.5km 지점에서의 부식속도는 근본적으로 해양 대기와 관계없는 부식속도 값에 도달했다. 해안으로부터 400~600m 지점은 바람과 해안 파도의 영향으로 형성된 에어로졸 방울이 부식속도 변화를 설명하고, 지수적 특성을 설명해준다. 염화물은 공기 중에 개재된 바닷물에 의해 형성되어 작은 물방울 내에 포함된다. 이러한 물방울은 금속 표면에서 염화물의 잔여물을 남기고 증발된다. 부식의 관점에서, 물방울은 표면에 수분과 염화물을 가져온다. 물방울이 내륙으로 이동되는 거리는 물방울과 공기흐름의 크기에 따라 달라진다.

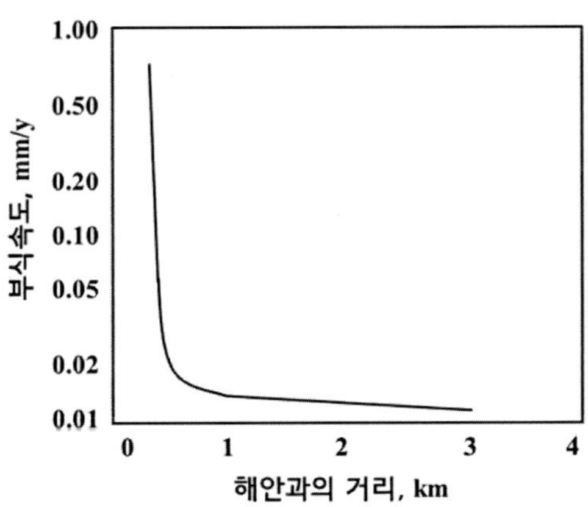

그림 3.5 남미지역의 해변으로부터의 거리에 따른 탄소강의 부식속도

[3] 이산화황

SO_2는 대기부식 반응에서 가장 중요한 오염 물질로 황을 함유한 석탄이나 석유의 연소 가스, 금속, 펄프, 그리고 제지 산업 현장의 배기 가스 등에 포함되어 있으며, 대기부식 과정에서 금속 표면에 형성된 수막을 산성화시켜 금속의 양극 산화 반응을 촉진하는 촉매 역할을 한다.

SO_2는 1~5%의 SO_3와 함께 배출되는데, SO_3는 대기 중의 수분과 빠르게 결합하여 H_2SO_4 에어로졸(aerosol, 공기 중에 미세한 입자가 혼합된 상태)을 형성하는 반면, SO_2는 수분을 포함한 대기 중에서 매우 천천히 균일하게 산화되어 H_2SO_4을 형성함으로써 금속표면을 부식시키는데 그림 3.6을 보면 이산화황이 없는 상태에선 부식 생성물이 비교적 안정된 상태지만 이산화황이 존재하게 되면 부식에 의한 피막은 더 이상 안정을 유지하지 못하고 거의 직선에 가까운 속도로 부식이 진행됨을 알 수 있다.

이산화황 외에 이산화질소, 염소, 불소 이온 등도 금속표면의 수막에서 용해성 용질을 형성하여 부식을 가속시키게 된다.

이산화황은 도시나 공장지대에서 특히 상당량 존재하는 가스이며 황을 포함하는 연료 등을 연소 시에 다량으로 유출되어 대기 중의 이산화황 농도가 0.01~5 ppm 수준에 이른다. 이산화황은 극히 유독한 반응성 가스이며 수분에 상당량 용해되므로(100g H_2O당 16.27g) 대기부식에 있어서 매우 중요한 인자이다. 0.01%의 이산화황을 함유하는 대기 중 상대 습도가 60%를 넘어서면 그림 3.7에서 보다시피 탄소강의 부식은 급속히 증가하게 된다.

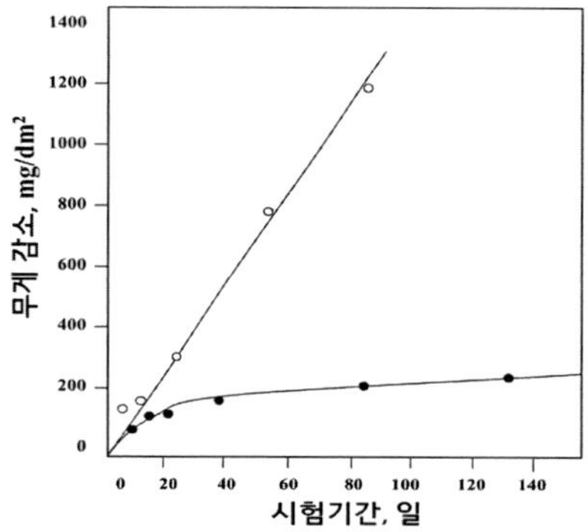

그림 3.6 금속의 부식속도에 미치는 SO_2의 영향(open: SO_2 존재, solid: SO_2 없음)

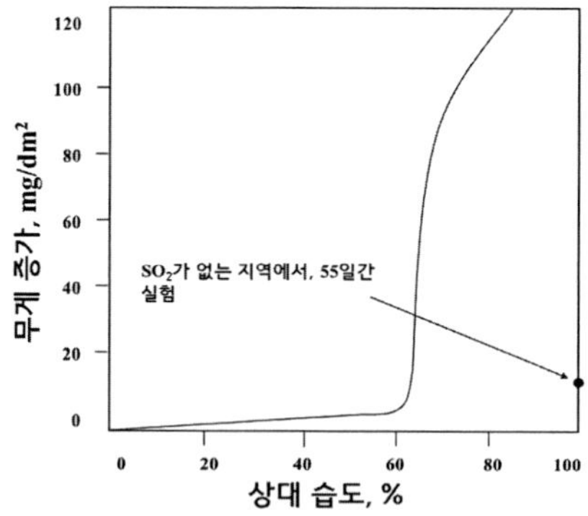

그림 3.7 0.01% SO_2의 존재 하에서 탄소강의 부식속도에 미치는 상대 습도의 영향

그러나 이산화황이 존재하지 않으면 상대 습도가 100%인 상태에서도 부식은 별로 일어나지 않는다. 이러한 효과는 흡습성의 부식 생성물인 $FeSO_4$에 기인하는데 이 화합물은 임계습도 이상으로 수분을 흡수한다. 흡습성 산화물 및 대기로부터 흡착된 염 입자들은 수분의 응축을 야기시키는데 필요한 상대 습도를 감소시킨다. 이로 인한 수막의 증가는 금속표면의 젖음시간을 늘리고 결과적으로 부식을 촉진시키게 된다.

상대 습도가 충분히 낮아서 염이나 부식 생성물들의 수분함유 임계값 이하로 값이 떨어지게 되어야만 수막의 형성이 억제되고 부식이 둔화된다. 그림 3.8은 탄소강의 부식속도에 미치는 이산화황 농도의 영향을 나타낸 그림이다. 이산화황의 농도가 높을수록 부식속도가 증가함을 보여주고 있다. 그림 3.9는 아연의 부식속도에 미치는 대기 SO_2의 농도와 젖음시간의 영향을 보여준다. 젖음시간이 증가할수록 부식속도는 증가하며, SO_2의 ppm 수준에 따라 부식이 가속됨을 알 수 있다.

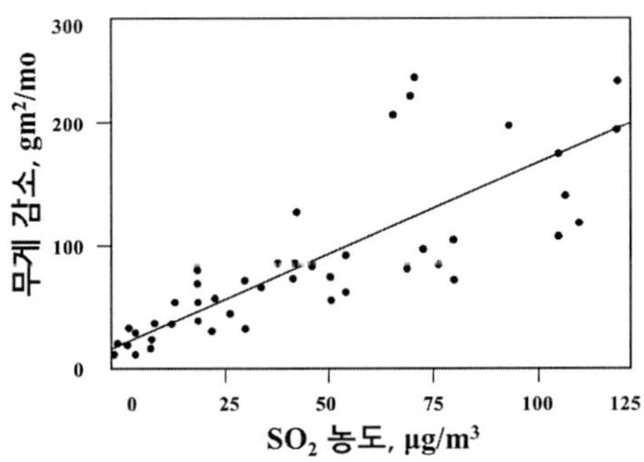

그림 3.8 3곳의 북유럽 지역에서의 탄소강의 부식속도에 미치는 SO_2 농도의 영향

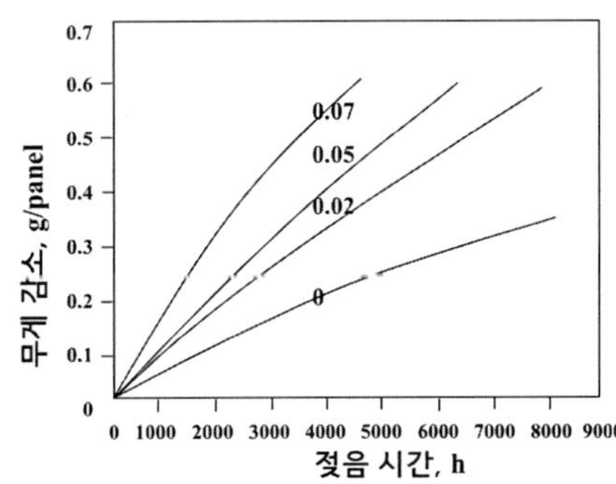

그림 3.9 Zn의 부식속도에 미치는 젖음시간 및 SO_2 농도의 영향(선상의 숫자는 ppm SO_2)

[4] 대기 중의 화학 인자

대기 중에는 수분, 이산화황, 염화물 이외에도 금속의 대기부식에 영향을 주는 요인으로 산소, 황화수소, 먼지 및 기타 가스성분 등이 존재하며, 이 들은 농도와 반응하는 금속의 종류에 따라 금속표면피막의 성질과 연속성을 변화시키고, 피막이 깨진 틈을 통해 산소와 수분이 부식반응을 진행시키도록 하므로 부식가속물질로 불린다. 오염물질(pollutant) 및 그 외 다른 대기오염은 전해성질을 향상시키고 대기로부터 응축되는 수막의 안정성을 증가시킴으로써 대기부식을 촉진시킨다.

산소는 대기부식에서 매우 중요한 인자이며 공기 중에 함유된 매우 높은 산소분압(약 0.2 대기압)으로 인하여 금속의 부식에 상당한 영향을 미친다. 대기부식은 산화-환원 반응인데 금속은 전자의 공급원으로 작용하며 산소 및 다른 환원성 인자들은 전자의 수용원으로 작용한다. 황화수소 가스는 금속의 부식에 강한 영향을 미치는 가스이지만 대기 중의 농도는 0.06ppm을 거의 초과하지 않는다. 이 가스는 특히 Cu, Ni, Ag 등의 부식을 촉진시킨다. 대기 중의 먼지의 양과 성분은 매우 다양하며 많은 인자에 의해 영향을 받는데 주로 지표와 공기 오염 등이 주원인으로 작용한다.

전원지대에서의 먼지는 주로 지표상의 유기물질 및 무기물질로 구성되어 있으나 도시나 공장지대의 먼지는 화학적 오염물질이 상당량 차지하고 있다. 먼지의 상당량의 양은 보통 2~3 mg/m^3에 이르기도 하는데, 먼지 입자의 크기는 대략 0.1~300 μm정도이다. NOx는 도시지대에서 대략 1 $\mu g/m^3$ 정도가 함유되어 있으나 대기부식에는 커다란 영향을 미치지 못한다. 염소나 염화수소 등은 화학공장 주변의 대기에서 주로 검출되는데 이들 가스는 극히 부식성이 심한 가스들이다. 이외에 유기물질(접착제, 플라스틱, 나무류)의 열화과정에서 주로 발생하는 formaldehyde, formic acid 및 acetic acid 등도 마찬가지로 상당히 부식을 촉진시키는 유해가스들이다.

그림 3.10은 겨울철 동북아시아의 편서풍과 미세먼지의 이동상황을 보여주고 있다. 면적 1km^2의 지역에 그대로 먼지가 쌓인다고 가정하고, 먼지의 양을 계산해 보자.

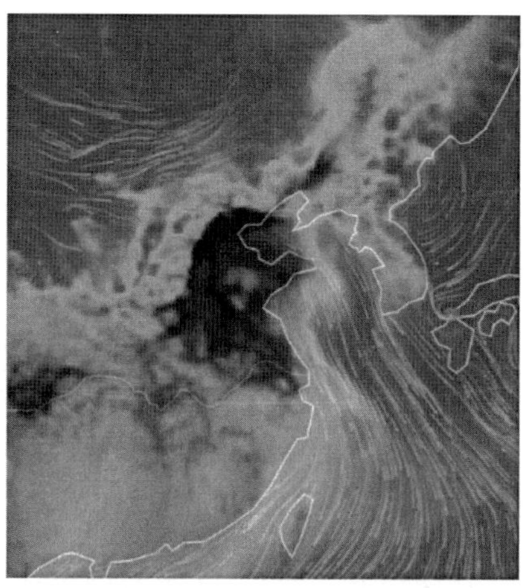

그림 3.10 겨울철 동북아시아의 편서풍과 미세먼지

[5] 물리적 인자

1) 온도

온도는 부식에 직접적인 영향을 미치지는 않지만, 시험편 표면의 수분 함량, 태양의 조사량 등과 관련하여 주요 인자로서 작용한다. 비교 시험결과 시험편의 표면에 수분이 함유된 경우 부식에 대한 온도의 효과는 크게 나타났다. 대기 환경 하에서 금속 시험편을 노출시키며 부식평가를 할 때 측정하는 온도는 대기온도, 이슬점 온도, 시험편 표면 온도 등이다.

온도는 지역, 기후, 시간에 따라 항상 변하며 장소에 따라 극한 또는 극서의 상황에도 이르지만, 매우 낮은 온도에서는 수분이 고체 상태로 존재하므로 전해질로서 작용을 못하고 매우 높은 온도에서는 전해질을 형성할 정도로 상대 습도가 높지 않다. 결국, 온도와 습도는 밀접한 관계를 갖고 있으므로 온도 자체가 부식에 직접적인 영향을 끼치지는 못한다.

대기부식은 전기화학적 반응이므로 높은 온도에서 부식이 빨리 진행될 것으로 기대되지만 사실은 그렇지가 않다. 온도는 상대 습도에 변화를 주므로 다습한 지역에서 온도의 강하는 금속표면에 수분을 농축시켜 부식을 가속시키고 온도의 상승은 그 반대의 효과를 가져 온다. 그림 3.11은 철, 아연, 구리의 부식속도에 미치는 온도의 영향을 보여준다. 20~40℃ 범위의 온도범위에서 철의 부식속도는 증가, 아연의 부식속도는 감소, 그리고 구리의 부식속도는 일정하게 나타났다. 대기부식은 이슬점보다 훨씬 낮은 습도에서 진행되고 또한 절대습도는 큰 변화가 없으므로 온도의 변화는 대기부식에서 주요한 역할을 한다. (상대 습도 = 절대습도/포화습도, %)

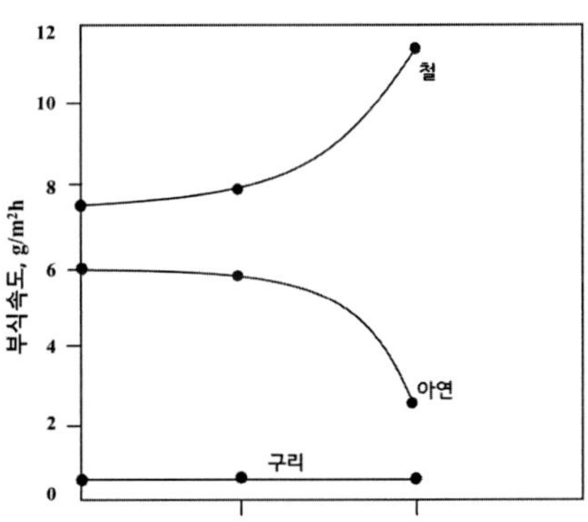

그림 3.11 Fe, Zn, Cu의 대기 부식속도에 미치는 온도의 영향

2) 바람(공기의 이동)

바람의 강도 및 방향은 금속 시험편의 부식에 영향을 미치는데 바람은 시험편의 표면상태 또는 주어진 시험 장소에서 지배적인 대기환경의 형태에 변화를 주기 때문이다. 바람은 금속 시험편의 표면과 대기 공기간의 열전도 및 온도에 영향을 미치고 시험편의 표면에 수분을 응축시키는데 필요한 상대 습도의 변화를 가져오기도 하며 또한 금속 표면에 부식인자의 침적에도 상당한 영향을 가져온다.

해변가에서 바람의 방향은 대기 중의 염분의 농도를 변화시킨다. 또한, 바람에 날려 오는 고형 입자들에 의한 금속 표면의 마모, 해변보호막의 국부적인 손상을 야기시키면 부식기부식을 가속시키게 된다.

3) 태양광(Radiation)

대기부식 시험에서 태양의 조사량은 시험편 표면의 젖음도에 영향을 미침은 물론 도금물질이나 도료 등의 내구성에도 영향을 미친다. 태양광이 금속의 부식에 직접적인 영향을 주지는 않고 반도체성을 띠고 있는 아연이나 구리 등의 부식물질이 자외선에 의해 활성화된다고는 하지만 부식에 미치는 영향은 극히 적다.

그러나 태양광은 보호 유기피막 등의 시효 열화를 야기시키고 특히 다습한 분위기에서는 보호피막에 해를 입힘으로써 하지 금속의 부식을 촉진시키는 결과를 초래한다. 자외선이 광화학적 시효 열화를 촉진시키는 반면 적외선은 표면의 온도를 100℃ 이상으로까지 증가시켜 열적 열화를 가속시키게 된다.

3.2.2 대기부식의 환경

[1] 해안 환경

해안 대기의 유형은 미세 바람에 퍼진 염화물 입자가 표면에 부착되는 특징이 있다. 해양 환경의 부식성은 해안의 지형, 해안선에서 파도 활동, 바람의 방향 및 속도와 상대 습도에 의존적이다. 부식성은 해안으로부터 거리가 증가함에 따라 감소하지만, 강한 폭풍은 염분 입자를 내륙 15km 정도까지 운반시킬 수 있다.

염분은 해양 안개와 바람에 날린 물보라 방울에 의해 강 표면에 부착된다. (NaCl의 부착 속도는 15 $mg \cdot m^{-2} day^{-1}$보다 크다). 염분은 상대 습도가 약 55%를 초과하면 심각한 부식을 야기시킨다. 이 환경은 높은 갈바닉 부식 및 보호 코팅 시스템의 열화를 가속, 많은 구조 재료에 매우 심각한 부식 손상을 일으키는 염분이 가득차고 해양에 근접한 특징이 있다. 해양 대기는 보통 부식성 매우 높으며, 주요 원인은 염화나트륨에서 파생된 염화 이온이다.

해양 분위기는 바람에 의해서 야기된 해수 염들의 작은 입자들로 구성되어 있다. 염에 의한 부식의 정도는 해안으로부터 멀어질수록 감소하고 또한 바람의 흐름에 크게 영향을 받는다. 해양대기는 파도와 심한 비산이 일어나는 해수면 위의 공간도 포함된다. 그림 3.12는 해안가로부터 내륙으로 비산하는 비래염분량을 추정한 것이다.

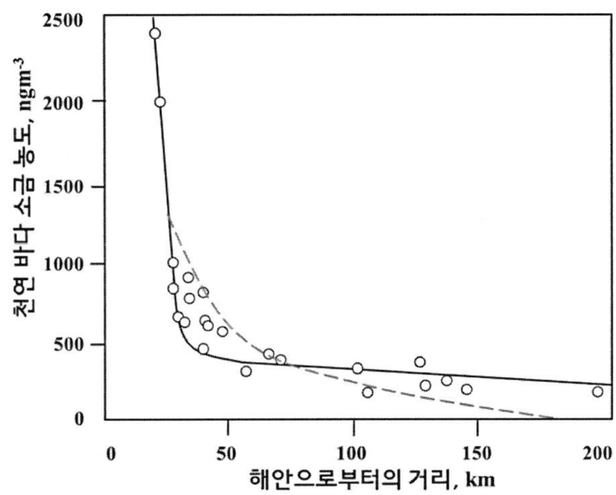

그림 3.12 해안가로부터의 비래염분량(추정)

[2] 공업 환경

공업 대기는 중공업 생산 설비와 관련되어 있으며, 이산화황, 황화수소, 염화물, 인산염과 질산염의 농축을 포함할 수 있다. 공업 환경에서 부식의 가장 중요한 원인은 자동차 연료 및 발전소의 화학 연료의 연소에 의해 생성된 황산화물과 질소산화물이다.

공기 중의 오염물질이 금속 표면 위에 부착되었을 때, 임계 상대 습도가 60%로 떨어지면 금속이 부식된다. 공업 대기는 황 화합물에 의한 공해로 특정될 수 있으며, 석탄이나 화석 원료가 탈 때 형성된 이산화황은 습기로 인해 먼지 입자에 흡착되어 황산이 된다. 이 이산화황은 먼지 입자 위에서의 촉매 반응에 의해서 산화되고, 이 산화물(황산)은 노출된 표면 위에서 미소 물방울에 정착하게 된다. 이산화황과 황산은 함께 존재하기도 한다.

결과적으로 산업현장의 대기 중에 존재하는 오염물과 이슬(또는 안개)이 노출된 금속표면 위에서 매우 부식성이 강하고 두꺼운 산성 피막을 만든다. 화학 공장에서는 정상적인 산업 환경 분위기뿐만 아니라 다른 부식적인 오염물들도 존재한다. 이 오염물들은 산성 황화물보다 더 치명적인 염화물의 형태일 경우가 많다. 산성 염화물에 의한 대부분의 금속 반응성은 인산염이나 질산염 등과 같은 오염물보다 더 크게 나타난다.

[3] 도시 환경

산업 활동이 작은 도시는 전원 대기와 유사하다. 이슬이나 안개, 노출된 표면에 젖은 산성 피막은 부식을 발생시키며, 자동차 및 국내 연료 배기로부터 주로 SO_x, NO_x의 다양한 조성의 오염 물질에 의해 특성화 된다 (SO_2는 부착 속도가 15 $mg \cdot m^{-2} day^{-1}$이상이며, NaCl은 그 이하이다).

[4] 전원 환경

전원 대기는 보통 화학적 오염 물질을 포함하지 않으며, 일반적으로 최소의 부식성을 나타내지만, 유기 및 무기 미립자를 포함한다. 전원 환경은 일반적으로 SO_2와 NaCl의 부착 속도가 15 $mg \cdot m^{-2} day^{-1}$ 이하이다. 주요 부식 요인으로는 수분과 산소, 상대적으로 적은 양의 황산화물(SO_x), 그리고 다양한 연소 제품의 이산화탄소 등의 오염가스로 이루어져 있다. 농장 비료의 분해로 인한 암모니아(NH_3) 또한 존재할 수 있다. 상대 습도가 특정 값을 초과하면 녹이 발생한다. 청정 공기의 임계 상대 습도 값은 약 70%이다.

전원 환경은 일반적으로 금속에 대해 공격적이지 않다. 건조한 대기나 열대의 대기는 전원 대기의 특별한 경우이다. 건조 기후에서는 강우가 거의 없기는 하지만 때때로 높은 상대 습도와 습기의 응축을 일으킨다. 열대 기후에서는 높은 평균 온도뿐만 아니라 낮 동안에 유지되는 높은 상대 습도와 강열한 햇빛, 긴 주기의 응축을 포함한다.

3.2.3 전해질 층 두께에 따른 대기부식

금속이 전해질에 침적되었을 때, 음극 반응은 다음과 같은 산소의 환원 반응과 수소의 환원 반응으로 나누어지는데,

$$O_2 + 2H_2O + 2e^- \rightarrow 4OH^-$$

$$2H^+ + 2e^- \rightarrow H_2$$

일반적으로 pH가 4 이상인 경우는 산소의 환원 반응이, pH가 4 이하인 경우는 수소의 환원 반응이 주요 음극 반응으로 작용한다고 알려져 있다.

일반적으로 대기 중의 pH는 산의 영향을 고려하더라도 약 5.6을 나타내므로, 산소 환원 반응이 대기부식의 주요 음극 반응으로 알려져 있다. 이와 같은 사실을 바탕으로 하여 대기부식 속도의 전해질 두께 의존성을 설명하는 모델이 처음 제안되었는데, 이는 전해질 두께에 따른 대기부식 거동을 가장 잘 설명한 모델로서 받아들여지고 있다.

그림 3.13은 전해질 두께에 대한 대기부식 거동은 전해질의 두께 별로 아래와 같이 구분할 수 있다;

① 건조 대기부식(dry atmospheric corrosion, 전해질 두께: < 10nm)
② 습윤 대기부식(moist atmospheric corrosion, 전해질 두께: 10nm～1μm)
③ 젖음 대기부식(wet atmospheric corrosion, 전해질 두께: 1μm～1mm)
④ 완전 침적 대기부식(complete immersion, 전해질 두께: > 1mm)

전해질 두께가 Nernst diffusion layer보다 두꺼울 때는 대기부식 반응은 대기 중에서 금속/전해질 계면으로의 O_2의 확산 과정에 의해 율속되며, 부식속도는 전해질 두께에 무관한 일정한 값을 나타낸다(Ⅳ영역).

전해질 두께가 감소하여 Nernst 확산층보다 작아지면, 전해질 두께가 감소함에 따라 O_2의 확산 속도가 증가하여 전해질 두께가 감소함에 따라 부식속도는 증가하게 된다(Ⅲ영역). 이에 반하여 양극 용해는 전해질 두께가 감소함에 따라 더불어 감소하게 되는데, 전해질 두께가 더욱 감소하게 되면, 양극 용해 반응이 율속 단계가 되어 전해질 두께가 감소함에 따라 부식속도는 감소하다가(Ⅱ영역), 금속 위에 형성된 전해질이 완전히 없어지면 부식은 더 이상 일어나지 않는다(Ⅰ영역).

[1] 건조 대기부식

가스 상태의 산소가 금속과 반응하여 금속표면에 산화물을 형성하는 경우이다. 생성된 산화물이 보호성을 가진다면 금속표면을 보호하는 표면층을 형성하여 더 이상의 산화를 막아 줄 것이다. Al이나 Al-Mg합금의 경우 공기 중에서 자연적으로 형성된 산화피막의 두께는 10~30Å 정도이다.

[2] 습윤 대기부식

금속과 습윤 공기의 화학적, 전기화학적 상호작용은 금속표면에 흡착된 수분층에 의해 야기된다. 습기 하에서 흡착층의 두께는 보통 1~18개의 물분자층을 이루어진다. 부식속도는 습도에 따라 다르며 흡착된 물분자층 내에 금속의 이온화 촉진 성분들이 존재할 때 급격히 증가한다. 이러한 현상은 금속의 표면 탈부동태와 관련이 있으며 흡착된 음이온들이 양극반응의 가속화에 기여한다.

[3] 젖음 대기부식

실제 대기 하에서 비가 내렸을 때, 눈이 와서 녹은 경우, 이슬이나 안개 혹은 습기의 응축에 의해서 눈에 보일만큼의 두꺼운 전해질 피막을 형성한 경우 일어나는 부식형태이다. 가시적 전해질 피막 아래에서 일어나는 금속의 부식은 동일한 공기 오염에서 흡착 수막 아래에서보다 몇 배 이상 빠르게 진행된다.

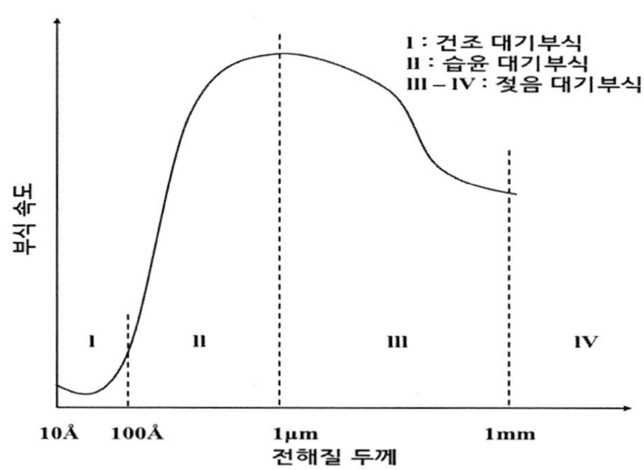

그림 3.13 전해질 두께에 따른 부식속도의 의존성

3.2.4 대기부식 연구방법

대기부식은 가장 오래전부터 연구되어 온 부식분야이며 전기화학적 방법을 적용시키기 어려운 이유로 무게감소 또는 증가량 측정, 육안검사, 그리고 부식생성물 분석 등의 방법이 이용되어 왔다.

무게 감소 또는 증가량 측정은 부식이 진행됨에 따라 무게의 감소나 증가를 측정하여 부식속도를 결정하는 방법이다. 실제 대기부식 분위기하에 직접 노출시켜 부식속도를 측정할 수 있는 방법이나, 오랜 시간이 소요되고 정확성이 떨어지며 구체적인 부식 기구를 연구하기 어렵다는 단점이 있다. 육안 검사 방법은 부식 생성물을 직접 눈으로 관찰하거나 사진을 찍어서 부식의 진행을 연구하는 방법이다. 또한, 부식생성물의 성분을 분석함으로써 부식 기구를 연구하는 방법 등이 쓰여 왔다.

보통 부식 생성물은 높은 저항을 갖기 때문에 저항의 증가를 측정함으로써 부식의 진행을 관찰할 수 있으며 부식생성물의 빛 흡수성이나 산란을 이용한 빛 반사법 등이 사용되고 있다.

또한, 서로 다른 두 금속의 갈바닉 쌍을 형성하여 대기부식 분위기하에 위치시키고 부식이 진행됨에 따라 흐르는 갈바닉 전류를 측정하여 두 금속 중에 더욱 부식성이 강한 금속의 부식성질을 알 수 있는 대기부식 감시기(Atmospheric Corrosion Monitor) 등이 있고, 부식의 진행에 따른 산소의 감소량을 측정하여 부식속도를 결정하는 방법과 Kelvin 프로브를 이용하여 금속의 전위를 측정하는 방법들이 이용되고 있다. 또한, 대기부식 분위기하에서 부식의 진행에 따른 부식전위의 변화를 오랜 시간에 걸쳐 관찰함으로써 대기부식생성물의 보호성을 평가하기도 한다.

[1] 대기부식 감시기

서로 다른 두 금속판 사이에 얇은 부도체 판을 넣어 전기적으로 분리시키고 부식 분위기하에 노출시킨 후 두 금속 사이에 흐르는 갈바닉 전류를 측정함으로써 부식속도를 예측하는 방법이다. 대기부식 감시기는 부식 분위기 변화에 따른 연속적인 관찰이 가능하므로 무게감소 데이터보다 훨씬 많은 정보를 제공한다. 즉, 하루 동안의 낮과 밤의 습도 변화에 따른 부식경향을 알 수 있으며 젖음시간(TOW, Time of Wetness)를 측정할 수 있을 뿐만 아니라, 대기환경의 부식성을 평가하는데 사용된다.

일반 강이나 탄소강 재료의 경우 용존산소의 환원이 부식을 진행시키는 원동력이 되기 때문에 표면이 수분에 젖어 있는 시간인 TOW를 측정하여 부식율을 평가하고 여러 대기 환경에서 부식에 영향을 미치는 임계습도를 알 수 있는 유용한 방법이다. 그러나 환경적인 면을 측정하는 방법이므로 재료의 특성에 대한 정보나 부식측정의 가속화를 기대하기는 어렵다.

[2] Kelvin 프로브 측정법

얇은 수막이 덮여 있는 금속의 부식포텐셜을 측정하는데 사용되는 방법이다. 일반적인 측정은 기준전극을 사용하지만, 두께가 마이크로 단위로 내려가는 얇은 막의 경우 포텐셜의 측정이 용이하지 않게 된다.

건조 금속의 부식포텐셜을 측정하는 Kelvin 프로브의 원리는 시편 위에 떠있는 백금으로 된 Kelvin 진동자를 진동시키면 시편과 백금판 사이로 전류가 흐르는데 PSD(phase sensitive detector)를 이용하면 진동자주파수의 미세전류를 측정할 수 있다. 시편과 백금판 사이에 전류가 더 이상 흐르지 않게 외부전압을 걸어주면, 이 전압이 금속의 포텐셜이고, 이 포텐셜은 부식포텐셜과 비례관계를 가지므로 건조한 금속표면의 부식포텐셜을 측정할 수 있게 된다.

이 측정방법은 산소의 소모량으로 부식율을 계산하는 장치와 함께 사용되어 부식포텐셜과 부식율에 관한 데이터를 동시에 얻을 수 있다. 장기적인 전체 부식율을 얻기보다는 젖음/건조 천이 시 부식 메커니즘 등 미세한 부식현상에 대한 정보를 얻는데 적합한 측정법이다.

[3] 염수분무시험과 코로드코트(Corrodkote) 측정법

염수분무시험은 해수와 직접 접촉이 가능한 환경에 적용하는 측정법으로 오래 전부터 사용한 유용한 방법이지만 측정기간이 긴 단점이 있다. 코로드코트 측정법은 부식성 슬러리(slurry)의 영향을 평가하기 위해 고안된 측정법인데 탄소강, 아연합금, 알루미늄 합금 등의 재료에 니켈/크롬이나, 구리/니켈/크롬이 도금되어 있는 재료에 대하여 적용하는 측정법이다.

[4] 반복 침지시험

장기적인 여러 대기환경에서 부식특성 및 부식율을 평가하기에 가장 적합한 가속화측정법이다. 환경에 노출되어 있는 금속의 경우 새벽과 같이 온도가 이슬점 이하로 내려가면 금속표면에 수분이 맺히게 된다. 이렇게 발생된 수분은 낮이 되면서 마르게 된다. 이러한 자연적인 현상은 기후와 금속이 처한 환경 등에 따라 달라지므로 정량화하기에는 어려움이 있으나 분명한 것은 환경에 노출된 금속은 끊임없이 젖음/건조를 하며 부식이 진행되고 그 양은 금속이 완전히 건조된 동안의 부식을 무시할 정도로 크다. 이것이 반복 침지시험 측정법이 대기부식을 가속화시키는 원리이다.

재료의 서비스 환경에 따라 적시는 용액의 성분을 선택하여 해안대기, 공업지역대기 등 여러 환경조건을 모사할 수 있으며, 건조시간을 조절하여 주어진 조건 내에서 가속화 정도를 조절할 수 있다. 이 측정법에 전기화학적 전위 측정 장치를 부착하여 개발된 방법이 전기화학적 젖음 및 건조 측정법으로 장기 대기부식에 대한 정보를 얻기에 용이한 측정법이다.

3.3 대기부식지도 작성방법

3.3.1 시험합금

시험 합금은 탄소강, 내후성강, 구리, 알루미늄, 아연도강(절단면 노출), 아연도강(절단 후 전기도금), 탄소강(샌드블라스팅, Sand), 내후성강(Sand), 그리고 갈바리움(절단면 노출) 시편에 대하여 그림 3.14와 같이 제작하여 옥외폭로 시험을 행하였다. 탄소강, 내후성강, 구리, 알루미늄 시편은 후처리 하지 않은 표면 상태이며 아연도강(절단면 노출), 아연도강(절단 후 전기도금), 탄소강(Sand), 내후성강(Sand), 갈바리움(절단면 노출)은 후처리를 한 표면 상태이다.

모든 시편에 대하여 알코올 초음파 세척 후, 표면적, 무게측정, 디지털 카메라로 외관을 촬영한다. 표 3.1은 옥외폭로시험시편의 화학적 조성을 나타내었으며, 표 3.2는 옥외폭로시험시편의 초기상태를 나타내었다.

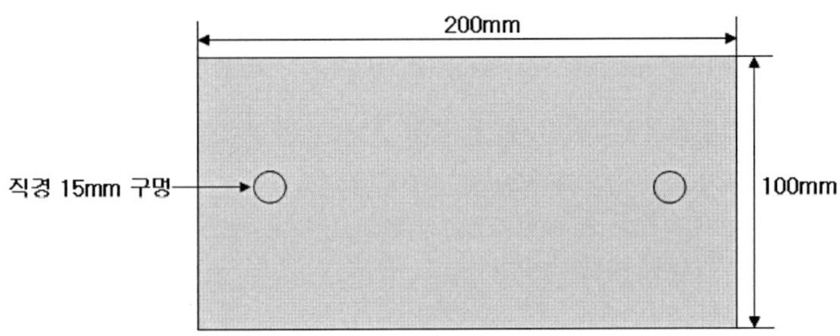

그림 3.14 옥외폭로시험시편

[표 3.1] 옥외폭로시험시편의 화학 조성

Alloys	C	Si	Mn	Ni	P	S	Cu	Cr	Al	Ti	Zn	Fe
CS	0.452	0.155	0.678	0.01	0.019	0.003	0.008	-	-	-	-	Bal.
WS	0.07	0.46	0.40	0.14	0.101	0.005	0.27	0.39	-	-	-	Bal.
Gal-S	0.452	0.155	0.678	0.01	0.019	0.003	0.008	-	-	-	-	Bal.
Gal-V	0.04	0.302	0.228	-	0.019	0.009	-	-	-	-	-	Bal.
Cu	-	-	-	-	0.035	-	99.98	-	-	-	-	-
Al	-	0.08	-	-	-	-	0.002	-	99.5	0.03	0.002	0.3

[표 3.2] 옥외폭로시험시편의 초기상태

시편종류	기호	표면처리	밀도 (g/cm³)	표면적 (cm²)	초기무게 (g)
탄소강	CS	-	7.87	406.14	245.3125
탄소강(Sand)	CS(Sand)	샌드블라스팅	7.87	406.70	245.2625
내후성강	WS	-	7.87	411.34	357.6000
내후성강(Sand)	WS(Sand)	샌드블라스팅	7.87	410.92	356.8000
아연도강(절단면 노출)	Gal-S	용융아연도금	7.14	402.46	484.3250
아연도강(절단후 전기도금)	Gal-S(P)	전기도금	7.14	405.67	243.3375
갈바리움(절단면 노출)	Gal-V	용융아연도금	7.14	398.51	83.8474
구리	Cu	-	8.94	401.69	178.3230
알루미늄	Al	-	2.70	417.75	53.0340

3.3.2 옥외폭로시험

KS D0060-2005에 의거하여 옥외폭로시험 장치를 제작하였으며, 그림 3.15는 시편을 설치하기 전의 옥외폭로시험 장치를 보여주고 있다. 그림 3.16은 시편설치를 완료한 후 사진이다.

그림 3.17은 설치과정으로서, 시편과 볼트와의 접촉을 방지하기 위하여 테플론으로 볼트를 감아준다(a). 그리고 볼트에 하부 절연 스페이서 10mm를 체결한 후(b), 하부 절연 스페이서 위에 시편, 상부 절연 스페이서 2mm, 와셔, 너트 순으로 체결한다(c). 그리고 옥외폭로시험장치의 각도 변경 암을 이용하여 폭로 받침대의 경사를 45°로 한다(d). 옥외폭로시험 장치는 일조량이 항상 일정하고 통풍이 잘되며 풍향과 풍속에 제약을 받지 않는 평탄한 지반에 설치하였으며, 측정 장소에서 정남향으로 설치하였다.

그림 3.18은 옥외폭로시험 장소를 나타내었다. 안동, 조치원, 아산, 서산, 당진, 서울 신촌동, 서울 안암동, 광주, 고양, 수원, 안산, 부산, 인천, 울산, 포항(RIST), 포항(월포), 강릉, 춘천, 목포, 군산, 광양 등 21개 지역에서 1, 3, 6, 12, 24, 36개월간 옥외폭로시험을 행하였다.

그림 3.15 옥상에 설치된 옥외폭로시험 장치

그림 3.16 시편 설치 후 사진

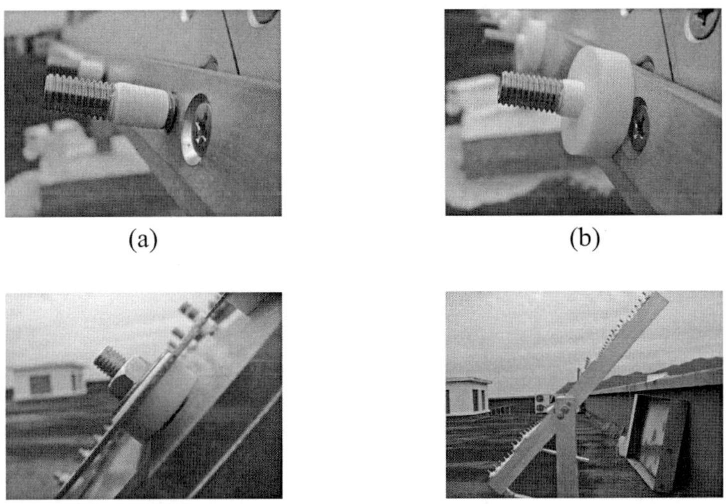

(a)　(b)

(c)　(d)

그림 3.17 시편설치 방법

그림 3.18 옥외폭로시험 장소

그림 3.19 부식환경 측정 장비 설치 후 사진

3.3.3 부식환경인자 측정

본 연구에서는 대기부식의 여러 부식환경인자 중 금속재료의 부식에 가장 영향을 많이 주는 젖음시간(time of wetness: TOW), 이산화황(SO_2), 염화물(Cl^-)에 대해서 측정하였다.

부식환경 측정장치는 그림 3.19와 같이 옥외폭로시험장치 옆에 설치하여 실제 노출 환경과 동일한 조건으로 환경인자를 측정하였다. 그림 3.20(a)는 부식환경 측정 장치를 나타낸 사진이다. 그림 3.20(b)의 온도 및 습도 측정 장치를 이용하여 TOW를 측정하였으며, TOW는 대기조건이 금속 또는 합금 표면 위에 습기를 형성하기에 우세한 기간을 두고 말한다. 이는 상대 습도가 80%를 초과하고 온도는 0℃를 상회하는 동안의 시간을 의미한다. 그림 3.20(c)는 이산화황과 염화물 포집장치이다. SO_2 농도를 결정하기 위해서 알칼리 판을 이용하는 황산화법을 사용하였으며, 대기의 염화물을 측정하기 위하여 건조 거즈(Dry gauze)법을 사용하였다. 건조 거즈법은 일정 면적을 가진 두 겹의 거즈를, 비로부터 차단된 보호집(shelter) 내에서 대기 중에 일정 기간 노출시킨 후 거즈 표면에 염화물이 포집되면 이온 크로마토그라피(IC, Ion chromatography) 방법을 사용하여 분석하였다.

(a) (b) (c)

그림 3.20 부식환경 측정 장치

3.3.4 부식속도 산출

옥외폭로 후 기본소재 시편의 부식속도는 시편의 부식 생성물 제거로 인한 무게감소를 이용하여 부식속도를 산출하였다(KS D ISO 8407). 부식속도를 산출하는 식은 다음과 같으며, 표 3.3의 ISO 부식등급기준으로 각 시편의 등급을 나타내었다.

$$\text{Corrosion rate: } mm/y = \frac{87.6 \times W}{DAT}$$

W: 무게 감소량(mg), D: 밀도(g/cm^3), A: 노출면적(cm^2) T: 노출시간(h)

[표 3.3] ISO 9224:1992(단위:㎛), 첫 10년 평균부식속도 기준

부식등급	탄소강	내후성강	아연도강	구리	알루미늄
1	< 0.5	< 0.1	< 0.1	< 0.01	< 0.01
2	0.5~5	0.1~2	0.1~0.5	0.01~0.1	0.01~0.025
3	5~12	2~8	0.5~2	0.1~1.5	0.025~0.2
4	12~30	8~15	2~4	1.5~3	국부부식
5	30~100	15~80	4~10	3~5	국부부식

부식 생성물 제거방법은 KS규격에 의거하여 실험방법을 채택하였다. 관련규격은 KS D ISO 8407 '금속 및 합금의 부식-부식 시험편에서 부식 생성물 제거'이며, 예비실험을 거쳐서 결정한 부식생성물 제거 조건은 아래 표 3.4와 같다.

[표 3.4] 부식생성물 제거를 위한 화학적 세척 조건(예)

부식등급	탄소강	내후성강	아연도강	구리	알루미늄
C.1.2	알루미늄	질산(ρ=1.42g/ml) 1L	3min	20℃	0g
C.1.2	구리	100ml 황산(ρ=1.84g/ml)에 증류수를 첨가하여 1L	2min	20℃	0g
C.3.4	탄소강, 내후성강	200g 구연산암모늄 $[(NH_4)_2HC_6H_5O_7]$에 증류수를 첨가하여 1L	20min	80℃	탄소강:1.4g 탄소강(Sand):2.1g 내후성강:1.6g 내후성강(Sand):0.9g
C.9.2	아연도강, 갈바리움	100g 염화암모늄(NH_4Cl)에 증류수를 첨가하여 1L	4min	70℃	아연도강:0.1g 갈바리움:0g

부식생성물 제거 절차는 다음과 같다.

1) 모든 시편에 대하여 1L 비커에 해당 용액을 넣고 정해진 시간 동안 침지한 후 흐르는 물에서 솔로 부식생성물을 제거한다(시편크기가 1L 비커보다 크므로 뒤집어서 반복실험을 행한다. 단, 시편의 중간부분은 두 번 침지되나 시험 후 무게에 모재 변화량을 합해주므로 무시한다).

2) 1번 과정을 거친 뒤 시편을 1L 비커에 증류수를 넣고 5분간 초음파 세척을 한다(시편크기가 1L 비커보다 크므로 뒤집어서 반복 세척한다).

3) 2번 과정 후, 시편을 자연 건조 또는 인공 건조 시킨 뒤 무게를 측정한다(무게 변화량을 정

확히 알기 위하여 0.1mg 단위의 저울을 사용하며, 부득이 할 경우 최대 0.1g 단위의 저울을 사용한다).

4) 부식 생성물 제거 시, 모재부가 용해될 수 있으므로 동일 조건에서의 시험을 통하여 구한 모재의 무게 감소량을 부식시편 무게변화량을 구할 때 제외하여 주여야 한다. 모재의 용해 여부와 용해량은 보관용 시편에 대해서 실시하여 구한다. 아래 표에 제시한 모재의 무게 감소량은 보관용 시편의 경우임을 유의하여야 한다.

ex)
탄소강 시편의 부식 생성물 제거 전 시편 무게 : 254.7g ①
탄소강 시편의 부식 생성물 제거 후 시편 무게 : 242.8g ②
부식생성물 제거 시험과 동일한 조건에서 탄소강 모재(보관용) 무게 변화량 : 1.4g ③
∴실제 무게감량 = ① - ② - ③ = 10.5g

3.4 부식성 지도 및 부식 지도

3.4.1 우리나라의 부식성 지도

그림 3.21은 2001년부터 2010년까지 10년간 평균 분기별 젖음시간 등급 지도를 나타낸 것이다. 2, 3분기의 젖음시간 등급이 4등급으로 1, 4분기의 3등급보다 높게 나타났으며, 계절적으로 강수량이 많은 2분기의 젖음시간 등급이 가장 높게 나타났다.

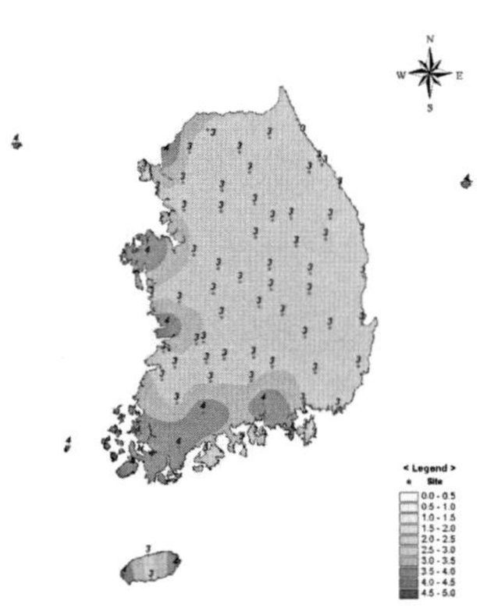
(a) 1분기

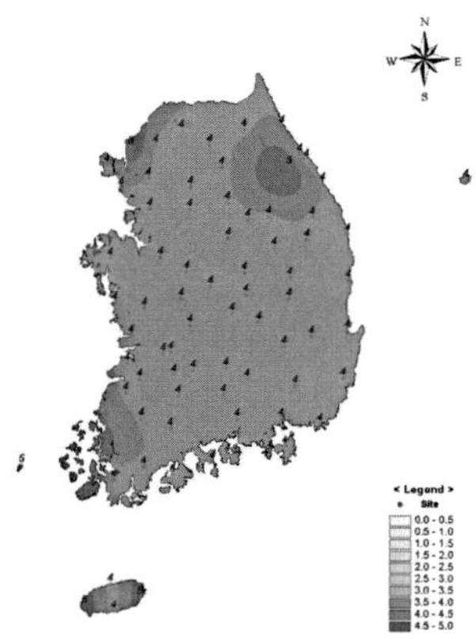
(b) 2분기

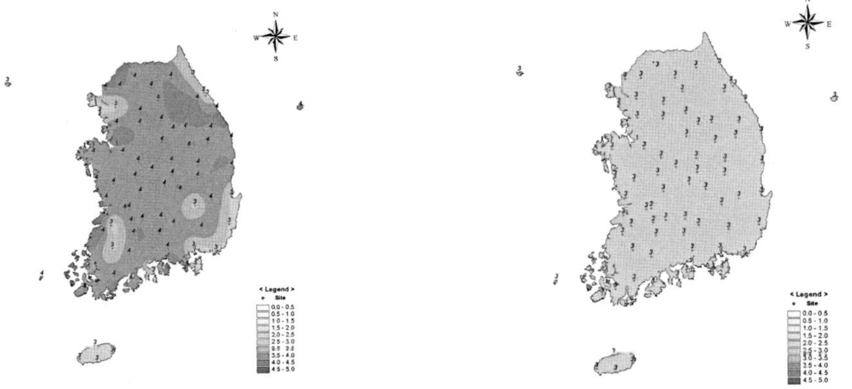

(c) 3분기 (d) 4분기

그림 3.21 10년간 평균 분기별 젖음시간 등급 지도(2001~2010)

우리나라 10년간 평균 젖음시간 등급 지도를 그림 3.22에 나타내었다. 전체적으로 젖음시간은 3~4등급으로 젖음시간 등급이 높게 나타났으며, 해안가 주위 지역은 주로 4등급을 나타내었으며, 내륙 지역은 3등급을 보이는 지역이 많다.

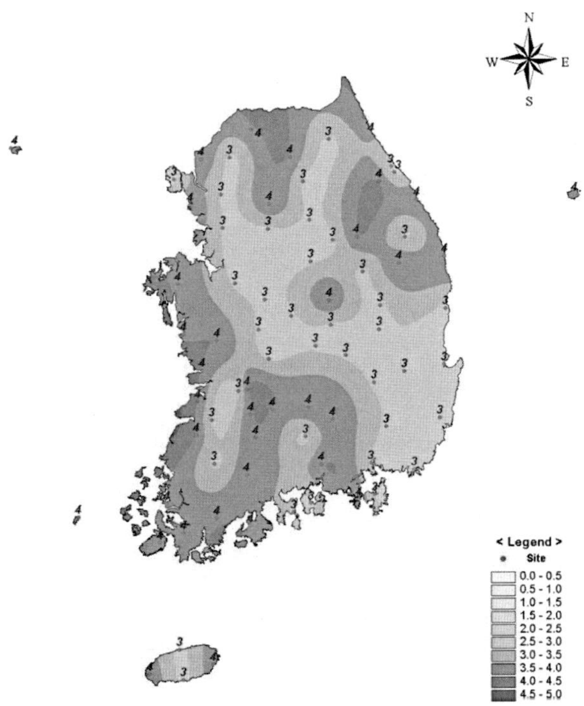

그림 3.22 10년간 평균 젖음시간 등급 지도(2001~2010)

표 3.5는 젖음시간(TOW), 아황산가스(SO_2), 염화물(Cl^-)의 등급기준을 나타내었으며, 표 3.6은 환경인자의 등급에 따른 탄소강, 아연, 구리 및 알루미늄의 부식등급 기준을 나타내었다. 표 3.7은 대기의 부식성 등급 기준을 나타내었다.

환경인자 등급을 기준으로 표 3.8에 각 지역별 환경인자에 따른 금속의 부식등급을 책정하였다. 탄소강은 주로 C2-C3등급으로 나타났으며, 아연, 구리 및 알루미늄은 C3등급으로 나타났다. 그림 3.23은 대기환경인자에 따른 탄소강, 아연, 구리 및 알루미늄의 대기부식성 지도를 나타내었다.

[표 3.5] 환경인자(젖음시간, SO_2, Cl^-) 등급기준

Wetness Class	Hours wet per year	SO_2 Class	Deposition rate (mg/m^{2}day)	Cl− Class	Deposition rate (mg/m^{2}day)
T1	< 10	P0	< 10	S0	< 3
T2	10 - 250	P1	10 - 35	S1	3 - 60
T3	250 - 2,600	P2	36 - 80	S2	61 - 300
T4	2,600 - 5,200	P3	81 - 200	S3	> 300
T5	> 5,200				

[표 3.6] 환경인자 등급에 따른 부식등급 기준

(1) Carbon steels

	T2			T3			T4			T5		
	S0-S1	S2	S3	S0-S1	S2	S3	S0-S1	S2	S3	S0-S1	S2	S3
P0-P1	1	2	3-4	2-3	3-4	4	3	4	5	4	5	5
P2	1-2	3-4	3-4	3-4	3-4	4-5	4	4	5	5	5	5
P3	2	3	4	4	4-5	5	5	5	5	5	5	5

(2) Zinc & Copper

	T2			T3			T4			T5		
	S0-S1	S2	S3	S0-S1	S2	S3	S0-S1	S2	S3	S0-S1	S2	S3
P0-P1	1	1 - 2	3	3	3	3 - 4	3	4	5	3 - 4	5	5
P2	1 - 2	2	3	3	3 - 4	4	3 - 4	4	5	4 - 5	5	5
P3	2	3	3 - 4	3 - 4	4	4 - 5	4 - 5	5	5	5	5	5

(3) Aluminum

	T2			T3			T4			T5		
	S0-S1	S2	S3	S0-S1	S2	S3	S0-S1	S2	S3	S0-S1	S2	S3
P0-P1	1	2 - 3	4	3	3 - 4	4	3	3 - 4	5	4	5	5
P2	1 - 2	3 - 4	4	3	4	4 - 5	4	5	4 - 5	4 - 5	5	5
P3	3 - 4	4	4	3 - 4	4 - 5	5	4 - 5	5	5	5	5	5

[표 3.7] 대기의 부식성 등급 기준

Class	Corrosivity
C1	Very low
C2	Low
C3	Medium
C4	High
C5	Very high

[표 3.8] 각 지역별 환경인자에 따른 금속의 부식등급

No.	설치 위치	TOW	SO_2	Cl^-	부식등급		
					Carbon steels	zinc & copper	aluminum
1	경기도 고양시	T3	P0	S0	C2-C3	C3	C3
2	광주광역시	T3	P0	S0	C2-C3	C3	C3
3	수원시	T3	P0	S0	C2-C3	C3	C3
4	울산광역시	T3	P1	S1	C2-C3	C3	C3
5	서울시 신촌동	T3	P0	S1	C2-C3	C3	C3
6	경북 안동시	T3	P0	S0	C2-C3	C3	C3
7	충남 아산시	T3	P0	S0	C2-C3	C3	C3
8	경기도 안산시	T3	P0	S0	C2-C3	C3	C3
9	충남 조치원	T3	P0	S0	C2-C3	C3	C3
10	인천광역시	T4	P0	S0	C3	C3	C3
11	포항시(월포 해수욕장)	T4	P0	S1	C3	C3	C3
12	포항시(RIST)	T3	P0	S0	C2-C3	C3	C3
13	서울시 안암동	T3	P0	S0	C2-C3	C3	C3

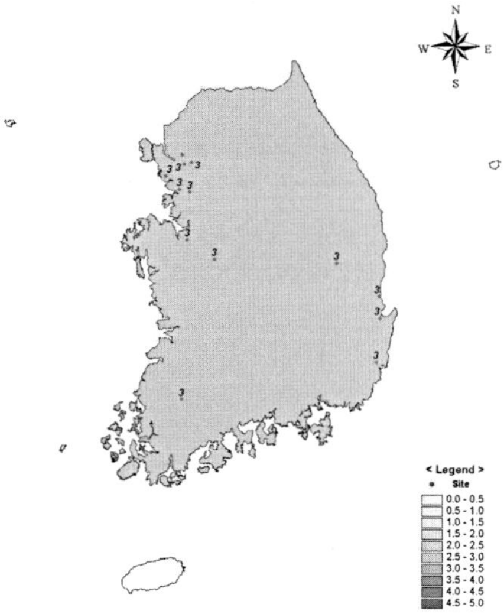

(a) 탄소강

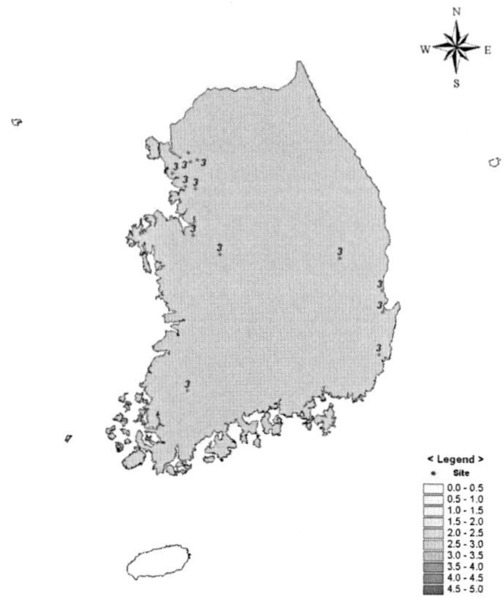

(b) 아연&구리

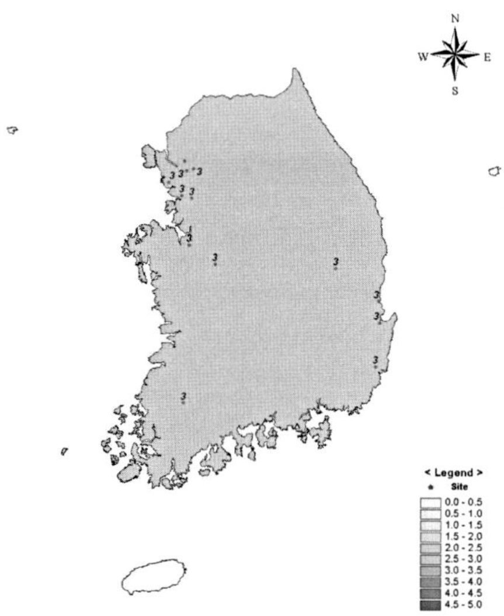

(c) 알루미늄

그림 3.23 대기환경인자에 따른 금속의 대기부식성 지도

3.4.2 외국의 부식성 지도

이미 세계 각국에서는 자국의 대기부식성 지도에 대하여 작성을 완료하고 보고하였다. 논문 등을 통하여 보고된 국가를 나열하여 아르헨티나, 브라지, 캐나다, 중앙아메리카, 칠레, 중국, 콜롬비아, 인도, 쿠바, 일본, 미국, 멕시코, 포르투갈, 남아프리가, 스페인, 영국, 베네주엘라, 뉴질랜드, 베트남 등이 있으며, 그림 3.24 ~ 그림 3.29에 나타내었다.

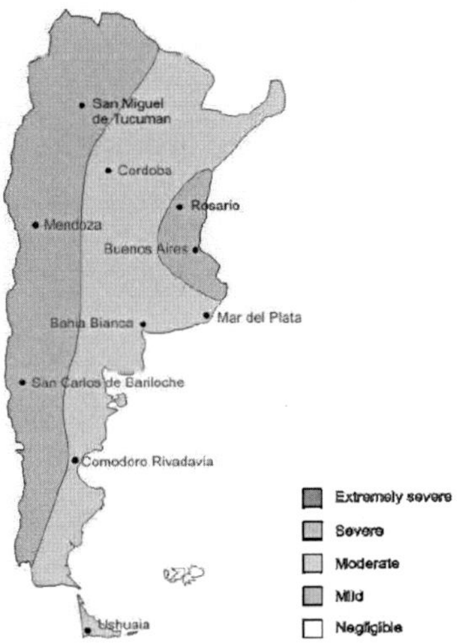

(a) Argentina

(b) Brazil

(c) Canada

그림 3.24 Argentina, Brazil, Canada의 대기부식성 지도

(a) Central America

(b) Chile

(c) China

그림 3.25 Central America, Chile, China의 대기부식성 지도

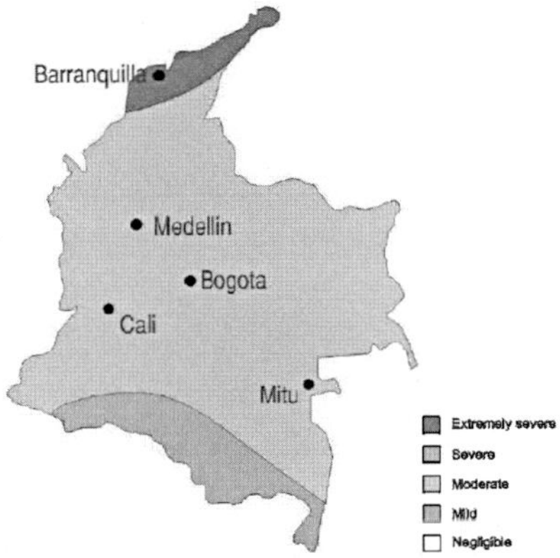

(a) Colombia

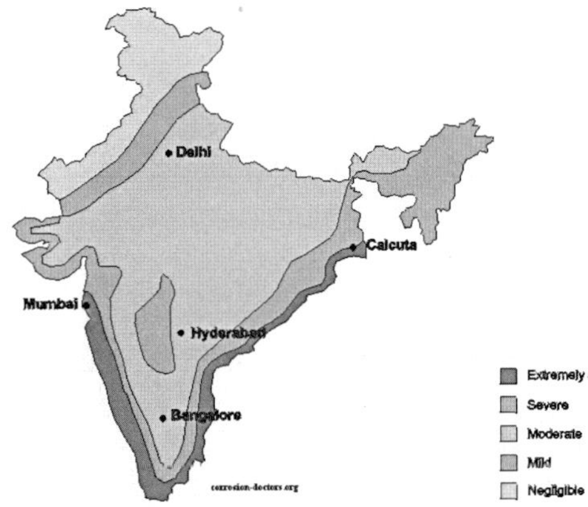

(b) India

(c) Cuba

그림 3.26 Colombia, India, Cuba의 대기부식성 지도

(a) Japan (b) USA

(c) Mexico

그림 3.27 Japan, USA, Mexico의 대기부식성 지도

(a) Portugal

(b) South Africa

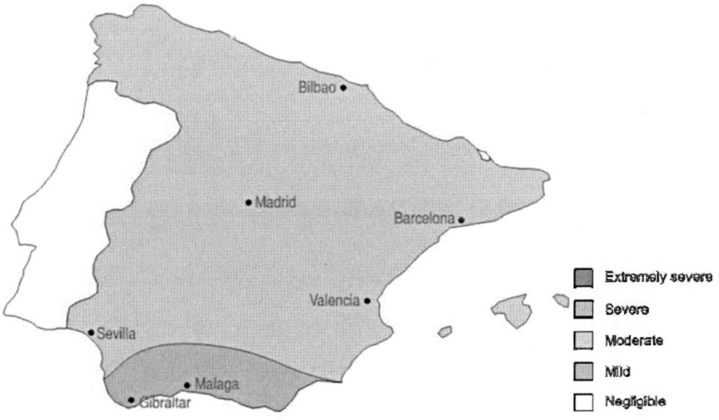

(c) Spain

그림 3.28 Portugal, South Africa, Spain의 대기부식성 지도

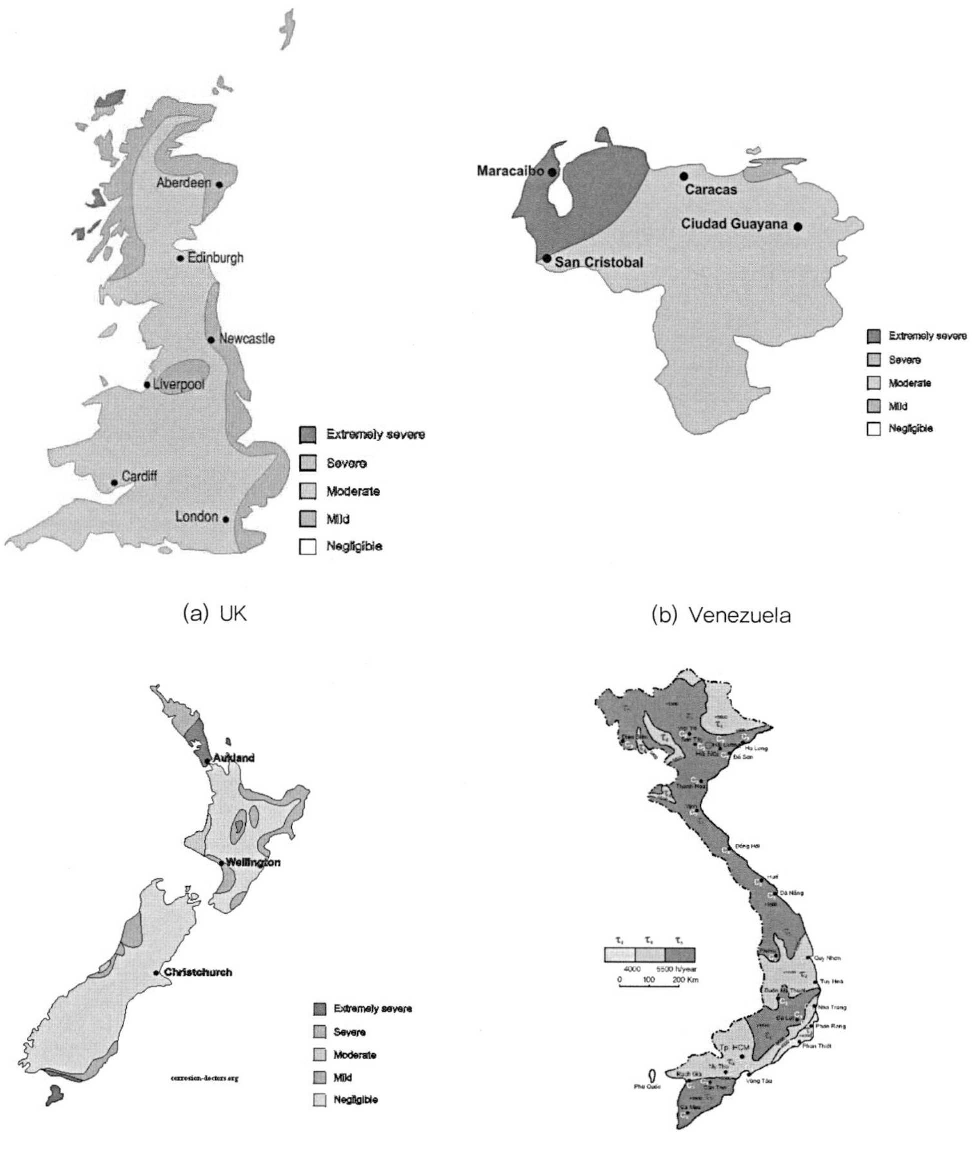

(a) UK (b) Venezuela

(c) New Zealand (d) Vietnam

그림 3.29 UK, Venezuela, New Zealand, Vietnam의 대기부식성 지도

3.4.3 부식속도에 의한 부식 지도

표 3.9의 금속의 부식속도에 따른 부식등급(um/y, ISO 9224:1992E) 기준으로 20개 지역의 24개월 부식등급을 표 3.10에 나타내었다. 금속의 24개월 부식속도 등급의 경우, 탄소강, 내후성강, 탄소강(Sand) 및 내후성강(Sand)는 부식등급이 주로 3~5등급으로 나타났으며, 아연도강(절단면 노출), 아연도강(절단 후 전기도금), 갈바리윰, 구리 및 알루미늄은 1~3등급으로 부식등급을 나타내었다.

전국 각 지역의 금속 부식속도에 대한 부식등급을 토대로 24개월 부식속도 지도를 그림 3.30 ~ 그림 3.34에 나타내었다. 주로 해안가 주변 지역에서 부식속도가 크게 나타남을 알 수 있다.

[표 3.9] 부식속도에 따른 부식등급(um/y, ISO 9224:1992E) – 첫 10년 평균 부식속도임

부식등급	탄소강 CS, CS(Sand)	내후성강 WS, WS(Sand)	아연도강 Gal	구리 Cu	알루미늄 Al
1	<0.5	<0.1	<0.1	<0.01	<0.01
2	0.5-5	0.1-2	0.1-0.5	0.01-0.1	0.01-0.025
3	5-12	2-8	0.5-2	0.1-1.5	0.025-0.2
4	12-30	8-15	2-4	1.5-3	Local corr
5	30-100	15-80	4-10	3-5	Local corr

[표 3.10] 대한민국 각지에서 측정한 시편의 24개월 부식등급

	가스공사	고려대	부경대	성균관대	순천향대	안동대	연세대	전남대	포항공대(Rist)	포항공대(월포)	항공대	해양대	인하대	홍익대조치원	서산옥외폭로시험장	강릉	강원대	목포	광양	군산대
CS	3	3	4	4	4	3	4	3	4	4	4	4	4	3	-	3	3	4	4	3
CS(Sand)	3	3	3	4	3	2	3	3	4	4	3	4	3	3	4	3	3	4	4	2
WS	4	4	4	5	4	3	4	4	5	4	4	5	3	4	5	3	3	5	4	3
WS(Sand)	4	3	4	5	4	2	4	4	4	4	4	4	3	3	4	3	3	4	4	2
Gal-S	4	3	4	1	3	3	3	2	2	3	4	3	3	4	3	2	3	3	1	3

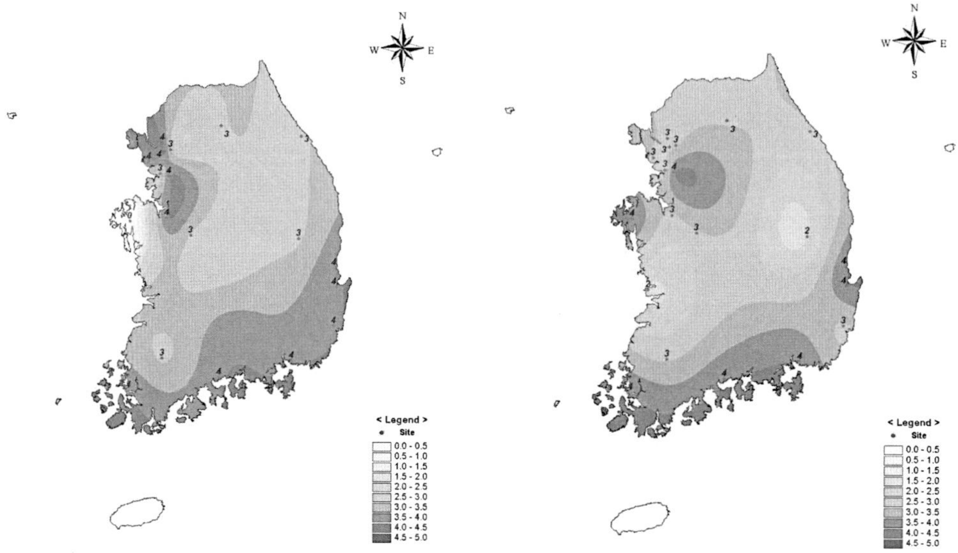

(a) (b)

그림 3.30 (a) 탄소강과 (b) 탄소강(Sand)의 24개월 부식속도 지도

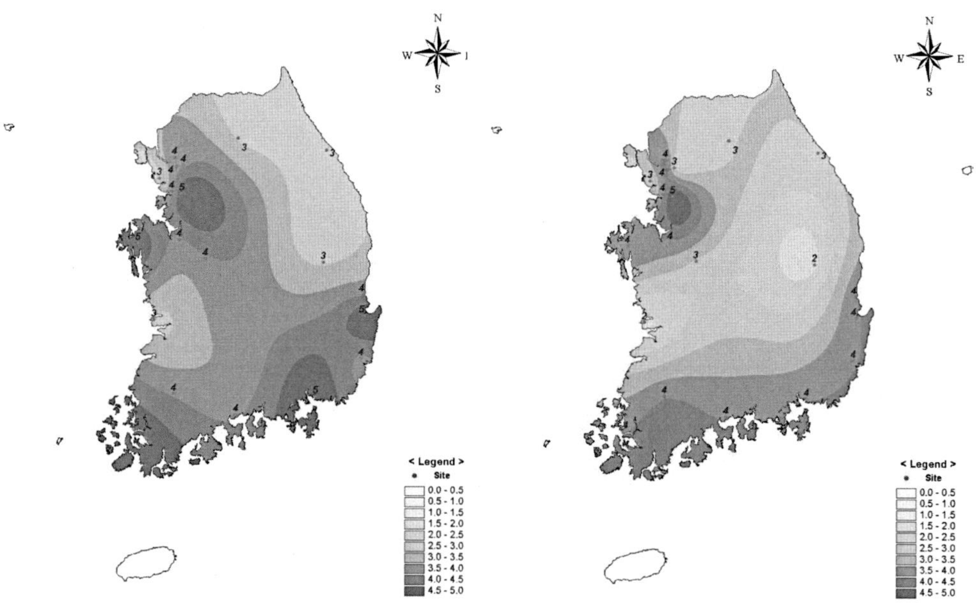

(a) (b)

그림 3.31 (a) 내후성강과 (b) 내후성강(Sand)의 24개월 부식속도 지도

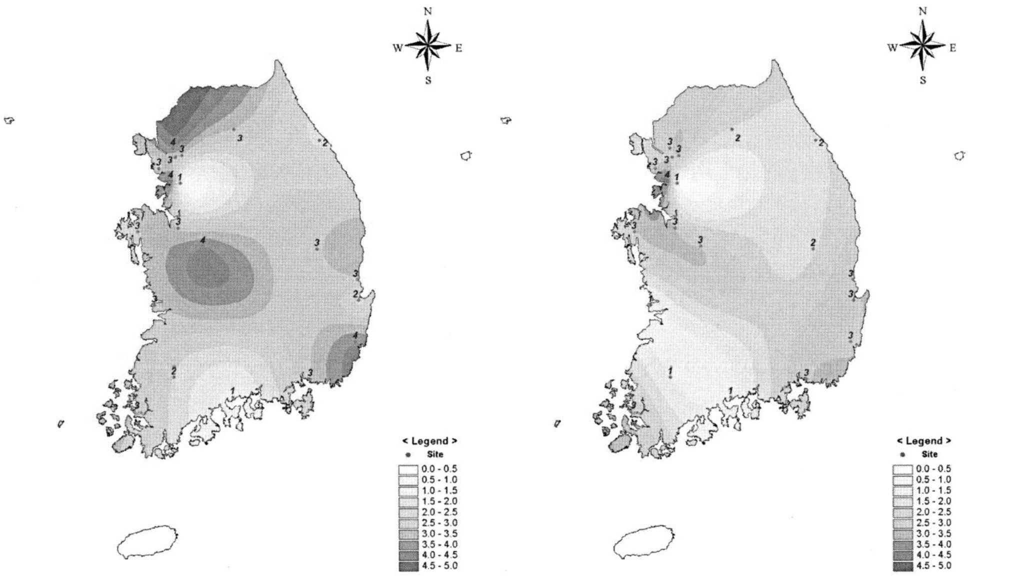

(a) (b)

그림 3.32 (a) 아연도강(절단면 노출)과 (b) 아연도강(절단 후 전기도금)의 24개월 부식속도 지도

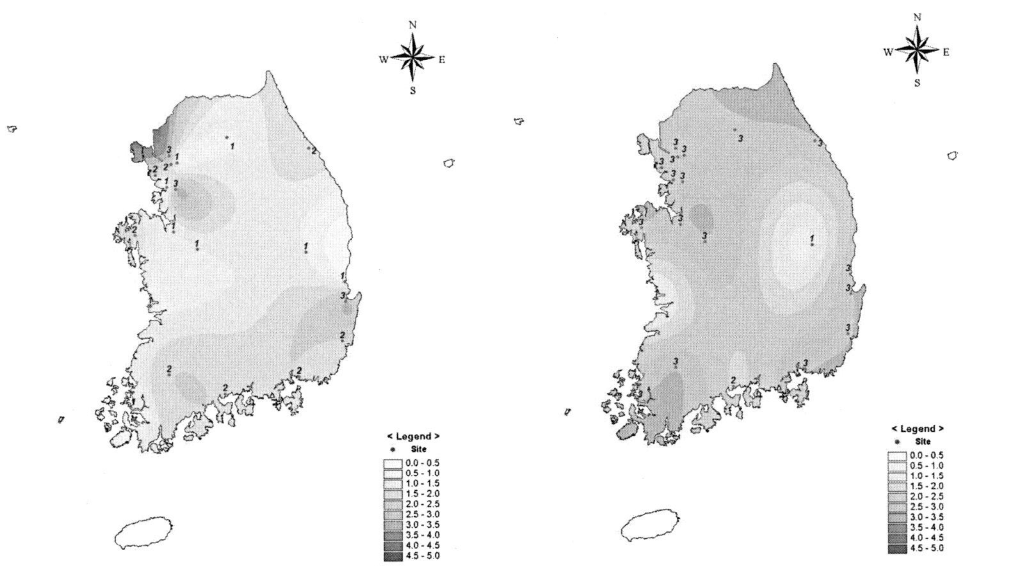

(a) (b)

그림 3.33 (a) 갈바리움과 (b) 구리의 24개월 부식속도 지도

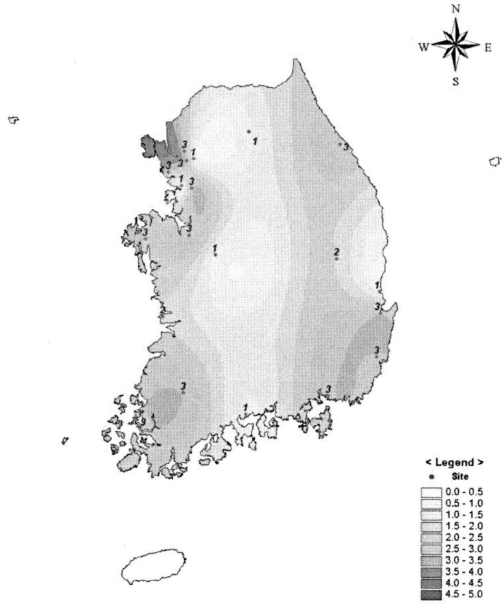

그림 3.34 알루미늄의 24개월 부식속도 지도

제4장 부식열역학

4.1 기초 개념

금속은 자연에서 대부분 산소와 결합된 산화물 혹은 황과 결합된 황화물 등의 형태로 존재하고 있다. 우리는 이러한 광물을 제철/제련 공정을 통하여 분리, 환원하여 유용한 금속상태로 얻게 된다. 제철/제련 과정 중에는 많은 에너지가 투입되어 금속은 높은 에너지를 갖게 된다. 철의 경우 산화물(Fe_2O_3)을 1몰 환원하는데 자유에너지 변화는 54.6kcal 정도이다. 알루미늄 산화물(Al_2O_3)은 이보다 훨씬 큰 377.6kcal이다.

얻어진 금속은 형강, 판재와 같은 상품으로 가공된다. 이러한 금속제품이 자연환경에 노출된다면 원래의 에너지가 낮은 안정한 상태, 즉, 산화물이나 황화물로 돌아가려는 경향을 띄게 된다. 다시 말하면 금속이 부식되는 현상은 자연 상태로 되돌아가려는 현상으로 자발적인 자연현상으로 보아야 한다.

4.1.1 방식기술

부식현상을 방지하는 기술이나 실질적으로는 부식속도를 낮추는 기술이다. 부식을 완전히 방지하기 위해서는 과다한 비용이 소모되므로 공학적으로 유용한 사용기간 동안에 부식에 의한 열화를 조절한다는 의미에서 방식기술을 Corrosion Prevention에서 Corrosion Protection 그리고 Corrosion Control이라는 용어로 변화해 왔다.

4.1.2 부식연구의 중요성

부식 현상은 각종 사회 간접자본 구조물 및 산업설비 핵심부품, 일상생활용품, 자동차 등의 수명 및 내구성 감소를 일으키므로 경제적, 인적손실 및 자원의 고갈이라는 측면에서 그 중요성이 있다.

4.1.3 기본 용어

먼저 부식공학에 사용되는 용어에 대하여 간략하게 살펴보자; 이온, 산도와 염기도, 산화와 환원, 전기화학 회로 등의 용어의 정의에 대하여 살펴보기로 한다.

[1] 이온

전하를 띄는 원자 또는 원자단. 원자나 전자를 하나이상 다른 것에 주면 양전하(양이온)가 되며, 다른 것에서 받으면 음전하(음이온)를 띠게 된다. 영문으로는 양이온을 cation이라 부르며, 음이온을 anion이라 부른다.

[2] 이온화

중성인 원자 또는 원자단이 전자를 잃거나 얻는 것을 말한다. 이온값이란 생성된 이온의 전하량을 의미하는데 잃거나 얻은 전자의 개수를 의미한다. 전자를 잃으면 (+) 전하를 띄므로 (+)로 표기하고, 전자를 얻으면 (-)로 표기한다.

[3] 산화수

화합물을 이루고 있는 각 원자에 전자를 일정한 방법으로 배분하였을 때 그 원자가 가진 하전의 수를 말한다. 산화수를 결정하는 방법은 때로 복잡하나 몇 가지 원칙이 적용된다. 이온 결합성 화합물의 경우에는 이온상태에서의 하전을 산화수로 한다. 염화나트륨을 예로 들면 NaCl로 표시되는데 이때 Na^+와 Cl^-로 배분하여 각각 +1, -1의 산화수를 갖는 것으로 표기한다. 홑원소물질의 경우에는 등분하여 산화수는 '0'이 된다. 즉, 수소(H_2)는 '0'이 된다. 공유결합성 화합물에서는 공유하는 전자쌍을 전기음성도가 높은 원자 쪽으로 배분하고, 같은 종류의 원자에서는 등분하여 적용한다. 암모니아(NH_3)는 질소 쪽이 전기음성도가 높으므로 -3가 되고 수소쪽이 +1이 된다. 다른 화합물의 경우에는 수소나 산소를 각각 +1, -2로 보고 이를 기준으로 계산한다. 적녹의 주성분인 Fe_2O_3라면 O를 -2로 보고 Fe를 +3로 본다.

[4] 산도와 염기도

산도란 또 다른 말로 산성도라고 부르는데 산성의 강도를 나타내는 정도이다. 마찬가지로 염기도란 염기성의 강도를 나타내는 정도를 의미한다. 산성과 염기성은 수용액 중에서 수소이온(H^+)과 수산 이온(OH^-)의 농도를 비교하였을 때 수소이온이 많은 쪽을 산성으로 정의하고 수산이온의 농도가 많은 쪽을 염기성으로 정의한다. 산성은 물에 녹으면 신맛을 내고, 청색 리트머스 시험지를 붉게 변화시킨다. 산성과 염기도를 정량적으로 표시하기 위해서 pH라는 단위를 사용한다. pH는 수소이온 농도의 상용 로그값에 (-)를 붙인 값으로 정의된다. 수용액 중에서 수소이온의 농도와 수산이온의 농도의 곱은 10^{-14}로 일정하다(용해도적: $[H^+][OH^-]=10^{-14}$). 따라서 수소이온의 농도와 수산이온의 농도가 같은 중성용액에서는 수소이온의 농도가 10^{-7}이 되며, 이때의 pH는 7이 된다. pH 7을 기준으로 이보다 작은 값이면 산성, 이보다 큰 값이면 염기성이 된다.

$$pH = -\log [H^+] \text{ 또는 } pOH - -\log [OH^-]$$

[5] pH와 금속의 부식

금속의 부식 속도는 환경의 pH에 매우 민감하게 변화한다. 강의 경우를 예로 들면(그림 4.1), pH가 높은 염기성에서는 강의 부식 속도가 급격하게 감소한다. 이는 뒤에 소개될 부동태 피막의 형성과 관계가 있는데 염기성 환경에서 철의 높은 내식성의 원인이 된다.

중성 영역에서는 거의 일정한 부식 속도를 나타내다가 pH 4 이하의 산성에서는 급속하게 부식속도가 증가하게 된다. 중성 분위기에서 철은 주로 용존산소와 반응하여 철수산화물을 형성하는 반응에 의하여 부식된다. 생성된 철 수산화물은 불용성이다.

산성 분위기에서 철은 수소이온과 반응하여 수소가스를 발생시키면서 수용성의 염을 형성하여 이온으로 녹게 된다. 이러한 부식속도의 변화 특성 때문에 강은 중성 및 알칼리 환경에서만 사용할 수 있다.

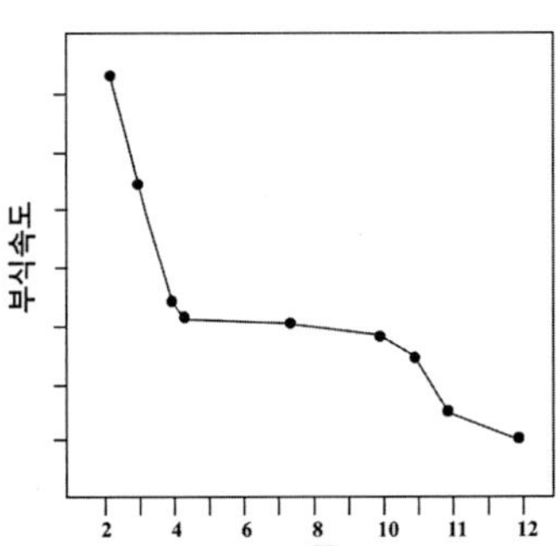

그림 4.1 pH에 따른 탄소강의 부식속도

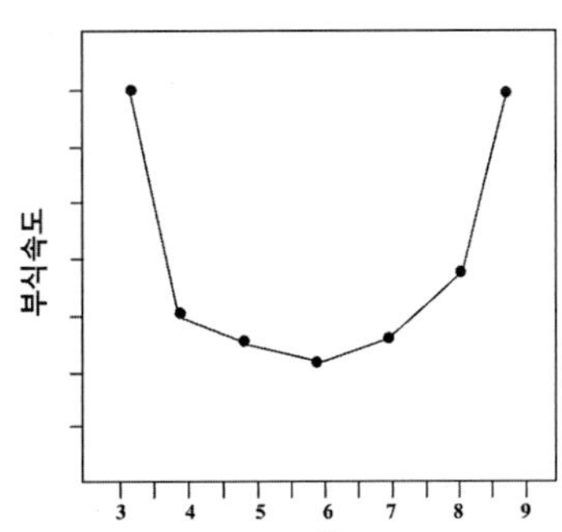

그림 4.2 pH에 따른 알루미늄의 부식속도

어떤 금속의 경우에는 산성과 염기성에서 모두 부식속도가 증가한다(그림 4.2). 알루미늄의 경우, 산성과 염기성에서 모두 부식이 빨리 일어나게 된다. 이러한 부식속도의 특성으로 인하여 알루미늄은 중성 환경에서만 사용할 수 있다.

4.1.4 부식반응의 전기화학적 특성

부식반응은 일반 화학반응과는 달리 전기화학반응으로 구분된다. 전기화학반응은 일반 화학반응과 어떻게 다른지 살펴보자.

[1] 일반 화학반응

반응물들이 직접 접촉하여 전자나 물질을 주고받는다. 산화환원반응의 경우 산화되는 물질과 환원되는 물질이 직접 충돌하여 물질이나 전자를 주고받는다. 예를 들어 고온에서 산화되는 철 원자가 있다고 하면 철과 산소가 직접 접촉하여 철의 전자를 산소에 넘겨주면서 산화물이 형성되는 식이다.

[2] 전기화학반응

산화반응과 환원반응이 서로 다른 위치에서 일어날 수 있다. 대신에 연결된 회로에 의하여 전류의 흐름이 발생하여 전자를 주고받는다. 철이 중성 수용액에서 산화되는 반응을 생각해보면 철의 산화에 의하여 생성된 전자는 철 표면의 다른 위치로 이동하여 산소에 전자를 주어 반응이 진행된다. 부식반응은 전자가 전달될 수 있는 한 물리적으로 아무리 멀리 떨어져도 반응이 진행할 수 있다.

[3] 전기화학반응의 특징

요약하면 반응에 반드시 전자가 관련된다는 점과 산화 반응과 환원반응의 반쪽반응이 각각 일어난다는 점이다. 부식반응은 반쪽반응이 각각 일어나는 특징이 있다고 하였는데 각각의 반응에 대하여 자세히 살펴보자.

1) 두 반쪽반응은 전자를 잃어버리는 산화반응과 전자를 얻는 환원반응으로 각각 이루어진다. 철의 경우, 중성인 철 원자가 2가의 철 양이온과 두개의 전자를 형성하는 산화반응이 일어난다. 이때 생성된 전자는 물속의 수소이온이나 산소에 전달되어 환원반응을 일으키게 된다. 부식공학에서 양극과 음극의 정의는 +나 -를 의미하지 않는다. 양극은 산화반응이 일어나는 전극을 말한다. 음극은 환원반응이 일어나는 전극을 말한다.

   - 산화반응; $Fe \rightarrow Fe^{2+} + 2e$
   - 환원반응; $2H^{+} + 2e \rightarrow H_2$ 또는 $2H_2O + O_2 + 4e \rightarrow 4OH^{-}$

2) 자발적인 부식전지에서는 보통 양극의 전위가 낮고 음극의 전위가 높다. 희생양극법에서도 양극에서는 산화반응이 일어나지만 전위는 음극보다 낮아진다. 외부전원법에서는 양극의 전위가 높다(+). 충방전을 반복하는 2차 전지의 경우에는 사용 중(방전 중)인 상태와 충전 중인 상태에서 양극과 음극의 명칭이 뒤바뀐다. 물론 + 극은 충 • 방전 중 항상 +로 유지된다.

3) 어떤 물체가 부식될 때 동일한 재질이라 하더라도 어떤 부위에서는 산화반응이 일어나고 어떤 부위에서는 환원반응이 일어난다. 물리적으로 확실히 구분할 수는 없을지라도 이러한 표면에서의 부식반응을 이해하기 위해서 양극과 음극을 구분하여 설명한다. 어떤 물체의 표면에서 양극과 음극이 금속학적인 결정입계나 개재물, 용접부 등 금속 자체의 특성에 의하여 구분되기도 하고, 동일한 특성의 금속표면이라도 국부적인 산소농도의 차이 등으로 양극과 음극이 형성되기도 한다. 어떤 물질이 균일하게 부식되는 경우에는 시간의 경과에 따라 금속표면이 양극과 음극이 번갈아가면 나타나서 결과적으로 균일한 부식속도를 나타내는 것으로 설명하기도 한다.

4) 양극반응과 음극반응이 금속표면에서 동시에 일어나는 현상을 개념적으로 표시하고 있다. 양극반응으로 철의 산화반응이 일어나고, 음극반응으로 수소원자의 환원에 의한 수소가스가 발생하는 현상을 보여주고 있다. 철 원자가 산화되면서 발생된 전자는 금속체의 내부를 통하여 전달되어 음극 표면에서 수소이온에 전달된다. 수소이온 한 개는 전자 한 개를 받아들여 수소원자로 변한다. 그 수소원자는 다른 수소 원자와 결합하여 수소 분자 기체를 형성할 수 있다. 이렇게 형성된 수소기체는 금속 표면에 붙거나 기포 형태로 방출될 수 있다. 어떤 경우에는 수소원자가 금속 격자 속으로 침투하여 수소 취성을 일으킬 수 있다. 좌측의 산화반응이 발생하는 부위를 양극으로 볼 수 있고, 수소원자의 환원이 발생하는 부위를 음극으로 본다.

5) 양극과 음극사이에 전자의 이동은 전류의 흐름으로 나타난다. 전류는 반드시 폐회로를 이루어야 연속적으로 흐를 수 있는데 이 폐회로의 다른 경로는 수용액이 담당한다. 수용액 중에서는 이온의 이동에 의하여 금속체 내부와 동일한 전류가 흘러 전체적으로 전기적으로 중성을 유지한다.

[4] 전해 전지와 갈바닉 전지

금속이 전해액 중에 존재하게 되면 전기화학적 전지를 구성하게 된다. 그 종류는 크게 2가지로서 전해 전지와 갈바닉 전지로 구분된다. 전해 전지의 정의는 외부전류원으로부터 전기화학적 에너지를 소비시켜 화학적 에너지를 얻는 전지이며, 갈바닉 전지의 정의는 화학적 에너지를 소비시켜서 전기적 에너지를 얻는 전지를 의미한다. 대표적인 전해 전지는 전기 도금, 양극 방식 및 음극 방식(외부전원식) 등이 있다. 갈바닉 전지는 크게 3가지로 구분되는데, 이종금속전극전지, 농도차 전지, 온도차 전지이다.

1) 이종금속전극전지

일반적으로 서로 다른 금속이 접촉되면 생성되는 전지를 이종금속전극전지라 한다. 그러나 동종의 금속에서 에너지 차에 의해서 이종금속전극전지처럼 전지가 형성된다. 그림 4.3은 (a) 부식된 금속에서 발견되는 이종금속전극전지, (b) 에칭된 금속 미세조직에서 발견되는 이종금속전극전지, (c) 이종금속이 접촉된 전지를 보여주고 있다.

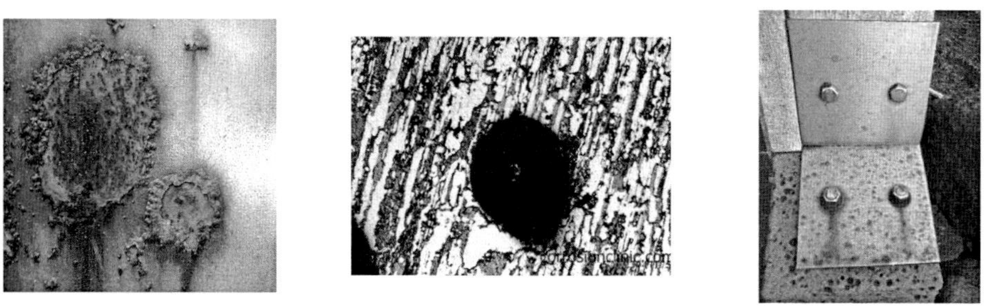

(a) (b) (c)

그림 4.3 이종금속전극전지; (a) 부식된 금속, (b) 에칭된 금속 미세조직, (c) 이종금속이 접촉된 전지

2) 농도차 전지

농도차 전지는 농담전지(Concentration cell)라고도 불리며, 염농담전지와 산소농담전지가 대표적인 예이다. 염농담전지는 동일한 금속이 농도가 다른 용액 중에 침지되어 있을 경우, 염농도가 묽은 쪽에 담긴 금속이 양극이 되고, 진한 용액 중에 담긴 금속이 음극이 되어 부식이 일어난다. 이 염농담전지는 일반적으로 관찰하기가 쉽지 않다. 이에 비하여 산소농담전지는 우리 주변에서 쉽게 관찰될 수 있으며 종종 발생한다.

아래 그림 4.4는 산소농담전지의 예를 보여주고 있다.

① 먼저 토양 중에 매설되어 있는 배관의 경우(a), 진흙 중에 있는 배관은 산소의 농도가 희박하나, 모래 중에 있는 배관은 산소의 농도가 풍부하게 되어, 진흙 중에 묻힌 배관 부위

가 양극이 되고 모래 중에 묻힌 배관 부위가 음극이 되어 부식된다.

② 먼지나 부식생성물로 덮인 부분의 경우(b), 부식환경이 조성되면 먼지나 부식생성물 하부는 산소의 농도가 희박하나, 그 주변의 산소농도는 풍부하여, 먼지나 부식생성물 하부가 양극이 되고 그 주변은 음극이 되어 부식이 진행된다.

③ 수중에 매립된 금속구조물의 경우(c), 금속이 부식되면 표면장력에 의하여 부식생성물이 수면 아래부분으로 생성물이 모이게 된다. 이렇게 되면 수선 아래 부분은 국부적으로 산소농도가 희박하게 되고 수면으로부터 멀리 떨어져 있는 부분이 오히려 산소농도가 풍구하게 되어 수선 아래 부분은 양극이 되고 먼 부분은 음극이 되어 부식된다.

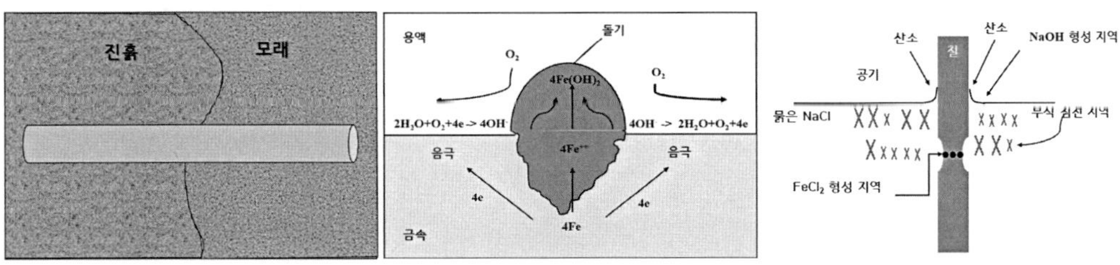

(a) (b) (c)

그림 4.4 농도차 전지; (a) 진흙과 모래 중에 매설된 배관의 부식, (b) 먼지, 부식생성물 아래에서의 부식, (c) 수선 부식(waterline corrosion)

3) 온도차 전지

온도차 전지(Diffrential temperature cell)는 동일한 금속 전극이 동일한 초기 조성을 갖는 용액 중에 각기 다른 온도로 노출되었을 때 나타나는 전지이다. 앞의 두 가지 전지보다 공업적 중요성이 덜 해서 연구가 많이 진행되어 있지는 않다. 예를 들면, 호기성 묽은 NaCl 용액 중에 침지되면 고온측 전극은 초기에 저온측 금속에 대해 양극으로 작용하나 부식의 진전에 따라서 극성이 역전될 수 있다. 이처럼 온도차 전지의 작용이 변화하므로 그 중요성이 크지 않다. 그림 4.5는 고온의 가스가 매설배관 내부로 이송하면서 저온으로 되어 양극부가 생성되는 상황을 보여주고 있다.

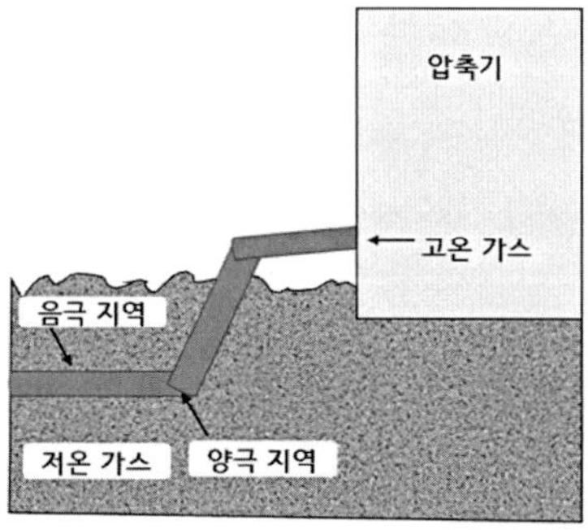

그림 4.5 고온의 가스가 매설배관 내부로 이송하면서 저온으로 되어 양극부가 생성되는 상황

양극과 음극의 표시		
	전해 전지	갈바닉 전지
양극(Anode)	+	-
음극(Cathode)	-	+

위의 정의에 의하여 갈바닉 전지에서 부식이 되는 부위를 기호로 표시하여 보자.

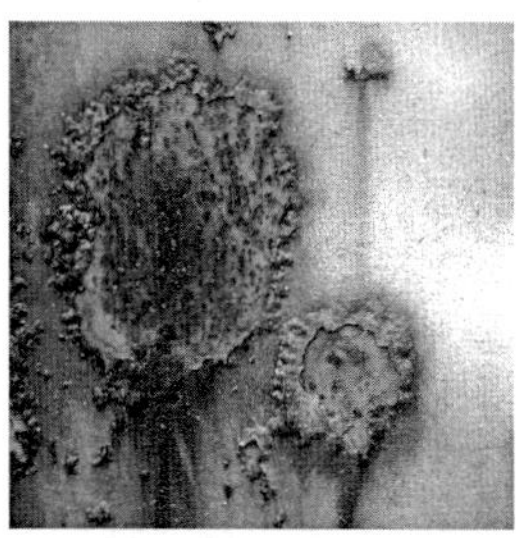

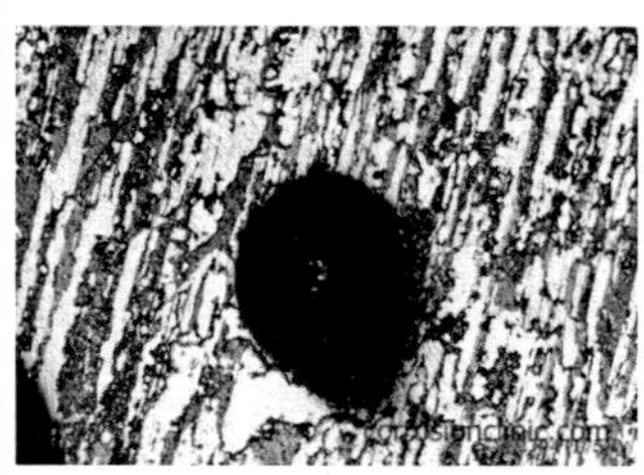

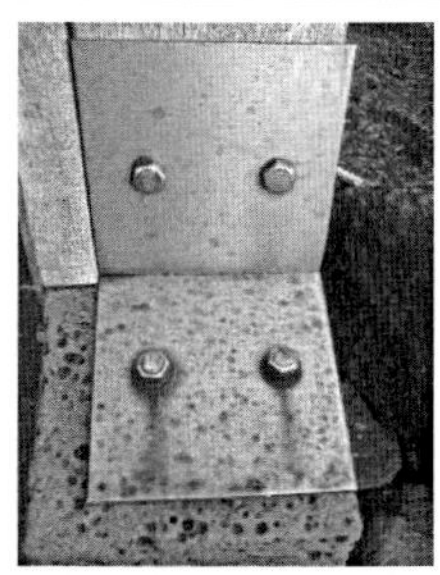

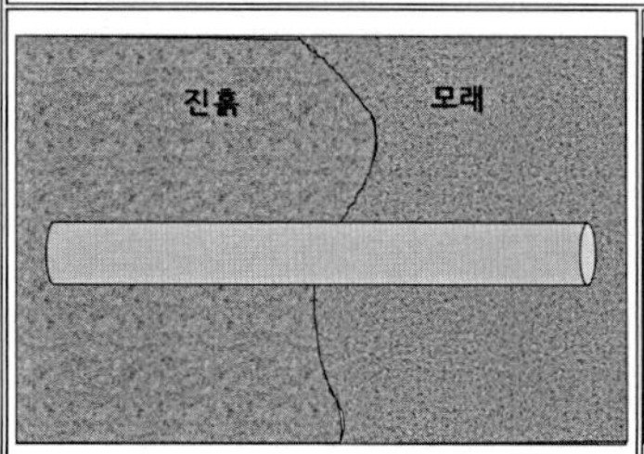

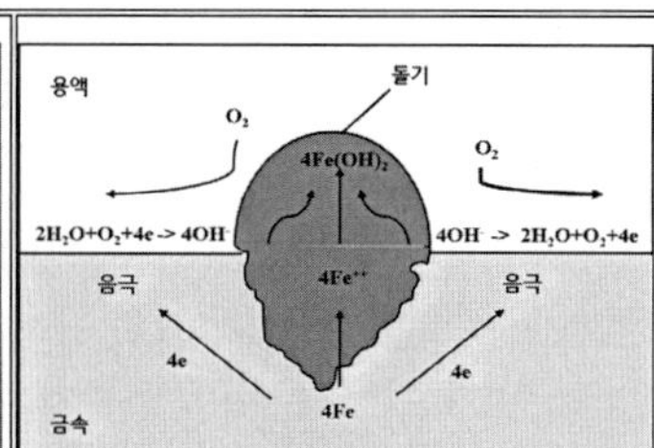

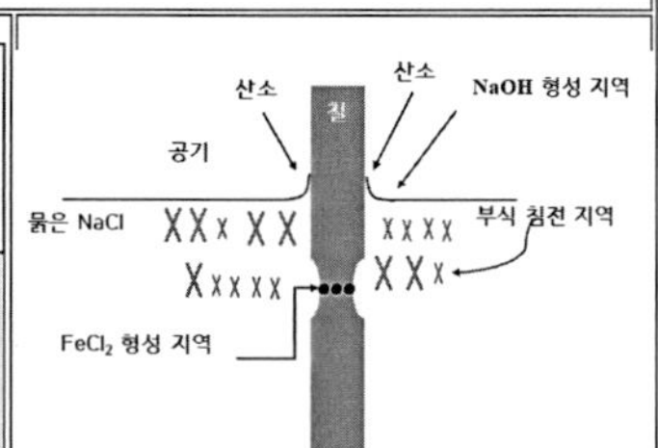

4.2 자유에너지와 전극전위

4.2.1 자유에너지를 이용한 반응방향의 예측

염화수소산 수용액 중에서의 Zn의 부식반응을 살펴보면, 다음 화학식으로 나타낼 수 있다.

$$Zn + 2HCl \rightarrow ZnCl_2 + H_2 \tag{4-1}$$

해리하면 위 식은

$$Zn + 2H^+ + 2Cl^- \rightarrow Zn^{2+} + 2Cl^- + H_2$$

한편 이러한 화학반응이 일어나게 되면 자유에너지의 변화, ΔG가 생기게 된다. 반응물보다 생성물의 에너지가 더 낮을 때, 정반응이 자발적으로 일어나게 되며 이때 ΔG는 0보다 작게 된다.

> 일반적으로 자유에너지를 이용한 반응방향의 예측은 다음과 같다.
>
> $$A + B = C + D$$
> $$\Delta G = (G_C + G_D) - (G_A + G_B)$$
>
> ① ΔG < 0이라면 위 반응은 정반응(→)이 자발적으로 일어나고
> ② ΔG = 0이라면 위 반응은 평형상태로서 가역상태가 되고
> ③ ΔG > 0이라면 위 반응은 역반응(←)이 자발적으로 일어난다.

4.2.2 전극전위를 통한 반응방향의 예측

[1] $\Delta G = -zFE$ 식의 유도

반응 (4-1)은 방관자 이온을 제거하여 가장 간단한 이온반응으로 다시 나타낼 수 있다.

$$Zn + 2H^+ \rightarrow Zn^{2+} + H_2 \tag{4-2}$$

이 반응을 반쪽전지(half cell) 전기화학적 반응식으로 아래와 같이 나타낼 수 있으며, 이때 전자 e^-의 교환이 있다. 그러나 (4-3)과 (4-4)반응을 합히면 (4-2)반응의 결과가 된다.

$$Zn \rightarrow Zn^{2+} + 2e^- \tag{4-3}$$

$$2H^{+} + 2e^{-} \rightarrow H_2 \qquad (4\text{-}4)$$

이렇게 간단한 화학반응이나 전기화학 반응의 경우에는 반응의 여부를 자유에너지 변화의 계산을 통해서 쉽게 확인할 수 있다. 그러나 실제로 사용되는 공업용 합금의 경우는 많은 원소로 구성되어 있으며, 실제 환경의 종류도 매우 다양하기 때문에 반응여부를 쉽게 판단할 수 없다. 따라서 이를 쉽게 판단할 수 있는 수식의 도출이 필요하다. 먼저 전기화학적으로 평형을 이루고 있는 계를 가정하자. 이때 전기화학적 전위(μ')는 화학적 전위(μ)와 전기적 전위(e)의 합으로 나타낼 수 있다.

$$\mu' = \mu + zFe \qquad (4\text{-}5)$$

(z는 반응에 참가한 전자수, F는 패러데이 상수(96,500C))

예를 들어, 어떤 금속이 그 금속 이온을 포함하고 있는 용액 중에 침지되어 전기화학적 평형을 이루었다고 가정하면 다음과 같은 관계식을 얻을 수 있다.

$$\Delta\mu' = 0 = \Delta\mu + zF\Delta e$$

$$\Delta\mu = -zF\Delta e$$

$$\Delta G = -zFE \qquad (4\text{-}6)$$

표준상태(25°C, 1기압 상태)의 경우에는 $\Delta Go = -zFEo$로 표시할 수 있다. 위의 식은 평형상태를 가정하여 유도된 것이므로 화학반응은 정반응이 산화반응으로 기재하던지 환원반응으로 기재하던지 동일한 의미를 지닌다. 그러나 그 방향에 따라서 자유에너지의 부호가 반대가 되므로 위의 식은 환원반응, 즉, $M^{z+} + ze^{-} = M$ 식으로 표시한 것을 기준으로 한다. 따라서 이때의 전위, E를 **환원전위**라 부른다.

[2] 반쪽전지반응

반응 (4-7)은 Zn이 0에서 +2까지 산화상태가 증가하는 산화반응인데 이는 전기화학적 전문용어로 양극반응이라 정의된다. 반응 (4-8)은 환원반응으로 수소의 산화상태가 +1에서 0으로 감소하며 이를 음극반응이라 한다. 반쪽전지반응 (4-3)과 (4-4)에서 역시 ΔG의 변화는 전위 e_a와 e_c에 대응한다. 즉,

$$Zn \rightarrow Zn^{2+} + 2e^{-}\ (\text{anodic}) \quad e_a \qquad (4\text{-}7)$$

$$2H^{+} + 2e^{-} \rightarrow H_2\ (\text{cathodic}) \quad e_c \qquad (4\text{-}8)$$

이 전위들의 대수적 합은 E와 같다. 즉,

$$E = e_a + e_c \tag{4-9}$$

전위 e_a와 e_c는 반쪽전지전위, 단일전극(single electrode)전위, 혹은 산화환원전위(redox potential) 등 여러 가지로 불려진다. 이 세 가지 용어는 문헌상에서 자주 동일하게 사용되며, 다소 혼동을 가져온다.

협약; 1953년 스톡홀름에서 개최된 International Union of Pure and Applied Chemistry (IUPAC)에서 반응물과 생성물이 존재하는 반응의 전위의 부호에 대하여 아래와 같이 협약하였다. 즉, 전기화학적 전지는 좌측에서 우측으로 기재한다.

1) 두 개의 전극 중 한 개의 재질
2) 한 개의 전극과 접촉된 용액
3) 두 번째 전극과 접촉된 용액
4) 두 번째 전극의 재질

* 반응식 작성법; 전극은 용액으로부터 단일 수직선으로 구분하며, 용액은 2중 수직선으로 구분한다 – Pt, $H_2|HCl \parallel Sn^{2+}|Sn$
또한, 표준수소전극의 전위는 0V로 정한다.

예제 4.1 주석이 염산 중에서 자발적으로 용해될 것인지 여부에 대하여 예측하시오.

풀이; 이 문제를 풀기 위해서는 먼저 화학식을 꾸미고 부식반응을 분리할 필요성이 있다.

$$Sn + 2HCl \rightarrow SnCl_2 + H_2$$

반쪽전지반응으로 나누면,

양극반응; $Sn \rightarrow Sn^{2+} + 2e^-$ $E_a = 0.138V$

음극반응; $2H^+ + 2e^- \rightarrow H_2$ $E_c = 0V$

위의 양극반응이 좌측에서 우측으로 진행한다면 깁스 자유에너지 변화는 반드시 음의 값을 가져야 한다. 깁스 자유에너지 변화를 계산하기 위해서는 전극전위를 계산하여야 한다.

$$E = E_a + E_c$$

E_a는 기전력 계열에 의하면 −0.138V이나 위 반응식은 산화반응이므로 +0.138V이고 수소-수소이온반응의 E_c는 규약에 따라서 0V이므로

$$E = E_a + E_c = +0.138 + 0 = 0.138V(SHE)$$

따라서 $\Delta G = -zFE$ 수식에 대입하면 $\Delta G < 0$이므로 주석은 염산 중에서 자발적으로 용해될 것이다.

4.3 기전력 계열

금속의 부식반응은 앞서 설명한 바와 같이 에너지를 투입하여 높은 에너지 준위인 금속상태에서 안정한 자연 상태로 되돌아가려는 성질에 의하여 발생한다. 에너지적으로 볼 때 광석에서 금속으로 만들기 위한 에너지가 많이 소요될수록 활성이 높아 부식이 되려는 경향이 높게 나타난다.

금속으로 만들기 위한 에너지의 차이는 부식이 되려는 경향을 표시하는 전위로 나타난다. 금속이 전자를 내어놓고 이온상태로 되려는 경향은 전위가 (-)일 때 더 크게 나타난다. $M = M^+ + e^-$의 반응식에서 우측으로 진행하려는 경향이 더욱 커져 (-)의 전위를 나타내게 된다. 아래의 표 4.1은 기전력 계열(EMF, ElectroMotive Force series)로 표준 전극전위를 순서대로 나열한 것이다. 금속으로 만드는데 필요한 에너지의 순서대로 배열되어 있음을 볼 수 있다. 이 표를 참조할 때 유의할 점은 위의 전위값은 물질들이 표준상태 (순수한 상태, 활동도가 1인 상태)를 기준으로 한다는 점이다.

4.3.1 표준수소전극

금속마다 상이한 평형전위를 나타내기 위하여 사용되는 기준을 기준전극이라고 한다. 전극의 전위는 전극과 전해질의 계면에서의 전하전달반응에 의하여 다른 전극과 비교하지 않고는 전위를 측정할 수 없다. 즉, 산화/환원 되는 경향을 표현하기 위해서는 비교 대상이 반드시 필요하다는 것이다. 기준전극은 그 기준이 일정하여야 하며, 재현성이 좋아야 하므로 정의에 따라 백금 표면에서 수소이온이 1기압의 수소가스와 평형을 이루고 있는 상태를 '0'으로 정의하고 이를 기준으로 다른 전극의 전위를 측정한다(그림 4.6).

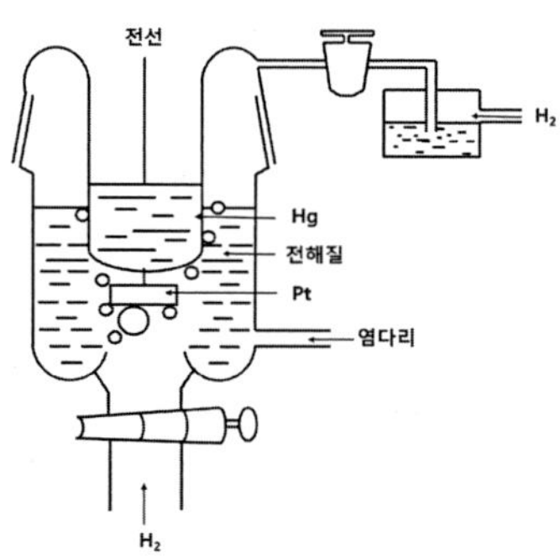

그림 4.6 수소-수소이온 기준전극

그러나 표준수소전극은 다루기에 불편하여 실용적으로는 표준수소전극전위와의 전위차이가 일정하면서도 다루기 편리한 기준전극을 제작하여 사용한다.

[표 4.1] 기전력 계열(EMF series, Redox Potential, 산화환원전위)

	반응식	Standard Potential, E^{o} (volts vs. SHE)
귀한 방향	$Au^{3+} + 3e^{-} = Au$	+1.498
Noble	$Cl_2 + 2e^{-} = 2Cl^{-}$	+1.358
	$O_2 + 4H^{+} + 4e^{-} = 2H_2O$(pH 0)	+1.229
	$Pt^{2+} + 3e^{-} = Pt$	+1.118
	$NO_3^{-} + 4H^{+} + 3e^{-} = NO + 2H_2O$	+0.957
	$O_2 + 2H_2O + 4e^{-} = 4OH^{-}$ (pH 7)	+0.82
	$Ag^{+} + e^{-} = Ag$	+0.799
	$Hg_2^{2+} + 2e^{-} = 2Hg$	+0.799
	$Fe^{3+} + e^{-} = Fe^{2+}$	+0.771
	$O_2 + 2H_2O + 4e^{-} = 4OH^{-}$ (pH 14)	+0.401
	$Cu^{2+} + 2e^{-} = Cu$	+0.342
	$Sn^{4+} + 2e^{-} = Sn^{2+}$	+0.15
	$2H^{+} + 2e^{-} = H_2$	0.000
	$Pb^{2+} + 2e^{-} = Pb$	-0.126
	$Sn^{2+} + 2e^{-} = Sn$	-0.138
	$Ni^{2+} + 2e^{-} = Ni$	-0.250
	$Co^{2+} + 2e^{-} = Co$	-0.277
	$Cd^{2+} + 2e^{-} = Cd$	-0.403
	$2H_2O + 2e^{-} = H_2 + 2OH^{-}$(pH 7)	-0.413
	$Fe^{2+} + 2e^{-} = Fe$	-0.447
	$Cr^{3+} + 3e^{-} = Cr$	-0.744
	$Zn^{2+} + 2e^{-} = Zn$	-0.762
	$2H_2O + 2e^{-} = H_2 + 2OH^{-}$(pH 14)	-0.828
	$Al^{3+} + 3e^{-} = Al$	-1.662
	$Mg^{2+} + 2e^{-} = Mg$	-2.372
Active	$Na^{+} + e^{-} = Na$	-2.71
비한 방향	$K^{+} + e^{-} = K$	-2.931

4.3.2 갈바닉 계열

갈바닉 계열은 실용적인 재료의 어떤 환경에서의 전위를 표로 만든 것이다. 이는 앞서 소개한 기전력 계열과는 크게 두 가지 측면에서 다르다.

먼저 대상이 되는 재질이 활동도가 1인 순금속이 아니라 실용재질이라는 점이다. 예를 들어 일반 탄소강은 철 이외에도 탄소, 망간 등 합금원소와 여러 불순물이 혼합되어있는 재료이다. 실제 공학적으로 사용되는 재료에 대한 전위 값이므로 EMF시리즈와는 다르지만 부식공학적인 측면에서는 유용하다.

또 한 가지 다른 점은 전해질의 환경이다. EMF시리즈에서는 활동도가 1인 금속이온의 농도를 기준으로 하지만 갈바닉 시리즈는 토양이나 해수, 담수와 같은 실제 환경에서의 전위값을 표시한다. 환경에 따라 재료의 거동이 달라지기도 하므로 동일한 재료 간에 환경에 따라 그 순서가 뒤바뀌기도 한다.

갈바닉 시리즈를 사용할 때는 표 4.2 및 그림 4.7에 제시된 환경이 검토하고 있는 환경을 대표할 수 있는지에 대하여 충분히 고려하여야 한다.

[표 4.2] 토양 중에서의 갈바닉 계열

재료, E, V(CSE)	
흑연	0.3
연강	-0.2
구리, 청동, 황동	-0.2
고규소철	-0.2
납	-0.5
회주철	-0.5
철(녹)	-0.3
철(깨끗함)	-0.7
알루미늄	-0.8
Al-5Zn	-1.05
Zn	-1.1
Mg-6Al-3Zn	-1.55
Mg-1.4Mn	-1.75

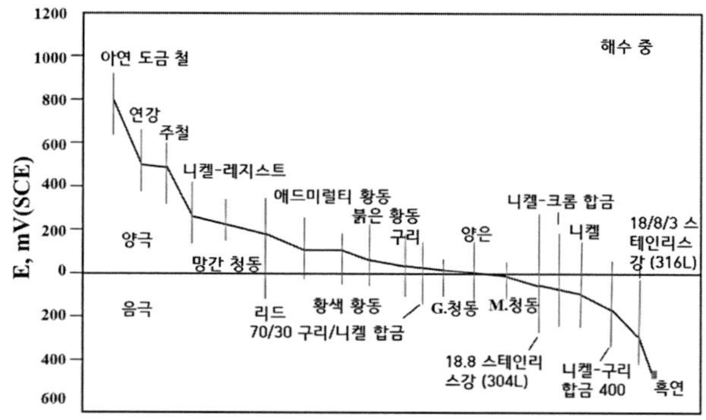

그림 4.7 해수 중에서의 갈바닉 계열

4.3.3 부식속도의 계산

앞에서 우리는 부식반응의 경향성이 전극의 전위로 표현될 수 있음을 보았다. 이것은 부식반응이 전기화학반응으로 전류의 흐름에 따라 반응이 진행되기 때문이다. 부식반응이 전기화학반응인 연유로 부식반응의 속도 또한 전류의 크기로 표현할 수 있다. 즉, 1 몰의 원자가 부식반응을 일으켰을 때 흐르는 전류를 예측할 수 있다는 것이다. 역으로 부식에 의하여 어떤 전류가 발생한다면 부식속도로 환산할 수 있다는 것이다.

각 물질별로 서로 다른 전기화학당량을 가지므로 동일한 전류량을 인가하였을 때 반응하는 금속의 질량은 서로 다르다. 패러데이 법칙에 대하여 아래에 요약하여 놓았다.

> ① 패러데이의 제 1법칙; 전기분해하는 동안 용해 또는 석출된 질량이 흐른 전기량에 비례한다는 법칙
>
> ② 패러데이의 제 2법칙; 1 화학당량의 석출에 필요한 전기량이 같다는 법칙이다. 화학당량이란 분자량을 반응에 참여하는 전자의 수로 나눈 값으로 전자 1몰을 방출하거나 받아들이는 량을 의미한다.
>
> $$m = It*(a/z)/F$$
>
> m; 부식된 양, I; 흘려준 전류, t; 흘려준 시간,
> a; 원자량, z; 신화수, F; 페리데이상수

패러데이의 법칙을 수식으로 정리하면 위의 식들과 같이 반응에 참여한 질량이나, 부식속도 등으로 쉽게 환산할 수 있다.

먼저 전류(I)가 시간(t)동안 흐를 때 좌측의 식과 같이 질량으로 환산할 수 있다. a는 원자량이며, 1 F는 96,500C/mole(= 26.8Ah)의 상수이다.

단위면적당 반응한 질량을 밀도를 이용하여 환산하면 시간당 두께 감소로 표현되는 부식속도로 나타낼 수 있다. 식으로 표현하면 다음과 같다.

> $m = d \cdot V$ 또는 $m = d \cdot A \cdot \Delta T$
>
> (여기서 m(질량, g), d(밀도, g/cm^3), A(단면적, cm^2), ΔT(부식두께)
>
> $$\Delta T = m/[A \cdot d] = It \cdot (a/z)/F/[A \cdot d]$$
>
> $$\Delta T = (I/A)t \cdot (a/z)/F/d = i \cdot t \cdot (a/z \cdot F \cdot d)$$
>
> i (전류밀도=I/A, $\mu A/cm^2$), a(원자량, g)

```
부식속도 = ΔT/t = i·(a/z)·1/(F·d)
        = 1/F·(ia/zd)
        = 0.0373·(ia/zd) cm/h
        = 12.9·(ia/zd) ipy = 0.129·(ia/zd) mpy = 3.277·(ia/zd) mmpy
```

공인된 단위체계는 아니지만, 부식속도를 나타내는 많은 자료들은 mpy (mils per year)로 부식속도를 표현하는데 이 단위는 1년간의 두께 감소율을 1/1000인치 단위로 나타낸 것이다. 즉, 1 mpy=0.0254 mm/y에 해당한다.

위의 식을 mpy로 표현한 식이 아래 그림 우측에 표기된 식이다. 여기에 0.0254를 곱하면 식은 mm/y로 바뀐다.

철의 경우 1 mA/cm^{2}의 전류밀도로 부식된다면 위 식에 의해 460mpy가 되고, 11.6mm/y가 된다; [3.277*1,000*55.8]/[2*7.86] = 11.6 mm/a

[표 4.3] 패러데이 법칙과 부식속도의 변환

m = Ita/nf	r(mpy) = 0.129ia/nD
m : 질량	I : 전류 밀도(μA/cm^2)
n : 전자의 수	D : 밀도
F : 패러데이 상수	
1mA, 철 ⇒ 0.129*(1000 * 55.8)/(2*7.86) = 460mpy = 11mm/year	

4.4 기준전극

4.4.1 기준전극의 종류

실용적인 목적으로 많이 사용되는 기준전극은 해수중의 구조물의 전위측정에서는 염화은이 널리 사용되고, 토양 중에서는 황산동 기준전극이 널리 사용된다. 기준전극은 앞서 설명한 표준수소전극을 1차 기준전극이라고 부르고, 염화은 전극이나 황산동 기준전극은 2차 기준전극이라 부른다.

염화은 기준전극은 은(Ag)과 염화은(AgCl)간의 평형전위를 나타낸다. 염화은 기준전극은 해수뿐만 아니라 콘크리트 구조물에도 사용된다. 염화은 기준전극은 두 가지 형태가 사용되는데 한 가지는 해수 중에 노출된 형태가 있고, 한 가지는 포화 염화칼륨 수용액에 담겨져 있으며 다공질의 플러그를 통하여 용액과 접촉된다. 염화은 기준전극은 염화은이 난용성염으로 이루어진 전극으로 다음의 반응식에 의하여 전극전위가 나타난다.

$$AgCl(s) + e^- = Ag(s) + Cl^- \quad E_o = 0.222\ V$$

$$E = E_o - 0.0591*\log[Cl^-]$$

염화은과 평형이 되어있는 염소이온의 농도에 따라 전위가 변화한다. KCl로 포화된 경우 전위는 222mV(표준수소전극전위, SHE 기준)이고, 해수 중에 노출되면 256mV가 된다. 그림 4.9에 실험실용 염화은 전극의 구조를 보이고 있다.

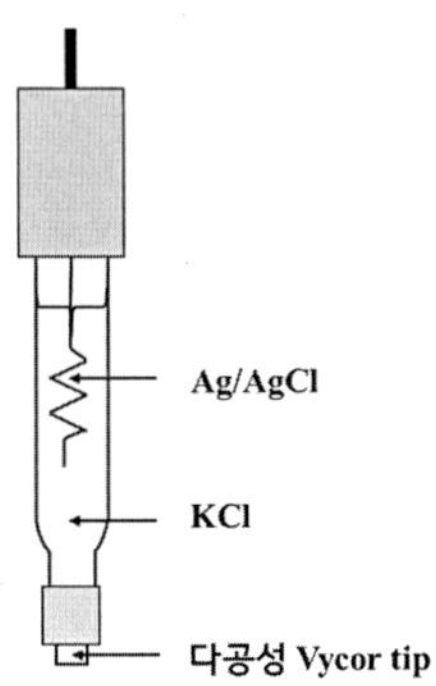

그림 4.8 Ag/AgCl 기준전극의 구조

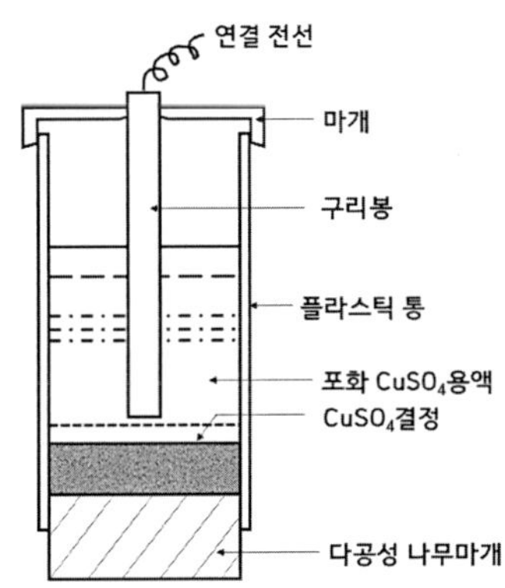

그림 4.9 황산동 기준전극

황산동 기준전극을 지하구조물의 전위 측정이나 담수에 노출된 구조물의 전위측정에 가장 흔하게 사용된다(그림 4.9). 염소이온이 있는 해수와 같은 환경에서는 다공질의 플러그를 통하여 전극을 오염시키기 때문에 사용이 부적절하다. 전극의 형태는 위의 그림과 같이 구리 금속이 포화 황산동 용액에 침지되어 있는 형태이다. 그 끝은 다공질의 재료로 세라믹이나 나무재질로 막혀있다. 황산동 기준전극은 +315mV(SHE)이다(표 4.2 참조).

4.4.2 기준전극의 사용방법

기준전극을 사용할 때에는 항상 깨끗한 상태로 유지하여야 하고, 사용하지 않을 때에는 다공질 플러그 끝은 오염이 되거나 건조하지 않도록 막아서 보관하여야 한다. 포화된 용액을 사용할 때에는 내부에 녹지 않은 염이 남아있는지 항상 확인하여야 한다.

황산동 기준전극은 염소이온의 오염에 매우 예민한데 5ppt의 오염에 -20mV의 오차를 나타낼 수 있고, 10ppt에서는 -95mV의 오차를 갖는다. 황산동 기준전극을 사용 시에는 사무실이나 공장에 깨끗한 전극을 비치하여 주기적으로, 매일, 현장용 전극을 교정하여 사용한다. 만일 교정용 전극과 5mV 이상 차이가 나면 현장용 전극을 세척하거나 교체하여야 한다. 온도에 의한 전위 변화를 교정한다. 온도보정이 필요한 경우에 측정 시에 온도를 기록한다. 측정온도가 상온보다 높거나 낮을 경우 0.9mV/℃의 보정온도를 각각 더하거나 빼준다. 측정하는 동안 (예를 들면 검은색 테이프, 등으로 전극 옆 부분을 감아서) 전극이 직사광선에 노출되지 않도록 한다. 직사광선에 노출된 전극의 전위는 어두운 곳에 유지된 전극대비 10에서 50 mV까지 감소할 수 있다.

4.4.3 전압계의 측정

측정값의 극성을 인지하고 기록하는 것이 매우 중요하다. 왜냐하면, 요즘 사용되는 대부분의 측정 기기는 극성을 자동으로 나타내는 디지털 제품이기 때문에, 음극방식 측정자나 기술자가 측정을 위해 전압계를 연결할 때 부호를 읽는 것을 소홀히 할 수 있다.

측정이 진행되는 동안 문제를 찾아내는 데 있어 계기의 단자 연결과 예상되는 부호에 주의를 기울이는 것은 여전히 중요하다. 대부분의 디지털 미터는 음의 값을 읽을 때 음의 부호를 나타내고 양의 값을 읽을 때는 부호를 나타나지 않는다.

① 전류의 측정; 한 전압계가 외부의 전류흐름이 있는 전선이나 배관과 같은 금속체에 연결될 때, 나타나는 전압은 그림 4.10의 전압계의 양극 단자(또는 적색단자)가 전류 흐름에서 상류방향에 위치할 때 양의 값을 나타낸다.

② 전압계가 양극 단자가 보다 귀한 금속에 연결되고 음극 단자가 보다 비한(활성인) 금속에 연결된다면, 양의 값이 읽힌다.

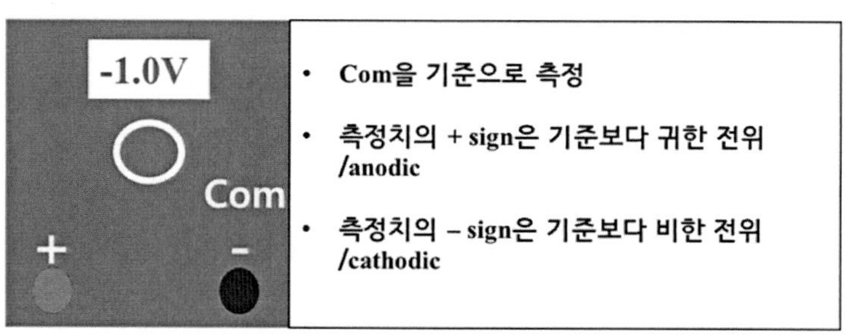

그림 4.10 측정전압계와 단자의 연결 방법(+ 금속, com 기준전극 연결)

③ 전위의 측정; 구조물대 전해질을 측정할 때는 구조물이 전해질 중의 기준 전극에 대해 측정되기 때문에 구조물은 양극 단자에 그리고 기준전극은 음극 단자에 연결되는 것을 의미한다. 만일 측정 기기에서 읽히는 값이 음의 값이면 마찬가지로 그대로 기록한다.

4.4.4 기준전극에 따른 측정전위의 환산법

전위를 측정하는 데에는 여러 가지 기준전극이 사용될 수 있다. 앞서 설명한 표준수소전극(SHE, standard hydrogen electrode), 황산동 기준전극(CSE, copper sulphate electrode), 염화은 전극(SSC, silver-silver chloride electrode) 이외에도 수은-염화수은 전극을 이용한 칼로멜 전극(SCE, saturated calomel electrode), 아연전극 등이 사용된다. 이들의 표준수소전극에 대한 전위는 아래의 표 4.4에 제시된 것과 같다. 각 기준전극의 표준 수소전극에 대한 전위를 참조하여 서로 다른 기준 전극으로 측정한 값들을 쉽게 변환 할 수 있다.

[표 4.4] 기준전극별 전위의 환산

전극종류	반전지 반응	전위, V(SHE)
표준수소전극(SHE)	$2H^+ + 2e^- = H_2$	0.000
황산동전극(CSE)	$CuSO_4 + 2e^- = Cu + SO_4^{2-}$	+0.316
염화은전극(SSC)	$AgCl + e^- = Ag + Cl^-$	+0.256
포화감홍전극(SCE)	$Hg_2Cl_2 + 2e^- = 2Hg + 2Cl^-$	+0.241
아연전극(Zn)	$Zn = Zn^{2+} + 2e^-$	-0.800

실습; 구리 황산동 기준전극(CSE)을 이용하여 어떤 물체의 전위(X)를 측정한 값이 -0.1V인 경우 이를 염화은 전극으로 환산하여 보자

측정시 사용된 황산동 기준전극이 +0.316V이고 환산하려는 염화은 전극이 +0.256V이므로 두 기준전극 간의 전위 차이는 0.060V만큼 염화은 전극이 낮다. 더 낮은 기준전극에 대하여 측정하므로 측정전위는 더 높은 값이 된다. 따라서 아래의 식과 같이 환산할 수 있다.

-0.1V(CSE) = -0.1V - (0.256 - 0.316)V = -0.1V + 0.06V = -0.04V(SSC)

4.5 전극전위에 미치는 농도의 영향

그림 4.11에서 보여주는 전지는 표 4.2의 표준반쪽전지전극전위를 측정하기 위한 것이다.

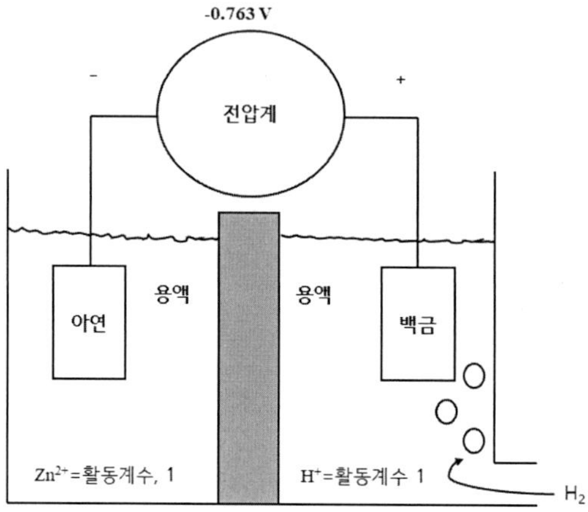

그림 4.11 표준수소전극을 이용하여 아연의 전위를 측정하는 개요도

Nernst식의 유도; 몇몇 부식조건들은 우연하게 이 반쪽전지들이 보여주는 표준 열역학적 조건들과 일치하는 경우가 많다(표준상태는 모든 반응물과 생성물들이 단위활동도를 가지는 경우를 의미한다). 그러나 대부분의 경우는 표준상태가 아니기 때문에 다음과 같은 일반적인 반응을 생각해보자.

$$aA + mH+ + ze^{-} = bB + dH_2O \qquad (4\text{-}10)$$

단위활동도를 벗어난 경우에 대한 전위는 Nernst방정식으로부터 예측할 수 있는데 다음과 같이 유도된다.

반응 (1-10)에서 표준자유에너지변화 ΔG^o와 비표준자유에너지변화 ΔG는 아래 두 식과 같다.

$$\Delta G^o=(bG_B{}^o+dGH_2O^o) - (aG_A{}^o+mG_{H+}{}^o)$$

$$\Delta G=(bG_B+dGH_2O) - (aG_A+mG_{H+})$$

따라서 표준상태로부터 비표준상태로의 자유에너지의 변화는 다음 식과 같다.

$$\Delta G - \Delta G^o = [b(G_B - G_B{}^o) + d(G_{H2O} - G_{H2O}{}^o)] - [a(G_A - G_A{}^o) + m(G_{H+} - G_{H+}{}^o)] \qquad (4\text{-}11)$$

또한 G = RT lnK이므로 반응 (4-10)은 다음과 같이 표시할 수 있다.(여기서 R은 기체상수, T는 절대온도, K는 평형상수{= (생성물의 활동도)/(반응물의 활동도)}이다). 즉,

$$\Delta G - \Delta G^o = RTln\{(B)^b(H2O)^d/(A)^a(H^+)^m\}$$

여기서 식($\Delta G = -zFE$와 $\Delta G^o = -zFE^o$)을 위 식에 대입하고 양변을 zF로 나누면,

$$E = E^o - (RT/zF)\ ln\{(B)^b(H_2O)^d/(A)^a(H^+)^m\} \quad (4\text{-}12)$$

$$E = E^o + (2.3RT/zF)\ log\{(A)^a(H^+)^m/(B)^b(H_2O)^d\} \quad (4\text{-}13)$$

이 수식을 Nernst식이라 부르며, 이 수식을 이용하면 이온의 양적 변화에 따른 전위의 변화나 전위의 변화에 따른 이온의 변화 등을 계산할 수 있다.

반응에 참여한 물질이 이온이라면 활동도로 나타내야 하고 기체라면 퓨개시티(fugacity)로 나타내야 하는데 공학적으로는 편리하게 이온의 경우는 농도로, 기체의 경우는 기압으로 나타낸다. 또한, 위 식에서 25℃에서의 2.3RT/F의 값을 계산하면 0.0591V로서 이를 이용하면 편리하다(1F=96,485C, T=298.15K, R=8.314J/K · mol)..

물 및 전자의 활동도는 항상 1로 정의되고, pH = $-log[H^+]$의 관계식을 식 (1-13)에 대입하면 다음과 같다.

$$E = E^o + (0.0591/z)log\{(A)^a/(B)^b\} - (m/z)0.0591pH \quad (4\text{-}14)$$

공학적 관점의 Nernst의 식;
좀 더 쉽게 공학적 편리성의 관점에서 Nernst식을 표현하면 다음과 같다(25℃). 즉, E = E° + (0.0591/z) log {[반응물의 농도 또는 압력] / [생성물의 농도 또는 압력]}

첫 번째로 아래와 같은 반응(수소발생반응)에 대하여 Nernst식을 유도해 보면 다음과 같다.

$$2H^+ + 2e^- = H_2$$

위 반응에 대한 Nernst방정식은 E = E° + (0.0591/z) log {[반응물의 농도 또는 압력]/[생성물의 농도 또는 압력]}이고 z는 2이므로

$$E = E^o + (0.0591/2)\ log\ \{[H^+]^2/[P_{H2}]\}$$

$$E = E^o + 0.0591/2 \log \{[H^+]^2 - 0.0591/2 \log[P_{H2}]$$

여기서, E^o는 0V이고, P_{H2} = 1atm으로 가정하면, pH = -log[H^+]이므로

$$E = E^o - 0.0591pH = - 0.0591pH \qquad (4\text{-}15)$$

산화제 H^+의 활동도는 정확한데, pH가 감소함에 따라 증가하고 전위 E 또한 실험적 관찰과 일치한다. 이는 또한 모든 다른 산화제에도 적용되고 반쪽전지반응 (4-10)에 대하여 Nernst 방정식 (4-13)으로 나타낼 수 있다. 용해된 산화제는 활동도가 증가함에 따라 실험상에서 더 귀해지거나 양전위로 측정된다. 따라서 이러한 전위는 대개 용액에 대한 산화력의 측정에 사용된다.

두 번째로 아래와 같은 반응(산소발생반응)에 대하여 Nernst식을 유도해 보면 다음과 같다.

$$O_2 + 4H^+ + 4e^- = 2H_2O$$

$$(\text{여기서, } \Delta G^o = 2G^o_{H2O} - G^o_{O2} - 4G^o_{H+})$$

Nernst방정식은 $E = E^o + (0.0591/z) \log$ {[반응물의 농도 또는 압력]/[생성물의 농도 또는 압력]}이므로

$$E = E^o + (0.0591/4) \log \{[P_{O2}][H^+]^4/[H_2O]^2\}$$

여기서 P_{O2}는 1기압으로 가정하고 [H_2O]은 1이므로

$$E = E^o + (0.0591/4) \log \{[H^+]^4\} = E^o - 0.0591pH$$

그런데 위 반응에 대한 표준전극전위, E^o를 구하기 위해서는 열역학적 데이터와 $\Delta G^o = -zFE^o$ 관계식을 이용하여야 한다. 즉, O_2 및 H^+의 G^o는 0이고 H_2O의 G^o는 −56,700cal이므로, 위 반응에 대한 ΔG^o 는 2*(-56,700)cal가 되고 단위는 J/C = V이다. 즉,

$$E^o = -\Delta G^o/zF = +56{,}700[cal]/4*96{,}500[C] = +56{,}700*4.184[J]/4*96{,}500[C] = +1.23V$$

따라서 위 반응에 대한 Nernst식은 최종적으로 다음과 같다.

$$E = +1.23 - 0.0591pH \qquad (4\text{-}16)$$

수소발생반응과 산소발생반응의 경우는 용액의 pH에 대하여 같은 기울기를 갖고 일정한 전위차를 보이고 있음을 알 수 있다. 그 의미에 대해서는 아래에 기술하였다.

4.6 E-pH 도표

4.6.1 개요

대표적인 상태도는 조직상태도와 부식상태도로서, E-pH도표는 부식상태를 알 수 있는 상태도이다. 즉, Potential-pH 도표는 수용성 전기화학계에서 안정된 상태에 있는 다양한 상의 안정 영역을 전위와 pH에 따라서 작성해 놓은 그림이다. 여러 가지 상의 안정영역에 대한 도표는 연료전지, 배터리, 전기도금, 그 밖의 야금을 포함하여 많은 부분에 응용할 수 있다.

이 도표는 Marcel Pourbaix 교수에 의해서 최초로 작성되었다. Pourbaix Diagram은 평형에 이르렀을 때, 존재하는 모든 적절한 반응과 반응생성물들에 대하여 다루고 있다. Pourbaix Diagram은 순수한 물에서 가능한 화학반응에 대한 평형 상태에서 계산된다. 일반적으로 열역학이나 Pourbaix Diagram은 화학반응에 대한 방향을 알려주지만 반응속도에 대한 정부를 제공해 주지 않음을 유의하여야 한다.

4.6.2 물의 안정 구역 (물의 상태도)

수소기체와 산용액 사이의 평형상태를 다시 고려하면,

$$2H^{+} + 2e^{-} \rightarrow H_2 \tag{4-4}$$

중성 또는 알칼리성용액에서 (4)의 반응평형은

$$2H_2O + 2e^{-} \rightarrow H_2 + 2OH^{-} \tag*{\{a\}}$$

{}는 OH^-가 H^+보다 많을 때, 즉, 높은 pH일 때, {a}는 좀 더 정확한 반응이다. 그러나 둘이 평행이기 때문에 둘의 반쪽전지전극전위는 pH에 의존하는 특성을 보인다.

$$E_{H+/H2} = E_{H+/H2}^{o} - 0.0591pH \tag{4-15}$$

$$E_{H+/H2} = 0 - 0.0591pH$$

(4-15)식은 E-pH 도표에 나타내게 되고 그림 4.12처럼 반응 {a}라고 표시한다.

pH가 0일 때는 위 값은 0V(SHE)가 되고 pH가 14일 때는 -0.83V(SHE)가 된다. 임의의 pH 용액에서 전위를 음으로 이동시키면 전극에서 수소가 발생하게 되므로 이 선을 수소발생선이라 부른다. 또한 임의의 전위에서 pH가 산성에서 중성 등으로 높아지면 $[H^+]$이온은 H_2O 또는

$[OH^-]$로 산화된다.

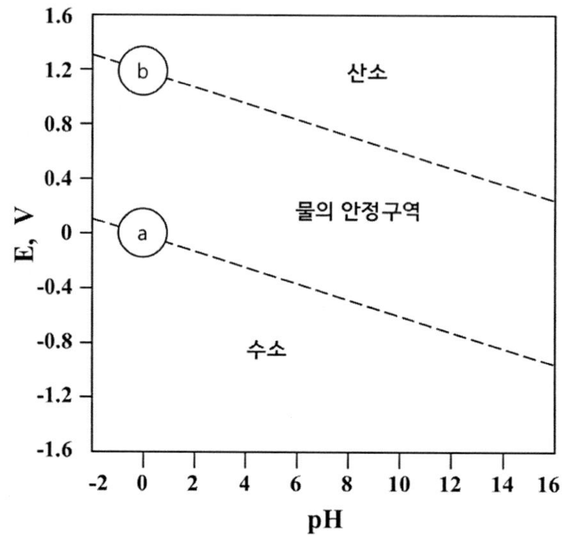

그림 4.12 물의 안정구역에 대한 E-pH도표

전위를 더 높은 귀한 방향으로 이동하게 되면 아래 반응이 일어나게 된다.

$$O_2+4H^++4e^-\rightarrow H_2O \qquad (4\text{-}16)$$

$$O_2+2H_2O+4e^-\rightarrow 4OH^- \qquad \{b\}$$

위 수식은 각각 산성, 중성, 염기성 용액에서 평형반응이다. 만약 P_{O2}=1atm(단위산소활동도)라면 이에 대한 Nernst방정식은

$$E_{O2/H2O} = E_{O2/H2O}{}^{O}\text{-}0.0591PH \qquad (4\text{-}17)$$

$$E_{O2/H2O} = 1.23 - 0.0591pH$$

이다. 이 식을 그림 4.12에 반응{b}로 표시했다.

pH=0, $e_{O2/H2O}{}^{0}$=1.23V(SHE) 그리고 pH=14, $e_{O2/H2O}{}^{0}$=0.401V(SHE)이며 기울기는 -0.0591V이다. 이 선을 산소발생선이라 하며, 임의의 pH에서 전위를 이 선보다 양의 값으로 이동하게 되면 산소가 발생하게 된다. 임의의 전위에서 pH의 변화에 따른 물의 상태 변화는 앞에서 서술한 내용과 같다.

맹물로 가는 자동차;

이 두 선의 전위보다 더 큰 값으로 물을 전기분해하면 수소는 음극에서 산소는 양극에서 발생된다. 원리적으로 맹물로 가는 자동차가 있을 수 있는 것이며, 현재는 연료전지 자동차가 이에 해당된다고 볼 수 있다. 그림 4.13은 1974년 개봉한 이형표 감독, 김하림 각본, 신일룡, 장미화, 오수미 주연의 '맹물로 가는 자동차(A Car moves by Water)'는 대단히 획기적인 아이디어를 제공해 줄 수 있었던 우리나라의 명작 영화라 할 수 있다. 황당한 아이디어를 공학적 발명품으로 창작할 수 있었던 아쉬움이 남는 문화적 자부심이라 할 수 있다.

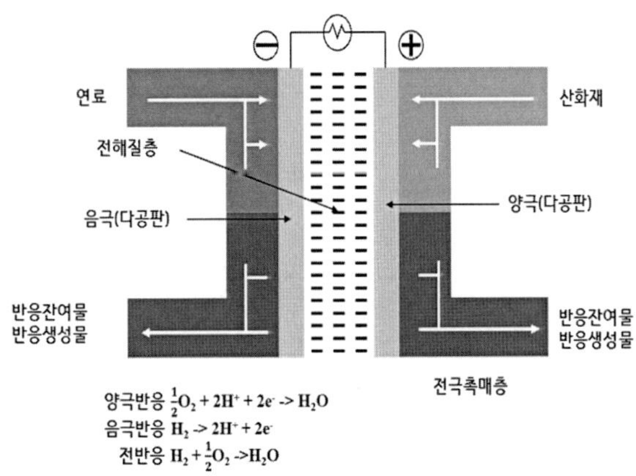

그림 4.13 신재생에너지에 대해 전세계가 무관심했던 1974년 개봉한 "맹물로 가는 자동차" 영화 포스터 (그 무렵 1959년 영국에서 실증시험을 거쳐, 1962년 미국에서 제미니 계획에 의해서 우주 및 군용 알칼리 연료전지 연구를 시작한다)

4.6.3 부식 금속에 대한 E-pH도표

그림 4.14에는 알루미늄에 대한 E-pH도표를 나타내었다. 그림에서 알 수 있듯이, 금속의 상태는 부동태(Passivity), 부식(Corrosion), 불활성(Immunity)으로 명명된다. 먼저 불활성 상태는 금속이 금속 상태로 안정한 영역을 의미하며, 부식 상태는 금속이 이온화된 상태가 안정한 영역을 나타내고, 부동태 상태는 금속이 금속산화물로 안정한 영역을 말한다.

알루미늄은 중성수에서는 산화물이 안정한 금속이지만 산성 및 알칼리성 환경에서는 이온화가 되는 금속이다. 반면에 철의 경우에는 약 알칼리성 환경의 일부 구간을 제외하고는 전 pH에 걸쳐서 부식 상태가 안정한 것을 알 수 있다. 물론 전위가 높은 상태에서는 부동태가 안정한 것으로 나오지만 이러한 부동태가 곧 부식이 속도가 느리다고 말할 수는 없다. 왜냐하면, 본 도표는 열역학적 정보만 제공해주고 속도론적 데이터는 제공해주지 못하기 때문이다.

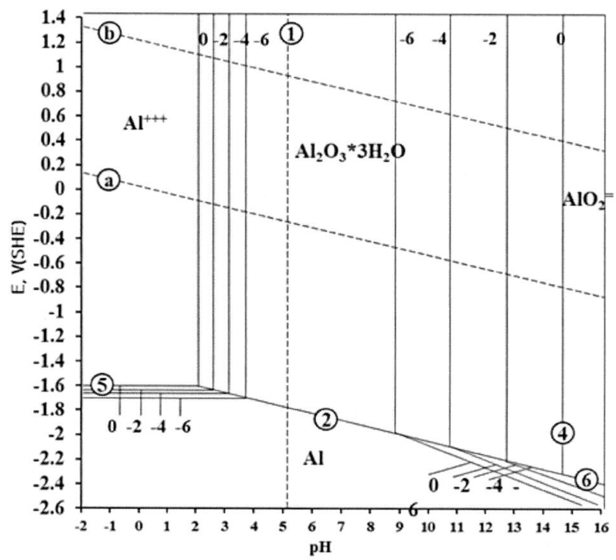

그림 4.14 알루미늄에 대한 E-pH도표 (그림에서 0, −2, −4, −6은 $10^{0,\ -2,\ -4,\ -6}$ g·equi/L)

[1] Al-H_2O계에 대한 E-pH 도표 작성

알루미늄이 E-pH도표 상에서 존재할 수 있는 화학적 상태는 Al, Al^{3+}, Al_2O_3, AlO_2^-이다. 즉, Al/Al^{3+}, Al/Al_2O_3, Al^{3+}/Al_2O_3, Al/AlO_2^-, Al_2O_3/AlO_2^- 사이의 전기화학적 반응식과 이에 대한 Nernst식을 작성하고 각 물질의 안정영역을 표시하면 그림 4.14와 같은 알루미늄에 대한 E-pH도표가 완성되는 것이다. 반응식은 모두 환원반응이 되도록 작성한다.

E-pH 도표 작성을 위한 열역학적 데이터	
• Al_2O_3의 G^o = -384,530 cal	• H_2O의 G^o = -56,700 cal
• AlO_2^-의 G^o = -200,710 cal	• Al^{3+}의 G^o = -115,000 cal
• Al, O_2, H^+의 G^o = 0 cal	• [Al^{3+}] = mol/L

1) $Al^{3+} + 3e^- = Al$ 반응

E = E° + 0.0591/z log [반응물 농도]/[생성물 농도]
= -1.66V + 0.0591/3 log [Al^{3+}]/[Al] = -1.66 - 0.0591*2 = -1.78V(SHE)

E° = -1.66V는 기전력 계열 데이터 또는 자유에너지로부터 구할 수 있으며, 순수한 [Al] = 1, [Al^{3+}] = 10^{-6} mol/L로 설정한다.

$$E^o = -\Delta G^o /zF = -[0-(-115,000*4.184J)]/3*96500C = -1.66V$$

통상 10^{-6} mol/L의 농도는 부식이 인지되는 농도로 간주될 수 있으며, 이 이하의 농도는 부식이 발생되지 않는 것으로 받아들여진다. 일정한 금속이온 농도가 정해지면 위와 같은 반응은 E-pH 도표에서 용액의 pH와는 관계가 없이 일정한 전위를 보이는 수평선으로 그려진다.

2) $Al_2O_3 + 6H^+ + 6e^- = 2Al + 3H_2O$ 반응

E = E° + 0.0591/6 log [Al2O3][H^+]^6/[Al]^2[H2O]^3
= E° + 0.0591/6 log [H^+]^6 = E° - 0.0591pH

여기서 [Al_2O_3] = [Al] = [H_2O] = 1(활동도)이고, E° = -ΔG° /zF의 관계를 통해서 구할 수 있다.

Al_2O_3의 G° = -384,530 cal = - 384,530*4.184 J = -1,608,873.5 J
H_2O의 G°는 -56,700cal = -237,232.8 J
E° = -ΔG° /zF = -(-3*237,232.8 + 1,608,873.5) J/6*96,500 C = -1.55 V

$$\Delta G^o = 2G^o_{Al} + 3G^o_{H2O} - G^o_{Al2O3} - 6G^o_{H+}$$

따라서 E = -1.55 - 0.0591pH가 되며, E-pH도표에서 전위와 pH가 반비례하는 사선으로 관계를 보인다.

3) $2Al^{3+} + 3H_2O = Al_2O_3 + 6H^+$ 반응

이 반응에는 전자가 개재되지 않은 화학적 반응이므로 Nernst 식을 이용하여 구할 수 없다. 이렇게 화학적 반응의 경우는 평형상수의 값으로부터 구하여야 한다.

ΔG° = -RT ln K = -2.303RT log K식을 사용하여 구할 수 있다. 즉,
$\Delta G^o = (G^o_{(Al2O3)} + 6G^o_{(H+)}) - (2G^o_{(Al3+)} + 3G^o_{(H2O)})$ = (-1,608,873.5J + 0) - (-2*481,160J - 3*237,232.8J) = 65,144.88J/mol
log K = -65,144.88J/mol/2.303*8.3143J/Kmol*298.15K = -11.4
log K = log [생성물의 농도]/[반응물의 농도]
= log [Al_2O_3][H^+]^6/[H_2O]^3[Al^{3+}]^2 = -11.4

여기서 $[Al_2O_3]$ = $[H_2O]$ = 1(활동도)이고, $[Al^{3+}] = 10^{-6}$ mol/L를 대입하면,

$\log K = 6\log [H^+] - 2\log [Al^{3+}] = -6pH - 2\log [Al^{3+}] = -11.4$

$pH = (-\log K)/6 - \{\log [Al^{3+}]\}/3 = (11.4/6) + (6/3) = 3.9$

따라서 전위가 충분히 높을 때 Al^{3+}는 pH 3.9 이하에서 안정한 상이며, Al_2O_3는 pH 3.9 이상에서 안정한 상이다. 만일 $[Al^{3+}] = 1$이라면 위 반응의 평형 pH = 1.9이다. 이 pH값이 전위와 독립적이기 때문에 E-pH도표에서 수직선으로 나타난다.

4) $Al_2O_3 + H_2O = 2AlO_2^- + 2H^+$ 반응

이 반응도 전자가 개재되지 않은 화학적 반응이므로 Nernst 식을 이용할 수 없고 평형상수 값으로부터 두 상간의 안정 여부를 구분하여야 한다. $\Delta G^o = -RT \ln K = -2.303RT \log K$식을 사용하여 구할 수 있다. 즉, 위 반응에 대한 평형상수를 위와 같이 구하면, $K = [AlO_2^-]^2[H^+]^2/[Al_2O_3][H_2O] = 10^{-29.2}$이고, $[Al_2O_3]$ 및 $[H_2O]$의 활동도는 1이므로,

$\log K = 2\log [AlO_2^-] + 2\log [H^+] = -29.2$

$pH = (14.6 + \log [AlO_2^-]) = 8.6$

$[AlO_2^-] = 10^{-6}$일 때 평형 pH는 전위와 독립적으로 8.6으로 계산된다. E-pH도표에서 이 평형은 pH 8.6에서 곧은 수직선을 나타낸다. 전위가 충분히 높을 때 Al_2O_3는 pH 8.6이하에서 안정되고 AlO_2^-는 pH 8.6 이상에서 안정하다.

5) $AlO_2^- + 4H^+ + 3e^- = Al + 2H_2O$ 반응

$E = E^o + 0.0591/3 \log [AlO_2^-][H^+]^4/[Al][H_2O]^2$

$= E^o + 0.0591/3 \log [AlO_2^-][H^+]^4 = E^o + 0.0591/3 \log 10^{-6} - 0.0591*4/3pH$

여기서 $E^o = -\Delta G^o/zF$의 관계를 통해서 구할 수 있다.

AlO_2^-의 G^o = -200,710 cal = - 200,710*4.184 J = -839,770.6 J

H_2O의 G^o는 -56,700 cal = -237,232.8 J

$E^o = -\Delta G^o/zF$ = -(-2*237,232.8 + 839,770.6) J/3*96,500 C = -1.26 V

$E = -1.26 - 0.1184 - 0.0789pH = -1.38 - 0.0789pH$

위에서 검토한 5가지 경계선에 대하여 안정구역을 구하여 그림으로 나타내면 그림 4.13과 같다. 각 안정상에 대해서는 전위를 상승시키거나 pH를 변화시켰을 때 그 양이 많아지게 되면 안정한 상이 된다. 예를 들면, ① $Al^{3+} + 3e^- = Al$ 반응의 경우 $E = -1.66V + 0.0591/3 \log [Al^{3+}]/[Al]$ 이므로, 전위를 상승시키면 $[Al^{3+}]$의 농도가 증가하므로 앞에서 구한 -1.78V(SHE)보다 높은 전위에서는 Al^{3+}이온이 안정한 상이 된다. 이와 같은 방법으로 각 영역을 결정한다.

[2] Fe-H_2O에 대한 E-pH 도표 작성

그림 4.15는 철에 대한 E-pH도표이다. 도표에서 알 수 있는 바와 같이, 철은 +2 또는 +3의 두 가지 산화 상태로 존재할 수 있다. 이 두 가지 산화상태는 Pourbaix Diagram을 복잡하게 한다. Nernst방정식의 특유의 반응과 부합형태는 다양한 반응을 위한 Nernst방정식을 아래에 나타내었다.

$$Fe^{2+} + 2e^- = Fe \tag{4-18}$$

$$E_{Fe/Fe2+} = -0.440 + 0.0295 \log [Fe^{2+}]$$

$$Fe(OH)_2 + 2H^+ + 2e^- = Fe + 2H_2O \tag{4-19}$$

$$E_{Fe/Fe(OH)2} = -0.0470 - 0.0591pH$$

$$HFeO_2^- + 3H^+ + 3e^- = Fe + 2H_2O \tag{4-20}$$

$$E_{Fe/HFe(O2)-} = 0.493 - 0.0886pH + 0.0295 \log [HFeO_2^-]$$

$$Fe^{2+} + 2H_2O = Fe(OH)_2 + 2H^+ \tag{4-21}$$

$$pH = 6.65 - 0.5 \log [Fe^{2+}]$$

$$Fe(OH)_2 = HFeO_2^- + H^+ \tag{4-22}$$

$$pH = 18.30 + \log [HFeO_2^-]$$

$$Fe(OH)_3 + 3H^+ + 3e^- = Fe^{2+} + 3H_2O \tag{4-23}$$

$$E_{Fe2+/Fe(OH)3} = 1.057 - 0.1773pH - 0.0591 \log [Fe^{2+}]$$

$$Fe^{3+} + 3H_2O = Fe(OH)_3 + 3H^+ \tag{4-24}$$

$$pH = 1.613 - (1/3) \log [Fe^{3+}]$$

$$Fe(OH)_3 + 2e^- = 2HFeO_2^- \tag{4-25}$$

$$E_{HFeO2-/Fe(OH)3} = -0.810 - 0.0591 \log [HFeO_2^-]$$

철은 알루미늄과 비교하여 상대적으로 알칼리 용액에 대해서 저항성을 갖는다. 따라서 철이 만일에 임의의 부식 영역에 현재 존재하고 있다면 E-pH도표를 통해서 개념적으로 부식을 방지할 수 있는 방법 3가지를 제시할 수 있다.

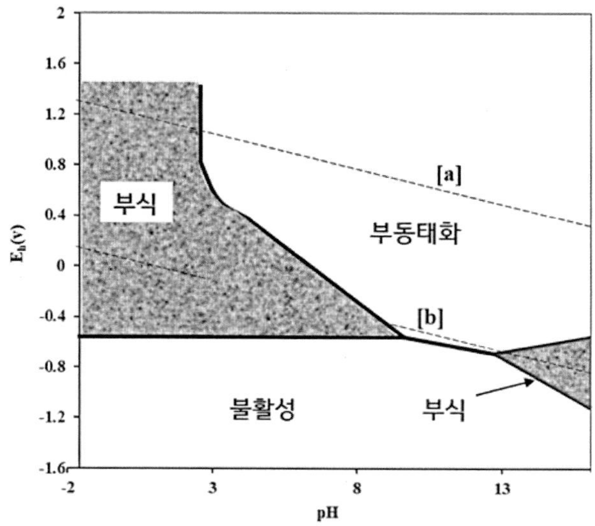

그림 4.15 철에 대한 E-pH도표 (모든 이온성 물질의 활동도는 10^{-6}g-equiv/L이다)

① 용액의 pH를 증가시켜 알칼리 용액화 함으로써 철을 부동태화 하는 방법

② 철의 전위를 음극 쪽으로 분극시켜 불활성 상태로 만드는 방법. 이를 음극방식(cathodic protection)이라 한다.

③ 철의 전위를 양극 쪽으로 분극시켜 부동태 상태로 만드는 방법. 이를 양식방식(anodic protection)이라 한다.

[3] 다른 금속들의 E-pH 도표

대표적인 금속에 대한 E-pH 도표는 그림 4.16에 제시하여 놓았다. 자세한 정보를 필요로 하는 경우에는 Pourbaix Diagram 원본을 참조하여야 한다.

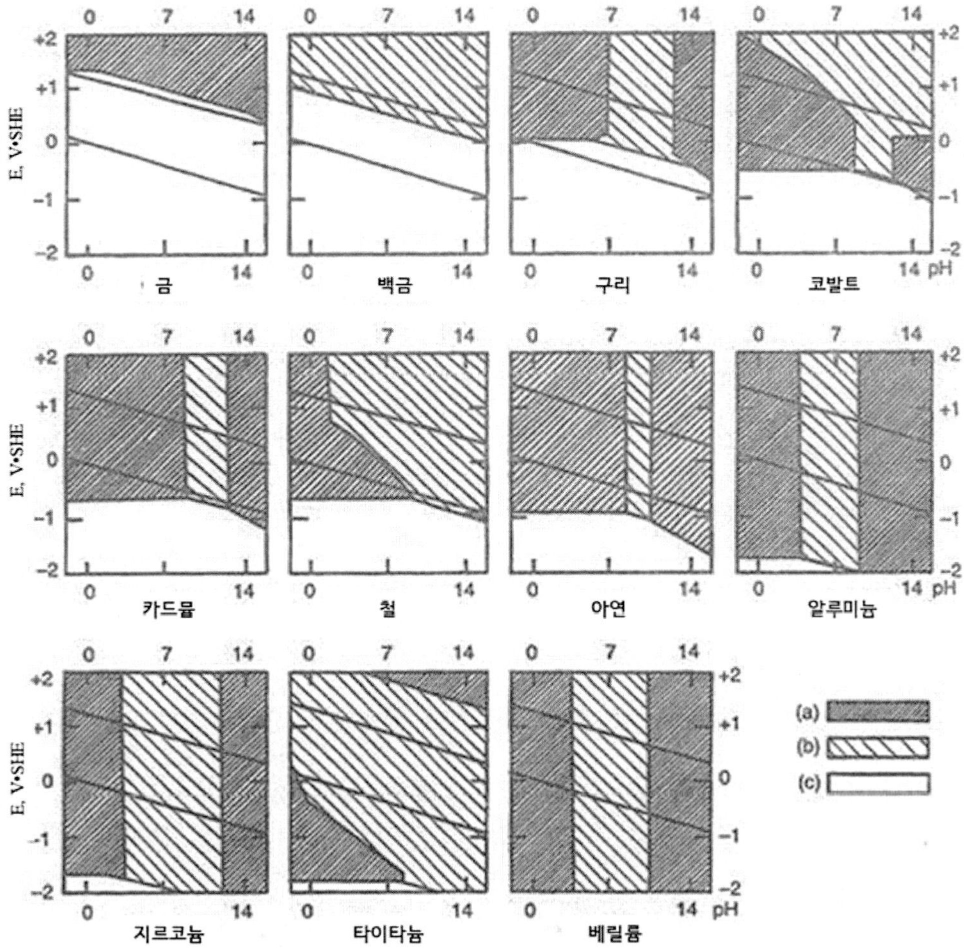

그림 4.16 대표적인 금속에 대한 E–pH도표; (a) 부식(Corrosion), (b) 부동태(Passivity), (c) 불활성(Immunity)

제5장 부식속도론

5.1 전기화학적 부식 거동을 측정하는 실제 사례

그림 5.1은 해당 부식환경에서 단기간 내에 전기화학적 방법으로 부식속도(Corrosion Rate)를 측정할 수 있는 타펠분석법(Tafel Plot)을 보여주고 있다. 기본적인 원리는 개방회로 전위(OCP, Open Circuit Potential, 부식전위 - $E_{corr} = E_R$)에서 양극방향으로 및 음극방향으로 전위를 증가시키면서 얻어지는 직선적인 전류밀도 선(타펠선이라 함)을 외삽하여 개방회로 전위에서 만나는 전류밀도를 부식속도로 환산하는 기법이다.

또한, 그림 5.2는 부식저항성이 부족한 재료, 적당한 내식성을 보이는 재료 및 내식성이 매우 우수한 재료에 대하여 구한 전기화학적 시험(양극분극시험이라 함) 결과를 나타낸 것이다.

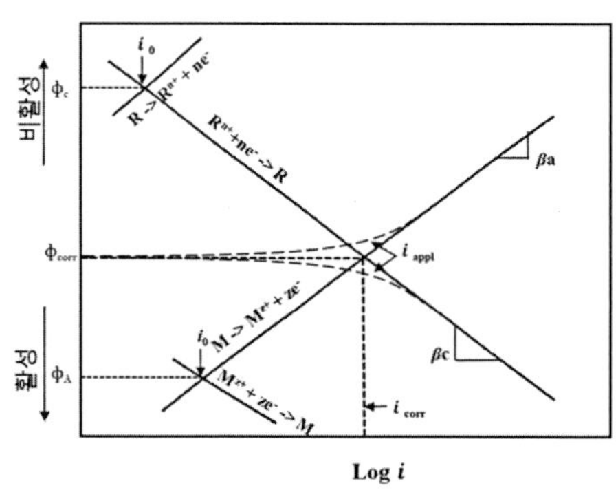

그림 5.1 타펠분석법으로 부식속도를 구하는 법

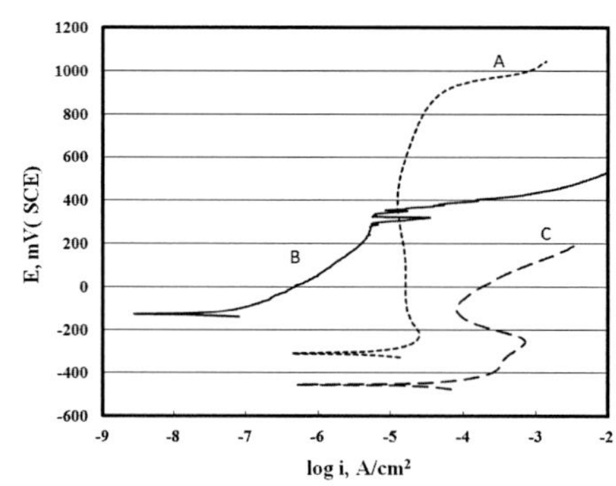

그림 5.2 분극시험을 통해 내식성 여부를 판별하는 방법

따라서 위에 제시한 전기화학적 시험 결과로부터 어떻게 재료의 부식속도 및 부식경향을 정량적으로 알아낼 수 있을 것인가에 대한 이론적 배경에 대한 학습이 필요하다. 아래에서는 이러한 이론적 배경에 대하여 설명하였다.

5.2 분극

5.2.1 분극이란?

전해질과 평형을 이루고 있는 전극(자연전위 상태 또는 개방회로전위(OCP, open circuit potential)에 전류가 흐르게 되면 전위가 변화하게 된다. 이러한 현상을 분극(分極, polarization)이라고 한다. 분극은 전류의 흐름에 대한 일종의 저항으로 이해할 수 있는데 저항과는 달리 전류의 흐름에 직선적으로 비례하지는 않고 복잡한 거동을 한다. 분극은 산화전류가 흐르면 전위가 상승하는 방향으로 발생하고 환원전류가 흐르면 전위가 낮아지는 방향으로 발생한다. 생성된 분극은 전류가 멈추면 원래의 전위로 돌아가는데 이러한 현상을 소극(消極, depolarization)이라고 한다. 분극에 의하여 전극이 갖게 되는 전위를 분극전위라고 한다.

어떤 금속 표면에서 부식반응이 발생할 때, 표면에서는 양극반응과 음극반응이 동시에 발생한다. 이 때 양극반응과 음극반응은 각각의 평형전위를 갖는다. 양극반응은 짝을 이루는 반쪽 반응인 음극반응보다 낮은 평형전위를 갖는다. 양극반응이 진행하게 되어 전류의 흐름이 발생하면 양극의 전위는 상승하게 되고, 음극반응이 진행함에 따라 음극의 전위는 하강하게 된다. 회로의 전기저항이 '0'라면 양극과 음극의 전위가 같아질 때까지 전위가 접근하게 된다. 그러나 전자와 전해질의 통로 저항(전기저항)이 존재하므로 iR 전압강하만큼은 남겨두고 두 전극의 전위가 가까워지게 된다.

두 전극반응의 분극과 iR 전압강하(iR drop)에 의하여 나타나는 금속의 전위를 혼합전위(mixed potential)이라고 한다. 혼합전위이론은 두 개의 가정으로 이루어져 있다;

> 제1가정; 임의의 전기화학적 반응은 산화반응 및 환원반응으로 나뉜다.
> 제2가정; 전기화학적 반응 중 전하의 순 축적은 없다. 즉, 전하보존의 법칙을 의미한다.

분극의 개념을 그래프로 표현하기 위하여 가로 축을 log i 로, 세로 축을 전위로 나타내며 이 도표를 Evans 다이어그램이라고 한다. 전류는 통상 산화전류를 (+)로 환원전류를 (-)로 표시하지만, log 축에 표시하는 Evans 다이어그램에는 모든 전류를 +로 취급한다.

[1] 평형상태에서의 겉보기 반응속도

산 용액 중에 담긴 백금전극에서의 가역수소전극을 그림 5.3과 같이 생각해보면, 가역상태이므로 이는 평형상태를 의미한다. 따라서 실질적 반응은 없는 상태이다. 즉, 정반응의 속도와 역반응의 속도가 같은 상태이기 때문이다.

그러나 겉보기 반응속도는 존재하므로 이를 교환반응속도라 명명한다.

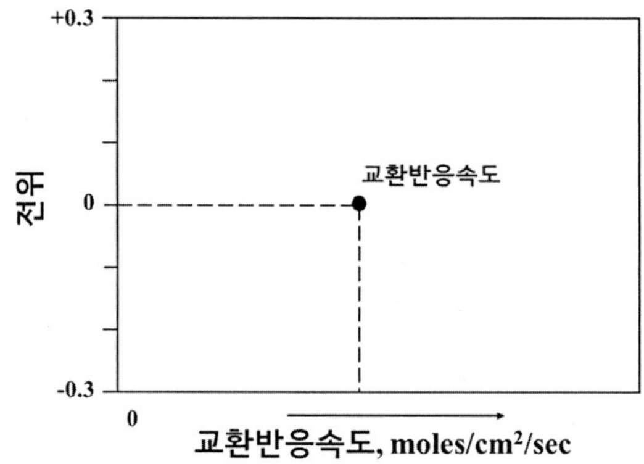

그림 5.3 교환반응속도

이러한 반응속도를 전기화학에서는 전류밀도로 표현하면 편리하다. 패러데이법칙을 이용하여 이를 수식으로 나타내면 다음과 같다;

$$r_{red} = r_{ox} = i_o/zF$$

여기서 r_{red}은 환원속도, r_{ox}은 산화속도, i_o는 교환전류밀도, z는 반응에 참여한 전자수, F는 패러데이상수이다. 다른 말로 표현하면, 평형상태에서의 겉보기 반응속도를 교환전류밀도라 이야기할 수 있다. 이러한 교환전류밀도는 재료, 반응식 등에 따라서 모두 변화한다(표 5.1).

[2] 분극

아래의 그림 5.4는 평형상태에 있는 구리전극과 아연전극을 서로 연결할 때 변화되는 전위와 전류밀도를 그림으로 나타낸 것이다. 여기서 E_{Cu} 및 E_{Zn}은 구리전극과 아연전극의 평형전위를 의미하며, d와 a는 구리전극의 교환전류밀도 및 아연전극의 교환전류밀도를 의미한다. 이렇게 평형상태에 있는 두 전극을 연결하면 평형전위로부터 벗어나게 되며, 이를 분극되었다라고 표현한다.

시간의 경과에 따라서 두 전극의 전위가 거의 같아지게 되는데 이 전위를 부식되는 금속의 관점에서 부식전위(E_R)이라고 명명하며, 이 때의 전류밀도를 부식전류밀도(i_R)이라고 명명한다. 부식전위에서도 양극전류밀도의 합과 음극전류밀도의 합이 동일하지만 이를 평형상태라 하지 않는다. 왜냐하면 가역상태가 아니기 때문이다. 통상적으로 금속이 부식되는 경우가 많으므로 부식전위라고 부르나 일반적으로는 외부에서 에너지를 가하지 않는 상태에서의 값이므로 개방회로전위(ocp, Open Circuit Potential)이라고도 한다.

[표 5.1] 각종 환경에서의 교환전류밀도

반응	전극	용액	i_0, amp/cm^2
$2H^+ + 2e = H_2$	Al	2N H_2SO_4	10^{-10}
$2H^+ + 2e = H_2$	Au	1N HCl	10^{-6}
$2H^+ + 2e = H_2$	Cu	0.1N HCl	2×10^{-7}
$2H^+ + 2e = H_2$	Fe	2N H_2SO_4	10^{-6}
$2H^+ + 2e = H_2$	Hg	1N HCl	2×10^{-12}
$2H^+ + 2e = H_2$	Hg	5N HCl	4×10^{-11}
$2H^+ + 2e = H_2$	Ni	1N HCl	4×10^{-6}
$2H^+ + 2e = H_2$	Pb	1N HCl	2×10^{-13}
$2H^+ + 2e = H_2$	Pt	1N HCl	10^{-3}
$2H^+ + 2e = H_2$	Pd	0.6N HCl	2×10^{-4}
$2H^+ + 2e = H_2$	Sn	1N HCl	10^{-8}
$O_2 + 4H^+ + 4e = 2H_2O$	Au	0.1N NaOH	5×10^{-13}
$Ni = Ni^{+2} + 2e$	Ni	0.5N $NiSO_4$	10^{-6}

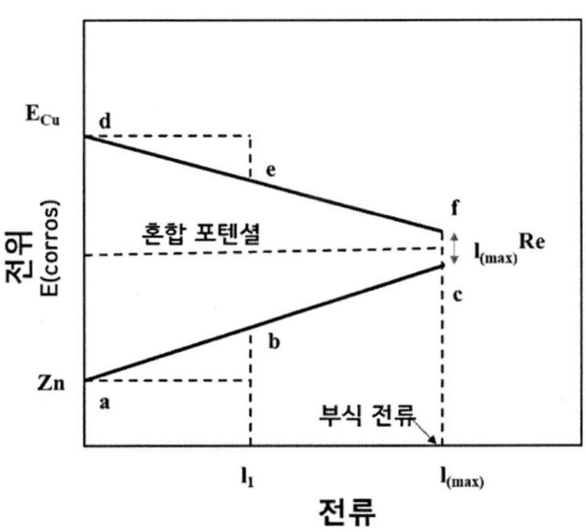

그림 5.4 구리-아연 전지의 분극곡선

5.2.2 분극의 종류

분극은 활성화 분극과 농도분극의 2가지 형태로 나눌 수 있다. 전체 분극은 두 가지 분극의 합으로 나타난다. 이와 별도로 저항분극도 있다.

[1] 활성화 분극

활성화 분극은 구조물과 전해질의 계면을 통한 전하의 이동에 의하여 발생한다. 활성화 분극은 전극과 전해질의 계면에서 전하전달이 발생하기 위하여 어떤 에너지 장벽을 넘는 형태로 이해할 수 있다. 전극반응의 단계는 반응물이 전극계면으로 이동하는 단계와 전하 전달 반응, 그리로 생성물이 계면에서 외부로 이동해 나가는 단계로 나누어 볼 수 있다.

만일, 전하 전달 반응이 전체 반응 과정에서 가장 늦은 단계라면 전체과정은 전하전달 반응 속도에 의하여 결정된다. 이 경우를 활성화 분극 조절상태(activation polarization control)이라고 부른다. 활성화 분극은 전기화학 반응에 관계하는 반응물이 풍부하고 생성물들이 쉽게 제거되는 전해질에서 많이 발생한다. 고농도의 산에서 부식 반응 같은 경우가 예에 해당된다.

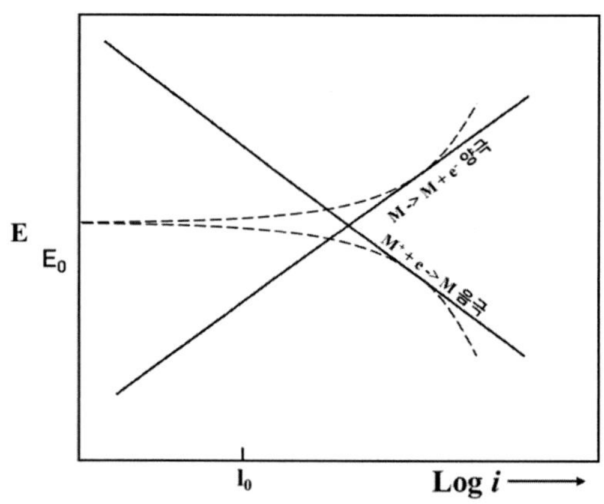

그림 5.5 활성화 분극 현상

그림에서 직선적 구간을 Tafel영역이라 부르며, 이를 수식화 하여 다음 타펠식으로 표현한다. 부식속도를 전기화학적으로 측정할 때 이 직선 구간을 실험적으로 찾아서 양극곡선과 음극곡선을 외삽하여 부식전위와 만나는 점을 부식전류밀도로 정하여 부식속도를 구한다. β를 타펠상수라고도 부른다.

$$\eta = \pm\beta\log\left(\frac{i}{i_0}\right)$$

η = 활성화 분극

β = 분극기울기

i = 전류밀도

i_0 = 교환전류밀도

[2] 농도분극

농도분극은 반응 표면 (구조물 표면)으로의 반응물의 확산 혹은 이 계면에서 생성물의 확산에 의하여 분극이 일어나는 경우를 말한다. 가용한 반응물의 고갈이나 반응 생성물의 축적을 일으키는 모든 것들은 반응속도를 감소시키고 농도 분극을 증가시킨다. 만일 전체 반응에서 가장 느린 단계가 반응물의 도달 혹은 생성물의 제거라면, 그 반응은 농도분극 조절 상태 또는 확산제어 상태이다.

농도분극은 대개 희박 용액에서와 같이 반응물의 농도가 낮은 혹은 정체된 환경에서와 같이 활성 분극으로부터 반응 생성물이 축적되는 전해질에서 지배적이다.

반응물이 반응하는 표면에 도달하는 속도나 반응 생성물이 반응 표면으로부터 제거되는 속도가 전위를 바꾸어도 더 이상 증가하지 않는 상태의 전류밀도를 한계전류밀도(i_L, limiting current density)라고 부른다. 그림 5.6은 활성화분극에 이은 농도분극 현상을 보여주고 있다.

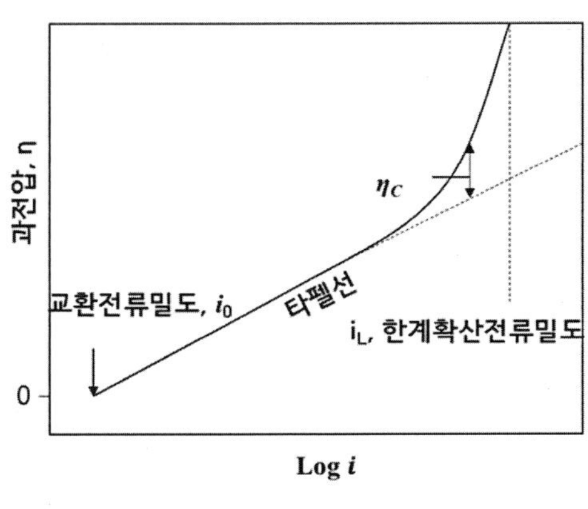

그림 5.6 활성화분극과 농도분극

분극곡선은 산화반응에서는 전류가 커질수록 전위가 증가하므로 기울기가 양이 되는데 이 기울기를 β로 칭한다. 환원반응에서는 기울기가 음이 된다.

농도 분극은 계면에서의 반응물의 고갈되거나 반응의 생성물의 축적됨에 의하여 발생한다. 금속 산화 반응의 경우 금속산화에 의하여 생겨난 금속 양이온이 표면에 축적된다면 반응의 국부적인 평형이 산화반응이 저해되는 방향으로 작용하여 전위가 상승하는 것과 같은 이치이다.

농도분극이 반응속도에 영향을 미치게 되면 분극곡선은 더 이상 직선이 아니다(E-log i 관계에서). 농도분극에 의한 영향을 받게 되면 반응 속도는 전위를 변화시켜도 전류의 증가율이 지수적으로 증가하지 않으므로 분극곡선의 기울기는 커진다(절대값 기준).

$$\eta_c = \frac{2.3RT}{nF}\log\left(\frac{i_L - i}{i_L}\right) \qquad i_L = \frac{DnFC_R}{\delta}$$

η_c = 농도 분극
i = 전류 밀도
i_L = 한계전류밀도

i_L = 한계전류밀도
D = 확산계수
C_R = 반응물의 벌크농도
δ = 확산층의 두께

한계전류밀도란 반응이 완전히 물질의 이동속도(확산속도)에 의하여 결정되므로 전위의 변화에 따라 전류가 증가하지 않는 상태를 말한다. 한계전류밀도의 크기는 물질의 이동속도(확산속도)와 관계되므로 확산경계층(확산이 일어나는 두께)과 확산계수, 벌크 상태의 농도 등에 의하여 결정된다.

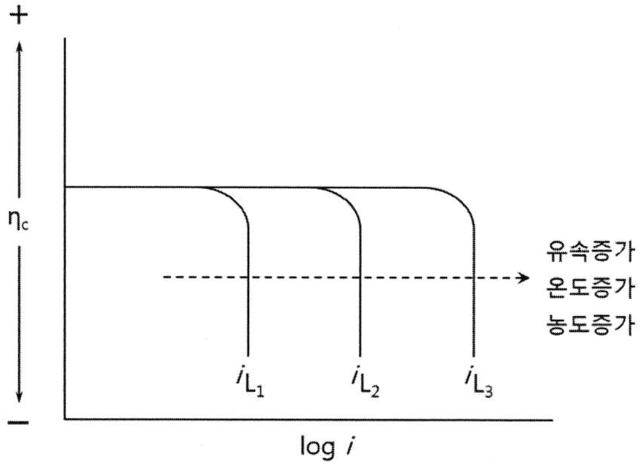

그림 5.7 i_L에 미치는 인자들의 영향

농도분극은 Nernst식과 확산방정식으로부터 위의 식과 같이 유도될 수 있다. 식을 살펴보면 전류가 한계전류밀도에 가까이 갈수록 농도분극이 무한대로 커지며, 전류가 '0'에 가까워질 때 농도분극 또한 '0'가 되는 것을 보여주고 있다.

그림 5.8은 수용액 중에서의 전형적인 음극분극곡선을 보여주고 있다. 용존산소의 환원이 우선적으로 일어나다가 농도분극이 증가함에 따라 직선이 곡선으로 변화하고, 어떤 지점 이상에서는 전위가 내려가도 전류가 증가하지 않는 한계전류밀도상태를 보여준다. 그러나 전위가 더욱 내려가면 수소발생이 새로운 음극반응으로 진행되면서 전류가 다시 증가하게 된다.

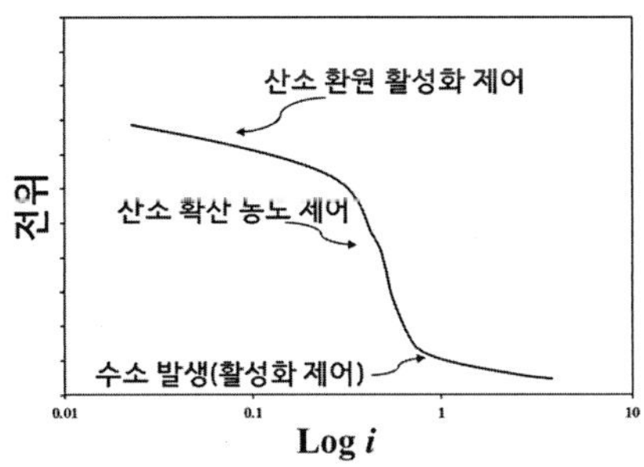

그림 5.8 전형적인 음극분극곡선

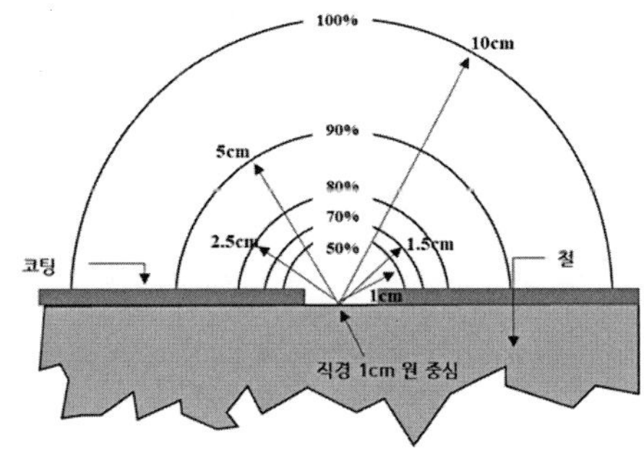

그림 5.9 IR 전압 강하

[3] IR 전압강하(IR voltage drop)

iR 전압강하는 분극과 반드시 구분해야 한다. iR 전압강하는 전극표면과 전해질의 계면에서 발생하는 것이 아니라 전자 또는 이온의 흐름경로 전체에서 발생하게 된다. 따라서 계면에서 발생하는 전위변화로 볼 수 없다.

그러나 전위를 측정 시에는 전극표면에 아주 가깝게 기준전극을 위치시키기에는 어려움이 있기 때문에 전류가 흐르는 상태에서 측정된 전위 값에는 iR 전압강하가 포함되어 있다. 피복이 된 구조물의 경우에는 피복부의 절연성이 높아 주로 피복이 손상된 노출부로 전류의 유출입이 집중된다. 이때 전류가 흐르는 단면적이 손상부위(holiday)에 가까울수록 작아지기 때문에 저항은 주로 손상부위 근처에 집중된다. 따라서 전류흐름에 의한 iR 전압강하 역시 손상부위 근처에 나타난다. 위 그림 5.9는 손상부위 근처의 iR 전압강하가 거리에 따라서 어떻게 분포하는 지를 보여주고 있는데 1cm직경의 손상부가 있을 때 손상부에서 1cm 가까이 기준전극을 위치시켜도 50%의 전압강하가 남아 있음을 알 수 있다.

[4] 분극에 미치는 인자들의 영향

앞에서 여러 요인들이 전극반응에 미치는 영향을 살펴보았는데, 여기에서는 온도, 유속, 산소농도가 바뀔 때, 양극과 음극의 분극 곡선이 어떻게 변화하고 이에 따라 혼합전위(mixed potential)가 어떻게 바뀌는지를 살펴보고자 한다.

① **온도** : 온도가 증가하게 되면 반응이 활성화되므로 양극반응과 음극반응이 모두 활성화되어 전극을 소극한다(분극이 감소한다). 이 경우를 양극반응과 음극반응으로 이루어지는 부식반응에 대하여 고려하여 그림으로 표시하면 그림 5.10과 같다. 양극반응과 음극반응의 기울기가 완만해지면서 두 반응이 같은 속도로 일어나는 지점인 부식전류는 증가하게 된다. 아래의 그림에서 전체 회로의 전기저항이 '0'이라면 양극의 전위와 음극의 전위가 완전히 맞닿게 되는 지점이 부식전류가 되겠으나 회로의 전기저항이 있는 경우에는 두 전극 전위가 iR 전압강하만큼 근접하였을 때가 부식상태가 된다. 부식반응에 미치는 온도의 영향은 대략 섭씨 10℃가 증가할 때마다 2배 정도 빨라지는 것으로 볼 수 있다. 따라서 부식속도 또한 10℃마다 2배씩 빨라지게 된다. 어떤 구조물에 온도 구배가 있을 때에는 온도 차이에 의한 전위차이가 생성되고 이로 인하여 부식전지가 형성되기도 한다. 예를 들어 고온의 설비에서 나온 물질을 이송하는 배관은 설비 출구 쪽이 뜨거우므로 이로 인하여 양극화가 되어 급속히 부식이 진행하기도 한다. 유정의 경우 심도가 깊어짐에 따라 지열에 의한 온도 상승이 전위차이의 원인이 되어 부식이 발생할 수 있다.

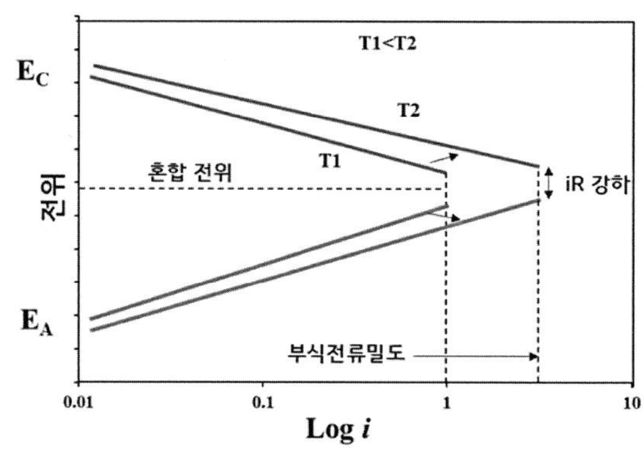

그림 5.10 분극에 미치는 용액온도의 영향

그림 5.11은 철강재료의 부식속도에 미치는 온도의 영향을 개방계와 밀폐계로 나누어 보여주고 있다. 일반적으로 용액의 온도가 상승하면 용액의 점성이 감소하여 확산속도가 증가하므로 부식속도가 증가하게 된다. 그러나 개방계의 경우, 비등점 부근에 이르면 용액 중의 산소용해도가 감소하여 부식속도가 감소하게 되므로 대략 80℃ 부근에서 최대의 부식속도를 보이게 된다. 그러나 밀폐계의 경우, 온도가 상승하면 부식속도는 지속적으로 증가하게 된다.

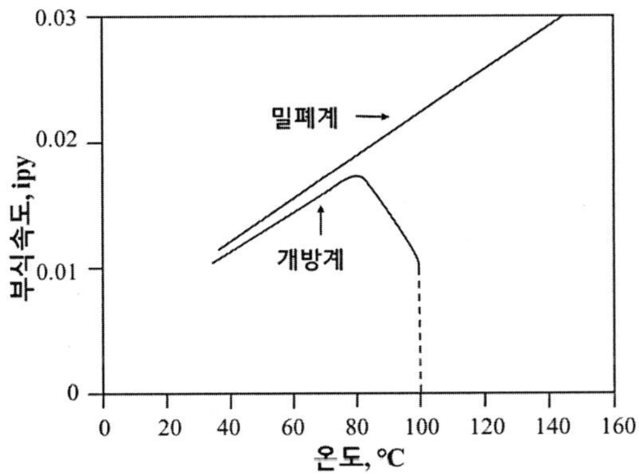

그림 5.11 용존산소가 포함된 용액 중에서의 탄소강의 부식에 미치는 온도의 영향

② 유속 : 유속이 증가하게 되면 물질전달의 속도가 활성화 되어 농도 분극이 감소하게 된다. 이 경우에도 양극반응과 음극반응이 모두 활성화되어 전극을 소극한다(분극이 감소한다). 이 경우를 양극반응과 음극반응으로 이루어지는 부식반응에 대하여 고려하여 그림으로 표시하면 그림 5.12와 같다. 유속이 증가하는 경우에도 온도 증가와 마찬가지로 양극반응과 음극반응의 기울기가 완만해지면서 두 반응이 같은 속도로 일어나는 지점인 부식전류는 증가하게 된다.

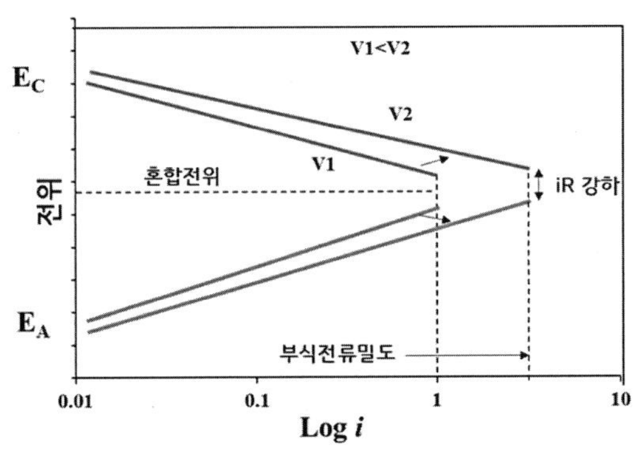

그림 5.12 분극에 미치는 용액 유속의 영향

그림 5.13은 일반적으로 금속의 부식에 미치는 유속의 영향을 보여주고 있다. 유속이 느릴 때는 균일부식 거동을 보이다가 유속이 점차 빠르게 되면 침식부식이 나타나고 매우 유속이 증가하게 되면 캐비테이션 부식이 발생하게 된다.

농도분극을 보이는 부식환경에서의 부식에 미치는 유속의 영향은 그림 5.14에 나타내었다. 유속이 증가하면 한계확산전류밀도가 증가하게 되어 금속의 부식속도가 증가함을 알 수 있다.

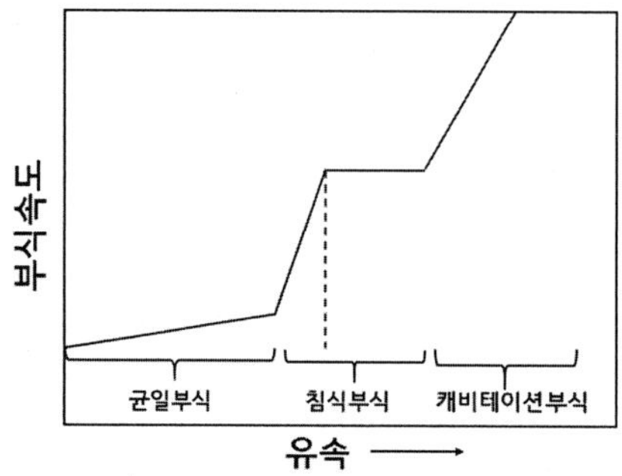

그림 5.13 부식속도 및 부식형태에 미치는 유속의 영향

영역 1; 균일부식
영역 2; 침식부식
영역 3; 캐비테이션부식

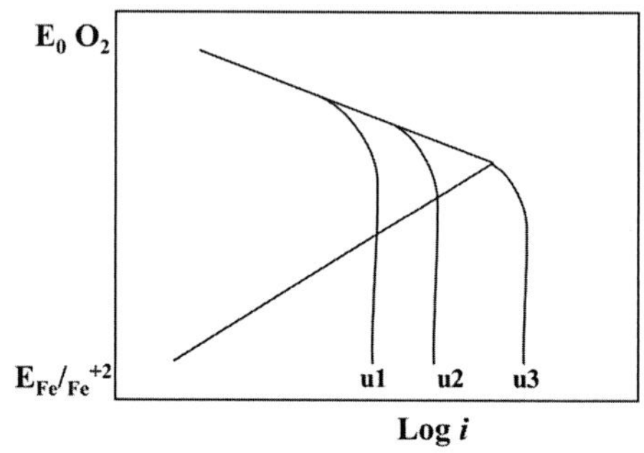

그림 5.14 유속에 따른 부식속도의 전기화학적

③ **산소 농도** : 산소 농도는 음극반응에 참여하므로 용액중 산소의 농도는 음극반응을 변화시킨다. 산소 농도가 증가할 때 음극의 분극이 감소하여 분극곡선의 기울기가 감소한다. 또한, 음극반응의 평형전위도 상승하게 위의 그림과 같이 분극곡선이 변화하게 된다. 이러한 변화에 의하여 부식전류가 증가하게 되며, 부식전위 또한 상승하게 된다.

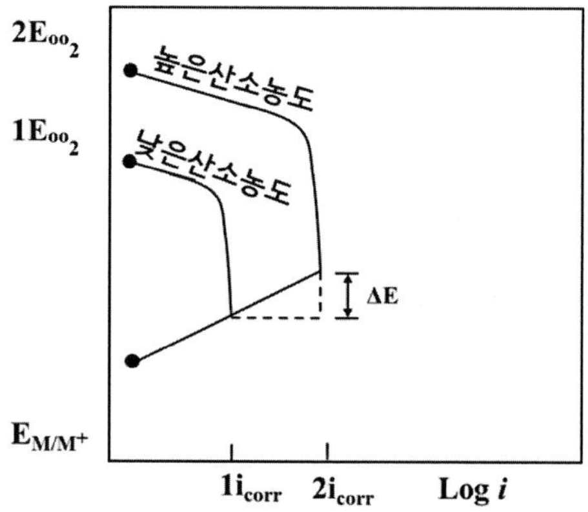

그림 5.15 분극에 미치는 용액 중 용존산소농도의 영향

④ 염 농도의 영향 : 금속의 부식에 가장 큰 영향을 미치는 물질 중의 하나는 NaCl이며, 지구상의 해수는 평균적으로 3.5% NaCl을 함유하고 있다. 그림 5.16은 탄소강의 부식속도에 미치는 NaCl 농도의 영향을 보여주고 있다. 그림에서 알 수 있듯이, 대략적으로 3% NaCl 전후의 농도에서 최대의 부식속도가 나타나고 있음을 보여주기 때문에 이를 자연의 잔인함의 법칙이라고도 부른다. 그러나 다른 금속에 미치는 NaCl 농도의 영향은 매우 다양하게 나타나는 점을 유의하여야 한다.

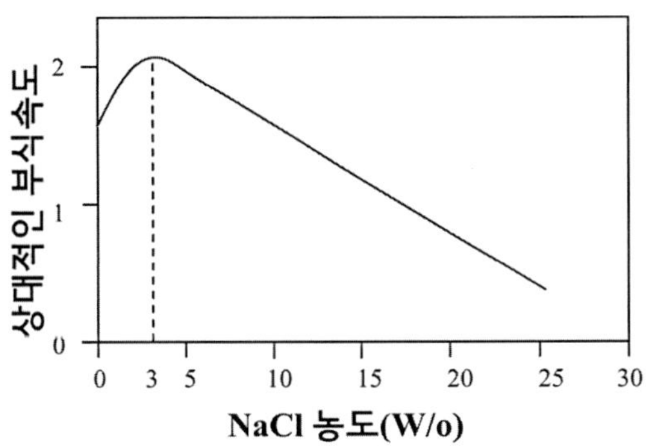

그림 5.16 탄소강의 부식속도에 미치는 염 농도의 영향(통기 수용액)

[5] 수소발생형 부식과 산소환원형 부식

금속의 부식은 부식환경에 따라서 수소발생형 부식과 산소환원형 부식으로 크게 나날 수 있다. 즉, 산성환경의 경우, 최대의 부식성 물질이 수소이온이므로 수소발생형 부식의 형식으로 주로 부식되며, 중성환경의 경우, 최대의 부식성 물질이 용존산소이므로 산소환원형 부식의 형식으로 주로 부식된다.

1) 수소발생형 부식

수소발생형 부식은 산성 용액이나 강알칼리 용액 중에서 발생된다. 용액 중 부식성 물질의 양이 충분하므로 분극곡선 상에서 활성화분극에 의하여 해석하기 쉽다. 그림 5.17은 (a)는 음극반응지배를 받는 산에서의 아연의 부식, (b)는 양극반응지배를 받는 산에서의 알루미늄의 부식, (c)는 혼합지배를 받는 철강의 부식상태를 도식적으로 보여주고 있다.

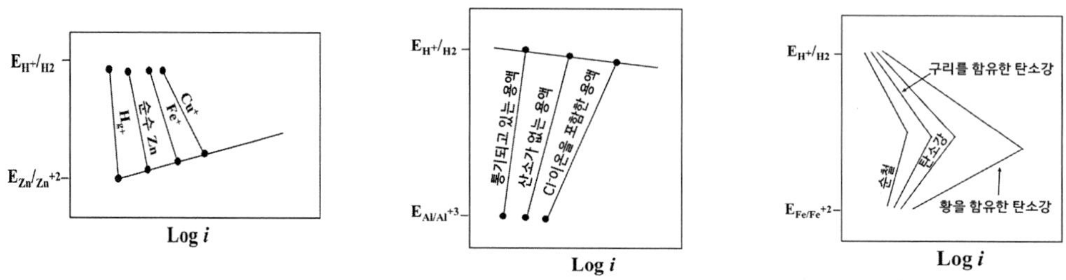

(a) (b) (c)

그림 5.17 수소발생형 부식; (a) 산용액 중에서 음극지배에 의한 아연의 부식. (b) 산용액 중에서 양극지배에 의한 알루미늄의 부식, (c) 혼합지배를 받는 철과 탄소강의 부식

2) 산소환원형 부식

산소환원형 부식은 부식환경 중에서 용존산소가 가장 큰 영향을 미치는 부식인자이고, 용존산소의 양은 매우 희박하므로 음극확산지배를 받는 부식 형태이다.

그림 5,18은 산소환원형 부식이 어떻게 발생되는지를 보여주는 분극곡선이다. 특히, 이 그림은 합금의 종류에 관계없이 A, B, C 금속이 동일한 부식속도를 보이는 이유를 설명할 수 있다.

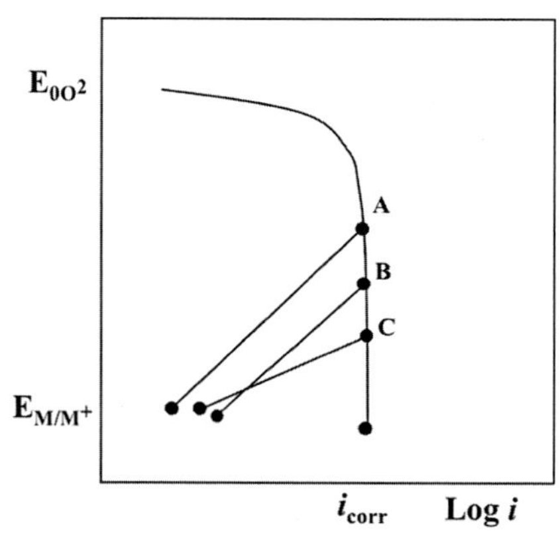

그림 5.18 완전한 음극지배 중에 있는 합금의 산소환원형 부식

5.3 부동태

5.3.1 개요

부동태란 표면의 화학적 활성이 사라진 상태를 말한다. 부동태는 특정 금속에서 나타나는데 환경변수의 영향을 받는다. 부동태의 형성은 표면에 피막이 형성되는 것에 기인한다. 형성된 피막은 부식진행을 방해하게 된다.

스테인리스강, 크롬, 티타늄, 니켈합금 등은 부동태화가 잘 일어나는 금속들이다. 부동태화 현상은 표면에 안정한 피막을 형성시키는 일정한 구간에서 나타난다. 그림 5-19의 왼쪽 그림은 철의 E-pH 다이어그램이다. 일정 전위 이상에서, 알칼리 환경에서 부동태 영역이 관찰된다.

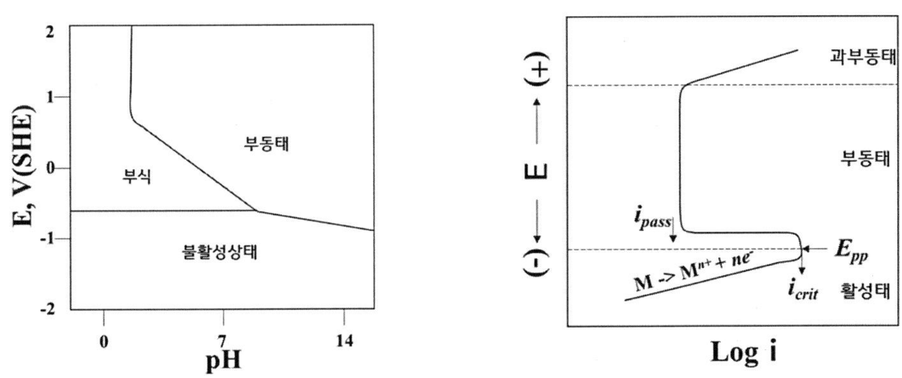

그림 5.19 E-pH도와 분극곡선의 연관성

금속의 부동태 과정을 살펴보면, 평형전위에서 전위가 상승할수록 부식전류가 증가하는 영역이 관찰된다.(우측 그림) 이 구간을 활성(active) 구간이라고 하는데 일정 전위 이상에서 급격하게 전류가 감소하고 일정한 상태를 유지하게 된다. 이 영역을 부동태 영역이라고 한다. 전위가 이 구간을 지나 더욱 상승하게 되면 전류는 다시 증가하는 데 이것을 과부동태(transpassive)라 한다. 공기 중에 노출되었을 때 많은 금속들의 표면에 자연적으로 형성되는 산화피막에 의해 더 이상의 부식 진행을 막아주는 보호층 역할을 할 수 있다. 만일 이런 피막이 없다면 알루미늄 혹은 스테인리스강과 같은 금속은 일반 공기나 수용액 중에서 빠르게 부식될 것이다.

철의 표면을 전위에 따라 관찰하면 표면의 부식거동을 잘 이해할 수 있다. 철이 활성 구간에 있을 때에는 금속학적인 결정립이나 결정방위에 따라 균일한 용해가 진행됨을 볼 수 있다. 그러나 부동태 영역에서는 매끄러운 표면이 유지 된다. 전위가 과부동태 영역을 넘어서면 다시 결정립계 등에서 국부적인 부식이 진행함을 볼 수 있다.

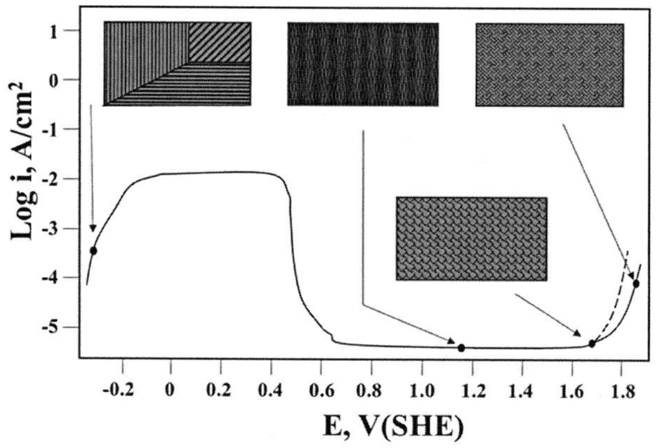

그림 5.20 분극곡선의 영역별 철의 부식 상태

그림 5.21은 부동태 거동을 알 수 있는 양극분극곡선(Anodic polarization curve)이다. 전류의 감소는 임계 전류밀도, i_c라는 최대 전류값을 지나서 일어나게 된다. 임계전류밀도는 금속 표면으로의 OH- 이온의 확산에 의존하므로 실험 조건의 함수가 된다. 그리고 이때의 전위를 초기 부동태화 전위, E_{pp}라 한다.

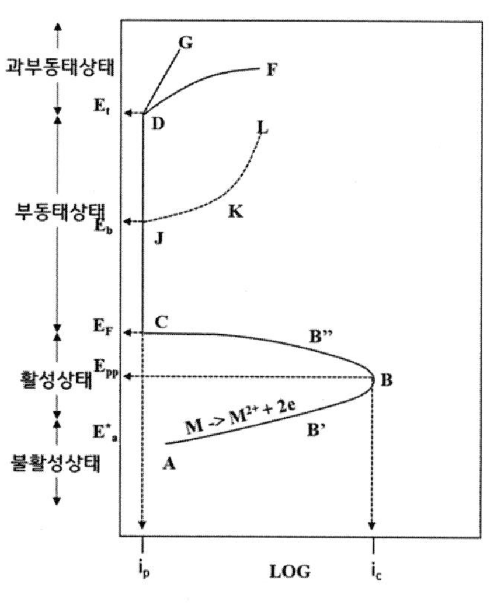

Ea* : open circuit potential(Eocp, Ecorr, ER)

Epp : primary passive potential

icritical : critical current density

Ep : passive potential

ip : passive current density

Et : transpassive potential

Eb : breakdown potential(Epit)

EF: Flade potential

그림 5.21 전형적인 부동태 금속에 대한 양극 분극 곡선

이 전위는 열역학적 데이터로부터 계산될 수 있다. 예를 들면, 니켈의 경우에 반응식은 다음과 같다.

$$Ni + H_2O \rightarrow NiO + 2H^+ + 2e^-$$

또한, 전체 반응은 다음과 같다.

$$Ni + H_2O \rightarrow NiO + H_2$$

니켈산화물 생성에 대한 자유에너지(ΔG)는 4,669 cal이다. 따라서 $E^o = \Delta G/zF$ 식에 의거하여 $E^o = 0.11V$로 계산되며, 이 전위에서 NiO의 형성이 열역학적으로 가능하게 되는 것이다.

이러한 산화 피막의 생성으로 전류가 감소하여 최소의 전류밀도에 이르게 되는 전위를 부동태 전위, E_p라 하며, 이 점이 완전한 부동태의 시작점과 상응한다(분극 시험을 부동태 상태에서부터 부식 전위 방향으로 역으로 주사하면서 행할 경우, 부동태에서 다시 활성태로 전류가 증가하게 되는데 이때의 전위를 활성화 전위, E_A라 부른다.). E_p보다 높은 전위에서는 금속의 용해가 부동태 산화 피막을 통해서 일정한 속도로 일어난다. 이것은 전위의 증가가 전기장이 일정하게 유지되도록 피막이 두꺼워지기 때문이다. 이때의 전류밀도를 부동태 전류밀도, i_p라 한다. 피막의 성장은 보통 양이온이 이동하여 O^{2-} 또는 OH^-이온과 피막/용액 계면에서 결합함으로써 일어난다. 그런데 더 높은 전위에서는 그림 E-pH도의 (b)식에 의해서 산소가 발생할 수 있다. 그림에서 보면 높은 전위에서 급격한 전류의 증가 현상이 있는데, 이 구역을 과부동태 영역이라 한다. 과부동태 영역에서는 산화 피막이 수화된 이온으로 녹아나게 된다. 이때의 전위를 과부동태 전위, E_{tr}이라고 하며, 종종 이는 공식과 같은 부식 형태로 발생한다. 특히, 이때의 전위를 공식 전위 또는 파괴전위, E_b라 한다.

활성태-부동태 금속이 부식 환경에 노출되었을 때 3가지의 결과가 가능하다. 즉, 이를 분극 곡선으로 나타내면 그림 5.22와 같다.

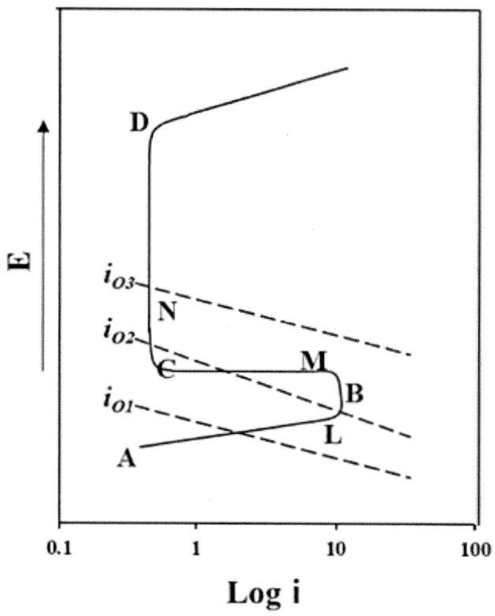

그림 5.22 환원 반응 전류에 따른 활성태–부동태 금속의 분극 거동

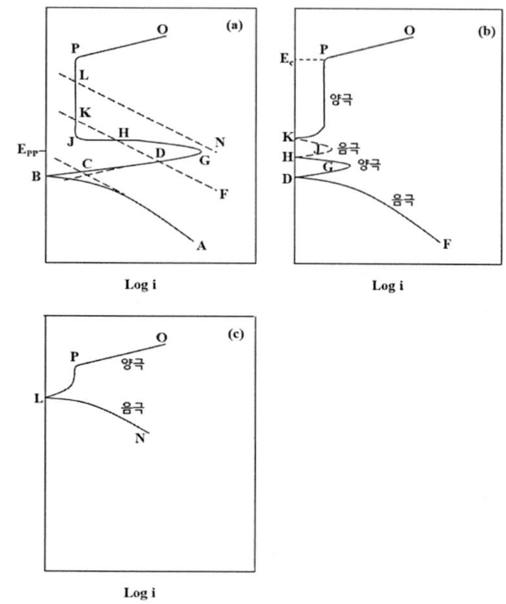

그림 5.23 환원 반응 전류에 따라서 얻어진 3가지 유형의 양극 분극 곡선

① **활성태 상태** : 환원 반응 전류, i_{O1}이 활성태 구역인 AB선과 교차하는 경우로서 금속은 부식된다. 이는 활성 상태의 전형적인 경우로서 탈기된 묽은 황산과 염산 중의 티타늄에서 관찰할 수 있다.

② **불안정 상태** : 환원 반응 전류, i_{O2}이 L, M, N점에서 교차하는 경우이다. 이 시스템은 L점에서는 AB의 활성태 상태에 놓이고 N점에서는 CD의 부동태 상태에 있게 된다. BC를 따라서 있는 M점은 불안정한 상태를 나타내는 것이다. 이는 활성태-부동태 천이 현상 때문에 발생되며 Borderline passivity라 부른다. 이러한 유형의 거동은 질산 중의 철과 황산 중의 크롬에서 발생된다.

③ **부동태 상태** : 환원 반응 전류, i_{O3}이 CD선상의 임의의 점과 교차하는 경우이다. 이러한 유형의 거동이 산화제(예를 들면, Fe^{3+}이온염이나 용존 산소)를 포함한 용액 중에서의 티타늄과 스테인리스강 또는 진한 질산 중의 철에서의 거동과 같이 전형적인 부동태 상태이다. 적합한 재료의 제조라는 관점에서 보면, 부동태 상태가 가장 바람직한 경우이다. 그러한 상태에 있는 재료는 자발적으로 부동태화되며 매우 느린 속도로 부식되기 때문이다.

만일 어떤 금속의 알짜 양극 분극 곡선이 그림 5.22와 같다고 할 때, A-C, F-D-H-K, N-L 경우에 대하여 포텐시오스타트를 이용하여 분극 곡선을 얻으면 각각 그림 5.23(a), (b), (c)와 같다.

a곡선은 일반적으로 산 용액 중에서 나타나는 전형적인 활성태-부동태 천이 과정을 겪는 경우이며, b는 부식 억제제를 첨가할 경우에 종종 나타나는 곡선이다. c는 중성 용액(예, 3.5% NaCl) 중에서 스테인리스강을 분극 했을 때 나타나며, 이 경우는 부동태 상태이기 때문에 표면 상태에 따라서 부식 전위가 수십에서 수백mV씩 차이가 나타난다.

한편, 그림 5.24는 용액의 pH 변화에 따른 전형적인 분극 곡선을 요약해 놓은 것이다. 강염산 용액에서는 공식과 같은 국부 부식 손상은 나타나지 않고 양극 분극에 의하여 부식 전류가 급격히 증가하여 균일 부식과 같은 양상(곡선 1)을 나타낸다. 중성 수용액 중에 염화물 이온이 존재하는 경우(예, 해수)에는 활성태-부동태 천이 과정을 거치지 않고 그대로 부동태 상태에서 공식과 같은 과부동태(곡선 2)를 겪는다. 그리고 적정 농도의 산 용액에서는 활성태-부동태 천이 과정을 겪으면서 부동태 현상이 나타난다(곡선 3). 한편 내식성이 높은 합금의 경우에는 공식이 발생되지 않고 산소 발생에 의해 전류밀도가 증가하기도 한다.

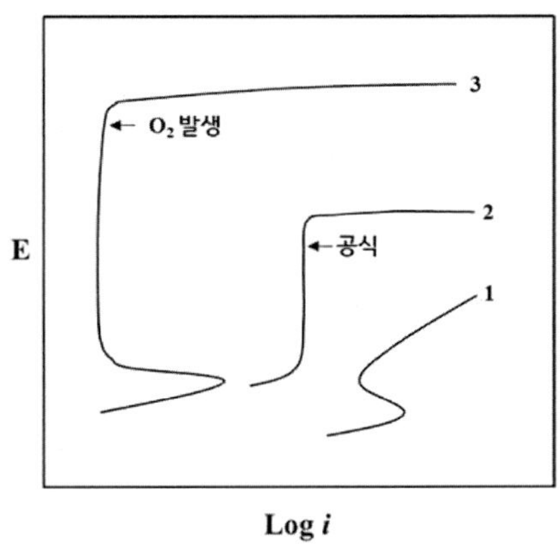

그림 5.24 pH변화에 따른 양극분극거동

5.3.2 부동태 피막의 형성이론

부동태 금속이라는 것은 산화-환원전위(EMF) 계열 상에서는 활성인 금속이지만 매우 느린 속도로 부식되는 금속을 말한다. 일반적으로 받아들여지고 있는 부동태에 대한 정의는 다음과 같다;

> 정의 1 : 주어진 환경에서 현저한 양극 분극에도 불구하고 부식에 대해 저항적이라면 금속은 부동태 상태이다.
>
> 정의 2 : 주어진 환경에서 열역학적으로 현저한 반응 경향에도 불구하고 부식에 대해 저항적이라면 금속은 부동태 상태이다.

이러한 부동태 피막 이론은 피막의 특성에 기초하여 일반적으로 두 가지 이론이 널리 쓰이고 있다;

첫째는 부동태 피막이 늘 반응 생성물의 확산 장벽층이라는 것이다. 이는 금속을 환경으로부터 분리하는 금속 산화물 또는 다른 화합물로서 이것이 반응 속도를 늦춘다는 것이다. 이를 산화물 피막 이론(Oxide film theory)이라 한다.

둘째는 정의 1에 의한 금속 부동태가 산소의 화학 흡착 피막으로 덮여 있어, 그러한 층이 흡착된 물분자를 대체하여 금속 이온의 수화에 의한 양극 용해 속도를 저하시킨다는 것이다. 달리 표현하면, 흡착된 산소가 $M = M^{z+} + ze^-$ 용해 반응의 교환 전류밀도를 감소시키고 양극 과전압을 증가시킨다는 것이다. 즉, 표면 위에 한 층만 존재해도 부동태 효과를 보이고 있기 때문에, 피막이 기본적으로 확산 장벽층으로 작용할 수 없다는 것이다. 이 관점을 흡착 이론(adsorption theory)이라 부른다.

많은 부동태 피막의 형성 이론은 위의 두 가진 관점, 즉 산화물 피막 이론과 흡착 이론의 범주 내에 속해 있으며, 대표적인 이론은 다음의 네 가지로 요약할 수 있다.

[1] 전자 배열 유기 흡착 부동태론(Electron configuration induced adsorption passivity)

이 이론은 금속의 부동태에 있어서 산소의 화학 흡착 역할을 중요시한 관점에서 전개된 것이다. 부동태 피막이 화학 흡착된 산소로 구성되어 있을 때, 부동태 피막은 흡착된 산소와 상호 반응할 수 있는 비공유 d-전자를 갖는 천이 금속에서 잘 생긴다. Fe-Cr합금에서 부동태 원소인 Cr은 전자받게(Electron acceptor)이고, Fe은 전자주게(Donor)이다. 가능한 크롬의 비공유 전자수가 철의 가능한 전자수와 같게 되는 임계 크롬양은 13.6 at.%로 계산되며, 이는 내식성에 대한 임계 조성인 12.7 at.%Cr값과 거의 일치한다. 그러나 이 모형은 금속으로의 산소 흡착만을 고려하고 있으며, 부동태 피막의 동역학적 안정성은 고려치 않은 단점이 있다.

[2] 이온 공간 전하 유기 부동태론(Ionic space charge induced passivity)

Fromhold와 Kruger는 장벽층(Barrier layer) 내에서의 이온 전류가, 적당한 공간전하가 없을 때 나타나는 속도에 비교해 볼 때, 층 내에서의 이온 공간 전하값 정도만큼 감소될 수 있다는 공간 전하 유기 부동태론을 제안했다. 이러한 접근은 전기장 보조 이온 유도(Field assisted ionic conduction)에 기초를 두고 있는 것이다. 공간 전하 효과는 3nm의 두께에서 한 단위(Order)의 크기로 계산되며, 피막이 두꺼워지면 증가하여 10nm 정도의 두께에서 두 배의 값에 이르게 된다. 그러나 피막 내에서의 이온 전류로만 다루고 있는 이 이론은 부동태 금속의 용해 속도를 결정짓는 장벽층의 용해 속도를 다루지 않은 문제점을 지니고 있다.

[3] 2극성 고정 전하 유기 부동태론(Bipolar fixed charge induced passivity)

Sakashita와 Sato는 최근에 금속 위에 수화된 산화물 피막의 고정된 전하에 기인된 이온 선택성(Ionic selectivity)이 부동태를 형성하는데 중요한 역할을 한다고 제안하였다. 금속쪽에는 음이온 선택층으로 용액쪽에는 양이온 선택층으로 구성된 2극성 피막은 이온 이동을 정류할 수 있고, 양극 방향으로의 이온 전류를 감소시킬 수 있다는 모형이다.

수화된 금속 산화물 피막은 고정된 양전하로 된 음이온 선택성이거나, 고정된 음전하로 된 양이온 선택성이라는 것이다. : Fe^{3+}, Ni^{2+}, Cr^{3+} 산화물 피막은 1가 용액에서는 음이온 선택성이며, 용액 중에 몇몇의 다가 음이온(Multi-valent anion)이 존재하면 양이온 선택성이 된다. 금속 표면에 수화된 산화물이 금속쪽에는 음이온 선택성이고, 바깥쪽에는 양이온 선택성으로 2극화될 때 양극 전위를 가하면 용액 쪽으로 양이온 선택층을 통해 수소 이온이 이동하여 피막의 탈수를 야기시킨다. 결과적으로 탈수된 보호적인 산화 피막이 금속 표면 위에 형성되게 된다. 그러나 2극성이 역전되면 수화된 산화물의 전기화학적 탈수는 일어나지 않으며 부동태가 생기지 않는 상태로 양극 전위 조건에서 계속 성장하는 덜 보호적인 수화된 산화 피막이 된다. 그림 5.25는 이 관계를 보여 주고 있다.

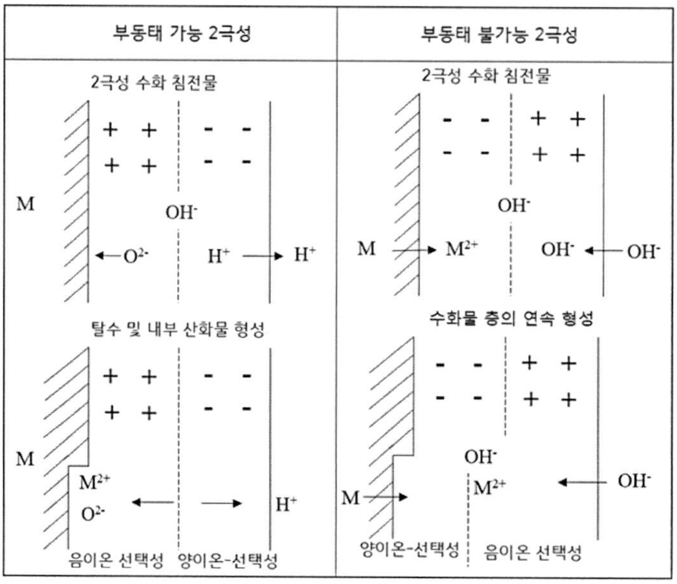

그림 5.25 2극성 부동태 모형과 부동태 피막의 안정성

[4]) **일반 이론**(General theory)

금속 표면 위에 단원자이든 다원자 산화물이든 얇은 피막의 형성은 전기적 2중층 구조에 매우 큰 영향을 주게 된다. 결과적으로 금속 이온으로 용해되기 위해서는 최소한 세 가지의 잇따른 반응을 통해서 피막 중을 이동하여야 한다. 즉,

i) 금속 이온이 금속상으로부터 표면 피막으로 이동하는 과정
ii) 피막 중에서의 이온 확산으로 금속 이온이 이동하는 과정
iii) 피막/용액 계면에서 헬름홀츠(Helmholts)층을 가로질러 수화되는 과정

위의 과정 중 마지막 반응이 피막의 용해이고, 정상 상태(Steady state)에서 전체적인 금속 용해 속도를 결정한다.

일반적으로 피막/용액 계면에서 헬름홀츠층을 가로지르는 전위차, Φ_H는 금속과 용액 간의 전위차, Φ_M의 복잡한 함수이다. 전자적인 표면 상태를 갖지 않는 얇은 반도체 피막의 경우에 있어서 Φ_H는 다음과 같이 Φ_M과 관계되어 있다.

$$\Phi_H = \Phi_M/(1 + L_{\varepsilon H}/\delta_{\varepsilon F})$$

L : 피막 두께
δ : 헬름홀츠층 두께
ε_H, ε_F : 유전 상수(Dielectric constant)

만일 피막이 없다면, $\Phi_H = \Phi_M$일 것이다. 그림 5.26은 Φ_M과 L의 함수로 계산된 전위차, Φ_H를 보여주고 있다. 여러 가지의 가능한 Φ_H - Φ_M 곡선을 피막이 없는 표면, 단원자 산소 피막에 대해서도 나타냈으며, 산화물 피막은 Φ_M의 함수로서 다른 속도로 성장한다.

그림에서 보면 단원자층의 산소가 흡착해도 전위차, Φ_H가 감소하므로 양극 부식 속도를 저하시키고, 경우에 따라서는 부동태가 형성되기도 한다. 그런데 용해 속도는 흡착층이 다원자층 두께로 성장하지 못하면 전위, Φ_M의 상승에 따라 증가할 것이다. 또한, 일반 이론은 부동태 피막이 존재해도 피막 두께와 전위, ΦM의 관계에 의존해서 부동태 용해 전류가 증가할 수도, 일정할 수도, 감소할 수도 있음을 그림에서 보여 주고 있다.

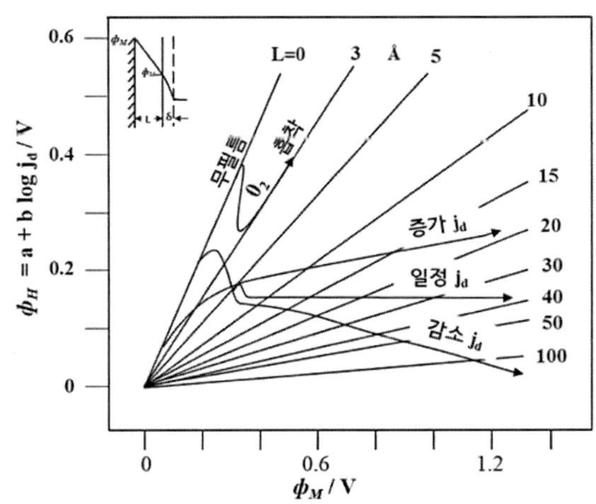

그림 5.26 얇은 반도체 피막의 두께에 따른 헬름홀츠층 전위와 금속 전위

5.3.4 부동태 피막의 형상과 조성

부동태 피막은 그림 5.27과 같이 다섯 가지 형상으로 분류할 수 있다.;

* 제1형 : 산소나 다른 화학종이 단원자 또는 다원자층을 이루고 있는 흡착 피막
* 제2형 : 10^6 - 10^7 V/cm의 전위를 갖는 3차원 산화층의 장벽 피막
* 제3형 : 덜 보호적인 층위에 형성된 장벽 피막(중성 용액에서 3단계의 부동태가 나타나는 Co의 경우)
* 제4형 : 수화된 석출층으로 덮힌 장벽 피막(중성 용액에서 Fe에 형성된 피막)
* 제5형 : 동일 조성의 다공층으로 덮힌 장벽 피막(산용액에서 형성된 Al 양극 산화 피막)

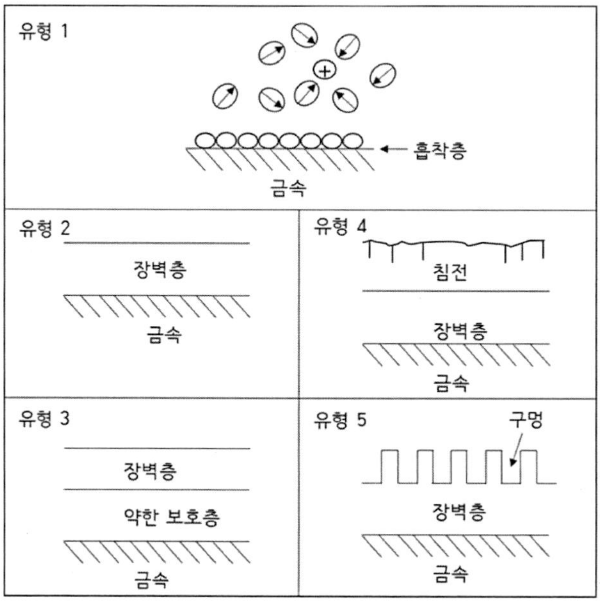

그림 5.27 부동태 피막의 종류

부동태 피막의 조성은 피막 용해 속도와 재형성 속도가 정상 상태에 이르도록 충분히 크면 전위와 용액 조성의 함수가 된다. 산용액 중에서 철 표면에 형성되는 부동태 피막은 Fe_3O_4와 γ-Fe_2O_3의 두 개 층으로 된 장벽 피막이지만, 석출물로 덮힌 장벽 피막이 철 위에 생성되는 중성 용액에서는 전해질의 음이온이 장벽층의 조성에 영향을 미친다; 붕산 용액에서는 Fe^{3+} 산화물이고 인산 용액에서는 Fe^{2+}와 Fe^{3+}가 혼합된 산화물로서 음이온 효과는 두 가지 이유로부터 생긴다. 그 하나는 초기에 형성된 1차 부동태 피막은 음이온이 다른 용액에서는 다르다는 것이며, 다른 하나는 석출층의 이온 선택성으로서 붕산을 포함하는 석출층에서는 음이온 선택성이지만, 인산을 포함하는 층에서는 양이온 선택성이라는 것이다.

한편, 합금의 경우에는 부동태 피막 중에 합금 원소가 농축되는 현상이 있다. 이 경우 피막 내의 합금 원소 농축 이론은 크게 두 가지로 분류되는데, 첫째는 선택적 Fe용해론과 둘째는 화학적 구동력에 의한 농축론이다. 선택적 Fe용해론은 부동태 피막을 형성시킨 용액에 대한 금속 이온 농도의 분석 결과에 기초를 두고 있는 이론으로서, 단순한 Fe-Cr계 합금 등에서는 잘 적용이 되나 다른 합금 원소의 거동에 대한 설명이 불충분한 한계를 보이고 있다. 화학적 구동력에 의한 농축론은 산소와 Cr의 화학적 결합력에 기초를 두고 있는 것으로서, 피막 중에서의 산소의 농도 기울기가 완만한 경우에는 Cr의 기울기 역시 완만하여 피막 중에 Cr이 거의 농축되지 않지만, 산소 농도가 임계치 이상으로 급격히 감소하면 피막 중의 Cr도 농축된다는 XPS 분석 결과에 기초하고 있다. 그러나 이 이론 역시 부동태 피막 내에서의 타 원소의 거동에 대한 충분한 설명을 하지 못하고 있으며, 2극 모형에 기초를 둔 이론이 제시되었으나 계속된 연구가 필요한 분야이다.

5.3.4 부동태 피막의 파괴와 재부동태화

재부동태화(Repassivation)라는 말은 부동태 산화 피막의 기계적 파괴와 그에 따른 재료의 응력 부식 균열 민감성을 설명하기 위하여 Scully에 의해 처음으로 도입된 것이다. 그의 제안에 따르면, 노출된 금속의 회복 속도가 부식 형태를 결정짓는다는 것이다; 낮은 회복 속도는 공식을 야기시키고 매우 빠른 속도는 응력 부식 균열에 대한 저항성을 제공하지만 중간 속도는 응력 부식 균열의 전파를 용이하게 한다. 부동태 상태가 일정 전위에서 유지될 때, 탈부동태화(Depassivation)는 양극 전류의 증가를 초래한다. 그 후의 시간에 따른 전류의 감소는 재료의 재부동태하 속도의 척도가 된다. 다시 말하면, 부동태 피막을 형성하는 금속이 부식환경에 노출되어 있을 때 환경 내에 존재하는 염소이온과 같은 공격성 이온이 표면의 피막을 공격하게 되면 공식과 같은 국부부식이 발생하게 된다. 부동태 피막의 파괴로 인해 금속이나 합금 표면이 노출되면 양극 용해반응과 재부동태화 반응이 일어나며 이에 대한 분석은 국부부식에 대한 정보뿐만 아니라 기초적인 전기화학 거동에 대한 중요한 정보를 제공한다.

재부동태화 속도를 측정하는 방법은 다음의 세 가지가 있다(50). ; (1) 전체 양극 전류의 감소 곡선을 구하는 법, (2) 회복 정도에 대한 광학적 측정법, (3) 회전 원판 전극을 사용한 금속 용해 요소의 결정법 등이 있다. 그 중에서 전체 양극 전류 감소 곡선법을 자세히 살펴보면, 양극 전류 전이 곡선은 더 귀한 전위를 가해 주는 방법과 기계적인 탈부동태화 방법이 있다. 이 중에서 노출 금속 표면에서의 양극 반응의 초기단계는 피막을 기계적으로 제거하는 여러 가지 방법을 통해 연구되어 왔는데 대표적인 방법을 보면, 스크래칭전극법(scratching electrode technique), 순간변형법(rapid straining technique), 연속마찰법(continuous abrasion), 4전극 파단법(4-electrode in-situ fracture technique), 스크래이핑전극법(scraping electrode technique), 마모전극법(abrading electrode technique) 등의 방법이 있다.

[1] 스크래칭 전극법

스크래치법에 의한 탈부동태화는 Pesall과 Liu에 의하여 처음으로 사용된 방법으로, 그 후 속도론과 부동태를 연구하는데 널리 쓰이고 있다. 순간변형법의 경우, 금속의 인장 특성상 변형속도의 한계가 있기 때문에 실제 균열 끝에서의 빠른 슬립에 의해서 노출되는 표면에서의 실제 전류를 결정하는데에는 적합하지 못한 단점이 있다. 그러나 만일 국부적으로 피막을 제거하는 조건을 만들 수 있다면 순간적으로 노출된 금속의 실제 면적에서 얻어지는 용해 전류밀도는 단지 금속의 슬립 스텝의 형상, 피막 소성도(plasticity) 및 파괴역학에 대한 몇 가지 가정만으로 쉽게 측정할 수 있다. 반복적인 실험이 가능한 스크래칭 전극법은 노출표면에서의 연속적인 양극 용해만으로 균열 전파 속도를 설명할 수 있는 가능한 최대전류밀도를 결정하기 위해 사용하여 왔다. 또한 이 방법은 피막 성장의 초기 단계에서 관찰되는 노출표면에서의 전류 감쇄 현상을 해석하는 데에도 이용하여 왔다.

시간에 따른 천이 전류, I와 기저 상태의 전류, I_o 사이의 차이는 다음 식과 같이 쓸 수 있다.

$$I - I_o = (I_1 - I_o)t^{-b}$$

I_1 : t=1초일 때의 전류
t : 스크래치를 낸 후의 시간
b : 재부동태화 지수

스크래치에 의해서 생기는 전류값, I_s를 구해보면 다음과 같다.

$$I_s = I - i_o(S - S_s)$$

i_o : 기저 상태의 전류밀도
S : 시편의 면적
S_s : 스크래치 면적

그러므로 위 식으로부터

$$I - I_o = I_s - I_{o,s}$$

$$(I_{o,s} = i_o S_s)$$

따라서 전류차, $I - I_o$ 는 스크래치 면적에서 생기는 전류 증가와 같다. 여기에서 재부동태화 지수, b는 재부동태화의 척도로써 사용할 수 있다. 연구자에 따라서는 초기 전류, i_o에 이르기까지의 시간인 재부동태화 시간, t_r을 사용하기도 한다. 그러나 t_r은 스크래치 면적에 의존하므로 노출된 금속의 양이 증가함에 따라서 증가하는 문제점이 있다.

[2] 순간변형법

이 방법은 금속에 기계적인 인장 하중을 가하여 소성변형을 일으켜서 표면 피막을 제거하는 방법으로 실제 응력부식균열과 부식 피로 현상과 가장 유사하다. 변형되고 있는 전극의 노출 표면에서 얻어진 전류와 소성변형이 완료된 후에 얻어지는 부동태 속도와의 관계를 나타내는 전류-시간 곡선의 형태로부터 변형에 대한 반응 속도의 변화는 슬립 스텝의 출현에 기인하는 피막 파괴 속도와 새로 노출된 금속의 연속적인 피막 형성 속도에 좌우됨을 알려준다.

[3] 연속마찰법

스크래칭 전극법은 스크래치에 의해 외부에서 부동태 피막에 기계적 파손을 가하는 것이 실제로 여러 슬립면의 출현으로 인한 파괴와 유사하다는 것을 가정하고 있으므로 적용하는 범위가 제한적이다. 시간이 진행됨에 따라 얻어지는 피막파괴로 인한 전류만을 분리하기 위해서 Keddam 등은 연속적인 마찰을 이용하여 철 표면에 형성되는 피막에서 발생되는 기계적인 파손의 AC 임피던스 특성을 in-situ법으로 연구하였다. 또한 새로운 금속표면을 연속적으로 생성하도록 하는 이 방법을 이용하여 여러 연구자들이 여러 금속의 재부동태 거동을 연구하였다.

[4] 전극파단법

이 방법은 균열의 끝부분을 실제적으로 모사하기 위하여 고안된 것이며, 인장 응력에 의해 파단되어 노출된 금속 표면과 전해질 내에서 피막이 형성된 같은 금속의 표면 간의 갈바닉 전류를 측정하므로써 전기화학 반응에서 얻어지는 교환된 전하량과 부식 피로 균열의 성장 속도간의 관계를 규명하는데 사용되었다.

스크래칭 전극법에서도 사용된 전통적인 3-전극시스템은 외부 전위가 가해지는 상황에서의 균열 끝부분에 대한 적절한 구성이 아니다. 실제로 균열에 의한 파괴는 유사한 조건을 설정하기 위해서 균열 끝에서의 노출된 표면과 균열 측면에서의 산화피막이 형성된 표면이 전기적으로 연결된 복합전극을 구성하여야 한다. 이 두 종류의 표면들과 균열 끝부분의 전해질은 국부적인 전기화학 전지를 형성한다. 일정 전위 실험에서 이 복합 전극(또는 국부전극)은 균열의 외부에 위치한 상대전극과 기준전극에 대해 분극되고 균열 내의 전해질은 국부전지와 외부전극간의 전도 통로로 작용하게 된다. 따라서 균열 끝에서의 실제 전위와 포텐시오스타트에서부터 흘러들어오는 전류는 균열 내 전해질에 의한 IR-강하에 의해 변할 수 있으므로 균열 첨단에서의 반응은 실제로 일정 전위 조건을 만족하지 않게 된다. 더욱 더 적절한 실제 조건은 노출된 면과 산화피막이 존재하는 면이 국부전지로 구성되고 외부의 상대전극과 기준전극이 염다리로 연결되어 전도 통로로 작용하는 4-전극 전지임을 알 수 있다.

[5] 스크래이핑 전극법

용액 내에서 새로 형성되는 노출표면의 면적이 일정하게 유지되도록 회전식 원판 스크래이핑 전극을 사용하는 방법이다. 균열 끝 환경에 존재하고 있는 구조용강에 대해서는 노출되지 않는 면에서의 전류밀도가 매우 낮으므로 얻어진 시간에 따른 전류 전이로부터 정상 상태의 기저 전류와 노출되지 않은 면에서의 전류를 분리하는 것이 매우 어렵다. Boomer 등은 스크래이핑 전극법을 다음과 같이 수정하여 전해질에 노출된 강에서 초기시간에 얻어지는 전기화학적 반응을 정량화하였다. 우선, 바늘 형상의 팁이 표면에 닿을 때 넓은 부분이 노출되지 않도록 끝 형태로 바꾸고 디스크 형태의 시편 대신에 회전 전극을 연결할 수 있는 봉 형태의 시편을 사용하는 것이다. 이러한 시편 구성에서는 전체 시편 표면적이 매우 작기 때문에 기저 전류를 감소시킬 수 있다.

[6] 마모전극

기존의 스크래칭 전극법과 비교하여 볼 때, 스크래칭 전극법에서는 다이아몬드 팁이 시편의 표면에 접촉을 시작할 때와 완료될 때 스크래치 폭이 변하기 때문에 스크래치가 형성되면서 노출되는 금속표면의 면적이 일정하지 않게 된다. 이 영향으로 전류-시간 곡선 상의 초기와 말기 단계에 전류의 변화가 관찰된다. 즉, 노출된 부분에서 재부동태가 일어나기 전에 순간적으로 양극 용해반응이 일어나기 때문이다. 스크래칭 전극법을 이용하게 되면 일반적으로 스테인리스강/염소이온 수용액과 황동/암모니아 수용액 계에서처럼 산화 피막의 형성 시간이 5 ms 이상인 계에서는 재현성이 있는 데이터를 얻을 수 있지만 산화피막이 5ms보다 바른 경우에는 회전 주기를 약 1ms 이하로 낮추어야 하는 어려움이 있다. 또한 스크래칭 부분의 표면 조도를 정확하게 알아야 전체 노출면의 활성면적을 알 수 있기 때문에 stereomicrograph과 같은 관찰 장비를 사용하지 않으면 재현성 있는 데이터를 얻기 힘들다. 마모 전극법은 이러한 단점을 보완하여 시편의 일정한 전체 표면을 동시에 노출시키는 방법이다. 마모 전극 장치의 특징은 스크래칭 전극법에서처럼 일부가 전해질에 노출되는 것이 아니라 카보랜덤 디스크를 이용하여 연속적이고 안정된 마모작용을 유지하다가 전체 금속 표면을 동시에 노출되게 함으로써 재부동태 반응이 항상 동일한 면적에서 일어나도록 하여 초기 조건이 일정하게 유지시킨 것이다.

5.3.5 부동태 피막의 특성 분석 연구 방법

부동태 피막의 특성 분석 연구 방법으로는 ex-situ 방법과 in-situ 방법으로 크게 나눌 수 있다. ex-situ 방법으로는 특정 환경에서 부동태 피막을 형성시켜 이 피막에 대하여 AES, XPS, SIMS 등의 분석법으로 피막을 구성하고 있는 원소의 종류 및 화학적 상태 등의 정보를 알아낼 수 있다. 이와 동시에 또는 별도로 부동태 피막을 형성시킨 용액에 대하여 IC, ICP, AAS, Spot Test 등의 분석을 통하여 피막이 형성될 때 또한 파괴될 때의 합금 원소의 용출 거동을 분석할 수 있다. 한편 이러한 ex-situ 방법은 부동태 피막이 형성되고 분석될 때까지의 시간차가 존재하기 때문에 오염 등에 의한 분석의 부정확성이 증가될 수 있다. 따라서 최근에는 in-situ 방법을 이용한 부동태 피막 분석이 이루어지고 있으며 그 중에서 대표적인 방법을 소개한다.

[1] 전기화학적 임피던스 분석법

전기화학적 임피던스 분석법(EIS, Electrochemical Impedance Spectroscopy)은 전기화학 및 부식 반응계를 분석하기 위한 방법 중의 하나로서, 여러 가지 금속의 표면에서 일어나는 반응이나 부동태 기구를 연구하기 위하여 널리 사용되고 있다.

전해질과 반도체의 계면에서의 전위의 변화는 반도체 내부의 고갈층의 두께, 즉 공간 전하층(Space charge layer)의 두께를 변화시킨다. 이때에 이러한 공간 전하층이 캐패시터의 역할을 하게 되어 전위에 따라서 캐패시턴스(capacitance)값을 변하게 한다. 단위 표면에서의 고갈층의 캐패시턴스는 다음과 같이 정의된다.

$$C_{sc} = dQ_{sc}/dV$$

이때 dQ_{sc}는 가해 준 전위의 변화, dV에 따른 단위 면적당 전하의 증가량을 의미한다. 한편 전위 기울기와 전하 밀도와의 관계는 다음과 같은 식으로 나타낼 수 있다.

$$d^2\Phi(x)/dx^2 = -\rho(x)/\varepsilon_o\varepsilon$$

$\rho(x)$: x위치에서의 전하 밀도
$\Phi(x)$: x위치에서의 전위

경계 조건을 고려하여, 위의 방정식을 적분하면 캐패시턴스와 가해 준 전위와의 관계를 나타내는 Mott-Schottky관계식을 얻을 수 있다.

n형 반도체의 경우, $1/C_{sc}^2 = +(2/\varepsilon_o\varepsilon eN_D)(V - V_{fb} - kT/e)$

p형 반도체의 경우, $1/C_{sc}^2 = -(2/\varepsilon_o\varepsilon eN_A)(V - V_{fb} - kT/e)$

ε : 부동태 피막의 유전 상수
ε_o : 자유 공간의 유전율(permitivity of free space)
e : 전하
N_D : n-형 재료의 전자주게 농도(Donor concentration)
N_A : p-형 재료의 전자받게 농도(Acceptor concentration)
V : 가해 준 전위
V_{fb} : Flat band potential
k : Boltzmann 상수
T : 절대온도

실험을 통해서 이와 같은 Mott-Schottky도를 얻기 위해서는 캐패시턴스값을 알아야 하며, 이는 측정된 임피던스 값으로부터 계산할 수 있다. 스테인리스강의 경우, ε 값은 15.6이고 ε_o 값은 8.854×10^{-14}F/m이며 상온 근처의 온도에서 kT/e값은 약 0.025V정도로 매우 작으므로 무시될 수 있다. Mott-Schottky도를 그리기 위해 일반적으로 행하는 방법은 다음과 같다 ; 전기화학적 임피던스 측정 시스템을 이용하여 원하는 부식 환경에서 해당 재료의 양극 분극 곡선을 얻은 뒤, 원하는 부동태 형성 전위에서 일정시간(예, 2시간) 동안 부동태 피막을 형성시킨다. 이렇게 형성시킨 부동태 피막에 대하여 일정한 주파수(예, 1000Hz)에서 전위를 스캔하여(예, -1V ~ 부동태 형성 전위) Mott-Schottky도($1/C_{sc}^2$ vs. V)를 얻는다. N_D 및 N_A는 $1/C_{sc}^2$ vs. V 도의 기울기로부터 결정될 수 있으며, V_{fb}는 $1/C_{sc}^2 = 0$일 때의 값으로부터 구할 수 있다. 또한 공간전하층의 두께(W)는 n-형 반도체의 경우에 다음 식으로 계산할 수 있다.

$$W = [(2\varepsilon_o\varepsilon)(V - V_{fb} - kT/e)/eND]^{1/2}$$

그림 5.28은 304형 및 316형 스테인리스강의 부동태 피막에 대하여 구한 Mott-Schottky도를 보여주고 있으며, 이 그림과 앞의 수식들을 이용하여 구한 전자주게 및 전자받게 농도를 구한 결과를 표 5.2에 나타내었다.

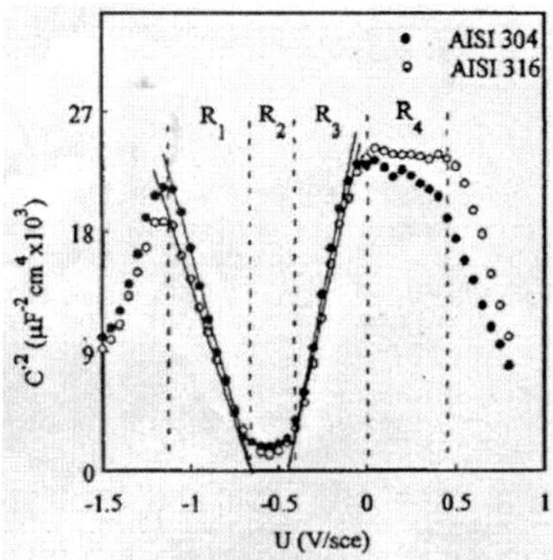

그림 5.28 304형 및 316형 스테인리스강의 부동태 피막에 대하여 구한 Mott-Schottky도

[표 5.2] 여러 전위에서 형성된 AISI 304 및 316 스테인리스강의 부동태 피막의 전자주게 및 전자받게 농도(N_d 및 N_a)

Potential, V	AISI 304		AISI 316	
	N_d (10^{20} cm^{-3})	N_a (10^{20} cm^{-3})	N_d (10^{20} cm^{-3})	N_a (10^{20} cm^{-3})
-0.3	9.65	6.42	10.67	7.62
+0.3	5.58	4.32	6.19	5.05
+0.8	2.54	2.84	2.67	3.02

한편 Mott-Schottky 분석은 공간전하층의 캐패시턴스가 헬름홀츠층보다 매우 작다는 가정 하에서 유효함을 주의하여야 한다. 캐패시턴스 측정을 위한 주파수가 커서 측정 전극 캐패시턴스에 대한 헬름홀츠 캐패시턴스의 기여가 무시될 정도가 될 때, 반도체/전해질 계면의 캐패시턴스가 주로 반도체의 공간전하층의 캐패시턴스를 나타낸다. 따라서 일반적으로 1,000 Hz 이상의 주파수를 사용하여 캐패시턴스를 측정한다.

[2] 광조사 시험

광조사 시험(Photo illumination test)은 반도체 표면에 적절한 에너지, hν를 갖는 빛을 쪼여 주면 점유된 상태에 있던 전자의 여기가 일어나는 현상을 이용한 시험법이다. 이러한 전자-홀 쌍의 형성이 광전기화학적 현상에 있어서 가장 기본적인 과정이 된다. 이때 반도체와 전해질 계면에 고갈층이 존재한다면, 공간 전하 영역에 형성된 전기장으로 인해 전자와 홀이 분리되어 전류가 흐르게 된다.

보통 결정질 반도체의 경우, 광전류에 대해 입사광의 파장 및 반도체 피막의 밴드 갭의 크기가 미치는 영향은 다음과 같은 식으로 표현할 수 있다.

$$i_{ph}h\nu = const.(h\nu - E_g)^n$$

i_{ph} : 광전류
$h\nu$: 광에너지
E_g : flat band potential

이때 지수, n은 직접 전이(direct transient)의 경우 0.5를, 간접 전이(indirect transient)의 경우 2의 값을 가지게 된다.

또한, 광전류의 전위 의존성은 다음과 같은 식으로 표현된다.

$$i_{ph} = const.(V - V_{fb})^{1/2}$$

그러나 위의 식들은 결정질의 반도체를 가정한 것이기 때문에 부동태 피막과 같이 매우 무질서한 구조를 가지는 경우에는 잘 일치하지 않게 된다. 그러므로 실제적으로 위와 같은 관계로부터 band gap이나 flat band potential을 측정하는 것은 사실상 힘들다. 따라서 조금 더 새로운 접근이 필요하다.

부동태 피막은 그 구조가 비정질이거나 무질서한 구조를 갖기 때문에 피막 내에 상당한 양의 국부적인 상태(localized state)가 존재하게 된다. 이 경우에는 광전류에 대한 가해 준 전위의 영향을 Poole-Frenkel관계로 나타낼 수 있으며, 이때 광전류는 빛에 의해 여기된 전하 캐리어가 전기장에 의해 탈출할 수 있는 확률이 되며 다음과 같이 나타낼 수 있다.

$$i_{ph} = const.exp(\beta F^{1/2}/kT)$$

β : 재료 상수
F : 전기장

따라서 이와 같은 관계를 통해 부동태 피막에 빛을 쪼였을 때 발생하는 광전류의 측정을 통하여 피막 내부에서의 전기장 세기의 변화, 국부 불순물 농도 등의 반도체적 특성을 나타내는 값을 측정할 수 있으며 피막의 특성 연구에 활용될 수 있다.

5.4 화학적 부식속도 계산법

1) mpy(mils penetration per year) 단위의 두께 감소로 표시된 부식속도

* 1 mil = 1/1000 in.

* 1 mpy = 0.0254 mm/yr = 25.4 μm/yr

= 2.90 mm/yr = 0.805 pm/sec

2) mdd(milli-gram per square decimeter per day) 단위의 무게 감소로 표시된 부식속도

3) 계산의 예 : mpy = 534 W/DAT, 또는 mm/yr = 87.6 W/DAT

W : 무게감량(mg)

D : 금속의 비중(g/cm^3)

A : 면적(in^2)

T : 침지시간

☞ 1mpy = 1.44 mdd/D

예제) 40시간동안의 부식시험에서 무게감량이 218㎎이고 면적이 5.0in^2인 구리(Cu)시편의 부식률은 얼마인가? mpy와 mm/y로 나타내시오.

답) mpy = 67.7×{218×(5.0×40)}×0.88 = 65
mm/y = 0.0254×65 = 1.65

제6장
부식의 형태

6.1 부식의 종류

6.1.1 형태에 따른 부식의 종류

부식의 형태에 따른 분류방법에는 크게 다음의 8가지로 나눌 수가 있다. 이러한 분류는 절대적인 것이라기보다는 부식손상의 형태를 크게 분류한 것이다. 그러므로 실제 부식손상의 종류는 이러한 분류 중 단독의 형태로 나타날 수도 있고 여러 개의 부식이 복합적으로 발생되어 있을 수도 있다. 따라서 금속재료에서 부식에 의한 손상이 발생된다면 가장 먼저 해야 할 일은 안전조치 및 응급조치를 취한 이후에 손상된 금속재료를 단순히 보수하고 폐기하는 것이 아니라, 손상 현장을 잘 보존하여 어떠한 환경에서 부식이 발생되었는지를 확인하는 절차가 대단히 중요하다. 그 다음 절차로는 손상된 금속재료에 대한 상세 분석을 통하여 부식 원인을 규명하여야 한다;

```
1. 균일부식(General corrosion, Uniform corrosion)
2. 이종금속접촉부식(Galvanic corrosion)
3. 틈새부식(Crevice corrosion)
4. 공식(Pitting corrosion)
5. 응력부식(Stress corrosion)
6. 선택부식(Selective leaching)
7. 입계부식(Intergranular corrosion)
8. 침식부식(Erosion corrosion)
```

6.1.2 환경에 따른 부식의 종류

부식환경의 온도에 따른 금속의 부식은 고온하에서 일어나는 건식(dry corrosion, 고온산화)과 수중이나 습기가 있는 곳에서 일어나는 습식(wet corrosion)으로 대별할 수 있다. 수중이나 지중의 금속구조물은 전위가 다른 이종금속재의 조합이 많고, 동일금속재라고 하더라도 가공차나 응력과 환경의 차이 등이 있을 수 있으므로, 그 사이에는 이종금속접촉전지, 농도차전지, 온도차전지, 가공응력차전지 등이 단독 혹은 복합해서 부식전지를 형성하고, 그 전위가 낮은 양극부분이 부식되며, 그에 작용하는 응력에 의해서 부식이 가속된다.

부식환경의 종류라는 관점에서 보면, 토양부식, 대기부식, 해수부식, 콘크리트부식, 전자재료부식 등으로 나눌 수 있다.

6.2 균일부식

균일부식(general corrosion, uniform corrosion)은 표면 전체에 걸쳐서 비교적 균일하게 발생하지만 다른 형태의 모든 국부부식은 금속표면의 국부적인 영역에 한정되어 발생한다. 균일부식은 공업적인 관점에서 그다지 큰 중요성을 갖지 못하고 있으나 실제로는 상당 부분의 부식은 균일부식이 차지하고 있다. 앞에서 서술한 대기부식의 경우가 대표적인 예이다.

균일부식의 방지 또는 감소시키기 위한 방법은 다음과 같다; 1) 부식환경에 적당한 재료의 선택, 2) 부식억제제의 사용, 3) 음극방식, 4) 피복 등이 있다.

6.3 이종금속접촉부식

두 이종금속(dissimilar metal)이 용액 속에 담구어지게 되면 전위차가 존재하게 되고 따라서 이들 사이에 전자의 이동이 일어난다. 그리하여 귀전위(noble potential)를 가진 금속의 부식속도는 감소되고 활성전위(active potential)를 가진 금속의 부식속도는 촉진된다. 즉 전자는 음극이 되고 후자는 양극이 된다. 이러한 형태의 부식을 갈바닉 부식 또는 이종금속접촉부식이라 한다.

이미 설명한 바와 같이, 두 이종금속사이의 가역전위 차이(reversible potential difference)는 갈바닉 부식의 기전력이 되며 부식 경향을 예측하는 기준이 된다. 각 금속 이온 농도가 단위 활동도인 용액에서의 그 금속의 가역전위가 측정되었고 그 값을 표 6.1에 나타내었으며 이를 기전력계열(EMF series)이라 한다.

둘 혹은 그 이상의 원소를 포함하는 합금에 대해서는 가역전위를 측정하는 것이 불가능하며 따라서 기전력계열에는 합금을 나타낼 수 없다. 또한 실제 부식 문제에서 금속들이 그들의 이온과 평형을 유지하면서 갈바닉 쌍을 이루기는 대단히 힘들다. 앞서 언급한 것처럼, 대부분의 갈바닉 부식 효과는 부식되고 있는 두 금속의 전기적인 접촉에서부터 생겨난다.

또한 대부분의 재료는 합금이기 때문에 갈바닉 쌍도 합금을 포함하는 일이 많다. 따라서 실제 전해액에서 실험적으로 결정된 갈바닉 계열이 훨씬 더 유용하며 해수에서의 갈바닉 계열이 표 6.2에 나타나 있다. 갈바닉 계열에서는 금속 및 합금들의 전위가 표시되지 않고 그들의 상대적인 위치만 나타나 있다.

[표 6.1] 기전력 계열

	전극반응			표준전극전위 (SHE)
귀전위	$Au^{3+} + 3e^-$	→	Au	+1.420
	$O_2 + 4H^+ + 4e^-$	→	$2H_2O$	+1.229
	$Pt^{2+} + 2e^-$	→	Pt	+1.2
	$Ag^+ + e^-$	→	Ag	+0.800
	$Fe^{3+} + e^-$	→	Fe^{2+}	+0.771
	$O_2 + 2H_2O + 4e^-$	→	$4(OH^-)$	+0.401
	$Cu^{2+} + 2e^-$	→	Cu	+0.340
	$2H^+ + 2e^-$	→	H_2	0.000
	$Pb^{2+} + 2e^-$	→	Pb	-0.126
	$Sn^{2+} + 2e^-$	→	Sn	-0.136
	$Ni^{2+} + 2e^-$	→	Ni	-0.250
	$Co^{2+} + 2e^-$	→	Co	-0.277
	$Cd^{2+} + 2e^-$	→	Cd	-0.403
	$Fe^{2+} + 2e^-$	→	Fe	-0.440
	$Cr^{3+} + 3e^-$	→	Cr	-0.744
	$Zn^{2+} + 2e^-$	→	Zn	-0.763
	$Al^{3+} + 3e^-$	→	Al	-1.662
	$Mg^{2+} + 2e^-$	→	Mg	-2.363
	$Na^+ + e^-$	→	Na	-2.714
활성전위	$K^+ + e^-$	→	K	-2.924

[표 6.2] 해수분위기에서의 갈바닉 계열

↑ 양극 (귀전위)	백금
	금
	흑연
	티타늄
	은
	316 스테인리스강 (passive)
	304 스테인리스강 (passive)
	인코넬 (80Ni-13Cr-7Fe) (passive)
	니켈 (passive)
	구리 니켈 합금
	청동(구리 주석 합금)
	구리
	황동 (구리 아연 합금)
	니켈 (active)
	주석
	납
	316 스테인리스강 (active)
	304 스테인리스강 (active)
	주철
	철강
음극 (활성 전위) ↓	알루미늄 합금
	카드뮴
	상업적으로 순수한 알루미늄
	아연
	마그네슘과 마그네슘 합금

일반적으로 갈바닉 계열에서의 금속 및 합금의 위치는 그 금속원소의 기전력계열에서의 위치와 대체로 일치한다는 사실과 부동태가 갈바닉 부식 거동에 영향을 미친다는 사실은 이미 설명한 바 있다. 그리고 묶음표내의 금속 및 합금은 조성이 서로 비슷하기 때문에 갈바닉 부식의 위험도가 적다는 것도 또한 지적했다. 결국 갈바닉 계열에서 두 금속이 멀리 떨어져 있을수록 갈바닉 부식의 위험도는 크다고 할 수 있다. 따라서 어떤 주어진 환경에서 실제로 부식 시험을 해보지 않고서도 어떠한 갈바닉 효과가 나타날 것인지를 갈바닉 계열에 의해서 알 수 있다. 예를 들어, 선체가 Monel로 되어있는 요트에 철못을 사용할 경우 철못이 심하게 부식될 것이라고 예측할 수 있다. 강으로 만들어진 더운물 탱크에 구리선이 감겨져 있을 경우에도 그 부분이 심하게 손상될 것이다.

갈바닉 부식은 전혀 예기치 않은 곳에서 발생하는 경우가 많다. 따라서 어떤 장비를 설계할 경우에는 이러한 갈바닉 부식 발생의 가능성을 항상 염두에 두고 재료선택에 특히 유의해야 한다.

또한, 갈바닉 부식을 방지하기 위해서 이종금속사이에 절연물질을 사용하거나 전해액과 금속이 접촉되지 않도록 도장을 하는 등의 방법도 사용되고 있다. 그러나 갈바닉 부식은 여전히 중대한 문제로 남아 있다. 실제로 많은 경우애에 효과적인 설계를 위해서는 이종금속의 사용이 요구되어지고 있다. 그 이유는 설계과정에서 강도, 가공성, 가격, 유용성 등 여러 다른 인자가 부식 문제보다 더 중요성을 가지는 경우가 많기 때문이다.

한편, 입계부식, 공식, 응력부식균열, 틈새부식(crevice corrosion)과 같은 국부부식도 갈바닉 부식에 관계된다고 할 수 있다. 따라서 갈바닉 부식은 가장 일반적이며 가장 심한 형태의 부식이라 할 수 있다.

이러한 갈바닉 부식의 위험도를 예측하는데 있어서 갈바닉 계열에서의 상대적인 위치에만 의존하는 것은 옳지 못하다. 즉 갈바닉 계열에서 두 이종금속이 서로 멀리 떨어져 있다고 해서 갈바닉 부식의 위험도가 크다고 확신하는 것은 커다란 오류를 범할 우려가 있다는 것이다. 따라서 갈바닉 계열은 갈바닉 부식에 대한 일반적인 경향의 지침으로서 유용하기는 하지만, 이종금속이 실제로 쌍을 이루었을 때의 갈바닉 부식에 대한 속도(정도)를 정확하게 알려주지는 못한다. 갈바닉 부식의 크기는 이종금속의 전위차이 뿐만 아니라 각 금속의 교환전류밀도 및 타펠기울기(Tafel slope) 같은 속도론적인 인자, 양극과 음극의 면적비 등에도 의존하기 때문이다.

이처럼 갈바닉 쌍에서 환원 및 산화반응이 더욱 복잡한 상호작용을 하기 때문에 여러 인자 중의 하나 만에 의해서 갈바닉 부식의 속도(정도)를 예측하는 것보다는 갈바닉 부식전류를 직접 측정하는 것이 훨씬 중요하다.

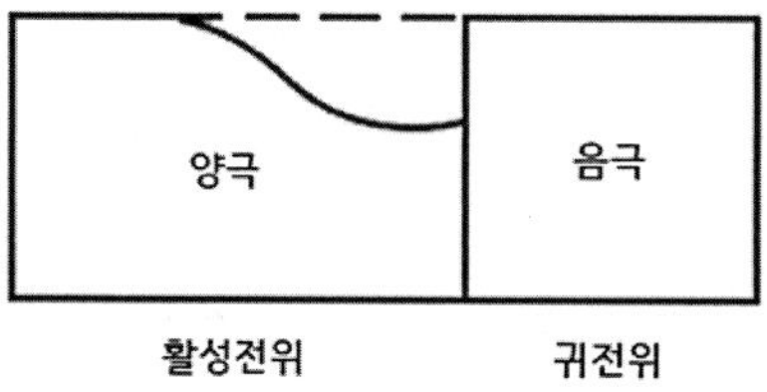

그림 6.1 갈바닉 부식 현상

그림 6.2 수도수 중에서 발생된 갈바닉 부식(탄소강/알루미늄/GECM)

6.4 틈새부식

6.4.1 금속의 틈새부식

[1] 개요

전해액에 노출된 금속 표면상의 어떤 틈(crevice) 또는 가려진 부분 내에서 국부적으로 심한 부식이 발생하는 것을 틈새부식(crevice corrosion)이라 하며 구멍(hole), 가스켓 표면, 포개어 있는 부분(lap joint), 표면침전물, 볼트와 리벳헤드 밑의 틈 등에 정체된 적은 양의 용액과 관련된다. 틈새부식을 때로는 침전물 부식(deposit corrosion) 또는 가스켓 부식(gasket corrosion)이라 일컫기도 한다.

틈새부식을 생성하는 표면 침전물로서는 모래, 때(dirt), 부식생성물 등이 있다. 이러한 표면 침전물은 덮개(shield)로서 작용을 하여 작은 양의 용액을 그 속에 가두게 된다.

가스켓을 사용하는 경우에서처럼, 금속과 비금속의 접촉 사이에서도 틈새부식이 생긴다. 이러한 틈새부식을 생성시킬 수 있는 비금속으로는 나무, 플라스틱, 고무, 유리, 콘크리트, 석면, 왁스 등 금속과 같이 사용되는 모든 물질이다. 스테인리스강은 틈새부식에 특히 민감하다. 예를 들어, 스테인리스 강판에 긴 고무 밴드를 감아서 해수 중에 담가 두면 그 부분은 손쉽게 자를 수 있을 정도로 심한 손상을 입는다. 그 이유는 고무와 스테인리스강이 접촉하고 있는 영역에서 틈새부식이 심하게 발생했기 때문이다.

틈(crevice)이 부식영역으로서 작용하기 위해서는 용액이 들어올 수 있을 만큼은 충분히 넓어야 되며 또한 들어온 용액이 갇히어 정체될 수 있도록 충분히 좁아야 한다. 따라서 틈새부식은 그 폭이 수천분의 1인치 이하인 곳에서 주로 발생한다. 폭이 넓은(예 : $\frac{1}{8}$인치) 틈에서는 틈새부식이 거의 발생하지 아니한다. 섬유질의 가스켓은 플랜지면과 접촉할 경우 용액을 완전히 정체시킬 수 있기 때문에 아주 이상적인 틈새부식 발생 장소가 된다.

[2] 틈새부식의 발생기구

틈(crevice)과 그 바깥 사이의 산소 농도 차이로 인해 틈새부식이 발생한다고 일반적으로 알려져 왔다. 따라서 틈새부식을 농담전지부식이라 바꾸어 부르기도 하는 것이다. 그러나 엄격히 말하면, 틈새부식이 발생하는 동안 산소 농도 차이가 존재하기는 하지만 이것이 틈새부식의 근본 원인은 아니다. 일반 부식과 달리 국부부식의 한 형태로서 리벳이나 너트와 볼트의 연결부 틈새(그림 6.3)에서 급격히 부식되는 현상을 틈새부식이라고 한다. 틈새부식은 인위적으로 형성된 연결부위 뿐만 아니라 외부 불질의 침전이나 부식생성물의 석출에 의하여 형성된 틈에서도 자주 관찰된다. 틈새부식의 기구는 일반적으로 산소 농도 전지와 염화물 농도 전지로 다음과 같이 설명된다.

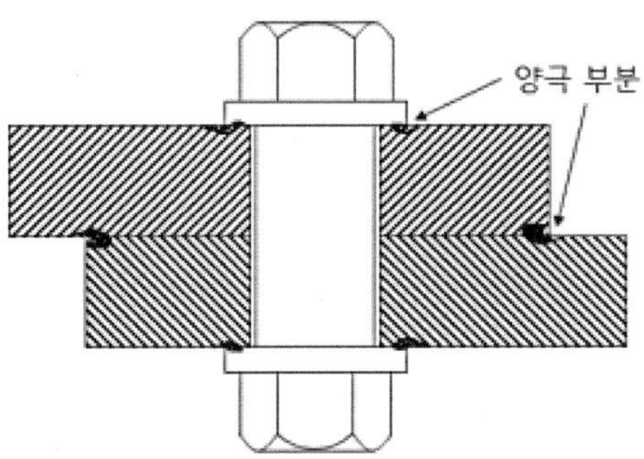

그림 6.3 볼트 체결부에서의 틈새부식

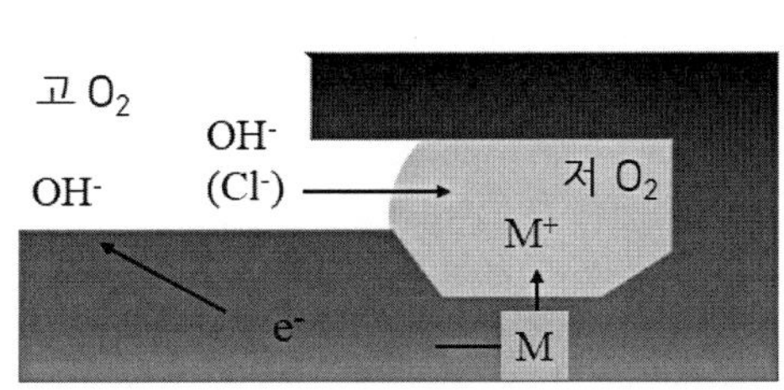

그림 6.4 틈새 내외부에서의 농담전지

틈새부식의 근본적인 기구를 예증하기 위해서 공기와 접촉하고 있는 해수에 담구어져 있는 금속 M(예 : 철 또는 강)를 생각해 보자. 이 금속의 판재는 리벳(rivet)으로 고정되어 있다. 여기서 일어나는 반응은 금속 M의 용해와 산소의 환원이다.

$$M \rightarrow M^{+} + e^{-}$$

$$O_2 + 2H_2O + 4e^{-} \rightarrow 4(OH)^{-} \text{ (수산기 생성)}$$

처음에 이러한 반응들은 틈(crevice) 내부를 포함한 금속 표면 전체에 걸쳐서 균일하게 발생한다. 금속과 용액에서는 똑같이 전하보존의 법칙(the law of conservation of charge)이 유지된다. 그리하여 금속 이온의 생성으로 인해 방출된 전자는 산소환원반응에 의해서 즉시 소비된다. 또한, 용액 속의 각 금속 이온에 대해서 수산기 이온이 하나씩 생성된다.

틈(crevice) 내부에는 산소의 공급이 힘들기때문에 잠시 후에 이곳의 산소가 전부 소비되어 산소환원반응이 정지되고 만다. 이러한 사실은 그 자체로는 부식거동에 별로 큰 영향을 미치지 못한다고 Mars. G. Fontana는 설명하고 있다. 그러나 산소가 고갈됨으로 인해서 금속 이온이 더욱 쉽게 수화(hydration)될 수 있을 뿐만 아니라 스테인리스강, Al, Ti 등 부동태 금속의 경우 금속 표면에 생성된 부동태 산화피막이 국부적으로 파괴되어 금속용해속도가 달라진다.

그러나 더욱 중요한 것은 산소의 고갈이 부식 거동에 미치는 간접적 영향이며 노출 시간에 따라 이 영향은 커진다. 일단 산소가 고갈되면 더 이상의 산소환원반응은 일어날 수 없지만 금속 M의 용해는 계속된다. 그리하여 틈(crevice) 내부의 용액 속에 (+)전하(M^+)가 과도하게 많아지게 되고 따라서 평형을 유지하기 위해서는 틈 바깥으로부터 틈 내부로 Cl^-이온이 이동해 와야 한다. 이때 OH^- 이온도 이동을 해 오지만 Cl^-이온보다 이동속도가 훨씬 느리다. 이러한 Cl^-이온의 이동으로 인해 틈 내부에는 M^+Cl^-의 농도가 증가하게 된다. Na, K 등과 같은 알칼리금속을 제외한 다른 금속염은 물과 반응해서 MOH가 된다.

$$M^+Cl^- + H_2O = MOH\downarrow + H^+Cl^-$$

위 식의 반응에 의해서 생성된 H^+이온과 Cl^-이온은 대부분의 금속 또는 합금의 부식속도를 촉진시킨다. 특히 부동태금속의 경우 Cl^-이온은 부동태피막을 쉽게 파괴한다. 이러한 부식촉진제가 틈 내부에 많아지게 되어 금속 M의 용해는 가속된다. 금속용해의 증가는 Cl^-이온의 이동을 촉진시키고 그 결과 금속용해속도는 더욱 더 달라지게 된다. 그리하여 위의 반응은 소위 자기증식(self-propagating), 자동촉매(auto-catalytic)과정이 된다. 중성의 묽은 NaCl 용액에서의 틈 내부 Cl^-이온 농도는 틈 바깥에 비해 3~10배가 많으며 pH는 2~3인 것이 관찰되었다. 틈새(crevice) 내부에서의 부식속도가 증가할수록 그 인접영역의 표면에서는 산소환원속도가 더욱 빨라진다는 사실을 알 수 있다. 따라서 이 부분은 음극보호를 받게 된다. 결국 틈새부식이 진행되는 동안 부식은 틈새 내부에만 국한되어 국부적으로 일어나게 되고 다른 영역은 거의 또는 전혀 부식이 발생하지 않는 형태가 된다(그림 6.5 참조).

이상 설명한 틈새부식 발생기구는 관찰된 틈새부식의 특징과 잘 일치했다. 이러한 형태의 부식은 여러 용액에서 발생했고 Cl^-이온을 포함한 용액에서는 그 정도가 심했다. 틈새부식이 발생하는 데에는 긴 잠복기간이 요구되는 경우가 많다. 그러나 일단 부식이 발생하면 그 속도는 가속도적으로 증가한다.

가속인자	i) Cl^-
	ii) 강력한 산화제
	iii) 온도↑, 틈새↑

부동태산화피막으로 인해 내식성을 가지게 되는 금속 또는 합금은 틈새부식에 특히 민감하다(예 : 스테인리스강, Al, Ti). 그 이유는 부동태피막이 Cl^-이온 또는 H^+이온에 의해서 쉽게 파괴되기 때문이다. 부동태피막의 파괴로 인해서 용해속도는 급격히 증가한다.

조건		틈새부식 속도
i_{crit} ↑.		
ΔE_a ↑	⇒	↑
ΔE_p ↑		
W ↑		
ρ ↑		

부식인자	i) 작은 틈
	ii) 정체된 용액
	iii) 내식성 재료

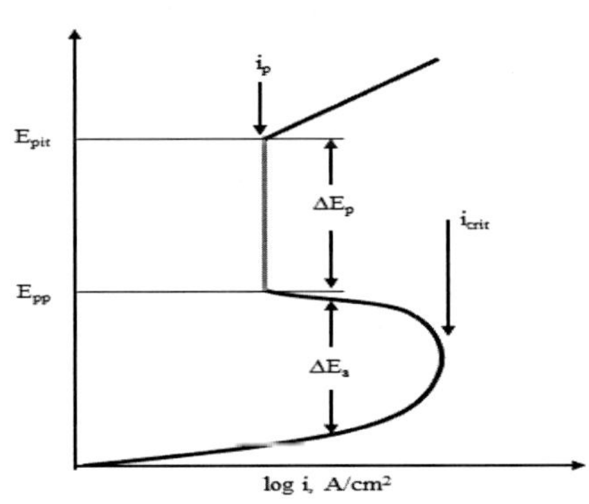

그림 6.5 부동태영역

[3] 틈새부식에 대한 방식법

틈새부식의 근본 원인은 물리적인 틈에서 산소농도 전지나 염화물 농도 전지를 발생시키기 위한 물질의 이동 억제 또는 물질의 선택적 이동에 의한 틈 내부와 외부 사이에 부식 환경의 차이에 있으므로 그림 6.6에 나타난 바와 같이 틈새의 최소화를 통하여 구조물들의 틈새부식을 억제할 수 있다.

i) 리벳이나 볼트 체결 대신 용접법 사용.

ii) 비흡수성 개스킷 사용.

iii) 배수가 완전하게 되도록 설계

iv) 주기적으로 부착물을 제거

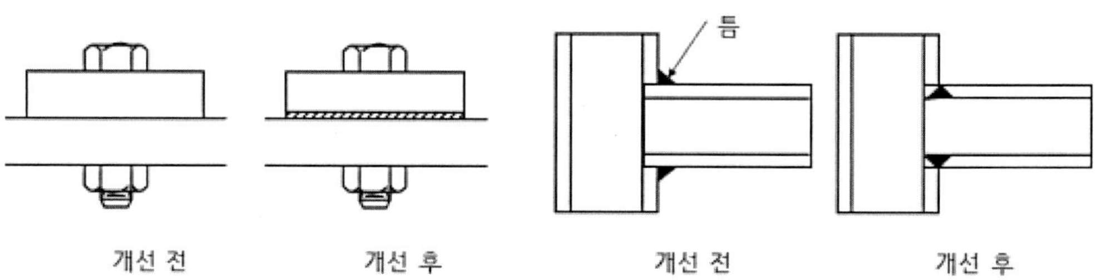

그림 6.6 틈새부식을 억제하기 위한 조치(예)

6.4.2 염화물 환경에서 스테인리스강에서 틈새부식

일반 재료와 동일하게 스테인리스강의 틈새부식 현상이 산소농도전지와 산소 농도 전지와 염화물 농도 전지로 설명됨에도 불구하고 스테인리스강의 틈새부식에 대하여 취급하려 함은 스테인리스강이 부동태를 지닌 대표적인 철강 소재이기 때문이다. 스테인리스강과 같이 부동태가 존재하는 금속은 pH나 염소 이온의 농도에 따라 양극 분극 곡선이 변하기 때문에 부식 전위가 감소하고 부식 속도가 급격히 변하기 때문이다. 즉, 스테인리스강은 부동태 영역에 위치하는(그림 6.7의 E_h, E_a) 환경에 사용되기 때문에 내구성에 문제가 없을 것 같으나 틈새가 존재하는 경우 산소 농도 전지와 염화물 농도 전지의 형성은 틈 내부에 $[H^+]$와 $[Cl^-]$를 증가시켜 부식 전위가 활성화 영역(그림 6.7의 $E_h \Rightarrow E_l$와 $E_a \Rightarrow E_b$)에 위치하기 때문이다.

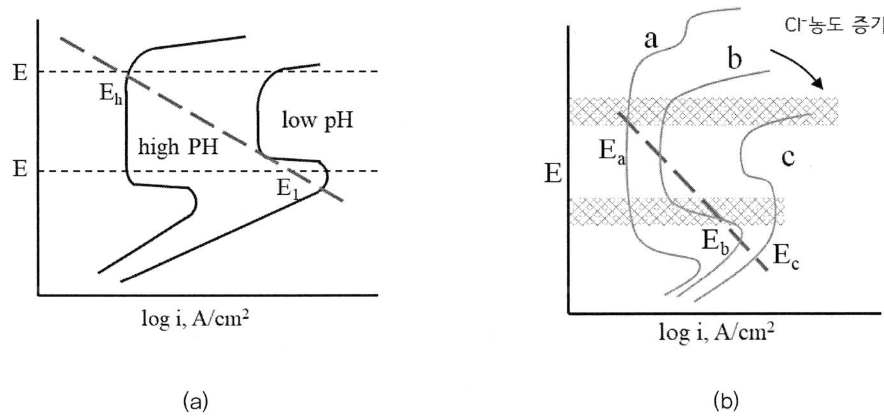

그림 6.7 pH 및 염소 농도에 따른 부동태 영역의 변화

이처럼 틈에서 발생되는 급격한 부식 속도의 증가는 예상하지 못한 설비나 구조물의 손실을 가져오기 때문에 우수한 틈새부식 저항성을 지닌 스테인리스강의 개발에 관한 많은 노력이 있어 왔다. 내식성 향상과 관련된 스테인리스강의 종류 및 합금 개발에 관련된 내용은 뒤에서 자세하게 논의될 것이고 여기서는 틈새부식 저항성에 미치는 합금원소의 영향 및 틈새부식 저항성 평가법에 대하여 언급되었다.

틈새부식에 대한 저항성이 우수하기 위해서는 부동태 막의 안정성 측면에서 부동태 전류가 낮고 부동태 영역이 넓어야 할 뿐만 아니라 활성화 영역에서 부식 속도가 낮아야한다. 즉, 틈새부식이 시작된 경우에도 초기 부식 속도가 낮아서(틈 내에서 저 부식 속도) 일련의 auto-catalytic process가 천천히 진행되어야 하기 때문이다. 그러므로 스테인리스강의 틈새부식 저항성의 향상을 위해서는 그림 6.8에 나타난 바와 같이 합금원소로서 부동태 막을 안정화시키는 원소인 크롬, 몰리브덴(텅스텐), 질소 이외에 활성화 전류를 감소시키는 니켈이나 구리의 첨가가 요구된다.

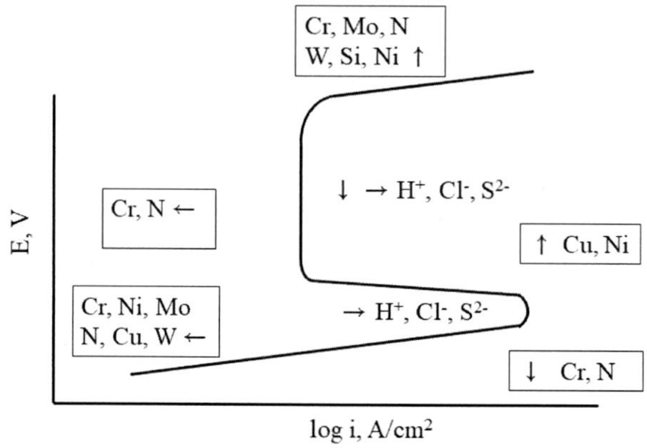

그림 6.8 양극 분극거동에 미치는 합금 원소의 영향

틈새부식 저항성에 대한 예는 기존의 상용화된 재료의 틈새부식 저항성 비교를 통하여 좀 더 쉽게 알 수가 있다. 즉, 부동태 안정화 원소인 크롬, 몰리브덴의 성분이 유사함에도 UNS S44400(18Cr-2Mo, 400계 강) 대비 UNS S31600(18Cr-2Mo-8Ni, 300계 강)의 틈새부식 저항성이 우수한 이유는 니켈의 첨가로 인하여 활성화 전류가 낮기 때문이다. 또한 29% 크롬 과 4% 몰리브덴이 함유된 400계 강인 UNS S44735에 2% 니켈을 첨가시킨 강(UNS S44800)이 개발된 이유도 틈새부식 저항성 향상에 있었다. 합금 원소가 부동태의 안정성 및 활성화 전류에 미치는 영향에 대한 기구는 다른 장을 참고하기 바란다.

6.4.3 틈새 부식 실험

양극 분극 곡선 측정법 및 염화제2철 용액에서 국부부식 저항성 측정법(ASTM G-48)은 시험이 간편할 뿐만 아니라 스테인리스강과 같이 부동태 특성을 지닌 금속 재료의 틈새부식 및 공식 저항성 측정에 사용될 수 있기 때문에 이들 두 방법이 소개되었다. 이들 시험법 외에 국부시험의 평가에 관한 일반적인 시험이나 정밀 측정법에 대하여는 5장에서 논의되었으니 참고 바란다.

[1] 양극 분극 곡선

순환 분극 법(cyclic polarization method)에 의하여 측정된 공식 전위(pitting potential: E_{pit})와 보호 전위(protection potential: E_{pro})를 기준으로 틈새부식 저항성 및 공식 저항성을 상대적으로 비교하는 방법이다. 공식 전위와 보호 전위는 각각 공식이 발생하기 위한 최소전위, 발생한 공식이 성장하기위한 최소 전위를 의미한다. 그러므로 공식 저항성을 평가기준으로 공식 전위가 자주 사용되고 틈새부식 저항성을 평가기준으로는 공식 전위 대신 두 전위의 차 ($\Delta E = E_{pit} - E_{pro}$)가 사용된다. 두 전위의 차($\Delta E = E_{pit} - E_{pro}$)에서는 공식의 새로운 생성 없이 기 존재해 있는 공식의 성장이 발생되는 범위로 틈새부식과 유사하기 때문에 이들 전위의 차가 틈새부식 저항성 평가 기준으로 사용된다. 또한, 부동태의 안정성을 나타내는 부동태 전류밀도(i_p), 틈새부식이나 공식의 성장 속도와 관련성이 있는 최대 활성화전류밀도(i_{crit}) 등도 국부 부식 저항성을 평가하기위한 기준으로 종종 사용된다. 양극 분극실험은 손쉽게 재료의 부식 저항성을 을 평가한다는 장점을 지니고 있지만, 시편의 모양에 제약이 따를 뿐만 아니라 ΔE를 이용하여 유사하지 않은 재료의 틈새부식 저항성을 평가하는데 어려움이 있다. 이는 틈새부식 저항성 평가 기준으로 사용되는 보호전위가 전위 주사 속도뿐만 아니라 분극 방향이 바뀌는 전위와 공식 전위의 차이에 의존하기 때문이다.

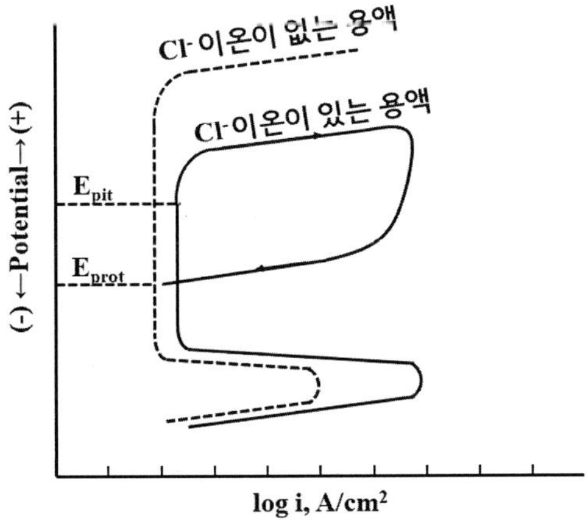

그림 6.9 순환분극시험에 의한 공식전위와 보호전위

[2] **염화 제2철 침적실험**(ASTM G-48)

틈새부식 저항성의 평가를 위하여 그림 6.10과 같이 준비된 시편을 다양한 온도의 염화 제2철 용액(6%$FeCl_3$)에서 일정 시간침적 후 무게 감량이나 육안 검사를 통하여 부식이 발생되지 않은 최고 온도(임계 틈 온도: Critical Crevice Temperature)를 구하는 방법이다.

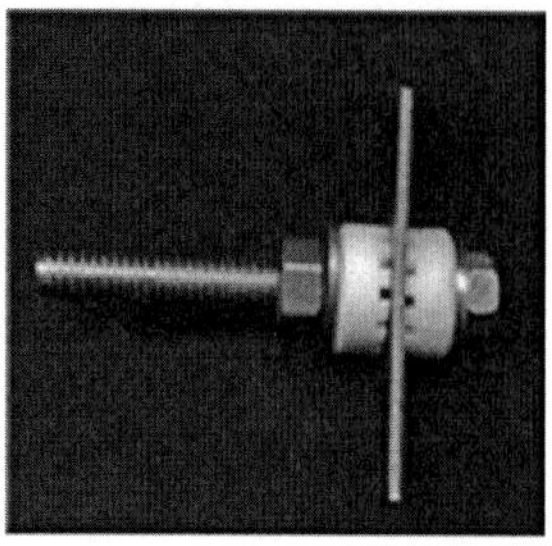
(a)

(b)

그림 6.10 틈새부식 시험 키트의 설치

표 6.3에 나타난 것처럼 각 재료의 CCT(Critical Crevice Temperature)는 그 재료의 틈새부식 저항성을 상대적으로 표시된 값으로 CCT가 높을수록 그 저항성이 높음을 의미한다. 산성, 염소이온이 농축된 틈새의 부식 환경과 산화성 분위기의 외부 환경을 모사하기 위하여 침적 용액으로 산화제인 동시에 용해시 pH를 감소시키는 Fe^{+3}가 포함된 6% 염화 제2철($FeCl_3$) 용액(pH ~ 1.2)이 사용되었다. 또한 틈새의 인위적 형성을 위해 PTFE (polytetrafluoroethlylene) 재질의 톱니 모양 와셔(그림 6.10(b))가 사용되었다. 이외에 시편과 와셔 사이에 일정한 틈이 형성되도록 ASTM G-48은 그림 6.10의 (a)에 표시된 것처럼 볼트와 너트를 사용하여 조립하고 토크 렌치를 이용하여 0.28 N-m의 토크로 이들이 시편 표면에 밀착되도록 규정하고 있다.

[표 6.3] 오스테나이트계 스테인리스강의 CCT 예

UNS	Alloy Name	CCT(°C)
S30400	Type 304	< -2.5
S31600	Type 316	-2.5
S31703	Type 317	0
N08020	20Cb-3	0

틈새부식 저항성 이외에 공식 부식 저항성을 평가를 위해서도 동일 용액이 일정 시간 침적 후에 무게 감량이나 육안 검사를 통하여 부식이 발생되지 않은 최고 온도(임계 핏팅 온도: Critical Pitting Temperature(CPT))를 구하는 방법이다. 단지 차이점은 와셔를 사용하여 인위적으로 틈을 형성시키는(그림 6.10) 대신 가능한 틈새부식의 발생을 최소화하기 위하여 그림 6.11에 나타난 바와 같이 유리로 만들어진 시편 지지대 위에 시편을 놓고 이를 부식 용액에 침적 시키는 것이다.

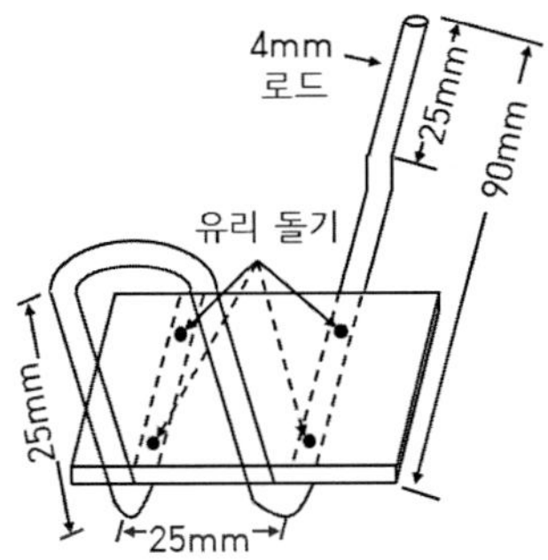

그림 6.11 공식시험에 사용하는 시편 거치대의 예

6.4.4 틈새부식 사례 및 대책

틈 내부에 수소이온과 염소이온의 증가로 인하여 심각한 부식을 발생시키는 전형적인 틈새부식이외에 틈 내부에 부식 용액의 긴 정체 시간으로 인해 발생되는 단순한 틈새부식(개스킷 부식(Gasket corrosion)과 대기 틈새부식(Atmospheric Crevice Corrosion)), 국부적인 산소 농도의 저하로 인해 발생되는 섬유형 부식(Filiform Ccorrosion)과 침전물의 부착에 의해 형성된 틈에서 발생되는 침전물 밑 부식(Under-Deposit Corrosion), 그리고 이종 금속의 접촉으로 인하여 발생되는 이종 금속 틈새부식(Dissimilar Material Crevice Corrosion) 등이 있다.

[1] 개스킷 부식(Gasket Corrosion)

포장된 금속이 온도의 변화가 있는 환경에 노출된 경우 상태 습도의 변화로 틈 내부(포장 내부의 금속 표면)에 물이 응축되어 국부적으로 부식이 진행되는 경우이다. 이와 같은 형태의 부식이 때로는 심각한 부식을 야기 시키는 경우도 있는데 이는 염소와 같이 부식을 자극하는 물질 포장재에 함유된 경우이다. 그러므로 이와 같은 종류의 부식을 억제하기 위해서는 금속 표면과 밀착되게 포장하는 것 이외에 염소와 같이 부식을 가속하는 물질이 함유되지 않은 포장재를 선택하여야 한다.

[2] 대기 틈새부식(Atmospheric Crevice Corrosion)

대기에 노출된 건축물의 연결부와 같은 틈에서 관찰되는 부식 형태로 이 원인은 산소 농도 전지나 염화물 농도 전지가 아니라 물의 정체 기간의 차이에 기인한다. 즉, 국부적으로 온도나 조사량이 낮거나 습도가 높은 처마에서 미세 틈까지 물의 정체 기간이 증가된 곳에서 부식이 집중적으로 발생된다. 이와 같은 형태의 부식을 억제하기 위해서는 코팅, 전기 방식 그리고 크롬, 구리, 칼슘과 같은 원소가 첨가된 내후성강의 선택이 필요하다.

[3] 섬유형 부식(Filiform Corrosion)

섬유형 부식은 그림 6.12에 나타난 바와 같이 피복층 아래 금속에서에서 필라멘트형태로 진행되는 부식으로 음식물 포장 금속, 항공기 재료로 사용되는 유기 피복된 알루미늄, 마그네슘, 강에서 자주 관찰된다. 섬유형 부식은 초기 코팅 결함이나 외부 충격에 의해 생긴 코팅 결함에서 주로 시작되며 산소와 물의 침투에 의한 산소 농도 전지의 형성에 의하여 진행된다.

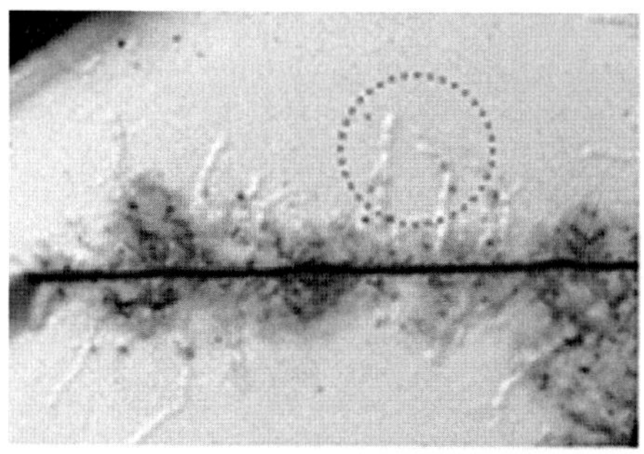

그림 6.12 섬유형 부식의 예

즉, 초기 결함이나 산소와 물의 침투에 의한 금속의 부식은 피복층과 금속 사이에 산화물을 형성시키며 이로 인한 부피 변화는 그림 6.13에 표시된 것처럼 일부 피복층을 손상시켜 피복층과 금속사이로 산소와 물의 확산을 용이하게 한다. 또한 물과 산소의 접근 용이성 차이로 인하여 산소 및 물의 농도가 낮은 머리부분(피복과 금속의 박리가 시작되는 부분)에서 부식이 진행된다(그림 6.13). 머리부에서 낮은 산소의 농도와 수산화물 형성에 따른 pH의 저하가 큰 경우에는 수소 가스의 발생이 일어나 피복층과의 박리를 가속시키기도 한다.

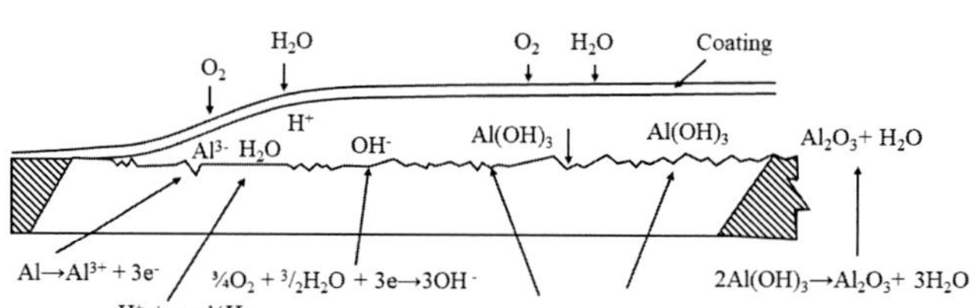

그림 6.13 도장된 알루미늄에서 발생된 섬유형 부식

섬유형 부식을 억제시키기 위해서는 분위기(공기)에 함유된 수분 함량을 낮게 유지 시키는 방법(상대 습도 $< 60\%$)이 가장 효율적이나 실현에 어려움이 있으며 이외에 코팅 결함을 최소화시키기 위하여 락커나 "quick & dry" 페인트와 같은 피복재를 사용하지 않는 방법이 있다.

[4] 침전물 밑 부식(Under-deposit Corrosion)

침전물의 부착 또는 형성에 따라 산소 농도 전지가 형성되어 침전물 밑에서 부식이 발생한다. 그러나 모든 침전물에서 높은 부식 속도가 유지되는 것은 아니다 즉, 침전물 밑의 용액과 외부 용액사이에 산소의 이동이 억제되고 음이온의 이동은 효과적으로 이동되도록 침전물이 부착되거나 형성된 경우에 침전물 밑에서 부식은 급속히 진행된다. 또한, 그림 6.14와 같이 전기 전도도가 높은 침전물(황화물)이 형성된 경우 환원 반응이 발생하는 면적의 증가로 인하여 침전물 밑 부식이 증가한다. 침전물 밑 부식은 수 처리나 주기적인 청소를 통한 침전물의 형성 및 부착을 방지함으로서 효과적으로 억제될 수 있다.

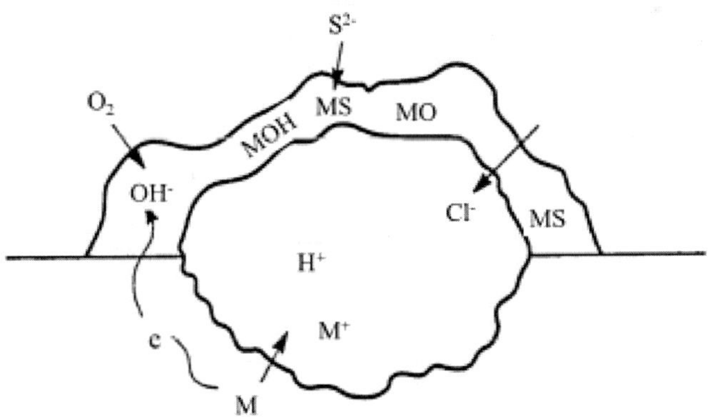

그림 6.14 침전물 밑에서 발생되는 부식의 기구

[5] 이종 금속 틈새부식(Dissimilar Material Crevice Corrosion)

이종 금속이 전기적으로 접촉되어 있는 경우 예상되는 부식의 형태는 갈바닉 부식이나 열교환기 관과 지지 벽 사이에서 일부 이종 금속사이에 틈새부식이 관찰된다. 즉, 이종 금속이 접촉되어 있는 경우 갈바닉 부식의 원리에 따라 비한 금속에서 시작되지만 틈 내부에 산소농도 저하에 따라 수소이온 및 염소이온의 증가로 인하여 상대적으로 귀하다고 생각되는 금속에서 부식이 급속히 진행되는 경우이다. 그 예가 Type 316 - Type 4487)과 Ti-철의 경우이다. 전자인 Type 316 - Type 448인 경우 크롬 몰리브덴이 적게 함유된 Type 316에서 부식이 시작되지만 틈내 수소이온과 염소이온의 농축은 두 강의 갈바닉 계열의 역전을 발생시켜 Type 448에서 부식이 급격히 진행된다. 후자의 경우는 탄소강으로 만들어진 연마기나 절단기의 사용으로 인해 철분으로 오염된 티타늄이 염소 환경에 노출된 경우 갈바닉 부식 원리에 의해 표면에 부착된 철이 우선적으로 녹지만 철의 용해로 인하여 철 염화물의 형성은 국부적으로 수소이온과 염소이온을 농축시켜 최종적으로는 티타늄의 부식을 발생시킨다. 이와 같은 형태의 부식은 이종 접촉을 최소화하거나 탄소강 대신 스테인리스강과 같은 소재로 만들어진 기구를 사용함으로서 억제될 수 있다.

6.5 공식

6.5.1 개요

부식이 금속 표면의 국부에만 집중하고 이 부분에서의 부식속도가 특히 빨라서 금속 내로 깊이 뚫고 들어가는 심한 국부부식의 형태를 이룰 때 이를 공식(Pitting)이라 한다. 공식은 그 진행속도가 대단히 빠르기 때문에 비교적 짧은 시간에 금속 내부로 뚫고 들어가 기계장치를 못 쓰게 한다.

공식은 스테인리스강이나 Al 등과 같이 금속 표면의 부동태피막에 의해서 내식성을 얻는 금속에서 흔히 볼 수 있으며 균일부식을 일으키는 조건에서는 발생하지 않는다. 따라서 공식된 표면을 관찰해 보면 피트(pit)가 나타난 이외의 부분은 거의 또는 전혀 부식을 일으키지 않았다는 사실을 알 수 있다. 피트(pit)의 직경은 작을 수도 있고 클 수도 있다. 그러나 대부분의 경우 비교적 작다. 피트는 서로 떨어져 있기도 하고 또 때로는 함께 매우 가까이 있어서 거친 표면처럼 보이기도 한다.

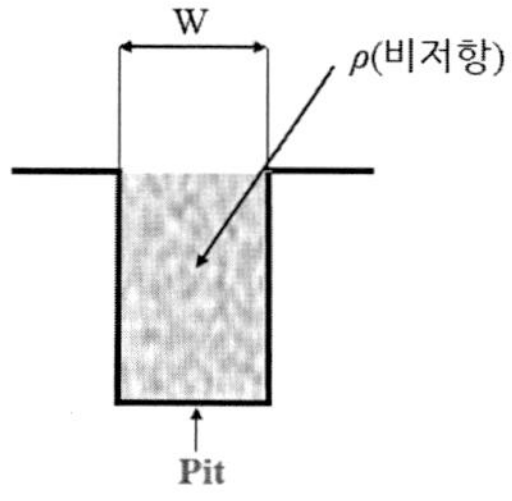

그림 6.15 공식과 피트

공식은 가장 파괴적이고 무서운 부식이라고 할 수 있다. 전체 장비의 불과 몇 %의 무게감소로 인해서 사용이 불가능해질 뿐만 아니라 그 크기가 대단히 작고 부식 생성물에 의해서 자주 가려지기 때문에 발견하기도 매우 힘들다. 더욱이, 똑같은 조건 하에서 발생하는 피트의 깊이(depth)와 개수에 변화가 많으므로 공식을 정량적으로 측정한다거나 그 정도를 비교하기는 힘들다. 또한, 공식은 실험실에서 측정하기가 대단히 힘들다.

6.5.2 공식의 발생기구

공식(pitting)은 양극반응의 독특한 형태이다. 공식이 발생할 수 있는 조건으로서 임계공식전위(critical pitting potential)에 대해서 이미 설명하였다. 전위가 임계공식전위 $E_{c.pit}$이상이 되면 전류가 급격히 증가되고 핏트가 발생한다는 사실을 그림에 의해서 알 수 있었다.

공식의 특징은 틈새부식(crevice corrosion)의 특징과 비슷하다. 즉, 자기증식 self-propagating), 자동촉매(auto-catalytic) 작용인 것이다. 그래서 어떤 경우에는 공식을 틈새부식의 특수한 경우라고 설명하기도 한다. 실제로 공식을 나타내는 계(system)는 틈새부식에도 매우 민감하다(예 : 해수에서의 스테인리스강). 그러나, 그 역은 항상 성립되지는 못한다. 즉 틈새부식을 나타내는 많은 계가 공식을 나타내지 않은 경우가 많다. 즉 공식은 특성에 있어서 틈새부식과 매우 유사하지만 따로 분류해서 생각하는 것이 좋다. 즉 공식은 틈새부식의 자기개시형태(self-initiating form)라 할 수 있다. 다시 말해서, 공식의 발생은 틈(crevice)을 필요로 하지 않는다. 그 자체가 자신의 틈(crevice)을 만드는 것이다.

이제 공식의 자동촉매과정을 생각해 보자. 핏트의 발생 중에 나타나는 자동촉매과정이 그림 6.16에 나타나 있으며, 그림 6.17은 공식 중에 발생되는 틈새부식 메커니즘을 보여주고 있다.

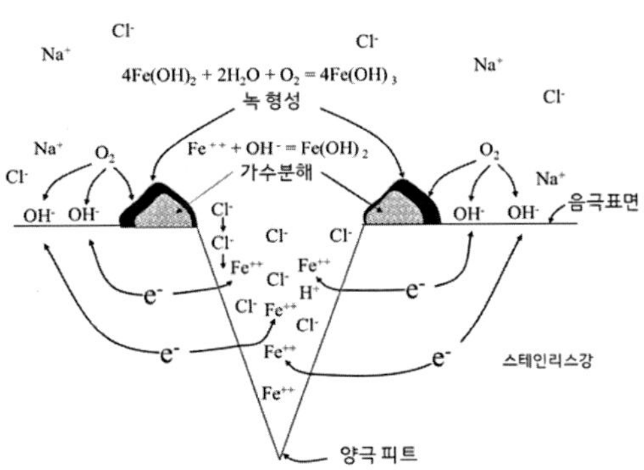

그림 6.16 피트의 발생 중에 나타나는 자동촉매과정

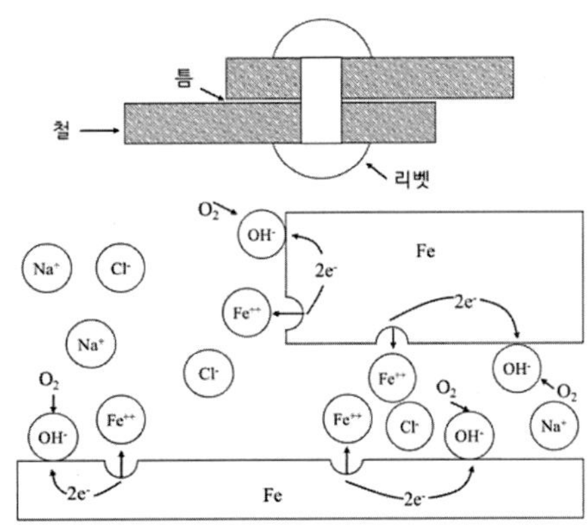

그림 6.17 피트의 발생 중에 나타나는 사농촉매과성틈새부식 메커니즘

금속 M이 공기와 접촉하고 있는 NaCl용액에 의해 핏트를 나타내었다. 핏트 내에서는 급격한 금속용해가 일어나고 핏트의 바깥 인접영역에서는 산소환원반응이 발생한다. 이 과정은 자기증식이며 자동촉매이다. 핏트 내에서는 급속한 금속용해로 인해서 + 전하가 과도하게 많아지게 된다. 따라서 Cl^- 이온이 이 영역으로 이동해 오게 된다. 그리하여 핏트 내에는 MCl의 농도가 높아지게 되고 다시 가수분해로 인해서 H^+ 이온과 Cl^- 이온이 많아지게 된다. H^+ 이온과 Cl^- 이온은 대부분의 금속 및 합금의 용해를 촉진시킨다. 그리하여 시간이 지남에 따라 전체 반응은 계속 가속화된다. 진한 용액에서의 산소의 용해도는 실제로 0에 가까우므로 핏트 내에서는 산소의 환원이 일어나지 않는다. 한편, 핏트 바깥 인접 영역에서는 산소환원반응이 계속 일어나게 되어 음극보호를 받게 된다. 그림 6.16은 핏트가 자동촉매과정을 통해서 어떻게 성장하는가는 보여주지만, 이 과정이 어떻게 개시되는가 하는 것을 설명해 주지 못한다.

핏트의 개시과정에 대해서 다음과 같이 설명할 수 있다; 공기와 접촉하고 있는 NaCl 용액에 담가져 있는, 핏트가 존재하지 않는 금속 M을 생각하자. 어떠한 이유로 인해 어떤 한 점의 용해속도가 순간적으로 높다고 하면 Cl^- 이온들은 이 점으로 움직여 갈 것이다. Cl^- 이온은 금속용해를 촉진시키기 때문에 이점은 더욱 빠른 금속용해가 일어날 수 있는 조건이 형성된다. 표면의 긁힌 자국, 전위(dislocation), 그 외 다른 결함, 용액조성의 변화 등의 이유 때문에 용해속도가 순간적으로 높을 수 있다. 핏트의 개시단계 또는 초기단계에서는 조건이 매우 불안정하다. 그리하여 부분적으로 농도가 높았던 Cl^- 이온과 H^+ 이온이 대류(convection current)에 의해서 쓸려가 버릴 수 있다. 핏트가 중력방향으로 자라는 이유는 핏트가 자동촉매과정이기 때문이다. 핏트가 계속 성장하기 위해서는 H^+이온, Cl^- 이온 등의 농도가 높아야 하므로 중력 방향으로 자랄 때에 가장 안정하다.

6.5.3 공식에 대한 방식법

공식의 위험성을 감소시키기 위해서 취할 수 있는 방식법은 다음의 4가지를 고려할 수 있다. 경우에 따라서는 여러 가지 방법을 조합하여 사용할 수 있다.

i) 부식환경의 변화; 부식환경의 용존산소농도를 감소시킴

ii) 합금의 고내식성화; 공식저항지수의 수식에서 알 수 있는 바와 같이 공식저항성을 향상시킬 수 있는 합금원소를 첨가함

iii) 용체화소둔 열처리를 통하여 공식에 해로운 시그마상 등의 위험성을 제거함

iv) 완전한 배수가 될 수 있도록 설계를 변경하여 용액의 정체 또는 이물질의 축적을 감소시킴

v) 음극방식을 행하여 공식위험성을 감소시킴

6.5.4 공식과 틈새부식의 차이점

공식은 공격적 음이온(Aggressive anion, Cl^-, F^-)이 꼭 있어야 하지만, 틈새부식에서는 공격적 음이온이 단지 촉진자로서만 작용한다. 즉, 이들 공격적 음이온이 없어도 틈새부식은 발생한다. 또한, 틈새부식은 틈에서만 생기며, 공식은 틈이 아닌 곳에서도 발생한다.

6.6 응력부식

6.6.1 응력부식균열

응력부식균열(SCC, Stress Corrosion Cracking)은 전기화학적, 기계적, 야금학적 필요조건이 존재할 경우에 균열이 성장하는 현상이다. 균열성장은 기계적 응력과 전기화학적 부식환경, 그리고 민감한 재료의 동시작용으로 발생한다. 응력부식균열을 발생시키는 응력은 항복응력보다 낮은 응력으로, 주로 인장응력이다. 응력부식균열을 일으키는 환경은 수중환경 또는 금속표면에 응결된 수분층이다. 응력부식균열은 주로 표면에 부동피막을 형성하는 내식성 합금에 발생한다.

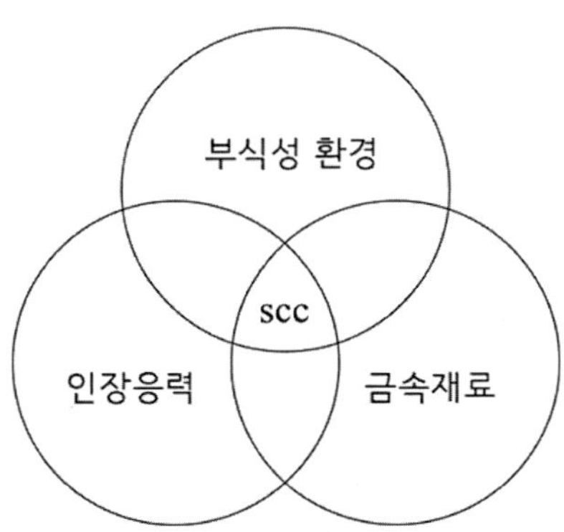

그림 6.18 응력부식균열의 3대 요소

응력부식균열의 전파는 균열내부와 외부표면 사이의 농도차 부식전지를 형성하여 가속화한다. 즉, 균열내부는 산화반응으로 금속양이온 농도가 높아져서 균열외부의 활동성 음이온을 균열내부로 전이시켜 부식성 환경을 형성한다. 이것은 공식, 틈새부식과 마찬가지로 응력부식균열을 가속화시키는 자기촉매작용을 한다.

응력부식균열은 부동피막이 불안정한 영역에서 발생한다. 응력부식균열은 활성화, 부동태화 상태 간의 부식속도차가 큰 경우에 발생한다. 빠른 주사속도와 느린 주사속도의 두 분극곡선에서 전류밀도 차가 큰 구역이 응력부식균열에 민감하다. 응력부식균열에 민감한 전위구역에서 빠른 주사속도로 분극시킨 경우에는 활성화 경향을 보이고 느린 주사속도의 경우에는 부동태화 경향을 나타낸다 (그림 6.19).

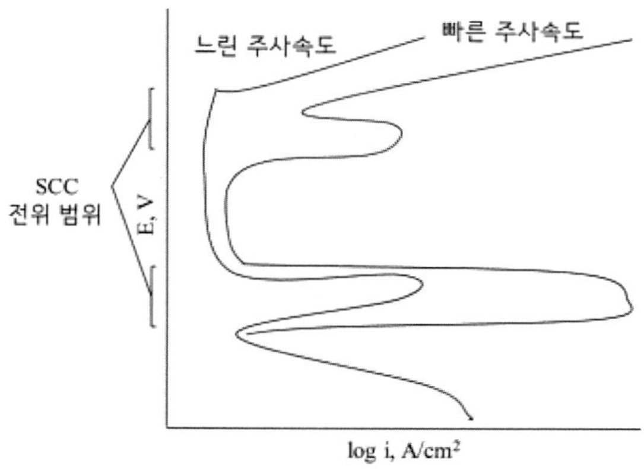

그림 6.19 응력부식균열에 민감한 분극 조건

응력부식균열은 주로 취성파괴를 일으킨다. 균열전파가 입계를 따라 진행되면 입계파괴, 슬립면에서 발생하면 입내파괴로 구분된다. 입계 및 입내파괴가 혼합된 형태도 있다. 입계파괴는 입계에서의 석출, 편석 등에 의한 입계의 불균일성에 기인하며, 입내파괴는 결정구조, 이방성, 전위밀도 등에 영향을 받는다.

응력부식균열의 원인은 복합적이어서 여러 가지 메카니즘이 제시되고 있다.

피막파괴(슬립용해) 메카니즘: 응력이 작용하여 균열을 개방시켜 부동피막을 파괴한다. 부동피막이 파괴된 균열부는 급속히 용해하여 균열진전이 촉진된다. 일단 균열전파가 시작되면 피막파괴 속도가 재부동태 속도보다 빠르기 때문에 균열선단은 부식에 노출된다. 여기에서 중요한 사실은 균열진전은 양극용해에 의해 발생한다. 피막파괴는 슬립면이 부동피막을 통과하여 슬립단을 형성하여 발생한다. 균열선단에서 균열이 진전되는 과정을 그림 6.20에 나타내었다. (A) 균열선단과 균열면에 부동피막이 형성되어 있다. (B) 슬립면에서 슬립이 일어남에 슬립단을 형성하여 균열면이 부식환경에 노출된다. (C) 슬립면 끝에서부터 재부동태가 시작되는 동안에 노출면에서는 부식이 진행된다. (D) 슬립면이 재부동태화하여 과정이 반복된다.

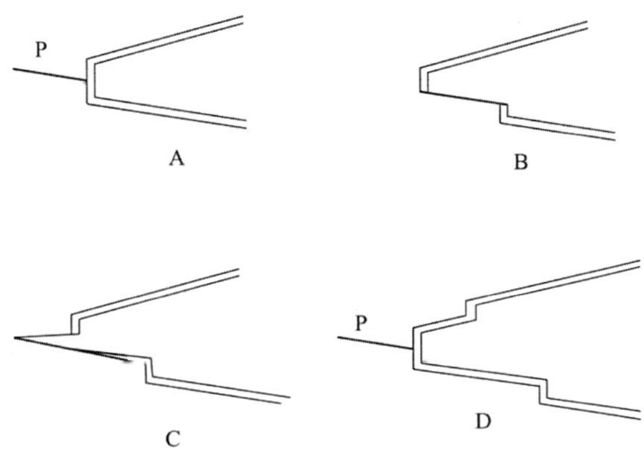

그림 6.20 응력부식균열의 끝에서 발생하는 일련의 균열성장

부식터널 메커니즘: 작은 부식터널이 슬립단에 미세하게 배열되면 이러한 부식터널들은 직경 및 길이가 성장하게 된다. 이 부식터널의 성장은 응력으로 인한 연성변형 및 파괴가 일어날 때까지 진행된다. 따라서, 균열은 부식터널의 성장과 연성파괴의 반복과정에 의하여 전파된다. 이러한 과정이 반복되어 불연속적인 균열전파가 진행된다. 파괴면은 홈모양을 나타내며, 정점에서 미세공이 합체된 흔적이 보인다 (그림 6.21).

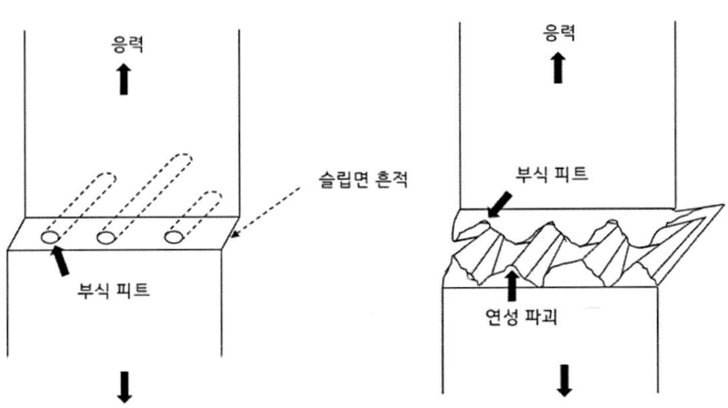

그림 6.21 응력부식균열의 터널 메커니즘

쐐기효과 메카니즘: 부식생성물이 균열에 집적되면, 쐐기작용으로 높은 응력을 유발하여 재료가 파괴된다. 부식생성물이 쐐기효과를 발생할 수 있는 조건은 부식생성물이 불용성이며, 부피가 크며, 균열 또는 피트와 같은 제한구역에서 발생해야 한다. 쐐기작용으로 항복강도에 가까운 응력이 응력집중부에 발생한다.

응력부식시험법에는 일정하중시험법, 일정변위시험법, 일정변형률시험법 등이 있다. 최근에는 일정하중시험법이나 일정변위시험법보다 신속히 응력부식균열 특성평가를 수행할 수 있는 저속변형률시험(Slow-Strain-Rate Test)법이 많이 사용되고 있다. 저속변형률시험은 인장시험과 같이 시편에 일축인장응력을 가한다. 단지, 부식반응이 충분히 진행될 수 있도록 하기 위해 변형률이 매우 낮은 것이 특징이다 (10^{-5}~10^{-7}/s). 그리고 인장응력의 인가와 동시에 부식환경에 노출시켜서 전위나 전류를 인가하여 시편에 부식반응을 진행시킨다. 이때 강도와 연성을 측정하여 전기화학적, 야금학적, 기계적인 요인에 따른 응력부식균열에 대한 민감성 및 메카니즘을 규명할 수 있다. 그림 6.22에는 최신 저속변형률시험장치를 보여주고 있다. 하중/변위를 제어하는 시스템과 부식을 제어하는 potentiostat/galvanostat로 구성된다.

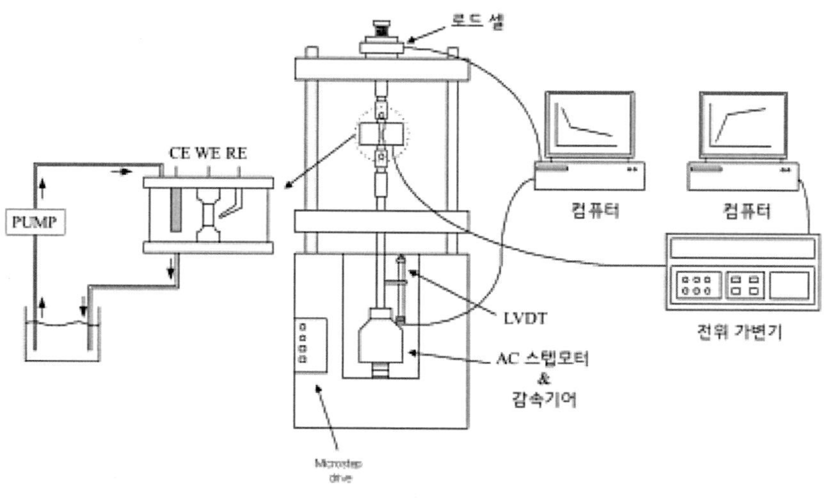

그림 6.22 저변형률 시험장치(SSRT, slow-strain-rate-test.)

전형적인 예로 알려진 응력부식균열 현상은 (1) 황동의 계절균열(Season Cracking), (2) 고장력강의 가성취성(Caustic Cracking) 등이 있다. 응력부식균열의 일반적인 특징을 요약하면 다음과 같다;

① 순금속에서는 거의 발생하지 않는다.

② 합금의 강도가 증가하면 응력부식균열 민감도가 증가한다.

③ 균열은 가해지는 인장응력 방향과 수직하게 발생되며, 균열의 형태는 입내균열(TG, Transgranular cracking)과 입계균열(Integranualr cracking)이 있다.

④ 부동태 피막이 생성되거나 파괴되는 전위에서 응력부식균열의 발생이 용이하다(그림 6.19).

⑤ 합금의 부식속도가 증가하면 균열전파속도가 증가한다. 이러한 특징으로부터 양극응력부식균열이라 한다.

이러한 응력부식균열을 방지하기 위해서 다음과 같은 방법이 적용되고 있다.

(1) 응력을 낮춘다.
(2) 환경 중의 유해성분을 제거한다.
(3) 재질을 변경한다.
(4) 음극방식을 행한다.
(5) 부식억제제를 사용한다.

문제 1) 일반적으로 응력부식균열 현상은 주로 부동피막이 형성되는 재료/환경에서 발생하는데 그 이유는 무엇인가?
균열내부는 부동피막이 없기 때문에 양극으로 작용하고 외부표면은 부동피막이 존재하여 음극으로 작용하여 갈바닉 부식이 가속화된다. 그리고 산소농도차에 의해 균열내부는 부식이 계속 진행될 수 있는 조건을 형성하게 된다. 결과적으로 부동피막이 없는 표면에서의 양극용해에 의해 균열이 성장하게 된다.
문제 2) 일반적으로 연성이 좋은 재료도 응력부식균열 현상으로 파괴되면 취성을 나타내는 이유는?
pit와 같이 국부적으로 부식된 부분에 인장응력이 작용하면 국부적인 응력집중, 삼축응력장 형성, 가공경화, 변형률 증가로 인해 연성파괴에서 취성파괴로 변환된다.

6.6.2 수소취화균열

[1] 수소균열 개요

재료내부의 수소원자는 재료를 취화하여 취성파괴의 원인이 된다. 수소취성으로 인한 파괴는 제한된 소성변형으로 취성 벽개파괴를 나타낸다.

수소발생은 그림 6.23에 나타낸 바와 같이 다음의 반응에 의하여 일어난다.

$$H^+ \rightarrow (H^+)^* \quad (1)$$

$$(H^+)^* + e \rightarrow H_{ad} \quad (2)$$

$$H_{ad} + H_{ad} \rightarrow (H_2)_{ad} \quad (3)$$

식 (1)은 용액에서 금속표면으로 수소이온의 전이를 나타낸다. 금속표면으로 이동한 수소이온은 수소원자로 환원하여 흡착한다 (식 2). 흡착된 수소원자들이 결합하여 수소개스를 발생시킨다 (식 3). 식 (2)에 의한 수소원자는 대부분 식 (3)의 반응으로 수소개스로 방출되고, 극히 일부분의 수소원자만이 금속내부로 침투한다. S^{2-} 이온은 식 (3)의 반응속도를 지연시켜서 수소원자의 흡착이 증가하게 되어 수소취화를 가속화한다.

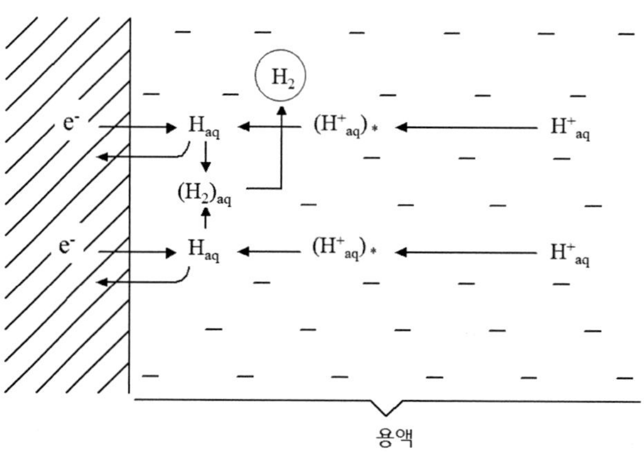

그림 6.23 음극 수소발생반응의 개요도

그림 6.24에는 음극분극곡선을 나타내었다. 음극반응은 다음과 같이 산소환원반응과 수소환원반응이 있다.

$$O_2 + 4H^+ + 4e \rightarrow 2H_2O \quad (3)$$

$$2H^{+} + 2e \rightarrow H_2 \text{ 그리고 } 2H_2O + 2e \rightarrow H_2 + 2OH^{-} \quad (4)$$

수소평형전위 이상에서는 반응 (3)만 발생하며 수소평형전위 이하에서는 반응 (3) 및 (4)가 동시에 발생한다.

그림 6.24의 음극분극거동을 근거로 하여 산소환원반응영역인 -850mV, 수소환원반응영역인 -1050, -1250㎷(vs. Ag/AgCl)를 인가하여 저속변형률시험 결과를 그림 6.25에 나타내었다. 전위가 낮아질수록 항복강도와 인장강도에는 큰 차이가 없지만 연신율의 저하가 관찰된다.

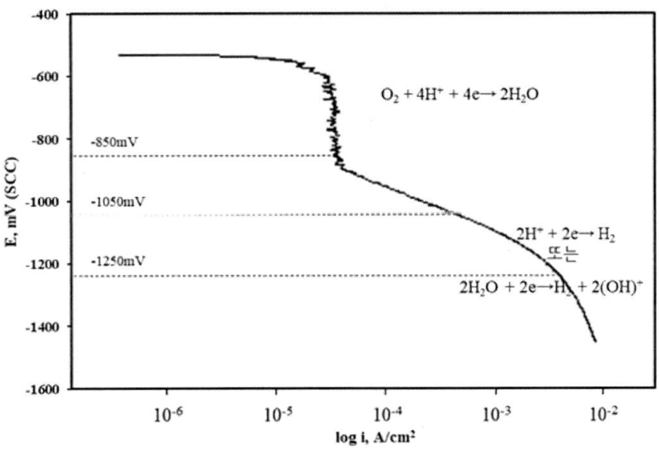

그림 6.24 내후성강의 음극분극곡선(1,000 ppm Cl^- (pH=6) 용액)

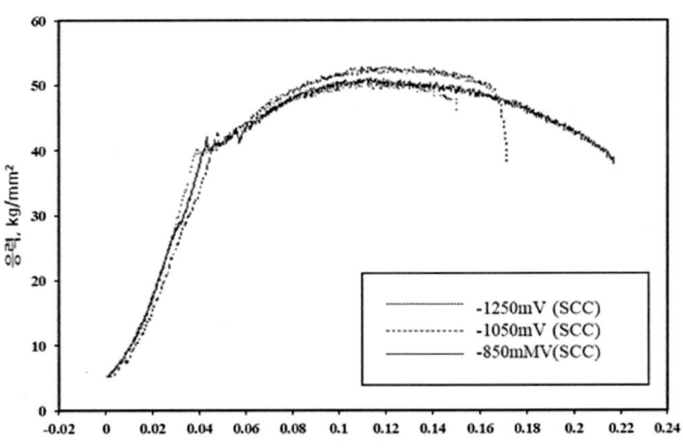

그림 6.25 SSRT법으로 구한 응력-변형률 곡선에 미치는 인가 음극전위의 영향

부식은 전자를 생성하는 산화반응($M \rightarrow M^{m+} + me$)과 전자를 소모하는 환원반응($C^{c+} + ce \rightarrow C$)으로 진행된다. 이 환원반응으로 수소가 발생할 수 있기 때문에 수소취화균열은 응력부식균열이 발생할 수 있는 조건과 유사하다. 그림 6.26은 산화반응에 의한 응력부식균열과 환원반응에 의한 수소취성균열을 도식적으로 나타내었다. 응력부식균열은 균열선단에서의 양극용해로 인하여, 수소취화균열은 수소원자의 침투로 인해 균열이 전파된다.

수소취화균열에 관한 이론은 다음과 같이 압력이론, 흡착이론 등이 있다;

압력이론: 수소원자가 금속내부로 확산하여 미세공, 기타 내부 불연속면에 집적한다. 수소원자의 농도가 커지면 미세공의 내부압력이 증가하여 균열이 시작된다.

흡착이론: 균열선단에 흡착된 수소가 일정농도 이상이 되면, 금속원자간의 결합력을 약화시킨다. 따라서, 원자들이 전단변형을 일으켜서 전위를 생성하여 균열을 진행시킨다.

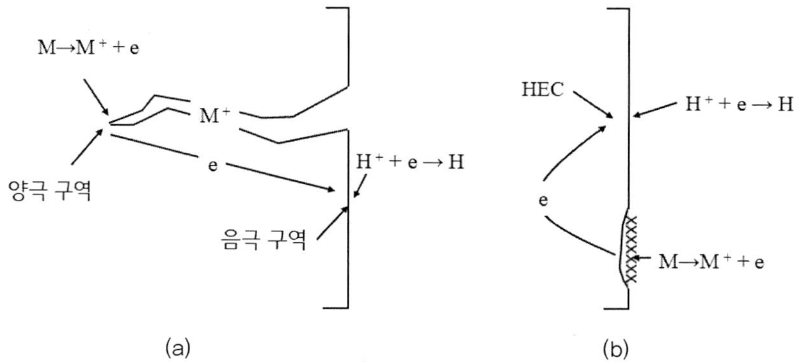

그림 6.26 (a) 양극용해에 따른 균열의 성장과 (b) 수소취성 기구의 비교

이러한 경우의 균열은 수소원자의 금속격자 침입에 의해서 야기된다. 즉 부식반응 중에 발생된 수소 또는 음극분극을 통해서 발생된 수소가 금속격자 속으로 침입해 들어감으로써 발생한다. 강이 침입수소(interstitial hydrogen)를 함유하고 있다고 해서 반드시 균열이 발생하는 것은 아니다. 강 내부로 수소가 침입할 때 대부분의 경우 연성을 상실하게 된다(수소취성; hydrogen embrittlement). 그러나 균열은 충분히 큰 응력 또는 잔류 인장응력이 존재할 경우에만 발생하게 된다. 이러한 종류의 파괴를 수소응력균열(hydrogen stress cracking) 또는 수소균열이라 한다. 여기서 발생하는 균열은 거의 대부분 입내균열이다.

탄소강의 경우, 마르텐사이트(martensite)를 형성하기 위해서 열처리되었을 때가 가장 수소균열에 민감하며 조직이 퍼얼라이터(pearlite)인 경우에는 수소균열의 발생이 적다. 탄소강이 열처리에 의해서 구상화된 탄화물조직을 가지는 경우에는 퍼얼라이트, 베이나이트(bainite), 마르텐사이트(martensite) 등에 비해서 수소균열이 잘 일어나지 않는다. 오스트나이트계 스테인리스강의 경우에는 수소의 용해도가 높고 그 확산속도가 더욱 느리기 때문에 대부분의 모든 조건에서 수소균열이 발생하지 않는다.

[2] 수소균열의 발생기구

부식이나 음극분극에 의해서 생성된 수소원자가 내부응력이나 잔류응력이 충분히 높은 금속 내부에 침투하게 되고, 이것이 금속 내의 빈자리(void) 또는 다른 유리한 영역에 수소분자로 방출하게 됨으로써 내부압력(internal stress)이 형성되기 때문에 균열이 발생하는 것으로 설명된다(그림 6.27).

이러한 효과는 명백히 나타나는데, 연성이 있는 금속의 경우에는 음극 분극되거나 부식용액에 노출되면 수소를 포함하는 가시수포(visible blister)를 생성하고 연성이 조금 낮은 금속의 경우에는 같은 조건 하에서 균열을 일으킨다(그림 6.28). 수소균열에 대해서 제시된 또 다른 기구는 수소가 균열의 끝에 있는 결합영역으로 확산해 가서 그곳에 흡착됨으로써 인장하중을 받고 있는 금속의 표면에너지를 감소시킨다는 것이다.

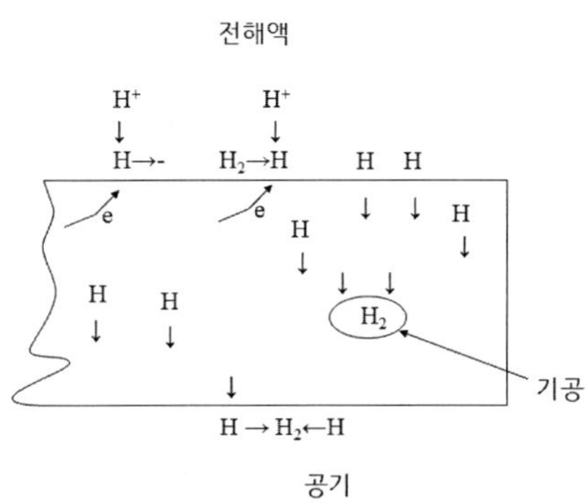

그림 6.27 수소균열 발생기구(금속격자내 수소분자 생성)

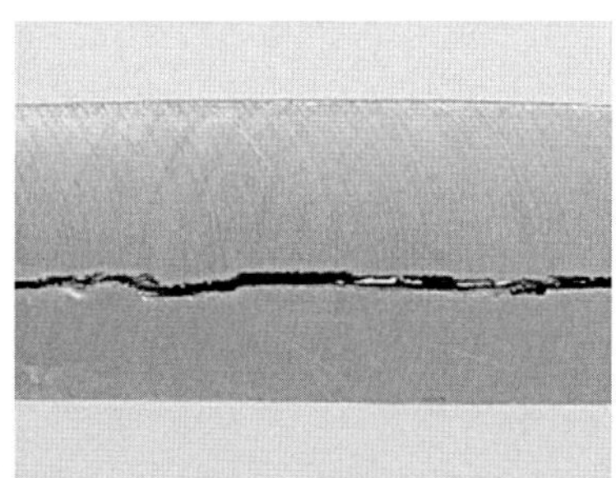

그림 6.28 탄소강판에서 발생한 수소균열의 예

수소균열에 있어서 재미있는 현상은 지연균열(delayed cracking)이다. 지연균열이란 응력이 가해진 후 곧장 균열이 발생하지 않고 특정의 시간적 지연이 필요하게 되는 현상을 말한다. 이 지연시간(delayed time)은 응력에 거의 관계가 없으며 강 중의 수소농도 증가, 경도 및 인장강도 증가 등에 따라서 감소한다. 강 중에 수소농도가 낮은 경우에는 응력이 가해진 후

며칠이 지난 후에 균열이 발생하게 된다. 아무리 시간이 지난 후에도 지연균열이 발생하지 않게 되는 임계최소응력이 존재한다. 이 임계최소응력은 강 중의 수소농도가 증가할수록 감소한다.

균열은 불연속적으로 성장한다. 그 이유는 처음에 소성변형이 발생한 다음 이 소성변형에 의해서 생성된 결함영역으로 수소원자들이 확산해가게 됨으로써 균열이 성장하기 때문이다.

강의 표면에 날카로운 노치가 존재하면 그 밑에서는 소성변형이 촉진되고 그리하여 임계최소응력(critical minimum stress)이 낮아지게 되며 지연시간(delayed time)은 단축된다. -110℃이하로 온도가 내려가거나 소성변형의 속도가 대단히 빠른 경우에는 수소의 확산이 매우 느리게 때문에 수소취성 또는 수소균열의 발생이 크게 억제된다.

[3] 수소균열의 방지법

수소균열을 방지 또는 감소시키기 위한 방법으로는 다음과 같은 것들이 있다.

① 재료선택을 잘한다.

내부에 기공(void)이 적은 재료를 선택한다. 기공은 수소원자가 쉽게 침입할 수 있는 자리가 되므로 균열의 원인이 된다. 예를 들면, 림드강(rimmed steel)은 많은 기공을 포함하고 있어서 수소균열의 발생이 수월하다. 반면 킬드강(killed stsel)은 내부에 기공이 없으며 따라서 수소균열의 발생이 크게 억제된다.

② 피복(coating)을 입힌다.

금속피복, 유기피복, 무기피복 및 라이닝(lining) 등의 방법으로도 수소균열을 방지할 수 있다. 이 때 피복 및 라이닝은 수소가 침투할 수 없어야 되고 부식용액에 대한 저항성도 커야 한다. 오스트나이트계 스테인리스강이나 Ni을 클래딩(cladding)한 강은 이러한 목적으로 사용된다.

③ 부식억제제를 첨가한다.

부식억제제는 부식속도를 감소시키고 수소이온의 환원을 억제하기 때문에 수소균열의 방지에 효과적이다. 이것은 주로 밀폐계에 사용된다.

④ 유해촉매성분을 제거한다.

황화합물, 비소화합물, 청화물 등의 유해촉매는 수소가 금속격자 속으로 침투할 수 있도록 도와주기 때문에 이러한 것들을 제거하면 수소균열이 방지될 수 있다.

문제 1) 수소취화균열과 응력부식균열은 어떻게 대별되는가?

인가전위/전류와 밀접한 관련이 있는데 양극 전위/전류를 인가함에 따라 균열이 가속화되면 응력부식균열이며, 음극 전위/전류를 인가함에 따라 균열이 가속화되면 수소취화균열이다.

문제 2) 수소취화균열이 상온에서 극대화되는 이유는?

저온에서는 수소의 확산속도가 느려서 재료내부에 수소가 침투하기 어렵고, 고온에서는 수소의 이동이 빨라져서 재료내부에 머무를 수 없기 때문이다.

6.6.3 부식피로 균열

[1] 개요

부식피로(corrosion fatigue)는 부식 환경에 있는 금속재료에 반복하중이 가해질 때 발생되는 취성 파괴를 의미한다. 즉, 부식피로란 부식용액의 존재로 인해서 피로저항이 감소되는 현상을 말한다.

그림 6.29는 부식피로에 의한 파괴의 형태를 도식적으로 나타낸 것이다. 넓은 영역이 부식생성물로 덮여 있으며, 좁은 영역이 마지막의 취성파괴로 인해 거칠게 되어 있다. 여기서 주의해야 할 것은 피로파괴점(fatigue-fracture point)에 부식생성물이 있다고 해서 반드시 부식피로는 아니라는 사실이다. 외관상의 녹(rust)은 보통의 피로파괴에서도 발생한다. 따라서 녹(rust) 또는 다른 부식생성물이 있다고 해서 피로수명이 반드시 영향을 받았다고 말할 수 없는 것이다. 이것은 부식피로시험에 의해서만 결정되어질 수 있다.

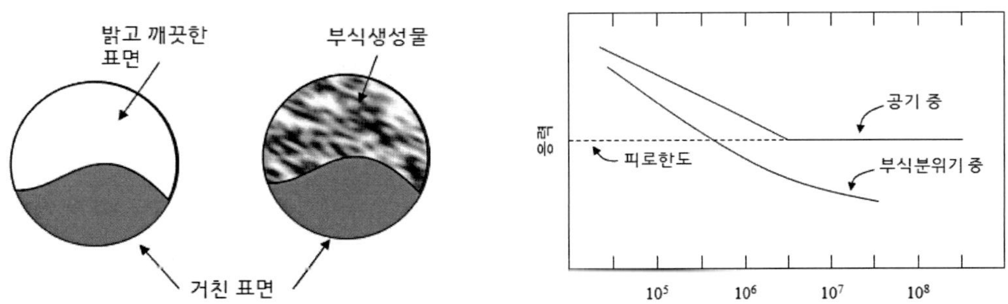

그림 6.29 피로파괴와 부식피로파괴의 비교

부식분위기에서는, 어떤 주어진 응력하에서 파괴가 더 적은 사이클에서 발생하게 되며 피로한도는 관찰되어지지 않는다. 다시 말하면, 사이클의 수가 충분히 많으면 어떤 외부 응력에서도 파괴가 발생하게 된다는 뜻이다. 이처럼 반복되는 교변응력과 부식분위기가 결합해서 나타나는 금속의 파괴현상을 부식피로(corrosion fatigue)라 하는 것이다. 결국 부식피로란 응력부식균열의 한 특수한 형태라 말할 수 있다.

부식피로균열(corrosion fatigue crack)은 입내균열(transgranular cracking)이 전형적인 형태이며, 균열이 가지(brench)를 뻗는 경우도 있다.

피로균열(fatigue crack)도 입내균열의 형태를 보이기는 하지만(예외 : 납, 주석) 한 개의 균열 외에 다른 가지는 관찰되어지지 않는다.

부식피로를 일으키는 용액은 대단히 많으며 응력부식균열의 경우와는 달리 특정한 것이 아니다. 응력부식균열의 경우에는 어떤 특정한 이온과 금속의 결합에 의해서만 파괴가 발생한다는 것을 앞서 언급했다. 예를 들면, 연강의 경우 NO_3^-, OH^-에 의해 응력부식균열이 발생한다. 이에 비해 강의 피로부식은 담수(fresh water), 해수(salt water), 연소생성물 및 일반적인 화학분위기 등 대부분의 모든 분위기에서 발생하며 균일부식속도가 빠른 분위기일수록 피로수명은 더욱 짧아진다.

대기 중에서 안전하게 작동되도록 피로한도(fatigue limit)이하의 응력으로 설계된 진동물체에서 예기치 않은 파괴가 발생하는 것은 부식피로 때문이다. 대기 중에서 행해지는 피로시험(fatigue tests)은 산소 또는 습기에 의한 영향을 받기 때문에 결과적으로 부식피로의 측정이 된다. 구리의 경우 대기 중에서 행한 실험에 비해서 부분진공(partial pressure)에서 행한 실험이 약 14% 정도 더 증가된 피로한도(또는 내구한도)를 보여주었다. 그리고 연강(軟鋼)의 경우에는 약 5%가, 70-30황동의 경우에는 약 26%가 더 증가되는 현상을 나타내었다.

담수 또는 염수는 구리의 부식피로보다 강의 부식피로에 더 큰 영향을 미친다. 스테인리스강, Ni 및 Ni합금 등의 부식피로도 강에 비해서 담수 및 염수의 영향을 적게 받는다. 이러한 금속 및 합금들은 강에 비해서 전위가 더 귀(noble)하다는 사실을 주시할 필요가 있다. 그리하여 일반적으로 다음과 같은 법칙을 설정할 수가 있다.

법칙 : 부식피로(corrosion fatigue)에 대한 어떤 금속의 저항력은 그 금속의 기계적 강도보다 내식성과 더욱 깊은 관계를 가지고 있다.

부식피로강도란 어떤 주어진 사이클(cycle)수에서 그 이하 값에서는 손상이 발생하지 않는 응력값을 말한다. 이 값은 환경에 따라 변하는 것은 물론이며 응력속도(rate of stressing), 온도, 통기 등에 따라서도 달라진다. 따라서 이 값들은 서로 다른 금속들을 정성적으로 비교하는데 사용되어질 수 있을 뿐이다. 자료들로부터 다음의 결론을 얻을 수 있다.

① 부식피로강도(corrosion fatigue strength)와 인장강도 사이에는 어떠한 관계가 없다.
② 합금강의 부식피로강도가 탄소강의 부식피로강도에 비해 그리 크지는 않다.
③ 열처리에 의해서 탄소강의 부식피로강도가 크게 향상되지 않는다.
④ 내식성합금, 즉 Cr을 포함하고 있는 강(stainless steel)은 다른 강에 비해서 부식피로강도가 훨씬 크다.
⑤ 모든 금속 및 합금의 부식피로강도가 담수에서보다 염수에서 더 낮은 값을 가진다.

[2] 부식피로의 발생기구

대기 중에서의 피로는 응력에 의해서 금속 결정내에 국부적인 슬립(slip)이 발생하게 되어 금속표면에 슬립스텝(slip step)이 생성됨으로써 야기된다. 금속 표면의 슬립스텝에 산소가 흡착되기 때문에 역방향의 응력 사이클에서 이 슬립스텝이 다시 용접(welding)되지 못하고 남게 된다. 계속해서 이러한 슬립스텝이 생겨나 슬립대(slip band)를 형성하게 된다. 이 슬립대는 금속 표면 위로 튀어나오게 되고(extrusion) 균열이 표면에 생성된다. 피로한도 이하의 값에서는 소성변형의 사이클이 반복됨에 따라 가공경화가 일어나서 더 이상의 슬립이 진행되지 못하게 되며 따라서 피로과정이 중지된다.

부식분위기에서는 피로한도(또는 내구한도)가 없어지게 되며 피로한도 이상의 응력에서는 피로수명이 감소하게 된다. 이러한 현상이 일어나는 원인은 금속 표면의 슬립스텝에 축적되어 있는 소성변형에 대한 장벽(전위와 슬립)이 제거되어지기 때문이다. 또한 부식과정으로 인해 표면에너지가 감소됨으로써 소성변형이 더 쉬워지게 되고 따라서 슬립스텝이 계속 생성될 수 있다.

결국, 부식분위기에서는 피로과정에 따르는 요철(凸凹 ; extrusion and intrusion)이 피로한도 이하의 응력에서도 성장하게 되고 피로한도 이상의 응력에서는 더욱 촉진된다는 결론을 내릴 수 있다.

순금속의 경우, 균일부식이 발생할 수 있기 때문에 부식피로도 또한 발생할 수 있다. 이러한 현상은 응력부식균열과는 반대되는 현상으로서 순금속이 응력부식균열에 대한 저항력이 매우 크다는 것을 알 수 있다.

[3] 부식피로의 방지법

① 금속 또는 합금의 인장강도를 증가시키면 피로에 대한 저항력을 커지지만 부식피로에는 오히려 나쁜 영향을 미치게 된다.

② 부식피로는 응력을 줄임으로써 감소시킬 수 있다.; 설계, 응력제거소둔, 쇼트피닝 등 표면개질

③ 부식억제제 첨가

④ 전기도금 등

이상의 3가지 응력부식의 특징을 요약하면 다음 표 6.4와 그림 6.30과 같다.

[표 6.4] 파괴유형별 분류

	SCC	HIC	CFC
부식환경	특정환경	임의	임의
균열 형상	벽개파괴와 유사	벽개파괴와 유사	물결무늬
균열 끝단	갈라지고 날카로운 끝	갈라지지 않은 날카로운 끝	갈라지지 않은 뭉툭한 끝

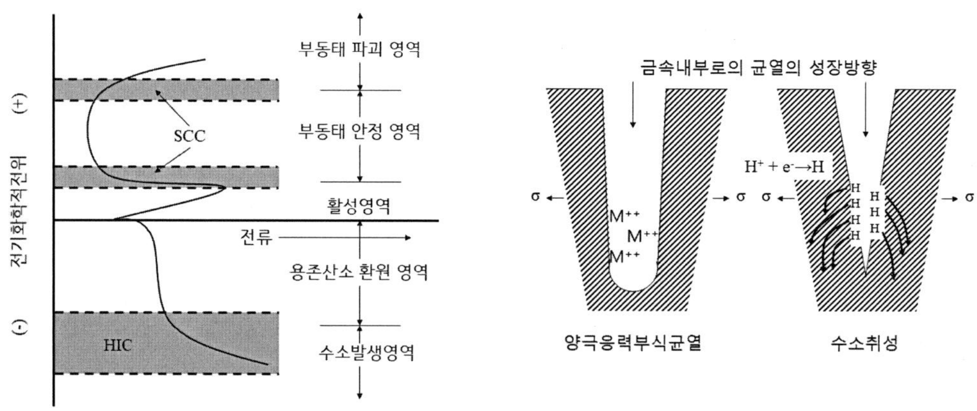

그림 6.30 양극 응력부식균열과 음극 수소취성의 차이

6.7 입계부식(Intergranular Corrosion)

6.7.1 오스트나이트 스테인리스강의 입계 예민화

금속은 대부분의 환경에서 입계(grain boundary)의 영향을 크게 받지 않는다. 즉, 결정립계가 결정립에 비해서 반응성이 별로 크지 않기 때문에 부식이 균일하게 발생한다. 그러나 어떤 조건에서는 결정립계가 대단히 큰 반응성을 가지게 되어 입계가 선택적으로 부식된다. 이처럼 결정립계에서 또는 결정립계 부근에서 발생하는 국부적 부식을 입계부식이라 한다. 입계부식은 입계에서의 불순물 또는 입계영역에서의 한 합금성분의 과다 또는 고갈 등에 의해서 야기된다.

아래 그림 6.31은 오스테나이트계 스테인리스강의 용접에 따른 입계예민화와 입계부식을 보여주고 있다. 일반적인 입계부식 메커니즘에 따르면, Cr 고갈영역 형성과 그에 따른 입계부식은 결정립계를 따라 Cr 탄화물이 형성되어 발생된다.

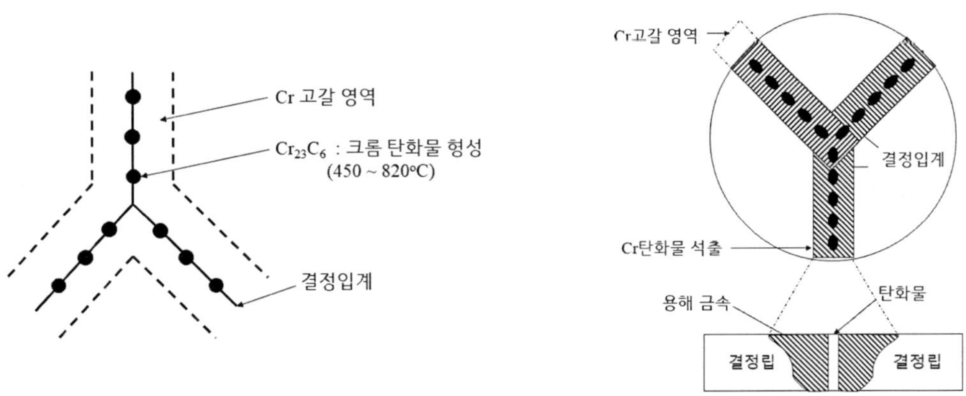

그림 6.31 기존의 오스테나이트계 스테인리스강의 입계부식

그림 6.32(a)는 316L 스테인리스강의 입계부식속도가 650 °C에서의 시효시간(t)이 증가함에 따라 짧은 시효 시간인 1시간과 5시간조차도 입계부식속도가 급격하게 증가하고 있음을 보여준다. 그러나 316L 스테인리스강의 TTT 곡선에 따르면, 만약 결정립계에 Cr 탄화물이 석출되지 않아 Cr 고갈영역이 형성되지 않는다면 스테인리스강은 예민화 현상이 발생하지 않는다고 잘 알려져 있다. 게다가, 스테인리스강의 입계부식속도는 예민화도와 밀접한 관련이 있다. 예민화도는 DL-EPR (Double Loop Electropotentiokinetic Reactivation) 시험법을 이

용하여 정량적으로 설명할 수 있다. 그림 6.32(b)는 DL-EPR 시험으로 측정한 예민화도를 보여준다. 그림 6.32(a)에서 나타낸 입계부식속도와 비슷하게, 48시간 시효재는 높은 예민화도를 나타내고 있다.

그림 6.32(c)는 316L스테인리스강을 650°C에서 1시간, 5시간, 48시간 시효열처리한 뒤 표면에 대하여 EPMA분석을 행한 결과이다. 주목할 점은 탄소가 짧은 시효시간(1시간 및 5시간)에도 불구하고 입계에 편석되어 있다는 점이다. 물론 48시간 시효재의 경우는 TTT 도표에서 알 수 있듯이 크롬탄화물이 석출되는 구간이므로 기존의 입계부식 메커니즘으로 설명이 된다. 이상의 결과를 종합하여 스테인리스강의 입계 예민화와 부식에 대한 새로운 메커니즘을 그림 6.32(d)에 정리하였다. 즉, 탄화물이 생성되지 않는 시효조건에서의 입계부식속도 증가는 확산속도가 빠른 탄소의 편석에 기인되며, 크롬탄화물이 생성되면 더욱 가속된다는 것이다.

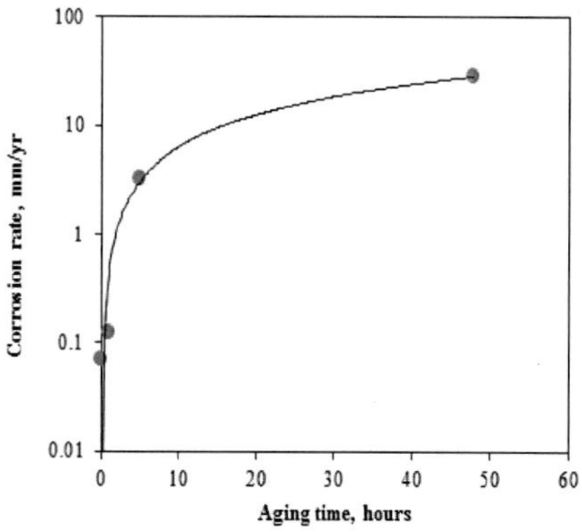

그림 6.32(a) 316L 스테인리스강의 입계부식 속도에 미치는 시효 시간의 영향(시효 온도; 650 °C, ASTM A 262 practice C)

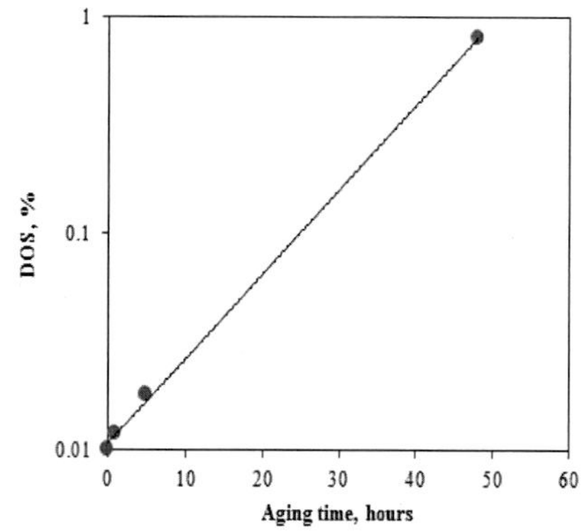

그림 6.32(b) 316L 스테인리스강의 예민화도에 미치는 시효 시간의 영향(DL-EPR test, 1M H2SO4+0.005M KSCN @t 30°C)

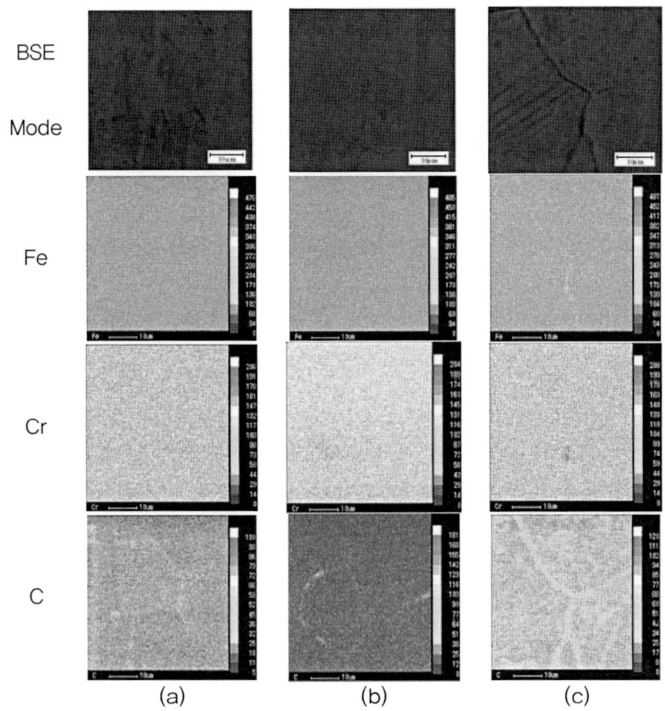

그림 6.32(c) 316L 스테인리스강의 입계편석에 미치는 시효 시간의 영향(시효 온도; 650 °C, EPMA): (a) 1h-aged, (b) 5h-aged, and (c) 48h-aged

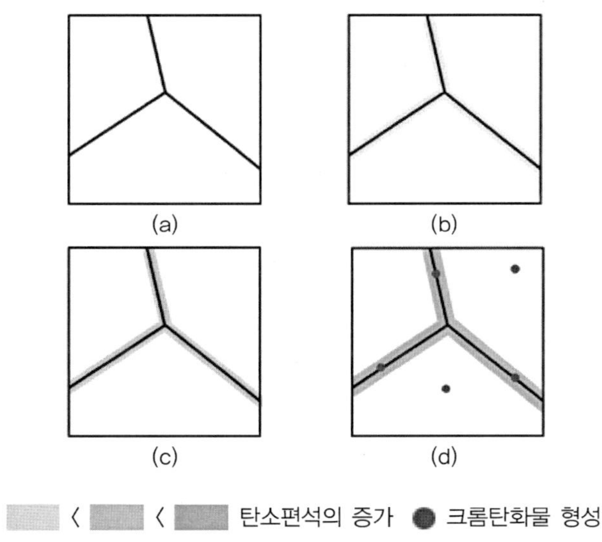

그림 6.32(d) 예민화온도 구역에서의 316L 스테인리스강의 입계편석에 미치는 시효 시간의 영향을 보여주는 모델: (a) 0 h-aged, (b) 1 h-aged, (c) 5 h-aged, and (d) 48 h-aged

6.7.2 칼날선부식(knife-line attack) : KLA

어떤 조건하에서는 안정화된 오스트나이트계 스테인리스강조차도 크롬탄화물을 석출하면서 입계부식을 일으킨다. HNO_3 용액에서의 347스테인리스강(Nb+Ta = 10×C)의 드럼(drum)에서 발생한 칼날선 부식을 보면, 아주 심한 입계부식이 용접부의 양쪽에 좁은 띠를 이루면서 마치 칼날처럼 갈라지면서 발생하는 양상을 보인다. 이 부분을 제외한 다른 부분에서는 부식이 전혀 발생하지 않는다.

칼날선부식(knife-line attack)은 입계부식의 결과 생기며 용접과 관련된다는 점에서 용접부식과 유사하다. 칼날선부식과 용접부식 사이의 차이점은

① 칼날선부식(KLA)은 용접부와 아주 인접한 소지금속내에서 매우 좁다란 띠를 이루면서 발생하고 용접부식은 용접부에서 좀 더 멀리 떨어져서 발생한다.

② 칼날선부식은 안정화된 스테인리스강에서 발생한다.

표 6.5에서 알 수 있는 347스테인리스강의 칼날선부식에 대한 기구는 니오비움(Nb)의 용해도에 그 근거를 두고 있다. 니오비움 또는 니오비움 탄화물은 아주 고온(高溫)으로 가열되면 금속 중에 용해되며 이 온도에서 급냉될 경우 고용된 상태로 남게 된다. 만일 이 금속이 크롬 탄화물의 석출(析出)영역으로 가열되면 Nb는 형성되지 않는다. 결국 이 스테인리스강은 Nb이 첨가되지 아니한 18-8스테인리스강처럼 작용하게 된다.

[표 6.5] 347스테인리스강의 각 온도에서 일어나는 반응

융점℃	반응
1230 이상	Nb 탄화물 분해 크롬 탄화물 분해
950 ~ 1230	Cb 탄화물 석출 크롬 탄화물 분해
510 ~ 950	크롬 탄화물 석출
20 ~ 510	반응없음

용접시의 온도는 합금을 녹이기에 충분할 만큼 높다(약 1,650℃). 용접부 가까이의 금속도 역시 용융금속과 접촉되므로 고온에 있게 된다. 따라서 불용성 금속은 1,430~1,480℃정도인 융점 바로 아래에 있게 된다. 18-8 스테인리스강은 열전도성이 비교적 낮기 때문에 그리고 이 얇은 판에서의 용접작업은 매우 빠르기 때문에 날카로운 열구배가 존재한다. 얇은 판은 용접 후 즉시 급냉된다.

이러한 현상은 표 6.5에 나타낸 도표로서 더욱 잘 설명이 될 수 있다. 스테인리스강은 공급당시에는 1,060℃ 근처에서 수냉에 의해 열처리되었기 때문에 Nb 탄화물을 함유하며 따라서 크롬탄화물은 함유하지 않는다. 이제 용접부에 인접한 금속의 좁은 띠를 생각해 보자. 이곳이 1,430℃ 정도로 가열되었다가 급냉이 되었다. 도표에 따르면 이 띠의 금속은 어떤 탄화물의 석출도 없는 용액으로 존재한다. 이 금속이 400~800℃의 예민화온도로 가열되면 크롬 탄화물만이 석출되는데 이것은 니오비움 탄화물을 형성할 만큼 온도가 충분히 높지 않기 때문이다. 간단한 실험에 의해서 칼날선부식에 대한 기구를 증명해 볼 수 있다. 347 스테인리스강이 시험편을 취하여 1,260℃ 정도로 가열한 후 수냉한다. 다음에 이것을 650℃ 정도로 30분간 가열하고 냉각시킨다. 시험편 전체는 Nb가 존재하지 않는 스테인리스강처럼 작용한다는 것을 알 수 있다. 칼날선부식을 방지하기 위한 명백한 방법은 용접 후 구조 전체를 약 1,050℃ 주위로 가열하는 것이다. 표 6.5에서도 알 수 있듯이, 이 온도에서 크롬 탄화물이 용해하고 니오비움 탄화물이 형성된다. 이것은 칼날선 또는 용접부식을 방지하기 위해서 기대되는 조건이다.

한편 그림 6.33에 나타낸 바와 같이, 페라이트계 안정화 스테인리스강에서 발생되는 크롬고갈에 따른 입계부식도 있음을 유의하여야 한다.

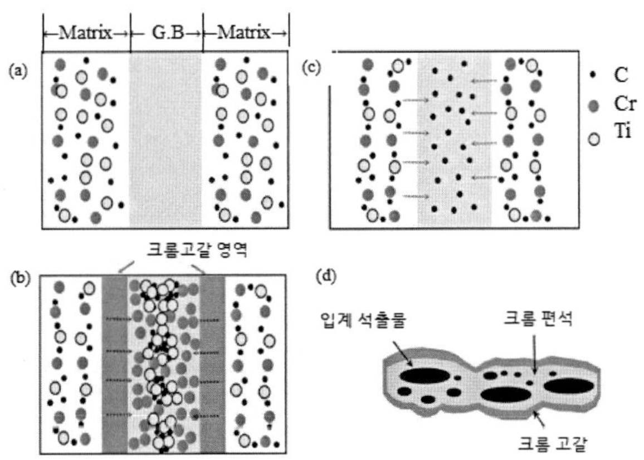

그림 6.33 페라이트계 안정화 스테인리스강에서 발생되는 크롬고갈에 따른 입계부식; (a) 예민화 전, (b) 예민화 초기, (c) 예민화 후기, (d) 석출물과 크롬고갈지역의 형성

6.7.3 스테인리스강의 입계부식에 대한 방지법

① 용체화처리를 행한다; 1,100℃이상으로 가열 ($Cr_{23}C_6 \rightarrow Cr + C$: 분해한 후 수냉)

② 합금 중 탄소량을 0.03% 이하로 감소시킨다; 304L, 316L

③ 강력한 탄화물 형성원소를 합금화시킨다(안정화 강); Nb+Ta(347), Ti(321)

6.7.4 스테인리스강에서 생기기 쉬운 결함

<table>
<tr><th colspan="2">현 상</th><th>페라이트계 스테인리스강</th><th>마르텐사이트계 스테인리스강</th><th>오스테나이트계 스테인리스강</th></tr>
<tr><td rowspan="2">σ상 취성</td><td>원인</td><td>600~800℃로 가열하였을 때 입계에 Fe-Cr화합물 석출</td><td>500~970℃로 가열하였을 때 입계에 Fe-Cr 화합물 석출</td><td rowspan="2">거의 없음</td></tr>
<tr><td>대책</td><td>800~850℃로 소둔</td><td>950~1050℃로 가열후 급냉(고용화 열처리)로 회복</td></tr>
<tr><td rowspan="2">475℃ 취성</td><td>원인</td><td>400~540℃로 적당시간 가열하였을 때 강도와 경도 증가, 연신·충격치·내식성 감소</td><td rowspan="2">거의 없음</td><td rowspan="2">거의 없음</td></tr>
<tr><td>대책</td><td>700~900℃로 가열 후 급냉으로 회복/예열은 150℃ 이하로 유지</td></tr>
<tr><td rowspan="2">입계부식 (IGC)</td><td>원인</td><td>925℃ 이상으로 가열했을 때 입계에 Cr탄화물($Cr_{23}C_6$)이 석출하여 내식성 감소</td><td colspan="2">450~850℃로 가열 유지 후 냉각했을 때 Cr탄화물($Cr_{23}C_6$)이 입계에 석출, 내식성 크게 감소</td></tr>
<tr><td>대책</td><td>700~915℃로 가열 후 서냉하면 재고용되어 회복</td><td colspan="2">- 850~930℃로 가열 후 급냉(Solution Treatment)하면 Cr재고용
- 안정화원소(Ti, Nb 등)첨가하여 $Cr_{23}C_6$ 생성 억제
- Low Carbon사용</td></tr>
<tr><td rowspan="2">SCC</td><td>원인</td><td rowspan="2">거의없음</td><td colspan="2">인장 잔류응력이 있으면 염소이온(Cl^-)에 의해 균열</td></tr>
<tr><td>대책</td><td colspan="2">응력제거 소둔(1,010~1,120℃ 서냉)</td></tr>
<tr><td rowspan="2">공 식 (Pitting)</td><td>원인</td><td colspan="3">산화피막의 파괴, 염소이온의 편재</td></tr>
<tr><td>대책</td><td colspan="3">재질향상(Cr, Ni, Mo, N증가)</td></tr>
</table>

6.8 선택부식(selective leaching)

선택부식(selective leaching)이란 합금 중의 한 성분이 부식으로 인해 선택적으로 제거되어지는 현상을 말한다. 가장 흔히 볼 수 있는 것으로는 황동에 있어서의 Zn 제거이다(dezinfication). 때로는 parting이란 용어를 사용하기도 하지만 선택부식이라 함이 더 일반적이다.

6.8.1 탈아연 부식(dezincfication)

[1] 개요

보통의 황동은 약 70%의 Cu와 30%의 Zn으로 구성되어 있으며 황색을 띠고 있다. 탈아연 부식은 눈으로 쉽게 확인할 수 있는데 황동의 색과는 반대로 붉은 색을 띠고 있다. 탈아연 부식에는 두 가지 형태로 구분할 수 있다.

첫째는 층형(layer-type)으로 된 균일 탈아연 부식이고 둘째는 플러그형(plug-type)으로 된 국부 탈아연 부식이다. 몇 년 동안 수도관으로 사용된 후에 발생하는 경우가 많으며 대부분 약 50% 정도가 탈아연된다.

층형으로 된 균일 탈아연 부식은 Zn함량이 많은 황동에서 특히 산성 분위기에서 많이 발생하고, 플러그형의 국부아연부식은 Zn함량이 낮은 황동에서 중성 또는 알칼리성 분위기에서 주로 발생한다.

탈아연 부식에 있어서 금속의 조직과 조성이 매우 중요하다. Zn함량이 35%이상인 경우 Zn-풍부 β상이 형성되어 국부 탈아연 부식의 발생 가능성이 높아진다. 때로는 β상이 먼저 부식된 다음 탈아연 현상이 α기지로 퍼져간다. 국부 탈아연 현상은 이로 인해 국부적으로 강도가 약해지며 그 부분에서 갑작스런 피해를 입는 수가 있다.

[2] 탈아연 부식의 발생기구

탈아연 부식의 발생에 대해서는 두 가지 이론이 제시되었다. 그 하나는 Zn이 황동의 격자구조에 빈자리(vacant site)를 남기면서 용해되어 나온다는 것이지만 이 이론은 증명되지 않았다. 여기에 반대하는 다른 이론은 용액과 이온이 격자구조상의 작은 빈자리를 통해서 확산해 가기가 매우 힘들기 때문에 상당한 깊이의 탈아연부식이 발생한다는 것은 불가능하거나 대단히 느리다는 것이다.

탈아연 부식의 발생기구는 3단계로 구분하여 생각할 수 있다.

① 황동이 분해한다.

② Zn^{2+}이온이 용액 속에 남는다.

③ Cu^{2+}이온은 용액 속에 머무르지 않고 황동에 침전된다.

Zn은 반응성이 대단히 강하므로 Cu는 Zn에 비하여 더욱 귀전위(noble potential)를 가지므로 Zn이 순수한 물에서도 H_2O의 음극이온반응에 의해서 느리게 부식될 수 있다. 따라서 탈아연부식은 산소가 존재하지 않아도 일어날 수 있다.

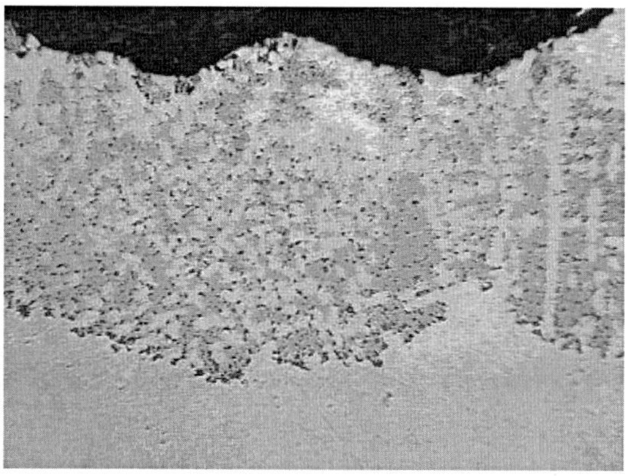

그림 6.34 정체된 소방수내에서 Silicon-brass 합금(C87500) pump impeller의 탈아연 현상

[3] 탈아연부식의 방지

환경의 부식촉진성분을 감소시키거나(예: 산소제거) 음극방식 등에 의해서 방지할 수 있다. 그러나 대부분의 경우에는 탈아연부식에 덜 민감한 합금을 사용하는 것이 좋다. 예를 들면 Zn을 15%함유한 레드브라스(red brass)를 사용한다. 또한, 70-30황동에 1%의 Sn을 첨가하는 것이다(admiralty metal). 여기에 소량의 As, Sb, P 등을 부식억제제로서 첨가하면 더욱 좋다. 그 예로서 arsenic admiralty metal은 70%Cu-29%Zn-1%Sn -0.04%As로 이루어져 있다.

6.8.2 흑연화(graphitization)

회주철은 가끔 비교적 온화한 분위기에서 선택부식을 일으키는 경우가 있다. 이때 주철의 표면층은 흑연처럼 보이며 칼로서 쉽게 잘라낼 수 있다. 이러한 외관과 거동에 근거하여 이 부식을 흑연부식(graphitic corrosion)이라고 일컬어진다.

주철의 부식에서는 흑연조직을 남기고 철과 강이 선택적으로 부식되는데 흑연은 강에 비해 귀전위를 가지고 있으며, 갈바닉전지 작용으로 강이 용해되면서 흑연, 기공, 녹 등으로 된 다공성의 물질을 남기게 된다. 따라서 주철은 그 강도 및 금속성질을 잃게 된다.

6.9 침식부식

6.9.1 침식부식(Erosion–Corrosion)

[1] 일반적 특징

침식부식(侵蝕腐蝕)이란 부식용액과 금속표면 사이의 상대적인 운동으로 인하여 금속의 부식속도가 더욱 촉진 또는 증가되는 현상을 말한다. 일반적으로, 용액과 금속표면 사이의 상대적인 운동은 대단히 빠르며 그리하여 기계적인 마멸효과도 포함이 된다. 따라서 침식부식을 마모부식(마식)이라 일컫기도 한다. 금속성분은 용해된 이온의 형태로서 금속표면으로부터 제거되어지거나, 고체 부식생성물로서 금속표면에서부터 기계적으로 쓸려 나간다. 용액의 움직임이 부식을 감소시키는 경우도 있다. 특히 정체상태에서 발생하는 국부부식의 경우 용액의 움직임은 부식을 크게 감소시킨다.

그림 6.35는 와류에 의한 침식부식 핏트(pit)의 생성 기구를 도식적으로 나타낸 것이다. 침식부식은 그 형태에 있어서 홈(groove), 도랑(gully), 파도(wave), 둥근 구멍 또는 골짜기의 모양을 하며 방향성을 가진다.

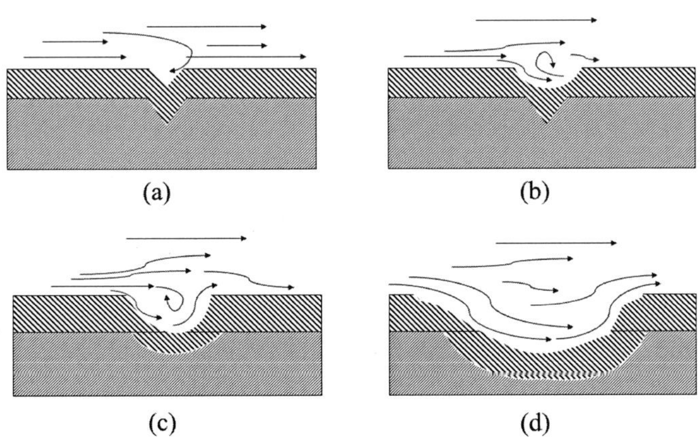

그림 6.35 와류에 의한 침식부식 핏트(pit)의 생성 기구

그림 6.36은 파도 모양을 한 침식부식의 형태를 나타낸 것으로 몇 년 동안 사용되어져야 함에도 불구하고 단지 몇 개월 만에 펌프 임펠러(pump impeller)에서 파괴가 일어난 사례이며, 그림 6.37은 황화물을 함유한 증기 스팀의 고 유속 하에서의 물방울 충돌에 의한 500mm 탄소강 파이프의 고온 침식부식을 보여주고 있다. 그림 6.38은 농축 황산에서의 탄소강의 grooving을 보인다.

많은 경우 침식부식에 의한 손상은 비교적 짧은 시간에 발생하며 그 손상의 크기는 예상외로 크다. 부식시험에 의한 손상의 평가는 보통 정지상태에서 행한 것이며 침식부식에 의한 영향은 고려되지 않았기 때문이다.

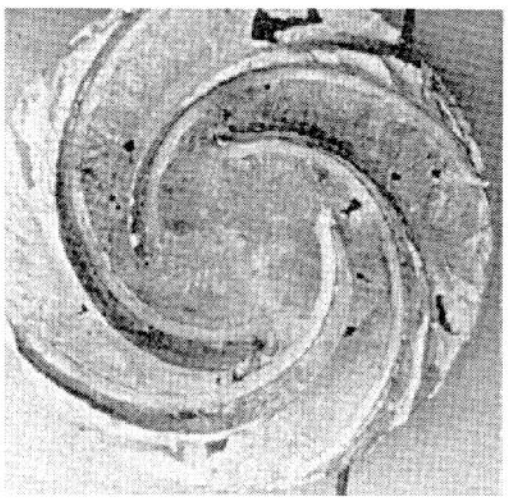

그림 6.36 펌프 임펠러(pump impeller)에서의 파괴

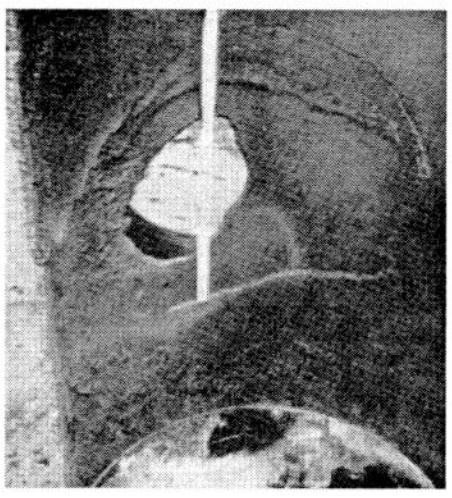

그림 6.37 탄소강 파이프의 고온 침식부식

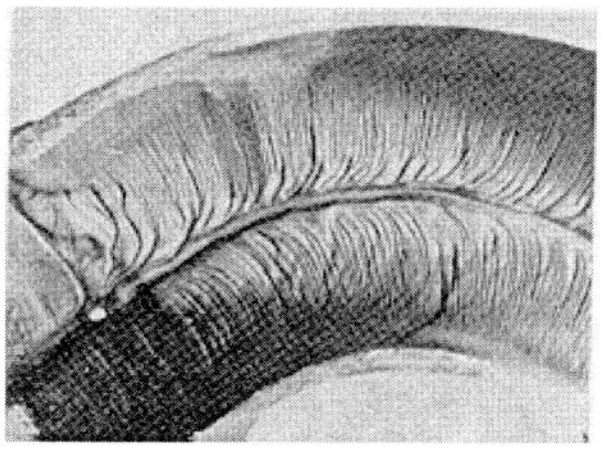

그림 6.38 농축 황산에서의 탄소강의 침식부식

대부분의 금속은 침식부식에 민감하다. 금속이 내식성을 갖는 것은 그 표면에 보호피막(예 :부동태피막)을 형성하기 때문인데 이러한 보호피막이 손상을 받거나 마멸될 경우 부식은 매우 빠른 속도로 발생하고 또 진행될 수 있기 때문이다.

Cu, Pb 같은 연성의 금속들은 기계적 손상을 더욱 쉽게 받게 되므로 침식부식이 발생하기 쉽다.

유체에 노출된 모든 장비는 침식부식을 받는다. 파이프(특히 굴곡부), 밸브, 펌프, 프로펠러, 임펠러, 교반기, 열교환기관 등에서 침식은 자주 발생한다.

[2] 침식부식에 영향을 미치는 인자

① 표면피막의 영향

② 유속의 영향

③ 교류(turbulence)의 영향

④ 충돌(impingement)의 영향

⑤ 갈바닉 영향

⑥ 금속의 영향

[3] 침식부식의 방지

① 적절한 재료선정

② 설계

③ 환경의 변화

④ 피복(coating)

⑤ 음극방식

6.9.2 캐비테이션(cavitation)부식

[1] 캐비테이션부식의 발생기구

캐비테이션부식(cavitation corrosion)은 침식부식의 특수한 형태로서 금속 표면 가까이의 액체에서 증기포(vapor bubble)가 생성 또는 소멸되는 것과 관련되며 캐비테이션손상(cavitation damage)이라 일컫기도 한다.

그림 6.39 터빈날개 표면에서의 캐비테이션 부식

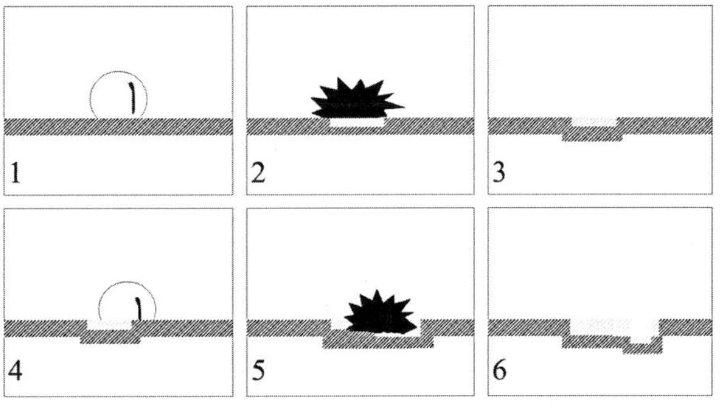

그림 6.40 캐비테이션 부식 발생 기구

캐비테이션부식은 수력 터빈(hydraulic turbine runner, 그림 6.39 참조), 선박의 프로펠러, 펌프임펠러 등과 같은 유속이 크고 또한 압력변화가 큰 곳에서 발생한다.

캐비테이션부식의 발생기구를 살펴보면 만일, 액체의 압력이 충분히 감소된다고 하면 실온에서도 비등하게 된다. 실린더가 물로서 채워져 있고 여기에 피스톤이 물과 접촉된 상태로 단단하게 끼워져 있다고 생각하자. 만일 피스톤을 위로 밀어 올려 물과 떨어지게 하면 압력이 크게 감소되고 따라서 물이 증발하면서 기포가 발생하게 된다. 여기서 다시 피스톤을 아래로 눌러 물과 접촉되게 하면 압력은 크게 증가하고 기포는 소멸된다. 수도펌프에서처럼 이러한 과정을 빠른 속도로 반복하게 되면 증기포가 급속히 생성되고 또 소멸된다. 빠른 속도로 소멸되는 증기포는 약 60,000psi나 되는 높은 충격파를 생성한다고 한다. 이렇게 큰 힘은 많은 금속을 소성변형시킬 수 있다.

캐비테이션 손상의 외관은 공식(pitting)과 어느 정도 비슷하다. 그러나 그 발생기구는 전혀 비슷하지 않다. 캐비테이션 손상은 전기화학적인 부식과 기계적인 소성변형이 결합해서 발생한다. 즉 소멸되는 증기포가 금속 표면의 보호피막을 파괴하게 되고 그리하여 부식이 촉진된다. 이러한 기구가 그림 6.40에 도식적으로 나타나 있다.

그 단계는 다음과 같다.

① 보호피막 위에 캐비테이션 기포(bubble)가 생성된다.
② 기포가 소멸되면서 피막을 파괴한다.
③ 새로 노출되어진 금속 표면이 부식되고 따라서 피막이 다시 생성된다.
④ 똑같은 지점에 새로운 캐비테이션 기포가 생성된다.
⑤ 기포가 파멸되면서 피막을 다시 파괴한다.
⑥ 노출면적이 부식되고 피막이 또 다시 생성된다.

이러한 과정이 계속 반복되어 표면에 깊은 구멍이 생기면서 손상을 받는다. 그림 6.37에서 알 수 있듯이, 금속표면에 존재하는 보호피막은 캐비테이션손상의 발생을 방지하는 역할에 대한 논란이 있다. 증기포의 소멸에서 생기는 압력이 대단히 크기 때문에 금속표면에서 다소 멀리 떨어진 거리에서도 금속입자에 상당한 힘을 가할 수 있기 때문이다. 어떤 한 지점의 표면이 거칠게 되면 이 점은 캐비테이션 기포의 생성을 위한 우선영역이 된다는 것을 알 수 있다.

또한, 캐비테이션 손상은 기계적인 작용과 화학적인 작용이 결합해서 나타나는 것임을 알 수 있다.

[2] 캐비테이션부식의 방지

일반적으로, 캐비테이션부식의 방지를 위해서는 침식부식의 방지를 위해서 사용한 방법들을 이용하면 된다.

① 수압의 차이가 최소가 되도록 설계한다.
② 내식성이 강한 재료를 선택한다.
③ 표면조건을 균일하게 함으로써 캐비테이션 기포의 우선적인 발생장소를 없앤다.
④ 고무나 플라스틱 등으로 금속부분을 피복한다.
⑤ 음극방식을 실시한다. 캐비테이션 기포의 소멸에서 생기는 충격파를 수소기포의 발생으로 완화시킬 수 있다.

[3] 캐비테이션 부식의 전기화학적 특징

그림 6.41은 각각 캐비테이션 부식 시험 전, 2시간 캐비테이션 부식시험 후, 캐비테이션 부식 시험 중에서 측정한 CP-Ti와 CP-TiU 시편의 양극분극 특성이다.

UNSM (Ultrasonic Nano-crystal Surface Modification, 초음파 나노결정 표면개질처리)처리 여부에 관계없이 두 시편 모두 부동태 전류밀도는 No cavitaion < After cavitation < During cavitation 순으로 커지는 것으로 나타났다.

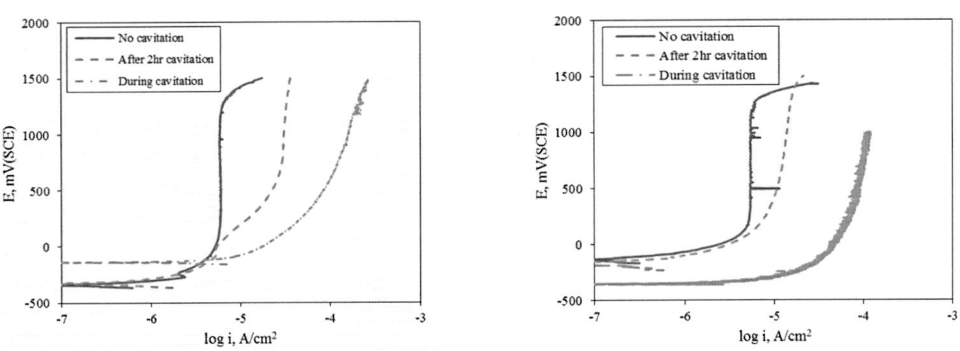

그림 6.41 양극분극거동에 미치는 캐비테이션 조건의 영향(25℃, deaerated 3.5% NaCl); (a) CP–Ti, (b) CP–TiU

그림 6.42는 그림 6.41에서 측정된 양극분극 곡선에서 기준전극 대비 1V 전위에서의 부동태 전류밀도를 측정하여 나타내었다. 캐비테이션 부식 시험 후의 부동태 전류밀도가 캐비테

이셔 부식 시험 전의 부동태 전류밀도에 비해 약 21.8 ~ 27.5배 증가하는 것으로 나타났다. 전류밀도는 면적의 증가에 따라 커지기도 하지만 20배 이상 전류밀도가 증가한 것으로 보아 캐비테이션 부식에는 면적의 증가에 의한 전류밀도의 증가 효과 외에도 전기화학적 인자에 의한 효과도 나타나는 것으로 보여 진다.

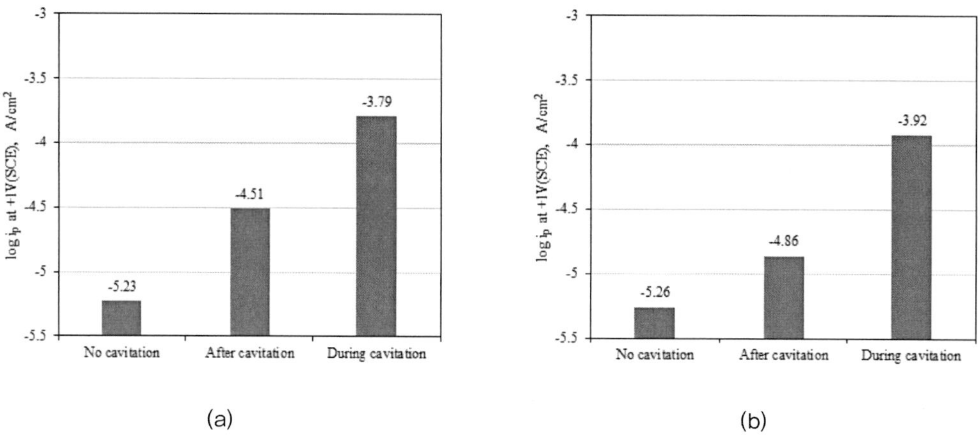

그림 6.42 분극시험으로부터 구한 부동태 전류밀도에 미치는 캐비테이션 조건의 영향(25℃, deaerated 3.5% NaCl); (a) CP-Ti, (b) CP-TiU

또한, 다른 전기화학적 인자의 변화를 관찰하기 위해 캐비테이션에 따른 전위 변화를 그림 6.43에 나타내었다. 30분간 캐비테이션 부식시험을 진행 후 약 0V까지 전위가 회복되면 다시 30분간 캐비테이션 부식을 진행시키는 시험을 반복하였다. 캐비테이션 부식이 진행됨에 따라 초기에 비해 부식 시간이 길어질수록 전위가 점점 감소하는 것을 확인하였으며 어느 정도 캐비테이션 부식이 진행된 후에는 비슷한 전위를 보였다. 캐비테이션 부식이 일어남에 따라 전위는 약 0.3V가 감소하였으며 캐비테이션 부식을 중지시키면 전위가 급격히 상승하는 것을 알 수 있다.

그림 6.44에는 2시간 연속으로 캐비테이션 부식 시험을 진행하였을 때의 전위를 보여주고 있다. 30분씩 캐비테이션 부식 시험을 진행하였을 때와 마찬가지로 캐비테이션 부식이 진행됨에 따라 전위가 감소하고 일정 시간 후에는 전위가 약 -0.3V 감소하며 캐비테이션 부식을 중지시키면 전위가 급격히 상승하는 것을 알 수 있다.

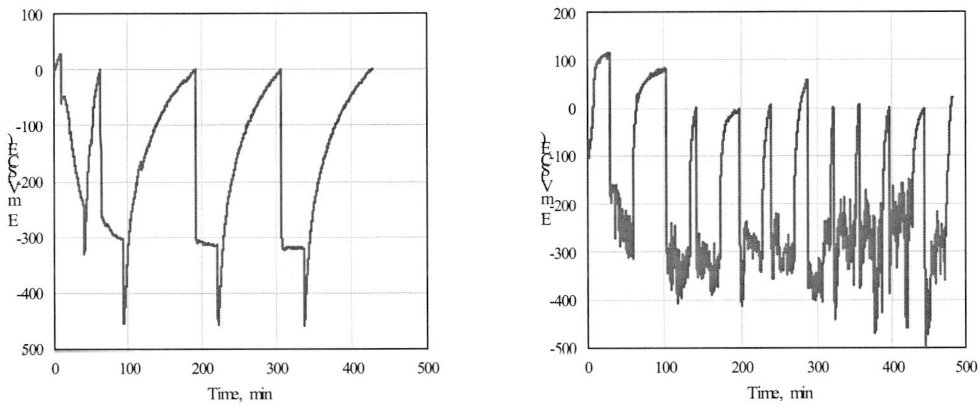

(a) (b)

그림 6.43 30분간격으로 캐비테이션 발생에 따른 부식전위의 변화 (25℃, deaerated 3.5% NaCl); (a) CP–Ti, (b) CP–TiU

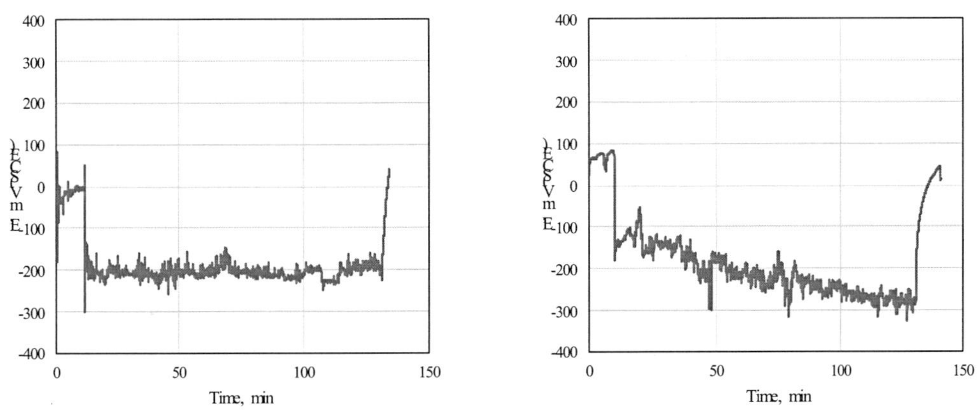

(a) (b)

그림 6.44 2시간 동안 연속으로 캐비테이션을 발생시킬 때 부식전위의 변화(25℃, deaerated 3.5% NaCl); (a) CP–Ti, (b) CP–TiU

캐비테이션에 따른 피막의 저항성을 알아보기 위해 AC-Impedance를 측정하여 그림 6.45에 Nyquist plot으로 나타내었다. UNSM 처리 유무에 관계없이 두 시편 모두 피막의 저항성은 No cavitaion > After cavitation > During cavitation 순으로 크게 감소하였다. 그림 6.45에서 나타낸 임피던스 값을 바탕으로 Randle 해석 모델을 이용해 Rp값을 구하여 그림 6.46에 나타내었다. Rp값은 No cavitaion > After cavitation > During cavitation 순으로 감소하는 것을 확인하였다.

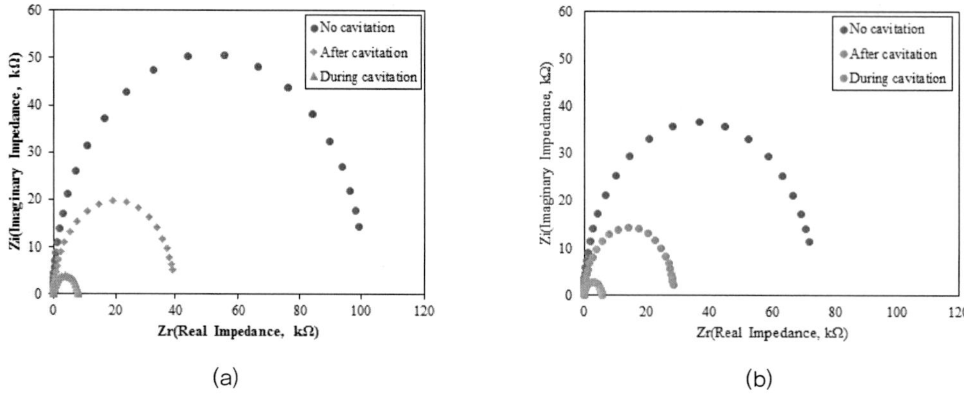

그림 6.45 AC 임피던스 측정결과에 미치는 캐비테이션 조건의 영향 (25℃, deaerated 3.5% NaCl); (a) CP-Ti, (b) CP-TiU

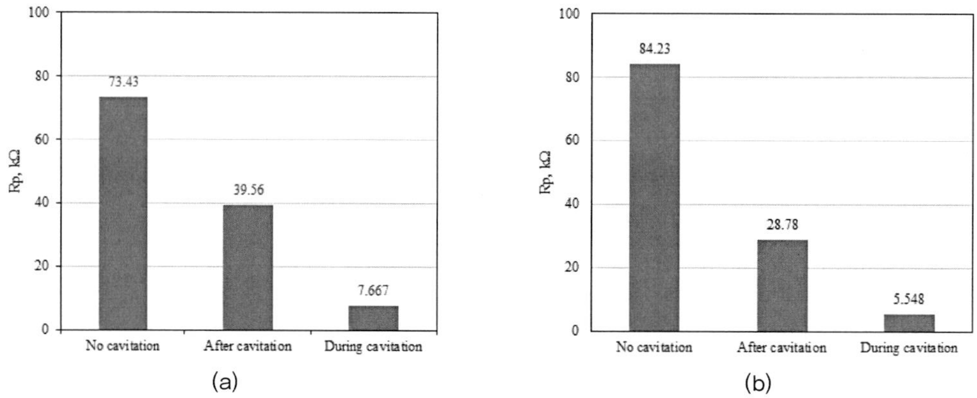

그림 6.46 AC 임피던스 측정으로부터 구한 분극저항에 미치는 캐비테이션 조건의 영향 (25℃, deaerated 3.5% NaCl); (a) CP-Ti, (b) CP-TiU

CP-Ti 시편의 캐비테이션에 따른 표면 변화를 SEM으로 관찰한 사진을 그림 6.47에 나타내었다. 캐비테이션 후 표면이 파괴되어 예각화 되었으며 표면적이 증가한 것을 확인할 수 있었다.

위 결과들을 바탕으로 전기화학적 캐비테이션 부식 메커니즘을 다음과 같이 나타내 보았다. 그림 6.48(a)에는 면적 증가 효과의 관점에서 캐비테이션 부식 저항성 감소의 원인을 나타내었다. 캐비테이션 부식이 일어남에 따라 표면적이 증가하여 전류밀도가 증가하는 효과가 일부 있을 수 있으나 약 21.8 ~ 27.5배의 부동태 전류밀도의 증가를 설명하긴 어렵다. 따라서 AC-impedance 측정을 통해 확인한 바와 같이 캐비테이션 부식이 일어남에 따라 부동태 피막의 저항이 감소하고 이로 인해 캐비테이션 부식 저항성이 감소함을 그림 6.48(b)에 나타내었다. 캐비테이션 중에는 그림 6.38(c)에 나타낸 바와 같이 부동태 피막의 반복적인 파괴에 따른 재부동태화 속도의 감소로 인한 캐비테이션 부식 저항성이 감소하는 것으로 판단된다.

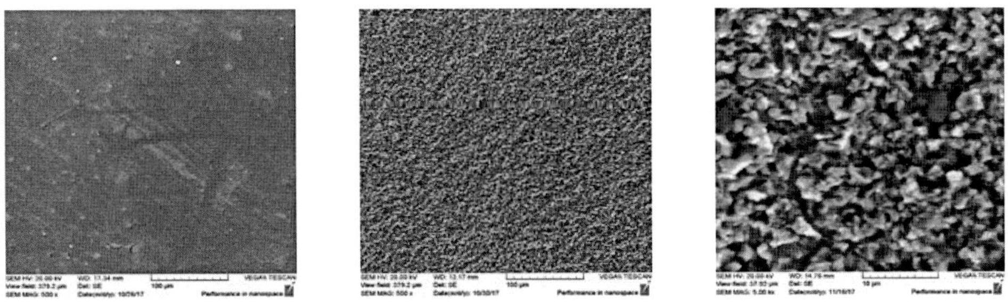

(a) (b) (c)

그림 6.47 캐비테이션 부식시간에 따른 CP-Ti 표면 형상의 변화(3.5% NaCl); (a) 0 min(x500), (b) 120 min(x500), (c) 120 min(x5000)

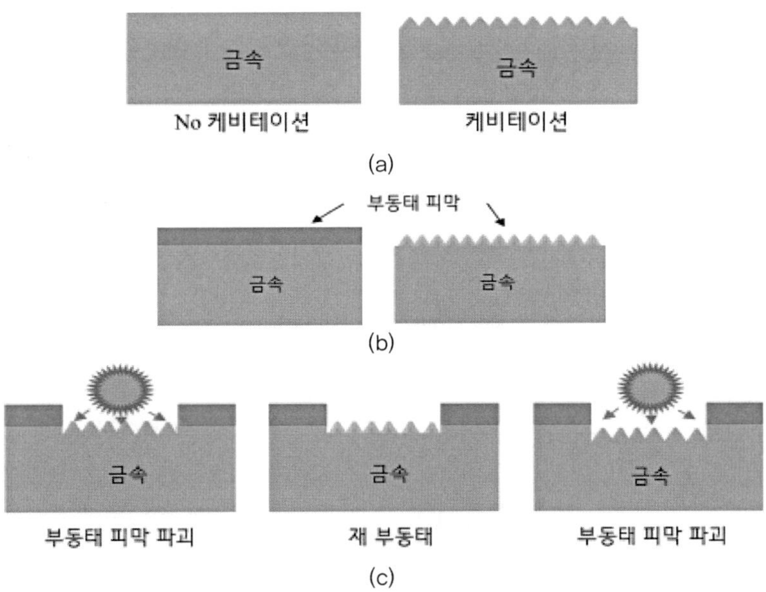

그림 6.48 캐비테이션 부식에 대한 새로운 기구; (a) 캐비테이션 부식에 따른 표면적의 증가, (b) 캐비테이션 부식 후 불안정한 부동태 피막의 형성, (c) 캐비테이션 부식 중 불안정한 부동태 피막의 형성과 파괴의 반복

6.9.3 프렛팅 부식(fretting corrosion)

[1] 프렛팅 부식의 일반특성

진동(vibration)이나 미끄럼(slip) 운동을 하는 부분의 금속접촉면 사이에서 발생하는 부식을 프렛팅 부식(fretting corrosion)이라 한다. 이것은 핏트(pit)와 비슷한 형태를 하고 있으며 부식생성물에 둘러싸여 있게 된다. 프렛팅 부식은 일명 마찰산화(friction oxidation) 또는 마모산화(wear oxidation)라 일컫기도 한다.

근본적으로 프렛팅 부식이란 침식부식의 한 특수한 형태로서 수용액 상태에서보다는 대기상태에서 발생하는 침식부식이라 할 수 있다.

프렛팅 부식에 의해서 금속성분이 파괴되어 산화물입자가 만들어지기 때문에 대단히 좋지 않다. 더욱이 프렛팅 현상이 발생하면 응력(stress)이 커지게 되고 변형(strain)이 증가하여 피로파괴(fatigue fracture)를 일으키게 된다.

프렛팅 부식이 발생하기 위해서는 다음의 조건을 갖추어야 한다.

① 두 접촉금속의 경계면이 하중을 받아야 한다.
② 두 경계면이 진동 또는 상대운동을 계속 반복해야 한다.
③ 경계면의 하중과 상대운동은 금속표면에 미끄럼 또는 변형을 일으킬 수 있을 정도로 충분해야 한다.

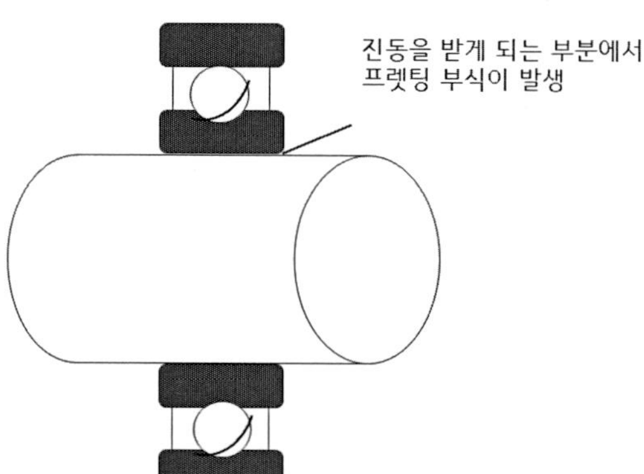

그림 6.49 프렛팅 부식의 발생장소

프렛팅 부식이 일어나기 위해서 필요한 상대운동은 대단히 작다. 10^{-8}cm정도의 이동으로도 프렛팅 손상은 발생한다. 이러한 상대운동이 계속해서 반복되면 프렛팅 부식이 일어나게 된다. 그림 6.49에서 보는 것처럼, 축베어링 또는 볼베어링과 같이 계속적인 운동을 하는 지점에서는 프렛팅이 발생하지 않으며 상대적으로 작은 이동의 운동이 반복되는 경계면에서는 프렛팅 부식이 일어난다.

[2] 프렛팅 부식의 발생기구

프렛팅 부식의 두 가지 중요한 발생기구는 마모산화(wear oxidation)와 산화마모(oxidation wear)이론이다.

압력을 받고 있는 금속 표면 사이의 경계면에서 냉간용접(cold welding)이 발생하게 되고 그리하여 이러한 접촉점들이 파괴되어 금속입자들이 제거된다는 것이 마모산화기구의 개념이다. 이러한 금속입자들은 그 직경이 매우 작아서 마찰에서 생기는 열에 의해서 쉽게 산화된다. 따라서 마모산화이론은 마찰에 의한 마모가 금속을 손상시키며 산화는 두 번째 인자가 된다고 하는 개념이다.

한편 모든 금속은 그 표면에 흡착되어 있는 얇은 산화물층에 의해서 대기중의 산화로부터 보호된다고 하는 것이 산화마모이론의 개념이다. 금속이 하중을 받으면서 서로 접촉되어 있고 두 경계면이 계속 반복해서 상대적인 운동을 계속하게 되면 산화물입자가 떨어져 남게 된다. 노출된 금속표면은 다시 산화되고 과정은 계속 반복된다. 결국, 산화마모이론은 마찰효과에 의해서 산화가 더욱 촉진된다고 하는 개념이다.

그리고 프렛팅 부식의 발생기구에 대한 두 가지의 이론으로부터 우리는 이 두 가지 이론이 결국 동일한 결론을 내리고 있다는 사실을 알 수 있다. 즉 산화물 입자를 생성하면서 금속 표면을 손상시킨다는 결론에 이르게 된다.

최근의 연구에서 이 두 가지 기구가 모두 프렛팅 부식에서 나타난다는 것을 알게 되었다. 귀금속, 운모, 유리, 루비 등과 같은 모든 종류의 표면에서 이 프렛팅 손상이 발견되었고 따라서 산화물층의 존재가 프렛팅 손상에 필수적인 것은 아니라고 하는 사실을 알게 되었다. 그러나 많은 금속에 있어서 산소가 존재하게 되면 프렛팅 부식은 훨씬 더 촉진된다고 하는 사실을 관찰했다. 따라서 프렛팅 부식에 대한 실제 기구는 위의 두 가지 이론이 결합된 형태일 것이다.

[3] 프렛팅 부식의 방지

프렛팅 부식을 방지 또는 감소시키는 방법으로는 다음과 같은 것들이 있다.

① 기름 및 그리스(grease) 등과 같은 윤활제를 사용한다. 이렇게 윤활제를 사용하면 베어링 표면 사이의 마찰이 감소하고 산소가 제거된다. 또한, 윤활제와 관련하여 인산염 피막(parkerizing)을 입히게 되면 더 좋은 효과를 얻을 수 있다. 인산염 피막은 다공성이기 때문에 윤활제의 이탈을 방지하고 오랜 시간 동안 윤활제를 잘 간직할 수 있다.

② 접촉하고 있는 두 금속 중의 하나 또는 모두의 경도를 증가시킨다. 즉 경도가 높은 금속 또는 합금을 선택한다.

③ 가스켓(gasket)을 사용함으로써 베어링 표면에서의 진동을 흡수하고 산소를 제거시킨다.

④ 마찰계수가 적은 금속을 사용한다.

⑤ 두 접촉면 사이에 미끄럼이 전혀 없도록 설계한다. 그러나 미끄럼이 전혀 없는 설계란 사실상 대단히 어렵다. 따라서 하중을 대단히 크게 하여 미끄럼이 발생하지 않도록 하는 방법도 있다.

6.10 각종 환경에 의한 부식형태별 특성

6.10.1 부식분야의 체계화를 위한 방법

모든 과학 분야에 있어서 그 분야에 대한 체계화가 필요하다. 부식분야도 그 범위가 매우 넓고 다양하기 때문에 여러 가지로 구분할 수 있지만, 다음과 같은 방법으로 구분하는 것이 가장 보편적이다.

1) 부식환경
2) 부식기구
3) 부식형식
4) 금속
5) 응용분야 또는 공업분야
6) 방식법

부식분야를 계통적으로 검토하기 위해서는 습윤환경 (moisture environment), 건조기체(dry gas), 용융염 등으로 나누어지는 부식 환경에서부터 출발하는 것이 가장 적당하다. 이것은 동시에 부식 기구에 따라 나누는 것을 의미한다.

즉, 습윤환경에서는 전기화학적 기구, 건조기체에서는 화학적 기구에 해당한다. 또 부식시험이나 부식에 관한 연구 방법도 주로 이 부식 환경에 의해 결정된다. 공식이라든지 응력부식균열과 같이 부식형식에 따라 세분하는 것도 자연스러운 방법이다. 금속의 종류에 따라 구분하는 것은 handbook과 같은 곳에서 많이 이용되고 실제적인 방법이긴 하지만 계통적인 관점에서 볼 때 그다지 효과적인 방법은 아니다. 응용분야나 공업부문에 의해 분류하는 것은 환경에 의한 분류법의 특별한 응용에 해당한다. 끝으로 방식법에 의한 분류법은 방식의 목적을 위해 적용하는 부분과 방식원리에 의하여 변화되는 성질에 따라서 다음과 같이 나누어진다.

1) 금속자체의 변화
2) 부식매체의 변화
3) 금속/부식매체의 전극전위의 변화
4) 표면의 피복에 의한 금속과 부식매체의 격리

6.10.2 환경에 의한 부식현상의 분류

부식현상은 환경과 그에 따르는 부식과정의 기본적인 반응기구에 의해 다음과 같은 부류로 크게 나눌 수 있다.

[1] 습윤환경에서의 부식-전기화학적 기구

1) 물이나 수용액 중에서의 부식
2) 대기부식
3) 토양부식

[2] 용융염 및 slag 중에서의 부식-전기화학적 기구

[3] 건조기체중에서의 부식(산화)-화학적 기구

1) 상온의 경우
   ① 변색 혹은 퇴색(tarnishing or discolouration)
   ② fretting 부식
2) 고온의 경우 scaling

[4] 물이 존재하지 않는 유기액체나 유기기체중에서의 부식-화학적기구

1) 염소화 탄화수소중의 부식

2) 알코올중의 부식

[5] 용융금속중의 부식-물리적기구

6.10.3 습윤환경 중에서의 부식-전기화학적 기구

환경은 부식속도에 상당히 큰 영향을 미친다. 표 6.6은 여러 가지 습윤환경에 있어서의 몇 가지 금속에 대한 대략적인 부식속도를 [μm/10년]의 단위로 나타낸 것이다.

습윤환경 중에서의 부식은 그 부식매체가 전해질 용액이기 때문에, 예측되는 바와 같이 전극과정에 의해 진행된다. 금속의 용해는 양극과정이다. 이와 동시에 음극과정도 일어나야 하는데 이때 부식제, 통상 용존하는 대기산소가 되지만, 때로는 수소 이온이 소모된다. 방식법은 이들 과정 중에서 하나 혹은 둘 모두를 일어나지 못하게 하는 것이다.

[표 6.6] 여러 가지 습윤환경 중에서의 부식속도

	부 식(μm/10년)								
	공 기			물			토 양		
	공업지대	도시	전원	하천수	해수	수도경수	고부식성	부식성	저부식성
방식을 하지 않은 강[1]	1000	500	100	500	1000	100	1000	300	50
아연을 피복한 강	100	50	20	300	200	150	150	100	30
알루미늄 합금		10[2]	0.5[3]				350	35	5
강		10	5				30	15	5

1) pit는 평균 두께의 5배 정도 깊을 수도 있다.
2) pit는 평균 두께의 10배 정도 깊을 수도 있다.
3) pit는 평균 두께의 100배 정도 깊을 수도 있다.

[1] 물 또는 염을 포함한 수용액

경도가 높은 수도물, 즉 중탄산칼슘의 함유량이 높은 물은 강물과 같은 연수에 비해 부식성이 적다. 이것은 경수로부터 석출한 탄산칼슘이 부식에 대한 일종의 보호역할을 하기 때문이다.

뜨거운 물은 찬물에 비해 일반적으로 부식성이 더 크다. 물속에 들어가 있는 강은 온도가 증가함에 따라 산소의 확산속도가 빨라지기 때문에 부식속도도 증가하며, 80℃에서 최대가 된다. 온도가 더 이상 올라가면 물속의 산소 용해도가 감소하기 때문에 부식속도는 오히려 감소한다.

1) 담수 및 해수에서의 부식

(1) pH의 영향

환경의 pH는 부식 거동을 결정짓는 주요 인자의 하나임을 얘기한 바 있다. 일단 부식반응계의 환원반응들로는 pH의 범위에 따라 나타날 수 있는 주요 반응들은 다음과 같다. 중성 및 염기성 용액에서는 다음과 같은 산소의 환원반응이 지배적 인 반응을 이루며,

$$O_2 + 2H_2O + 4e^- \rightarrow 4OH^-$$

pH 4 이하에서와 같은 산성용액에서는 주로 수소의 환원 및 금속표면에 전착물질이 없는 경우 용액중의 용존 산소들이 환원되는 반응이 지배될 수 있다.

$$2H^+ + 2e^- \rightarrow H_2$$

$$O_2 + 4H^+ + 4e^- \rightarrow 2H_2O$$

이러한 환원반응의 특성과 별도로 금속의 부식작용은 각각의 금속마다 다르다. Pourbaix 선도에서 알 수 있는 바와 같이 철의 경우 모든 pH 범위에서 양극반응은 다음과 같이 지배적으로 나타난다.

$$Fe \rightarrow Fe^{2+} + 2e^-$$

그러나 부식속도는 음극의 환원반응에 의해 결정되는데, 일반적으로 pH 4 ~10 사이에 있는 경우 느슨한 기공형태의 페러스(ferrous, Fe^{2+}) 산화물이 표면에 붙어 있어 그러한 전착층 아래가 약 pH 9.5 정도에 있게 하며, 결국 이러한 층을 통한 산소의 균일한 확산속도에 의해 부식속도가 지배되어 일정한 부식속도를 나타내게 된다. 반면에 pH 10 이상이 되는 경우 용존산소가 존재하는 경우 표면에 페릭(ferric, Fe^{3+}) 산화물이 형성되어 부식속도는 매우 낮아지게 된다. 그러나 다시 용존산소가 없이 pH가 14를 넘을 때에는 용해성 페라이트(ferrite) 이온인 $HFeO_2^-$가 형성되면서 부식속도는 증가할 수 있다.

(2) 용존 산소의 영향

부식현상에서의 산소의 존재는 필요조건이랄 수 있을 만큼 주요한 역할을 한다. 왜냐하면 음극과정의 주요반응이 바로 상기의 식과 같이 용존 산소의 환원이기 때문이다. 물속에서 용존 산소의 최대용해도는 비교적 작아서 상온에서 약 8 ppm정도이다. 어떠한 조건의 경우에

있어서 강의 부식속도가 이러한 용존 산소가 부식이 일어나는 강의 표면으로 이동해 가는 확산속도에 지배받기도 하는데 이는 소위 농도분극이 일어나는 이유의 하나이다. 그러나 부식시스템이 교반되고 있을 때에는 이러한 지배경향이 줄어들기도 한다.

(3) 물의 경도

물의 경도는 주로 Ca과 Mg 이온의 양에 의해서 결정되며, 보통 그에 해당되는 $CaCO_3$ 양으로 표현된다. 일반적으로 경수가 연수보다 부식성이 떨어지는데, 그 이유는 Ca 이온 양과 알칼리도(alkalinity)가 충분히 높을 경우에는 강의 표면에 보호성의 $CaCO_3$가 형성되기 쉽기 때문이다. 이러한 물의 경도와 관련하여 강의 부식성을 판별하는 지수가 제안되고 있는데, Langelier 포화지수 및 Ryznar지수 등이 이에 속한다.

(4) 온도의 영향

일반적으로 온도가 증가하면 Nernst 식에서도 예상할 수 있는 바와 같이 부식현상도 가속화하게 된다. 그러나 물중에 용존 산소에 의해 부식이 진행되는 경우 온도에 따른 용존 산소의 용해도 변화로 부식속도가 오히려 감소할 수 있다. 따라서 부식속도에 미치는 온도의 영향은 그 부식시스템의 성격에 따라 잘 생각해보아야 한다.

(5) 염분의 영향

① 해수의 성질

지구표면적의 70% 이상을 덮고 있는 해수는 다음의 표 6.7과 같은 화학성분을 포함한다. 해양의 종류에 따라 지역적으로 표준성분비는 다소 차이가 있으며, 표 6.8은 NACE에서 제안하고 있는 표준합성해수의 조성을 나타내고 있다.

부식을 고려함에 있어서 해수 중에는 염분농도가 중요하므로 해수의 염분농도(salinity)는 표준농도의 질산은을 사용하여 염소량을 측정하면 다음과 같은 식으로 구할 수 있다.

$$S(\%) = 0.31 + 1.805\ C\ (\text{g/water 1kg})$$

여기에서 C는 염소량이며 해수 1 kg에 포함된 할로겐의 g 수이다.

한편 해수는 이러한 염분 농도이외에 이온전도도가 매우 낮으며, 따라서 부식을 가속화할 수 있는 전해질 용액에 해당된다. 다음의 표는 해수의 청정 및 오염을 구별하는 판정표이다.

[표 6.7] 일반해수의 조성(ppm)

성 분	비 고
염화물(Cl^-)	18.97
황산염이온(SO_4^-)	2.64
소디움(Na)	10.55
칼슘(Ca^{2+})	0.40
포타슘(K^+)	0.38
마그네슘(Mg^{2+})	1.27
중탄산염(HCO_3^-)	0.13
브롬(Br^-)	0.06
스트론튬(Sr^{2+})	0.01
붕산(H_3B0_3)	0.02
불소이온(F^-)	0.00

[표 6.8] 인공해수의 조성(NACE)

성 분	비 고
염화물(Cl^-)	표준 참조
황산염이온(SO_4^-)	
소디움(Na)	
칼슘(Ca^{2+})	
포타슘(K^+)	
마그네슘(Mg^{2+})	
중탄산염(HCO_3^-)	
브롬(Br^-)	
스트론튬(Sr^{2+})	
붕산(H_3B0_3)	
불소이온(F^-)	

(6) 해양의 수직 환경

동일해역에서 해수의 조수간만의 작용 등에 의하여 해수 수심에 따라 부식환경이 다르다. 따라서 해상구조물의 부식을 일으키는 형태도 다음과 같이 부위에 따라 서로 다른 전형적 특성을 보이게 된다. 해상플랫폼과 같은 경우에 있어서 해수의 작용에 따라 일반적으로 해양환경부 (marine atmosphere), 비말부(splash), 간만부(tidal), 해중부(immersion), 그리고 해저토중부(underground) 등으로 나뉜다.

이러한 구조물의 부식속도는 지역적으로 산소의 공급조건, 이와 관계되는 산소농담에 의한 국부적인 부식전지의 형성 등의 이유로 부식경향이 서로 다르다. 일반적으로 비말대가 가장 부식속도가 크고, 다음은 해중부 (간조시 바로 해면 밑), 간만부, 해상대기, 해저토중부로 나타난다. 비말대가 가장 부식속도가 큰 이유는 해수의 비말작용으로 얇은 해수 수막이 존재할 뿐 아니라 이러한 막을 통해 산소가 충분히 공급되므로 최대 부식촉진 조건을 형성하게 되기 때문이다. 반면에 간만부보다는 해중부가 심한 이유는 간만부 바로 아래 부분인 해수표층부분과 간만부 사이에 국부적으로 형성되는 부식전지의 영향이다. 즉 해수내에서의 용존산소 농도보다는 간만부에서의 산소농도는 대기환경과 마찬가지로 비교적 풍부하다고 할 수 있으며, 따라서 간만부 음극, 표층부 양극의 국부적인 부식전지를 이룰 수가 있기 때문에 표층부에서의 부식속도가 바로 위의 간만부보다 심하다고 할 수 있다.

[2] 대기 및 고온 부식

1) 대기부식의 특징

일반적으로 대기부식은 두 가지 인자, 즉 산소와 수분(액체의 물)의 작용이 서로 조합되어서 나타나는 결과이다. 만약에 이 두 가지의 인자 중에서 한 가지만 없어도 부식은 일어나지 않게 된다. 빙점 이하나 혹은 상대 습도가 60% 이하인 건조한 곳에서 강은 녹이 슬지 않는다. 따라서 극지방이나 더운 사막에서의 부식은 무시할 정도로 적다. 또 난방된 실내와 같이 건조한 곳에서 강은 녹이 슬지 않는다. 그러나 난방하지 않은 가옥에서는 습도가 상당히 높기 때문에 녹이 슬게 된다.

대기부식은 굴뚝 가까운 곳이나 바닷가에서처럼 매연, 특히 화석연료로부터 나오는 이산화유황 또는 부식성 염으로 오염된 공기에 의해 크게 증가한다. 그러므로 대기부식은 공장지대나 해안지방에서 특히 심하게 일어난다. 더욱이 금속의 표면이 먼지나 검댕이와 같은 고체 입자들로 덮여 있으면 수분이나 염이 더 오래 잔존할 수 있기 때문에 부식은 더 잘 일어난다.

대기부식 현상이 다른 여타의 부식 현상과 확실하게 구별되는 특징은 다음의 두 가지이다.

첫째는 부식을 일으키는 매질인 수용액 층이 대부분 매우 얇은 피막의 형태를 띤다는 것이다. 따라서 다량의 부식 매질이 존재하는 경우와는 달리 이러한 얇은 수용액 피막 층을 통하여 대기 중의 여러 원소들, 예를 들면 O_2, SO_2, NO_x 등의 확산이 매우 쉽고 빠르게 일어나게 된다. 이러한 특성이 부식 반응 속도를 결정짓는데 큰 영향을 미치게 된다.

둘째는 수용액 층의 두께가 두껍다가 얇아지게 되고 또 다시 두꺼워지는 소위 wet/dry 변화를 주기적으로 반복을 한다는 것이다. 이와 같은 수용액 층의 두께 변화는 강우 또는 강설과 그에 따른 건조 과정 등에 의해서도 일어나게 되지만, 밤낮의 일교차에 의한 상대 습도의 변화 등에 의해서도 일어나게 된다. 이러한 수용액 층 두께의 변화(wet/dry cycle)는 앞에서 설명한 여러가지 성분의 확산 속도에 영향을 미칠 뿐만 아니라 부식의 발생 기구에도 영향을 미치게 된다.

2) 대기부식의 기구

대기부식 반응을 화학식으로 나타내면 철(Fe)의 경우 다음과 같이 나타낼 수 있다.

$$Fe + H_2O + ½O_2 \rightarrow FeOOH$$

철의 대기부식에는 두 가지 중요한 인자, 즉 수분과 산소가 동시에 필요하다. 이는 대기부식 현상의 큰 특징 중의 하나이다. 그리고 위의 반응은 다시 다음과 같은 두 개의 반쪽 반응들, 즉 산화반응과 환원반응으로 나누어질 수 있다.

$$Fe \rightarrow Fe^{2+} + 2e^-$$

$$½O_2 + H^+ + 2e^- \rightarrow OH^-$$

pH 값이 4 이하인 산성 분위기인 경우 환원반응은 물론 아래와 같은 반응이 일어날 수 있다.

$$H^+ + e^- \rightarrow ½H_2$$

또 한 가지의 가능한 환원 반응은 철 표면에 이미 존재하고 있는 철산화물(rust) 내에서 Fe^{+3}의 환원이다. 즉

$$8FeOOH + Fe^{2+} + 2e^- \rightarrow 3Fe_3O_4 + 4H_2O$$

이와 같은 세 가지 환원 반응들 중 보통의 경우에는 산소의 환원 반응이 가장 흔하게 잘 일

어나는 반응이 된다. 대기 중의 SO_2가 철 표면에 흡착이 되면, 산화되어 H_2SO_4를 형성하면서 수용액 층의 pH 값이 내려가는 경우도 있기는 하나, 일반적으로는 부식반응 도중의 철 표면의 수용액 층의 pH를 측정해 보면 대개 pH 값이 5.8~7 정도로 항상 유지되는 일종의 완충액처럼 되는 것을 알 수 있는데, 이렇게 되면 반쪽 환원 반응은 물론 산소의 환원 반응이 된다. 한편 Fe^{3+}의 환원은 보통 산소의 환원이 잘 일어나지 않는 경우 예를 들어 수용액 층의 두께가 비교적 두꺼워 산소의 확산이 잘 일어나지 않을 경우에 일어나는 것으로 알려져 있다.

3) 대기부식의 영향인자

이미 전술한 바와 같이 대기부식의 영향을 미치는 주요인자로는 가장 먼저 산소를 꼽을 수 있다. 특히 대기부식에 있어서 반응계면으로의 산소의 공급을 좌우하는 산소의 확산과정 등은 부식속도를 결정짓는 주요 고려 인자라고 할 수 있다. 기타 중요한 인자들을 보다 자세히 설명하면 아래와 같다.

(1) 수분

대기부식 반응은 본질적으로 전기화학적인 산화와 환원 반응들로 이루어져 있으므로 수분의 존재는 필수적인 요소라고 할 수 있다. 따라서 우리가 육안으로는 부식매체 표면에 수분과 접촉하고 있지 않는 것 같아도 미세한 시각으로 쳐다보면 표면에는 아주 얇은 수분 층이 존재하는 것을 알 수 있다. 상온에서 수증기 분압이 5 ~ 10 torr일 때 표면의 수분 층이 약 1~2 monolayer밖에 되지 않지만, 만약 상대 습도가 90 ~ 95% 정도가 되면 약 2~3 nm정도가 되고, 그 이상의 상대 습도에서는 훨씬 두꺼운 수분층이 형성된다.

(2) 대기 중 불순물

대기부식이 문제가 되는 것은 대부분 산림지역보다는 공업지역이 문제가 되는 것이 일반적이며 따라서 대기 중의 불순물이 대기부식에 영향을 주리라는 것은 매우 자연스런 생각이다. 대기부식에 영향을 주는 불순물들은 대개 SO_2, chlorides. NOx, hydrocarbon류 등이다.

4) 대기부식 대처방법

첫째, 소지금속을 대기중의 불순물과 차단시키는 방법으로 여러 가지 종류의 도장 (유기, 무기, 금속류)을 재료 표면에 행하는 것이다.

둘째, 대기중의 수분 함량(상대 습도)을 줄이는 것이다.

셋째, 기체상의 부식억제제 (vapor-phase inhibitor: VPI)를 이용하는 것이다. 이 VPI는 대개 평형 기체 분압이 매우 높은 고체 또는 액체로서 이로부터 나온 증기가 금속 표면에 흡착되어 수분의 응축과 불순물 등의 흡착을 억제함으로서 부식을 막아주게 된다. 특히 기계류 등의 해상 수송과 같이 수주 내지 수개월의 심한 부식 조건을 거쳐야 하는 경우에 포장재 내에 단순히 첨부함으로써 부식이 상당히 억제될 수 있다.

넷째, 대기부식성에 대한 내부식재료를 사용하는 것이다.

5) 고온부식

고온부식이란 흔히 산화(oxidation)라고 말하기도 하나 이것은 배기가스처럼 고온의 가스 중에 부식을 유발하는 질소산화물, 유황산화물, 탄산화물, 염화물 등이 존재할 때 발생한다.

고온부식의 특징은 금속의 용출이 일어나는 일반 부식과는 달리, 부식 결과 무게가 증가한다는 점이다. 이것은 부식에 의해 scale이 형성되기 때문이다. 탄소강의 산화는 538℃이상에서 뚜렷하게 진행된다. 금속의 산화 손실 속도는 온도 증가에 비례하여 증가한다. 일반적으로 탄소강 및 기타 합금의 고온 산화 저항성은 재료 내의 크롬 함량에 의해 결정된다. 크롬 함량이 증가할수록 상대적으로 보호성이 높은 산화 피막이 형성되며, 300계열 스테인리스강의 경우는 고온 산화에 대해서 816℃까지 안정하다.

[3] 토양 부식

앞에 제시한 표 6.6은 토양 중에서의 부식이 대기 중에서보다 더 잘 일어나며 때로는 해수에서와 같은 정도로 일어나고 있음을 보여주고 있다. 토양 중에서의 부식성은 주로 그 토양의 전기저항에 의해 결정된다. 토양 중의 저항이 낮다는 것은 부식성이 크다는 것을 의미하며, 그 반대도 마찬가지다. 저항이 낮다는 것은 수분이나 가용성염이 존재한다는 것을 의미하며, 이 두 인자는 부식반응을 촉진한다. 또 이것은 부식전류를 더 쉽게 흘려준다는 것을 뜻하기도 한다. 그러나 아주 깊은 곳에서는 산소의 공급이 적기 때문에 부식이 제한된다. 그러나 산소가 없다 하더라도 소위 황산염환원 박테리아(sulfate reducing bacteria)라고 부르는 효소에 의해 부식속도가 커질 때도 있다.

1) 토양부식의 특징

토양부식이란 토양 속에 묻혀있는 배관, 강파일, 저장탱크 및 동력선의 부식을 지칭하는 것으로 넓은 의미에서는 다음에서 다루는 '콘크리트'도 토양의 범주에 포함하기도 한다. 여기서 토양이라 함은 부식시스템에 있어서 전해질을 의미하는데, 따라서 부식경향은 토양의 성질에 매우 의존적이다. 일반적인 토양부식의 유형은 소위 미주전류(stray-current)에 의한 전기부식, 틈새부식(crevice), 응력부식균열(stress corrosion cracking) 및 미생물 (microbiologically induced corrosion: MIC)에 의한 부식 등으로서 그 형태가 거의 국부부식을 취한다는 것이 특징이다.

a) MIC는 물이 항상 존재하거나 일부 존재하는 수성 분위기 및 환경에서 주로 발견되며, 특히 유동이 정체되거나 낮은 유동 조건 하에서는 미소 유기체의 성장이 촉진되어 MIC의 발생이 용이하다.
b) 유기체는 다양한 종류가 있어 산소 결핍이나 빛의 유무, 염도, pH 범위 (0～12), 온도 범위 (17℃～113℃, 0℉～235℉)와 무관하게 가혹한 환경에서도 성장 및 생존이 가능하다.
c) 증식 및 확장 제어를 하지 않은 유기체의 도입으로 시스템의 접종이 가능하다.
d) 무기물 (황, 암모니아, 황화수소) 및 유기물 (탄화수소, 유기산)을 포함한 서로 다른 영양소에는 서로 다른 유기체가 배양된다. 또한 모든 유기체의 성장은 탄소 및 질소, 인을 필요로 한다.
e) 탄화수소 및 황화수소와 같은 공정 오염물의 누출은 생물학적 오염과 부식 정도를 증가시키게 된다.

2) 토양부식 지배 인자

① 토양의 전기적 성질
  a. 비저항
  b. 토양의 pH
② 미주전류
③ 미생물
④ 기타

3) 토양부식의 대책

부식의 유형 및 부식 환경에 따라서 다양한 부식방지 방법들이 개발되어 있어서, 방식대상인 금속의 종류나 경제성들을 고려하여 선택이 가능하지만 토양이라는 부식 환경에서는 대부분 적용이 불가능하며 아래에 언급하는 두 가지의 방법이 사용되고 있다.

첫째는 금속을 토양이라는 부식 환경으로부터 차단시키는 방법으로 가스배관에 응용되는 것이 폴리에틸렌(Polyethylene : PE)피복이다. 만약 피복에 의해 가스관이 토양과 완벽하게 차단될 경우에는 부식의 우려가 없다고 하겠다.

둘째는 배관의 전위를 인위적으로 조절하여 부식반응인 양극반응을 억제하는 방법이다. 다시 말해서 자연전위 (-400∼500 mV)에서 부식이 진행되고 있는 배관에 인위적으로 전류를 가하여 전위를 낮추어 줌으로서 음극화하여 부식반응인 양극반응을 억제하는 것이다. 이러한 전위 조절 방식방법을 음극방식(cathodic protection)이라고 하며, 일반적으로 희생양극식 및 외부전원식 등 두 가지 형태의 실재적인 음극방식법이 적용되고 있다.

[4] 콘크리트 부식

콘크리트 부식이란 콘크리트 자체의 물리적 특징이 퇴화되는 것을 말하는 것이 아니고 일반적으로 콘크리트라는 환경 하에 있는 철근의 부식을 의미한다. 실제 콘크리트 구조물들이 파손되는 대부분의 원인이 철근의 부식이라는 것은 주지의 사실이다. 일반적으로 정상적인 조건하에서는 콘크리트(시멘트 몰탈)내 철근의 부식은 일어나지 않는다.

시멘트 몰탈 내에서는 가수분해가 일어나며, 사용된 시멘트의 약 30%가 $Ca(OH)_2$로 변하여 오염되지 않은 시멘트에 의해 완전히 둘러싸인 강 (steel)은 pH 12이상의 강한 알칼리성 분위기에 존재하게 된다. 이 경우 E-pH도(Pourbaix diagram)에서 알 수 있듯이 강의 표면에는 철의 3가 산화물 (Fe_2O_3) 피막이 매우 얇게 형성되는데, 비록 얇은 피막이라 하더라도 철 표면의 전극전위를 크게 바꾸어 양극이 되는 것을 저지하여 부식을 막는다.

그러나 외부 오염으로 인하여 염화이온(chloride ions)이 존재하게 되거나 시멘트 기공 내에 $Ca(OH)_2$와 공기 중의 CO_2가 반응하여 콘크리트 내의 알칼리도를 떨어뜨리게 되면(중성화 또는 탄산화) 위와 같은 부동태 피막이 파괴되면서 철이 부식될 수 있게 된다. 한편 콘크리트 부식반응에 참여할 수 있는 반응들은 다음과 같다.

1) 콘크리트 부식에 영향을 미치는 인자

(1) 콘크리트의 노화

콘크리트 구조물의 열화요인에는

① 동결융해,

② 탄산화,

③ 건조수축,

④ 건습반복, 온도변화, 일조 등의 기상작용,

⑤ 콘크리트에 대한 물리적 화학적 특성,

⑥ 염분,

⑦ 하중의 작용,

⑧ 알칼리 골재반응 및 황산염에 의한 팽창 등이 있다.

그러나 콘크리트 철근의 부식을 유발하는 주요 인자로는 바로 염분 및 콘크리트의 탄산화 등을 들 수 있다.

(2) 탄산화(carbonation)

콘크리트 기공 내의 $Ca(OH_2)$과 공기 중의 CO_2가 다음 반응식과 같이 반응하여 탄산칼슘을 생성하게 되는데 이는 콘크리트의 알칼리도를 감소시키는 기구가 된다.

$$Ca(OH)_2 + CO_2 \rightarrow CaCO_3 + H_2O$$

중성화의 판정은 페놀프탈레인 1%의 알코올 용액을 콘크리트 면에 뿌리면 알칼리성의 부분은 붉은 보라색을 나타내기 때문에 색깔이 변하지 않은 부분을 중성화한 것으로 판정하며, 이때의 pH는 8.5 ~ 9.5 정도이다.

(3) 염분

pH가 중성화 범위로 낮아지지 않더라도 강재 부근와 콘크리트에 염소 이온량(Cl^-)이 어떤 값 이상으로 존재하면 염소이온이 강재 표면의 부동태 피막을 파괴하여 철근의 부식반응을 진행시킬 수 있다. 생성되는 부식 생성물인 녹은 원래 강재 체적의 약 2.5배까지 팽창하여 그 압력에 의하여 콘크리트의 배근 방향과 같은 방향으로 균열이 발생하며. 콘크리트 층이 들뜨기 시작한다.

이와 같은 상태가 되면 철근이 부식하기 용이한 조건 즉, 산소나 수분이 다량으로 공급되어 부식현상은 더욱 가속화되며 콘크리트 자체의 열화를 가져온다.

(4) 황산염의 피해

콘크리트의 철근을 부식시키는 주요 음이온으로 Cl^-외에 SO_4^{2-}을 들 수 있다. 실제 부식이 일어난 시편에서 부식이 일어나지 않은 시편보다 농도가 훨씬 높게 검출되는 것이 빈번하다. 이렇게 황산염의 존재는 황산염 자체에 의한 부식은 물론이고, 더불어 황산염 환원균의 작용에 의한 일종의 미생물 부식이 일어날 가능성을 높여주고 있다.

(5) 알칼리-골재 반응

알칼리-골재 반응이란 콘크리트 내에 존재하는 Na^+ 및 K^+ 이온과 골재 중의 실리카 성분이 수분이 존재할 경우 오랜 시간에 걸쳐 반응을 통하여 새로운 생성물을 만드는 것을 말한다. 그런데 알칼리-골재 반응의 생성물은 수분을 흡수하여 팽창하므로 콘크리트에 균열을 발생시키며 심할 때는 구조물을 붕괴시키기도 한다. 이러한 알칼리-골재 반응을 억제하기 위해서는 경험을 통하여 반응성 골재를 판별하여 제외시키는 것이 가장 확실한 예방책이 되고 있다.

(6) 동결융해

콘크리트 중의 수분이 동결과 융해를 반복하게 될 때 9% 이상의 체적 팽창감소가 반복되며, 그 팽창압력에 의해 균열이 발생하거나 표면부 박리가 일어나는 경우를 말한다. 억제 대책으로는

① 동결융해 반복의 온도조건을 피한다.
② 콘크리트 내 함수율 증가를 억제한다.
③ 콘크리트 자체의 내동해성을 향상시킨다.

6.10.3 습윤환경 중에서의 부식-진기화학직 기구

[1] 용융염이나 용융슬랙 중에서의 부식-전기화학적 기구

이들 매체 중에서의 금속부식에 대해서는 그다지 많이 알려져 있지 않다. 그러나 이들 부식매체가 전해질이기 때문에 그 부식기구는 전기화학적 기구일 것이라고 추측된다. 이러한 염이나 slag의 액체층에 산소 또는 Mo및 V와 같은 산소 운반자가 존재하게 되면 부식성이 더욱 커져서 재앙적 가속 산화(catastrophic oxidation)를 일으키는 원인이 된다.

[2] 건조기체(공기, 매연, 고온에서의 수증기) 중에서의 부식(산화)-화학적 기구

완전히 형식적인 측면에서 본다면 이 건식(dry corrosion)도 갈바닉 전지에 있어서 전극과정의 결과로 일어나는 전기화학적 과정으로 볼 수 있다. 이렇게 볼 때 금속/산화물의 계면은 양극로서 작용하며(반응 : $Me \rightarrow Me^{2+} + 2e^-$), 산화물층의 바깥쪽 표면은 음극으로서 작용하게 된다(반응 : $½O_2 + 2e^- \rightarrow O^{2-}$). 한편 산화피막 자체는 반도체로서, 갈바닉 전지에서의 외부회로와 전해질 용액 두 가지 역할을 동시에 한다. 산화속도는 통상 산화피막을 통한 물질의 이동에 의해 결정되는데, 이때 금속 ion은 바깥쪽으로, 산소 이온(O^{2-})은 안쪽으로 이동해 간다. 이러한 종류의 부식을 이해하는 데는 격자결함론이나 반도체 이론과 같은 고체물리학에 대한 지식이 매우 중요하다.

저온에서 일어나는 건식산화는 흔히 변색(tarnishing)이라고 부르는 반면, 고온에서 두꺼운 산화물층이 생기거나 이 산화물층이 떨어져 나가는 현상을 scaling이라 부른다. fretting부

식도 건식산화의 일종으로 생각된다.

[3] 수분이 존재하지 않는 유기액체 중에서의 부식-화학적 기구

이러한 종류의 부식은 그다지 흔치 않다. 예로서는 CCl_4, $CHCl_3$와 같은 염소화 탄화수소나 에탄올, 프로판올, 뷰탄올과 같은 알코올류 중에서 Al의 부식, 메탄올 중에서의 Mg, Ti의 부식 등이 있다. 이들 반응은 부식매체가 액체이든 기체이든 간에 꼭 같이 일어나며, 또 이들 매체가 비전해질인 것으로 보아서 비전기화학적으로 일어남이 분명하다. 실제로 물은 이들 반응에서는 억제제로서 작용한다.

그러나 여기에 비해 기름과 같은 유기액체 중에서 일어나는 대부분의 부식은 기름 중에 염이나 산 및 미량의 물이 존재하기 때문에 일어나는 것이다. 따라서 정상적인 전기화학적 성질을 가지고 있다는 것을 주의해야 한다.

[4] 용융금속 중에서의 부식-물리적 기구

용융금속 중에서의 부식은 납, 나트륨 및 수은과 같은 액체금속과 접촉하고 있는 고체 금속이 용해하거나 갈라지는 것을 말한다. 이러한 침식은 화학반응에 의해 일어나는 것이 아니고, 합금을 형성하는 물리적인 용해와 때로는 액체금속이 결정립계로 침투해 들어가는 것에 의해서 일어난다. 이러한 부류에 속하는 것으로는 기계적 응력이 존재할 때 균열을 일으키는 황동 중의 수은 침식과 알루미늄 중에 수은이 침투해 들어가면 아말감을 만들어서 보호성 산화피막의 형성을 방해하기 때문에 생기는 알루미늄의 급속한 산화가 있다.

제7장 금속재료의 장수명화를 위한 5가지 원리

부식으로 인한 경제적인 손실은 매우 막대하며, 자원의 보존 등에서도 부식방지는 매우 중요하다. 금속의 부식방지를 위해서 큰 노력과 연구를 해왔지만, 근본적으로 부식을 완전히 방지할 수는 없다. 실제로 현장에서 만나는 부식은 매우 다양한 형태로 나타나고 있어 부식이 일어난 부품이나 구조물을 보고 부식의 발생원인과 방지대책을 강구하는 데는 어려움이 많다. 따라서 이들 부식의 형태를 분류하여 쉽게 대책을 마련하는 일이 중요하다.

이와 같은 부식의 분류에 따라 다양한 부식 방지법이 가능하게 되나 다음에는 일반적으로 사용되는 부식방지법들만 크게 아래와 같이 대별할 수 있다.

① 재료의 내식성화
② 부식환경(분위기) 변화
③ 설계
④ 전기방식
⑤ 금속표면의 피복

7.1 재료의 내식성화

먼저 부식방지법으로 가장 일반적인 방법은 사용하는 부식환경에 견딜 수 있는 재료, 즉 내식성이 좋은 재료를 사용하는 방법이다. 금속의 내식성을 증가시키는 방법으로는 조성의 변화, 조직의 변화, 응력의 변화이다.

일반적으로 내식재료라 하면 스테인리스강(stainless steel)을 들 수 있다. 스테인리스강은 특정 조성을 가지는 강이 아니고 어떤 범위의 조성(Cr; 11.5%~30%, Ni; 0~22% 및 다른 원소의 합금)을 가지는 것으로, 또 모든 부식 분위기에서 내식성이 뛰어난 것도 아니다. 스테인리스강은 대기 분위기거나 산화성 분위기에서는 좋은 성질을 보이지만 염화물 분위기 및 응력을 받는 분위기에서는 보통강보다 내식성이 나쁜 경우도 많다. 또한, 입계부식, 공식, 응력부식 등의 국부부식에도 매우 취약하다.

무조건 내식성이 좋다고 공업적으로 사용하는 것은 엔지니어링 측면에서는 바람직하지 않다. 만약 내식성이 좋다고 금이나 백금을 사용하는 것은 경제적인 면을 고려하지 않은 어리석은 설계가 될 것이다. 내식재료의 선택에는 내식성만이 아니라 여러 측면을 고려하여야 하며 다음에 일반적인 예를 나타내었다.

- 질산 : 스테인리스강
- 수산화나트륨(강알칼리성) : 니켈 합금
- 불산 : Monel 합금(Cu-Ni)
- 묽은 황산 : 납
- 뜨거운 염산 : Hastelloy(Chlorimets)
- 대기 : 알루미늄
- 증류수 : 주석
- 뜨거운 강산화성 산 : 티타늄
- Ta : 모든 분위기에서 좋은 내식성
- 환원성 혹은 비산화성 분위기 : 니켈, 구리합금

그러나 이와 같은 조합은 유일한 것이 아니라 경우에 따라 더 값싸고 내식성이 큰 재료가 얼마든지 가능하므로 이에 대한 선택이 매우 중요하다.

7.2 부식환경 변화

부식을 방지하기 위하여 내식재료로 바꾸는 것 다음으로 많이 고려되는 것이 부식분위기의 변화이다. 부식을 일으키는 정도는 온도, 유속, 산소 혹은 산화제의 농도, 부식액의 농도 등이 영향을 미치므로 이들 중의 하나 혹은 그 이상을 조금이라도 바꿀 수 있으면 부식성은 크게 바뀔 수 있다.

7.2.1 부식성 물질의 제거를 통한 방식

[1] 실내 환경의 제습(除濕)

실내에 설치된 장치 및 설비의 대기부식은 대기 중의 수증기가 결로(結露)하여 발생하므로 대기 중의 습기를 제습하면 기온이 내려가도 노점 이상이면 부식이 발생하지 않는다. 간단한 제습방법으로는 금속제품을 기밀한 용기에 넣고 실리카겔 혹은 활성알루미나 등과 같은 건조제를 사용하는 것이다. 제습장치에는 냉동에 의한 방법과 흡착체 및 흡수제 등을 사용하는 방법이 있다. 대량의 공업용으로 이용되는 건습제는 글리세린, 디에틸렌글리코올, 트리에칠렌글리코올 및 $LiCl_2$ 등이 있다.

[2] 가열에 의한 부식방지

실내 환경 내의 금속의 결로현상을 억제하기 위해 금속표면을 항상 대기의 노점온도 이상으로 유지하면 된다. 그러므로 실내의 대기를 가열하여 그 상대 습도를 낮게 하여 부식을 방지하는 것이다.

[3] 용존산소 제거에 의한 방식

수용액 속의 용존산소는 금속의 부식속도에 상반된 2가지 측면의 영향을 가지고 있다. 산소는 산소 환원반응에 의해 중성에 가까운 용액 내에서는 금속의 부식을 가속시키지만, 다른 한편으로는 금속표면의 산화피막의 형성에 의해 안정화시켜 부식속도를 지연시키는 작용을 한다.

담수 또는 해수에서의 강제금속의 부식을 억제시키는 효과적인 방법은 용해산소의 농도를 감소시키는 것이다. 수용액중의 용존산소를 제거하는 방법에는 크게 기계적 탈기법과 화학적 탈산소법이 있다.

① 기계적 탈기법 (deaeration) : 수용액의 가열이나 감압에 의해 산소를 물리적으로 제거하는 방법으로 대용량에 효과적이다.

② 화학적 탈산소법(deactivation) : 수용액중의 산소와 반응하는 물질에 의해서 산소를 제거하는 방법이다.

탈산소제에는 아황산소다(Na_2SO_3)를 수용액 중에 넣으면 다음 식에 의해 산소가 제거된다.

$$Na_2SO_3 + 1/2O_2 \rightarrow Na_2SO_4$$

그러나 아황산소다의 첨가는 보일러수중에 Na_2SO_4를 남기기 때문에 화력발전소와 같은 고압보일러에는 하이드라진(hydrazine, N_2H_4)을 사용해서 수중의 산소를 제거한다.

$$N_2H_4 + O_2 \rightarrow N_2 + 2H_2O$$

7.2.2 부식억제제 투입을 통한 방식

부식억제제(corrosion inhibitor)는 환경처리에 의한 부식성을 억제시키는 방법으로서 환경 중에 부식억제작용을 가진 물질을 비교적 소량의 물질을 부식성 용액에 첨가하면 부식속도를 현저하게 감소 혹은 억제시킬 수 있다. 즉, 부식억제제는 부식환경에 첨가하여 금속표면에 보호피막을 형성하여 부식반응(양극반응 혹은 음극반응)을 억제시키는 물질이다.

부식억제제는 부식반응의 억제기구에 따라 양극반응을 억제하는 양극억제제(anodic inhibitor), 음극반응을 억제시키는 음극억제제(cathodic inhibitor) 및 양극 및 음극반응을 다 억제하는 혼합억제제(mixed inhibitor)가 있다.

7.2.3 부식억제제의 종류

[1] 양극억제제

양극억제제는 양극분극(anodic polarization)을 증가시켜서 부식전위를 (+)방향으로 변화시켜 금속의 표면에 부동태를 만드는 것이다. 양극억제제로는 정인산염(orthophosphate, M_3PO_4), 규산염(silicate, $xM_2O \cdot ySiO_2$), 아질산염(nitrite, MNO_2), 크롬산염(chromate, M_2CrO_4) 등이 있다. 이러한 양극억제제는 일반적으로 양극표면으로 이동해 가서 그 표면에 부동태를 만드는 음이온을 가지는 화합물이며, 때로는 양극표면에서 용존하고 있는 산소와 결합하고 있는 경우도 있다.

양극억제제는 효과적이어서 널리 사용하고 있지만, 사용에 주의를 해야 한다. 억제제의 침투량이 부족하면 양극의 전체표면을 덮을 수 없기 때문에 소양극-대음극의 위험한 현상이 발생하여 피복되지 않은 부위가 양극으로 작용해서 심한 공식을 일으킬 수 있다.

[2] 음극억제제

음극억제제는 금속의 활성태 영역에서 음극분극을 증대시켜 부식전위를 (-)방향으로 변화시켜서 양극반응을 억제시키는 억제제이다. 일반적으로 음극억제제는 음극표면으로 이동해 가서 이 표면에 화학적 혹은 전기화학적으로 석출하여 그 표면을 차단하여 고립시키는 양이온을 의미한다.

대표적인 음극억제제는 중합인산염과 아연염 등이 있다. 중합인산염은 수중에서 해리되어 음이온으로 존재하며, 칼슘이온이나 이연이온과 결합하여 양전하를 갖는 미소결정으로 되어 석출하여 보호피막을 형성한다.

[3] 혼합 억제제

유기물 부식억제제는 산에 금속을 산세(酸洗)할 때 사용하는 산세용 억제제나 전기도금에서 사용하는 결정성장 억제제(광택제) 등이 있으며, 이들은 질소 혹은 유황을 포함하고 있다. 이들 억제제는 전 금속표면에 흡착되므로 흡착성 억제제라고 하며, 통상 양극반응과 음극반응을 동시에 억제하는 혼합 억제제이다.

7.2.3 억제제의 선정

부식억제제의 효과는 보호피막의 특성에 따라 다르지만, 금속표면과 밀착성이 좋고 치밀한 보호피막을 형성하는 우수한 특징이 있다. 부식억제제를 사용할 경우 설비, 사용 환경에 따른 효과 등을 고려하여 선정해야 한다.

- 공해방지 기준에 적합할 것
- 저농도로 부식억제 효과가 클 것
- 스케일 생성을 조장하지 않을 것
- 방식피막이 두꺼우며 열전도에 지장이 없을 것
- 장시간 분해되지 않고 안정하게 부식억제 효과를 나타낼 것

7.3 설계의 변화

보통 설비를 설계하는 경우 기계적 강도 및 기능을 고려하여 설계를 하지만, 모든 구조물은 부식성 환경에 있으므로 부식문제를 고려해서 설계하는 것이 바람직하다.

7.3.1 기본적인 필요조건의 설정

- 구조물 혹은 장치의 사용처
- 구조물의 요구 수명

- 유지 및 보수수리의 용이
- 구조물이 사용되는 분위기의 부식성
- 발생되는 부식의 종류
- 부식피로, 응력부식균열의 위험성
- 사용분위기 (고온, 고압, 유속 등)

7.3.2 표면처리

- 구조물의 표면처리 종류; 도장, 아스팔트, 고무
- 구조물의 유지의 용이성
- 표면피목의 수명
- 피복대신 음극방식 혹은 부식억제제 사용 유무

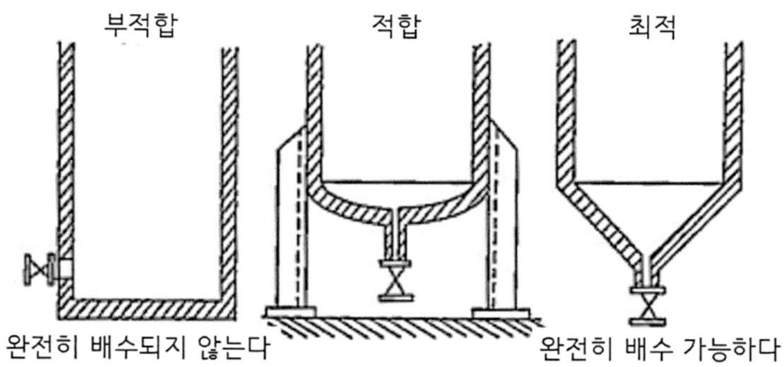

그림 7.1 설계를 통한 방식의 예

7.4 전기방식의 적용

물 혹은 수용액에서 금속부식은 전기화학적 기구에 의해서 발생하기 때문에 전기화학적인 방법에 의하여 부식을 억제시킬 수 있다. 근본적으로 금속의 분극(Polarization), 전극전위를 변화시키는 것을 전기방식(Electric protection)이라고 하며, 양극방식(AP: Anodic protection)과 음극방식(CP: Cathodic protection)으로 나누어진다.

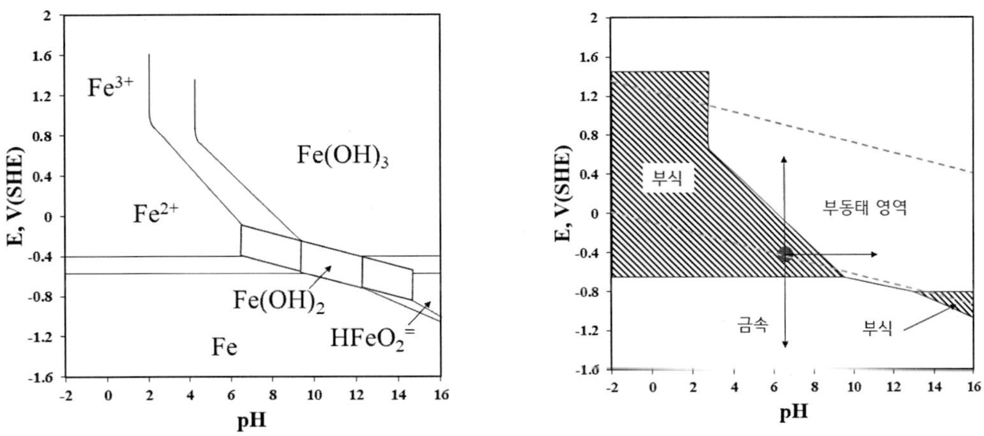

그림 7.2 Fe-H_2O계의 E-pH도(부식 상태도)

위 그림은 Nernst 식에 근거하여 Fe-H_2O계의 이론적인 E-pH 상태도이다. 상태도는 기본적으로 어떤 금속 또는 이온 상태가 선극전위 (E)와 부식 환경 (pH)의 조건에서 안정된 종(species)인지를 열역학적인 조건에 바탕을 두고 계산한 결과로서 각 종의 존재할 수 있는 안정영역을 나타낸다.

철의 경우 자연 상태에서 존재할 수 있는 화학종 Fe는 물론 Fe^{2+}, Fe^{3+} 및 $Fe(OH)_2$ 등 다양한 형태가 존재한다. 이들 화학종에 대하여 종간의 열역학적인 평형으로부터 Nernst식을 사용하여 계산한 결과이다.

왼쪽의 계산 결과를 결론적으로 보았을 때, Fe로부터 부식된 형태인 단일 이온 종 및 착이온과 비슷한 형태로 안정한 영역은 바로 부식영역이 되며, 고상의 철 자체 및 수산화물에 의한 안정한 표면 피막 (hydroxide layer filmon surface)은 기저 철 소재의 안정된 영역 즉 부식면역 (immunity) 영역 및 부동태영역 (passive region)으로서 부식제어 상태에 있다고 할 수 있다. 이러한 상태도를 알면 우측의 그림에 나타낸 바와 같이 대표적인 3 가지의 부식제어 방법을 생각할 수 있다.

- ↑ 전위를 올리는 양극방식 (anodic protection)
- → 알칼리도를 높이는 환경제어 - 부식억제제 첨가 (corrosion inhibitor)
- ↓ 전위를 낮추는 음극방식 (cathodic protection) 등이다.

7.4.1 음극방식

전기적으로 부식을 방지하는 방법으로는 음극방식과 양극방식이 있다. 가장 많이 사용하는 방법이 음극방식으로 이 방법은 부식되고 있는 금속을 전기화학전지에서 음극이 되도록 하여 금속의 용해반응, 즉 부식반응을 정지 혹은 감소시키는 방법으로 전류의 흐름에 해당하는 속도로 수소발생 및 산소환원이 진행된다. 음극방식의 방법에는 구조물보다 활성전위를 갖는 금속을 이용하는 희생양극방법과 외부에서 전기를 걸어 방식을 하는 외부전원법이 있다.

[1] 희생양극법(Sacrificial anode)

희생양극방법은 부식으로부터 보호받으려는 구조물을 전기적으로 음극이 되도록 하기 위하여 구조물보다 전위가 낮은 즉 활성인 금속을 양극판으로 사용하여 활성인 금속이 희생하여 부식됨으로써 구조물의 부식을 방지하는 방법이다. 희생양극용 금속으로는 알루미늄, 아연, 마그네슘 등의 반응성이 큰 금속이 사용된다. 이들 중에서 어떤 금속이 사용될지는 희생양극의 사용개수와 환경 등에 따라 달라진다.

[2] 외부전원법(ICCP; Impressed current cathodic protection)

외부전원은 외부에서 전기를 걸어 부식으로부터 보호하고자 하는 구조물을 방식하는 방법으로 활성이 큰 금속대신에 직류정류기에 의하여 전자를 공급함으로써 부식이 일어나지 않도록 하는 방법이다. 따라서 비싼 활성의 희생양극 대신 값이 싼 금속 즉, 철 스크랩이라던가 납, 탄소, 실리콘철 등을 양극으로 하여 정류기의 전기가 흐르는 통로가 되기만 하면 된다. 희생양극법에 비하여 설치비가 비싸지만 넓은 범위에 대하여 부식을 방지할 수 있어 길이가 긴 지하매설관 등에 이용된다.

그림 7.3은 외부전원 방법에 의하여 지하에 매설된 탱크를 방식하고자 할 때의 설계도면이다. 외부의 정류기는 지하매설 탱크와 연결되어 전기를 공급할 수 있고 이때 -terminal이 탱크와 연결되어 음극이 되도록 한다. 탱크와 양극을 연결하는 전선은 외부로 전류가 누설되지 않도록 완전히 절연하여야 한다. 매설된 탱크와 양극사이에는 전류가 잘 흐를 수 있도록 설계되어야 한다. 양극은 백필(backfill) 재료로 충진되어 전류의 흐름을 원활하게 한다. 사용하는 백필 재료는 coke breeze, gypsum, bentonite등을 사용하여 양극과 주위의 토양사이의 전류흐름을 돕도록 한다.

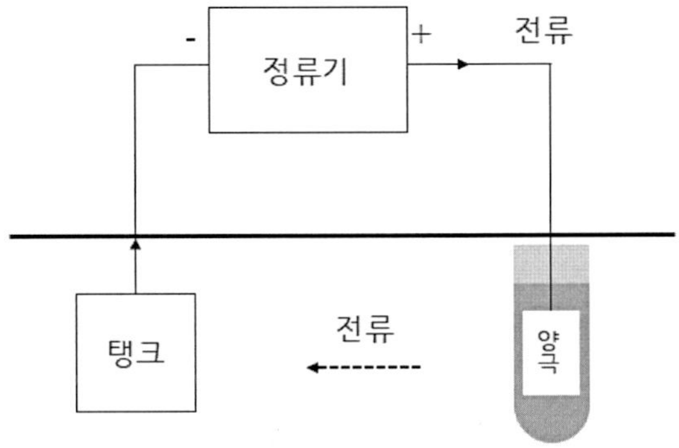

그림 7.3 외부전원법의 예(탱크)

[3] **과방식**(Overprotection)

음극방식은 부식을 방지하거나 억제할 수 있지만 외부전원방법으로 방식을 할 경우 너무 많은 전류를 흘릴 경우 과방식에 의한 문제가 발생할 수 있다.

- 전력낭비 : 필요 없이 높은 전압을 걸어 과량의 전류가 흐르면 전력비용의 낭비가 일어난다.
- 양극의 소모 증가 : 전류가 흐른 만큼 양극에서는 양극용해가 일어난다. 양극재료가 고가의 재료는 아니지만 지하에 매설되어 있는 만큼 소모되면 보충을 해주어야 하므로 비용이 들어간다.
- 수소취성, 수소균열 : 흐르는 전류가 커짐에 따라 방식되는 구조물에서 발생되는 수소의 양도 많아지며 이와 같은 수소의 과다발생은 전력의 낭비만이 아니라 구조물 내부로 확산되어 들어가 수소취성과 더 나아가 수소유기균열을 일으키게 된다.
- 알칼리화 초래 : 구조물이 양쪽성 금속일 경우 즉, 알루미늄, 아연, 납 등의 경우에는 음극에서 발생되는 알칼리($O_2 + 2H_2O + 4e^- \rightarrow 4OH^-$)에 의하여 부식이 억제되는 것이 아니라 부식이 가속화될 수도 있다

7.4.2 양극방식(anodic protection)

음극방식과 비슷한 방법으로 양극방식이 있다. 양극방식은 외부의 전자를 공급받아 부식을 방지한다는 면에서는 음극방식과 유사하지만, 그 내용에 있어서는 거의 반대되는 개념을 가지고 있다. 양극방식은 구조물의 전위를 양극으로 분극시켜 부식을 방지하는 방법으로, 부동태현상을 나타내는 금속에만 적용이 가능하다. 즉, 양극 분극에 의하여 금속에 부동태를 인위적으로 형성시키는 방법이다. 양극방식에는 갈바닉 양극방식과 전해양극방식의 두 가

지 종류가 있다. 이 방법은 모든 금속에 적용되는 것이 아니라 active-passive transition 거동을 보이는 금속에만 적용가능하다. 그 외의 금속은 양극분극에 의하여 오히려 부식이 촉진되므로 주의가 필요하다.

- 갈바닉 양극방식 : 부식 금속에 귀한 전위를 가진 금속을 합금하거나 피복함으로써 부동태를 형성시키는 방법
- 전해양극방식 : potentiostat 등의 장비를 이용하여 외부에서 전위를 귀한 방향으로 이동시켜 부동태를 형성, 부식을 억제하는 방법

7.4.3 양극방식과 음극방식의 비교

양극방식과 음극방식은 전위에 의하여 부식을 억제한다는 공통점이 있지만, 그 차이는 많으므로 장단점을 잘 살펴 적용할 필요가 있다. 적용되는 금속에 있어 음극방식은 모든 금속에 적용 가능하지만 양극방식은 부동태가 형성되는 금속에만 적용 가능하다는 제한이 있다. 둘째, 음극방식은 환경의 부식성이 약하거나 중간 정도일 때 적용할 수 있지만, 양극방식은 부식성이 매우 큰 환경에도 적용이 가능하다. 하지만, 양극방식은 음극방식에 비하여 설치비용이 큰 단점이 있다. 음극방식은 정류기만 있으면 되지만 양극방식은 고가의 potentiostat가 필요하기 때문이다. 또한, 양극방식은 부동태가 전류의 흐름을 막아주므로 흐르는 전류의 양이 적어 작동비용은 음극방식에 비하여 매우 적은 비용으로 가능하다. 양극방식은 이처럼 고가의 장비를 사용하므로 적정조건 확립이 비교적 쉬운데 비하여, 음극방식은 경험적으로 적정조건을 정하여야 하므로 많은 경험과 시행착오가 필요하다. 양극방식은 배전효과도 매우 높아 효과적인 방법임에는 틀림이 없으나 재료의 제약과 고가의 장비가 적용에 단점이 되고 있다.

그림 7.6은 음극방식과 양극방식에 대하여 흐르는 전류를 그림으로 비교한 것이다. 혼합전위이론에 의하면 전하보존이 되어야 하므로 외부에서 부가해야 할 전류는 산화전류와 환원전류의 차이만큼이다. 따라서 $i_{app(anode)} = i_{oxid} - i_{red}$ 이다.

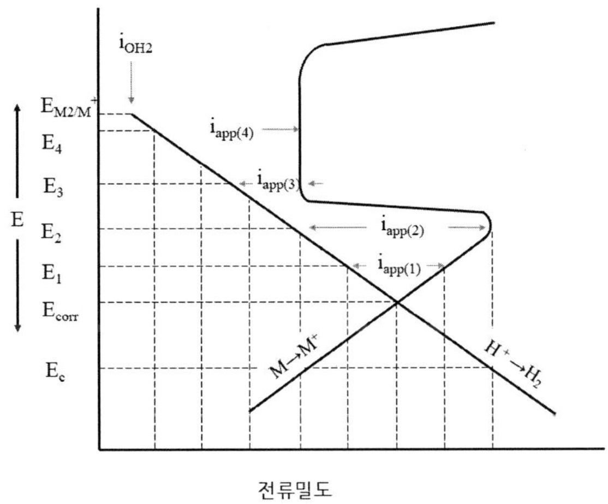

그림 7.4 부식거동에 미치는 음극전류의 영향 (양극방식과 음극방식의 비교)

여기서 $i_{app(anode)}$ 는 외부에서 가해진 양극전류밀도를 나타낸다. 이 그림에서 양극방식을 적용하는 최적 조건을 구할 수가 있는데 그림에서 보듯이 전위가 E_4일 때 최적 전위가 되는 것을 알 수 있다. 부식전위에서는 외부에서 가해지는 전류가 없을 때이며 그 때의 부식속도는 100 $\mu A/cm^2$에 해당한다. 전위가 E1으로 증가하면 외부에서 1,000 ~ 10 $\mu A/cm^2$ 의 전류가 흘러야 하고, E_2에서는 10,000-10 $\mu A/cm^2$ 의 전류가 필요하다. E_2는 최대전류가 필요한 전위이지만 E_3가 되면 외부전류는 0.9$\mu A/cm^2$ 만큼만 흐르면 된다. 최적전위인 E_4 역시 1 $\mu A/cm^2$ 의 전류가 요구되지만 부동태가 안정적이므로 양극방식의 최적조건이 된다.

[표 7.1] 양극방식과 음극방식의 비교

	양극방식	음극방식
적용 금속	활성태-부동태 전이금속	모든 금속
부식환경	부식성이 약한 금속부터 부식성이 큰 금속	부식성이 약하거나 중간 정도
설비비용	크다	작다
작동비용	대단히 적다	비교적 크다
적정조건 결정	전기화학적으로 정확히 측정	경험적으로 결정
배전효과	매우 높다	낮다

7.5 피복의 적용

방식피복 기술의 개요는 다음의 내용으로 살펴본다.

- 피복소재 일반
- 피복소재의 요구물성
- 피복소재의 선택기준
- 음극방식과 방식피복의 관계

방식피복기술을 소개하기에 앞서서 피복산업계에서 사용되고 있는 유사한 용어에 대하여 정리해 보았다.

- 피복 (coating) : 내식, 내마모 등의 목적으로 피도체에 어느 정도의 두께로 적용하는 것
- 도장 (painting) : 용매에 녹인 고분자 수지 물질을 용매 증발후 용질의 도막을 형성하는 것
- 라이닝 (lining) : 비교적 두껍게 적용된 피복층을 의미하거나 내부에 피복시키는 것

피복의 다양한 목적으로 적용되고 있으며 다음과 같다.

- 부식방지, 방수, 방화, 착색, 위생, 안전, 방오(防汚), 윤활 및 내마모, 열전달 방지, 전기절연, 방음

피복의 소재는 주로 무기금속재료 및 유기화합물재료를 사용하며, 피도체에 적용되어 방식효과를 주는 기구적인 측면에서 귀금속 내식피복 (barrier), 희생양극성 피복 (sacrificial), 절연피복 (insulation) 등으로 구별할 수 있다.

7.5.1 피복소재의 요구물성

- 방식피복재가 갖추어야 할 기술적 요구물성은 다음과 같다.
- 결합력-부착력 (adhesion) 및 전단력 (lap shear)
- 내흡습성 (resistance to moisture, waterproof)
- 기계적 강도 - 인장성질 (tensile property)
  - 파단신율 (elongation at break)
- 유전강도 (dielectric strength)

- 음극박리 저항성 (cathodic disbondment)
- 생화학적 안정성 (bacteria and chemicals)
- 내구성 (durability)
  - 열, 자외선, 균열저항성 (slow crack growth resistance)

7.5.2 피복소재의 선택기준

방식피복 소재의 일반적인 선택기준은 다음과 같다.

- 사용 환경 및 사용조건
- 재질 및 표면상태
- 시공 중의 대기조건
- 신규시공 혹은 유지관리 시공 여부
- 공장/현장 적용
- 환경규제 사항
- 비용
  - 설치비용 및 유지관리비용
  - 투자회수율(ROI)

투자회수율(Return on investment : ROI)

$$ROI = 100 \times \left[\frac{(O_a + I_a/N_a) - (O_b + I_b/N_b)}{I_b - I_a} \right]$$

여기서:

ROI = return on investment
O = annual cost of operation and maintenance
I = installed cost
N = anticipated life in years
(a and b refer to alternative installations)

가장 중요한 것은 신규재료의 사용경험에 근거하거나, 벤더(vendor)가 제시하는 유지관리 보수 비용이 되지만, 이러한 투자회수율 관점에서 새로운 방식피복재의 선택을 우선적으로 고려해 볼 만하다.

7.5.3 음극방식과 피복과의 관계

음극방식(CP)에서 피복의 중요성은 다음과 같이 요약할 수 있다.

- 실제로 모든 피복은 완벽하지 않다. 따라서 보완적인 방식방법의 도입은 매우 실용성을 높일 수 있다.
- 피복이 양호할 경우 1차적인 방식효과와 함께 음극방식에서의 방식에 필요한 소요전류를 감소시킨다.
- 또, 피복의 절연성이 부분적으로 달라 손상부가 아닌 부위에서도 방식전류의 유입은 가능하다.

적용환경조건에 따라서는 방식피복만의 적용으로 부식제어 효과를 상당히 얻어낼 수 있기 때문에 많은 부분이 단독으로 적용되기도 한다. 그러나 부식조건이 심각한 경우는 물론 부식이 상시적으로 우려되는 지역에서는 음극방식 방법을 함께 고려할 필요가 있다.

이렇게 동시 사용할 경우, 기술적 신뢰도 및 경제성은 물론 부가적 효과로서 다음의 사례 연구에서 보듯이 대부분 매입 구조물의 경우에 매우 유용한 기술조합임을 알 수 있다.

	Case 1 Bare	Case 2 Bare under CP	Case 3 Coated	Case 4 Coated with CP
Estimated Conditions	천연가스배관 (8 mile, 6 inch Dia.), 나관수명(12.5년) 나관 초기 투자비($200,000)			
Specific Conditions	총누출 64 평균보수 $100 평균유지보수 $510 총가스손실 $2,500	연간배관비 $4,284 연간CP비용 $3,400	수명 15 y 총누출 20 초기투자비 $240,000 평균보수 $125 총가스손실 $1,200	연간배관비용 $4,781 연간 CP비용 $1,342
총 연간비용	$16,710	$7,680 ($9,030 절감)	$16,247 ($463 절감)	$6,213 ($10,497 절감)

음극방식과 방식피복의 상관관계를 경제적인 관점에서 연구한 결과이다.

미국 국방부에서는 비교적 일찍 1962년에 일정한 구간의 파이프라인을 유지관리하기 위해서 소요되는 총비용의 관점에서 검토한 자료를 제시하였다. 이러한 비교자료에는 일정 나관(bare tube) 조건에서

① 음극방식만을 적용한 경우,

② 방식피복만을 적용한 경우 그리고

③ 방식피복과 음극방식을 모두 적용한 경우로 나누었다.

결과로부터 두 가지 기술을 모두 함께 적용한 경우가 나배관의 운영에 비하여 비용절감 효과가 가장 크다는 것을 보여주었다.

실제로 경제적인 계산효과는 설비의 건전성 유지라는 측면에 포함된 경우이며, 현금출납에서 잘 느끼지 못할 수 있으나, 기술적으로나 경제적으로 확실히 부식방식기술의 적용은 매우 신뢰도가 높다는 것이 보편적으로 받아들여지고 있다.

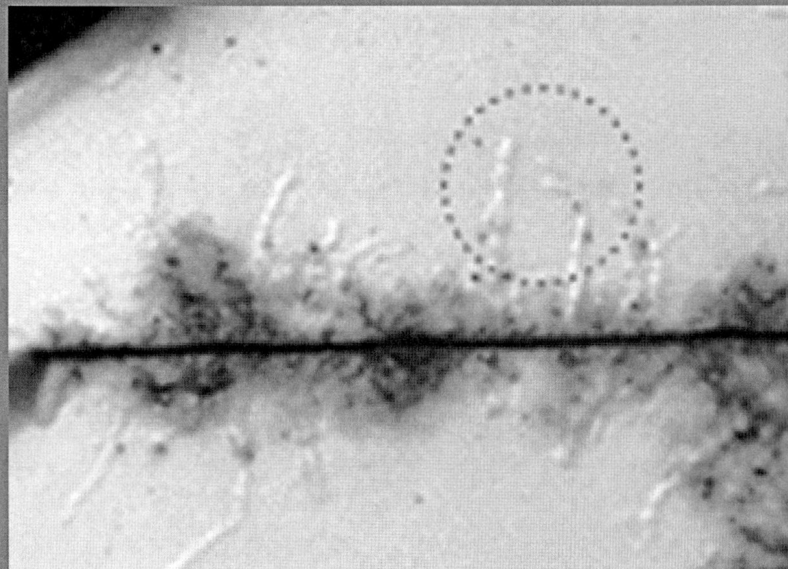

제2편
장수명 재료공학

제8장
장수명화 원리

8.1 재료의 내식성화

8.1.1 조직의 변화를 통한 부식의 방지

조직의 변화를 통한 부식의 방지 원리는 재료의 제조 과정 중에 용접이나 부적절한 열처리 과정을 거치면서 부식저항성이 열화될 경우, 이를 해소하기 위한 대표적인 장수명화 원리이다. 아래에는 2상 스테인리스강의 고내식화 원리를 설명하였다.

2상 스테인리스강을 예민화 시키면 Cr-탄화물이 오스테나이트상/페라이트상 경계에서 우선적으로 생기게 되며, 이때 탄화물중의 Cr과 탄소는 초기에는 모두 페라이트에서 공급되나 페라이트에 있는 탄소의 활동도 계수가 크기 때문에 페라이트에 고용되어 있는 농도가 작아서 곧 고갈된다. 이로 인해 탄화물의 지속적인 성장 시에는 페라이트에서 공급되는 Cr과 오스테나이트에서 공급되는 탄소의 반응으로 탄화물이 생기게 되며, 오스테나이트 쪽에서는 소량의 Cr이 공급된다. 이와 같은 결과로부터 2상 스테인리스강의 예민화에 대한 Devine의 model이 제안되었다. 그림 8.1은 Devine model로서 상경계의 페라이트 쪽은 대부분의 Cr을 공급하기 때문에 넓고 얕은 Cr고갈지역이 형성되나 오스테나이트 쪽에서는 소량의 Cr만을 공급하기 때문에 좁고 깊은 Cr고갈지역이 형성된다. 이때 오스테나이트 쪽의 Cr고갈지역이 좁기는 하나 페라이트 쪽 보다 Cr양이 적기 때문에 합금의 예민화 정도가 심하게 된다. 이처럼 오스테나이트 쪽의 Cr고갈지역이 좁기 때문에 오스테나이트에서의 Cr확산에 의해 Cr고갈지역이 빠르게 회복되어 2상계 스테인리스강이 빠르게 회복되는 것이다.

그러나 탄화물이 오스테나이트상/페라이트상 상경계에만 형성되어 있지 않고 오스테나이트 입계에도 형성된 경우에는 오스테나이트에서 Cr의 확산이 늦어서 빠른 회복이 일어나기 어렵다. 즉 2상계 스테인리스강에서 빠른 회복이 일어나기 위해서는 탄화물이 생성될 수 있는 오스테나이트상/페라이트상 상경계가 충분히 있어야 한다.

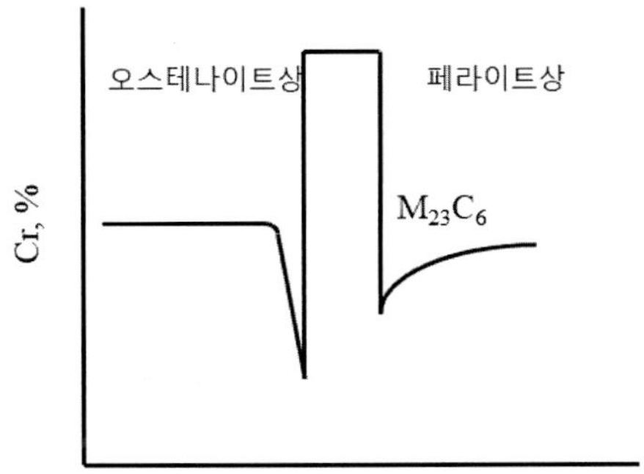

그림 8.1 예민화된 2상 스테인리스강의 계면에서의 크롬농도 분포

2상계 스테인리스강도 시효열처리를 행하면 석출상이 형성되는데 생성된 석출상은 내식성에 큰 영향을 미친다. 이때의 석출상으로는 우선 탄화물이 있고 페라이트의 분해가 있는데, 그림 8.2는 600°C에서 열처리할 때 나타나는 오스테나이트상/페라이트상 계면과 페라이트에서의 미세구조 변화를 나타내고 있다. 단시간 시효하면 오스테나이트상/페라이트상 경계를 따라서 탄화물이 석출하고 열처리를 2시간 이상 해주면 페라이트의 분해가 일어난다. 초기에는 오스테나이트상/페라이트상 경계에서 페라이트가 $\gamma_2+M_{23}C_6$의 세포형 생성물이 생성되고 이때 γ_2는 약 14%의 Cr을 함유하고 있다. 시효시간이 좀더 길어지면 페라이트는 먼저 단상의 γ_2로 된 후에 단상의 시그마로 되고 마지막에는 오스테나이트와 페라이트의 2상 구조가 된다. 이와 같은 600°C에서 발생하는 변태는 500°C와 700°C에서도 발생하는데 변태에 필요한 시간은 550°C의 변태는 600°C에 비하여 길고 700°C의 경우는 600°C에 비하여 짧다.

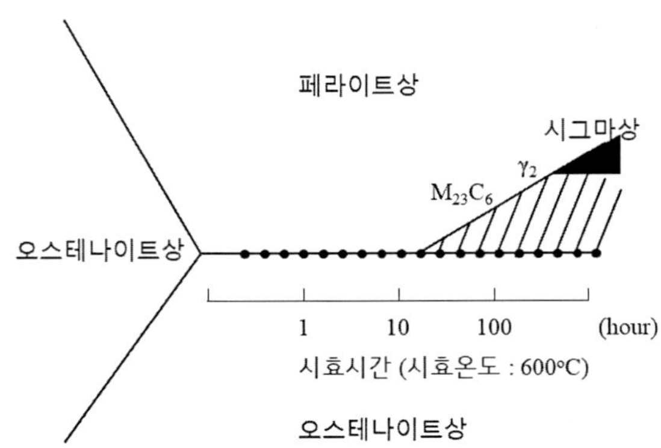

그림 8.2 시효열처리 시간에 따른 2상 스테인리스강에서 생성될 수 있는 조직변화

만일 이상과 같이 용접이나 시효열처리 등으로 인하여 부식저항성이 열화된다면 그 수명을 향상시킬 수 있는 대표적인 방법으로는 용체화열처리(Solid solution heat treatment)를 통

하여 석출상을 분해하고 고갈지역을 해소하는 방법을 적용하는 것이 바람직하다.

8.1.2 응력의 변화를 통한 부식의 방지

부식성 분위기 중에 있는 금속 및 합금에 대하여 인장응력이 부가되면 아래 그림 8.3에서 볼 수 있는 바와 같이 부식손상이 발생될 수 있다. 대표적인 부식손상은 다음과 같다.

① 응력부식균열

② 부식피로

③ 수소취성 등

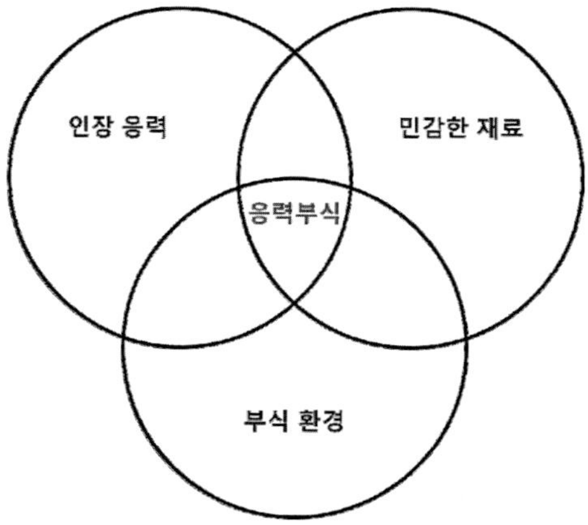

그림 8.3 부식성 분위기 및 인장응력 하에서 발생될 수 있는 부식손상

인장잔류응력의 발생은 대표적으로 용접과정을 통하여 생성된다. 용접 시 용접열원에 의한 국부적인 급속가열 및 냉각으로 인해 용접부 주변은 위치와 시간에 따라 불균일한 온도분포가 발생한다. 이와 같은 불균일 온도분포는 용접부가 열팽창 또는 수축하려는 현상을 용접부에서 떨어진 저온 상태의 부재가 구속하게 된다. 그러므로 열응력과 열변형이 발생하고, 이 상태에서 열응력이 항복조건에 도달하여 소성변형이 발생하고, 냉각 후 용접부 인근에는 응력과 변형이 남게 된다. 용접 공정에서 발생하는 잔류응력은 균열의 생성과 성장 및 피로파괴의 원인이 되어 구조 건전성을 저해하게 되므로 용접잔류응력을 최소화하는 공정에 대한 검토와 적용이 필요하다.

일반적으로 잔류응력을 완화하는 방법에는 응력완화 후열처리, 저온응력완화법, 기계적 응력완화법, 표면처리에 의한 응력완화법 등이 있다. 표면처리에 의한 잔류응력 완화법은 사용하는 에너지의 종류와 매질에 따라 쇼트 피닝(Shot peening), 레이저 충격 피닝(Laser shock peening), 초고압수 피닝(Water jet peening), 초음파 피닝(Ultrasonic peening) 등이 있다.

[1] 쇼트 피닝 기술

쇼트 피닝은 금속부품의 표면에 쇼트볼을 고속으로 투사하여 금속의 표면을 해머링(Hammering)하는 기술이다. 쇼트 피닝은 쇼트볼을 금속표면에 고속 충돌시키면 쇼트볼의 운동에너지가 순간적으로 재료의 표면에 소성변형(plastic deformation)을 일으키게 되고, 표면층에 요철이 발생함과 동시에 표면에 얇은 소성 변형층이 형성된다. 이 변형층은 늘어나기 전의 상태로 유지하려는 힘이 작용하게 되어 표면은 압축잔류응력, 내부는 인장응력을 가져 평형을 이루게 된다. 표면층의 압축잔류응력의 크기는 가공조건에 따라 차이가 있으며, 일반적으로 표면에서 깊이 0.1~0.25mm 정도에 분포되고 특수한 경우 1mm까지 분포층을 형성시킬 수도 있다. 그림 8.4는 쇼트 피닝의 원리를 보여주고 있다.

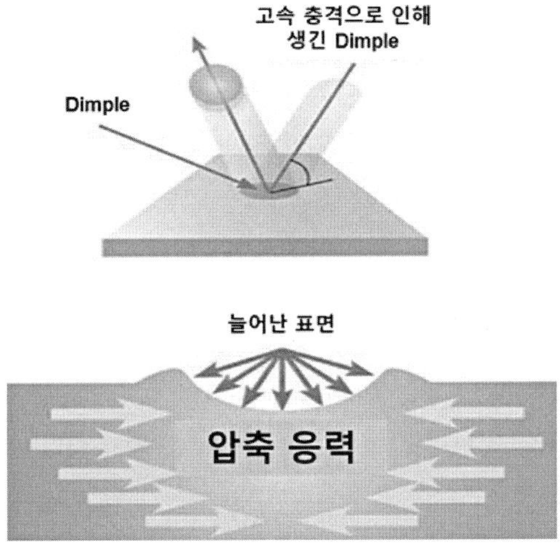

그림 8.4 쇼트 피닝된 시편

[2] 레이저 충격 피닝 기술

레이저 충격 피닝은 미국에서 80년대 말에 개발된 특허기술로서 항공기 부품의 수명 향상을 목표로 개발된 기술이다. 원리는 표면의 국소 부위에 물을 2mm 정도의 두께로 흘리고, 여기에 고에너지 레이저의 빔을 쏘아 순간적으로 플라즈마 상태가 되면서 형성되는 충격파가 표면에 소성변형과 압축잔류응력을 유발한다. 쇼트 피닝에 비해 압축응력의 크기나 깊이에서 가장 우수한 효과를 얻고 있으나 표면층의 열 변형으로 추가가공이 필요하고, 고가의 시스템임에도 1회에 처리할 수 있는 표면이 적은 단점을 갖고 있다. 그림 8.5는 레이저 충격 피닝의 원리를 보여주고 있다.

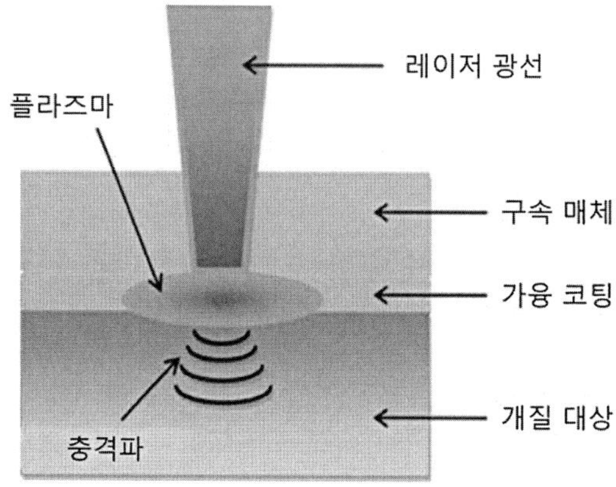

그림 8.5 레이저 충격 피닝의 원리

[3] 초고압수 피닝 기술

초압수 피닝은 물을 고압으로 압축한 후 미세한 노즐을 통해 표면에 분사시켜 압축잔류응력을 유발하는 기술이다. 그림 8.6은 초고압수 피닝의 원리를 보여주고 있다.

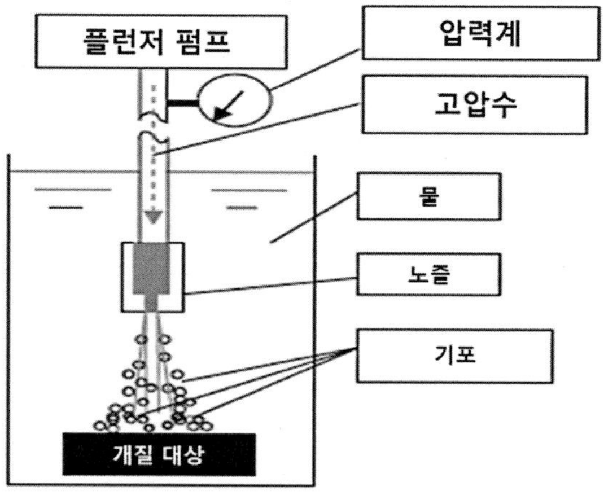

그림 8.6 초고압수 피닝의 원리

다른 기술에 비해 압축잔류응력 부가의 효과가 떨어지나, 처리된 부품의 표면정밀도가 양호하고, 복잡한 형상의 부품(기어나 노치부위)에 처리의 접근성이 좋고 경제적이다. 또한, 열의 영향을 받지 않으며, 처리제품에 크랙의 원인이 되는 이물질이 박힐 문제점이 없어 쇼트 피닝 기술의 대안으로서 전망이 좋은 장점이 있다.

[4] 초음파 피닝 기술

초음파 피닝 시험 장치는 초음파를 발생시키는 발전기와 실제 초음파를 물리적인 힘으로 변환시키는 피닝 도구로 구성되며, 표면에 초음파를 발생시킨 팁을 진동시켜 압축잔류응력을 발생시키는 기술이다. 용접부에 적용 시 형상의 개선을 통해 응력 집중을 완화시키고, 용접부 주위의 잔류응력 상태를 변화시키는 효과 등이 있다. 다양한 연구를 통해 처리 후 압축잔류응력의 형성과 피로강도의 향상이 입증되었으며, 항공 및 자동차 산업 등 다양한 산업에도 적용되어 사용되고 있다. 그림 8.7은 초음파 피닝 원리를 보여준다.

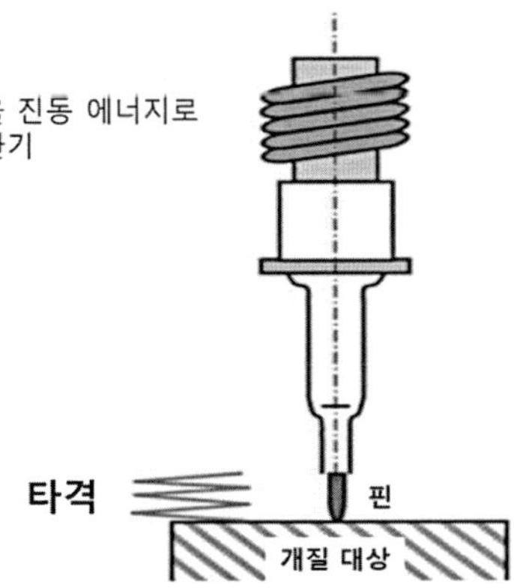

그림 8.7 초음파 피닝된 시편 표면

[5] 가압형 초음파 피닝 기술

가압형 초음파 피닝(UNSM, Ultrasonic Nano-crystalline Surface Modification) 기술은 압전소자와 진동자(BLT, Bolt-clamped Langevin Transducer)를 이용해 전기적 에너지를 기계적 진동에너지로 변환하는 과정을 거쳐서 진동 혼(Horn)을 통한 탄성 진동파 전달 및 증폭시킨 초음파 진동에너지를 최종 Ball Tip을 통해 금속표면에 단위면적당 1,000~4,000/㎟ 정도 타격을 가하여 극소성변형의 발생으로 표층부의 조직을 나노결정 조직으로 개질함과 동시에 아주 크고 깊은 압축잔류응력을 부가하는 기술이다. 다른 표면처리기술들은 정적인 하중 또는 동적인 하중만을 부가하는 방법이지만 UNSM 기술은 정적 하중(Static load)에 추가적으로 동적 하중(Amplitude)을 부가하는 차별화된 기술로서 기본적인 가공기구는 그림 8.8과 같이 설명할 수 있으며, 이 UNSM 장치는 공작기계에 부착하여 환형물, 평면형상 및 자유곡면

형상물의 표면을 가공할 수 있다. 또한, 레이저 피닝과 초고압수 피닝에 비해 시스템이 비교적 단순하여 평활한 표면에 적용이 용이하다. 연마한 금속에 UNSM 처리 시 보조개(dimple)가 생성되면서 보조개 패턴을 형성하게 되고, 이 표면은 연마한 표면보다 거칠기가 낮아지는 효과가 있다. 또한, 금속 표면을 타격하여 표층부를 나노 구조화시키고, 포면 경도를 향상, 압축잔류응력을 형성시킨다. 압축잔류응력과 표면상태는 피로파괴에 큰 영향을 주는 인자임으로 다양하게 활용될 수 있다. 그림 8.8은 UNSM의 원리를 보여주고 있다.

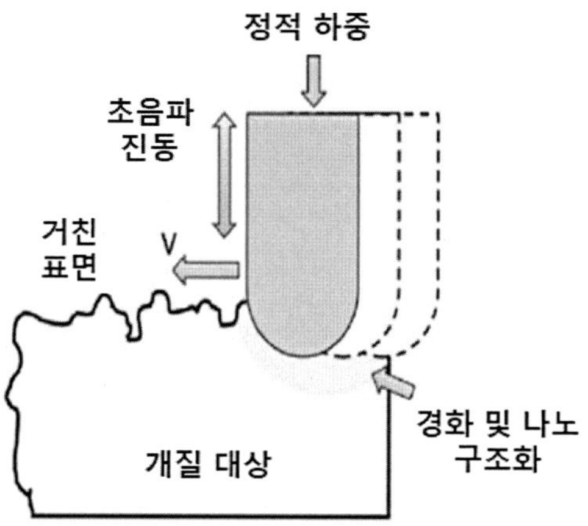

그림 8.8 UNSM 장치 개요

8.1.3 조성의 변화를 통한 부식의 방지

조성의 변화를 통한 부식의 방지 원리는 크게 2가지로 요약할 수 있다: 첫째, 특정 합금계에 내식성을 향상시킬 수 있는 원소를 합금화하는 방법과 둘째, 정련과정을 통하여 합금 중의 불순물 등을 제거하여 주는 것이다.

[1] 합금성분의 변화

대표적인 예로는 304형 스테인리스강에 다양한 원소를 합금화하여 여러 가지의 합금계를 제조한 것이다. 대표적인 예를 아래 그림 8.9에 나타내었다. 스테인리스강의 내식성은 공식저항지수(PRE_{16} = %Cr + 3.3(%Mo + 0.5%W) + 16%N) 식 등을 통하여 예측할 수 있으며, 이 값이 40을 넘을 때 이를 초내식성 스테인리스강(Super Stainless Steel)이라 부른다(이는 탄소강으로부터 내열강 그리고 초내열 합금(Super Alloy)이 개발된 것과 궤를 같이한다.).

다양한 내식성과 미세조직을 갖는 스테인리스강의 합금 설계 및 내식성 평가 및 수명

예측에 대해서는 제9장에 자세히 서술하였다.

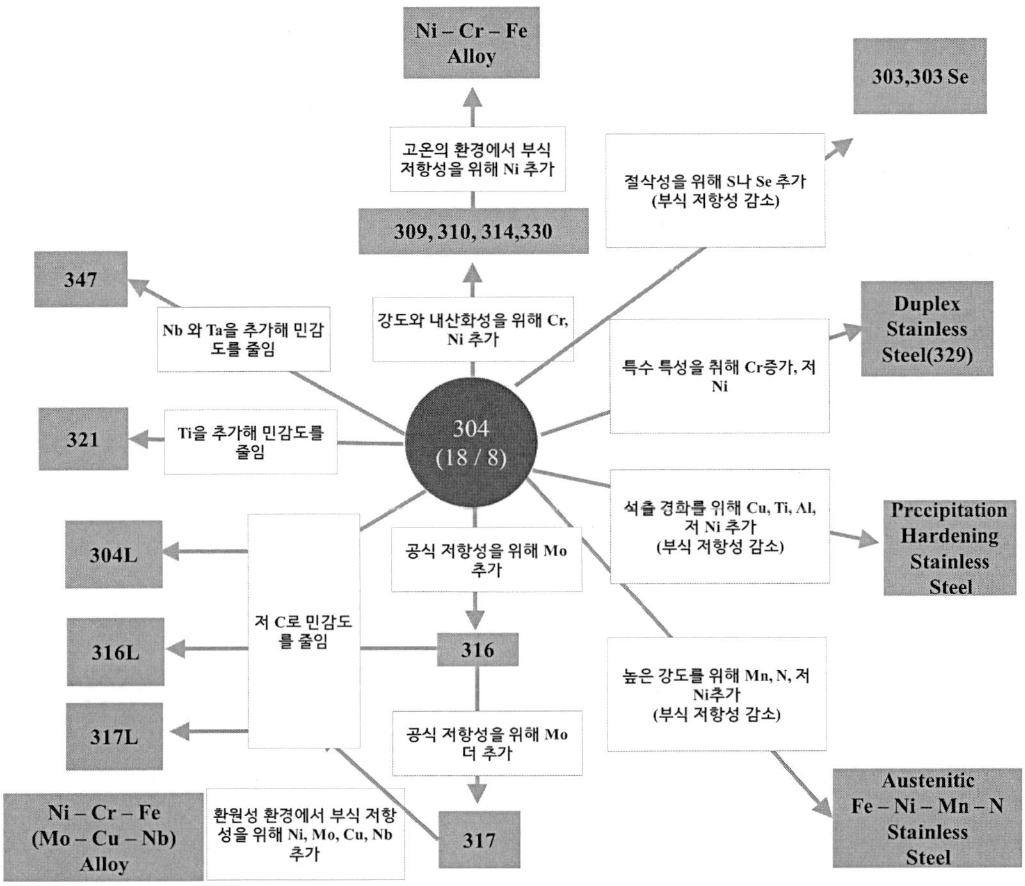

그림 8.9 304형 스테인리스강에 대한 합금화를 통한 재료의 발전과정

[2] 정련 과정

금속의 내식성을 향상시키기 위한 정련(Refining)은 금속 및 합금 중에 존재하면서 내식성을 악화시키는 불순물을 제거하는 과정을 의미한다. 대표적인 예는 다음과 같다:

① 철강재료에서의 S, P, O 등의 정련

② 스테인리스강에서의 C의 저감

③ 알루미늄에서의 Fe, Cu, Ni 등의 저감

8.2 부식환경 변화

부식을 방지하기 위하여 내식재료로 바꾸는 것 다음으로 많이 고려되는 것이 부식분위기의 변화이다. 부식을 일으키는 정도는 온도, 유속, 산소 혹은 산화제의 농도, 부식액의 농도 등이 영향을 미치므로 이들 중의 하나 혹은 그 이상을 조금이라도 바꿀 수 있으면 부식성은 크게 바뀔 수 있다. 한편, 부식용액이나 공기 중에 부식을 억제할 수 있는 억제제를 사용하는 방법이 있다.

8.2.1 부식분위기의 변화

[1] 실내 환경의 제습(除濕)

실내에 설치된 장치 및 설비의 대기부식은 대기 중의 수증기가 결로(結露)하여 발생하므로 대기 중의 습기를 제습하면 기온이 내려가도 노점 이상이면 부식이 발생하지 않는다. 간단한 제습 방법으로는 금속제품을 기밀한 용기에 넣고 실리카겔 혹은 활성알루미나 등과 같은 건조제를 사용하는 것이다. 제습장치에는 냉동에 의한 방법과 흡착체 및 흡수제 등을 사용하는 방법이 있다. 대량의 공업용으로 이용되는 건습제는 글리세린, 디에틸렌글리코올, 트리에칠렌글리코올 및 $LiCl_2$ 등이 있다.

[2] 가열에 의한 부식방지

실내 환경 내의 금속의 결로현상을 억제하기 위해 금속표면을 항상 대기의 노점온도 이상으로 유지하면 된다. 그러므로 실내의 대기를 가열하여 그 상대 습도를 낮게 하여 부식을 방지하는 것이다.

[3] 용존산소 제거에 의한 방식

수용액 속의 용존산소는 금속의 부식속도에 상반된 2가지 측면의 영향을 가지고 있다. 산소는 산소 환원반응에 의해 중성에 가까운 용액 내에서는 금속의 부식을 가속시키지만, 다른 한편으로는 금속표면의 산화피막의 형성에 의해 안정화시켜 부식속도를 지연시키는 작용을 한다.

담수 또는 해수에서의 강제금속의 부식을 억제시키는 효과적인 방법은 용해산소의 농도를 감소시키는 것이다. 수용액 중의 용존산소를 제거하는 방법에는 크게 기계적 탈기법과 화학적 탈산소법이 있다.

1) 기계적 탈기법 (deaeration) : 수용액의 가열이나 감압에 의해 산소를 물리적으로 제거하는 방법으로 대용량에 효과적이다.
2) 화학적 탈산소법(deactivation) : 수용액 중의 산소와 반응하는 물질에 의해서 산소를 제거하는 방법이다.

탈산소제에는 아황산소다(Na_2SO_3)를 수용액 중에 넣으면 다음 식에 의해 산소가 제거된다.

$$Na_2SO_3 + 1/2O_2 \rightarrow Na_2SO_4$$

그러나, 아황산소다의 첨가는 보일러 수중에 Na_2SO_4를 남기기 때문에 화력발전소와 같은 고압보일러에는 하이드라진(hydrazine, N_2H_4)을 사용해서 수중의 산소를 제거한다.

$$N_2H_4 + O_2 \rightarrow N_2 + 2H_2O$$

8.2.2 부식억제제의 적용

[1] 부식억제제의 종류

그림 8.10은 부식억제제의 종류와 방식원리를 보여주고 있다.

1) 양극억제제

양극억제제는 양극분극(anodic polarization)을 증가시켜서 부식전위를 (+)방향으로 변화시켜 금속의 표면에 부동태를 만드는 것이다. 양극억제제로는 정인산염(orthophosphate, M_3PO_4), 규산염(silicate, $xM_2O \cdot ySiO_2$), 아질산염(nitrite, MNO_2), 크롬산염(chromate, M_2CrO_4) 등이 있다. 이러한 양극억제제는 일반적으로 양극표면으로 이동해 가서 그 표면에 부동태를 만드는 음이온을 가지는 화합물이며, 때로는 양극표면에서 용존하고 있는 산소와 결합하고 있는 경우도 있다.

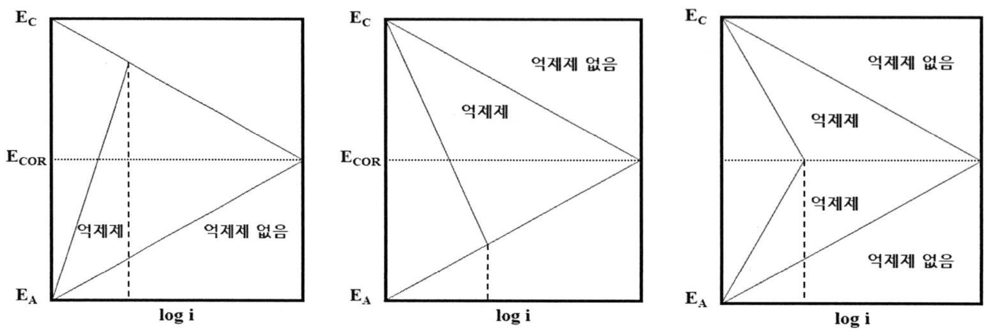

(1) 양극억제제 (2) 음극억제제 (3) 혼합억제제

그림 8.10 억제제의 종류

양극억제제는 효과적이어서 널리 사용하고 있지만, 사용에 주의를 해야 한다. 억제제의 침투량이 부족하면 양극의 전체표면을 덮을 수 없기 때문에 소양극-대음극의 위험한 현상이 발생하여 피복되지 않은 부위가 양극으로 작용해서 심한 공식을 일으킬 수 있다.

2) 음극억제제

음극억제제는 금속의 활성태 영역에서 음극분극을 증대시켜 부식전위를 (-)방향으로 변화시켜서 양극반응을 억제시키는 억제제이다. 일반적으로 음극억제제는 음극표면으로 이동해 가서 이 표면에 화학적 혹은 전기화학적으로 석출하여 그 표면을 차단하여 고립시키는 양이온을 의미한다.

대표적인 음극억제제는 중합인산염과 아연염 등이 있다. 중합인산염은 수중에서 해리되어 음이온으로 존재하며, 칼슘이온이나 아연이온과 결합하여 양전하를 갖는 미소결정으로 되어 석출하여 보호피막을 형성한다.

3) 혼합 억제제

유기물 부식억제제는 산에 금속을 산세(酸洗)할 때 사용하는 산세용 억제제나 전기도금에서 사용하는 결정성장 억제제(광택제) 등이 있으며, 이들은 질소 혹은 유황을 포함하고 있다. 이들 억제제는 전 금속표면에 흡착되므로 흡착성 억제제라고 하며, 통상 양극반응과 음극반응을 동시에 억제하는 혼합 억제제이다.

[2] 억제제의 선정

부식억제제의 효과는 보호피막의 특성에 따라 다르지만, 금속표면과 밀착성이 좋고 치밀한 보호피막을 형성하는 우수한 특징이 있다. 부식억제제를 사용할 경우 설비, 사용 환경에 따른 효과 등을 고려하여 선정해야 한다.

- 공해방지 기준에 적합할 것
- 저농도로 부식억제 효과가 클 것
- 스케일 생성을 조장하지 않을 것
- 방식피막이 두꺼우며 열전도에 지장이 없을 것
- 장시간 분해되지 않고 안정하게 부식억제 효과를 나타낼 것

양극억제제는 대단히 효과적이어서 널리 사용되고 있지만 사용에 신중을 기해야 한다. 억제제의 양이 부족할 경우, 양극의 전체 표면을 덮을 수가 없게 되며, 따라서 소양극-대음극의 위험한 현상이 발생하여 심한 공식을 일으킬 수 있다. 이럴 경우, 억제제는 제 역할을 못할 뿐만 아니라 오히려 부식을 촉진시킨다. 아래 그림 8.11은 그러한 상황을 보여주는 그림이다. 산화제의 농도가 불충분한 영역에서는 일부분은 부동태화가 되어 부식속도가 낮으나 다른 부위는 부식이 되어 부식속도가 큰 것을 보여준다. 그림 8.12는 이를 분극곡선으로 설명하는 것으로 2~4번의 조건이 이와 유사한 것이다. 특히, 양극억제제와 흡착억제제에 의한 장수명화 원리에 대하여 제10장에 자세히 서술하였다.

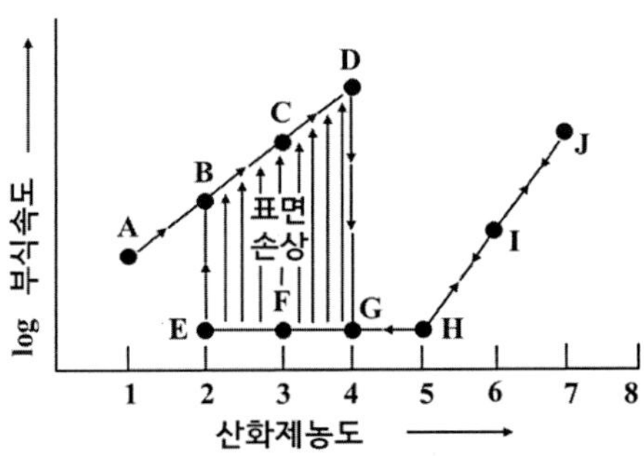

그림 8.11 억제제 농도와 부식속도

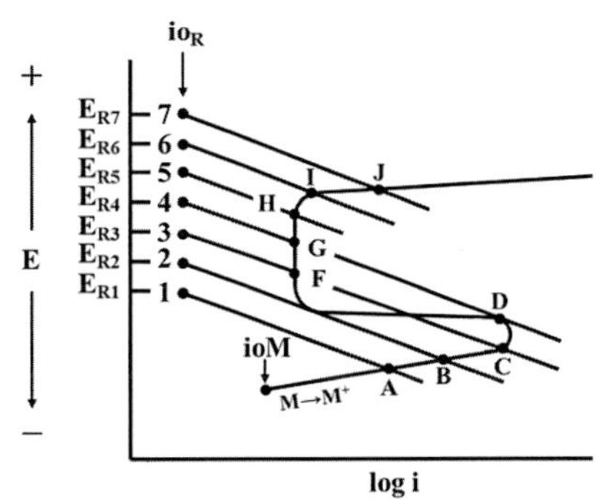

그림 8.12 억제제 농도와 분극곡선

8.3 설계

보통 설비를 설계하는 경우 기계적 강도 및 기능을 고려하여 설계를 하지만, 모든 구조물은 부식성 환경에 있으므로 부식문제를 고려해서 설계하는 것이 바람직하다.

8.3.1 기본적인 필요조건의 설정

계산에 의해서 결정된 구조물의 수명, 구조물이 받게 되는 기계적 응력, 유지 및 보수의 용이성 등은 재료의 선택, 표면처리방법 그리고 설계에 대단히 큰 영향을 미친다. 이러한 관점에서 다음과 같은 기본적인 필요조건을 설정하는 것이 좋다.

- 구조물이 어디에 사용될 것인가?
- 구조물의 수명은 얼마나 요구되는가?
- 유지 및 보수하기는 쉬운가?
- 정지 또는 운휴를 해도 별다른 문제가 없는가?
- 구조물이 사용된 분위기의 부식성은 어떠한가?
- 어떤 종류의 부식이 발생할 것으로 예상되는가?
- 부식피로 또는 응력부식균열의 위험성은 없는가?
- 고온, 고압, 고유속 등의 분위기는 아닌가?

8.3.2 표면처리 및 기타 방식처리

부식을 방지함과 동시에 겉모양을 아름답게 하기 위하여 대부분의 구조물에는 표면처리를 실시한다. 설계자는 최소한 이러한 표면처리의 기본적인 사항에 대해서 알고 있어야 한다.

- 구조물은 도장될 것인가? 아스팔트를 사용할 것인가? 고무를 입힐 것인가?
- 구조물의 유지는 쉬우며, 그것은 표면처리의 선택으로 가능한가?
- 표면피복의 수명은 얼마로 예상되는가?
- 음극방식 또는 부식억제제를 피복 대신 사용할 수 있는가?
- 구조물 중에서 특히 표면이 견고해야 할 부분은 없는가?

8.3.3 일반적 설계법칙

일반적으로 적용되는 설계법칙을 요약하면 다음과 같다.

- 법칙 1 : 형상을 단순하게 설계하라
- 법칙 2 : 배수 및 청소가 쉽도록 설계하라
- 법칙 3 : 갈바닉 부식을 고려하면서 설계하라
- 법칙 4 : 접합에 주의하여 설계하라
- 법칙 5 : 사용 시 손상될 우려가 있는 부품은 쉽게 대치할 수 있도록 설계하라

- 법칙 6 : 부식분위기에 노출되는 부품은 과도한 기계적 응력이 생기지 않도록 설계하라
- 법칙 7 : 열전달장치, 열교환기 등에서 균일한 온도기울기가 만들어지도록 설계하라
- 법칙 8 : 불균일한 상태를 피하도록 설계하라

8.3.4 부식방지를 위한 구조 설계

그림 8.13은 농축용액과 희박용액을 혼합하는 용기를 설계한 사례이다. 좌측은 부적절한 설계결과로서 원으로 표시된 부분에서 벽을 따라서 농축용액이 흘러내릴 가능성이 있다. 우측은 용기 벽으로부터 멀리 떨어져서 농축용액이 유입되면서 혼합하도록 잘 설계되어 있다.

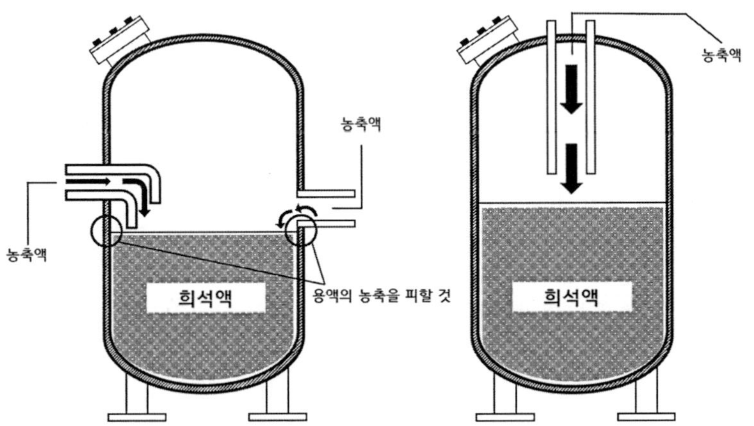

그림 8.13 농축용액과 희박용액의 혼합용기 설계 사례

그림 8.14는 용액을 가열하는 가열기 설계 사례이다. 좌측은 부적절한 설계결과로서 원으로 표시된 부분에서 히터의 아래나 옆으로 틈이 생겨서 국부적인 열의 집중이 예상된다. 우측은 열점(hot spot)이나 막힌 부분이 없도록 잘 설계되어 있다.

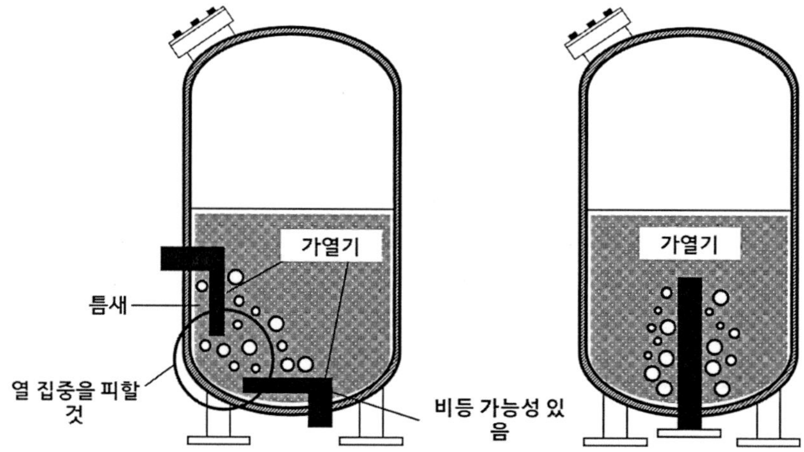

그림 8.14 용액 가열기 설계

그림 8.15는 국부적인 냉각을 방지하도록 설계한 사례이다. 좌측은 부적절한 설계결과로서 강 지지대가 용기의 바닥면과 직접 닿아 있어 지지대 외부로부터 냉각에 의한 영향을 받도록 되어 국부적인 응축현상이 있을 가능성이 있다. 우측은 강 지지대를 단열함으로써 이러한 문제를 해결하도록 잘 설계되어 있다.

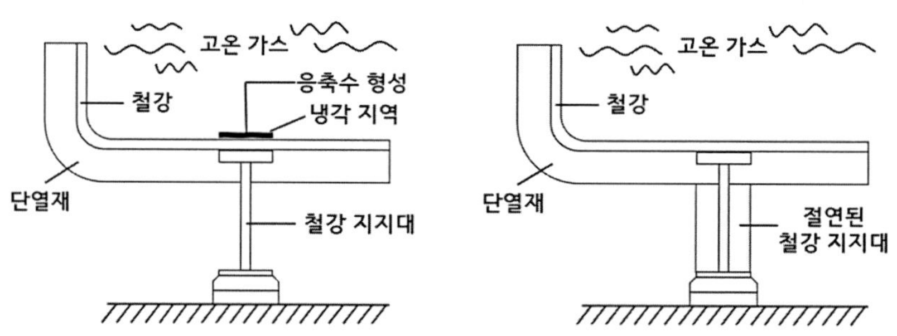

그림 8.15 국부적 냉각 방지 설계

그림 8.16은 액상과 기상을 다 담고 있는 용기를 설계한 사례이다. 좌측은 부적절한 설계결과로서 각이 진 부분에서는 뜨거운 기상이 모여 있을 가능성이 있다. 우측은 용기 상부를 곡면처리함으로써 이러한 문제를 해결하도록 잘 설계되어 있다.

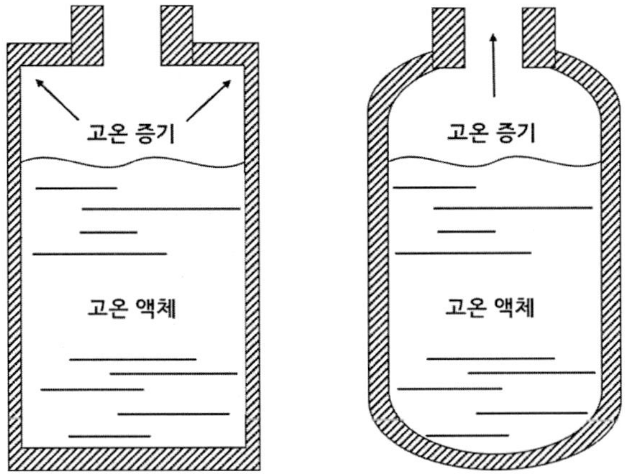

그림 8.16 액상과 기상 보관 용기 설계

그림 8.17은 관과 관판의 접촉부위를 설계한 사례이다. 좌측은 부적절한 설계결과로서 관이 관판 밖으로 돌출되어 있어서 부식생성물이 부착될 가능성이 크다. 우측은 관과 관판이 평면으로 되도록 설치되어 문제가 발생되지 않도록 잘 설계되어 있다.

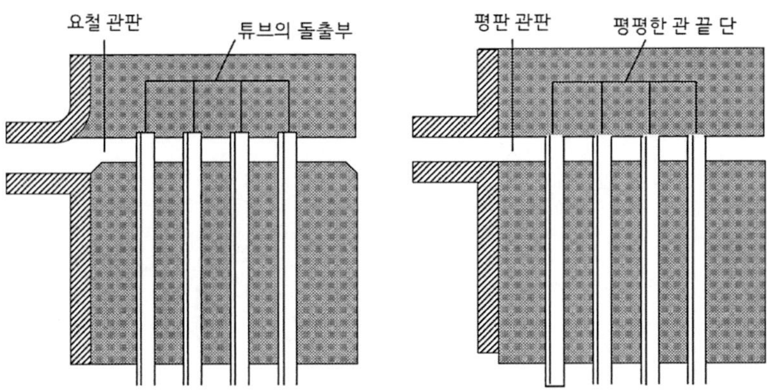

그림 8.17 관과 관판의 접촉부위 설계

그림 8.18은 배수구를 설계한 사례이다. (a)는 부적절한 설계로서 배수를 행한 뒤에 용액이 용기 내에 남게 되는 문제점이 있다. (b)는 배수가 완전하게 되도록 잘 설계된 결과물이며 그 중에서 가장 오른쪽 설계가 최적 설계결과물이다.

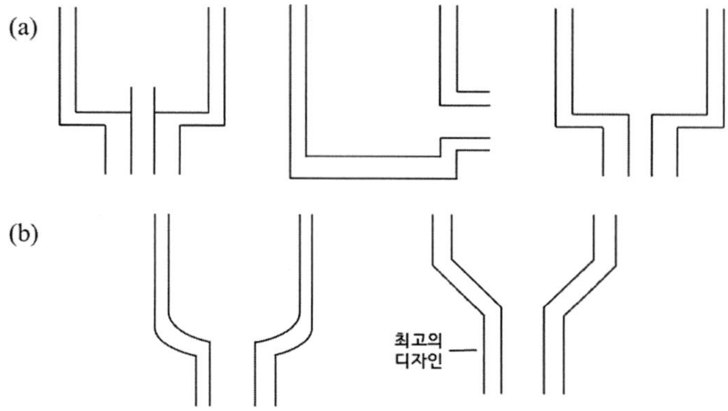

그림 8.18 배수구 설계

그림 8.19는 용기 내에 있는 용액이 흘러 넘쳐서 외면이 부식되는 것을 보여주는 사례이다. 윗 그림은 부적절한 설계결과로서 용액이 흘러 넘치게 되면 아래 부분에 물질이 쌓여서 부식의 원인을 제공하게 된다. 아래 그림은 흘러 넘친 용액이 쌓이지 않도록 잘 설계되어 있다.

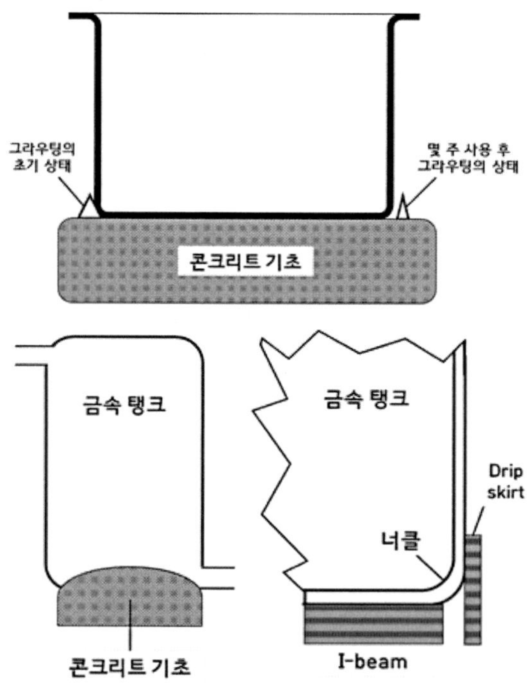

그림 8.19 용액 넘침에 따른 용기 부식방지 설계

그림 8.20은 배관의 내부에서 과도한 와류가 발생되지 않도록 설계한 사례이다. (a)는 부적절한 설계결과로서 배관의 이음매가 돌출되거나 함몰되어 있어서 과도한 와류가 발생하게

되고 부식을 유발할 수 있다. (b)는 와류가 생기지 않도록 잘 설계되어 있다.

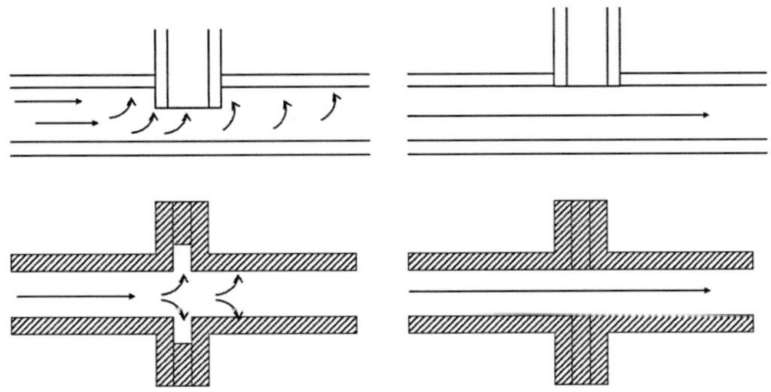

그림 8.20 배관 내부 와류방지 설계

8.4 전기방식

물 혹은 수용액에서 금속부식은 전기화학적 기구에 의해서 발생하기 때문에 전기화학적인 방법에 의하여 부식을 억제시킬 수 있다. 근본적으로 금속의 분극(Polarization), 전극전위를 변화시키는 것을 전기방식(Electric protection)이라고 하며, 양극방식(AP: Anodic protection)과 음극방식(CP: Cathodic protection)으로 나누어진다.

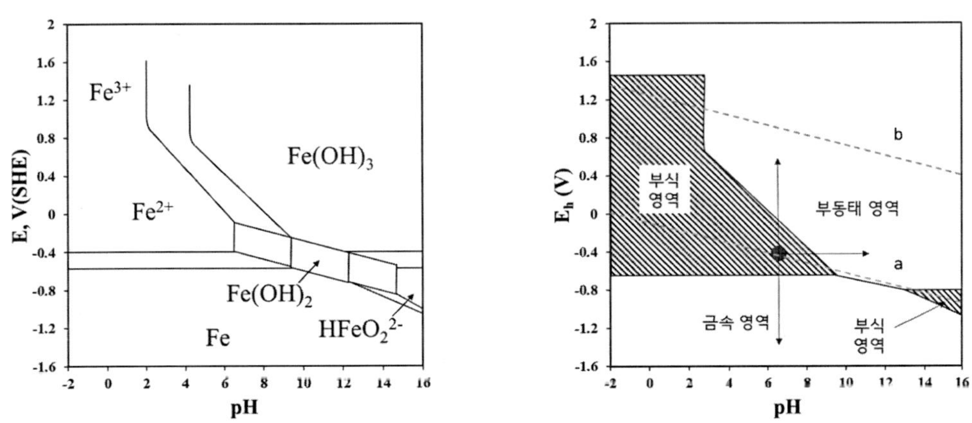

그림 8.21 Fe-H_2O계의 E-pH도(부식상태도)

그림 8.21은 Nernst 식에 근거하여 철금속 물질의 이론적인 E-pH 상태도이다. 상태도는 기본적으로 어떤 금속 또는 이온 상태가 전극전위 (E)와 부식 환경 (pH)의 조건에서 안정한 종(species)인지를 열역학적인 조건에 바탕을 두고 계산한 결과로서 각 종의 존재할 수 있는 안정영역을 나타낸다.

철의 경우 자연 상태에서 존재할 수 있는 화학종 Fe는 물론 Fe^{2+}, Fe^{3+} 및 $Fe(OH)_2$ 등 다양한 형태가 존재한다. 이들 화학종에 대하여 종간의 열역학적인 평형으로부터 Nernst식을 사용하여 계산한 결과이다. 왼쪽의 계산 결과를 결론적으로 보았을 때, Fe로부터 부식된 형태인 단일 이온 종 및 착이온과 비슷한 형태로 안정한 영역은 바로 부식영역이 되며, 고상의 철 자체 및 수산화물에 의한 안정한 표면 피막은 기저 철 소재의 안정된 영역 즉 부식면역(immunity) 영역 및 부동태 영역 (passive region)으로서 부식제어 상태에 있다고 할 수 있다. 이러한 상태도를 알면 우측의 그림에서와 같이 대표적인 3 가지의 부식제어 방법을 생각할 수 있다.

- ↑ 전위를 올리는 양극방식 (anodic protection)
- → 알칼리도를 높이는 환경제어 - 부식억제제 첨가 (corrosion inhibitor)
- ↓ 전위를 낮추는 음극방식 (cathodic protection) 등이다.

8.4.1 음극방식

전기적으로 부식을 방지하는 방법으로는 음극방식과 양극방식이 있다. 가장 많이 사용하는 방법이 음극방식으로 이 방법은 부식되고 있는 금속을 전기화학 전지에서 음극이 되도록 하여 금속의 용해반응, 즉 부식반응을 정지 혹은 감소시키는 방법으로 전류의 흐름에 해당하는 속도로 수소발생 및 산소환원이 진행된다. 음극방식의 방법에는 구조물보다 활성전위를 갖는 금속을 이용하는 희생양극방법과 외부에서 전기를 걸어 방식을 하는 외부전원법이 있다.

[1] 희생양극법(Sacrificial anode)

희생양극방법은 부식으로부터 보호받으려는 구조물을 전기적으로 음극이 되도록 하기 위하여 구조물보다 전위가 낮은 즉 활성인 금속을 양극판으로 사용하여 활성인 금속이 희생하여 부식됨으로써 구조물의 부식을 방지하는 방법이다(그림 8.22). 희생양극용 금속으로는 알루미늄, 아연, 마그네슘 등의 반응성이 큰 금속이 사용된다. 이들 중에서 어떤 금속이 사용될지는 희생양극의 사용개수와 환경 등에 따라 달라진다.

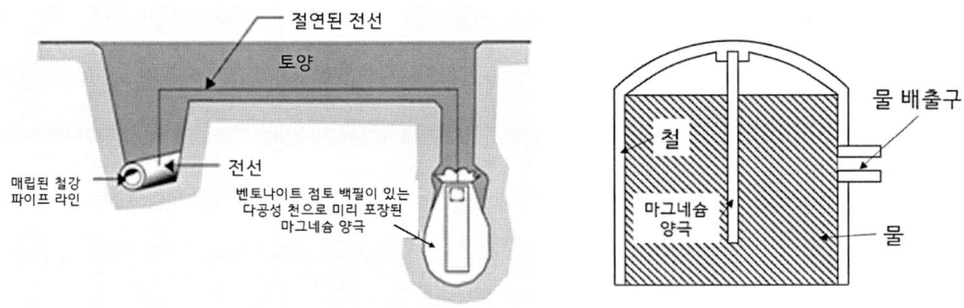

그림 8.22 희생양극법을 적용한 사례

[2] **외부전원법**(ICCP; Impressed current cathodic protection)

외부전원은 외부에서 전기를 걸어 부식으로부터 보호하고자 하는 구조물을 방식하는 방법으로 활성이 큰 금속대신에 직류정류기에 의하여 전자를 공급함으로써 부식이 일어나지 않도록 하는 방법이다. 따라서 비싼 활성의 희생양극 대신 값이 싼 금속 즉, 철 스그랩이라던가 납, 탄소, 실리콘철 등을 양극으로 하여 정류기의 전기가 흐르는 통로가 되기만 하면 된다. 희생양극법에 비하여 설치비가 비싸지만 넓은 범위에 대하여 부식을 방지할 수 있어 길이가 긴 지하매설관 등에 이용된다.

그림 8.23은 외부전원 방법에 의하여 지하에 매설된 탱크를 방식하고자 할 때의 설계도면이다. 외부의 정류기는 지하매설 탱크와 연결되어 전기를 공급할 수 있고 이때 -terminal이 탱크와 연결되어 음극이 되도록 한다. 탱크와 양극을 연결하는 전선은 외부로 전류가 누설되지 않도록 완전히 절연하여야 한다. 매설된 탱크와 양극사이에는 전류가 잘 흐를 수 있도록 설계되어야 한다. 양극은 backfill 재료로 충진되어 전류의 흐름을 원화하게 한다. 사용하는 backfill 재료는 coke breeze, gypsum, bentonite등을 사용하여 양극과 주위의 토양사이의 전류 흐름을 돕도록 한다.

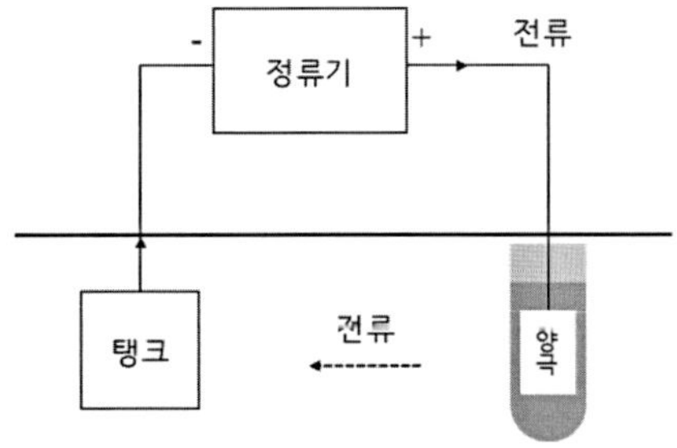

그림 8.23 외부전원법의 예(탱크)

[3] 과방식(Overprotection)

음극방식은 부식을 방지하거나 억제할 수 있지만 외부전원방법으로 방식을 할 경우 너무 많은 전류를 흘릴 경우 과방식에 의한 문제가 발생할 수 있다.

- 전력낭비 : 필요 없이 높은 전압을 걸어 과량의 전류가 흐르면 전력비용의 낭비가 일어난다.
- 양극의 소모 증가 : 전류가 흐른 만큼 양극에서는 양극용해가 일어난다. 양극재료가 고가의 재료는 아니지만 지하에 매설되어 있는 만큼 소모되면 보충을 해주어야 하므로 비용이 들어간다.
- 수소취성, 수소균열 : 흐르는 전류가 커짐에 따라 방식되는 구조물에서 발생되는 수소의 양도 많아지며 이와 같은 수소의 과다발생은 전력의 낭비만이 아니라 구조물 내부로 확산되어 들어가 수소취성과 더 나아가 수소유기균열을 일으키게 된다.
- 알칼리화 초래 : 구조물이 양쪽성 금속일 경우 즉, 알루미늄, 아연, 납 등의 경우에는 음극에서 발생되는 알칼리에 의하여 부식이 억제되는 것이 아니라 부식이 가속화될 수도 있다

8.4.2 양극방식(anodic protection)

음극방식과 비슷한 방법으로 양극방식이 있다. 양극방식은 외부의 전자를 공급받아 부식을 방지한다는 면에서는 음극방식과 유사하지만 그 내용에 있어서는 거의 반대되는 개념을 가지고 있다. 양극방식은 구조물의 전위를 양극으로 분극시켜 부식을 방지하는 방법으로, 부동태현상을 나타내는 금속에만 적용이 가능하다. 즉 양극 분극에 의하여 금속에 부동태를 인위적으로 형성시키는 방법이다. 양극방식에는 갈바닉 양극방식과 전해양극방식의 두 가지 종류가 있다. 이 방법은 모든 금속에 적용되는 것이 아니라 active-passive transition 거동을 보이는 금속에만 적용가능하다. 그 외의 금속은 양극분극에 의하여 오히려 부식이 촉진되므로 주의가 필요하다. 그림 8.24는 전해양극방식의 예를 보여주고 있다.

- 갈바닉 양극방식 : 부식 금속에 귀한 전위를 가진 금속을 합금하거나 피복함으로써 부동태를 형성시키는 방법
- 전해양극방식 : potentiostat 등의 장비를 이용하여 외부에서 전위를 귀한 방향으로 이동시켜 부동태를 형성, 부식을 억제하는 방법

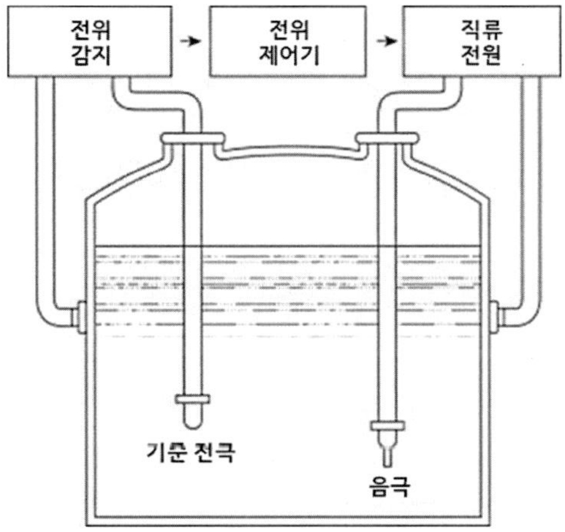

그림 8.24 전해양극방식의 예

8.4.3 양극방식과 음극방식의 비교

양극방식과 음극방식은 전위에 의하여 부식을 억제한다는 공통점이 있지만 그 차이는 많으므로 장단점을 잘 살펴 적용할 필요가 있다(표 8.1).

적용되는 금속에 있어 음극방식은 모든 금속에 적용 가능하지만 양극방식은 부동태가 형성되는 금속에만 적용가능하다는 제한이 있다.

둘째, 음극방식은 환경의 부식성이 약하거나 중간 정도일 때 적용 가능하지만 양극방식은 부식성이 매우 큰 환경에도 적용이 가능하다. 하지만 양극방식은 음극방식에 비하여 설치비용이 큰 단점이 있다. 음극방식은 정류기만 있으면 되지만 양극방식은 고가의 potentiostat가 필요하기 때문이다.

또 양극방식은 부동태가 전류의 흐름을 막아주므로 흐르는 전류의 양이 적어 작동비용은 음극방식에 비하여 매우 적은 비용으로 가능하다. 양극방식은 이처럼 고가의 장비를 사용하므로 적정조건 확립이 비교적 쉬운데 비하여 음극방식은 경험적으로 적정조건을 정하여야 하므로 많은 경험과 시행착오가 필요하다. 양극방식은 배전효과도 매우 높아 효과적인 방법임에는 틀림이 없으나 재료의 제약과 고가의 장비가 적용에 단점이 되고 있다.

제11장에 전기방식을 통한 장수명화 기술에 대하여 자세히 서술하였다.

[표 8.1] 양극방식과 음극방식의 비교

	양극방식	음극방식
적용 금속	활성태-부동태 전이금속	모든 금속
부식환경	부식성이 약한 금속부터 부식성이 큰 금속	부식성이 약하거나 중간 정도
설비비용	크다	작다
작동비용	대단히 적다	비교적 크다
적정조건결정	전기화학적으로 정확히 측정	경험적으로 결정
배전효과	매우 높다	낮다

8.5 피복

방식피복 기술의 개요는 다음의 내용으로 살펴본다.

- 피복소재 일반
- 피복소재의 요구물성
- 피복소재의 선택기준
- 음극방식과 방식피복의 관계

방식피복기술을 소개하기에 앞서서 피복산업계에서 사용되고 있는 유사한 용어에 대하여 정리해 보았다.

- 피복 (coating) : 내식, 내마모 등의 목적으로 피도체에 어느 정도의 두께로 적용하는 것
- 도장 (painting) : 용매에 녹인 고분자 수지 물질을 용매 증발 후 용질의 도막을 형성하는 것
- 라이닝 (lining) : 비교적 두껍게 적용된 피복층을 의미하거나 내부에 피복시키는 것

피복의 다양한 목적으로 적용되고 있으며 다음과 같다.

- 부식방지, 방수, 방화, 착색, 위생, 안전, 방오(防汚), 윤활 및 내마모, 열전달 방지, 전기절연, 방음

피복의 소재는 주로 무기금속재료 및 유기화합물재료를 사용하며, 피도체에 적용되어 방식효과를 주는 기구적인 측면에서 귀금속 내식피복, 희생양극성 피복, 절연피복 등으로 구별할 수 있다.

8.5.1 피복소재의 요구물성

방식피복재가 갖추어야 할 기술적 요구물성은 다음과 같다.

- 결합력-부착력 및 전단력
- 내흡습성
- 기계적 강도 - 인장성질
  - 파단 연신율
- 유전강도
- 음극박리 저항성
- 생화학적 안정성
- 내구성
  - 열, 자외선, 균열저항성

8.5.2 피복소재의 선택기준

방식피복 소재의 일반적인 선택기준은 다음과 같다.

- 사용 환경 및 사용조건
- 재질 및 표면상태
- 시공 중의 대기조건
- 신규시공 혹은 유지관리 시공 여부
- 공장/현장 적용
- 환경규제 사항
- 비용
  - 설치비용 및 유지관리비용
  - 투자회수율(ROI, Return on investment)

가장 중요한 것은 신규재료의 사용경험에 근거하거나, 벤더(vendor)가 제시하는 유지관리

보수 비용이 되지만, 이러한 투자회수율 관점에서 새로운 방식피복재의 선택을 우선적으로 고려해 볼 만하다.

8.5.3 음극방식과 피복과의 관계

음극방식(CP)에서 피복의 중요성은 다음과 같이 요약할 수 있다.

- 실제로 모든 피복은 완벽하지 않다. 따라서 보완적인 방식방법의 도입은 매우 실용성을 높일 수 있다.
- 피복이 양호할 경우 1차적인 방식효과와 함께 음극방식에서의 방식에 필요한 소요전류를 감소시킨다.
- 또 피복의 절연성이 부분적으로 달라 손상부가 아닌 부위에서도 방식전류의 유입은 가능하다.

적용환경조건에 따라서는 방식피복만의 적용으로 부식제어 효과를 상당히 얻어낼 수 있기 때문에 많은 부분이 단독으로 적용되기도 한다. 그러나 부식조건이 심각한 경우는 물론 부식이 상시적으로 우려되는 지역에서는 음극방식 방법을 함께 고려할 필요가 있다(그림 8.25).

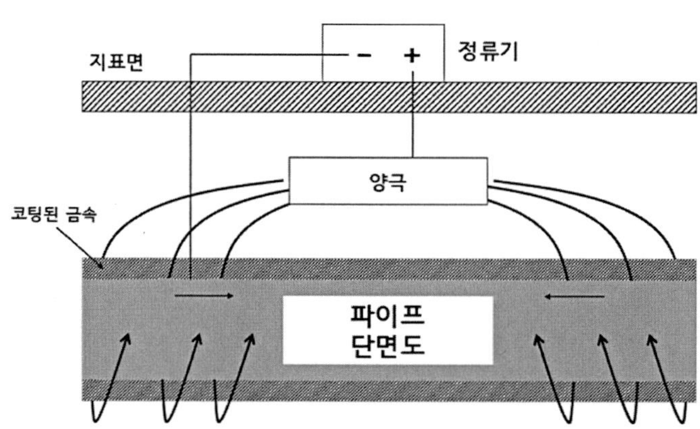

그림 8.25 피복배관에 대한 음극방식

이렇게 동시 사용 시 기술적 신뢰도 및 경제성은 또한 동시에 얻어지는 효과로서 다음의 사례연구에서 보듯이 대부분 매입 구조물의 경우에 매우 유용한 기술조합임을 알 수 있다.

표 8.2는 음극방식과 방식피복의 상관관계를 경제적인 관점에서 연구한 결과이다.

[표 8.2] 음극방식과 방식피복의 상관관계

	Case 1 나관	Case 2 나관+CP	Case 3 코팅관	Case 4 코팅관+CP
추정 조건	천연가스배관 (8 mile, 6 inch Dia.), 나관수명(12.5년) 나관 초기 투자비($200,000)			
특이 사항	총누출 64 평균보수 $100 평균유지보수 $510 총가스손실 $2,500	연간배관비 $4,284 연간CP비용 $3,400	수명 15 y 총누출 20 초기투자비 $240,000 평균보수 $125 총가스손실 $1,200	연간배관비용 $4,781 연간 CP비용 $1,342
총 연간비용	$16,710	$7,680 ($9,030 절감)	$16,247 ($463 절감)	$6,213 ($10,497 절감)

미국 국방부에서는 비교적 일찍 1962년에 일정한 구간의 파이프라인을 유지관리하기 위해서 소요되는 총비용의 관점에서 검토한 자료를 제시하였다. 이러한 비교자료에는 일정 나관 조건에서 1) 음극방식만을 적용한 경우, 2) 방식피복만을 적용한 경우 그리고 3) 방식피복과 음극방식을 모두 적용한 경우로 나누었다.

결과로부터 두 가지 기술을 모두 함께 적용한 경우가 나배관의 운영에 비하여 비용절감 효과가 가장 크다는 것을 보여주었다.

실제로 경제적인 개선 효과는 설비의 건전성 유지라는 측면에 포함되어 있는 경우이며, 현금출납에서 잘 느끼지 못할 수 있으나, 기술적으로나 경제적으로 확실히 부식방식기술의 적용은 매우 신뢰도가 높다는 것이 보편적으로 받아들여지고 있다.

제12장에 도장을 통한 장수명화 기술과 제13장에 전기화학적/화학적 표면처리를 통한 장수명화 기술에 대하여 자세히 서술하였다.

8.6 자가치유 기술

8.6.1 표면코팅을 이용한 자가치유 기술

부식으로부터 금속을 보호하기 위한 방법은 합금원소를 첨가하여 금속 자체의 내식성을 향상시켜 부식을 방지하는 방법과 표면 코팅을 통해서 금속의 부식을 방지하는 방법으로 구분할 수 있다. 전자의 경우 스테인리스강이 대표적인 예로, 철에 Cr을 첨가하면 Cr이 산화되어 철의 표면에 얇은 피막을 형성해, 철이 산소나 물 등 녹을 유발하는 물질에 노출되지 않도록 막아주어 내식성이 향상되게 된다. 철강 이외에도 알루미늄, 마그네슘과 같은 비철금속에 합금 원소를 첨가하여 내식성을 향상시키기 위한 연구가 활발하게 진행되고 있다.

따라서 금속 표면에 보호성 피막을 코팅하여 내식성을 향상시키는 방법이 일반적으로 적용되고 있다. 기존에 가장 널리 사용되는 방법은 크롬산염을 이용하는 코팅 방법이었으나 크롬산염의 인체 유해성으로 인하여 인체 유해성이 적은 재료로 대체되고 있다. 금속 표면에 보호성 피막을 코팅하더라도 외부의 충격이나 자극에 의해 피막이 손상되는 경우 오히려 부식이 가속화 되어 보수나 교체 등의 경제적 손실이 발생하게 된다. 최근에는 이러한 표면코팅법의 한계를 극복하기 위하여 국부적인 손상을 스스로 치유하는 자가치유능(Self Healing Ability)을 갖는 피막을 형성하는 기술을 개발하기 위한 연구가 활발하게 진행되고 있으며 마켓 앤드 마켓에 따르면 2021년까지 자가치유 소재 시장 규모가 2조 6664억원으로 성장할 것으로 예측된다.

자가치유능이란 우리 몸에 난 상처가 스스로 치유되는 것과 같이 외부의 충격이나 자극에 의한 손상이 스스로 치유되는 능력을 의미한다. 그러나 인체와 달리 외부의 충격으로 인하여 재료에 발생하는 균열이나 흠집은 스스로 복구되지 않고, 인위적으로 수리를 하거나 새로운 제품으로 교체를 하여야 한다. 이에 종래에는 외부의 충격에도 균열이나 흠집이 생기지 않는 강하고 견고한 재료 개발에 많은 관심이 집중되어 왔다. 예를 들어, 스마트폰 액정의 경우 외부의 충격에 의해서 쉽게 금이 가거나 깨지지 않도록 강화유리를 개발하기 위한 연구가 지속적으로 진행되어 왔으며, 실제로 웬만한 충격에는 쉽게 금이 가거나 깨지지 않는 일명 고릴라 유리가 개발되어 스마트폰 액정에 적용되고 있다. 그러나 일단 작은 균열이 발생하면 시간의 경과에 따라 균열이 성장하여 결국에는 수리하거나 교체해야 하는 비용부담이 발생하게 된다. 따라서 여러 분야에서 이러한 경제적 손실을 줄이기 위하여 자가치유능을 갖는 재료를 개발하고자 연구가 진행되고 있다.

자가치유기술은 빛이나 열과 같은 외부의 자극에 의해서 자가치유가 되는 '비자율적 자가치유'와 외부 자극 없이 자가치유가 되는 '자율적 자가치유'로 구분할 수 있다. 후자인 자율적 자가치유는 재료가 고유한 자가치유능을 갖고 있는 내재형과 치유물질을 첨가하여 자가치유능을 갖게 하는 부가형으로 구분할 수 있다. 부가형 자가치유재료는 자체적으로는 자가치유능을 가지고 있지 않다. 하지만, 치유 성분을 인위적으로 캡슐이나 입자에 첨가함으로써 자가치유능을 인가하게 된다. 반면 내재형 자가치 유재료는 이러한 치유 성분을 첨가할 필요가 없어서 선호되나, 금속 자체적으로는 이러한 능력을 가지고 있지 않기 때문에 사용이 제한적이다.

2001년 일리노이 주립대학의 화이트 등은 앞서 설명한 자율적 자가치유의 일환으로 부가적 자가치유능을 가지는 물질들을 마이크로 캡슐에 넣어 외부의 충격으로 인하여 생기는 균열에 의해서 캡슐에서 치유매체가 흘러나와 주위에 있는 촉매와 반응하면서 치유매체가 중합되어 균열을 치유하는 자가치유 기구를 발표하여 기존의 방어적인 연구에서 탈피하여 자가치유능을 보유한 재료 개발의 초석을 마련하였다(그림 8.26).

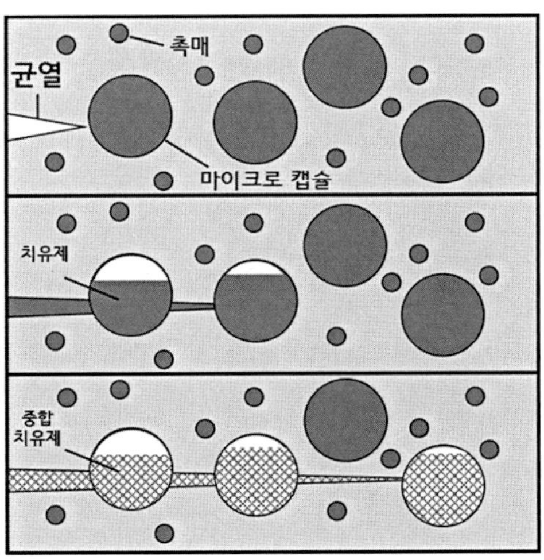

그림 8.26 자가치유 능력 모식도

이후 자가치유능을 보유하는 재료를 개발하기 위한 연구가 지속되어져 왔고, 자가치유능을 가지고 있지 않은 금속분야에서는 자가치유능을 보유한 코팅층을 개발하여 부식손상을 자가치유하는 연구가 진행되고 있다. 현재까지의 연구결과에 따르면 자가치유능을 보유하고 있는 코팅층을 사용할 경우 재료의 수명을 획기적으로 증가시킬 수 있으며, 기계적 손상 및 부식에 의한 손상부위를 성공적으로 치유할 수 있음이 입증되고 있다.

8.6.2 비철금속의 상변화를 통한 자가치유 기술

[1] 개요

자가치유 소재는 스스로 국부적 응력 해소, 균열 발생 방지 및 미세 균열의 치유 등을 수행하여 재료의 한계 수명이 연장될 수 있으며, 구조용 및 기능성 소재의 신뢰성을 향상시키고 유지보수 비용을 크게 절감할 수 있을 것으로 기대되어 많은 관심을 받고 있다.

재료에서 자가치유 기술은 2000년대 초반부터 보고되기 시작하여, 현재까지 대부분 고분자 소재를 기반으로 연구되어왔다. 특히, 고분자 소재는 중합체의 효율적인 화학 반응, 상대적으로 높은 에너지 방출량, 그리고 높은 유동성과 빠른 확산에 의하여 치유 기구의 구현이 용이하다는 점에서 자가치유의 개념을 적용하기에 적합한 것으로 평가받고 있다.

초기에 제안된 자가치유 기술은 마이크로 캡슐의 형태로 포함된 제 2 상 내 고분자 액상의 중합반응에 의한 균열 제거를 의미하는 매우 협소한 개념이었지만, 최근 다양한 자가치유 기구가 새롭게 제시되면서 세라믹, 금속소재와 기타 복합소재를 기반으로 한 자가치유 기술이 연구되기 시작하였고, 현재 상당히 폭넓은 개념을 포괄하게 되었다.

특히, 미생물을 활용한 콘크리트의 자가 치유 기술, 금속소재의 크립 및 피로 거동에 적용되는 선택적 석출에 의한 자가치유 기술, 그리고 멀티스케일 균열에 적용 가능한 상변화 제 2 상을 활용한 자가치유 기술이 많은 주목을 받고 있다.

[2] 금속 소재에서의 자가치유

금속 소재는 낮은 확산계수와 강력한 원자 결합력을 가지므로 고분자 소재에서와 같은 자가치유 기구의 도입이 어렵다. 따라서 선택적 석출이 가능한 침입형 원소 첨가, 녹는점이 낮은 제 2 상 (납, 주석 등) 그리고 마르텐사이트 상변태가 가능한 제 2 상 등을 포함하도록 하고 응력장 및 전기장의 인가, 혹은 열처리를 통하여 외부에서 회복에 필요한 구동력을 제공함으로써 자가치유를 유발할 수 있다.

특히, 마르텐사이트 상변태를 활용하는 경우에는 상변화에 의한 잠열 출입, 모상인 오스테나이스 상과 마르텐사이트 상 간의 격자상수 차이에 의한 변형률, 그리고 매우 민감한 손상 감지능을 활용할 수 있으므로, 금속 소재에서도 용이하게 다양한 형태의 자가치유 기구를 부여할 수 있다.

그뿐만 아니라, 일반적인 자가치유 기구는 한 번 회복 거동이 일어나면 마이크로 캡슐 및 중간재가 소모되어 자가치유 거동을 재사용하기 어려운 경우가 대부분 이지만, 초탄성 마르텐사이트 상변태는 가역적이기 때문에, 반복적으로 자가치유 거동을 유발할 수 있다는 장점이 있다.

따라서, 자가치유 소재의 궁극적인 개발 목표가 소재의 신뢰성 확보와 수명 연장을 통한 유지 보수 비용의 절감이라는 점과 가역적인 회복이 가능하다는 점을 고려할 때 마르텐사이트 상변태가 가능한 상변화 제 2 상이 도입된 금속 복합재는 우수한 자가치유 특성이 구현될 잠재력이 매우 큰 것으로 평가된다.

[3] 상변화 제 2 상에 의한 금속 소재의 자가 치유

NiTi 등의 형상기어합금은 온도, 응력장 및 자기장 변화에 따라 발생하는 가역적 마르텐사이트 상변태를 활용하여 다양한 목적으로 활용이 가능하며, 주로 강도를 향상시키기 위하여 금속 기지 내 제 2 상으로 많이 활용되어 왔다. 그러나 2000년대에 상변화 제 2 상의 형상기억 효과에 의하여 균열이 닫히는 현상이 연구되면서 자가치유 거동을 유발할 수 있는 가능성이 확인되기 시작하였다.

그 이후로, 저융점 금속을 치유 매개상으로 활용한 자가치유 복합재에서 균열이 치유되는 동안 마르텐사이트 역변태에 의하여 균열 사이에 클램핑력을 인가하는 것을 효과적으로 활용할 수 있음이 보고되었다. 균열이 치유되는 과정에서 클랭핑력이 인가되면 치유가 필요한 균열의 부피가 감소되며, 더 적은 분율의 치유 매개상을 활용하여 치유가 이루어지도록 할 수 있다. 이러한 보고에 따르면 매크로스케일의 균열을 치유하기 위해서는 상변화 제 2 상의 클램핑 역할이 필수적인 것으로 사료된다.

그뿐만 아니라, 변형 중 합금 기지 내 응력이 국부적으로 집중 될 경우, 상변화 제 2 상의 응력 유기 상변태에 의하여 응력이 완화되거나 비편재화 될 수 있다. 이러한 응력완화 기구는 파단으로 이어질 수 있는 주요 균열의 발생을 사전에 차단할 수 있는 역할을 할 수 있는 것으로 보고되었다. 일정 크기 이상의 균열이 발생한 이후에는 자가치유가 일어나더라도 특성이 저하된다는 점에서, 균열 억제 기구를 적극 활용하여 더욱 우수한 자가치유 금속 소재를 설계할 수 있을 것으로 사료된다. 상변화 제 2 상을 포함한 금속 기지 복합재의 자가치유 기술의 방향은 균열닫힘(crack closure), 균열치유(crack healing), 및 균열생성 억제(crack prevention) 등으로 나누어 연구되고 있다.

8.6.3 철강의 상변화를 통한 자가치유 기술

[1] 개요

1991년 개봉한 영화 '터미네이터 2'에는 몸에 수많은 총알을 맞아도 파괴되지 않고 본래의 모습으로 되돌아오는 액체로봇이 등장한다. 2000년에 개봉하여 최근 2017년까지도 많은 사랑을 받는 SF영화 '엑스맨 시리즈'에 나오는 울버린은 매우 뛰어난 회복 능력을 가지고 있어, 칼이나 총에 입은 상처는 물론 온몸이 불에 타더라도 다시 재생하는 모습을 보여준다.

이처럼, 외부 환경에 의해 손상을 입은 재료 혹은 물체가 스스로 손상 부위를 치유하는 현상을 자가치유(self- healing)라고 한다. 자가치유 능력을 갖는 재료를 이용한다면 실생활에서 발생할 수 있는 흠집이나 파손을 걱정할 필요가 없고, 더 나아가 항공기의 엔진이나 발전소의 설비와 같은 구조물들에서 발생할 수 있는 사고를 미리 예방할 수 있을 뿐만 아니라, 구조물의 수명을 연장시키고 유지 비용을 줄이기 때문에 경제적이고 친환경적이라는 장점이 있다. 이러한 이유로 자가치유 능력을 갖는 재료에 대한 관심이 점차 높아지고 있으며, 다양한 재료들에서 자가치유에 대한 연구가 진행되고 있다.

최근에는 국내의 연구진이 실온에서 자가치유 능력을 갖는 열가소성 폴리우레탄 소재를 개발하였고, 흠집이나 파손이 발생해도 2시간 후 원상 복구된다고 보고하였다.

[2] 다양한 재료 분야에서의 자가치유 연구

금속 재료에서의 자가치유에 관한 연구들을 메커니즘별로 구분된다. 큰 범주에서는 손상된 부위를 치료하는 크기에 따라 분류를 하며, 나노미터 단위의 손상부위를 치료하는 나노단위의 자가치유 메커니즘과 밀리미터 단위의 손상부위를 치료하는 거시적 자가 치유 메커니즘으로 구분한다. 조금 더 자세하게 살펴보면, 나노스케일 자가치유는 나노스케일의 손상을 치유하고 마크로스케일의 손상을 예방하고, 재료가 손상을 입으면 자동적으로 치유되는 특징을 가지고 있다.

나노스케일의 자가치유는 기지 내에 과포화 된 용질 원소들을 이용하여 재료 내부에 나노 공동(void)이 발생하면 고온 또는 저온에서 용질 원소들이 확산에 의해 공동에 편석되어 손상부위를 치유하는 석출형 자가치유와, 나노스케일의 형상기억합금을 기지에 분산시켜서 재료 내부에서 발생한 나노 공동을 상변태를 통해서 치유하는 방법이 있다. 이와 같은 방식의 자가치유는 나노스케일의 손상 부위를 치유에 적합하며, 마크로 균열이 발생하면 치유하지 못하고 깨지게 된다. 따라서 나노스케일의 자가치유는 재료 내에 나노공동을 치유함으로써, 공동이 성장하여 균열이 되어 전파하는 과정을 막거나 늦추는 데에 효과적이다.

반면에 거시적 자가치유는 재료 내에 마크로스케일의 손상된 부위가 있을 때 열적 또는 전기적 에너지를 가해서 액상의 치유제 또는 화학 반응에 의해 재료를 치유하는 방법이다. 즉, 마크로스케일의 자가치유는 솔더(solder)를 치유제로 이용하여 재료에서 손상이 발생했을 때 열을 가해 솔더를 손상된 부위로 이동시켜 치유하는 방법과 손상된 부위에 전기를 가해 화학반응으로 치유를 시키는 방법이 있다. 이와 같은 마크로스케일의 자가치유는 육안상으로 관찰되는 마크로 균열이 발생했을 때 치유가 가능하고, 나노공동은 마크로균열으로 성장하기 전까지는 치유할 수 없다. 따라서 첫 번째 마크로스케일의 손상 부위를 치유했더라도, 치유되지 않은 나노공동들이 마크로균열로 빠르게 성장하여 두 번째 손상을 일으킬 수 있어 제품의 수명이 짧아질 수 있는 단점이 있다.

종합해보면 다른 추가적인 과정 없이 재료가 스스로 치유하는 나노스케일의 자가치유 메커니즘이 보다 중요한 것을 알 수 있다.

[3] 오스테나이트계 스테인리스강에서의 자가치유

고온 구조물에 내열강으로 사용되는 오스테나이트계 스테인리스강은 고온에서 장시간 사용하면 결정립계에 크리프 캐비티(cavity)가 생성되고, 입계를 따라 캐비티의 성장 및 다른 크리프 캐비티와 결합하여 균열이 발생하여 파괴된다고 알려져 있다.

이러한 관점에서 특정 원소를 첨가하여 크리프 캐비티 표면을 변화시켜서 크리프 캐비티를 자가치유 하고자 하는 연구가 시작되었다. 오스테나이트계 스테인리스강에서의 자가치유 연구는 크리프 캐비티의 표면을 변화시키기 위해 크게 두 가지 방법을 이용하였다. 첫 번째 방법은 347 오스테나이트계 스테인리스강에 B를 첨가하여 고온에서 발생한 크리프 캐비티의 표면에 B를 편석(segregation) 시키는 방법이다 . 두 번째 방법은 304 오스테나이트계 스테인리스강에 B와 N를 첨가하여 크리프 캐비티의 표면에 고온에서 안정한 BN를 석출(precipitation) 시키는 방법이다.

제9장
합금의 고내식성화를 통한 장수명화 기술

9.1 2상 스테인리스강의 고내식성화 기술

9.1.1 해당 기술 분야 개요

이 기술은 고내식성 듀플렉스 스테인리스강(Duplex stainless steel)에 관한 것으로, 더욱 상세하게는 고내식성 듀플렉스 스테인리스강의 제조(주조, 열간압연 또는 용접 등) 시에 생성되는 취약한 시그마상의 형성을 억제시키면서 고내식성을 나타내는 듀플렉스 스테인리스강에 관한 것이다.

듀플렉스(이하 '2상'이라 함) 스테인리스강은 13% 이상의 크롬을 함유하고 있으며, 금속조직학적으로 오스테나이트상과 페라이트상이 공존하는 스테인리스강으로 정의할 수 있다. 2상 스테인리스강은 내식성 재료로 널리 사용되고 있는 오스테나이트계 스테인리스강보다 니켈의 함량이 작아서 가격이 저렴하고 강도가 우수하며 응력 부식 균열에 대한 저항성이 우수한 특징을 보이고 있다. 현재는 내식성면에서도 크롬과 몰리브데늄을 다량 첨가하여 내식성을 크게 향상시킨 초내식성 2상 스테인리스강들이 개발되고 있다.

그러나, 이러한 우수한 내식성에도 불구하고 사용상 제한이 있는 것은 2상 스테인리스강이 열역학적으로 작은 온도 구간에서만 페라이트상과 오스테나이트상의 2상이 안정하다는 것이다. 즉, 용접이나 열간 가공 등이 행해져서 재료에 열이 가해지면 페라이트상이 분해되어 고유의 우수한 내식성과 기계적인 성질이 치명적인 영향을 받게 된다. 특히 현재 널리 상용화된 초내식성 2상 스테인리스강의 경우는 크롬과 몰리브데늄이 다량 첨가되어 있기 때문에 고온의 열을 가할 경우 페라이트상의 분해가 촉진된다. 페라이트상의 분해가 오스테나이트상보다 빨리 일어나는 이유는 크롬과 몰리브데늄 등의 확산 속도가 오스테나이트상의 면심입방격자(fcc) 구조에서보다는 페라이트상의 체심입방격자(bcc) 구조에서 약 100배 정도 더 빠르기 때문이다.

2상 스테인리스강에서 생성될 수 있는 석출물과 합금 원소의 관계는 다음과 같다.

(1) 시그마(σ)상 : 시그마상은 단위 격자 당 40개의 원자를 갖는 복잡한 구조이며 여러 조성 범위를 가지고 있다. 2상 스테인리스강에서는 일반적으로 600℃ ~ 1,000℃ 사이에서 나타난다. 시그마상은 매우 경하고 취약하기 때문에 연성과 인성을 크게 저하시키는 해로운 상으로 알려져 있고 내식성도 저하시킨다.

2상 스테인리스강에서는 몰리브데늄이 특히 시그마상의 형성을 촉진시키는 원소이며 크롬은 TTT곡선에서 코(nose)를 앞으로 전진시키는 효과가 있다. 시그마상의 성분은 크롬, 몰리브데늄, 규소 등이 농축되어 있다. 니켈은 석출속도를 증가시키나 시그마상의 부피 분율을 낮추는 것으로 알려져 있다. 이러한 니켈의 효과는 간접적인것으로서 고온에서의 델타 페라이트의 양을 감소시키므로써 시그마상의 석출을 촉진시키는 원소인 크롬과 몰리브데늄 등을 페라이트상내에 농축시키기 때문으로 보인다. 이처럼 시그마상의 석출은 합금원소 및 열처리 이력에 크게 의존하고 있으며 또한 시그마상의 석출은 내식성을 저하시키기 때문에 시그마상 석출 억제는 2상 스테인리스강에 있어서 가장 중요한 과제이다.

(2) 카이(κ)상 : 시그마상에 비하여 부피 분율이 작기 때문에 시그마상보다는 덜 해로운 상으로 알려져 있다. 그러나, 카이상도 시그마상과 같이 취약하고 경한 상으로서 약 700℃ ~ 900℃ 사이에서 석출되며 체심입방격자(bcc)를 갖는다. 카이상은 시그마상에 비하면 몰리브데늄 함량이 많은 것이 특징이다. 이처럼 몰리브데늄의 농축이 심하기 때문에 카이상이 석출될 경우 내식성이 크게 저하되며 인성과 연성을 저하시킨다.

(3) 오스테나이트 Ⅱ(γ2)상 : 고온에서 수냉하여 안정화된 2상 조직에서 페라이트함량은 평형 상태의 페라이트 함량보다 많기 때문에 넓은 온도 범위에서 페라이트가 분해되어 오스테나이트상으로 변태된다. 이렇게 생성된 오스테나이트상을 오스테나이트 Ⅱ상이라 한다. 페라이트에서 시그마상과 오스테나이트 Ⅱ상으로 변태하는 공석 반응은 빠른 확산을 바탕으로하여 페라이트/오스테나이트 계면에서 이루어지는데 이 때 시그마상을 공석 생성물로 남기게 된다. 이러한 반응은 약 700℃ ~ 900℃ 사이에서 일어나는데 페라이트 내의 크롬과 몰리브데늄 함량이 크게 감소하게 된다.

(4) 질화물(Cr_2N) : 질소 첨가가 많을수록 약 700℃ - 900℃ 사이에서 크롬 질화물의 형성이 용이해진다. 석출 시간에 대하여는 논란의 여지가 있으나 경우에 따라서는 소둔 온도에서

수냉하는 과정에서 생성되기도 한다. 높은 온도에서는 페라이트상내의 질소의 고용도가 크지만 온도 저하에 따라서 용해도가 급격히 감소되므로 페라이트상 내에 석출할 수 있는 확률이 높다고 할 수 있다. Cr_2N이 기계적 성질과 내식성에 미치는 영향을 시그마상과 분리하는 것은 매우 어려운데 왜냐하면 시그마상이 Cr_2N이 함께 존재하기 때문이다.

(4) 탄화물(M_7C_3, $M_{23}C_6$) : M_7C_3는 950℃ ~ 1,050℃에서 안정하며, $M_{23}C_6$는 950℃ 이하에서 안정한 상이다. 이러한 탄화물은 오스테나이트/페라이트 경계에서 우선적으로 석출하며 페라이트/페라이트 또는 오스테나이트/오스테나이트 입계에서도 석출된다. 탄화물의 경우, 2상 스테인리스강의 특성에 큰 영향을 미치지 못하는 것으로 알려져 있는데 이는 탄소 함량이 낮기 때문이다.

일반적으로 부식에 대한 저항성을 향상시킬 수 있는 방안은 기존의 합금에 다량의 첨가원소를 증가시키는 것이다. 즉 내식성을 향상시킬 수 있는 크롬, 몰리브덴늄 등의 원소를 다량 첨가하여 내식성의 향상을 이루는 것이다. 그러나 이러한 방법을 통해서 다량 첨가된 원소들은 시그마상과 같은 매우 취약한 금속간화합물생성이 촉진되는 문제점이 나타나고 있다. 그러므로 매우 높은 내식성을 나타내고 있는 대표적인 2상 스테인리스강들은 두꺼운 주물이나 판재를 생산할때 시그마상의 생성으로 제작이 어려운 문제점이 있다.

상기 시그마상의 생성을 억제하기 위하여 2상 스테인리스강의 열처리 시에는 급냉이 필수적이다. 이것은 2상 스테인리스강이 열처리 온도로부터 냉각될 때 시그마상 석출온도를 통과하며 이 온도 구역에서의 냉각 속도가 부족하다면 시그마상이 석출하기 때문이다. 이처럼 냉각과정에서 시그마상이 석출하면 매우 취약해지고 내식성도 크게 저하된다.

따라서, 시그마상 석출을 억제시키기 위한 종래의 기술로는 열처리 시 냉각과정을 제어하여 시그마상을 억제하려는 것들이 제공되어져 왔다.

일본특허출원공개 평5-271776에 따르면 2상 스테인리스강을 열처리할 때 시그마상 석출 냉각 속도를 초과한 속도로 시그마상 석출 온도 구역 미만까지 급냉하고 다시 그 후에 시그마상 석출 온도 구역 아래로 200℃이상 내려 5분간 유지하는 방법을 통하여 시그마상의 석출을 억제시키고 있다.

또한, 일본특허공보 소62-6615는 2상 스테인리스강이 주조를 통하여 기계부품으로 제조되는 경우에 시그마상을 억제시킬 수 있는 방법을 제공한다. 즉, 2상 스테인리스강으로 이루어진 기계부품의 제조 시에 통상적으로는 사형에 용강을 주입하여 응고시킨 후에 상온까지 방치하는 방법으로 제품을 만들고 있다. 그러나 시그마상이 석출하기 쉬운 2상 스테인리스강으로 주물을 제조할 때에는 주조 후에 상온까지 냉각되는 과정 중에 페라이트상의 일부가 시그마 + 오스테나이트로 변태하여 시그마상에 의한 취화 현상이 나타나고 있다. 이러한 시그마상의 석출을 억제시키기 위하여, 상기 종래의 기술은 2상 스테인리스강 용강을 사형 또는 금형 등에 주입한 뒤 응고시킨 주조품이 1000℃ 이하로 냉각되지 않은 온도에서 주형을 제거하고 급냉하는 방법을 채택하고 있다.

9.1.2 극복해야 할 기술적 과제

상술한 바와 같이, 2상 스테인리스강에서 시그마상과 같은 석출물이 형성되는 경우 재료의 기계적 성질 중 충격인성 및 충격강도를 크게 저하시킨다. 그런데, 이러한 석출물은 제품두께가 얇은 경우에는 상술한 열처리공정 등에서 쉽게 제거가 가능하지만 제품의 두께가 두꺼울 때에는 용이하게 제거하기가 어렵기 때문에 시그마상 억제가 곤란해진다. 특히, 주물품일 경우에는 대부분의 제품이 두께가 두꺼운 형태로 사용되기 때문에 2상 스테인리스강 주물품에 있어서는 시그마상의 억제의 필요성이 더욱 절실한 것이다.

따라서, 본 기술은 상술한 2상 스테인리스강에 있어서, 그 특성 변화에 가장 큰 영향을 미치는 시그마상의 형성을 억제하기 위해, 상술한 종래 기술과 같이 열처리시 냉각과정의 제어를 통하지 아니하고 시그마상 형성을 유발시키는 합금 성분 등의 성분조절을 통해서 그 특유의 고내식성을 유지하면서 기지 조직을 오스테나이트 및 페라이트의 2상으로 조절한 새로운 조성과 물성의 합금을 제공하고자 한다.

9.1.3 기술의 구성 및 작용

본 기술은 중량%로, Cr : 19.0% 이상 24.0% 미만, Mo : 3.0에서 5.0%, W : 6.5% 이하, N : 0.2에서 0.45%, Si : 3.0% 이하, Ni : 5.0에서 8.5%, C : 0.1% 이하, Mn : 3.0% 이하 그리고 나머지는 철과 피할 수 없는 불순물로 이루어지고, 상기 Cr 및 Mo의 조성으로부터 다음 식, S.F.I. = %Cr + 3.3% Mo으로 정의되는 S.F.I.가 $30 \leq$ S.F.I. ≤ 36인 시그마상이 억제된 고내식성 듀플렉스 스테인리스강을 제공한다(S.F.I. = Sigma Formation Index).

또한, 본 기술은 중량%로, Cr : 24.0% 이상 27.0% 미만, Mo : 2.0% 이상 3.0% 미만, W : 6.5% 이하, N : 0.2에서 0.45%, Si : 3.0% 이하, Ni : 5.0에서 8.5%, C : 0.1% 이하, Mn : 3.0% 이

하 그리고 나머지는 철과 피할 수 없는 불순물로 이루어지고, 상기 Cr 및 Mo의 조성으로부터 다음 식, S.F.I. = %Cr + 3.3%Mo으로 정의되는 S.F.I.가 30≤S.F.I.≤36인 시그마상이 억제된 고내식성 듀플렉스 스테인리스강을 제공한다.

또한, 본 기술은 중량%로, Cr : 27.0에서 30.0%, Mo : 2.0% 미만, W : 6.5% 이하, N : 0.2에서 0.45%, Si : 3.0% 이하, Ni : 5.0에서 8.5%, C : 0.1% 이하, Mn : 3.0% 이하 그리고 나머지는 철과 피할 수 없는 불순물로 이루어지고, 상기 Cr 및 Mo의 조성으로부터 다음 식, S.F.I. = %Cr + 3.3% Mo으로 정의되는 S.F.I.가 30≤S.F.I.≤36인 시그마상이 억제된 고내식성 듀플렉스 스테인리스강을 제공한다.

2상 스테인리스강의 제조 공정에서 시그마상의 형성을 억제하기 위해서는 일반적으로 시그마상의 형성을 촉진시키는 크롬과 몰리브데늄 함량을 저하시키면 가능하다. 그러나, 이처럼 크롬과 몰리브데늄 함량을 낮추면 시그마상의 형성은 억제되지만 내식성이 크게 저하되는 문제점을 야기시킨다. 따라서, 본 기술에서는 내식성을 저하시키지 않으면서 시그마상의 형성이 억제되는 조건을 구하였다. 다음 식은 시그마상형성지수로써 이 값이 35 이하이면 경하고 취약한 시그마상의 형성을 억제할 수 있다.

$$S.F.I. = \%Cr + 3.3\%Mo$$

2상 스테인리스강의 내식성을 가장 크게 좌우하는 것은 오스테나이트와 페라이트 2상간의 원소 분배이며, 두 상간의 부식 저항성이 거의 같아 균형을 이루어야만이 우수한 내식성을 나타낸다. 만약 한 상의 부식 저항성이 작으면 그 상에서 부식이 발생되고 이는 2상 스테인리스강의 미세 조직적 특징상 수 많은 양극과 음극으로 이루어진 전지가 형성되어 전체적으로 부식 속도가 증가하게 된다.

일반적인 2상 스테인리스강의 내식성은 페라이트상에 비해 공식 저항성이 떨어지는 오스테나이트상의 내식성에 의존한다. 그러나, 공식저항지수[Pitting Resistance Equivalent, PRE (PRE30 = %Cr + 3.3%Mo + 30%N 또는 PRE30W = %Cr + 3.3(%Mo + 0.5%W) + 30%N)]가 45 이상이 되는 초내식성 2상 스테인리스강은 이와 다르다. 초내식성 스테인리스강은 기존의 2상 스테인리스강에 비하여 크롬, 몰리브데늄, 질소 등을 상향 첨가하여 내식성을 크게 향상시키고 있다. 그런데, 상향 첨가된 질소는 거의 오스테나이트상에 고용되어 오스테나이트상의 내식성을 크게 향상시킨다. 따라서, 크롬과 몰리브데늄에 의하여 높은 내식성을 유지하는 페라이트상과 부식 저항성의 균형을 이루어 전체적인 내식성의 향상을 가져온 것이다. 이 경우, 공식의 개시점이 오스테나이트상의 내식성 향상에 의해 α/γ의 계면이며 경우에 따라서는 페라이트상이 될 수도 있다.

이러한 두 상간의 원소 분배는 열처리 조건이나 합금의 페라이트/오스테나이트의 상율에 의해서 변화될 수 있다. 만약 열처리 온도가 높아지면 페라이트상이 안정화되어 그 양이 많아져 페라이트상 안정화 원소인 크롬, 몰리브데늄의 농도를 묽게 한다. 따라서, 내식성을 크롬과 몰리브데늄의 농축에 의존하는 페라이트상의 내식성을 떨어뜨리고, 결국 전체적인 내식성의 저하가 일어나게 된다. 그러므로 적당한 온도에서의 소둔 열처리가 요구된다. 페라이트상의 함량이 줄어들면, 페라이트상내의 크롬과 몰리브데늄의 양이 증가하고, 상대적으로 오스테나이트상 안정화 원소들의 농도가 묽어지게 된다. 그러므로, 오스테나이트의 내식성의 저하가 일어나게 되어 전체적인 내식성의 저하가 일어나게 되는 것이다.

2상 스테인리스강에 있어서 상의 분율을 조성하는 원소로는 니켈이 널리 사용되었지만, 본 기술에서는 이 역할을 니켈과 질소로 하였다. 이는 니켈에 의하여 상율을 조설하게 되면 페라이트상의 분율이 줄어들수록 크롬과 몰리브데늄이 농축되어 페라이트상의 분해를 촉진시키기 때문이다. 질소의 첨가는 크롬과 몰리브데늄의 분배계수를 1에 가깝게 해준다. 이는 페라이트상 내에 크롬과 몰리브데늄의 농도를 묽게 하여 시그마상의 생성을 억제할 수 있다.

2상 스테인리스강에 있어서 페라이트상과 오스테나이트상의 분율은 내식성에 큰 영향을 미친다. 상분율의 조정은 열처리 온도 변화에 의해서도 어느 정도 가능하지만 고질소의 경우는 온도에 따라 그렇게 심하게 영향을 받지 않는다. 따라서, 주조 당시에의 합금 성분에 의한 상분율이 중요하게 된다. 그러나, 실제 3원계 이상의 합금에서는 상태도를 제작하기 어렵기 때문에 본 기술에서는 크롬 당량(Creq)과 니켈 당량(Nieq)의 비로써 상분율을 제어한다. 본 기술에서 사용한 당량식은 다음과 같으며, 앞의 시그마상 형성 지수와 함께 당량비를 조절하면 시그마상의 형성이 억제되면서 내식성이 우수한 2상 스테인리스강을 제조할 수 있다. 본 기술에서 구한 우수한 내식성을 보이는 당량비는 1.85 ~ 2.15이다. 또한, 상분율로 보면 30 ~ 50% 페라이트 함량의 범위에서 내식성 및 시효특성이 우수하며 최적의 상분율은 35 ~ 40%이다.

$$Cr_{eq} = Cr + 2Si + 1.5Mo + 0.75W + 5V + 5.5Al + 1.75Nb + 1.5Ti$$

$$Ni_{eq} = Ni + 0.5Mn + 30C + 0.3Cu + 25N + Co$$

본 기술은 상술한 새로운 발견을 근거로 하여 완성되었으며, 본 기술의 2상 스테인리스강의 화학조성의 범위가 한정되는 이유가 이하에서 설명될 것이다.

(1) C : 0.20% 이하, 탄소는 오스테나이트상을 안정화시키는 대표적인 원소로서 기계적 강도 유지에 매우 중요하다. 그러나 다량 첨가할 경우 탄화물 등이 석출하게 되어 부식 저항성을 약화시킬 수 있으므로 0.20% 이하로 제한하여야 하며 시효시 내식성의 측면에서 0.04% 이하가 바람직하다.

(2) Ni : 4.0에서 9.5%, 니켈은 오스테나이트 안정화 원소로서 내식성의 측면에서 유용한 원소이므로 적어도 3% 이상을 함유할 필요가 있다. 크롬 당량과 니켈 당량 관계를 고려하여 첨가하여야 하며 상비율과의 관계 및 가격의 저렴화를 고려하여 4.0에서 9.5%로 제한된다.

(3) Cr : 19.0에서 30.0%, 스테인리스강의 내식성 유지에 가장 중요하고 기본이 되는 원소이며 최소한의 내식성을 위해서는 12% 이상이 필요하나, 본 기술의 합금에서는 오스테나이트-페라이트 2상 조직을 얻어야 하기 때문에 크롬 당량과 니켈 당량을 고려하여 19% 이상의 크롬을 함유하여야 한다. 그러나, 본 기술에서는 크롬 함량을 크게 3개의 군으로 나누었으며 상비율, 기계적 성질 및 가격을 고려하여 상한치를 30.0%로 제한된다.

(4) Mo : 5.0% 이하, 몰리브데늄은 크롬과 함께 본 기술 합금의 내식성 유지에 중요한 원소로서 페라이트상을 안정화시키는 작용을 한다. 소둔 상태에서는 기계적 성질 및 내식성의 측면에서 매우 유용하지만, 시효 열처리, 열간 압연 또는 용접 등을 행할 경우에 악영향을 주는 시그마상을 생성시키는 대표적인 원소이므로 크롬 당량과 니켈 당량 그리고 내식성 및 상안정성의 측면에서 그 양이 5.0% 이하로 제한된다.

(5) W : 6.5% 이하, 텅스텐은 페라이트 안정화 원소로서 내식성에 미치는 효과는 몰리브데늄보다 약 50% 정도 작으나 유사한 경향을 갖는다. 크롬과 몰리브데늄 함량에 따라서 그 양을 조절하여야 하며, 다량 첨가시 유해한 금속간 화합물의 생성을 촉진시킬 수 있으므로 상안정성, 기계적 성질 및 내식성의 측면에서 6.5% 이하로 제한된다.

(6) Si : 3% 이하, 규소는 페라이트 조직을 안정화시키는 원소로서 용해 정련시 탈산 효과가 있고 내산화성을 증가시키는 원소이나 3% 이상 첨가되면 강의 인성과 연성이 저하된다. 내식성의 측면에서는 1.5% 이하가 바람직하며 내산성을 위해서 다량 첨가할 수 있다.

(7) Mn : 3% 이하, 망간은 오스테나이트 조직을 안정화시키는 원소이며, 질소의 고용량을 증

가시키는 원소이다. 질소 함량을 증가시켜 내식성을 향상시키고자 할 때 적정한 양의 망간은 필수적인 원소이다. 또한, 강 중의 황과 화합하여 황화망간을 생성시켜 열간 취성의 발생을 방지하고 용해 정련시 탈산효과가 있지만 다량 첨가시 내식성이 저하하므로 그 상한이 3% 이하로 제한된다.

(8) N : 0.5% 이하, 질소는 공식에 대한 저항성을 향상시키는 유용한 원소이며, 그 효과는 크롬의 약 30배 이상이다. 강력한 오스테나이트 안정화 원소로서 내식성의 측면에서 가장 중요한 원소 중 하나 이다. 몰리브데늄과 동시에 존재하면 상승 효과에 의하여 내식성을 크게 향상 시킨다. 입계 부식 저항성의 향상을 목적으로 탄소를 저하시킬 때 질소를 첨가하여 기계적 성질의 보상을 얻을 수 있다. 탄소, 크롬, 니켈, 몰리브데늄 및 텅스텐 등과의 균형과 오스테나이트-페라이트 상비율을 고려하여 첨가하여야 하며 내식성의 측면에서 0.15% 이상이. 바람직하며 다량 첨가시 압연성 등이 다소 저하될 수 있으므로 주의를 요한디.

(9) Cu : 3% 이하, 구리는 내산성을 크게 향상시키는 효과가 있으며, 오스테나이트 안정화 원소로서 기지 조직을 강화시켜 강도를 향상시킨다. 상비율과 크롬, 몰리브데늄 등의 원소와의 적정한 비율이 맞지 않으면 공식에 대한 저항성을 약화시킬 수 있다.

이하에서 본 기술의 효과가 실시예에 의해 더욱 상세하게 설명될 것이나 후술하는 실시예가 본 기술의 범위를 한정하는 것은 아니다.

[실시예 1]

시편의 제조: 본 기술에 의한 합금은 질소의 영향이 고려된 크롬 당량과 니켈 당량을 계산하고 조성을 결정한 뒤, 순수한 상업용 품위를 갖는 전해철(순도 99.9%), 크롬(순도 99.9%), 몰리브데늄(순도 99.8%), 니켈(순도 99.9%), 텅스텐(순도99.5%), 구리(순도 99.9%), Fe-Si, Fe-Cr-N을 주재료로하여 고주파 유도로를 이용하여 질소 가스 분위기하에서 마그네시아 도가니에서 용해하였다. 그 뒤 충분히 예열된 4각 금형에 용탕을 주입하여 15kg의 잉고트를 각각 2개씩 제조하였다. 2개의 잉고트 중에서 하나는 주조재에 대한 실험에 사용하였고 나머지 하나는 열간 압연을 행한 뒤 평가하였다. 열연용 잉고트는 연삭 또는 기계 가공을 행하여 적정한 크기로 잉고트를 가공한 뒤, 1,250℃에서 소킹(soaking)하고, 6㎜ 두께까지 열간 압연을 행하였다. 열처리 공정은 1,100℃ ~ 1,200℃ 사이의 온도 구간이었으며, 최적의 특성을 보이는 열처리 조건은 주조재의 경우에는 1,175℃이며, 압연재는 1,125℃이었다. 표 9.1은 합금의 성분을 보여주고 있다.

[표 9.1] 2상 스테인리스강의 화학적 성분

Alloys	Cr	Mo	W	Si	Ni	Mn	C	N	P	S	Cr_{eq}/Ni_{eq}	PRE	SFI
D2001	20.9	5.30	2.56	0.96	10.34	0.83	0.04	0.28	0.0031	0.006	1.93	51.01	42.8
D2002	21.1	5.23	0.01	0.97	11.03	0.88	0.04	0.27	0.0025	0.006	1.77	46.48	38.4
D23	22.4	2.91	1.22	0.50	10.82	0.69	0.03	0.26	0.0180	0.003	1.54	42.00	34.0
D2301	23.6	2.91	1.18	1.00	11.63	0.92	0.04	0.27	0.0021	0.006	1.74	44.29	35.2
D27	25.8	2.26	0.16	0.48	10.73	0.65	0.03	0.42	0.0160	0.003	1.35	46.00	33.6
D2701	27.4	2.20	1.54	1.04	10.37	0.89	0.04	0.46	0.0034	0.006	1.65	51.00	36.6
D2901	29.0	1.87	1.20	1.02	10.88	0.89	0.04	0.48	0.0042	0.007	1.61	51.55	37.5

공식시험: 공식 저항성을 평가하기 위하여 6% $FeCl_3$ 용액 중에서 침지 시험을 실시하였다. 시험 방법은 ASTM G48A법에 근거하여, 50℃에서 24시간 동안 침지한 뒤 무게 감량을 구하였다. 무게 감량이 없을 경우에 용액의 온도를 50℃씩 상승시키면서 무게 감량의 누적 합계가 10mg을 초과하는 온도를 임계 공식 온도(CPT, Critical Pitting Temperature)로 결정하였다.

그림 9.1은 SFI와 ΔCPT(1150℃ 30분 소둔재의 내식성에서 850℃ 5분 시효재의 내식성을 뺀 값) 및 CPT의 관계를 나타낸 것이다. SFI 값이 높아질수록 ΔCPT는 증가하며 SFI 35 이상에서 급격한 내식성 저하 현상을 나타내었다.

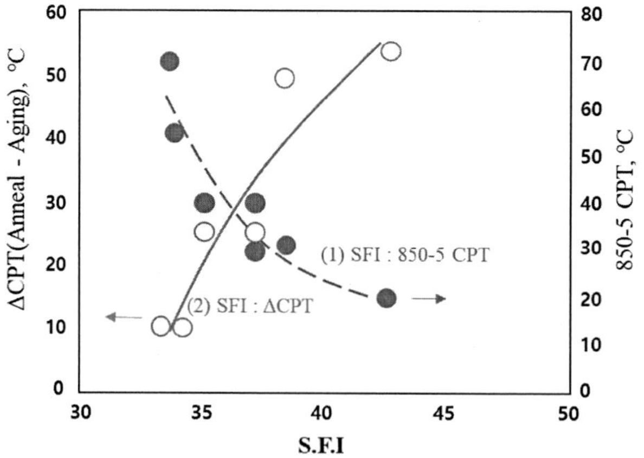

그림 9.1 2상 스테인리스강의 ΔCPT 및 CPT에 미치는 시그마형성지수의 영향

그림 9.2의 SFI에 따른 ΔCPT의 관계 비교에서 오스테나이트계 스테인리스강은 SFI 42에서 ΔCPT는 10℃이며 이상 스테인리스강은 ΔCPT가 53℃이다. 이러한 결과로부터 이상 스테인리스강이 시그마형성지수에 따른 시효 열처리에 더 민감하게 반응하는 것으로 나타났다. 오스테나이트계 스테인리스강의 임계 시그마형성지수는 40~42이며 이상 스테인리스강의 임계시그마형성지수는 35~36이다.

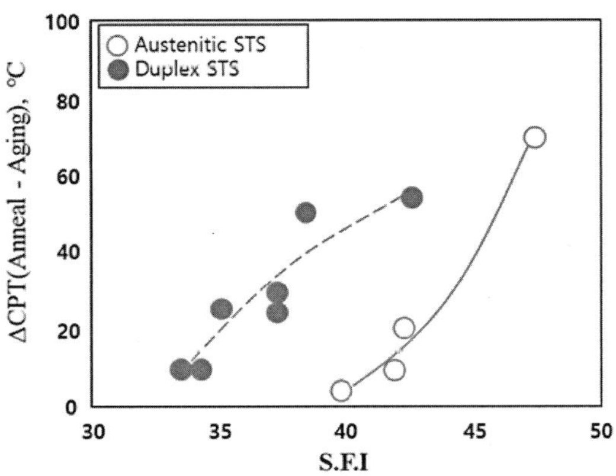

그림 9.2 2상 스테인리스강과 오스테나이트계 스테인리스강의 ΔCPT에 미치는 시그마형성지수의 영향

9.1.4 기술의 효과

본 기술은 듀플렉스 스테인리스강의 고유의 특성인 고내식성을 유지하면서 조성의 조정을 통한 시그마상의 제어를 가능하게 하므로 제품의 두께가 두꺼운 경우 열처리를 통한 방법으로는 그 제어가 곤란하였던 시그마상의 용이한 제어를 가능하게 한다.

9.2 주철의 고내식성화 기술

9.2.1 해당 기술 개요

본 기술은 높은 경도를 가지면서 내산성과 공식 저항성이 우수한 고크롬 주철의 제조방법에 관한 것으로 보다 상세하게는 부식성 물질 및 각종 오염물질을 이송시키는 펌프류 또는 배관류등에 발생하는 공식, 침식부식, 마모등의 손상에 견딜 수 있는 내마모성, 내산성 및 공식 저항성이 우수한 고크롬 주철에 관한 것이다.

일반적으로 화력발전소의 경우 화석연료를 연소하여 열에너지를 얻기 때문에 화석연료의 연소에 따른 많은 부산물들이 발생된다. 상기와 같은 화석연료의 연소로 인하여 발생되는 연소가스중에는 대기오염을 일으키는 성분들이 많이 포함되어 있으며, 그중 대표적인 생성물이 회분(Ash)이다. 이와 같은 이유로 환경 오염에 대한 규제가 강화되면서 모든 화력 발전소에는 탈황 설비를 건설하여 배출되는 가스 중의 유해 성분, 특히 황산 물질들을 제거하고 있다.

그러나 상기와 같은 탈황 설비의 가동에 의해 생성되는 탈황 설비 슬러리(Flue Gas Desulfurization slurry)와 상기 회분에는 부식성 물질이 매우 많고 또한 경질의 고체 입자들이 다량 포함되어 있으며, 하수 종말 처리장에서도 각종 물질로 오염된 물과 모래 등의 고체 물질에 의하여 이를 이송시키는 설비에 각종 손상이 발생되고 있다.

즉, 상기와 같은 여러 설비에 사용되고 있는 펌프류 또는 배관류에 공식, 침식 부식, 마모 등의 많은 손상이 발생되고 있으며, 기존의 STS 304와 같은 내식강을 설비 부품으로 사용하게 되면 상기 강의 경도가 낮기 때문에 단시간 내에 침식이나 마모에 의하여 설비의 고장이 유발될 가능성이 매우 높다.

지금까지 내마모 설비 부품으로 사용되고 있는 재료는 고크롬(>20%Cr) 주철이 주류를 이루고 있는데 이것은 상기 주철중의 크롬이 주철의 고온 산화 및 내식성을 향상시키므로써 스테인리스강(Stainless Steel)에 필적하는 내열 내식성을 지니게 하기 때문이다.

또한 상기 고크롬 주철은 탄소 함량이 높기 때문에 탄화물이 많고 기계적 성질, 특히 연성이 낮은 이유로 강도를 위주로 하는 재료로는 사용에 제한이 있지만 경도가 높은 탄화물이 다량 기지 속에 존재함으로 인해 내마모 재료로서 널리 사용되고 있다.

그러나, 상기와 같은 고크롬 주철중 대표적으로 사용되는 내마모 부품용 27%Cr계 백주철의 경우 내마모성에 있어서는 AISI 316 스테인리스강보다 2배 이상 우수하지만 부식 속도에 있어 약 3배가량 더 크게 나타나는 문제점이 있으며 그 부식 형태로는 주로 침식 부식과 공식이 발생되고, 각종 산에 대한 부식 저항성도 약한 문제점이 있었다.

9.2.2 기술이 이루고자 하는 기술적 과제

상기와 같은 문제점을 해결하기 위하여 본 기술은 각종 산에 대한 부식 저항성과 공식에 대한 저항성을 크게 향상시키면서 경도를 높은 값으로 유지시키므로써 내마모 내식 재료 특성을 가지는 내산성 및 공식 저항성이 우수한 고크롬 주철의 제조방법을 제공하는 것을 그 목적으로 한다.

9.2.3 기술의 구성 및 작용

상기와 같은 목적을 달성하기 위하여 본 기술은 중량%로 Cr : 25 ~ 35, Ni : 1 ~ 18, Mo : 1 ~ 6, Si : 3 이하, Mn : 15 이하, V : 3 이하, W : 1 ~ 6, C : 0.5 ~ 4.0 로 구성되고 나머지가 불가피한 불순물과 철로 이루어지며, Cr/(C+N)의 비가 7 ~ 70 사이에 있도록 하는 것을 특징으로 하는 내산성 및 공식 저항성이 우수한 고크롬 주철을 제공한다.

또한, 본 기술은 상기 고크롬 주철에 공식에 대한 저항성을 향상시키기 위해 1.0 중량% 이하의 N 또는 내산성을 크게 향상시키기 위해 3.0 중량% 이하의 Cu를 각각 또는 함께 더 첨가하는 것을 특징으로 하는 내산성 및 공식 저항성이 우수한 고크롬 주철을 제공한다.

그리고, 본 기술은 상기 고크롬 주철에 탄소나 질소와 결합하여 석출물을 형성하므로써 경도를 증가시키기 위해 Ti, Zr, Nb 중 1종 또는 2종 이상의 성분이 3 중량% 이하로 첨가되는 것을 특징으로 하는 내산성 및 공식 저항성이 우수한 고크롬 주철을 제공한다. 이하, 본 기술의 수치한정의 이유에 대하여 설명한다.

[1] 크롬(Cr) : 25.0 ~ 35.0 %

주철의 경도 및 내식성 유지에 가장 중요하고 기본이 되는 원소이며 적정한 내식성을 위해서는 25.0% 를 초과하는 크롬을 함유하여야 하며 가격과 생산 용이성을 고려하여 35.0% 미만으로 제한한다.

합금 중에 첨가된 크롬은 크롬탄화물 및 질화물 등의 형성으로 경도 유지에 기여하며, 원소 상태의 크롬은 내식성 유지에 매우 큰 역할을 담당한다.

[2] 니켈(Ni) : 1.0 ~ 18.0%

강력한 오스테나이트 안정화 원소로서 내식성의 측면에서 유용한 원소이므로 적어도 1%를 초과하여야 하고, 기지 조직을 오스테나이트화하려면 니켈을 다량 첨가하여야 하나 가격 문제를 고려하여 18.0% 미만으로 제한한다.

[3] **몰리브데늄**(Mo) : 1.0 ~ 6.0 %

크롬과 함께 본 기술 합금의 내식성 유지에 중요한 원소로서 페라이트상을 안정화시키는 작용을 한다. Mo_2C, Fe_4Mo_2C, Mo_2N 등의 석출물을 형성시켜 경도 유지에 큰 역할을 행하며, 원소 상태의 몰리브데늄은 내식성 향상에 중요하다. 따라서 최소 1.0%를 초과 함유하여야 하며 너무 다량 첨가되면 취성이 증가하므로 6.0% 미만으로 제한한다.

[4] **규소**(Si) : 3% **이하**

페라이트 조직을 안정화시키는 원소로서 용해 정련시 탈산 효과가 있고 내산화성을 증가시키는 원소이나 3%를 초과하여 첨가하면 강의 인성과 연성이 저하한다. 내식성의 측면에서는 1.5% 이하가 바람직하며 내산성을 위해서 다량 첨가할 수 있다.

[5] **망간**(Mn) : 15% **이하**

오스테나이트 조직을 안정화시키는 원소이며, 질소의 고용량을 증가시키는 원소이다. 질소 함량을 증가시켜 내식성을 향상시키고자 할 때 적정한 양의 망간은 필수적인 원소이다. 또한, 강 중의 황과 화합하여 황화망간을 생성시켜 열간 취성의 발생을 방지하고 용해 정련시 탈산 효과가 있다. 또한, 질소와 함께 다량 첨가될 경우에 경도 증가에 큰 역할을 한다. 그러나, 조직의 안정성을 고려하여 15% 미만으로 제한한다.

[6] **바나듐**(V) : 3.0% **이하**

탄소나 질소와 결합하여 석출물을 형성하므로써 경도 증가에 크게 기여하며, 내식성을 높히는 효과가 있다. 그러나, 다량 첨가하면 내산화성과 공식 저항성을 해칠 수 있으므로 3.0% 미만으로 제한한다.

[7] **텅스텐**(W) : 1.0 ~ 6.0 %

페라이트 안정화 원소로서 내식성에 미치는 효과는 몰리브데늄보다 약 50% 정도 작으나 유사한 경향을 갖는다. WC, W_2C 등의 석출물을 형성시켜 본 합금의 경도 유지에 중요하며, 원소 상태의 텅스텐은 내식성 유지에 중요하다. 따라서 최소 1.0%를 초과 함유하여야 하며 너무 다량 첨가되면 취성이 증가하므로 6.0% 미만으로 제한한다.

[8] **탄소**(C) : 0.5 ~ 4.0%

경도 유지에 가장 중요한 원소이다. 즉, 다른 합금 원소와 결합하여 탄화물을 형성시키므로써 합금의 경도를 증가시킨다. 그러나 다량 첨가할 경우 내식성을 크게 해치므로 4.0% 이하로 제한하며, 너무 적게 첨가하면 내식성은 향상될 수 있으나 적정 경도를 얻을 수 없으므로 0.5% 를 초과해야 한다.

[9] Cr/(C+N)의 비가 7 ~ 70 사이에 있도록 한 이유는 그 비가 8보다 작으면 경도는 상승하지만 부식 저항성이 약화되고, 그 비가 70보다 크면 부식저항성은 향상되지만 경도가 크게 저하되기 때문이다.

[10] 질소(N) : 1.0% 이하

공식에 대한 저항성을 향상시키는 유용한 원소이며 그 효과는 크롬의 약 30배 이상이다. 강력한 오스테나이트 안정화 원소로서 내식성의 측면에서 가장 중요한 원소 중의 하나이다. 몰리브데늄과 동시에 존재하면 상승 효과에 의하여 내식성을 크게 향상시킨다. 또한, 크롬, 몰리브데늄 등의 원소와 결합하여 질화물을 형성하므로써 경도 증가에 기여하고 다량의 망간과 함께 첨가하면 경도 증가를 얻을 수 있다. 합금의 용해도를 고려하여 최대 1.0% 미만으로 제한한다.

[11] 구리(Cu) : 3.0% 이하

내산성을 크게 향상시키는 효과가 있으며, 오스테나이트 안정화 원소로서 기지 조직을 강화시켜 강도를 향상시킨다. 다량 첨가시 공식 저항성을 약화시키고 조직의 안정성을 해치므로 3.0% 미만으로 제한한다.

[12] 티타늄(Ti), 지르코늄(Zr), 니오븀(Nb) : 3% 이하

탄소나 질소와 결합하여 석출물을 형성하므로써 경도 증가에 크게 기여한다. 다량 첨가시 용접성을 해칠 수 있으므로 각각 첨가하거나 세 원소의 합이 3% 미만으로 한다.

이하, 실시예를 들어 본 기술을 보다 상세하게 설명한다.

먼저 본 기술의 실시예에 사용하기 위한 시편은 순수한 상업용 품위를 갖는 전해철, Cr, Mo, W, Ni, W, Fe-V, Fe-Cr-N, Mn, Fe-Si 등을 사용하여 다음과 같이 용해하였다.

용량이 80 KW인 고주파 유도로를 이용하여 대기 분위기에서 마그네시아 도가니를 사용해 용해한 후, 주형에 용탕을 주입하여 10 kg 중량의 잉고트(Ingot)를 제작하였다.

그 후 절단과 연마를 통하여 표면 가공을 행한 후, 소둔 열처리를 행하고 공냉하였다.

표 9.2는 신규 합금과 비교 합금의 화학 조성을 나타낸 것이다.

[표 9.2] 신규 합금과 비교 합금의 화학 조성(wt%)

구분	합금번호	Ni	Mo	Si	Mn	V	W	N	C	Cu	Ti	Zr	Nb	Cr	Fe
발명합금	A1	2.0	4.0	0.5	0.04	0.5	3.2	-	1.4	-	-	-	-	28.1	bal.
	A2	8.0	3.8	0.5	0.03	0.5	2.9	-	1.5	-	-	-	-	27.8	bal.
	A3	17.9	4.1	0.5	0.08	0.5	2.6	-	1.5	-	0.4	-	-	28.2	bal.
	A11	2.8	4.0	0.5	0.5	0.5	2.1	-	0.7	-	-	-	-	28.4	bal.
	A13	2.1	4.2	0.6	0.4	0.4	2.3	-	2.1	1.9	-	0.6	-	27.7	bal.
	A14	2.3	4.0	0.6	0.5	0.6	1.9	0.5	1.7	-	-	-	-	28.0	bal.
	A15	2.2	4.1	0.8	0.5	0.4	1.9	0.5	0.9	2.6	-	-	-	28.0	bal.
	A16	1.8	4.8	1.2	6.9	0.6	2.0	0.8	0.9	-	-	-	-	29.2	bal.
	A17	2.2	2.0	0.4	0.5	0.5	2.1	0.4	1.6	-	-	0.4	-	31.4	bal.
	A18	2.5	4.0	0.5	0.5	0.8	1.9	-	1.4	-	-	0.8	0.4	29.1	bal.
	A19	2.4	3.9	0.4	0.5	0.8	2.1	-	1.5	-	0.5	0.4	-	28.9	bal.
	A20	2.3	4.1	0.6	0.6	0.7	2.0	-	1.5	-	0.8	0.5	0.5	28.5	bal.
	A100	2.3	1.5	0.3	0.8	1.1	2.5	-	1.0	-	-	-	-	28.1	bal.
	A101	1.1	2.0	0.5	8.2	1.2	2.5	0.6	0.8	-	-	-	0.4	27.1	bal.
비교합금	B1	0.5	0.1	0.8	0.5	-	-	-	3.2	0.1	-	-	-	24.6	bal.
	B2	2.6	1.8	0.9	0.9	-	-	-	1.5	2.0	-	-	-	27.8	bal.
	B3	2.2	4.3	0.5	0.4	0.5	2.1	-	4.6	-	-	-	-	28.2	bal.

[실시예 1]

시험 용기는 1리터 용량의 유리 반응조를 사용하였으며 상부에 콘덴서를 설치하여 용액의 증발을 방지하여 주었다. 시편은 고무 튜빙으로 절연된 전선을 이용하여 45°의 각도로 기울인 상태에서 실험을 행하였으며, 매 시험마다 새로운 용액으로 교체하여 주었다. 상기 표 9.2와 같은 성분을 함유한 시편에 대하여 2x1x1 인치의 크기로 절단하였으며, 시편의 표면을 #600번까지 SiC 연마지로 습식 연마한 다음 시험 전까지 데시케이터에 보관하였다.

ASTM G48A 표준 규격에 의거하여 20°C의 6% $FeCl_3$ 용액 중에서 24시간 동안 침지하여 부식 속도를 구하였으며, 부식이 되지 않은 경우는 용액의 온도를 5°C 상승시키면서 무게 감량을 측정하여 누계가 5 mg을 초과하는 온도를 구하여 임계 공식 온도(CPT, Critical Pitting Temperature)라 하였다.

또한 20°C의 탈황 용액(Green Death Solution, I : 4.2v/o H_2SO_4 + 1.8v/o HCl + 0.6w/o $FeCl_3$ + 0.6w/o $CuCl_2$, II : 7.0v/o H_2SO_4 + 3.0v/o HCl + 1.0w/o $FeCl_3$ + 1.0w/o $CuCl_2$)에서 24시간 동안 침지하여 부식 속도를 mdd (mg/dm^2/day) 단위로 구하였다.

표 9.3에 나타난 바와 같이 신규 합금의 공식 저항성이 비교 합금의 저항성보다 매우 우수하게 나타나고 있으며, 특히 신규 합금 A11과 A100 및 A101의 부식 저항성은 특히 우수하게 나타났다.

[표 9.3] 신규 합금과 비교 합금의 공식 속도

구분	합금 번호	6% $FeCl_3$		20°C 탈황 용액	
		20°C에서의 부식속도, mdd	임계 공식 온도, °C	용액 I에서의 부식 속도, mdd	용액 II에서의 부식 속도, mdd
발명합금	A1	505.8	<20	122	989
	A2	571.2	<20	134	1244
	A3	520.9	<20	119	1109
	A11	0	50	-	0
	A13	124.3	<20	-	1021.4
	A14	1116.1	<20	-	1888.4
	A15	85.5	<20	-	49.8
	A16	686.6	<20	-	200.5
	A17	589.5	<20	-	2261.5
	A18	490.8	<20	-	912.2
	A19	510.3	<20	-	591.3
	A20	505.3	<20	-	450.1
	A100	0	40	-	0
	A101	0	30	-	0
비교합금	B1	14468	<20	12123	15645
	B2	8689	<20	9987	11032
	B3	12175	<20	-	8265

[실시예 2]

상기 표 9.2와 같은 성분을 갖는 시편을 1.5X1.5X1.5 cm의 크기로 절단하고 용체화 소둔을 행한 시편에 대하여 로크웰경도기(C-scale)를 이용하여 표면 경도를 측정하였다. 경도의 측정은 시편을 SiC 연마지로 600번까지 연마한 표면에 대하여 행하였다.
일반적으로 주철의 경도는 재료의 내마모성을 판단하는 기준이 되는 중요한 성질이다.
여기서, 고크롬 주철의 경우 경도값은 Cr/C의 비에 의존하며 이 값이 작을수록 경도가 증가한다.

그런데 본 신규 합금은 비교 합금과는 달리 재료 중에 질소를 다량 함유시키고 있다. 따라서 본 신규 합금의 특징은 경도가 Cr/(C+N)의 비에 비례하고 있다는 것이다.
이는 표 9.4에 나타나 있으며, 합금중의 Cr/(C+N)의 비가 감소할수록 경도가 크게 증가하고 있음을 보여준다.
특히, 탄소 함량이 작은 신규 합금 A15, A16, A101의 경도가 유사한 탄소 함량을 지닌 A11과 A100보다 크게 나타난 것은 N와 Mn의 높은 함량 때문이다.

[표 9.4] 신규 합금과 비교 합금의 표면 경도(로크웰 C 스케일 경도)

구분	합금 번호	Cr/(C+N)	경도, HRC
발명합금	A1	20.1	44
	A2	18.5	46
	A3	18.8	42
	A11	40.6	35
	A13	13.1	49
	A14	23.3	48
	A15	20.0	41
	A16	17.2	48
	A17	15.7	51
	A18	20.8	44
	A19	19.3	46
	A20	19.0	47
	A100	28.1	36
	A101	19.4	46
비교합금	B1	7.7	61
	B2	18.5	44
	B3	6.1	61

[실시예 32]

표 9.2와 같은 성분을 갖는 잉고트(Ingot)를 제작하여 2x1x1 인치의 크기로 절단하고 소둔 처리를 행한 뒤 공냉하였다. 시험 용기는 1리터 용량의 유리 반응조를 사용하였으며 상부에 콘덴서를 설치하여 용액의 증발을 방지하여 주었다.

시편은 고무 튜빙으로 절연된 전선을 이용하여 45°의 각도로 기울인 상태에서 실험을 행하였으며, 매 시험마다 새로운 용액으로 교체하여 주었고, 시편의 표면을 #600번까지 SiC연마지로 습식 연마한 다음 시험 전까지 데시케이터에 보관하였다.

시험 용액은 비등 상태의 10% 옥살산, 비등 상태의 100% 포름산, 비등상태의 100% 아세트산 중에서 24시간 동안 침지한 뒤 무게 변화를 측정하였고, 부식 속도는 mdd(mg/dm^2/day) 단위로 구하였다.

[표 9.5] 신규 합금과 비교 합금의 내산성 시험

구분	합금 번호	비등 상태의 산용액 중에서의 부식 속도, mdd		
		10% 옥살산	100% 아세트산	100% 포름산
발명합금	A1	578	56	254
	A2	612	45	199
	A3	529	58	317
	A11	10.1	1.1	3.4
	A13	1282	78	2845
	A14	106	0	17.8
	A15	54	0	15.4
	A16	70	6.3	6.3
	A17	11.2	11.6	9.0
	A18	598	21	192
	A19	623	19	201
	A20	712	28	291
	A100	8.2	0	1.2
	A101	9.1	0	1.8
비교합금	B1	2536	2912	7231
	B2	1433	1929	7110
	B3	1526	2061	6914
비교합금	STS 304	1192	122	290
	STS 304L	712	48	341
	STS 316L	311	16.2	289

상기 표 9.5는 신규 합금과 비교 합금에 대한 내산성 시험 결과로 신규 합금의 내산성이 비교 합금의 것보다 매우 월등히 우수함을 쉽게 알 수 있다.

특히, 비등 상태의 10% 옥살산과 비등상태의 100% 아세트산에서의 내식성은 A11, A14, A15, A100, A101 합금이 우수하게 나타났으며, 비등 상태의 100% 포름산에서의 내식성은 A11, A16, A17, A100, A101 합금이 우수하게 나타났다.

더구나 본 신규 합금의 내산성은 대표적인 스테인리스강인 STS 304, STS 304L, STS 316L의 압연판재보다 내산성이 우수하게 나타났다.

9.2.4 기술의 효과

상기와 같은 본 기술에 의하여 종래 스테인리스강보다 우수한 내식성을 지님으로써 내마모 설비의 부품으로 사용되었으나, 공식, 침식 부식 등에 취약한 성질을 나타내던 고크롬주철에 내산성 및 내식성 등을 향상시키는 원소들을 첨가함으로써 단시간 내에 발생하는 침식이나 마모에 의한 설비의 손상을 예방할 수 있다.

9.3 해수설비용 스테인리스강의 선정 및 수명예측

9.3.1 스테인리스강으로 제작된 복수기의 현장사용 실적 및 수명

미국 Calvert Cliffs에서의 경험

PWR형 원전 2기로 구성된 Calvert Cliffs발전소는 초기에 튜브재료로 70/30 Cupro-nickel을 사용하였으나 많은 누설로 인하여 2기 모두 1982년에 튜브를 교체하였다.

1호기에서는 티타늄을 사용하고 2호기에서는 5년 수명을 예상하고 용접후열처리가 수행되지 않은 AL-6X(PRE=41) 튜브로 교체하였다.

+ AL-6X 전열관의 95% 이상에서는 특별한 결함이 없었으나, 결함이 발생한 부위는 대부분 튜브 용접부이다.

+ 94년까지 검사결과 전체 튜브의 약 3.0%가 관막음 되었고, 복수기 6개중 특히 부식이 많이 발생한 #11A는 Baffle의 손상 등으로 국부적으로 온도가 상승하여 많은 부식을 유발하여 7.2%정도 관막음되었다. 성장률을 평가하여 수명 예측한 결과 약 10년 정도 더 사용할 수 있을 것으로 보았다.

미국 Bridgeport Harbor 에서의 경험

+ Unit #1에서 1973년부터 AL-6X를 적용하여 20년후 25%의 튜브에서 공식이 발생하였다
+ Unit #2에서 1976년부터 AL-6X를 적용하여 13년후 25%의 튜브에서 공식이 발생하였다
+ 두 발전소 모두에서 AL-6X 적용 직후 곧바로 후열처리하지 않은 튜브의 Seam에서 공식이 발생하였다.

상기 내용은 Curtis W. Kovach(Technical Marketing Resources, Inc. Consultant to Nickel Development Institute)가 2000 International Joint Power Generation Conference(Miami Beach, Florida, July 23-26, 2000)에서 발표한 "Report on Twenty-Five Years Experience with High Performance Stainless Steel Tubing in Power Plant Steam Condensers") 논문에 있는 내용을 요약한 것이다.

여기에서 주목하고 있는 발전소와 재료는 Bridgeport Hbr. #1와 #2의 N08366(AL6X)이다. 국내 원전 복수기 스테인리스강 재질과 동일한 오스테나이트계 스테인리스강으로서 용접을 행한 뒤 후열처리를 행하지 않고 사용되고 있는 점도 국내 원전의 상황과 동일하다. 또한, 상기 자료에 가동 후 10년부터 공식이 발생되기 시작하였으며, 최소 13년에서 최대 20년경에 전열관 25%가 공식에 의한 손상발생으로 교체 또는 계속 사용(이 경우는 수년 내 가동을 완전 중지 예정임)을 하고 있는 상태이다.

따라서 AL6X 용접전열관을 후열처리 없이 원전 복수기 전열관으로 사용할 경우, 10년부터 공식이 발생되고, 교체를 결정하게 된 공식발생율은 전체 전열관의 25%로 보이며, 교체까지의 수명은 13년에서 20년으로 판단된다. 이와 같은 현장 사용실적과 수명은 이하에서 논의될 수명예측에 중요한 기준을 제공해주고 있다. 아래 표는 수명 예측의 판단기준을 정리한 것이다. 기존의 많은 논문 등에 해수 또는 염수 중에서의 스테인리스강 내식성 관련 보고를 하고 있지만 비교적 오랜 기간 동안 그리고 현장설치 운전에 따른 수명데이터가 거의 없는 실정이어서, 상기 원전의 운전데이터의 중요성이 매우 크다고 판단된다.

[수명 예측의 판단기준]

Bridgeport Hbr. #1와 #2호기의 전열관의 상태	공식개시시점	전열관 교체 기준	교체시점
용접 후 열처리 안한 상태의 AL6X (모재의 PRE :40.7)	10년	공식발생율 25%	13년 이후

9.3.2 해수설비용 스테인리스강의 사용지침 분석

여기에서 논의되고 있는 해수설비의 손상 기구는 공식이다. 이러한 공식은 부동태 피막 중의 크롬이 용해되고 부식되기 쉬운 철이 남아서 발생되는 갈바닉 부식 중의 한 형태이다. 오스테나이트계 스테인리스강의 부동태층과 활성층 간의 전위 차이는 +0.78V이다. 산성 염화물은 스테인리스강의 공식을 유발하는 대표적인 물질이다. 염화물은 크롬과 반응하여 용해성이 큰 염화크롬($CrCl_3$)을 형성한다. 그래서 크롬이 부동태층으로부터 제거되고 활성인 철을 남기게 된다. 크롬이 용해됨에 따라서 전기적 구동력을 가진 염화물이 스테인리스강을 부식시켜 구형의 핏트를 형성시킨다. 그 핏트 내에 남아 있는 용액이 염화철($FeCl_3$)로서 이 물질이 스테인리스강에 대하여 매우 부식성이 크다. 이러한 이유로 스테인리스강의 부식시험에 염화철을 사용하게 되는 것이다.

Mo 및 질소를 스테인리스강에 첨가하게 되면 공식에 대한 저항성이 증가하게 되고 이러한 이유로 인해서 많은 합금원소와 공식저항성과의 관계를 도출하게 되었고 그 대표적인 식이 공식저항지수(Pitting Resistance Equivalent number, PREN)이다. 대표적인 식 중의 하나가 다음 식이다.

$$PREN_{16} = \%Cr + 3.3\%Mo + 16\%N$$

해수용 재료의 최소 $PREN_{16}$은 32로 알려져 있다. 표 9.6에는 대표적인 스테인리스강과 $PREN_{16}$을 정리하였다. 상기 기준에 따르면, 오스테나이트계 합금의 경우, 해수설비용 재료로서 904L 이상의 재료들을 사용할 수 있다는 의미가 된다. 그러나 이 기준은 용접되지 않은 모재 상태로 사용할 때에 적용될 수 있다는 점에 유의하여야 한다.

[표 9.6] 대표적인 스테인리스강과 PREN

미세조직	합금	$PREN_{16}$
오스테나이트계	Type 304, 304L	18.0
	Type 304N, 304LN	19.6
	Type 316, 316L	22.6
	Type 316N, 316LN	24.2
	Type 317, 317L	27.9
	Type 317LMN	31.8
	Alloy 904L	36.6

	AL-6XN	42.7
	AL6XN+	50.0(PREN$_{30}$)
	SR-50A	50.0(PREN$_{30}$)

공식저항성에 영향을 미치는 인자를 요약하면 크게 3가지로 할 수 있다; 염화물의 양, pH, 온도. 일반적으로 온도가 높고 염화물의 양이 많고 pH가 낮을수록 공식발생 가능성은 커진다. 주어진 염화물 양 하에서, 온도가 높고 pH가 낮아질수록 공식을 촉진시키게 된다. 반대로 온도가 낮고 pH가 높을수록 공식은 감소한다. 가장 극심한 조건은 산성 염화물이 존재할 때이고 덜 위험한 조건은 알칼리 또는 높은 pH 상태에서의 염화물이 존재할 때이다. 공식이 일단 시작하면 빠르게 발생한다. 예를 들면, 적정 염화물 양, pH 및 온도 조건 하에서 304형 스테인리스강관(두께 0.89mm)이 8시간 이내에 공식으로 관통된다.

합금 중의 Mo함량을 증가시키면 공식에 대한 저항성을 크게 향상시킬 수 있다. 그래서 고Mo-고Cr 합금이 가장 우수한 공식저항성을 보이는 것이다. 그림 9.3은 공식과 Mo함량, pH, 염화물의 양과의 관계를 보여주고 있다. 그림에서 알 수 있듯이, 중성의 해수에 사용하기 위해서는 6%Mo 이상의 매우 높은 함량의 Mo이 필요함을 알 수 있다.

그림 9.4는 염수 및 담수에서의 스테인리스강 사용온도에 미치는 염화물 양의 관계를 보여주고 있다. 904L 합금의 경우(PREN$_{16}$ ~35), 20,000ppm 이상의 염화물 농도에서 40°C 이상까지 사용할 수 있음을 알 수 있다. 이 경우에도 용접을 행하지 않은 상태의 모재에 대한 것이며, 이 도표의 사용상 제한조건이 있음에 유의하여야 한다.

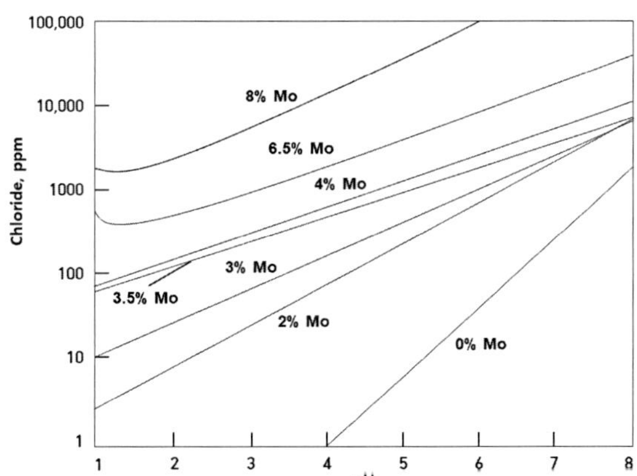

그림 9.3 오스테나이트계 스테인리스강 중의 Mo함량, pH, 염화물의 양과 공식저항성과의 관계(온도범위; 65~80°C)

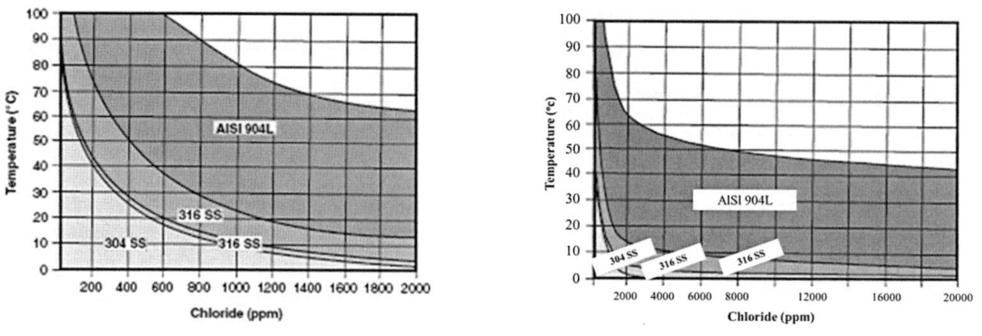

(a) (b)

그림 9.4 (a) 담수 및 (b) 염수에서의 스테인리스강 사용온도에 미치는 염화물 양의 관계

9.3.3 해수설비용 스테인리스강의 내식성과 사용수명

대표적인 5종의 합금의 PRE와 CPT의 관계를 도표화하면 두 인자는 그림 9.5와 같이 직선적 관계를 보이며 이를 수식화하면 다음과 같다.

$$CPT = 3.2*PRE - 78.1$$

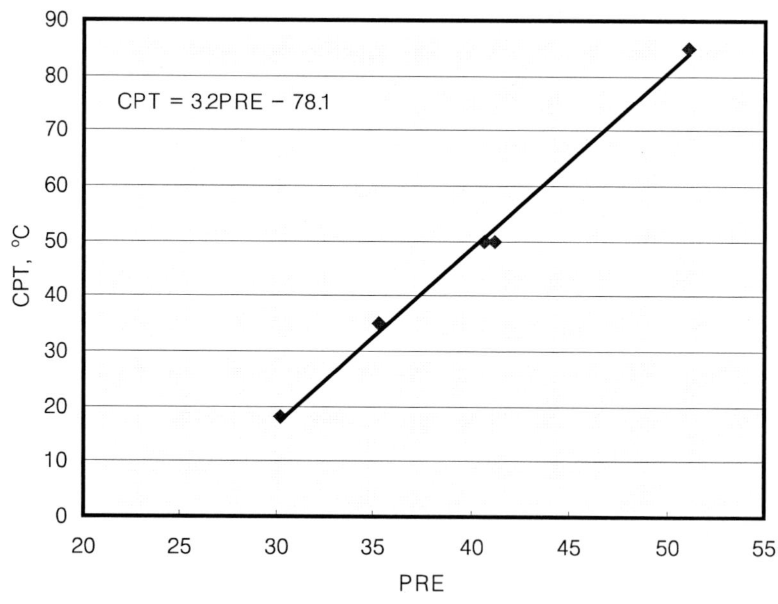

그림 9.5 317L, 904L, AL6X, 20Mo-6 및 PRE 50급 합금의 PRE와 임계공식온도(ASTM G48A)

AL6X모재의 CPT는 50°C이고, 스테인리스강의 모재와 용접부 간의 CPT 차이는 30°C~25°C(본 시험 결과)이므로, AL6X 용접관의 임계공식온도는 20~25°C로 추정할 수 있

다. 이러한 임계공식온도를 갖는 재료의 PRE는 위 식을 이용하여 구할 수 있다.

$$\text{임계공식온도 } 20^{o}\text{C} \rightarrow \text{계산 PRE} = 30.7$$

$$\text{임계공식온도 } 25^{o}\text{C} \rightarrow \text{계산 PRE} = 32.2$$

AL6X 용접관의 계산 PRE는 30.7에서 32.2이다. 다음 단계는 여러 PRE를 갖는 재료들이 보이는 공식속도를 구하는 것이다. 317L, 904L, AL6X, 20Mo-6 및 PRE 50급 합금의 공식속도(50°C 1M NaCl 용액 중에서 +700mV(SCE)의 전위를 가하면서 구한 양극용해량)와 PRE의 관계를 도표화하여(그림 9.6) 관계식을 구하면

$$\text{공식속도(용해량)} = 2.19 \times \text{PRE}^2 - 226.8 \times \text{PRE} + 5837.4$$

AL6X 용접관의 추정 PRE 30.7에 해당하는 공식속도는 939.9 C/cm^{2}이며, 추정 PRE 32.2에 해당하는 공식속도는 806.4 C/cm^{2}이다. 따라서 이 두 경우의 공식속도를 평균하면 873.2 C/cm^{2}이다. 즉, AL6X 용접관의 추정 공식속도는 873.2 C/cm^{2}이다.

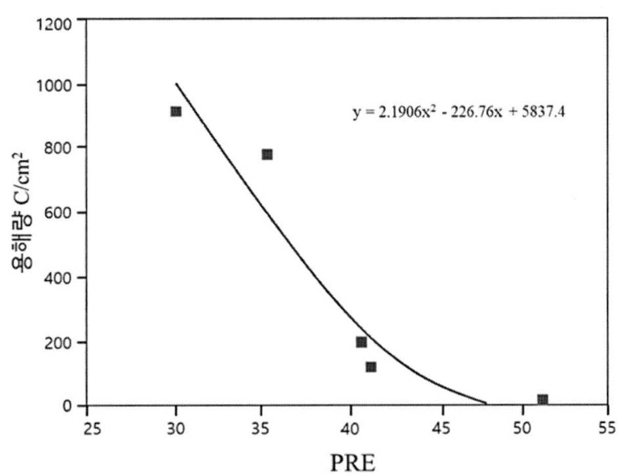

그림 9.6 317L, 904L, AL-6X, 20Mo-6 및 PRE 50급 합금의 공식속도(50°C 1M NaCl 용액 중에서 +700mV(SCE)의 전위를 가하면서 구한 양극용해량)

AL6X 용접관의 추정 공식속도 계산값을 미국 Bridgeport Harbor 원전에 사용된 AL6X 복수기 용접전열관의 수명과 대응시킬 수 있다. 그 결과는 다음 표 9.7과 같다.

[표 9.7] 미국 Bridgeport Harbor 원전에 사용된 AL6X 복수기 용접전열관의 수명과 계산으로 도출된 공식속도

AL6X 용접전열관으로 계산된 재료의 +700mV(SCE)에서의 공식속도, C/cm^2	미국 Bridgeport Harbor 원전에서의 AL6X 사용실적	
	공식발생시점, 년	교체수명(25% 공식발생기준), 년
873.2	10	13

공식발생시점 및 교체수명과 공식속도의 관계가 직선적인 관계를 갖는다고 가정하면 다음의 관계가 성립될 수 있다(현 단계에서는 두 인자간의 관계가 직선적인지 아닌지에 대한 데이터나 이론은 존재하지 않는다. 그러나 여기서는 가장 기본적인 관계인 직선적 관계로 가정하고 전개하였다). b는 공식이 개시되기까지의 잠복기로 볼 수 있으나 여기서는 무시한다(b = 0로 가정).

$$\text{공식발생시점 또는 교체수명} = a/\text{공식속도} + b$$

$$\text{공식발생시점 또는 교체수명} = a/\text{공식속도}$$

그러므로 공식발생시점 관련 상수 a는 10 × 873.2 = 8732로 계산되며, 교체수명 관련 상수 a는 13 × 873.2 = 11351.6으로 계산된다. 따라서 위 식을 다시 작성하면 다음과 같다.

$$\text{공식발생시점} = 8732/\text{공식속도}$$

$$\text{교체수명} = 11351.6/\text{공식속도}$$

이러한 관계식을 앞에서 구한 용해량, Q(공식속도)를 대입하여 도표화하면 그림 9.7과 그림 9.8이 얻어진다. 이 그림으로부터 추세선을 구하면 임의의 PRE나 CPT를 갖는 합금의 공식발생시점과 교체수명을 계산할 수 있다. 즉, 이 그림으로부터 다음의 관계가 얻어진다.

$$\text{공식발생시점, 년} = 0.068e^{0.16} \times \text{PREN}$$

$$\text{교체수명, 년} = 0.136e^{0.15} \times \text{PREN}$$

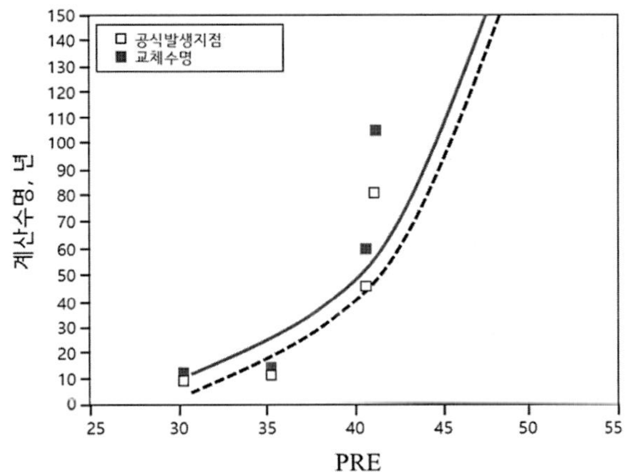

그림 9.7 계산된 공식속도와 미국 Bridgeport Harbor 원전 사용실적으로부터 계산된 PRE와 계산수명의 관계

그림 9.8은 같은 방식으로 계산된 공식속도와 미국 Bridgeport Harbor 원전 사용실적으로부터 계산된 CPT와 계산수명의 관계가 얻어진다. 이 그림으로부터 추세선을 구하면 임의의 PRE나 CPT를 갖는 합금의 공식발생시점과 교체수명을 계산할 수 있다.

즉, 이 그림으로부터 다음의 관계가 얻어진다.

$$공식발생시점, 년 = 3.698e^{0.049xCPT}$$

$$교체수명, 년 = 5.521e^{0.045xCPT}$$

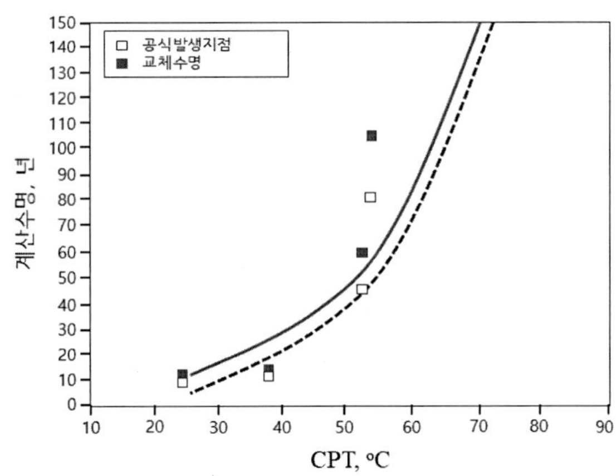

그림 9.8 계산된 공식속도와 미국 Bridgeport Harbor 원전 사용실적으로부터 계산된 CPT와 계산수명의 관계

제10장 양극억제제와 흡착억제제의 상승작용을 이용한 장수명화 기술

10.1 부식억제제의 혼합 첨가에 따른 상승효과

KS D4311에 규정된 구상흑연주철(DCI, Ductile Cast Iron)을 3% Nital Solution(3ml HNO_3 + 97ml Alcohol)을 이용하여 에칭 후 광학현미경 및 SEM 관찰을 진행하였다. 그림 10.1은 DCI의 미세조직을 나타낸 사진이다. (a)는 광학현미경으로 관찰한 사진이며(X200), (b)는 SEM을 이용하여 관찰한 사진(X2000)이다. 흰 부분의 페라이트 기지조직 안에 구상의 흑연이 분포되어 있는 것을 알 수 있다.

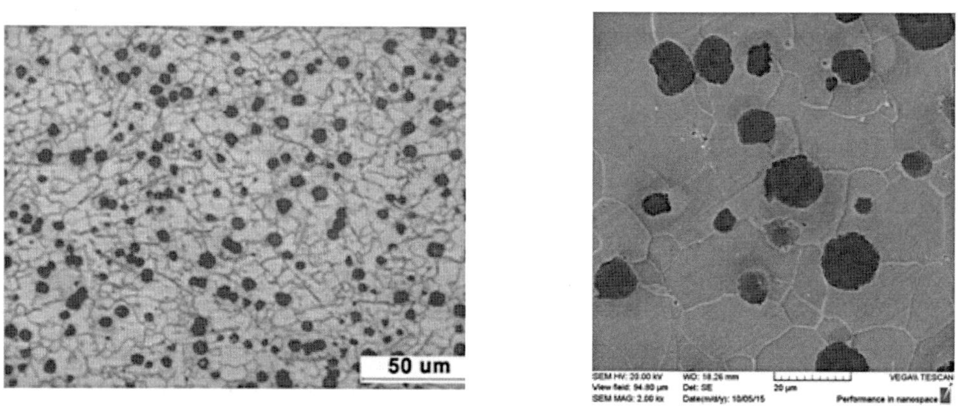

(a) (b)

그림 10.1 (a) 구상흑연주철의 광학현미경조직(x200), (b) SEM 관찰사진(x2000)

구상흑연주철의 부식억제 효과에 미치는 부식억제제의 농도의 영향을 보기 위해 먼저 양극분극 시험을 진행하였다. 그림 10.2는 탈기된 수도수 환경에서 구상흑연주철의 양극분극 거동에 미치는 부식억제제의 영향을 나타내었다. (a)는 $NaNO_2$, (b)0835는 TEA이다. $NaNO_2$는 첨가 농도가 증가함에 따라서 부식전위는 증가하는 경향을 보이며, 전류밀도는 감소하는 것을 알 수 있다. 하지만 $NaNO_2$ 농도가 1,000ppm ~ 10,000ppm에서 전류밀도 값이 더욱 커지는 것을 알 수 있는데, 이는 부식억제제의 양이 부족해 금속 표면 전체에 걸쳐 부동태 피막을 형성하지 못하여 부식이 가속화 되어 전류밀도 값이 증가한 것으로 판단된다. $NaNO_2$ 농도가 50,000ppm 이상에서 부동태를 형성하며 100,000ppm 이상의 농도에서 완벽한 부동태를 형성하는 것을 알 수 있다.

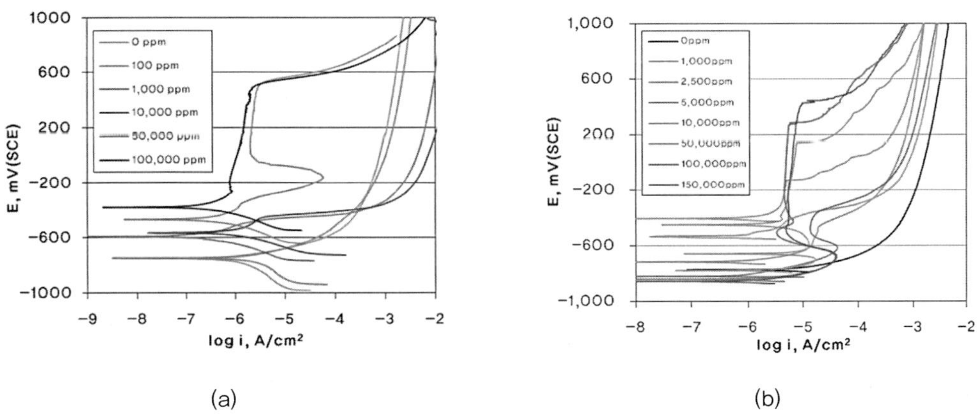

그림 10.2 구상흑연주철의 분극거동에 미치는 부식억제제의 영향(deaerated tap water + x ppm corrosion inhibitor); (a) $NaNO_2$, (b) TEA

TEA(Triethanolamine)은 농도가 증가함에 따라서 전류밀도 값은 감소하며, 과부동태 전위는 증가하는 것을 증가하는 것을 알 수 있다. 전류밀도 값은 100,000ppm에서 임계농도를 보이는 것을 알 수 있다.

$NaNO_2$와 TEA 모두 단독으로 사용했을 경우 전기화학적 분석으로는 100,000ppm 이상의 농도가 첨가되어야 구상흑연주철의 부식을 억제할 수 있다는 판단을 하였다. 따라서 앞서 언급했던 부식억제제의 혼합사용에 따른 상승효과를 알아보기 위해 NO_2^- 와 TEA를 혼합하여 양극분극 시험을 진행하였다.

그림 10.3은 NO_2^- 와 TEA의 혼합비에 따른 구상흑연주철에 미치는 양극분극 거동을 나타내었다. (a)는 TEA를 2,500ppm으로 고정하고 NO_2^-를 변수로 하여 시험한 결과이며, (b)는 NO_2^-를 1,000ppm으로 고정하고 TEA를 변수로 하여 시험한 결과이다.

그림 10.3(a)에서 NO_2^-를 변화하였을 때, 농도가 증가함에 따라서 전류밀도가 감소하며 부동태를 형성하는 것을 알 수 있다. TEA단독으로 2,500ppm 첨가했을 경우에는 부동태의 형성 없이 구상흑연주철이 용해되는 것을 알 수 있으나, NO_2^-을 500ppm 이상 첨가하게 되면 부동태를 형성하려는 경향을 보이는 것을 알 수 있다. 500ppm 이상의 농도를 첨가함에 따라서

전류밀도 값은 감소하는 것을 보이며, 약 750ppm 이상의 NO_2^-가 첨가되었을 때 안전한 부동태가 형성되는 것을 알 수 있다. 따라서 NO_2^-와 TEA의 부식억제 상승효과는 있는 것으로 판단하였으며, 좀 더 최적의 농도를 구하기 위하여 그림 10.3(b)와 같이 TEA를 변화하여 양극분극을 진행하였다.

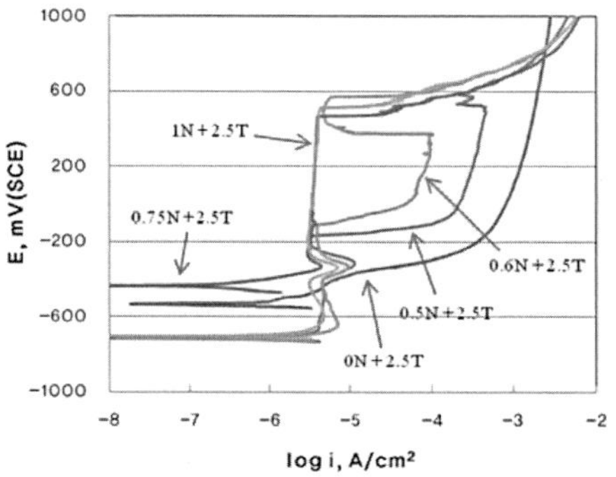

(a)

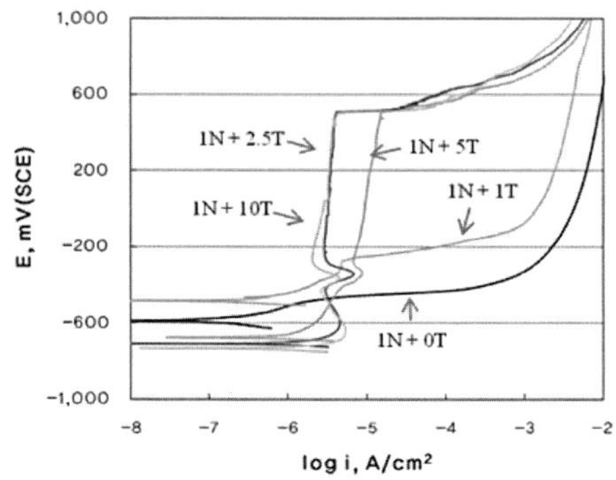

(b)

그림 10.3 구상흑연주철의 분극거동에 미치는 부식억제제의 영향; (a) 2,500 ppm TEA + X ppm NO_2^-, (b) X ppm TEA + 1,000 ppm NO_2^-

TEA의 농도를 1,000ppm까지 첨가하였을 때는 부동태의 형성 구간이 보이지 않으나. 2,500ppm 이상의 농도에서는 완전한 부동태가 형성된 것을 알 수 있으며, 2,500ppm 이상으로 농도를 증가시켜도 부동태 전류밀도 값이 더욱 감소하는 경향은 보이지 않았다. 따라서 2,500ppm을 임계농도로 정하였으며 구상흑연주철의 부식을 억제하기 위해선 1,000ppm NO_2^- + 2,500ppm TEA가 최적 농도로 판단하였다.

이러한 전기화학적 분석과 화학적 분석이 동일한 경향을 보이는지 알아보기 위해 화학적 침지시험을 통한 부식속도를 구하였다. 부식억제제 농도에 따른 부식속도는 그림 10.4에 나타내었다. (a)는 $NaNO_2$, (b)는 TEA, (c)는 NO_2^- + TEA첨가에 따른 부식속도이다.

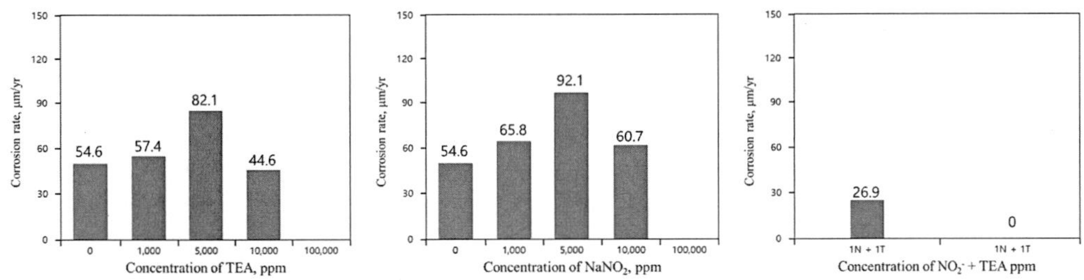

(a) (b) (c)

그림 10.4 구상흑연주철의 부식속도에 미치는 억제제 농도의 영향 (tap water + x ppm Corrosion inhibitor); (a) $NaNO_2$, (b) TEA, (c) NO_2^- + TEA

$NaNO_2$ 단독첨가에 따른 DCI의 부식속도인 (a)를 보면 0ppm일 때 54.6μm/yr, 1,000ppm은 57.4μm/yr로 유사한 부식속도를 보였으나, 5,000ppm의 농도에서는 부식속도가 증가하여 82.1μm/yr의 부식속도를 나타내었다. 이후 $NaNO_2$의 농도를 더 증가시켰을 때 부식속도가 다시 감소하여 10,000ppm 일 때 44.6μm/yr를 나타내었으며 10,000ppm에서는 부식이 진행되지 않았다.

TEA도 $NaNO_2$와 동일한 경향으로 낮은 농도인 0ppm과 1,000ppm에서는 각각 54.6μm/yr, 65.8μm/yr이며, 중간농도인 5,000ppm은 부식속도가 증가하여 92.1μm/yr를 나타냈으며 10,000ppm에서는 60.7μm/yr로 다시 감소하여 100,000ppm일 때는 부식이 진행되지 않았다. 이처럼 단일 억제제를 사용하였을 경우 부식속도는 산 형태의 경향을 보인다. 이는 앞서 언급했던 금속 표면 전체에 완전한 부동태 피막을 형성하지 못하여 갈바닉 부식이 진행된 것으로 추정되며 100,000ppm이상의 농도가 되어야 완전하게 부식이 억제된 것으로 판단된다.

이러한 현상을 증명하기 위해 각각 부식억제제가 첨가되지 않은 수도수 환경과, 부식억제제가 첨가되었지만 표면 전체에 부동태를 형성하지 못하는 농도(10,000ppm $NaNO_2$)에서 부식이 어떻게 진행되는지 미세조직을 관찰하였으며 그림 10.5에 나타내었다.

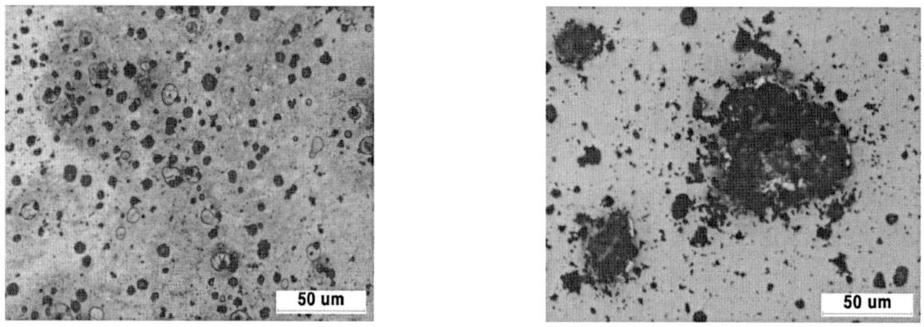

(a) (b)

그림 10.5 25°C, 수도수 중에서 3시간 침지시험 한 후의 구상흑연주철 외관에 미치는 $NaNO_2$ 첨가의 영향; (a) 0ppm $NaNO_2$,(b) 10,000ppm $NaNO_2$

그림 10.5 (a)는 부식억제제가 첨가되지 않은 수도수 환경에 3시간 침지 후 표면사진이며, (b)는 10,000ppm $NaNO_2$가 첨가된 수도수 환경에서 3시간 침지 후 표면 사진이다. (a)의 경우 금속 표면 전체에 걸쳐 균일 부식이 진행되어 표면에 부식생성물이 부착되어 있는 것을 알 수 있다. 표면 전체에 걸쳐 부식이 진행되어있긴 하나, 심하게 손상된 부위는 보이지 않았다. 부식억제제가 부족한 양으로 첨가된 (b)의 경우에는 부식이 진행되지 않은 부위들은 표면이 깨끗하며 부식의 흔적은 찾을 수 없으나, 부식이 진행되어 있는 부분은 공식에 의해서 빠른 국부적으로 많이 파여 있어 부식속도가 더욱 증가된 것이라고 판단된다. 그림 10.6은 TEA에서도 동일한 거동을 보이는지 알아보기 위해 10,000ppm의 TEA용액에 48시간 침지 후 SEM 관찰한 사진이다. $NaNO_2$와 마찬가지로 국부부식에 의해 부식이 더욱 진행된 것을 알 수 있었다.

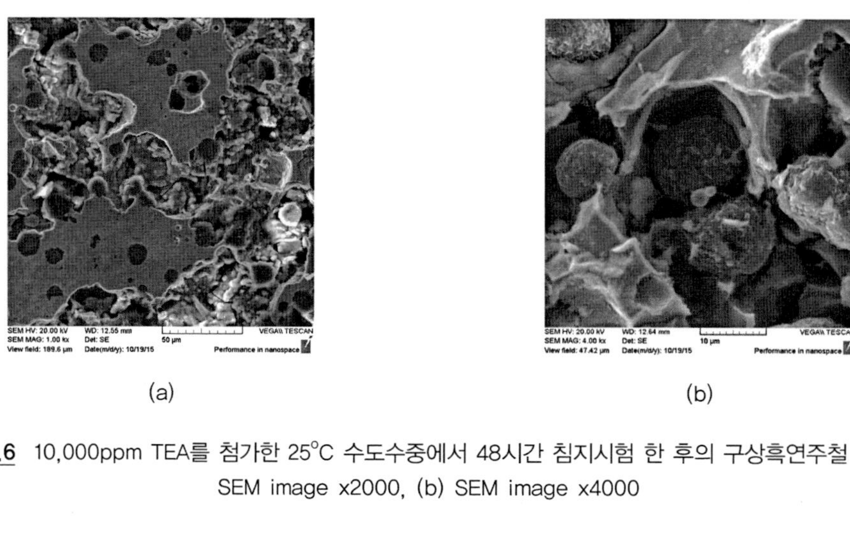

(a) (b)

그림 10.6 10,000ppm TEA를 첨가한 25°C 수도수중에서 48시간 침지시험 한 후의 구상흑연주철 외관; (a) SEM image x2000, (b) SEM image x4000

이처럼 이러한 현상들에 의해 부식억제제가 첨가되어도 임계농도 이하의 부식억제제가 첨가되면 국부부식인 공식을 유발하여 부식억제제가 첨가되지 않은 상태보다 더욱 큰 부식 속도를 나타내는 것이라 판단하였다.

부식억제제를 첨가한 용액에 구상흑연을 침지하였을 때 다른 상들이 생성되었는지 확인하기 위해 EPMA를 통한 표면분석을 진행하였다. 각각의 부식억제제 별로 부식이 억제되는 농도에 침지 후 분석하였다. $NaNO_2$는 100,000ppm, TEA 100,000ppm, [NO_2^- + TEA]는 3,500ppm에서 침지하였다.

그림 10.7은 100,000ppm의 $NaNO_2$ 용액 중에 침지 후 부식이 발생하지 않은 시편 표면의 EPMA 분석 결과이다. Fe는 기지조직에 넓게 분포되어 있으며 C의 영역에서는 고갈되어 있는 것을 알 수 있으며, C의 경우 구상의 흑연 부위에서 집중되어 있는 것을 알 수 있다. 또한 구상흑연으로 나타나는 탄소영역에서 산소와 질소가 집중되어 있는 것을 확인 할 수 있었다. 일단 O는 기지조직에서는 부식억제제에 의한 산화피막형성에 의해 전범위에 걸쳐 고르게 분포되어 있는 것을 알 수 있으며, N의 경우 탄소화 흡착력이 좋지 못한 산소가 산화피막을 형성하지 못하고 질소화합물로 흡착되어 있는 것이라 추정된다.

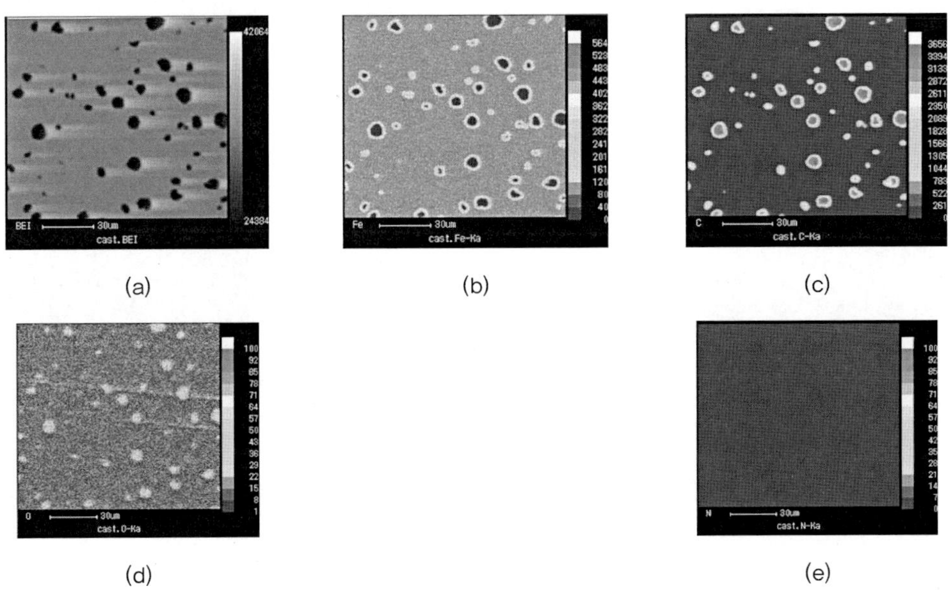

그림 10.7 100,000ppm $NaNO_2$를 첨가한 25°C 수도수에서 72시간 동안 침지한 구상흑연주철의 표면에 대한 EPMA 분석결과; (a) SEM image, (b) Fe, (c) C, (d) O, and (e) N

다음으로 그림 10.8은 100,000ppm TEA 용액 중에 침지 후 부식이 억제된 시편 표면의 EPMA 분석 결과이다. $NaNO_2$와 마찬가지로 Fe와 C는 SEM 이미지와 동일하게 기지조직과 구상흑연부분에 분포되어 있는 것을 알 수 있으며, O는 국부적으로 집중되어 있는 것을 알 수 있다. SEM 이미지에서 구상의 형상이 아닌 회색의 물질에서 O가 높게 검출된 것을 확인하였으며, 이는 수도수에 포함된 Ca과 O가 결합하여 Ca 산화물로 추정된다. N의 경우 넓은 범위로 고르게 분포되어 있으면 C부분에서 조금 더 농축되어 있는 것을 알 수 있다.

그림 10.9는 3,500ppm의 [NO_2^- + TEA] 용액 중에 침지 후 부식이 억제된 시편 표면의 EPMA 분석결과이다. Fe와 C는 SEM 이미지와 동일하게 분포하는 것을 알 수 있었으며, O 또한 기지조직에 넓은 범위에 걸쳐 분포하며 C 부위에서 농축되어 있는 것을 알 수 있다. 이는 앞서 언급한 것과 동일하게 산화피막의 형성과 C 부위에서 질소화합물의 흡착이라고 판단된다.

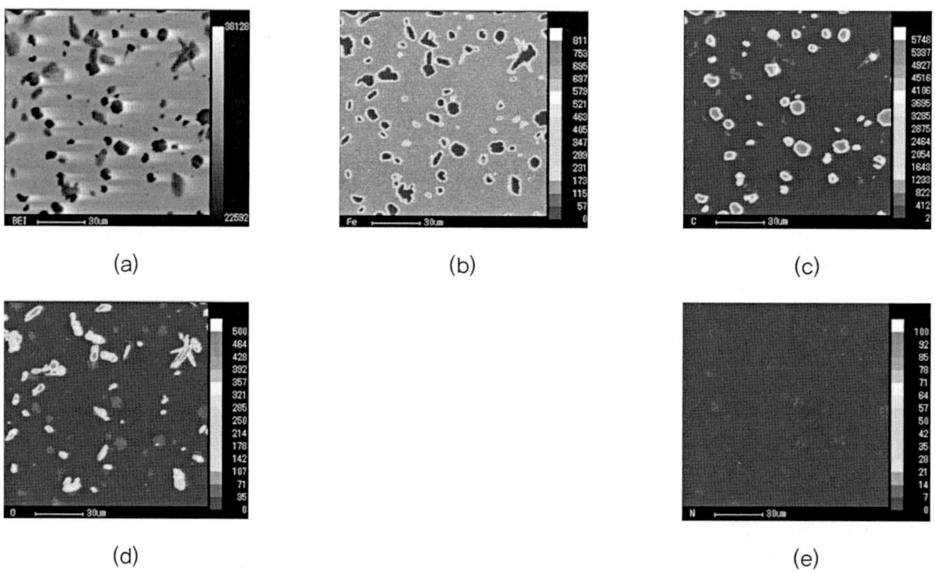

그림 10.8 100,000ppm TEA를 첨가한 25°C 수도수에서 72시간 동안 침지한 구상흑연주철의 표면에 대한 EPMA 분석결과; (a) SEM image, (b) Fe, (c) C, (d) O, and (e) N

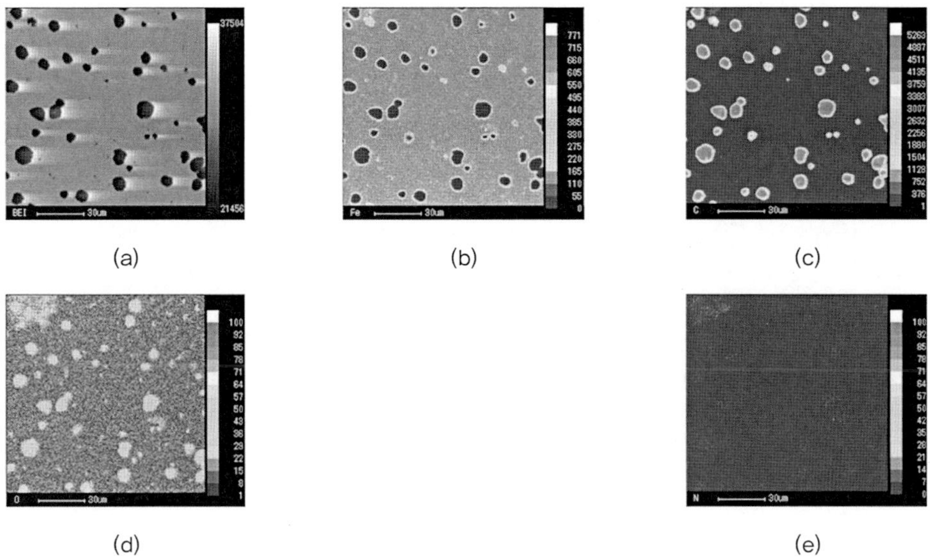

그림 10.9 3,500ppm (NO_2^- + TEA)를 첨가한 25°C 수도수에서 72시간 동안 침지한 구상흑연주철의 표면에 대한 EPMA 분석결과; (a) SEM image, (b) Fe, (c) C, (d) O, and (e) N

그림 10.10은 25℃의 수도수 환경에 $NaNO_2$ 농도를 변화시켜 분극 곡선 상 부동태 전위(0mV(SCE))를 30분간 가하여 주철의 부동태를 생성한 후 AC-Impedance 측정한 결과를 나타내었다. (a)는 Nyquist plot을 나타내고 (b)는 $NaNO_2$ 농도에 따른 부동태 피막의 저항을 보여준다. $NaNO_2$의 농도가 증가함에 따라서 Rp(분극 저항)은 증가하는 것을 알 수 있다.

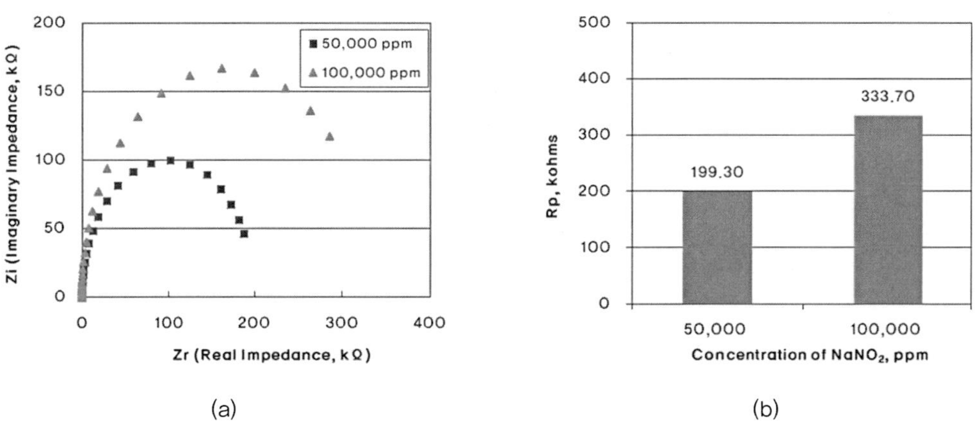

그림 10.10 25°C 탈기 수도수 중에서 부동태 처리(인가전위; 0mV(SCE))한 구상흑연주철의 AC 임피던스에 미치는 $NaNO_2$ 첨가의 영향; (a) Nyquist plot, (b) Rp

TEA 단독첨가의 경우도 그림 10.10과 유사하게 나타났으나, 이 두 가지의 부식억제제를 혼합하면 어떻게 되는지 그림 10.11에 나타내었다. 혼합했을 때의 부식억제 농도인 3,500ppm 첨가 시 분극 저항은 측정이 되어 114.4kohm의 값을 나타내는 것을 알 수 있다. 이는 $NaNO_2$ 단독으로 첨가하였을 때보다 약 1/3의 값이다. 단독으로 첨가했을 때는 Rp 값이 200이 되어도 부식을 억제하지 못하는 반면, 혼합하였을 때는 그 보다 작은 값을 지녀도 부식이 억제되는 것을 알 수 있다. 따라서 각각의 부식억제제의 기능은 완전히 다르다는 것을 알 수 있었으며, 분극저항을 갖는 부동태에 대하여 반도체적 특성을 알아보기 위해 Mott-Schottky 시험을 진행하였다.

그림 10.12는 각각의 부식억제제의 첨가에 따른 부동태 피막의 반도체적 특성을 나타낸 것이다. (a)는 $NaNO_2$이며, (b)는 TEA, (c)는 NO_2^- + TEA의 분석결과이다. (a)에서 $NaNO_2$는 낮은 농도에서는 산화피막을 제대로 형성하지 못하여 100,000ppm에서 N-type의 기울기가 가장 크게 나타났다. N-type의 반도체적 특성은 Fe_2O_3 산화피막의 형성이라고 판단된다. TEA인 (b)에서는 AC-Impedance와 마찬가지로 측정되지 않으며 TEA는 부동태를 생성하는 기구는 아니라고 판단하였다. 마지막으로 (c)인 NO_2^- + TEA는 약간의 N-type의 반도체적 특성은 보이나 그 값은 크지 않은 것을 알 수 있다. 따라서 각각의 부식억제제에 대한 부식억제 기능은 전혀 다른 것을 확인하였다.

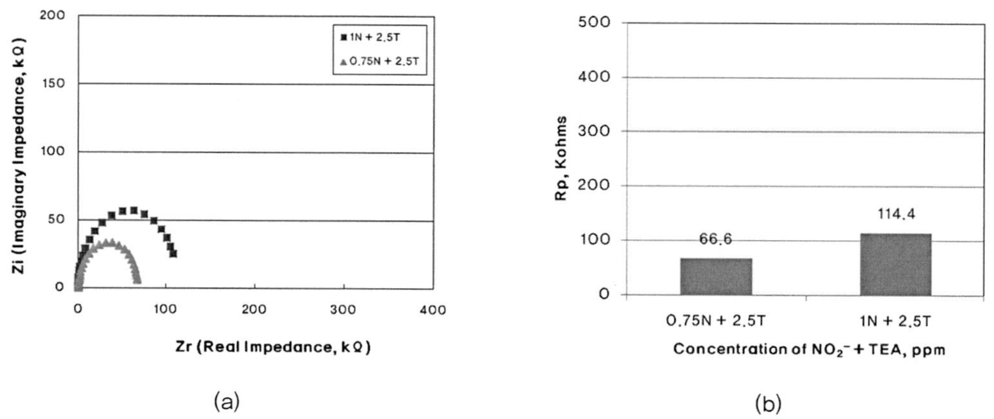

그림 10.11 25°C 탈기 수도수 중에서 부동태 처리(인가전위; 0mV(SCE))한 구상흑연주철의 AC 임피던스에 미치는 (NO_2^- + TEA) 첨가의 영향; (a) Nyquist plot, (b) Rp

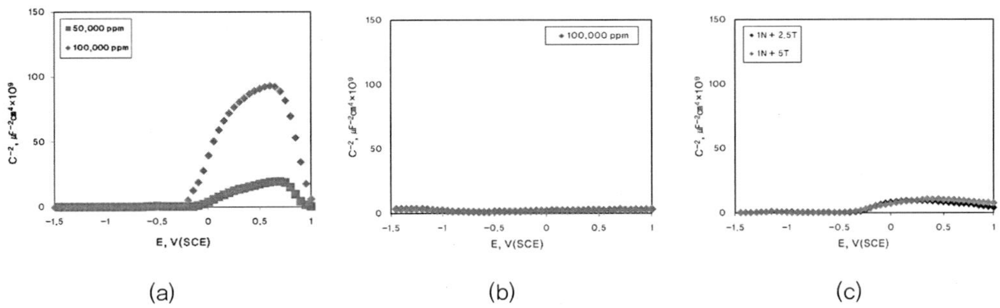

그림 10.12 25°C 탈기 수도수 중에서 부동태 처리(인가전위; 0mV(SCE))한 구상흑연주철에 대한 Mott-Schottky plot에 미치는 부식억제제의 영향; (a) $NaNO_2$, (b) TEA, (c) NO_2^- + TEA

그림 10.13은 구상흑연 주철에서 $NaNO_2$ 100,000ppm이 첨가된 용액 중에서 48시간 침지하여 형성된 산화피막의 depth profile을 보여주고 있다. (a)에서 피막 내부로 갈수록 Fe 농도는 증가하며 O의 농도는 감소하는 것으로 보아 Fe와 O가 산화피막의 형성에 기인한 것으로 판단되며, 형성된 산화피막 중의 Fe_{2p}의 화학적 상태 또한 Fe^{2+}, Fe^{3+}로 존재하였다.

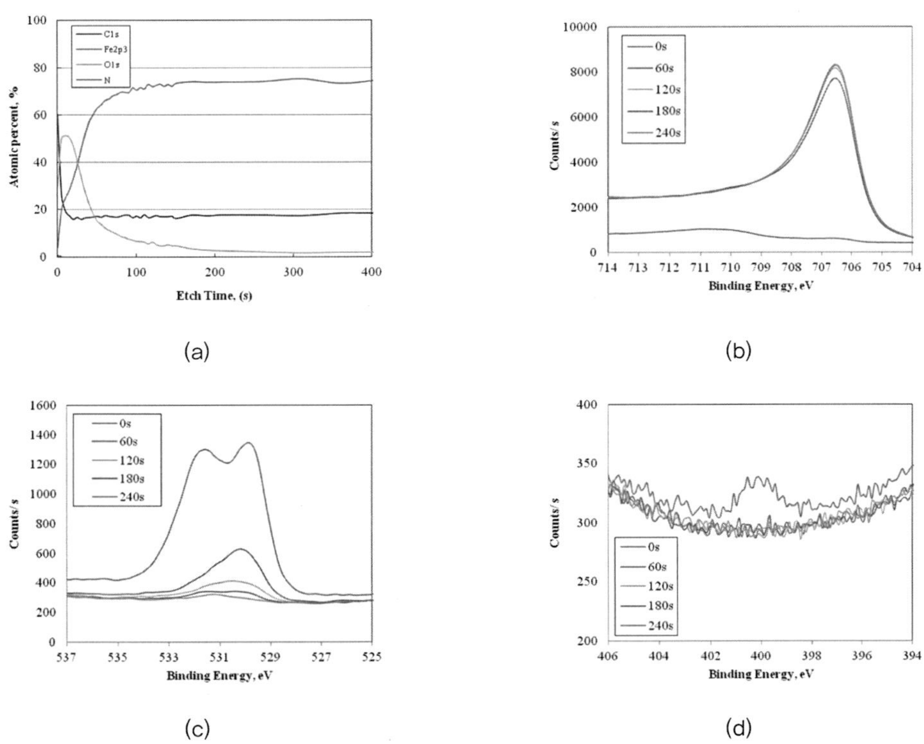

그림 10.13 25°C 100,000ppm $NaNO_2$를 첨가한 수도수 중에서 48시간 침지시험한 구상흑연주철의 표면에 대한 XPS 분석결과; (a) depth profile, (b) Fe_{2p} detail scan, (c) O_{1s} detail scan, and (d) N_{1s} detail scan.

이에 대한 depth profile을 그림 10.14에 나타내었다. TEA 100,000ppm에 대한 depth profile은 그림 10.15에 나타내었다. $NaNO_2$와 마찬가지로 내부로 갈수록 Fe의 양은 증가 O의 양은 감소한다. $NaNO_2$와 다르게 O가 표면에만 존재하는 것을 알 수 있다. 이는 TEA가 흡착 억제제가 산화피막을 형성하지 않는다는 것을 확인할 수 있었으며, 표면에서의 Fe_{2p}와 O_{1s}는 그림 10.16에 나타내었다.

그림 10.17은 NO_2^- 와 TEA의 혼합했을 때의 depth profile을 보여주고 있다. 모든 억제제와 동일하게 내부로 갈수록 Fe의 함량은 증가하며 O의 양은 감소한다. 혼합하였을 때는 $NaNO_2$와 비슷한 거동을 보이며 O의 함량이 표면에만 있는 것이 아닌 내부에도 존재하는 것으로 보아 산화피막을 형성하는 것을 알수 있다. 하지만 $NaNO_2$ 100,000ppm보다는 그 양이 적은 것을 알 수 있다. 산화피막 중의 Fe_{2p}와 O_{1s}는 그림 10.18에 나타내었다.

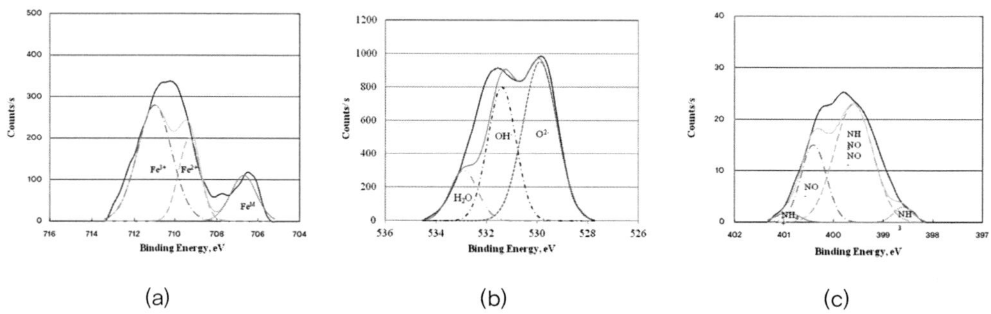

그림 10.14 25°C 100,000ppm $NaNO_2$를 첨가한 수도수 중에서 48시간 침지시험한 구상흑연주철의 표면에 대한 XPS를 통한 화학종 식별; (a) Fe_{2p}, (b) O_{1s} (c) N_{1S}

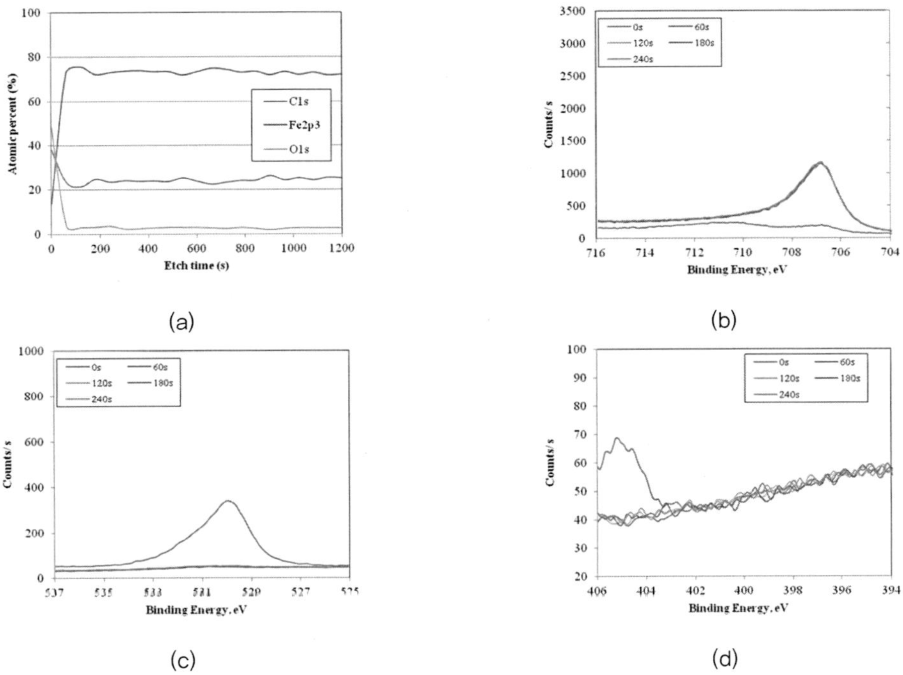

그림 10.15 25°C 100,000ppm TEA를 첨가한 수도수 중에서 48시간 침지시험한 구상흑연주철의 표면에 대한 XPS 깊이분석; (a) depth profile, (b) Fe_{2p} detail scan, (c) O_{1s} detail scan, and (d) N_{1s} detail scan.

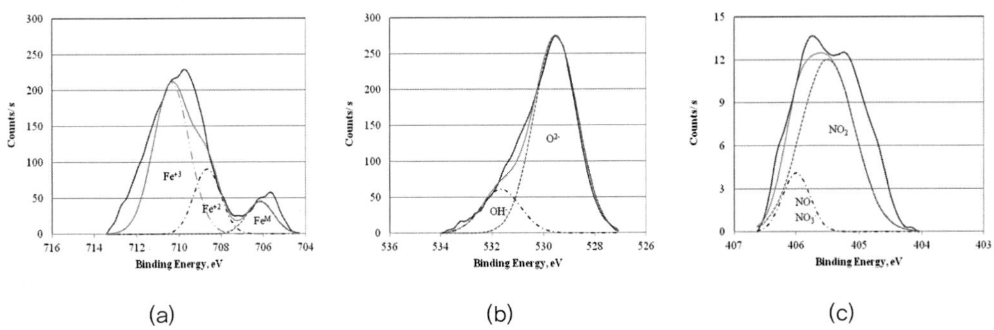

그림 10.16 25°C 100,000ppm TEA를 첨가한 수도수 중에서 48시간 침지시험한 구상흑연주철의 표면에 대한 XPS를 통한 화학종 식별; (a) Fe_{2p}, (b) O_{1s} (c) N_{1S}

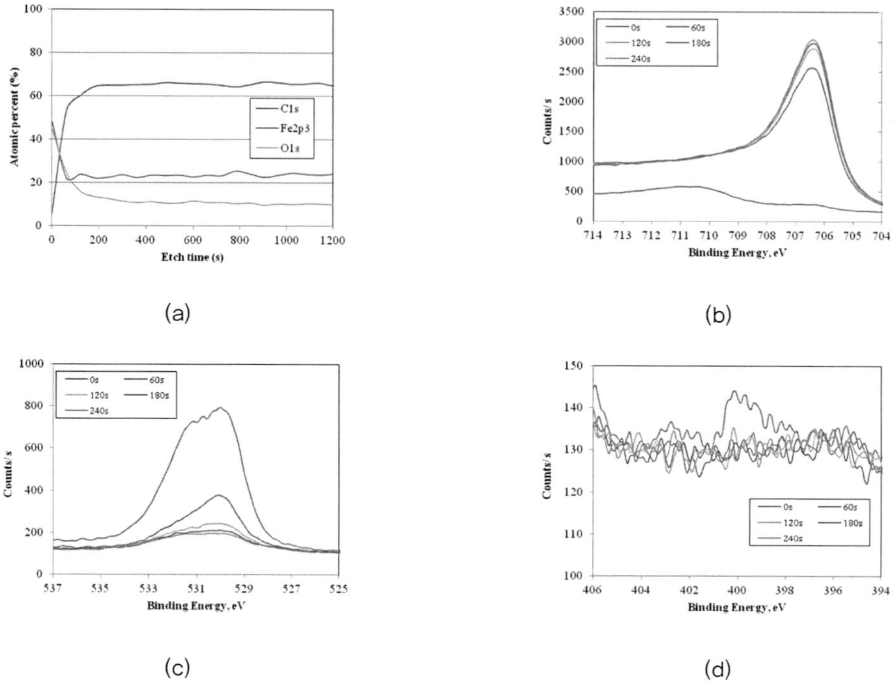

(a) (b) (c) (d)

<u>그림 10.17</u> 25°C 100,000ppm TEA를 첨가한 수도수 중에서 48시간 침지시험한 구상흑연주철의 표면에 대한 XPS 깊이분석; (a) depth profile, (b) Fe_{2p} detail scan, (c) O_{1s} detail scan, and (d) N_{1s} detail scan.

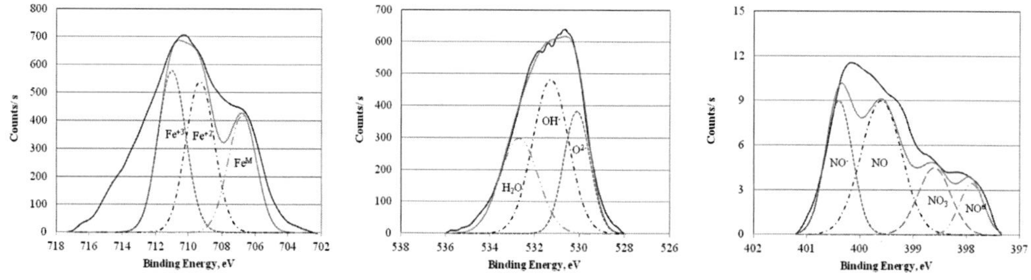

(a) (b) (c)

<u>그림 10.18</u> 25°C 100,000ppm TEA를 첨가한 수도수 중에서 48시간 침지시험한 구상흑연주철의 표면에 대한 XPS를 통한 화학종 식별; (a) Fe_{2p}, (b) O_{1s} (c) N_{1S}

10.2 상승효과의 분석

앞서 단일 부식억제제와 혼합했을 때의 부식억제 효과에 대해서 분석한 결과 단일 억제제 사용 시 구상흑연주철의 부식을 억제하기 위해서는 100,000ppm의 고농도의 억제제가 필요하며, 혼합 사용 시 부식억제 농도가 3,500ppm으로 줄어드는 것을 알 수 있었다.

그림 10.19는 부식억제제의 첨가 순서에 따른 AC-Impedance측정 결과이며 (a)는 Nyquist plot, (b)는 Rp값을 나타내었다. 1,000ppm NO_2^-와 2,500ppm TEA를 혼합하여 교반 후 측정한 결과 분극 저항값이 114.4kohm으로 가장 높은 값을 보인다. NO_2^-이온을 1,000ppm 첨가한 용액에 시편을 침지하여 산화피막을 형성한 다음 TEA 2,500ppm을 첨가하여 넣었을 경우에는 조금 작은 값인 103.3kohm을 나타내었으며, TEA 2,500ppm 첨가한 용액에 먼저 넣은 후 NO_2^- 이온을 1,000ppm 첨가하였을 경우에는 가장 작은 값인 21.9kohm을 나타내었다. 이러한 결과를 봤을 때, 금속표면에 산화물을 먼저 생성한 후 TEA를 첨가해야 상승효과가 나타나는 것으로 추정된다.

따라서 NO_2^-의 첨가로 인한 금속 표면에 산화피막 형성 후 TEA의 흡착으로 인해 산화피막과 흡착층이 함께 존재함으로 부식억제가 되는 것으로 판단된다. TEA를 먼저 첨가하였을 때는 금속 표면에 먼저 흡착층을 형성하기 때문에 NO_2^-의 억제 기능인 산화물의 형성을 막아 부식억제를 하지 못한 것으로 판단된다.

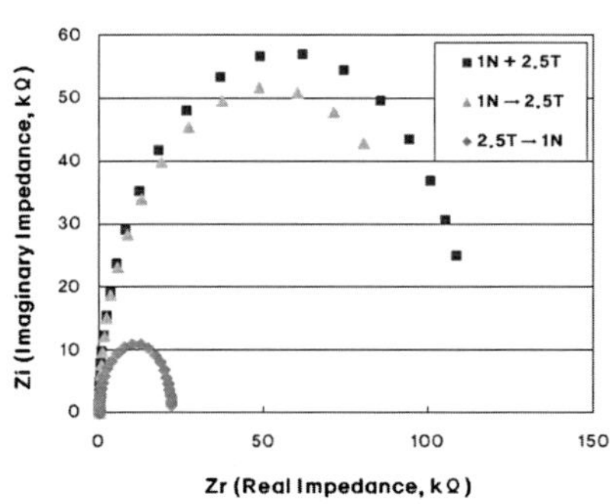

(a)

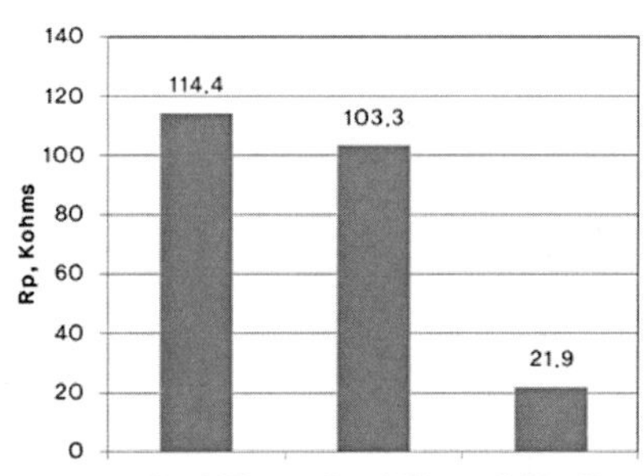

(b)

그림 10.19 25°C 탈기 수도수 중에서 부동태 처리(인가전위; 0mV(SCE))한 구상흑연주철의 AC 임피던스에 미치는 (NO_2^- + TEA) 첨가 순서의 영향; (a) Nyquist plot, (b) Rp

이처럼, 부식억제제의 혼합사용 시 상승효과가 산화물의 존재 여부에 따라서 나타난다면 NO_2^-의 첨가에 따른 산화피막이 아닌 다른 방법을 이용하여 산화피막을 형성하였을 때도 이러한 효과들이 나타나는지 확인하기 위해 구상흑연주철을 NaOH를 이용하여 pH 13인 수도수 환경에 침지시켜 산화피막을 형성하여 다시 AC-Impedance를 측정하였다. 그림 10.20은 부식억제제의 첨가 순서에 따른 분극저항과 알칼리 용액 중에서 구상흑연주철을 침지 후 농도 TEA를 첨가하여 AC-Impedance를 측정한 결과이다.

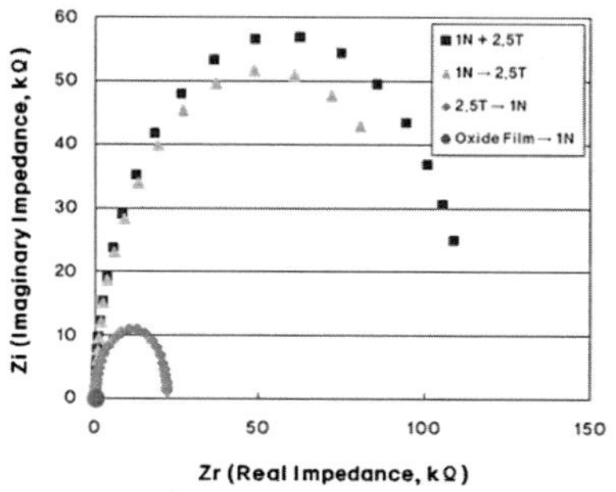

(a)

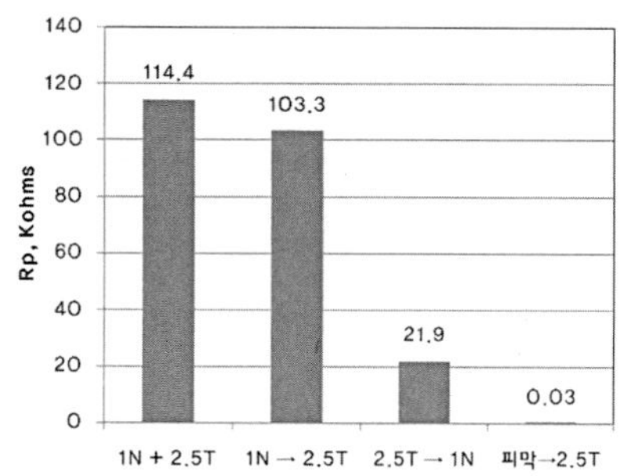

(b)

그림 10.20 25°C 탈기 수도수 중에서 부동태 처리(인가전위; 0mV(SCE))한 구상흑연주철의 AC 임피던스에 미치는 (NO_2^- + TEA) 첨가 순서의 영향(산화피막 형성 후); (a) Nyquist plot, (b) Rp

pH 13인 용액 중에 구상흑연주철을 침지 후 TEA를 첨가하여 측정한 결과 피막의 분극 저항은 측정되지 않았으며, 이는 부동태를 형성하지 못한 것으로 판단된다. 따라서 NO_2^-를 이용한 산화피막이 아닌 환경적 인자를 이용한 산화피막을 형성하였을 경우에는 산화피막을 형성하지 못하였다. 같은 양극억제제인 Molybdate도 마찬가지로 금속표면을 산화시켜 부식을 억제하며 Molybdate를 첨가하여도 상승효과가 나타나는지 확인하기 위해 양극분극 시험을 진행하였다. 그림 10.21은 Molybdate와 TEA를 혼합하였을 때 구상흑연주철에 미치는 양극분극 거동을 나타낸 것이다. [NO_2^- + TEA] 3,500ppm과 동일한 농도로 분극 시험을 진행한 결과 부동태 형성이 되지 않았으며, Molybdate를 2,500ppm으로 증가시켜도 Nitrite보다는 효과가 작게 나타났다.

또한, 두 가지의 부식억제제를 첨가하였을 때, 새로운 물질이 형성하여 상승효과의 원인이 되는지 확인하기 위해 각각 FT-IR분석을 진행하였다. 용액은 100,000ppm NO_2^-와, 100,000ppm TEA, 50,000ppm NO_2^- + 50,000ppm TEA, 증류수에 대해서 FT-IR분석을 진행하였다. 그림 10.22는 각각의 용액에 대한 FT-IR분석 결과이다. 모든 용액에서 검출된 1625

cm^{-1}은 H-O-H Bend peak로 증류수에 부식억제제를 혼합하여 시료를 제조하였기 때문에 H_2O에 의해 검출된 것으로 판단되며, 100,000ppm NO_2^-는 1226 cm^{-1}에서 NO_2^- peak가 100,000ppm TEA는 1024 cm^{-1}에서 C-N peak가 측정되었다. 50,000ppm NO_2^-와 50,000ppm TEA 두 가지의 부식억제제를 혼합하였을 때는 H-O-H Bend peak, NO_2^- peak, C-N peak 3가지 peak가 모두 나왔으며, 새로운 물질 형성은 되지 않은 것으로 판단된다.

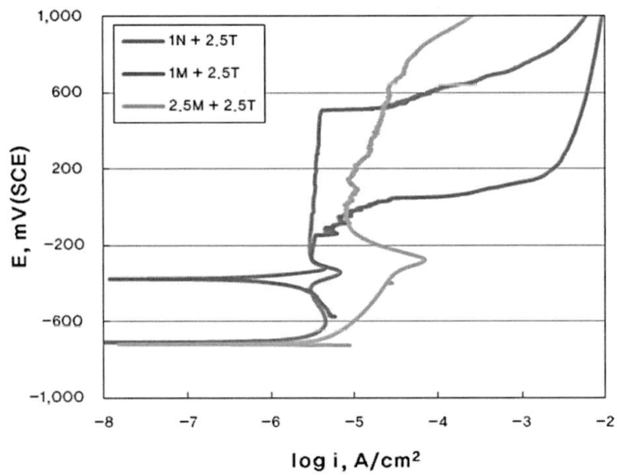

그림 10.21 구상흑연주철의 분극거동에 미치는 억제제 조합에 따른 상승효과(25°C, 탈기수도수 + x ppm + y ppm, N: Nitrite, M: Molybdate, T: TEA)

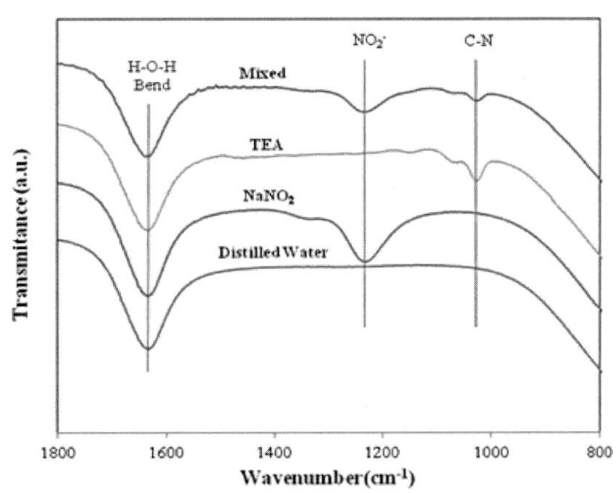

그림 10.22 각 농도별로 증류수에 투입한 억제제에 따른 구상흑연주철 표면에 대한 FT-IR spectra (100,000ppm NO_2^-, 100,000 TEA, Mixed(50,000ppm NO_2^- + 50,000ppm TEA))

여러 가지 관점에서 DCI의 상승효과를 분석하였을 때, 부식억제제의 첨가 순서에 따른 AC-Impedance 측정을 통해 산화물의 존재 여부가 상승효과의 주 원인으로 추정하였으나, 환경적 인자 및 다른 양극억제제에서 산화물을 형성 후 AC-Impedance를 측정한 결과 산화물이 상승효과의 주요 원인은 아닌 것으로 판단하였다. 또한, Nitrite와 TEA를 혼합하였을 때 새로운 물질은 형성은 되지 않으며, 혼합하여 첨가하였을 때, 30배의 상승효과가 나타나는 것을 알 수 있었다. 이러한 상승효과가 DCI뿐만 아니라 일반 탄소강에서도 나타나는지 확인하기 위해 각각 단독 첨가 시 양극분극 시험을 진행하였다.

그림 10.23은 NO_2^-와 TEA를 단독 첨가했을 때의 탄소강의 양극분극 거동을 나타낸 그림이다. (a)는 NO_2^-를 첨가한 것으로 NO_2^-농도가 증가할수록 부식전위와 과부동태 전위는 상승하고 부동태전류밀도는 감소하는 경향을 보이는 것을 알 수 있다.

이는 농도가 증가함에 따라서 부동태를 안정하게 형성하는 것이며, 약 100ppm 정도만 첨가하여도 부동태를 형성하는 것을 알 수 있다. 반면 (b)의 TEA는 농도가 증가함에 따라서 부동태 영역이 증가하는 것을 알 수 있으나 과부동태의 영역이 매우 좁고 안정하지 못한 것을 알 수 있다. TEA는 5,000ppm 이상의 고농도가 첨가되어야 부식을 원활히 억제하는 것으로 판단되며, 따라서 NO_2^-의 경우 적은 양으로도 금속표면에 산화피막을 잘 형성하나, TEA의 경우 금속표면에 흡착력이 낮은 것으로 판단된다. NO_2^-는 금속표면에 대한 산화력은 뛰어나나, 구상흑연 표면은 산화시키지 못함으로 구상흑연과 기지조직간 갈바닉부식이 진행되어 부식을 억제하기 위하여 고농도의 억제제가 필요하다. 그러나, TEA는 금속표면에 대한 흡착력이 다소 낮아 고농도의 TEA가 필요한 것으로 판단된다.

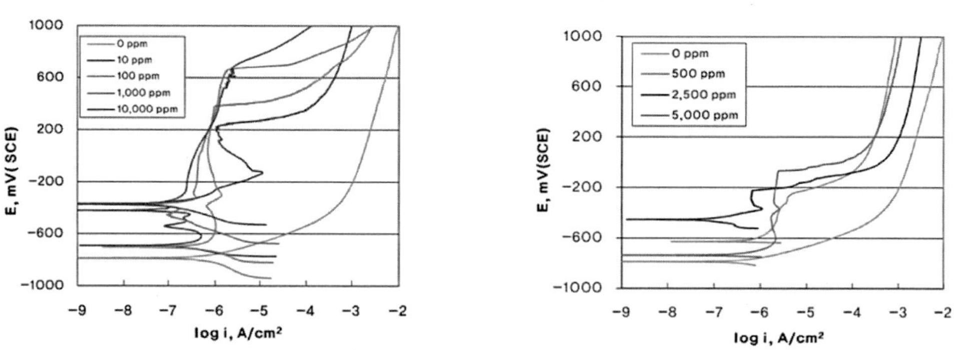

(a) (b)

그림 10.23 탄소강의 분극거동에 미치는 부식억제제의 영향; (a) NO_2^-, (b) TEA

그러나 Nitrite와 TEA를 혼합하여 사용하게 될 경우, 단독첨가 시 보다 약 1/30 정도로 상승효과가 나타나는 것은 혼합 첨가 시 NO_2^-는 금속표면을 산화시켜 부동태화 함으로서 부식을 억제시키고, 동시에 TEA는 금속표면보다는 구상흑연표면에 흡착하여 장벽층을 형성함으로서 부식을 억제시키는 상승효과가 나타나는 것으로 판단된다.

10.3 상승효과의 메커니즘

단독첨가에 따른 부식억제 메커니즘: 구상흑연주철을 수도수에 $NaNO_2$와 TEA를 각각 첨가했을 때 전기화학적 및 화학적 측정결과, 100,000ppm의 고농도가 필요한 것으로 평가되었다. 특히 $NaNO_2$는 금속표면에 산화피막을 형성하여 부식을 억제하지만 TEA는 금속표면에 흡착하여 부식을 억제하는 것으로 판단된다. 즉, $NaNO_2$는 분극저항을 갖는 부동태를 형성하며 강한 N-type의 반도체적 특성을 갖는 반면 TEA는 분극저항을 갖는 부동태가 아닌 단순 흡착에 의한 장벽층을 형성한다(그림 10.24).

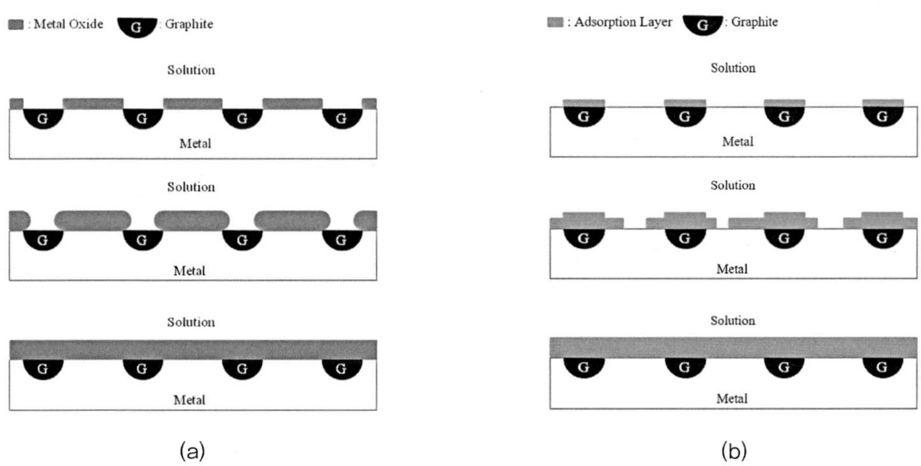

그림 10.24 수도수 환경 중에서 $NaNO_2$와 TEA의 구상흑연주철 부식억제 메커니즘 모델; (a) $NaNO_2$, (b) TEA

혼합첨가에 따른 부식억제 메커니즘: 수도수에 NO_2^-와 TEA를 혼합 첨가 시 단독 첨가한 부식억제제보다 약 30배의 상승효과를 나타내었다. 즉, 상승효과의 필요조건은 NO_2^-와 TEA의 공존으로 판단되며 이러한 상승효과는 NO_2^-는 금속표면을 산화시켜 부동태화 함으로서 부식을 억제시키고, 동시에 TEA는 금속표면보다는 구상흑연표면에 흡착하여 장벽층을 형성함으로서 서로 상호 보완적인 역할을 하여 상승효과가 나타나는 것으로 판단된다(그림 10.25).

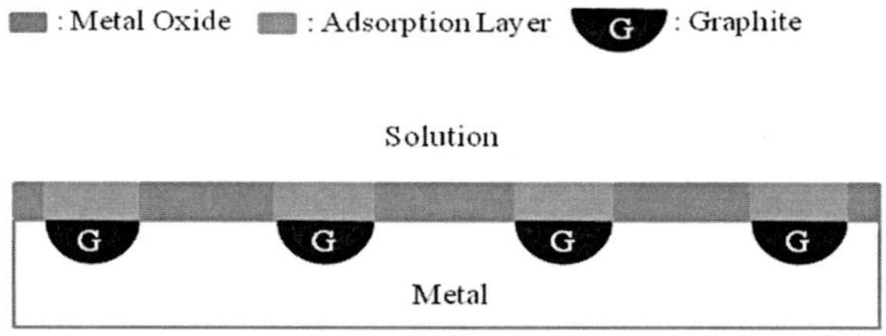

그림 10.25 수도수 환경 중에서 NO_2^-와 TEA를 혼합 첨가 시 구상흑연주철의 부식억제 메커니즘 모델

제11장
전기방식을 통한 장수명화 기술

11.1 전기화학 기초

본 절에서는 전기회로의 기초 이론을 소개하고자 하였다. 부식반응은 전기화학적 반응이며, 전기방식이 전기회로로 구성되므로 방식기술을 이해하는데 전기회로 이론은 큰 도움이 된다.

본 절에서는 기본적인 소자의 특성과 옴의 법칙, 키르히호프의 법칙, 병렬 및 직렬회로에 대한 소개를 통하여 기초 전기회로 이론을 학습하고자 한다.

11.1.1 기본 개념

[1] 전위

기준 지점으로부터 단위전하를 이동하는데 소요되는 에너지로 정의되며, 전압은 두 지점 사이의 전위차이를 의미한다. 이때 단위는 [V, 볼트]가 사용된다. 일반적으로 전기공학에서는 전기적인 포텐셜만을 고려하나 부식공학에서는 전기화학이론에 입각하여 전기적 에너지와 화학적 에너지를 모두 포괄하는 전기화학적 포텐셜이라는 개념이 소개된다.

[2] 기전력

전위가 다른 두 지점 사이에 전기가 흐르려 하는 경향을 의미하며 EMF(electro motive force)의 기호로 나타낸다. 전기화학에서는 전기화학적 전위의 차이를 포괄하는 개념으로 EMF를 사용한다. 즉, 산화 또는 환원되려는 두 전극의 경향 차이를 전압, V로 표시하게 된다.

[3] 전하

전하의 단위는 쿨롱(coulomb, C)로 전자의 수로는 6.242×10^{18}개에 해당되는 전하를 단위 전하로 정의한다.

[4] 저항

단위는 ohm이 사용되며, 전도도의 단위는 이의 역수인 지멘스(Siemens, S)가 사용된다. 단위체적의 입방체의 마주 보는 면간의 저항은 물질의 성질로 비저항으로 칭한다. 길이 단위에 따라 Ω · m 또는 Ω · cm로 표기한다. 이의 역수는 비전도도이며 S/m 또는 S/cm로 표기한다. 동일한 비저항을 갖는 물질은 물체의 형상에 따라 저항이 변화하는데 이때 저항은 윗 식과 같이 비저항과 길이에는 비례하고, 단면적에는 반비례한다. 역으로 어떤 물질의 저항에 단면적을 곱하고 이를 길이로 나누면 물질의 비저항을 얻을 수 있다. 그림 11.1은 비저항 관계를 보여주고 있다.

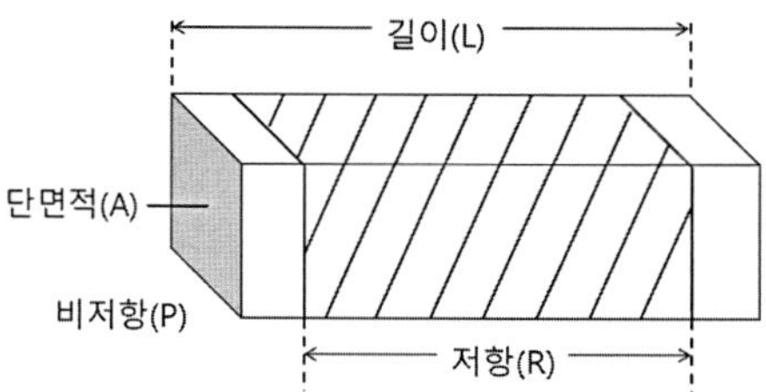

$$P = \frac{R * A}{L}$$

$$R = \frac{P * L}{A}$$

ρ = 비저항(Ω · cm) R = 저항(Ω)
A = 단면적(cm^2) L = 길이(cm)

그림 11.1 비저항 관계식

11.1.2 주요 재료의 비저항

그림 11.2는 주요 재료의 비저항을 요약한 것이며 그 특징은 다음과 같다:

- 일반적인 구조용 재료로 널리 사용되는 강은 $18x10^{-6}$ Ω · cm의 비저항을 갖는다.
- 구리나 알루미늄은 이보다 1/10 정도의 비저항을 갖는다.
- 금속구조물의 피복재로 사용되는 폴리머나 고무는 $10^{15\sim18}$ Ω · cm정도의 비저항을 갖는 부도체이다.
- 토양은 암석질의 경우 매우 높은 비저항($10^{15\sim18}$ Ω · cm)을 나타내지만, 바닷가 토양 등에서는 매우 낮은 비저항($10^{2\sim3}$ Ω · cm)을 나타내기도 한다.
- 해수의 경우에는 염도에 따라 다르지만 통상 10^3 Ω · cm정도의 비저항을 보인다.

물질		비저항(Ω · m)	물질		비저항(Ω · m)
도체	은	$1.62*10^{-5}$	반도체	게르마늄(순)	0.50
	구리	$1.69*10^{-8}$		게르마늄(불순)	$10^{-1} \sim 10^{-3}$
	알루미늄	$2.75*10^{-8}$		규소(순)	$2.3*10^{3}$
	텅스텐	$5.51*10^{-8}$	부도체	유리	$10^{10} \sim 10^{14}$
	니크롬	$1.09*10^{-6}$		에보니이트	$10^{13} \sim 10^{15}$
	탄소	$3.50*10^{-5}$		고무	$10^{13} \sim 10^{14}$

그림 11.2 주요 재료의 비저항

금속재료는 전자전도체로서 전자가 전하의 주 운반체이지만 토양과 해수 같은 경우, 용액 중에 용해되어있는 이온이 전하를 운반한다. 따라서 전자전도체인 금속에서 이온전도체인 전해질로 전하를 전달하는 경우에는 전하전달반응이 일어나게 된다.

전기방식에서 전해질의 비저항은 매우 중요한데 비저항이 낮을수록 환경 중에 이온종의 농도가 높은 것을 의미하기 때문에 부식성이 높아질 수 있다. 한편 방식을 하는 경우, 전해질의 비저항이 낮을수록 양극의 저항이 작아지므로 방식에 유리하다.

11.1.3 옴의 법칙과 회로 연결

옴의 법칙은 회로의 저항에 의한 전류와 전압의 비의 관계식을 의미한다. 저항체를 흐르는 전류에 의한 전압은 전류와 저항의 곱에 비례한다 ($V = IR$).

저항이 직렬로 연결될 경우, 전체 저항은 하나의 저항치(등가저항)로 표현될 수 있는데 직렬연결의 경우에는 각 저항의 합과 같다($R = R_1 + R_2$). 저항이 병렬로 연결될 경우의 등가저항은 그림과 같이 등가저항의 역수가 각 저항의 역수의 합과 같아진다 ($1/R = 1/R_1 + 1/R_2$). 그림 11.3은 옴의 법칙과 회로연결의 관계를 보여준다.

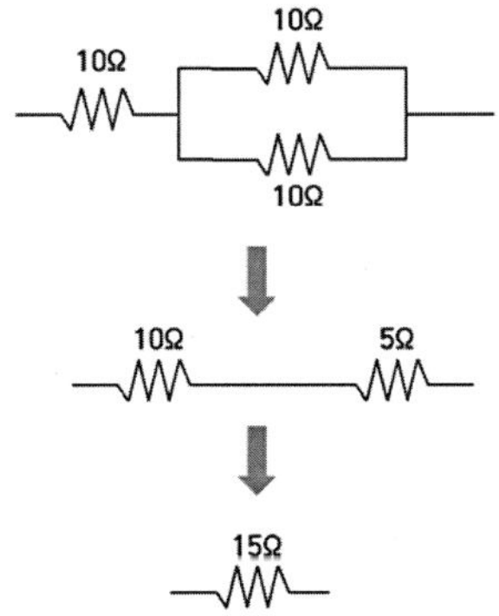

그림 11.3 옴의 법칙과 회로연결

11.1.4 키르히호프의 법칙

키르히호프의 법칙은 제1법칙인 전류의 법칙과 제2법칙인 전압에 관한 법칙이 있다(그림 11.4).

전류에 관한 제1법칙은 회로내의 분기점에서 들어오는 총 전류의 양과 나가는 총 전류의 양이 동일하다는 법칙이다.

전압에 관한 제2법칙은 회로를 한 바퀴 원래의 지점으로 돌아오는 동안에 구한 전위차의 합은 '0'이 된다는 법칙이다.

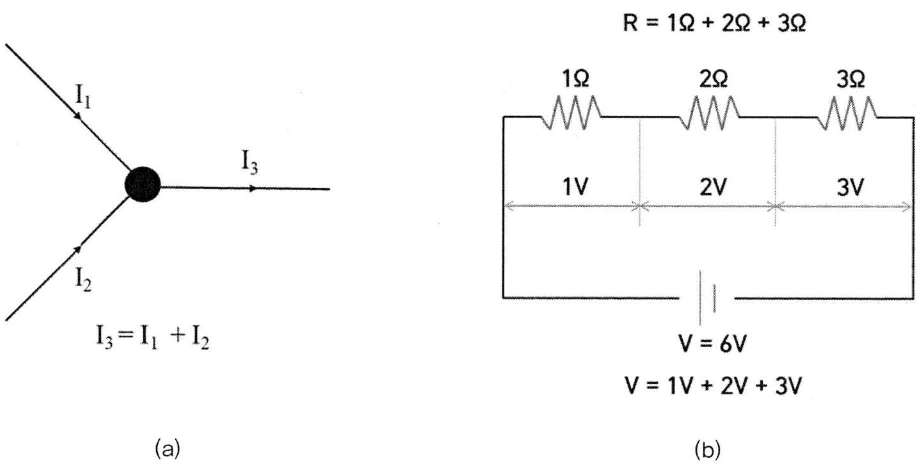

그림 11.4 키르히호프의 법칙; (a) 제1법칙, (b) 제2법칙

전류에 관한 법칙은 전하가 보존되는 원리와 같으며, 전압에 관한 법칙은 에너지가 보존되는 원리와 같다.

앞의 옴의 법칙과 키르히호프의 전류, 전압법칙을 적용하여 전기회로에 분배되는 전류, 전압을 계산할 수 있게 된다.

11.1.5 다이오드형 정류기

전기방식 시스템에 널리 이용되는 정류기의 원리에 대하여 살펴보자(그림 11.5).

회로도의 상부에 위치한 것은 변압기(transformer)로 탭의 위치를 조정함에 따라 출력전압을 조절할 수 있다. 정류기에는 통상 coarse 탭과 fine 탭이 달려있어 세밀한 출력전압 조절이 가능하다. 조절된 교류전류는 다이오드 브릿지를 통하여 직류로 변환된다.

전압과 전류를 모니터링 할 수 있는 전압계와 전류계가 설치된다. 출력단의 (+)극은 양극으로, (-)극은 피방식 구조물로 연결하여 회로를 형성한다. 실제 상업용 정류기에는 다양한 부속설비가 부착되는데, 서지(surge, 급격한 과전압 등) 보호장치, 보호계전기 등 다양한 기능이 설치된다.

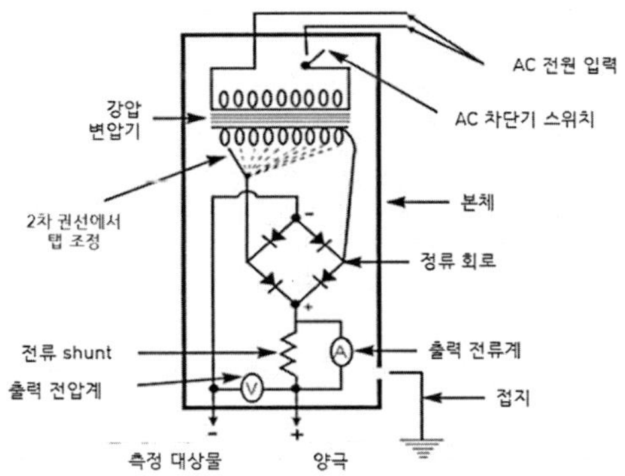

그림 11.5 다이오드형 정류기 회로

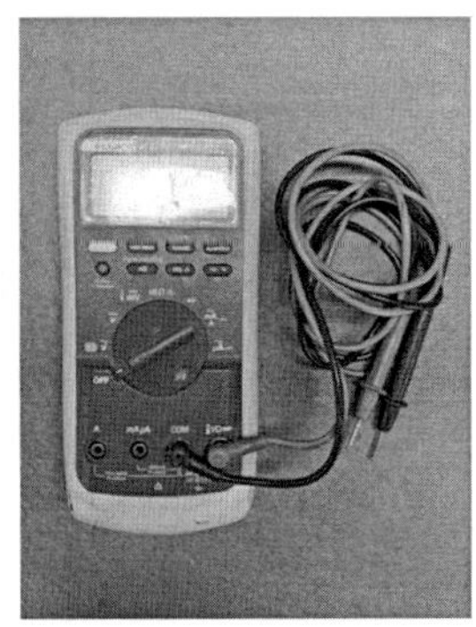

그림 11.6 디지털 멀티미터

11.1.6 전위 측정 장치

구조물의 전위를 읽거나, 전기방식시스템을 점검하는데 가장 널리 쓰이는 장비가 디지털 멀티미터이다. 디지털 멀티미터의 사용법에 대하여 간략히 알아보자(그림 11.6).

전압을 측정할 때에는 소자의 양단에 병렬로 미터를 연결한다. 이때 미터의 내부 임피던스가 낮다면 미터로 유입되는 전류로 인하여 오차가 유발된다. 최근 시판되는 디지털 멀티미터의 경우에는 내부 임피던스가 10~20MΩ에 달하여 오차를 극소화 할 수 있다.

방식 시스템에서 전압을 측정할 때 주의해야 할 사항은 단선에 의하여 측정오류가 발생할 수 있다는 점이다. 회로의 어딘가가 끊어져 있을 때에는 무의미한 값을 얻을 수 있다. 내부임피던스가 낮은 아날로그 기기의 경우에는 단선 시 '0'에 가까운 값이 읽혀지게 되나 내부 임피던스가 높은 디지털 기기의 경우에는 엉뚱한 값이 읽히기도 한다. 이러한 문제를 해결하기 위하여 입력단자의 양단을 1MΩ 정도의 저항으로 연결하여 측정신뢰도를 높이는 방법이 적용되기도 한다.

전류를 측정할 때에는 회로 중간에 미터를 직렬로 연결하여야 한다. 이때 전위원에 연결하면 미터의 용량을 초과하여 미터가 손상된다. 실제 방식시스템의 전류는 회로에 직렬로 연결하는 방식을 사용하지 않고 분로(分路) 저항(shunt 저항, 어떤 회로에 병렬로 접속되어 있는 저항기)을 병렬로 연결하여 저항에서 발생하는 전압을 측정하는 방식으로 측정하게 된다. 예를 들어, 0.1ohm의 shunt 저항을 통하여 전류가 흐를 때 1V의 전압이 발생하였다면 옴의 법칙을 적용하여 10A의 전류를 읽는 방식이다. 이때 shunt 저항에는 최대로 흘릴 수 있는 전류값이 정해져 있으므로 이 값을 초과하지 않도록 하여야 한다.

저항을 측정할 때에는 소자의 양단에 미터를 연결한다. 이때 저항은 다른 회로와 분리되어 있어야 한다. 예를 들어 구조물에 설치된 절연플랜지의 절연상태를 측정하기 위하여 멀티미터를 이용해 저항을 측정하는 방법은 적합하지 않다. 절연플랜지 양단에 연결된 구조물을 통하여 전류가 유·출입될 수 있으므로 측정치를 신뢰할 수 없게 된다. 방식구조물의 경우 전해질과 접지되어 있으므로 분리가 어려우므로 접지된 구조물의 저항은 다른 방법을 강구하여야 한다.

11.2 음극방식의 원리

11.2.1 음극방식의 기본 개념

여기서는 음극방식의 원리에 대하여 살펴보고자 한다. 음극방식의 기본적인 원리는 금속의 부식반응이 산화반응이므로 이를 억제하기 위하여 전자를 공급(-전위로 만듦)하여 반응을 멈추게 하는 것으로 이해할 수 있다.

$$Fe \rightarrow Fe^{2+} + 2e^{-}$$

그러나 실제 구조물의 부식은 부식전지의 형성에 의하여 어느 부위는 양극으로 어느 부위는 음극으로 거동하고 있으므로 이러한 부식전지가 외부로부터의 전위 변화에 따라 어떻게 거동하는 지를 잘 살펴볼 필요가 있다.

그림 11.7에서 부식전지를 살펴보면 물체의 어떤 표면은 음극으로 어떤 표면은 양극으로 작용하여 폐회로를 이루게 된다. 이 상태에서 외부에서 환원 전류가 유입되면 어떻게 각각의 극이 변화하게 될까 살펴보자.

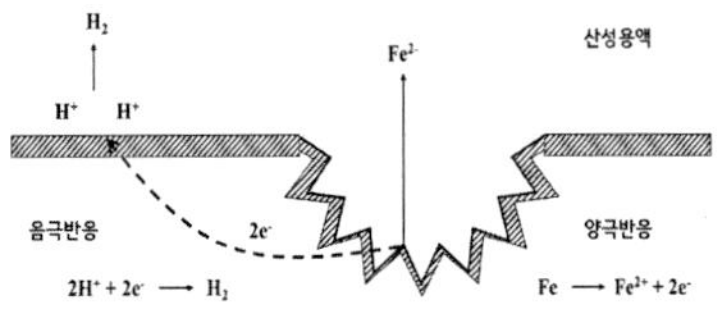

그림 11.7 부식전지

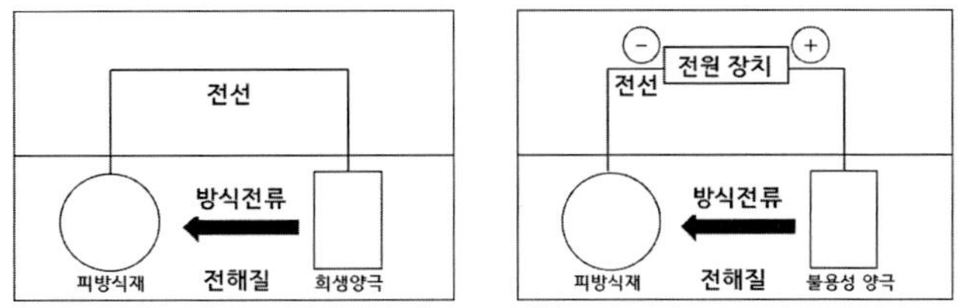

그림 11.8 음극방식 실시 중

전기방식의 개념은 부식전지의 활동을 정지시키는 개념으로도 설명된다. 부식이 부식전지에 의한 것이라면 모든 지점의 전위를 같게 만들어 주는 것으로 부식전지에 의한 부식을 막을 수 있다. 부식을 멈추기 위해서는 음극의 전위를 가장 활성화된 양극의 전위(가장 낮은)까지 낮추었을 때 멈추게 될 것이다(그림 11.8).

피방식체에 방식전류를 가하게 되면 전류는 전극전위가 높은 음극으로 우선적으로 유입된다. 따라서 음극의 전위가 낮아지게 된다. 음극의 전위가 양극의 전위만큼 낮아지게 되면 부식전지 사이의 전류 흐름은 멈추게 되고, 모든 부위에서 유출전류(산화전류)는 사라지게 된다. 재미있는 사실은 양극반응을 억제하기 위하여 양극부위에 전류를 가하는 것으로 생각하였지만, 실제로는 음극에 먼저 방식전류가 유입된다는 것이다.

음극방식의 원리를 분극곡선으로 살펴보자. 그림 11.9의 수직축에 표시된 전위는 구조물의 표면에서 양극과 음극의 전위이다. 양극과 음극은 분극되어 부식전위까지 분극된다. 외부에서 전류를 가해주면 음극의 표면에는 전류 유입되며 그림에 표시된 점선을 따라 분극이 증가하게 된다. 양극에서는 전위가 감소함에 따라 유출전류(산화반응)이 점차 감소하게 된다. 전체 구조물이 양극의 개방회로전위(O_{cp}, Open circuit potential)까지 분극되면 구조물의 부식은 멈추게 된다.

방식을 위해서 외부에서 가해지는 전류는 음극을 양극의 OCP까지 분극시키는데 필요한 전류와 같다. 그림 11.9에서 ICP로 표시된 전류가 이 시스템의 전기방식에 소요되는 전류가 된다. 이 전류는 외부에서 공급되어야 하는 방식전류이다.

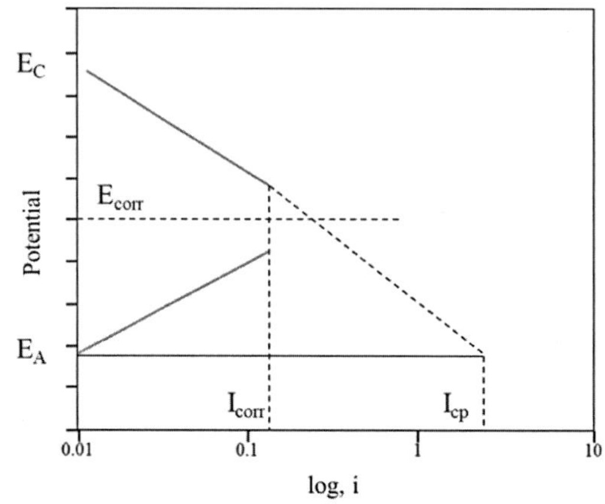

그림 11.9 분극곡선을 통한 음극방식의 이해

외부에서 방식전류를 공급하는 방법은 희생양극법과 외부전원법이 있다. 그림 11.10은 희생양극을 이용하여 방식전류를 공급하는 경우를 분극곡선에 도시하고 있다. 희생양극은 구조물보다 훨씬 낮은 OCP를 갖는다. 구조물과 희생양극을 연결하면 앞장에서 설명한 바와 같이 음극분극은 증가하고, 양극분극은 감소하게 된다. 희생양극은 전위가 상승하며 산화되고 그만큼 구조물에는 환원전류가 유입된다. 희생양극의 전위와 구조물의 전위는 iR 전압강하 만큼의 차이를 보이며 접근하게 된다.

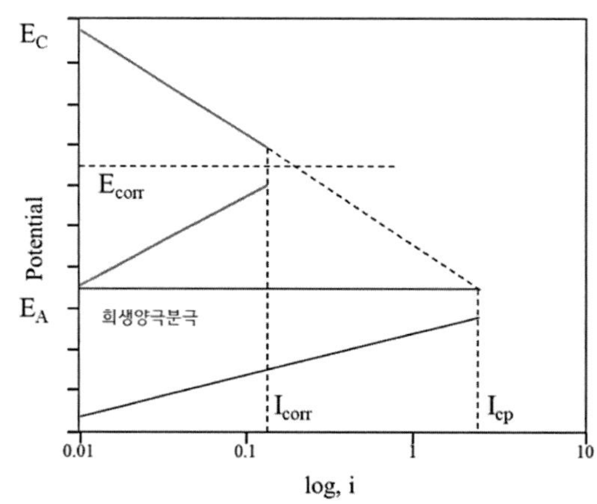

그림 11.10 희생양극방식

11.2.2 음극방식의 기준

방식상태를 판정하기 위해서는 가장 활성인 양극의 전위까지 구조물을 음으로 분극시키는 것이 필요하다고 하였지만 이를 실제 구조물에 적용하기에는 매우 번거롭고 불가능하기도 한다. 구조물의 모든 부위의 개로 전위를 측정하는 것이 실질적이지 못하기 때문이다. 그렇다면 실제 구조물에 적용할 수 있는 방식기준은 무엇이 있을까? 가장 실용적인 방법은 기준전극을 가지고 전위를 측정하는 방법이다. 매설된 강 구조물의 경우 가장 흔하게 사용되는 방식기준은 황산동기준전극(CSE, Copper/Copper Sulfate Electrode)을 기준으로 -850mV(CSE)를 유지하는 것이다. 이때 iR 전압강하의 고려 방법에 따라 'on 전위' 기준을 적용하기도 하고, iR 강하를 배제한 분극전위를 적용하기도 한다. iR 강하를 배제한 전위를 흔히 전류를 순간정전전위 'instant off 전위'라고 부르기도 한다.

[1] -850mV(CSE) 기준

-850mV 전위기준은 토양 중에서 가장 활성인 금속광택의 강재가 갖을 수 있는 가장 낮은 전위가 -800~-850mV 수준이라는 사실에 근거한다. 가장 활성인 양극부의 전위보다 더욱 낮춰준다면 부식전지의 활동을 중지시킬 수 있다. 경험적으로 이 전위 이하에서 강구조물의 부식이 거의 발생하지 않는다는 점(최대 1 mpy)에 의해서도 뒷받침된다. 그림 11.11과 같이 가장 활성인 부분의 전위인 -850mV까지 전체 구조물의 전위를 낮추어 준다는 의미이다.

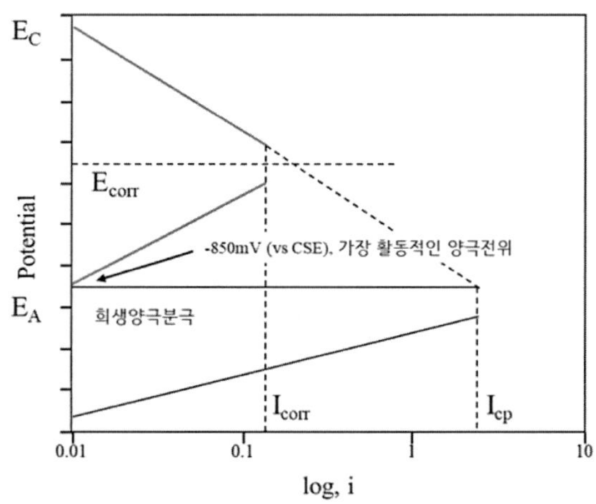

그림 11.11 방식전위 -850mV 기준의 의미

[2] -100mV 분극기준

-100mV 분극기준은 -850mV 전위기준을 적용하기에는 소요전류가 너무 많아 비경제적인 경우나 구조물의 사용기간이 오래되어 활성인 양극의 전위가 -850mV보다 훨씬 높은 경우에 적용한다. -100mV 수준의 분극기준은 강의 부식속도를 최소 1/10 수준으로 낮출 수 있다는 경험에 의해서도 뒷받침된다. 100mV 이상의 분극이 부식을 방지할 수 있다는 것은 실

험실적으로도 증명된 사실이다. -100mV 분극기준은 그림 11.12와 같이 방식을 적용하기 전의 부식전위보다 100mV 이하의 분극전위를 갖도록 분극시킨다는 의미이다. 어떤 경우에는 구조물의 가장 활성인 부분보다 전위가 낮아지지 않을 수도 있다. 그러나 이 경우에도 부식속도는 거의 무시할 만한 수준으로 낮아진다. 수평축이 로그축이므로 부식속도는 거의 무시할 만한 수준이 됨을 알 수 있다.

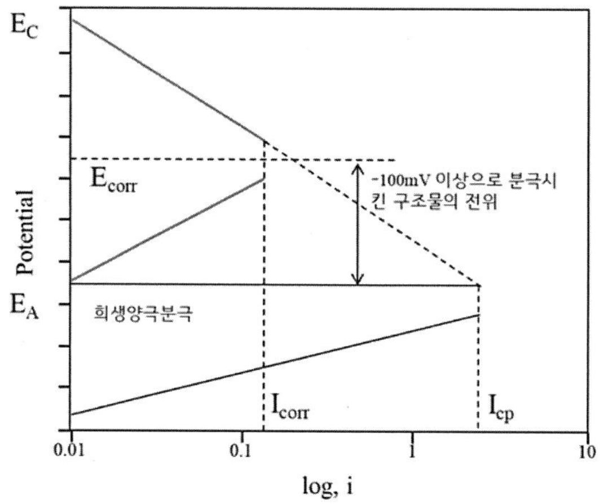

그림 11.12 방식전위 -100mV 분극기준의 의미

[3] 구조물의 전위

그림 11.13처럼 구조물의 전위는 개방회로전위(OCP, Open Circuit Potential)와 분극, iR 강하의 세 가지 요인의 합으로 구성된다. 전극의 계면은 흔히 저항과 캐패시터(capacitor)로 표현된다. 여기에 용액의 저항이 직렬로 연결된 전기회로를 전극의 등가회로로 볼 수 있다. 전류가 흐르는 상태에서의 전극의 전위는 항상 용액의 저항에 의한 전압강하를 포함하게 된다. 구조물의 방식상태는 전극의 계면에서의 금속과 접하고 있는 전해질 간의 전위 차이에 의하여 결정되기 때문에 용액의 저항에 의한 전압강하는 단순한 측정 오차에 불과하다.

용액저항을 배제하고 전극전위를 측정하기 위해서는 거리를 최소한으로 유지하는 방법을 생각할 수 있다. 이 방법은 어느 정도 효과를 기대할 수는 있지만, 물리적으로 곤란한 경우가 많다. 그리고 피복이 되어 있는 경우에는 구조물의 피복 손상부를 알고 그 위치에 바로 전극을 가까이 하여야 하므로 곤란한 경우가 많고, 앞장에서 살펴본 바와 같이 피복 손상부 근처에서 전압강하가 크게 되므로 충분한 대책이 되지 못한다.

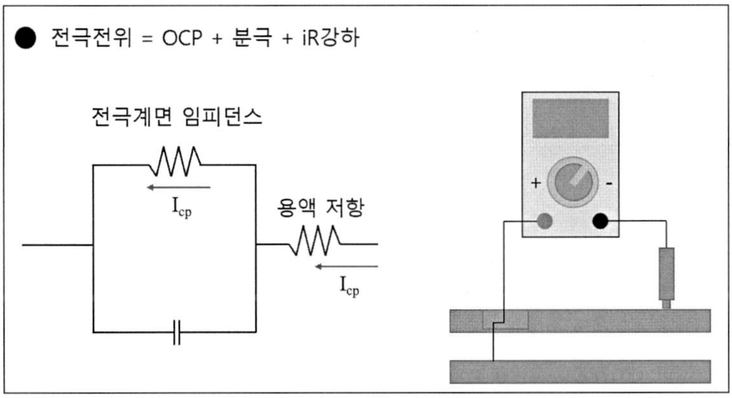

그림 11.13 전극전위에 포함된 3가지 요소와 측정법

두 번째 방법으로는 용액의 저항을 낮추어 주는 방법이 있다. 용액에 전도성을 높여주는 이온을 넣어주어 용액의 전도도를 높이는 방법이 있는데 이를 지지전해질(supporting electrolyte)라고 한다. 전극반응에는 참여하지 않는 이온을 첨가하여 iR 전압강하를 배제할 수 있다. 이 방법은 실험실에서 전극반응을 연구하는 경우에는 매우 널리 활용되는 방법이지만 필드에서의 측정방법으로는 적당한 방법이 아니다.

세 번째 방법은 구조물과 기준전극 사이의 저항을 측정하여 이를 보정하는 방법이 있다. 저항을 측정하기 위하여 임피던스 스펙트럼법이 흔히 사용된다. 이 방법은 고가의 복잡한 장비를 사용하고 번거롭지만, 정밀도가 높고 기준전극과 구조물 간의 저항이 변화하지 않는다면 사용이 가능하지만, 구조물이 커서 전류의 유입이 넓은 면적에 걸쳐서 일어난다면 측정한 저항치가 어떤 지점에 대한 값이 아니라 구조물 전체에 대한 값을 의미하므로 이를 직접 적용하기가 어렵다.

네 번째 방법은 측정순간 전류를 차단하여 전류가 흐르지 않는 상태에서 전위를 측정하는 방법이다. 전류가 순간적으로 차단되었을 때 저항에 흐르는 전류가 없으므로 전압강하가 사라지는 원리를 이용한 것이다. 이 방법은 전극의 계면이 저항의 성분과 이와 병렬로 capacitor가 연결된 것처럼 거동하기 때문에 적용이 가능하다. 전류가 차단된 순간부터 capacitor에 대전된 전하는 전극계면의 저항을 통하여 방전되지만 아주 짧은 순간에 전위를 측정한다면 분극전위를 거의 손실 없이 측정할 수 있게 된다.

그림 11.14는 구조물의 방식전위를 거는 순간 차단하였을 때의 전위변화를 보여주고 있다. 위 그림에서 수직축은 전위의 (-)임을 주의하여야 한다. 전류를 차단한 직후 전위는 수직으로 상승하는데 이 값은 측정회로상의 iR 전압강하에 해당된다. 이어서 전위는 점차 피방식

체의 전위는 상승하여 점차 비방식상태의 자연전위에 가까워진다. 이렇게 서서히 전위가 변화하는 것은 앞 장에서 설명한 바와 같이 전극이 capacitor 성분을 갖고 있기 때문이다.

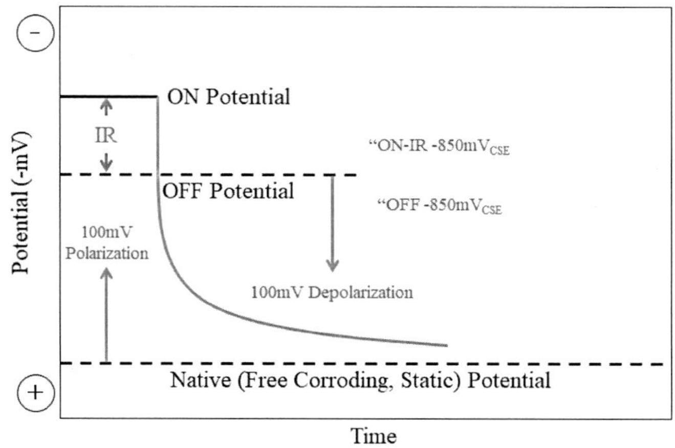

그림 11.14 on potential과 off potential의 측정

우리가 말하는 방식 기준은 그림 11.14에서 전류가 흐르는 상태에서의 'on' 전위가 -850mV(황산동 전극 기준)이하인 경우와 전류가 차단된 직후의 iR전압강하가 배제된 'off' 전위가 -850mV(황산동 전극 기준)인 경우를 구분하여 말한다.

100mV 분극 기준은 그림 11.14에서 미방식 상태의 전위인 자연전위와 off전위의 차이가 100mV 이상인 경우를 의미한다.

[4] 방식전류밀도 기준

토양이나 담수 중에서 알루미늄 합금과 동의 방식기준은 -100mV 분극전위가 가장 널리 활용된다.

철근 콘크리트 구조물의 경우에도 -100mV 분극전위가 사용되는데 이때 분극은 시간에 따라 점차 증가하므로 4시간 이내에 -100mV의 분극에 도달하는 것을 기준으로 삼는다.

이 이외에도 E-log I 관계가 직선 구간일 때를 방식기준으로 삼기도 하는데 이에 대해서는 다음 장에 자세히 설명하도록 한다.

이러한 기준 이외에도 방식전류밀도를 기준으로 제시하는 경우도 있다.

ISO 15589-1에서는 매설 배관에 대하여 토양비저항이 높은 경우에는 다음과 같이 적용 전위 기준을 완화하고 있다.

-750 mV(CSE) for 100 ohm-m < ρ < 1,000 ohm-m

-650 mV(CSE) for 1,000 ohm-m < ρ

E-log I 기준은 구조물에 대하여 일정 전위간격으로 방식전류를 인가하여 이때 얻어진 전류-전위 관계를 Evans 다이어그램으로 도시하였을 때 직선 구간에 속하게 되면 방식기준을 충족한 것으로 보는 방법이다.

구조물에 외부로부터 유출입 되는 전류는 부식전위에서 '0'이 되면서 부호가 바뀐다. 즉, 표면에서의 산화전류와 환원전류가 같은 크기가 된다. 부식전위 인근에서는 산화전류와 환원전류는 그 자체는 타펠 관계(그림 11.15, E-log I가 직선)를 따른다 하더라도 두 전류의 상쇄효과에 의하여 곡선의 형태로 나타나게 된다. 그러나 전위를 낮추어 산화반응이 거의 발생하지 않는 상태, 즉, 부식이 발생하지 않는 조건에서는 순수한 음극반응만이 발생하는 상태이므로 분극곡선이 직선형태가 된다. 따라서 직선구간에서는 양극반응이 거의 무시할 만한 수준임을 의미한다.

이 방법은 실제 곡선에서 직선으로 변화하는 구간을 명확하게 얻기 어려운 단점이 있다.

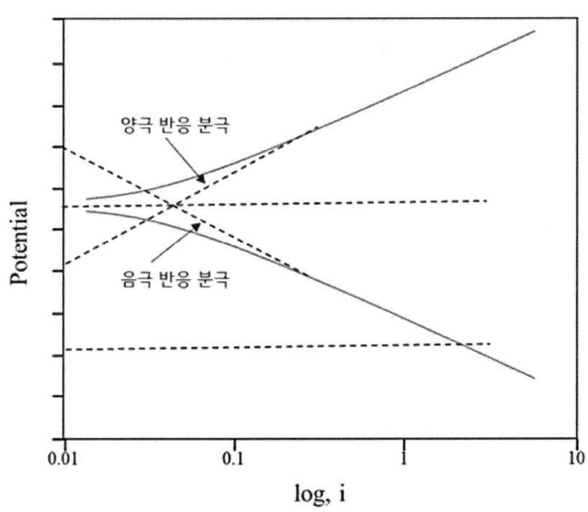

그림 11.15 분극곡선의 타펠관계

[5] 다양한 방식기준 조건

① 분극전위를 기준으로 하는 방식기준은 환경요인에 따라 적용이 제한될 수 있다. 일반적인 전위기준은 적용 온도범위를 60℃ 이내로 한다.

② 토양의 통기도가 낮아 산소가 없는 환경에서는 황산염 환원 박테리아(SRB, Sulphate

Reducing Bacteria)에 의한 미생물 부식이 발생할 수 있다. SRB에 의한 미생물 부식이 우려되는 환경에서는 방식전위 기준을 -950mV로 강화하여 적용한다.

③ 이종의 금속으로 구성된 피방식체의 경우에는 낮은 기준이 적용되는 금속을 기준으로 한다.

④ 응력부식균열이 발생할 수 있는 재질의 경우에는 이에 대한 세부적인 기준을 따라야 한다.

⑤ 이외에도 교류전위의 간섭이 발생하는 경우에는 방식기준을 충족하더라도 부식이 발생할 수 있으므로 이에 대한 대책을 강구하여야 한다.

⑥ 전기방식전류는 표면을 알칼리화 한다. 이로 인하여 적용된 피복이 박리되는 현상이 발생할 수 있으므로 피복의 특성에 따른 방식기준을 적용하여야 한다.

산업계에서 널리 활용되는 기준 중에는 영국표준(BS, British Standard 7361)이 있다. 표 11.1 및 표 11.2에 제시된 바와 같이, 여러 금속에 대하여 토양과 해수 중의 방식기준을 제시하고 있다. 각 기준은 해당 환경에서 가장 널리 활용되는 황산동 기준전극과 염화은 기준전극에 대하여 제시하고 있다. 염화은 기준전극과 황산동 기준전극은 약 60mV의 차이가 있다. 알루미늄의 경우 방식기준과 과방식기준의 차이가 좁아 설계 및 운용 시 매우 주의를 필요로 한다. 알루미늄의 경우 알칼리 환경에서도 부식속도가 급격하게 커지기 때문이다.

[표 11.1] British standard BS7361에서 제시된 방식기준

재료	토양과 담수중의 방식기준(CSE)	해수중의 방식기준(SSC)
철강재 통기성 환경	-850 mV	-800 mV
철강재 혐기성 환경	-950 mV	-900 mV
알루미늄 (과방식 기준)	-950 mV (-1200 mV)	-900 (-1150 mV)
동 합금	-500~ -600 mV	-450~ -600 mV

[표 11.2] German standard DIN 30676에서 제시된 방식기준

재료	온도/환경	방식기준(CSE) (황산동)
철계 합금	40℃ 이하	-850 mV
	60℃ 이하 혐기성 환경 비저항이 높은 사질토(>500 Ω-m)	-950 mV
스테인리스강 Cr16%	40℃ 이하의 토양/담수 해수	-100 mV
	40℃ 이상의 토양/담수 해수	-300 mV -300 mV
동, 동-니켈 합금		-200 mV
알루미늄	담수	-800 mV
	염수	-900 mV
철근 콘크리트		-750 mV
아연도강		-1200 mV

산업계에서 활용되는 기준 중의 하나로 독일표준(DIN 30676)을 소개하고 있다. DIN 규격의 특징은 철계 합금과 스테인리스강 합금에 대하여 사용환경에 따라 비교적 세분화된 기준을 제시하고 있다는 점이다.

11.2.3 음극방식 유의사항

[1] 피복의 박리현상

피복의 박리현상은 일반적인 도막에서의 블리스터링(그림 11.16)과 음극방식에 의한 음극박리(그림 11.17)로 구분하여 볼 수 있다. 블리스터링은 도막 전처리가 불량하거나 도료의 차단성능 부족으로 모세관 현상 등에 의하여 전해질이 막 하부에 침투하여 발생한다. 금속표면에 부적절한 전처리에 의하여 오염물이 있다면 침투된 수분에 의한 용해에 의하여 모세관 현상이 발생할 수 있다. 전기방식중인 구조물은 전기방식에 의한 전장에 의하여 전기-모세관(eletro-osmosis) 현상에 의하여 수분침투가 더욱 가속화 될 수 있다. 이때 핀홀은 관찰되지 않는다.

음극박리는 절연성의 피복에 핀홀이 있을 때 핀홀을 통한 방식전류 유입에 의하여 피복 아래의 pH가 상승하여 발생한다. 상승된 pH는 피복과 소지금속의 극성결합을 파괴하여 접착

력을 상실하게 한다. 음극박리는 방식전류가 과대할 때 더욱 심하게 발생하므로 음극박리 저항성이 낮은 피복의 경우에는 방식전위의 하한치를 정하여 박리현상을 제어하여야 한다.

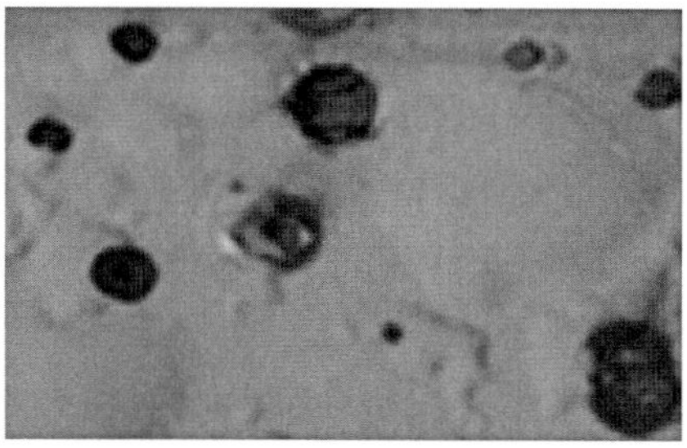

그림 11.16 음극방식 시 블리스터링

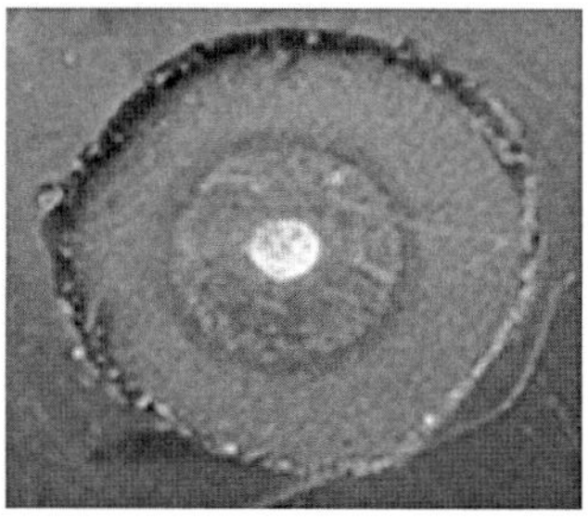

그림 11.17 음극방식 시 음극박리

음극박리가 발생하게 되면 핀홀에서는 방식전류가 유입되지만 박리된 피복 내부에는 방식전류가 도달하기 힘들기 때문에 피복내부에서 부식이 진행할 수 있다. 절연성의 피복이 음극전류의 도달을 방해하기 때문에 외부에서 측정된 전위가 방식전위를 충족하는 경우에도 박리된 피복의 하부에는 방식상태에 도달하지 못하게 된다.

또한, 음극박리가 진행됨에 따라 피복 손상부위가 점차 넓어지게 되므로 방식소요 전류가 증가하게 된다.

음극박리를 방지하게 위해서는 방식전위가 과다하게 낮아지지 않도록 주의해야 한다. 이에 대하여 ISO 15589-1에서는 배관의 경우 최대 분극전위를 -1200mV(CSE)로 제한하고 있다. ADNOC(아부다비 국영석유회사)에서는 기술기준에서는 이 기준을 토양 중에서 -1,150mV(CSE), 수중에서는 -1,050mV(CSE)로 규정하고 있다.

음극박리현상을 방지하기 위해서는 피복자체가 음극박리 저항성을 갖아야 하는데 ASTM G8과 같은 시험에서는 피복에 일정 규격의 핀홀을 뚫고 전위를 가하여 각 피복의 박리 면적이 일정 면적 이하가 되도록 시험방법을 규정하고 있다.

[2] 응력부식균열

응력부식 균열은 응력을 받는 부재가 어떤 환경에서 균열이 발생 성장하는 현상으로 파괴가 급격하게 발생하므로 매우 위험한 형태의 손상이다. 탄소강재의 응력부식 균열은 고 pH에 발생하는 것과 중성 pH에서 발생하는 것으로 나누어 볼 수 있다. 고 pH SCC는 탄산-중탄산 환경에서 주로 발생하는 것으로 알려져 있는데 전기방식에 의하여 생성된 알칼리 환경에 CO_2가 용해되어 환경이 조성된다. 균열은 입계를 따라 전파한다. 고 pH SCC는 전위와 관련이 있는데 -850mV(CSE) 이하에서는 발생하지 않는 것으로 알려져 있다. 아래의 그림 11.18과 11.19에서는 온도에 따른 응력부식 경향성을 평가하기 위한 저변형율 인장시험 결과를 보여주고 있는데 온도가 75℃에서 훨씬 민감함을 보여주고 있다.

중성 pH에서의 SCC는 6~8 정도의 pH에서 발생하며 입내균열 형태로 성장하는데 균열 내면에서의 부식과 연관이 있으며, 전위와는 무관한 것으로 알려져 있다.

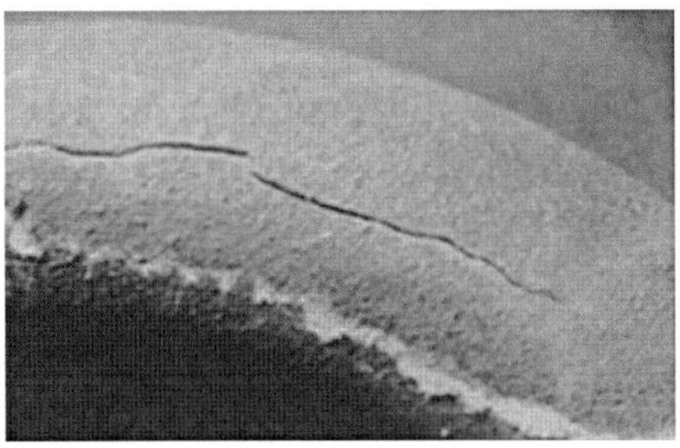

그림 11.18 음극방식 시 응력부식균열

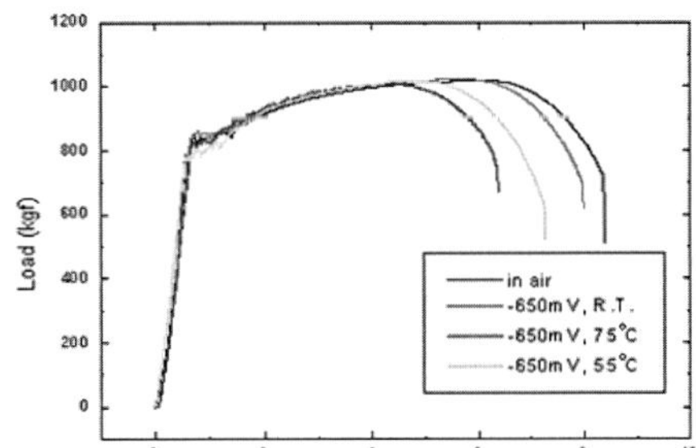

그림 11.19 응력부식 경향성 평가를 위한 SSRT 시험

[3] 방식전위의 범위

강 구조물의 방식전위의 범위는 앞서 설명한 여러 가지 요인을 고려하여 선정하여야 한다. 전기방식의 최소 범위 즉, 방식전위의 상한치는 표 11.3의 좌측에 언급요인들에 의하여 결정된다. 먼저, 부식전지의 형성을 방지하기 위하여 구조물의 가장 활성인 양극 전위보다 낮아야 한다. 그리고 SCC가 우려되는 경우에는 -850mV보다 낮은 전위를 유지하여야 한다. 또한, 구조물 자체에 의한 저항을 고려하여 iR 전위강하를 보상할 만큼의 여유가 있어야 하며, 전해질의 저항에 대한 iR 강하 여유가 포함되어 있어야 한다.

[표 11.3] 방식전위의 하한치 및 상한치

최소 방식 범위	최대 방식 범위
1. 구조물의 양극부위 전위 2. SCC: -850mV(CSE) 이하 3. 구조물의 저항에 대한 iR 강하 여유 4. 전해질의 저항에 대한 iR 강하 여유	1. 높은 pH에 대한 손상가능성 2. 물의 전기분해 범위 이상; -1.15V(CSE)

표 11.3의 우측에 제시된 방식전위의 하한치는 높은 pH에 의한 피복손상(음극박리) 가능성을 방지하여야 하고, 물의 전기분해에 의한 수소발생 범위보다 낮아서는 안된다. 수소발생이 되는 경우 수소취성에 의한 재료 파괴의 가능성이 높아지게 된다.

방식기준을 충족시키기 위해서는 일정 전류가 유입되어야 한다. 실제 방식시스템을 설계할 때에는 구조물의 전위를 미리 측정하기는 곤란하기 때문에 방식소요전류가 설계 인자가 된다. 소요전류는 방식면적에 비례한다. 구조물의 표면적이 커질수록 방식전류가 증가하게 된다. 따라서 다양한 환경에서의 방식소요전류밀도가 여러 기준에 제시되어 있다.

[4] 방식소요전류

방식소요전류는 절연성의 피복이 있는 경우 현저하게 감소할 수 있다. 피복이 있는 경우에는 피복의 손상률을 고려하여 소요전류밀도를 계산하게 된다. 이때 계산에 활용되는 손상률은 경험적으로 산출되는데 일정한 피복 도장주기나 방식설계 수명을 고려하여 시간경과에 따른 피복 열화를 감안하여 산출한다.

수 년 또는 수십 년의 설계 수명 동안에 소요전류밀도는 점차 증가하게 될 것이다. 피복이 열화될 정도의 기간이 아니라 수 시간에서 수일의 짧은 시간을 고려하여 보면 방식전류에 의하여 구조물의 분극이 진행됨에 따라 점차 소요전류가 감소하는 현상을 관찰하게 된다. 이것은 아주 짧게는 구조물 표면의 전기적 이중층에 의한 capacitor를 충전하는 효과에 의하여 발생하고, 조금 길게는 구조물 주위의 농도분극 현상에 의하여 발생한다.

예를 들어, 토양중의 구조물을 방식하게 되면 구조물 주위의 산소가 점차 고갈되어가며 방식소요전류가 감소하게 된다. 음극방식에 의한 pH변화에 의한 표면 변화도 시간에 따른 방식소요전류의 감소를 가져온다. pH가 높아질수록 강 표면의 소요전류밀도는 감소한다. pH가 증가하게 되면 전해질중의 칼슘이나 마그네슘 이온이 석출하면서 피복을 형상하여 전류밀도를 감소시킨다.

공기 중의 이산화탄소는 물에 용해되어 탄산을 형성한다. 형성된 탄산은 용액의 pH에 따라 여러 형태로 존재하는데 pH가 높아질수록 탄산이온의 비율이 높아진다. 탄산이온은 용액 중에 칼슘이온이 있을 때 탄산칼슘의 형태로 석출된다. 탄산칼슘은 백색의 침전물을 금속표면에 만들며 방식소요전류를 감소시킨다. 용액 중의 마그네슘 이온 또한 알칼리 환경에서는 수산화물의 형태로 침전물을 만든다. 이러한 형태의 침전물을 calcareous deposit이라고 부르는데 특히 해수 환경 중에 이러한 Ca, Mg 이온이 풍부하여 방식소요전류를 감소시키는 역할을 한다(그림 11.20).

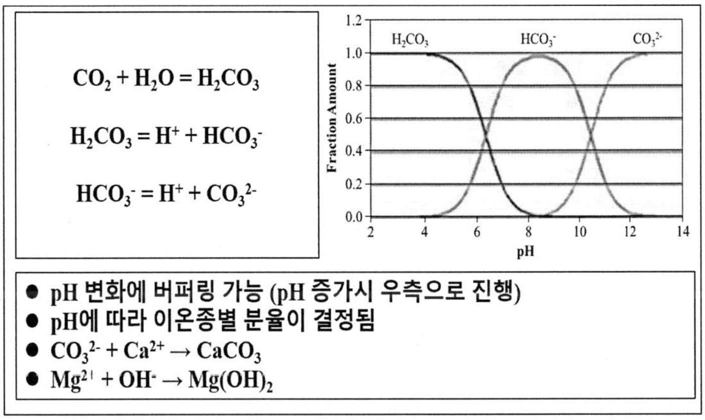

그림 11.20 pH에 따른 Calcareous deposit

수소이온은 음극반응을 일으키므로 음극반응의 소극제(depolarizer)로 작용한다. 강재의 경우 산성도가 높아질수록 소요전류밀도는 점차 상승하게 된다(그림 11.21).

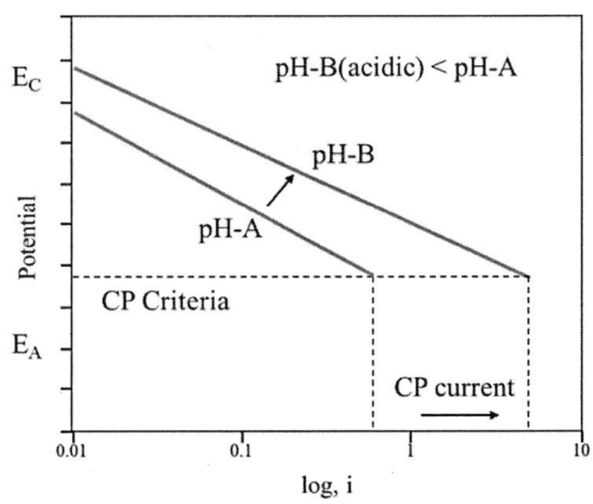

그림 11.21 pH와 방식소요전류밀도

온도가 상승하게 되면, 평형전위가 상승하게 되며 교환전류밀도가 증가하게 된다. 또한, 열적 활성화에 의하여 전하전달반응이 촉진되어 분극곡선의 기울기가 감소하게 된다. 또한, 열적 활성화는 전극반응에 참여하는 물질의 확산을 촉진시켜 농도분극을 감소시키고, 이온의 이동도를 증가시켜 용액저항을 감소시키는 역할을 한다. 이러한 모든 요인은 방식소요전류를 증가시키게 된다(그림 11.22).

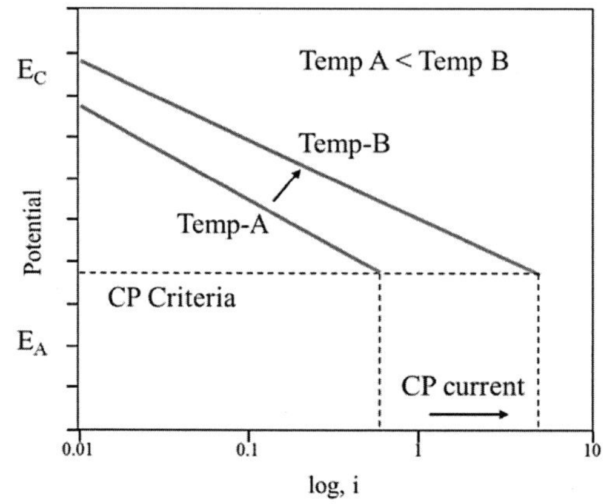

그림 11.22 온도와 방식소요전류밀도

유속이 증가하게 되면 물질전달이 훨씬 원활하게 되어 농도분극을 감소시킨다. 따라서 소요전류밀도는 점차 증가하게 된다. 유속이 일정 수준 이상으로 증가하게 되면 유체의 흐름이 층류(laminar flow)에서 난류(turbulent flow)로 바뀌면서 물질이동이 더욱 원활해진다. 난류 조건이 되는 경우 소요전류는 급격하게 증가하게 된다(그림 11.23). 층류 상태에서의 물질전달은 속도에 선형적으로 비례하게 되나 난류상태가 되면 급격한 증가를 보인 이후에는 속도에 덜 민감하게 된다. 유속이 증가하게 되는 경우 표면의 피복이나 calcareous deposit 등의 탈락이 더욱 쉽게 발생할 수 있어 장기적인 소요밀도에도 영향을 미칠 수 있다.

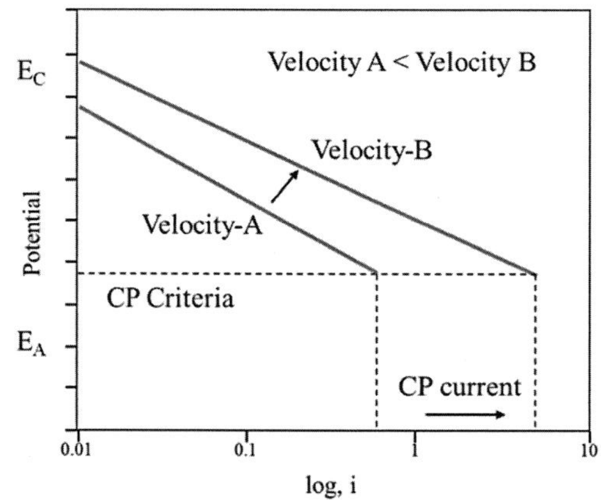

그림 11.23 유속과 방식소요전류밀도

11.3 전기방식시스템

전기방식 시스템의 구성요소에 대하여 살펴본다. 전기방식시스템은 크게 희생양극 시스템과 외부전원식 시스템으로 구분할 수 있다.

희생양극 시스템은 구조물보다 활성인 금속을 이용하여 활성금속이 우선 산화되어 전류를 발생시키는 방법이다. 자신이 먼저 부식된다는 뜻에서 '희생(sacrificial)' 양극이라는 용어가 사용된다. 이러한 용도로 사용되는 금속은 EMF가 낮은(비한) 금속이면서 동시에 표면에 부동태가 형성되지 않아야 한다. 즉, 산화전류를 지속적으로 흘려줄 수 있는 특성을 지녀야 한다. 이러한 부식거동은 사용환경에 따라 달라지므로 같은 금속이라도 사용환경에 따라 사용하는 희생양극의 재질은 달라진다. 또한, 충분한 수명을 확보하기 위해서는 사용 환경에서의 부식속도가 너무 높아서는 곤란하다. 예를 들면 마그네슘과 같은 재질을 수용액 중에서 사용하게 되면 충분한 활성과 부동태를 형성하지 않는 특성은 만족하지만 자기부식(self corrosion)이 너무 빨라 수명이 짧아진다. 사용환경에 따라 희생양극으로 사용되는 재질은 알루미늄, 마그네슘, 아연 등이 있으며, 여러 특성을 조절하기 위하여 합금의 형태로 사용된다. 희생양극에서의 양극반응은 주로 희생양극 금속의 산화반응이 된다.

외부전원식 방식시스템은 외부 정류기를 이용하여 전류를 공급하는 방식이다. 양극으로는 표면에 산화전류를 흘려주어도 부식이 억제될 수 있는 불용성(insoluble) 재질을 사용한다. 불용성 양극의 재질은 내식성이 매우 높은 고규소 주철, 흑연, 백금, MMO(Mixed Metal Oxide)가 피복된 티타늄, 고분자 등의 재질들이 사용된다. 양극에서 발생하는 전극반응은 물의 분해에 의한 산소발생이 주가 된다. 양극에서는 물의 분해반응 등에 의하여 표면이 강한 산성이 되므로 산성환경에서 내식성을 지녀야 한다.

[1] 희생양극법

알루미늄 양극 : 선박용으로 널리 사용되는 알루미늄 양극은 순금속 상태에서는 표면에 안정한 부동태 피막을 형성하게 되므로 양극재료로 사용될 수 없다. 지속적인 전류출력을 확보하기 위해서는 표면을 활성화시킬 수 있는 재질을 합금으로 첨가하여 치밀한 산화물의 피막을 변화시켜야 한다. 활성화 성분을 첨가시키면 자기 부식속도는 증가되는 경향이 있으므로 활성화와 수명유지가 잘 될 수 있도록 합금조성을 조절하여야 한다.

표 11.4에 알루미늄 양극의 특징을 요약하였다. 아연 성분은 알루미늄의 초기활성화에 중요한 역할을 한다. 동일한 목적으로 마그네슘을 첨가하기도 한다. 이외에도 Cd, Ir, Hg, Sn 등은 장기적인 활성화 효과를 나타낸다. 이러한 첨가원소를 활성화제(activator)라고 한다. In 성분은 낮은 염분농도에서 용량이 감소하는 것을 방지하는 효과가 있다. 알루미늄 양극의 수명을 단축시키는 불순물로는 Fe와 Cu가 중요하다. 두 성분은 효율을 감소시키고, 전위 불량을 발생시키는 주요 불순물이다. 철의 악영향을 방지하기 위하여 소량의 Si이 첨가되기도 한다. 이외에도 Mn, Ti 성분 등이 불순물 효과를 제어하기 위하여 첨가되기도 한다. 이러한 자기부식 억제성분을 lattice contractor라고 부른다.

알루미늄 양극은 높은 전류를 공급하는 데 유리하기 때문에 아연전극과 2중 양극의 형태로 제작되어 사용되기도 한다. 표면에는 알루미늄 층이 있어 초기의 높은 전류밀도를 제공하고, 안정된 이후에는 아연이 전류를 공급하는 방식이다.

[표 11.4] 알루미늄 양극의 특징

· 순수 알루미늄: 부동태 형성 · 표면활성화 성분: 치밀한 산화물 피막을 변화 · 활성화성분 vs. 자기부식 · 아연: 초기 활성화 역할 · Cd, Ir, Hg, Sn: 장기적인 활성화 효과 · In: 낮은 염분농도에서 용량감소 방지 · 불순물 Fe, Cu: 효율과 전위 불량을 발생 · Si, Mn, Ti: 철 불순물의 효과를 제어

알루미늄 합금은 전통적으로 type 1,2,3로 구분되어 왔는데, type 1은 아연과 수은을 함유하고 있으며 해수에서 사용되고, type 2는 아연과 수은을 함유하되 소금기 있는 물에서 사용되며, type 3(속칭 Galvalum 3)는 아연과 인듐을 사용하여 해수, 소금기 있는 물, 소금기 있는 진흙 환경에서 사용되어 왔다. 최근에는 환경규제로 수은의 사용이 금지됨에 따라 과거의 type 1,2는 거의 사용되지 않는다.

[표 11.5] 알루미늄 양극의 종류

Element	Alloy	Alloy
Zn	0.35-0.50%	2.8-3.5%
Si	0.14-0.21% max	0.08-0.2% max
Hg	0.035-0.048%	---
In	---	0.01-0.02%
Cu	<0.01%	<0.01%
Fe	<0.12%	<0.12%
Al	remainder	remainder
Use	open seawater	seawater
Nominal potential Efficiency	-1.05VSSC 95%	-1.10VSSC(sea) 85%
Capacity-sea Consumption-sea Rate	2830 A-h/kg (1280 A-h/lb) 3.10 kg/A-yr (6.83 lb/A-yr)	2530 A-h/kg (1150 A-h/lb) 3.46kg/A-yr (7.63 lb/A-yr)
Capacity-mud	---	2180 A-h/kg (990 A-h/lb)
Consumption-mud Rate	---	4.02 kg/A-yr (8.87 lb/A-yr)
NACE		

Element	GL-Al1	GL-Al2	GL-Al3
Si	≦0.10	≦0.10	Si + Fe
Fe	≦0.10	≦0.13	≦0.10
Cu	≦0.005	≦0.005	≦0.02
Mn	N/A	N/A	0.15-0.50
Zn	2.0-6.0	4.0-6.0	2.0-5.0
Ti	---	---	0.01-0.05
In	0.01-0.03	---	0.01-0.05
Sn	---	0.05-0.15	---
Other El.	≦0.10	≦0.10	≦0.15
Al	Residue	Residue	Residue
Potential (T=20°C)	-1.05V Ag/AgC/See	-1.05V Ag/AgC/See	-1.05V Ag/AgC/See
(T=20°C)	2000 Ah/kg	2000 Ah/kg	2000 Ah/kg
Efficiency (T=20°C)	95%		
German Lloyd			

독일 로이드 선급 규격에서는 type을 다르게 규정하고 있는데 아연+인듐이 첨가된 타입(type 1)과 아연+Sn이 첨가된 타입(type 2), 아연+인듐+티타늄이 첨가된 타입(type 3)를 표준으로 제시하고 있다. 표 11.5에 두 기관의 규정을 비교하였다.

알루미늄 양극은 활성화되기 위하여 일정 농도의 염소이온을 필요로 한다. 염분농도가 해수농도(3.5%)보다 낮아지게 되면 전류용량이 감소하고, 전위가 상승하는 문제가 발생할 수 있다. 해수농도의 33% 수준(3.5× 0.33 %)에서는 전위가 상승되고, 해수농도의 12% 수준에서는 최대 허용전위 기준 (-1.0V(SSC)/해수) 이상으로 상승하는 것으로 알려져 있다. 인듐이 첨가된 경우(type 3)에는 해수농도의 5% 수준 (2000ppm)에서도 알루미늄 양극을 사용할 수 있는 것으로 알려져 있다.

표면의 부동태 피막을 활성화 시키기 위하여 알루미늄 양극은 염소이온을 필요로 하므로 주로 해양환경에서 아연을 대체하고 있다. 높은 전류 용량과 경량의 특성으로 인하여 다양한 용도로 사용된다. 항만 구조물의 팔찌형(bracelet) 양극이나, 플랫폼의 stand-off형 양극, 파일 등의 스터드 형태의 양극, 선박의 헐에 flush-mount 형태의 양극으로 다양한 형태로 사용되고 있다.

마그네슘 양극 : 마그네슘 양극은 전기적으로 활성이 매우 높다. 순수한 상태에서 표면에 부동태 피막이 형성되지 않으므로 높은 반응성을 갖는다. 따라서, 순수한 상태에서는 자기부식에 의한 손실율이 높게 나타난다. 실용적으로 사용하기 위해서 약 6%의 알루미늄과 3%의 아연을 첨가하게 되면 전위는 상승하지만 자기 부식속도는 현저하게 감소하게 된다. 아연은 균일한 부식을 조장하며 다른 불순물의 영향을 감소시킨다.

마그네슘 양극은 구리, 니켈, 실리콘, 철 등의 불순물에 의하여 전류 용량의 감소와 전위 상승이 매우 크게 나타날 수 있다. 니켈 함량은 0.001% 이하, 구리 함량은 0.05% 이하로 제한된다. 0.3% 망간은 철을 격리시키는 효과가 있어 망간 첨가 시 0.01%까지 철이 허용된다(표 11.6).

주요 규격으로는 High-potential(실제 전위는 -로 더 낮은) 합금과 AZ63 (H1) 합금이 있다(표 11.7).

[표 11.6] 마그네슘 양극의 특징

· 순수 마그네슘 - 매우 활성이 높음 - 효율 낮음 · 6% Al + 3% Zn 합금 - 높은 전위 - 효율의 현저한 개선 - 아연이 불순물에 의한 영향을 감소시킴 - 아연에 의한 균일한 소모 조장 · Cu, Ni, Si, Fe 불순물 - 효율 감소 - 더욱 귀한 전위 - Ni 0.001%, Cu 0.05% 이하로 제한 - 0.3%의 Mn 함유시 철을 격리시키는 효과(Fe 0.01%까지 허용) · 주요 규격 - High Potential(M1): 1% Mn - AZ-63(H1): Al + Zn

[표 11.7] 마그네슘 양극의 종류

Element	High potential	AZ-63 or H1 Alloy		
		Grade A	Grade B	Grade C
Al	0.010% max	5.3-6.7%	5.3-6.7%	5.0-7.0%
Mn	0.50-1.30%	0.15% min	0.15% min	0.15% min
Zn	---	2.5-3.5%	2.5-3.5%	2.0-4.0%
Si	0.05% max	0.10% max	0.30% max	0.30% max
Cu	0.02% max	0.02% max	0.05% max	0.10% max
Ni	0.001% max	0.002% max	0.003% max	0.003% max
Fe	0.03% max	0.003% max	0.003% max	0.003% max
Other (total)	0.30% max	0.30% max	0.30% max	0.30% max
Mg	remainder	remainder	remainder	remainder
Use	Soil/fresh water			
Nominal potential	-1.75V(CSE)	-1.55V(SCE)		
Efficiency	50%			
Capacity	1100 A-h/kg (500 A-h/lb)			
Consumption Rate	7.97 kg/A-yr (17.5 lb/A-yr)			

주요 규격이 위의 표에 제시되어 있다. High-potential 합금의 전위는 황산동 전극 기준으로 -1.75V 이며, AZ63 (H1) 합금은 -1.55V이다. High-potential 합금은 거의 순수한 마그네슘에 약간의 Mn(약 1%)만이 첨가된 합금으로 매우 낮은 전위를 보인다. H1합금은 알루미늄과

아연을 첨가하여 효율을 개선한 합금이다.

효율이 개선된 제품이라 하더라도 마그네슘 양극의 효율은 50%에 불과하다. 마그네슘 합금의 효율은 환경에 민감하게 변화한다. 주위 환경의 pH가 감소할 때 효율은 급격하게 감소하게 된다. pH 5 이하에서는 마그네슘을 양극으로 사용할 수 없다. 염소이온이 존재할 경우에도 효율이 감소하게 된다. 황산염 이온은 반대로 효율을 증가시킨다.

마그네슘의 전위가 매우 낮으므로 비저항이 높은 환경에서 주로 사용되는데 토양이나 담수 환경에서 사용될 수 있다. 높은 비저항 환경에서는 양극의 접지저항을 낮추어 주기 위하여 긴 막대의 형태로 사용된다.

아연 양극 : 아연 양극은 가장 오랫동안 사용되어온 양극 재질이다. 최초의 전기방식법을 제안한 영국의 Humprey Davy에 의하여 1984년도에 사용이 제안되었다. 아연 양극은 소량의 철 불순물에 의하여 부동태화 될 수 있다. 부동태를 방지하기 위해서는 철의 농도를 0.0014% 이하로 극도로 제한하여야 한다. 0.5%의 알루미늄과 0.15%의 카드뮴을 첨가한 아연양극은 부동태가 억제될 수 있다. 합금원소의 첨가에 의하여 허용 철 함량은 0.005% 이하가 된다. 합금원소는 양극의 미세구조를 변화시켜 입계를 미세화하여 균일한 부식이 발생하도록 한다. 반면에 알루미늄의 첨가에 의하여 아연합금은 고온에서의 입계 부식에 취약하게 되는 현상이 발생한다. 카드뮴의 첨가에 의하여 이러한 현상은 더욱 심화될 수 있어 양극의 효율을 감소시킨다. 따라서 알루미늄/카드뮴 합금 아연양극은 50℃ 이하에서 사용되어야 한다. 아연전극은 넓은 전류밀도 범위에서 균일하게 90% 이상의 효율을 얻을 수 있다. 고온서 약간의 효율저하가 관찰된다(표 11.8).

[표 11.8] 아연양극 특징

- 철 불순물에 의한 부동태화 가능
- High purity와 Al/Cd 합금
- 0.5% Al, 0.15% Cd 합금
  - 입계 미세화 → 균일한 부식발생
  - 철 허용량 확보
  - 균일한 소모 조장
  - T>50°C에서 입계부식 발생 가능
- 효율
  - 넓은 전류밀도 범위에서 균일한 효율 (90% 이상)
  - 고온에서 약간의 효율 저하

[표 11.9] 아연양극의종류

Element	Hi-AMPTM	Mil Spec	ASTM B-4418-01		HI-PURETM
		A-18001K	Type	Type	
Al	0.1-0.4%	0.10-0.50%	0.10-0.50%	0.005% max	---
Cd	0.025-0.06%	0.025-0.07%	0.025-0.07%	0.003% max	0.003% max
Fe	0.005% max	0.005% max	0.005% max	0.0014% max	0.0014% max
Pb	0.006% max	0.006% max	0.006% max	0.003% max	0.003% max
Cu	---	0.005% max	0.005% max	0.002% max	---
Si	---	0.1255 max	---	---	---
Zn	remainder	remainder	remainder	remainder	remainder
Use	seawater & brackish water (T<50°C) [120°F]			Soil & fresh water	
Nominal potential	-1.10V(CSE)				
Efficiency	90%				
Capacity	738 A-h/kg (335 A-h/lb)				
Consumption Rate	11.9 kg/A-yr (26.2 lb/A-yr)				

가장 널리 사용되는 아연합금 양극은 알루미늄-카드뮴 합금과 고순도 합금이다. 고순도 합금은 0.0014% 이하의 철함량을 요구한다. 이외의 규격들이 표 11.9에 정리되어 있다. 아연전극 또한 환경의 변화에 의하여 전극전위가 변화될 수 있다. 온도가 상승하면 아연전극의 전위는 상승한다. 탄산, 중탄산, 질산이온이 있는 환경에서 전위는 크게 높아질 수 있다. 이것은 표면에 부동태 피막이 형성되기 때문인데 고온에서 상황이 더욱 나빠진다. 황산염이온이나 염소이온이 있는 경우에는 온도가 상승하여도 부동태가 발생하지 않는다. 중탄산염에 의하여 부동태화된 경우라도 약간의 황산염이 첨가되면 부동태에서 곧바로 활성인 상태로 회복될 수 있다.

마그네슘 양극과 아연 양극은 토양에서 사용될 때 미리 포장된 백필재(back-fill material)와 함께 사용된다. 백필재는 양극의 자기부식을 최소화하며, 양극표면이 직접 토양과 접촉하여 표면이 부동태화 되는 현상을 방지하고 양극 주위에 낮은 비저항을 유지하여 접지저항을 감소시키는 역할을 한다. 또한, 수분과 반응하면 팽창함으로써 양극 주변의 빈공간을 채워주는 역할을 한다. 또한, 수분을 유지하여 양극 표면의 건조를 방지한다. 주 성분은 각각 아래의 표와 같다. 마그네슘 양극 주위에서는 석고와 벤토나이트(점토질), 황산염 등으로 구성되며, 아연 양극에는 석고와 벤토나이트가 사용된다(표 11.10).

토양에서 사용되는 백필제의 주성분인 석고의 화학성분은 $CaSO_4 \cdot 2H_2O$로 황산염을 공급하여 아연의 부동태화를 막을 수 있다. 양극반응이 발생하면 금속이 이온상태로 용출되는데 토양 중의 이온으로 탄산이온이나 중탄산이온, 인산이온 등과 반응한다면 불용성의 염을 형성하여 양극반응을 방해하게 된다. 이때 표면에 황산염이 과량으로 존재한다면 금속이온은 용해되기 쉬운 황산염을 형성하여 쉽게 토양 중으로 확산될 수 있게 된다.

벤토나이트는 수분유지의 효과를 갖으며, 황산염은 추가적인 이온을 공급하여 전도성을 부여한다.

[표 11.10] 토양환경과 희생양극의 백필재

Mg 양극 백필재		
75%	Ground hydrated gypsum	$CaSO_4$
20%	Powdered Bentonite	clay
5%	Anhydrous sodium sulfate	Na_2SO_4
Zn 양극 백필재		
50%	Ground hydrated gypsum	$CaSO_4$
50%	Powdered Bentonite	clay

희생양극은 크기가 작고, 가용한 기전력이 작으며, 사용에 의하여 점차 소모가 되므로 적용처는 이러한 특성을 고려하여 소요전류가 작고 사용환경의 비저항이 작은 곳으로 선정된다. 만일 비저항이 큰 환경이거나 소요전류가 큰 경우에는 커다란 양극을 사용하여 이를 보완하여야 한다.

희생양극이 사용되는 개소는 아래와 같다.

- 소규모, 피복구조물
- 소규모 절연 대상물(밸브, 부속시설물)
- 전기적 연속성이 불확실한 구조물
- 소형 용기의 내부 방식
- 해수환경
- 구조물의 형태상 균일 전류분포를 얻기 어려운 지점
- 폭발의 위험이 있는 곳

[2] 외부전원법

1) 양극

외부전원법에는 보통 불용성 양극이 사용된다. 불용성 양극은 매우 낮은 속도로 부식된다. 토양중의 구조물 방식에는 외부전원법의 경우에도 백필재가 사용된다. 백필재는 흑연분말이 사용되는데 이 경우 양극은 흑연분말로의 전류전달의 역할을 주로 수행하고 전극반응은 주로 카본 백필의 표면에서 발생한다.

양극반응의 주반응은 물의 전기분해에 의한 산소 발생이다. 이외에도 염소이온의 산화에 의한 염소가스의 발생, 백필재료의 산화 등이 발생할 수 있다. 이 반응들에 의하여 가스가 발생하고 용액의 pH가 감소하게 된다. 위의 반응 이외에도 양극재료의 산화반응이 발생할 수 있다. 이러한 양극 주반응에 의하여 생겨난 금속이온이 수화물을 형성하거나 생성된 염소가스가 물과 반응하여 염산과 차아염소산(hypochlorite)이 형성되는 부반응이 발생할 수 있다.

주반응	$2H_2O = 4H^+ + O_2 + 4e^-$ $2Cl^- = Cl_2 + 2e^-$ $C + 2H_2O = 4H^+ + CO_2 + 4e^-$ $C + H_2O = 2H+ + CO +2e^-$
부반응	$Me^{n+} + nOH^- = Me(OH)_n$ $Cl_2 + H_2O = HCl + HOCl$

외부전원법에 사용되는 양극은 고체 양극과 DSA(Dimensionally stable anode)로 구분된다. 고체 양극이란 양극이 부식반응에 의하여 점차 감소하여 크기가 감소하여 양극의 크기(또는 질량)이 양극의 수명과 비례하는 양극을 말한다. 이러한 형태의 양극은 크기가 크며 양극반응에 의하여 길이, 직경이 감소한다. 이런 양극재료로는 철, 흑연, 고규소 주철(HSCI, High Silocon Cast Iron)이 있다.

DSA란 사용에 의하여 크기가 감소하지 않는 형태의 양극을 의미한다. MMO, 백금, 고분자 전극 등이 이에 해당된다.

고체 양극에는 용해성과 반용해성 재질이 있는데 철과 같은 재료는 용해성에 해당되며 9.1 kg/Ay 의 소모속도를 갖는다. 담수탱크에 간혹 사용되는 알루미늄 양극 또한 이에 해당된다. 용해성 양극은 양극반응이 주로 금속의 산화반응이 발생하므로 산소나 수소이온의 발생이 곤란한 곳에 사용될 수 있지만, 현재는 거의 용도가 없다. 반용해성 재질로는 흑연과 HSCI

가 널리 사용된다. 흑연 양극은 산소나 염소가 발생하는 환경에서 사용될 수 있다. 그러나 산소가 발생하는 환경(토양, 담수)에서는 산소와 탄소의 반응에 의하여 이산화탄소가 생성되므로 소모속도가 빠르다. 해수나 염분이 있는 물에서는 주반응이 염소발생에 의하여 차아염소산이 생성되어 흑연과 반응할 수 있다. 그러나 차아염소산의 양이 보통은 작으므로 표면에서 제거되기 쉽다.

고규소주철은 최소 14.5%의 규소를 포함한다. 탄소는 약 1%정도 포함하고 있다. 이 재질은 표면에 보호성의 산화물 필름을 형성하게 되어 양극의 소모속도를 늦추게 된다. 보호성 필름은 수화된 이산화규소이다. 실리콘 산화물은 보통 부도체의 성질을 보이나 젖은 상태에서 형성된 필름은 전도성을 갖는다. 고규소주철이 충분한 수분이 없는 상태에서 산화되면 표면에 부도체 피막이 형성되고 대지와의 접촉저항이 커지게 된다. 해수나 염수(brackish water)에서는 보호성 필름의 형성이 완전하지 못하여 사용이 곤란하다. 고규소 주철에 3~5%의 크롬을 첨가하는 경우 염소이온 환경에서 재질의 공식저항성(pitting resistance)이 커지게 되어 부식속도가 감소한다. 추가적으로 1%정도의 Mn과/또는 1~3% Mo를 합금하기도 한다. HSCI 재질은 탄소전극에 비하여 염소이온이 높은 물속에서는 소모속도가 높다. 따라서 HSCI는 토양이나 담수, 기수 분위기에서만 사용된다.

두 주요 재료의 특성들은 표 11.12에 정리되어 있다. 이러한 값들은 문헌에 따라 서로 다른 값들이 보고되고 있는 값들의 개략적인 평균치를 NACE 문헌에서 발췌한 것이다.

이외에도 납-은 합금이 해수 중이나 강한 염소이온 환경에서 사용된다. PbAg전극은 선박이나 수중 강구조물에서 사용될 수 있다. 납에 백금핀을 박은 양극도 사용이 되는 사례가 있다.

[표 11.12] 고체양극의 성능

	Graphite	HSI
Nominal Current Density		
Soil/fresh water, A/cm^2	2-10	2-5
(A/ft^2)	(0.2-1)	(0.2-0.5)
Carbon backfill, A/cm^2	5-10	5-10
(A/ft^2)	(0.5-1)	(0.5-1)
Seawater A/cm^2	5-10	10-50
(A/ft^2)	(0.5-1)	(1-5)
Consumption Rate:		
Soil/fresh water, kg/A-yr	0.5-0.9	0.1-0.5
(lb/A-yr)	(1-2)	(0.2-1.2)
Carbon backfill, kg/A-yr	0.1-0.2	0.05-0.3
(lb/A-yr)	(0.2-0.5)	(0.1-0.7)
Seawater, kg/A-yr	0.1-0.3	0.3-0.5
(lb/A-yr)	(0.2-0.7)	(0.7-1)
Comments/Limitations:	Avoid:	Avoid:
	Low pH	Dry soils
	High sulfate	High pH
	Temp. >50oC	High sulfate
	Consider:	Consider:
	End effect	End effect
	Treatment	Erittle
	Brittle	Chrome alloy-

[표 11.13] DSA양극의 종류 및 특징

· 백금전극
  - 60년대 초 해양용으로 개발
  - Ti/Nb 기판을 사용
  - 1.2~7 μm 도금
  - Attenuation 방지를 위한 구리심 방식
  - 8mg/A-yr 소모
· Mixed-Metal Oxide (MMO)
  - 80년대 초 유럽에서 개발
  - Ti/Ru 기판을 사용
  - 희토류 금속산화물을 피복
  - Ti 소지표면에 절연물 형성에 의한 손상
· Polymer
  - 동선에 흑연이 분산된 고분자를 씌움
  - 주로 카본 back fill재에 전기를 공급하는 역할을 함

고체 양극은 사용에 따라 점차 크기가 감소해가는데 특히 전류가 집중되는 끝단부위에서 치수변화가 크다. 양극의 끝부분이 가늘어지는 현상을 “Penciling”이라고 하는데 기하학적인 형상에 의한 전류집중에 의하여 발생한다. 양극의 케이블이 양극 끝에 연결되는 경우 이러한 효과에 의하여 조기에 단선될 수 있으므로 코어를 이용하여 중심부위에 연결하여 양극의 수명을 확보하여야 한다. 양극의 상부가 지상에 가까운 쪽에 설치되는 경우에는 이러한 현상이 완화되므로 중간연결이 불필요할 수 있다.

DSA로 널리 쓰이는 재료는 백금, MMO, 고분자 등이 있다. 백금으로 피복된 양극은 60년대 초반 해양방식용으로 개발되었다. MMO는 80년대에 개발/보급되었다. 두 양극은 티타늄이나 니오븀을 백금이나 희토류 산화물로 피복하여 제작된다. 피복재료는 양극전류를 흘려주어도 매우 안정하여 소모되지 않는 특성을 갖는다. 백금과 같은 재료는 A-yr당 수 mg수준의 낮은 소모율을 나타낸다. 소지로 사용되는 티타늄이나 니오븀 재료는 valve material이라고 불리우기도 하는데 표면에 치밀한 보호피막이 형성되는 내식성 재료이다. 백금이나 MMO는 이러한

보호피막을 제거하고 피복되어야 한다. 보호피막은 파괴전압 이하에서는 전류를 흘리지 않는데 담수에서 티타늄의 파괴전압은 60V 이상이다. 염분농도가 높은 경우에는 8~10V 수준이 되기도 한다. 불순물로 철이 있는 경우에 이 값은 더욱 낮아진다. 니오븀의 경우에는 이 값이 100V를 초과한다. 파괴가 되면 절연층이 성장하여 전극을 사용할 수 없다.

백금전극은 매우 얇은 피막을 전기도금이나 클래딩(cladding)의 방법으로 입혀서 제작한다. 해수 중에서의 백금전극의 소모율은 8mg/A-yr 내외이지만 담수 중에서는 이보다 2~5배 커진다. 염수 중에서는 이보다 소모율이 높은데 해수환산 25% 정도에서는 해수에서보다 10배 이상의 소모율을 나타낸다. 염소이온이 적은 용액에서는 산화반응이 주로 산소발생이 되므로 백금산화물의 형태가 불용성의 PtO에서 더 잘 녹는 PtO_2로 바뀌게 된다. 백금전극을 사용할 때 주의할 점은 얇은 막이 손상되지 않고 표면에 부착물이 붙지 않도록 해야 한다는 점이다. 또한, 전극 자체의 저항에 의한 전압강하를 주의하여야 한다. 표면에 부착물이 붙게 되면 낮은 pH가 유지되어 수명이 10%수준으로 줄어들 수 있다. 백금전극의 소모는 차아염소산의 형성과 관련되어 있다. 전류밀도가 높아지는 경우에는 차아염소산의 형성에 의하여 전극의 소모속도가 증가한다.

MMO의 활성 물질은 희토류 금속의 산화물과 기타 산화물의 혼합물로 이루어져 있다. 산화물은 주로 이리듐, 루테늄, 탄탈륨, 티타늄으로 구성된다. 전극의 소모는 거의 발생하지 않으나 활성 물질과 소지금속 간에 고저항의 산화물이 생겨나는 경우 양극이 작동하지 않게 된다. MMO 전극은 제작사에서 추천하는 전류 범위 이내에서 사용하는 것이 수명을 보장할 수 있다.

폴리머 양극은 반도체성 고분자를 구리선위에 피복하여 제작된다. 고분자층은 전도성의 탄소를 분산시켜 제작된다. 이 양극은 반드시 카본 백필재와 함께 사용된다. 산화반응은 주로 백필재의 표면에서 일어나며 고분자 양극은 전기적인 접촉을 제공하는 목적으로 이용된다.

외부전원 음극방식 시스템의 거동을 그림 11.24와 같이 분극곡선으로 이해해보자; 외전 시스템의 양극과 피방식체의 개방 전위는 양극의 전위가 높은 것이 일반적이다. 그 이유는 양극의 표면이 보통 귀한 재질로 이루어져 있기 때문이다. 따라서 양극의 표면에서 산화반응이 일어나고 음극의 표면에서 환원 반응이 일어나게 하려면 초기의 개방회로전위 차이보다 더 큰 전위차이를 갖도록 하여야 한다. 다시 말하면 양극전위는 더욱 상승하여야 하고, 구조물의 전위는 더욱 낮아져야 한다. 가해진 전위차이는 초기 개방회로전위 차이, 양극과 구조물의 분극에 사용되는 부분, 전해질과 금속부분의 저항으로 나누어 사용된다. 분극은 앞장에서 살펴본 바와 같이 log i와 전위가 직선관계를 따르며, iR drop은 i와 전위가 직선관계를 따른다. 따라서 Evans diagram상에서는 곡선의 형태로 나타나는 것이 일반적이다.

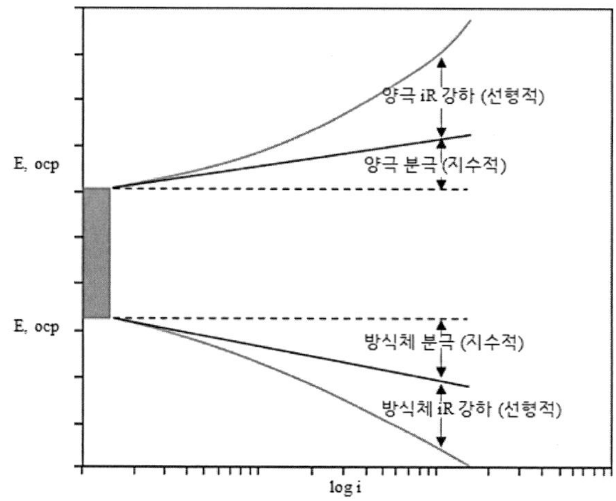

그림 11.24 외부전원법 시스템의 분극

토양의 전기방식에 사용되는 카본 백필재는 전기전도, 이온전도, 전극반응 면적의 확대라는 세 가지 목적을 위하여 사용된다.

앞서 설명한 바와 같이 토양용 불용성 양극에서 양극 반응은 양극 표면보다는 백필재의 표면에서 더욱 활발하게 일어난다. 불용성 양극의 백필재는 전도성의 입자로 이루어지는 동시에 입자 사이에 많은 기공을 포함하고 있으므로 입자간의 접촉에 의한 전자전도와 입자 사이의 공극을 통한 이온전도가 모두 발생할 수 있다. 이러한 전자 및 이온의 이동에 의하여 넓은 카본 백필재의 표면이 전극반응에 활용될 수 있다.

양극의 수명을 충분하게 유지하기 위해서는 두 가지 흐름이 원활하여야 한다. 카본 백필의 전기저항은 재질의 비저항뿐만 아니라 입자의 크기, 입자간의 접촉저항 등에 영향을 받는다. 입자의 비저항을 유지하기 위해서는 green coke(열처리하지 않은 원료 코크스)에 불순물이 적어야 하고, 열처리가 적절하여야 한다.

카본 백필의 원재료는 석탄으로부터 얻어지는 것과 석유로부터 얻어지는 것이 있다. 제철용 코크는 석탄에서 얻어지는데 산소가 없는 상태에서 가열하는 방식으로 제조된다. 석탄의 질이 다양하고 가열온도를 조절하기 어렵기 때문에 다양한 품질의 제철용 코크가 얻어진다. 이에 비하여 석유 코크는 균질한 중질 원유를 선택하여 정유공정을 거쳐 처리하기 때문에 원하는 특성을 균질하게 얻을 수 있다.

카본 입자간의 접촉저항을 낮추기 위해서는 표면장력을 감소시켜야 하는데 이를 위하여 계면활성제를 이용한 표면처리를 하여 사용한다. 입자의 크기가 작을수록 양극과의 접촉이 좋아지지만, 너무 작으면 저항이 커지므로 75μm 이상이 되어야 한다. 또한, 채울 때 토양이 섞이게 되면 성능이 저하되므로 주의하여야 한다.

2) 전위 측정법

전기방식시스템의 효율성은 흔히 전위 측정을 통하여 달성된다. 이 절에서는 전기방식시스템의 유지관리의 관점에서 전위측정에 대하여 살펴보고자 한다.

전위 측정은 비방식상태의 구조물에 대해서도 실시한다. 이는 구조물 중 어느 부분이 양극지점인지를 판정하기 위하여 실시된다. 가장 양극지점의 전위가 가장 낮게 나타나므로 구조물 주변을 따라 전위의 프로파일을 얻게 되면 주위보다 전위가 낮은 지점의 부식확률이 높다.

전위 측정의 시행되는 가장 흔한 이유는 전기방식이 효율적으로 작동되어 방식기준을 만족하고 있는지를 확인하기 위해서이다.

어떤 지점에서 방식시스템이 작동되었을 때 방식기준이 만족되지 않는다면 그 원인을 탐지하기 위해서도 전위 측정이 시행된다.

시설물 주위에 타 방식시설물이 있는 경우에는 양극간섭이나 음극간섭이 발생한다. 전위의 프로파일을 측정함으로써 간섭의 극대점이 나타나고, 이를 토대로 주변을 조사하여 간섭원을 찾아낼 수 있다. 방식전위가 나빠지는 또 다른 원인으로 타 시설물과의 전기적인 접촉이 있을 수 있다. 이 경우에도 접촉되어 있는 구조물 근처에서 전위의 피크값이 얻어지므로 원인을 규명할 수 있는 단서가 제공된다.

과다한 피복 손상부위도 전위측정을 통하여 할 수 있다. 손상부위 근처에서 전위가 피크를 나타내기 때문이다. 전위의 측정에는 여러 가지 오차요인이 있을 수 있다.

전위 측정에 있어 발생하는 다른 오차는 전류의 흐름에 의하여 발생하는 iR 전압강하이다. iR 전압강하는 전류와 저항의 곱으로 나타난다. 아래의 그림 11.25는 관의 주위에 발생하는 전류의 흐름에 의하여 발생하는 등전위신과 전류 진행방향을 도시하고 있다. 피복이 없는 경우 전류의 흐름은 지표면의 영향에 의하여 상부쪽의 전류흐름이 작게 나타남을 볼 수 있다.

전류가 흐르는 단면이 구조물이 가까울수록 작게 나타나므로 구조물 가까이에서 등전위선의 간격이 훨씬 조밀해 짐을 알 수 있다. 방식전류는 토양에서 구조물로 유입되는 방향으로 흐르게 되므로 토양의 전위는 구조물에서 멀어질수록 높아진다. 위의 예에서 실제 구조물의 전위가 −790mV 일 때 토양의 전위구배에 의한 오차가 100mV 존재한다면 측정치는 -890mV로 실제 값보다 더 낮은 전위가 측정됨을 알 수 있다. 물론 전극을 구조물에 가깝게 위치시킬수록 iR 전압강하에 의한 오차는 감소한다.

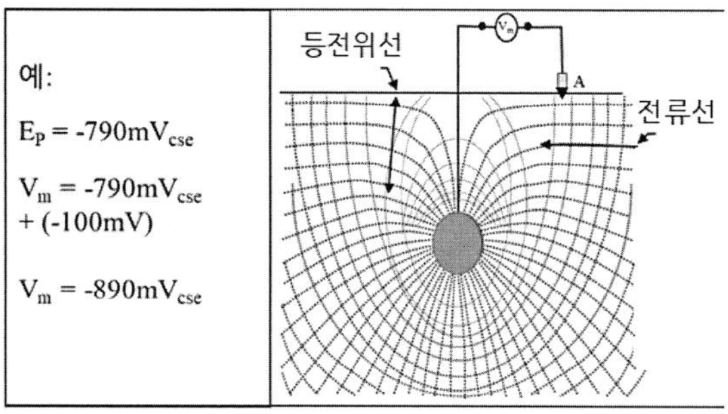

그림 11.25 비피복관 전위측정 시 전위오차

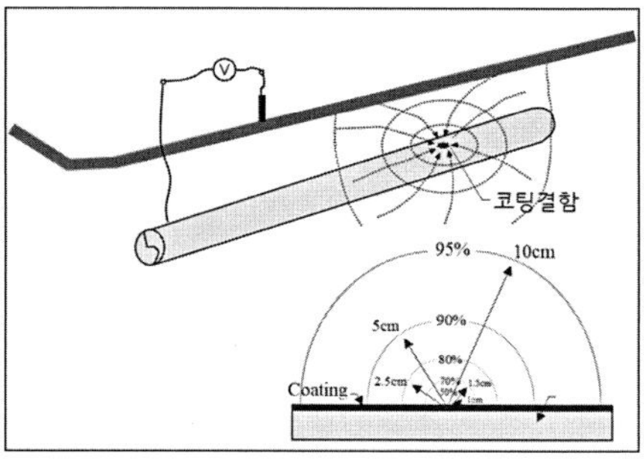

그림 11.26 피복관의 전위측정 시 전위오차

피복관의 경우 전류의 유입은 피복의 손상부에 집중된다. 따라서 그림 11.26과 같이 피복의 손상부 주위에 전위구배가 발생한다. 손상부로부터 멀리 떨어진 지점에서는 전위구배가 나타나지 않는다. 조그만 손상부이 경우 앞장에서 설명한 전류 집중효과가 더욱 두드러지게 되므로 손상부 가까운 곳에서 대부분의 iR 전압강하가 집중된다. 지하에 매설된 배관의 경우 손상부의 위치를 알 수 없으므로 위치변경에 의한 전압강하 감소는 기대하기 힘들다.

iR 전압강하를 최소화하는 방법은

- 기준전극과 구조물 표면의 거리를 최소화하는 방법
- 전류의 흐름이 정지된 순간에 측정하는 방법
- 방식전류를 인가한 직후부터 형성되기 시작하는 분극을 측정하는 방법
- 별도의 인위적인 손상부(쿠폰)을 만들어 이에 대하여 전위를 측정하는 방법 등이 널리 쓰인다.

위의 방법 중에서 기준전극과 구조물 표면의 거리를 최소화하는 방법은 앞서의 이유와 같이 피복된 구조물에는 적용할 수 없다.

그림 11.27은 iR 전압강하를 최소화하는 방법들을 도시하고 있다.

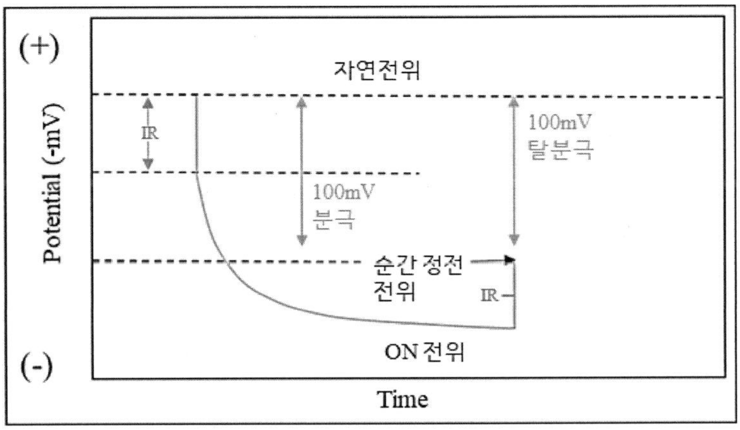

그림 11.27 분극전위의 측정 시 유의점

순간정전법(instant off 법) : 전류의 흐름이 정지된 순간에 측정하는 방법으로 운전 중인 정류기를 순간적으로 정지한 직후의 전위를 측정하는 방법이다. 정류기의 출력이 정지한 순간 전류값이 '0'이 되므로 iR 전압강하는 사라진다. 바로 이 순간의 전위를 instant off 전위라고 부르며 실용적으로 분극전위로 판단할 수 있다.

100mV 분극법 : 방식전류를 인가한 직후부터 형성되기 시작하는 분극을 측정하는 방법으로 방식전류를 인가한 직후부터 점차 증가하는 분극을 측정한다. 초기에 흐르는 전류가 정상상태에서 흐르는 전류보다는 크기 때문에 오차 요인이 있다. 분극기준으로 100mV 분극조건을 적용하는 경우에 의미가 있다.

쿠폰법 : 별도의 인위적인 손상부(쿠폰)을 만들어 이에 대하여 전위를 측정하는 방법으로 동일한 재질의 금속편을 구조물에 연결하고 금속편의 전위를 가까이에 측정하는 방법으로 iR drop을 최소화 하기 위한 여러 가지 디자인의 쿠폰이 제작된다.

3) 전위측정 시 유의사항

간섭 : 그림 11.28은 전류를 차단하여 실제 전위를 측정하는 방법을 보여주고 있다. 수직축은 (-)P/S 전위이다. 정류기가 차단된 직후에는 회로의 인덕턴스에 의하여 스파이크가 발생하여 측정에 오차를 가져올 수 있는데 약 300msec 이내에 소멸된다. 스파이크는 양극 인근에서 주로 발생하는 것으로 알려져 있다. 스파이크 소멸 직후에 더 정확한 분극전위를 얻을 수 있다.

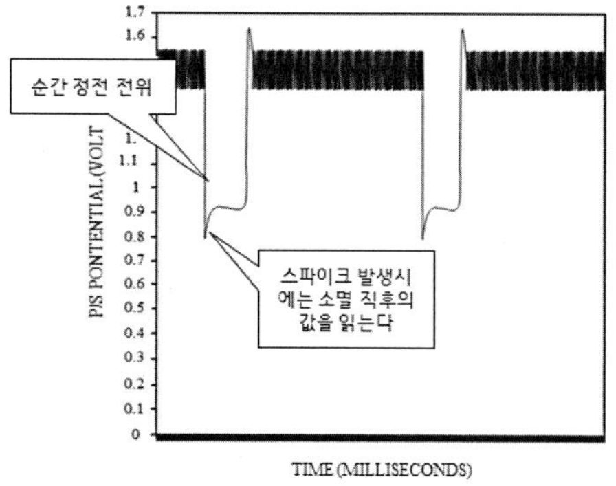

그림 11.28 전류차단 시 전위의 변화 및 off전위의 측정

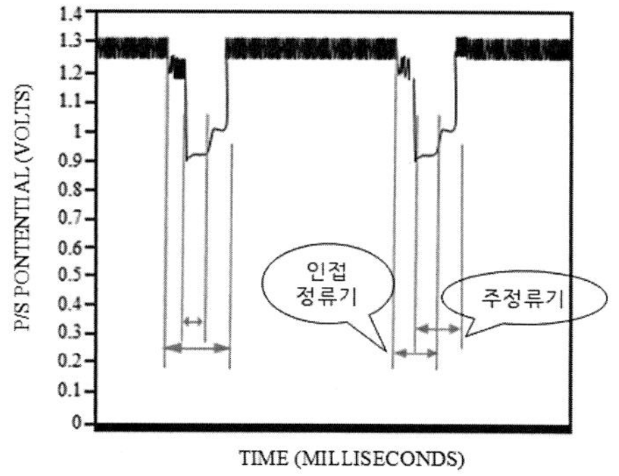

그림 11.29 복수의 정류기가 있을 때 전류차단 거

구간에 복수의 정류기가 있을 경우에는 복수의 정류기에 의한 iR 전압강하가 동시에 발생한다. 영향을 미치는 정류기를 같은 주기로 on-off하면 각 정류기가 off되는 순간에 그에 해당되는 스텝이 생겨난다. 정류기가 기여하는 전류의 크기에 따라 시스템의 크기가 달라지게 된다. 실제 측정 시에는 복수개의 정류기가 동시에 작동되면 측정에 혼란스러울 수 있으므로 단속주기를 배수로 설정하거나 GPS 신호 등으로 동기화하여 동시에 on-off가 되도록 실시한다(그림 11.29).

기준전극 위치 : 기준전극의 위치에 따라서도 많은 차이가 발생할 수 있다. 지상식 저장탱크의 바닥 외면을 방식하는 경우 탱크의 림 부분과 센터의 전위차이는 매우 크게 나타날 수 있다. 전기방식의 효과는 양극에서 멀어질수록 효과가 감소하므로 최소 방식전위 기준을 확인하기 위해서는 기준전극의 위치는 복수 양극의 경우 가급적 양극과 양극의 중간 지점이나 방식이 가장 취약한 먼 지점을 확인하여야 한다.

상시 전위를 측정하기 곤란한 지점에는 고정식 영구 기준전극을 설치하여 점검이 가능하도록 설계하여야 한다.

배관의 길이 : 배관과 같이 길이가 긴 구조물의 방식상태를 점검하기 위해서는 구조물을 따라 가면서 프로파일을 측정하게 된다. 이러한 방법을 근간격전위조사법(Close interval potential Survey, CIPS)라고 부른다.

그림 11.30은 배관의 CIPS 측정방법을 보여주고 있는데 일정 간격으로 설치된 Test point (또는 test box)에서 도선을 인출하여 배관의 직상 부위를 따라 일정 간격으로 이동하면서 전위를 측정한다.

인출도선의 길이가 길어질수록 도선저항에 의한 측정오차가 커질 수 있으므로 전압계의 내부저항이 충분히 큰 것을 사용하여야 한다. 흔하게 발생하는 또 다른 측정오류는 도선이 길어질수록 도선의 피복이 손상된 부위가 지표에 닿아 오차를 발생하는 경우 발생한다.

그림 11.31은 CIPS를 통하여 전위 불량구간을 탐지한 사례이다. 피방식체가 타구조물과 접촉하여 전위가 국부적으로 불량하게 나타나는 지점을 탐지하였다. 타구조물과 접촉에 의하여 많은 방식전류가 접촉 구조물로 유입되면서 국부적으로 방식전위가 상승하는 것을 보여준다. 데이터에는 on 전위와 off 전위가 함께 도시되어 있는데, 방식전류가 과다하게 소모됨에 따라 on전위와 off 전위의 차이 또한 감소하는 것이 나타나고 있다.

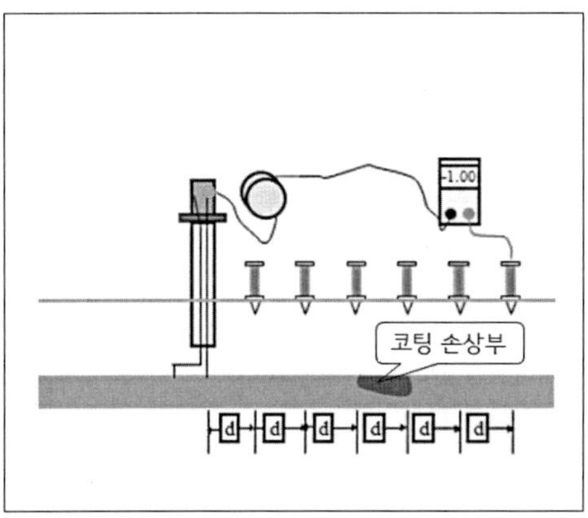

그림 11.30 CIPS 측정법

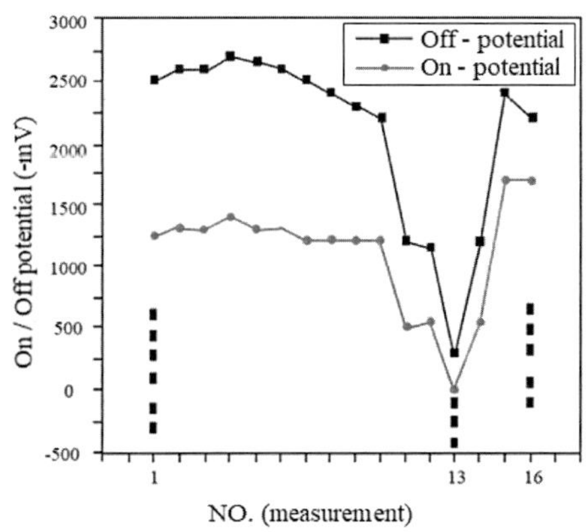

그림 11.31 구조물의 접촉에 의한 전위 불량구간의 탐지

매설배관의 피복결함 탐상 : 피방식체의 방식상태와 밀접하게 관련되어 있는 것이 바로 방식피복층의 상태이다. 외부전원식 방식법은 방식전류를 조절할 수 있어 방식전류의 변화에 따른 구조물 주위의 전위변화를 관찰하여 다양한 진단을 수행할 수 있다.

방식전류를 이용한 피복손상부의 탐지가 그 실례 중 하나이다. 피복손상부위를 탐지하는 방법은 다음과 같다.

1) 교류전류를 이용한 Pearson survey
2) 직류를 이용한 직류전압기울기 조사법(DCVG, DC voltage gradient)
3) 배관을 따라 흐르는 전류에 의한 자기장을 이용한 Pipeline current mapper

4) 일정 구간의 평균적인 피복 저항을 측정하는 방법

여기서는 직류를 이용한 DCVG 방법에 대해서만 간단하게 소개하고자 한다; DCVG 법이란 피복손상부위로 유입되는 전류에 의한 지표면의 전위 구배를 측정하여 피복손상부를 탐지하는 방법이다(그림 11.32). 전위구배를 탐지하기 위해서는 지표면에서 두 개의 기준전극을 이동하면서 전위차이를 측정하게 된다. 이때 피복손상부위에 가까워지면 두 개의 전극사이에는 내리막 전위구배가 측정된다. 피복손상부에 가까워질수록 구배는 점차 커지지만 직상부에서 전위구매가 피크(-방향으로)를 이루기 때문에 '0'이 되고 직상부를 지나면서 오르막의 전위구배가 측정된다. 이러한 전위 구배의 변화를 관찰하여 피복손상부의 위치와 개략적인 크기를 예측할 수 있다.

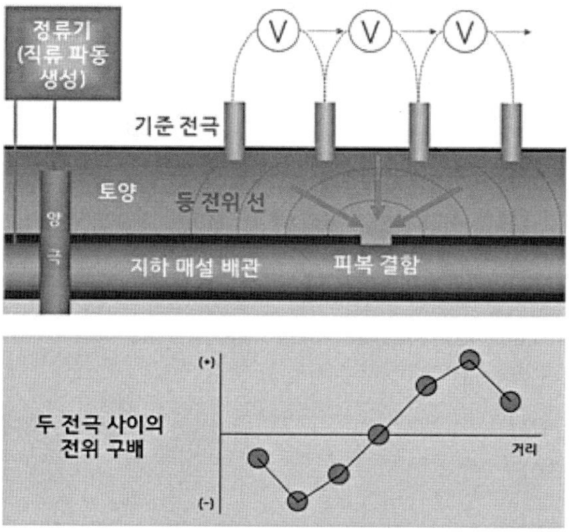

그림 11.32 DCVG 측정법

실제 측정에서는 토질에 의한 전위변화나 외부 요인들에 의한 노이즈를 제거하기 위하여 정류기를 일정 시간간격으로 on-off 하면서 전위구배의 변화량을 측정한다. 즉, iR 전압강하만을 측정함으로써 피복손상부에 유출입되는 전류에 의한 구배만을 분리하여 측정할 수 있게 된다.

전기적인 절연은 방식전류를 원하는 구간에만 유입되도록 방식구간을 구획하기 위하여 필수적으로 사용된다. 예를 들면 건물 내부로 들어가는 부위를 절연하는 식이다. 건물 내부에는 방식이 불필요한 다양한 시설물들이 있으므로 이들과 피방식체가 전기적으로 연결되면 방식전류의 손실을 가져올 수 있다.

전기적인 절연여부를 판정하기 위하여 전기저항을 직접 측정해서는 절연여부를 판정할 수 없다. 그 이유는 대지와 접해있는 시설물은 절연조인트가 절연상태를 유지하더라도 대지를 통하여 서로 연결되어 있으므로 별도의 방법을 강구하여야 한다. 멀티미터를 이용하여 저항을 측정할 경우에는 저항이 반드시 타 소자와 분리되어 있어야 한다.

절연을 판정하는 방법은 절연조인트를 통하여 분리된 두 구조물의 전위를 측정하는 것이다. 두 구조물의 전위차가 100mV 이상으로 충분하게 크게 나타난다면 절연으로 판정할 수 있다. 만일, 이 값 이내의 차이를 보인다면 여러 가지 방법으로 절연여부를 검증하여야 한다.

제12장 도장을 통한 장수명화 기술

12.1 도장의 정의

일반적으로 유동 상태(Sol)에서 피도물인 물체의 표면에 도장하면 일정한 층이 되어 건조됨과 동시에 물체(소지)의 표면에 불유동 상태(Gel화)로서 피막을 형성 및 부착되어 도장한 물체의 표면을,

① 보호(Protection): 방식(防蝕), 녹방지, 방충 내약품성

② 미장(Decoration): 색채, 광택, 촉감, 평활성

③ 특수성(Special) : 전기절연성,방화성, 방음, 방열성, 표식, 방오(防汚)

12.2 도료의 구성

어떤 도료라 할지라도 많은 종류로 분류되지만 그 구성은 전색제, 안료 용제 및 첨가물의 혼합으로 이루어진다.

12.2.1 전색제 (Vehicle)

도막을 이루는 주성분의 투명한 액상의 물질로서 많은 종류와 특성을 지니고 있으며 이 전색제의 특성이 도료의 성질을 좌우하게 된다.

- 오일류 : 아마인유, 목유, 피마자유, 탈수피마자유
- 천연수지류 : 로진(송지), 코팔(호박을 제외한 모든 화석수지), 담마고무(인도 수목의 분비물)
- 섬유소류: 니트로셀룰로오스, 부틸셀룰로오스, 에칠(메칠)셀룰로오스

- 합성수지류 : 페놀수지, 알키드수지, 멜라민수지, 염화비닐수지

12.2.2 안료 (Pigment)

안료는 고체의 입자로서 도료의 은폐력과 색상, 중량효과를 나타내며 대개 32개 이상의 입자를 가지고 있어야 한다.

- 종류: 아연화(Zinc Oxide), 연백(White Lead), 카본블랙, 산화철, 이산화티타늄
- 분류: 유기안료, 무기안료

12.2.3 용제 (Solvent)

용제는 도료의 상태를 조절하여 도장을 편리하게 하며 도장효과를 향상시킨다.

분류는

- 비점차이에 의한 분류(저비점, 중비점, 고비점)
- 성질에 의한 분류(알콜류, 케톤류 등)
- 용해력차이에 의한 분류(진용제, 조용제, 희석용제) 등이 있다.

도료는 처음부터 전색제의 분자량이 매우 크고(고분자물질; Polymer라 한다) 도료 중의 용제가 증발되어 도막이 형성되는 도료와 전색제의 분자량은 적고 (초기중합물;Prepolymer) 도장후 공기 중의 산소 혹은 촉매, 열 등의 작용에 의하여 작은 분자량의 수지가 서로 반응하여 분자량이 크게 되어 도막이 형성되는 도료가 있다. 전자를 용제형 도료라 한다. 후자를 가교형 도료라 하여 분자량이 거의 무한대로 크고 그 예로 유성페인트, 도료, 폴리에스텔수지 도료 등이다.

도료도막구성을 Micro적으로 관찰해 보면 다음과 같이 변화한다; ① 도료 → 도막 ② Wet → Dry ③ Sol → Gel ④ Liquid → Solid ⑤ 저점도 → 중점도 → 고점도 ⑥ Soft → Hard ⑦ 저분자 →중분자 →고분자(예외도 있다.) ⑧ 용제분산제 → 무용제분산제 ⑨ 반제품 →완제품

12.3 도료 및 도장의 분류

도료의 분류는 그 주요원료에 의하지만 실제로는 사용되고 있는 개개의 각명칭에 의해서도 분류하기도 한다.

분 류	각 명칭의 예
① 전색제	오일페인트, 에폭시도료, 우레탄도료
② 도료상태	신속페인트, 조합페인트, 에멀죤 도료, 분체도료
③ 도료성능	속건도료, 하이솔리드 락카, 가소성 도료, 시온도료
④ 도장방법	붓도장용 도료, 전착도장용 도료, 정전도장용 도료
⑤ 도막의 외관	광택도료, 투명도료, 형광도료, 다색채 도료
⑥ 도막의 성능	하도도료, 내산도료, 방화도료
⑦ 피도물종류	피혁용 도료, 콘크리트용 도료, 경금속용 도료
⑧ 안료	광명단 페인트, 징크-리치 페인트, 백색도료

- 시온도료; 온도에 따라 색이 변화하는 도료
- 광명단; Pb_3O_4로서 주로 철재 구조물에 칠해진 주황색 도료이며 방청도료 도장 후 상도를 다시 해야 함.

한편 도장의 종류는 다음과 같이 분류할 수 있다.

분 류	각 명칭의 예
① 도료	락카도장, 멜라민도장, 에폭시도장
② 도장방법	붓도장, 스프레이도장, 정전도장, 전착도장
③ 소지	목재도장, 금속도장, 플라스틱 도장
④ 공정	프라이머도장, 퍼티(putty) 붙이기, 표면화 도장
⑤ 끝맺음	측면 도장, 나무무늬 도장, 햄머톤도장, 무광도장
⑥ 용도	냉장고, 난로, 자동차
⑦ 건조방법	자연건조도장, 가열건조도장, 전자선경화도장

- 퍼티; 틈을 메우거나 덩어리로 굳힌 다음, 깍아내는 재료
- 표면화(surfacer) 도장; 프라이머의 능력으로 하지의 결점을 채우기 위해 사용되는 도료로서 반드시 언마가 필요하다.
- 프라이머 도장; 강판 위에 유성 페인트를 바로 칠하면 도료가 쉽게 들러붙지 않기 때문에 행하는 도장.
- 햄머톤 도장; 무늬와 패턴이 있는 도장

12.3.1 분체 정전도장

피도물에 양극을 걸어주고, 분체도료에 음극을 걸어주어 전자기력에 의해 부착시킨 후, 가열을 통하여 경화시켜서 도막을 형성하는 방법을 의미한다.

장점; 1회 도장으로 두꺼운 도막이 형성되므로 내식성 및 내열성이 우수하다. 작업의 안전성이 우수하며, 친환경적이다. 주름현상과 흐름현상이 없고 경제성이 우수하다.

단점; 색상 변경 시 많은 시간이 소요되며, 작업 시 이물질이 접착될 가능성이 있다. 열가소성 작업이므로 고열에 약하다.

12.3.2 액체 분무도장

스프레이도장이라고도 하며 용제에 도료를 희석하여 압축공기의 분무력으로 피도체에 붙임 도장을 하는 방법으로서 용제가 휘발되면서 도막을 형성한다.

장점; 구석구석 원하는 위치에 정밀한 도장이 가능하며 원하는 장소에서 작업이 가능하다. 특수도료를 사용하여 목적하는 도막 형성이 가능하다. 소형이나 대형 제품의 도장이 가능하다.

단점; 프라이머, 중도, 상도 등 여러 번의 반복된 작업으로 경제성이 낮다. 도료조절이 미숙하면 흐름 현상이 발생될 수 있다.

12.3.3 전착도장

묽게 희석한 도료를 채운 탱크에 피도물을 침전시켜 양극과 음극 사이에 전류를 흘려 도막을 형성시키는 방법을 의미한다(양이온 전착도장, 음이온 전착도장).

장점; 도료의 손이 적고 균일한 두께의 도막형성이 가능하다. 침지방식이므로 구석구석 균일한 정밀도장이 적합하다.

단점; 도막두께에 한계가 있고, 내후성이 나쁘며, 소량도장에 부적절하다.

12.4 도료의 새로운 특성

12.4.1 전자파 차폐도료

도전성 도료 중에서 사용량이 가장 많은 것으로 보통 도전성 도료라고 한다. 디지털 부분을 갖는 전자기기에서 발생하는 잡흥 전자기파를 차단하여 TV, 라디오, 컴퓨터 등의 전파 장애를 방지하기 위해 사용된다. 이 전자기파 차폐도료로는 은, 구리, 니켈 등의 금속분을 배합한 도료가 사용되고 있다.

12.4.2 전해 완화도료

고전압 전자기기의 도전체 주위에 시설된 절연체 표면에 도포하여 그 부분의 전계를 저하시킴으로서 부분방전 등을 방지하기 위해 사용된다. 탄화규소를 필러로 하는 도료가 사용된다.

12.4.3 전파를 흡수하는 도료

전자기파 차폐도료가 주로 전자기파를 반사시켜 장애를 막는데 비하여 전자기파 에너지를 흡수 및 감쇠시켜 전파장애를 막는 것이 전자기파 흡수 도료이다. 금속 및 페라이트가 필러로 사용된다.

12.4.4 제진도료

방음도료, 방진도료라고도 한다. 방음수단으로는 흡음, 차음, 제진 등의 방법이 이용되지만, 흡음 및 차음은 도료의 질량으로는 어렵기 때문에 도료는 제진작용에만 이용된다.

12.4.5 방취도료

냄새를 소거하거나 혹은 냄새를 막는 도료를 말하는데, 본래 물리적 흡착과 화학적 흡착에 의해서 탈취되는 도료가 제안되었지만 지속성에 한계가 있기 때문에 효소 및 효소보조재를 함유한 도료가 개발되었다. 이 도료는 효소의 작용으로 흡착된 냄새 물질을 분해할 수 있어 지속성이 기대된다.

12.4.6 곰팡이 방지도료

주방, 욕실 등 고온 다습한 장소의 곰팡이 발생을 방지하는 도료이다. 공팜이 방지제를 니닐 수지, 아크릴 수지에 약간 넣어 조제한다.

제13장 전기화학적/화학적 표면처리를 통한 장수명화 기술

13.1 표면처리의 개요

최근 환경에 관한 관심이 높아지고 도금과 염색이 환경오염의 주범이라고 많은 지탄과 원망의 대상이 되고 있는 실정이다. 그러나 우리의 생필품 및 공산품 중에 아직 많은 부분이 도금을 통해 제품화되어 사용되고 있다. 귀금속류, 생활도기 등에 입혀지는 금 분말 코팅에서 방식을 위한 알루미늄 성분의 페인트칠, 전자산업에 이용되는 Cu 도선, 무연 솔더링에 사용되는 주석도금에 이르기까지 아직 수많은 수요처를 가지고 물량 및 중요성에서 아직 비중이 높은 것이 사실이며, 이를 대변이나 하듯 도금액의 산성도 및 알칼리도를 낮게 바꾸어서 보다 친환경적인 도금액 사용을 위한 새로운 차원의 개량된 도금 기술로의 변모도 활발히 진행되고 있어 도금에 대한 그 중요성은 아직 다른 신기술에 비해 전혀 손색이 없는 표면처리 기술로 남아 있는 것이 사실이며, 더욱 개량된 기술로 발전할 것으로 예상 되며, 최근에는 나노센서 등 최첨단의 기술에 적용되는 전기도금이 각광을 받고 있어 나노시대의 총아로서 위치를 넓혀 가고 있다.

일반적으로 도금의 원리를 어렵게 생각하는 사람들이 많은데 쉽게 설명하면 너무나 간단한 원리로 전기용접기를 생각하면 된다. AC전기를 DC로 바꾸어 플러스극과 (−)극을 충돌시켜 그 전기의 힘을 이용해 공기 중에서 시행하는 것이 일반적인 전기용접이고 그것을 수중 즉 시약 용액 중에서 하는 것이 도금으로 볼 수 있다.

또한, 도금의 일반적인 과정은 어떤 도금이든 비슷하며, 산 처리 − 수세 − 도금 − 수세 − 크로메이트(후처리) − 수세 − 탈수 − 건조의 순서이다. 산 처리는 도금 전에 제품표면에 묻어있는 녹이나 기름 등을 제거하는 과정이며, 크로메이트는 도금한 제품의 내식성을 높이기 위하여 크롬염 피막을 입히는 과정이며 대표적으로 천연색, 백색, 흑색, 국방색 등이 있다

도금의 종류는 크게 나누어 전기도금, 화학도금, 용융 도금 등이 있다. 전기도금에는 동도

금, 니켈도금, 크롬도금, 공업용(경질) 크롬도금, 아연도금, 주석도금, 금, 은도금 등이 있고, 화학도금은 전기가 통하지 않는 제품(플라스틱, 목재, 섬유, 종이, 도자기, 석고 유리 등)을 화학 도금액에 넣어 도금하는 것을 말한다. 용융 도금은 말 그대로 아연 알루미늄 등의 비철 금속을 용융하고 도금할 제품을 용융액 중에 넣어서 용융금속의 피막을 입히는 것이며 대표적으로 전신주, 가로등, 가드레일, 건축 자재 등은 용융 도금을 주로 한다.

13.2 전기도금 일반

13.2.1 전기도금의 원리

금속은 현재 알려진 103종의 원소 중에서 3/4 이상을 차지하고 있으며, 이것들은 전기전도도, 열전도성, 광택, 경도, 연성 등의 특성을 이용하여 여러 가지 용도로 이용되고 있다. 그러나 대부분의 금속은 공기, 가스, 수분 등의 환경적인 영향으로 쉽게 부식되어, 짧은 시간에 소모되는 결점을 가지고 있다. 따라서 부식을 방지하기 위해 새로운 기술의 발전이 기대되며, 현재는 부식 방지 외에 여러 가지 목적을 위해 다양한 방법으로 금속의 표면을 처리하고 있으며, 이를 금속 표면 처리(金屬表面處理 ; metal finishing)라 하며 다음과 같은 종류로 나눌 수 있다.

① 도금(鍍金; plating) … 금속의 표면이나 비금속 표면에 다른 금속을 사용하여 얇은 피막을 형성하는 처리 방법으로 전기도금, 화학 도금, 용융 도금, 진공 도금, 침투 도금, 이온 도금 등이 있다.

② 화성처리(化成處理; chemical coating) … 금속 표면에 일종의 화학 피막을 만들어 주는 처리를 말하며, 인산염 피막 처리, chromate conversion coatings, 착색(着色) 등이 있다.

③ 양극 산화(陽極酸化; anodizing) … 금속 물체를 양극에 설치하여 전기화학적으로 산화 피막을 만드는 방법으로 Al, Ti 등의 산화 피막 생성에 많이 사용된다.

④ 도장(塗裝; painting) … 도료를 금속의 표면에 칠하는 방법으로 부식의 방지와 미관을 주기 위한 목적으로 사용한다.

⑤ 라이닝(lining) … 금속 탱크 등의 내면에 고무나 합성수지 등을 피복시키는 것을 말한다.

⑥ 표면 경화(表面硬化; case hardening) … 탄소, 질소 등을 침투시켜 표면을 경화시키거나 다른 방법을 사용하여 표면의 물리적 성질을 향상시키는 방법을 말한다.

금속 표면 처리의 종류와 방법, 용도가 표 13.1에 나타난 바와 같이 전기도금은 금속을 보호하기 위한 금속 표면 처리의 여러 가지 방법 중에서 도금에 포함되며 현재 가장 널리 사용되고 있는 방법이다.

전기도금은 어떤 금속의 표면을 전기분해하여 얇게 피막을 입히고 그 금속의 표면을 녹슬지 않도록 하거나, 마찰 등에 잘 견디는 내구성을 지닌 표면, 또는 아름답고 광택이 있는 표면을 얻기 위한 것이다. 그 원리는 도금 탱크에 도금하려 하는 금속염류를 주성분으로 하는 도금 용액을 사용하여 양극에 도금하려는 금속을 사용하고, 음극에는 도금하려는 금속 재료를 사용하여 직류 전기 분해하면, 음극의 바탕 금속 위에 원하는 도금 피막을 얻는 방법이다.

전기도금의 성질로서 일반적으로 요구되는 사항을 다음과 같은 것이 있다.

① 재료와의 밀착성이 좋을 것.
② 평활하고 균일한 두께의 도금을 얻을 것.
③ 장식용에는 광택성이 좋을 것.
④ 부식 방지용에는 내식성이 우수할 것.
⑤ 외관이 아름다울 것.

13.2.2 전기도금의 목적

전기도금은 목적에 따라 다음과 같은 4종류로 나눌 수 있으며, 공업용 도금은 매우 다양화되고 있다는 점을 고려해야 한다.

① 장식용 : 금(Au), 은(Ag), 백금(Pt), 로듐(Rh) 등의 귀금속과 Ni, Cr도금이 여기에 속하며 외관의 아름다움이 필수적이다.
② 부식 방지용 : 철강 재료에 Zn, Cd, Sn, Pb 등의 도금으로 외관보다 재료의 부식 방지력이 중요하다.
③ 실내 장식겸 부식 방지용 : 철강 및 아연 다이케스팅 재료에 Cu−Ni−Cr도금, Ni−Cr도금, Cu 합금에 Ni, Ni−Cr도금 등이 여기에 속한다. 외관의 아름다움과 함께 내식성이 요구된다.
④ 공업용 도금 : 피막의 특성에 따라 여러 가지 용도가 있다.
   - 내마모성 … 경질 Cr, Ni, SiC, Co−Cr_3C_2 등.
   - 유활용 … Sn, In 도금.
   - 부식 보수용 … Cu, Fe, Cr 도금.
   - 자성박막 … Ni−Fe, Ni−Co, Co−P 등 합금 도금.

이들 도금의 목적을 요약하면 도금은 제품의 외관을 좋게 하는 장식용 도금이나 재료의 부식 방지와 제품 강도를 강하게 하는 등의 공업용 도금 모두 제품의 표면에 여러 가지 성질을 갖는 피막을 만드는 등 제품의 가치를 높이기 위한 것이라 할 수 있다.

[표 13.1] 금속 표면 처리 종류의 분류

		방법의 개요	용 도
도금	전기도금	전기 에너지로 금속, 비금속 재료에 다른 금속의 피막을 만들어 주는 방법	장식품, 공업용품 등 용도가 가장 다양하다.
	화학도금	화학 변화로 금속, 비금속 표면에 다름 금속의 피막을 만들어주는 방법	플라스틱 제품, 금속 제품의 일부
	용융도금	금속을 다른 금속의 용체에 담가서 용융 금속의 피막을 만들어 주는 방법	아연 및 주석 도금 강판, 아연 도금 파이프 등
	침투도금	금속에 다른 금속을 확산, 침투시켜 합금의 피막을 만드는 방법	내식 및 내열 등의 목적에 사용
	금속용사	금속 표면에 다른 용융 금속을 분무시켜 피막을 만들어주는 방법	유류 탱크 및 탱크의 내부, 마모된 부분의 보수 등
	음극 스퍼터링	진공 내에서 +이온의 입자로 음극 물질을 때려 음극 물질이 증발, 진공 내의 제품에 피막을 만드는 방법	레코드판 등 금속 및 비금속 위의 금속 피막
	진공(증착)도금	금속, 비금속 표면에 다른 금속을 진공, 증발시켜 금속 피막을 만드는 방법	각종 플라스틱 장식품, 장신구, 렌즈 등
	이온도금	글로우 방전으로 금속, 가스를 +로 이온화하고 가속하여 음극 재료에 피막을 만드는 방법	각종 금속, TiN, TiC 등의 내열, 내마모성 피막
화성처리		금속 표면에 화학 변화를 일으켜 산화 피막 등을 만들어 주는 방법	방식 및 도장 바탕용 피막, 금속 착색 (양극 산화)
도장		금속 표면에 도료를 도포하여 방식과 미관을 좋게 하는 방법	각종 철물의 기계 구조 및 건축물
라이닝		금속 표면에 고무나 합성수지 등의 피복을 해 주는 방법	화학 장치류, 도금 탱크 등
코팅		금속 표면에 합성수지, 세라믹 같은 투명 수지 피막 또는 유리질 피막을 만드는 방법	금속의 방식, 도금의 색상, 유지, 법랑 등
표면경화		금속 표면에 탄소나 질소를 침투시켜 경도가 큰 피막을 만들어 주는 방법	기어 등 표면에 내마모성과 경도를 요하는 부속품 등

13.2.3 전기도금의 재료와 공정

도금의 결과는 사용 재료에 따라 크게 좌우되며, 부적당한 재료로 도금할 경우는 결함을 지니거나 전혀 도금이 안 되는 때도 있다. 도금의 결과에 큰 영향을 끼치는 것으로는 재료의 종류, 도금 재료의 가공처리 상태, 도금 제품의 설계 등이다. 또한, 도금 제품의 재료는 도금에 적합해야 하고 용도에는 알맞은 것을 선택해야 한다.

[1] 도금 재료의 종류

도금 재료는 철, 구리와 같은 단일 성분의 순수한 금속과 한 종류 이상의 금속 또는 비금속을 혼합한 복잡한 성분의 합금이 있다. 재료가 금속이 아닌 플라스틱 등의 부도체를 도금할 때는 특별한 전처리가 필요하다. 다음은 몇 가지 중요한 도금 재료의 종류를 설명한 것이다.

1) 철강 재료

① 탄소강

도금 재료는 앞에서 설명한 것과 같이 부식되기 쉬운 단점이 있으나, 강도, 경도, 연성 등의 기계적 성질이 우수하고 가격이 저렴한 잇점 때문에 철강 재료가 사용된다. 철과 강은 철광석으로부터 제조된 것으로 광석 또는 제조 과정에서 탄소, 규소, 망간, 인, 황 등이 함유된다. 그 중에서도 탄소는 함량이 많고 철의 성질에 미치는 영향이 크다. 철과 강은 일반적으로 순철, 강, 주철의 세 종류로 구분된다. 선철(pig iron)은 광석에서 직접 제조된 철이며, 이것을 용해하여 주조에 사용한다. 주조되는 것은 주철이라 한다. 대체로 강철과 주철의 분류는 탄소 함량을 평형상태도 기준으로 하여 2.0% 이하의 철-탄소 합금을 강철이라 하고 그 이상을 주철이라 한다. 탄소 함량에 따른 분류는 표 13.2와 같다.

[표 13.2] 철강의 종류

분 류			탄 소 함 량 (C)
철 강	강	아공석강	0.02 ~ 0.77 %
		공석강	0.77 %
		과공석강	0.77 ~ 2.11 %
	주 철	아공정 주철	2.11 ~ 4.3 %
		공 정 주철	4.3 %
		과공정 주철	4.3 ~ 6.68 %

강의 종류는 제조 방법, 가공법, 용도, 탄소 함유량, 경도에 따라 분류한다. 선철과 강의 성분은 표 13.3과 같다. 특히, 철에 적은 양의 탄소 (0.0218∼2.114) 가 포함된 합금을 탄소강이라 한다. 그 성질은 함유된 여러 원소, 가공 그리고 열처리 상태에 따라 다르나 표준 상태에서는 주로 탄소 함유량에 따라 결정된다.

탄소강은 탄소 함량이 0.6% 이하인 고탄소강을 보통 담금질 처리하여 공구용 강재로 사용하고, 0.3% 이하인 저탄소강은 압연 또는 단조한 그대로 사용한다. 0.3∼0.6%인 것은 그대로 혹은 담금질하여 사용한다.

[표 13.3] 강과 선철의 성분

성분(%) / 종류	C	Si	Mn	P	S
선 철	2.11~6.68	0.10∼4.00	0.01∼4.00	0.02∼2.50	0.01∼0.30
강	0.02∼2.11	0.02∼0.50	0.20∼1.00	0.02∼0.50	0.02∼0.10

② 특수강

특수강은 탄소강에서 얻을 수 없는 특별한 기계, 물리, 화학적 성질 등을 얻기 위해 규소, 망간, 황, 구리, 인 등을 함량 이상으로 증가하거나 그 밖의 합금 원소를 첨가한 강이다.

도금 재료로 저탄소강을 사용할 때는 큰 문제가 없으나, 고탄소강의 재료일 때는 산세처리와 도금 중 재료에 수소가 확산되어 수증기 등 미소 기포가 발생해서 약해지거나 파괴되는 수소 취성이 생긴다. 특히 도금 재료의 경도가 크면 수소 취성이 심해진다. 또 재료의 산화물을 제거하면 처리 후 표면에 스머트(smut)라는 검은 막이 생기므로, 도금할 때는 이것을 제거해야 한다. 스머트(smut)의 제거를 위해 알칼리로 양극 처리하는 제거법이 사용된다.

2) 구리 및 구리 합금

구리는 내구성이 있고, 열전기 전도율이 높고 그 합금은 철강에 비해 내식성이 양호하고 기계적 성질도 우수하여 일반용이나 생활용품에 널리 쓰인다. 구리 및 구리 합금 재료의 도금은 별 문제가 없지만, 그 성분의 차이 때문에 도금액과 공정에 약간의 변경을 해야 한다.

황동(brass)은 구리와 아연을 주성분으로 한 합금이며 보통 아연이 40% 이하 함유된 것은 공업용으로 사용된다. 황동은 아연 20∼35%인 것을 7 : 3 황동이나 α황동이라 하며, 전연성이 크고 강도가 커서 복잡한 가공이나 장식품에 사용된다. 아연 35∼45%인 것을 6 : 4 황동이라 하며, 이것은 열간 가공이 가능하고 기계적 성질이 우수하다. 황동 재료를 사용할 때는 최근 기계 가공을 쉽게 하기 위해 납을 소량 사용하므로 구리 스트라이크를 해야 한다.

청동(bronze)은 황동 외의 모든 구리 합금을 말하나 좁은 의미로는 구리-주석 합금을 말한다. 주석 청동은 황동보다 내식성이 좋고 내마멸성이 좋아 기계 주물용 등에 쓰인다. 청동 중에서 인이 함유된 인청동은 도금 재료로 쓰일 때 황동 재료보다 질산이 많이 함유된 처리액을 써야 한다.

3) 아연, 알루미늄과 그 합금

대부분 도금에는 철, 구리 계통의 재료가 많이 사용되었지만, 아연, 알루미늄과 그 합금도 함께 사용된다. 아연, 알루미늄은 양쪽성 금속이어서 산과 알칼리성 용액에 반응하기 쉬우므로 철, 구리 계통의 재료와 같이 도금의 전처리는 어렵다.

아연 다이캐스트 제품은 재료의 성질보다는 기술적인 면에서 가공과 도금이 어렵다. 아연이나 알루미늄은 단일 금속을 사용하기가 어려워 보통 합금으로 사용된다.

알루미늄은 표면의 산화 피막을 제거하여도 쉽게 다시 산화되어 도금의 밀착을 방해한다. 이것을 방지하기 위해 도금하기 전 부착하기 쉬운 다른 피막을 입힌 후에 도금하는 등의 특별한 처리 방법이 필요하다.

[2] 도금 재료의 가공 처리 상태

도금 재료는 도금 전에 이미 가공처리가 되어 있어 그 처리 여부에 따라 큰 차이가 있으며, 불량 가공 처리된 것은 도금이 어렵고 양질의 도금이 안 되므로 생산비가 높아질 수 있다. 또 가공 처리 상태가 아주 나쁜 것은 도금 후에 부풀음, 다공성, 균열, 색깔, 밀착 등이 좋지 않다.

[3] 도금 제품의 설계

도금 재료의 설계가 좋으면 제품 자체의 기능과 질이 좋아서 공정이 줄어든다. 제품의 설계는 제품의 용도, 도금 방법, 재료의 재질 등이 고려되어야 하고, 도금 및 연마 등의 공정에서도 제품에 알맞은 작업을 적용해야 한다.

[4] 전기도금의 사용 단위

도금에 사용되는 단위는 여러 가지가 있으며, 기본적으로 알아야 할 사항을 다음과 같다.

1) 두께에 관한 단위

* 미크론(micron) … 1mm를 1,000등분한 한 개의 눈금을 1μm라고 하고 기호는 μm를 사용

한다.

* 밀(mil) … 미국, 영국에서 주로 사용하며 1인치(inch)를 1,000등분 한 눈금을 1mil이라고 한다.

2) 도금 재료의 표면적

* 평방 데시미터(dm^2) … $1dm^2 = 10cm \times 10cm = 100cm^2$

3) 기계의 회전수

* RPM(rpm) … 버프(buff) 연마기, 배럴 연마기, 배럴 도금기, grinder, 각종 모터(motor) 등의 1분간의 회전수를 말한다. 즉, 버프 연마기의 RPM이 2,800이라 함은 1분간에 2,800회전 한다는 뜻이다.

4) 도금액의 용적 및 중량

* 리터(ℓ), 씨씨(cc), 갈론(gal), 플류드 온스(fl.oz) … 1ℓ=1,000cc, 1cc는 1㎖라고도 한다. $1cc=1cm^3$, 1gallon=3.7853 L(미국) 1fl.oz=295.73cc

5) 전기

* 암페어(A) … 전류의 단위, 질산은 수용액으로부터 0.00111800g/sec의 은을 석출시키는 전류의 강도.
* 암페어시(Ah) … 전류량 단위, 1A의 전류를 1시간 흘렸을 때 1Ah라고 한다.
* 암페어 퍼 평방 데시미터 (A/dm^2) … 전류밀도의 단위, $1dm^2$ ($100cm^2$)당 흐르는 전류의 강도를 A로 나타낸 것.
* 볼트(V) … 전압의 단위, 1오옴의 저항체에 1A의 전류를 흐르게 하는 전압을 1V라고 한다.
* 오옴(Ω) … 전기 저항의 단위, 0℃, 14.4521g, 106.300cm의 수은주가 갖는 전기저항을 1Ω이라 한다.

6) 비중

* 비중(SG 또는 Sp.Gr) … 4℃의 물 $1cm^3$의 무게를 1이라 하고, 다른 물질 $1cm^3$의 무게와 비교한 비율을 말한다.
* 보오메 … 물보다 무거운 보오메액과 물보다 가벼운 보오메액이 있다.

7) 온도

* 섭씨 도(℃) … 순수한 물의 빙점을 0도, 비등점을 100도로 한 것.

* 화씨 도(℉) … 순수한 물의 빙점을 32도, 비중점을 212도로 하여 그 사이를 180등분한 온도로서, ℃와는 다음의 관계가 있다.

$$℃=5/9(℉-32)\ ℉=(9/5\times℃)+32$$

8) 시간

* 시간(h), 분(min) 초(sec)
* 분(min) … 시간(h)의 1/60
* 초(sec) … 분(min)의 1/60

13.3 전기화학의 개요

13.3.1 전기화학 이론

전기화학(electrochemistry)은 화학 변화와 전기와의 관계 또는 화학 에너지와 전기 에너지와의 전화에 대한 현상을 연구하는 과학을 말하는데, 이것은 넓은 뜻으로 보았을 때 물리 화학의 한 부분이라고 할 수 있다. 전기화학에서 연구 대상으로 하는 범위를 크게 몇 가지로 나누어 보면 다음과 같다.

[1] 물질 상태의 구조와 특성

금속, 반도체, 고체 전해질 및 이들의 복합된 계에 대한 전기전도의 기구와 전해질 수용액, 비수용액, 용융염, 기체 등의 기조 및 물성 그리고 전리, 활동도, 기체에 있어서의 방전 현상 등을 다루게 된다.

[2] 전지

전지는 자연계에서 일어나는 현상의 진행 결과 방출되는 에너지를 전기 에너지의 형태로 밖으로 끌어낼 수 있도록 꾸민 장치를 말하는데, 오늘날에는 화학 변화와 그 밖의 변화 기구에 의한 태양 전지나 원자력 전지 등이 있고, 일반적으로 전지에 대해서는 기전력, 용량 등을 바탕으로 한 연구가 진행된다. 한편, 금속의 부식에 대한 연구는 전지에 대한 연구 부분을 공통적으로 다루게 된다.

[3] 전기 분해

일반적으로 전기분해에 있어서 단극 전위의 개념을 비롯하여 전해 전압, 과전압, 전류 효율 등에 대한 연구가 이루어지고 있으며, 이를 열역학 반응 속도 등이 뒷받침한다. 전기분해는 밖으로부터 전기 에너지를 주어, 전극 면에서 전자를 주거나 받게 함으로써 여러 가지 화학제품, 순수 금속의 제조, 그리고 금속의 표면처리 및 가공 등에 활용한다.

[4] 계면에 있어서의 전기화학 현상

전기영동, 전기 투석 등과 같이 계면에 생성된 전기 이중층으로 말미암아 일어나는 여러 가지 현상을 주로 연구한다.

전기화학이 발전하기 시작한 것은 갈바니(Galvani, 1791)가 일정 조건에서 개구리의 근육에 금속판을 가져다 댈 때 근육이 수축하는 현상을 발견하였고, 볼타(Volta)에 의하여 이와 같은 현상을 전기 현상으로 일어난다는 것이 밝혀짐으로써 비롯되었다.

그 뒤를 이어 데이비(Davy) 및 패러데이가 전기분해에 대한 연구를 바탕으로 하여 전기화학의 체계를 확립시켰다.

전리설을 제창한 아레니우스(Arrhenius), 전기전도와 기전력에 대한 양적 관계를 연구하여 전기화학의 이론을 크게 발전시킨 반트호프(Van't Hoff) 및 네른스트, 전기화학의 열역학적 체계를 세우고 활동량의 개념을 도입시킨 루이스(Lewis) 등에 의하여, 전기화학의 기본이 되는 전기분해 현상과 전해질에 대한 이론이 체계적으로 발전하였다.

이 밖에 로렌츠(Lorentz)에 의하여 용융염의 전기화학적 현상에 대한 연구가 발전되었고, 또 계면 전기화학, 전기 가마를 이용하는 고온 전열 화학 등도 눈부신 발전을 하게 되었다.

반도체, 형광체, 유전체 등도 각각의 전기 및 화학적인 성질은 서로 밀접한 관계가 있으므로, 이들도 전기화학 부문에서 다루게 된다. 이처럼 전기화학에서 연구 대상으로 하는 부문은 물질의 구조와 전도성, 전지, 전기분해 및 계면에서의 전기화학 현상 등이지만, 응용되는 범위가 넓어짐에 따라 자연히 전기화학의 연구 대상 범위도 넓어지고 있다.

일반적으로 화학 공업에서는 제품을 생산하는 것만이 중요한 목적이지만, 전기화학은 전기화학 공업에 있어서 제품을 생산하는데 필요한 기초 부분을 연구, 개발하고 이 밖에 계측과 분석을 뒷받침하게 된다. 또 반응 공정이나 장치의 개량 및 여러 가지 처리, 공작 방법 등의 개발에 크게 공헌을 하고 있는 것이 전기화학 공업의 특징 중의 하나이다.

13.3.2 전해질 용액

[1] 전해질과 비전해질

순수한 물은 거의 전류를 통하지 않지만, 염화나트륨(NaCl)이나 염산(HCl)을 용해시킨 용액에 직류 전기를 흘리면 전기가 통하며 전극의 표면에 화학 변화가 일어나 +극(양극)과 −극(음극)에 각각 생성물이 석출된다. 이처럼 염화나트륨이나 염산이 분해되는 것을 전기 분해(electrolysis) 또는 전해라고 한며, 그 물질을 전해질(electrolyte)이라 한다.

염화나드륨은 양진기를 띤 나드륨(Na^+)이온과 음전기를 띤 염소 이온(Cl^-)이 하나 건너씩 규칙적으로 모여 입체적인 결정격자를 이룬다.

이 염화나트륨 덩어리를 물에 용해시키면 나트륨 이온과 염소 이온이 차례차례로 결정의 표면으로부터 떨어져나가 물속으로 녹아 들어가며, 이처럼 물속으로 녹아 들어간 나트륨 이온과 염소 이온은 자유롭게 움직일 수 있는 상태로 된다.

염화나트륨의 결정을 800℃이상으로 가열하면 염화나트륨의 결정격자가 부서지면서 용융되며, 이 때 염화나트륨이 용융되면 나트륨 이온이나 염소 이온이 각각 흩어져서 역시 자유롭게 움직일 수 있게 된다. 또 염화나트륨이 물에 녹아 전체가 균일하게 되는 현상을 용해(dissolution)라 한다. 여기서 물에 용해시킨 것을 수용액(aqueous solution)이라 하며, 녹는 염화나트륨은 용질(solute)이라 하고 녹이는 물질을 용매(solvent)라 한다.

소금 + 물 → 소금물
(용질) (용매) (수용액)

그러나 알코올이나 설탕을 용해시킨 수용액은 전류를 통과시키지도 않고 분해되지도 않는다. 이러한 것은 비전해질(non electrolyte)이라 한다.

* 전해질 : NaCl, H_2SO_4, $AgNO_3$, NaOH 등(무기 화합물)
* 비전해질 : 설탕, 알코올 등(유기 화합물)

전해질은 수용액 중에서 그 일부분이 다음과 같이 전기적 성질을 가지고 음이온과 양이온으로 분리되는 것을 전리(electrolytic dissociation)라 한다.

전해질에 대해서 스웨덴의 아레니우스는 다음과 같은 이론을 발표했다.

① 전해질은 수용액에서 2부분으로 나누어진다.

② 나누어진 한 부분은 +극(양전기)를 띠고 다른 부분은 −극(음전기)를 띤다. 이처럼 전기를 띤 두 부분으로 나누어지는 것을 전리 또는 이온화라고 한다.

③ 이것들은 원자 또는 기(基)로 되고 전기의 양은 원자 또는 기의 원자가에 비례한다.

④ 한 부분이 갖는 전기량과 다른 부분이 갖는 전기량은 같고 용액 전체는 전기적으로 중성이다.

⑤ 전리로 인하여 생긴 전기를 띄우고 있는 입자를 이온(ion)이라 하는데 +전기를 띠는 것을 +이온(cation), −전기를 띠는 것을 −이온(anion)이라 하며, 이것을 아레니우스의 전리설이라 한다.

[2] 전리도와 활동도

전리 현상이 일어날 때에는 어느 때나 모든 분자가 이온으로 전리되는 것은 아니며, 일부분은 분자의 상태로 남아 있는 수도 있다.

염화나트륨(NaCl)이나 염화수소(HCl)는 수용액 중에서 거의 모두가 이온으로 전리되지만, 아세트산과 같은 물질은 일부분만 전리되고, 거의 대부분은 분자 상태로 있으면서 아세트산의 분자와 이온이 평행을 유지하는 데 이것을 이온식으로 나타내면 다음과 같다.

$$CH_3COOH \rightleftarrows H^+ + CH_3COO^-$$

위의 이온식은 이온으로 전리되지 않는 아세트산과 수소 이온(H^+) 및 아세트산 이온(CH_3COO^-)의 세 가지 용액이 균형을 이룬다는 뜻이다. 가역 반응을 나타내는 $\rightleftarrows$ 표시는 조건에 따라서 $CH_3COOH \rightarrow H^+ + CH_3COO^-$과 같이 아세트산이 수소 이온과 아세트산 이온으로 전리되기도 하고,

한편으로는 $H^+ + CH_3COO- \rightarrow CH_3COOH$와 같이 두 이온이 합쳐서 다시 아세트산으로 되기도 한다.

이처럼 탄산, 인산 등과 같은 물질의 수용액은 전기를 조금 밖에 통하지 못하므로 약전해질이라 하며, 염화나트륨, 염화수소 등과 같이 그 물질의 수용액이 전기를 잘 통하는 것을 강전해질이라 한다. 강전해질과 약전해질을 그 물질의 용매에 용해시켰을 때 그 물질이 녹아 전리되는 정도는 각각 다르고, 이때 이온으로 전리되는 비율을 전리도(degree of dissociation)라 하며, 전리도의 크기로서 전해질을 구별한다.

농도가 1㏖/ℓ 인 용액에서 전리도 $\alpha<0.01$이면 약전해질이고, $\alpha=0.01\sim0.1$이면 중간 전해

질이며, $\alpha > 0.1$이면 강전해질이다.

전리도는 물질의 종류에 따라 일정한 값을 유지하고 동일 물질이라도 온도와 용액의 농도에 따라 서로 달라진다. 전리도는 온도가 높을수록, 그리고 농도가 작을수록 커진다. 산과 알칼리의 전리도 값이 크다는 것은 그 산과 알칼리가 강하다는 것을 나타내며, 어떤 산이나 알칼리의 전리도 값이 다른 것에 비하여 작다는 것은 그 산이나 알칼리가 약하다는 것이다.

표 13.4는 0.1N 용액에서 산과 알칼리의 전리도를 나타낸 것이다.

전리도가 큰 강과 산, 강과 일길리라 하더라도 그 용액의 농도가 짙으면 양이온과 음이온이 가까이 있어 서로 끌어당기기 때문에, 이온의 운동이 이루어지지 않아 전기가 통하지 않으므로 이온으로 해리되지 않은 것과 동일한 결과를 가져오게 된다.

전리되어 생성된 이온은 그 둘레에 용매 분자를 끌어당겨 에너지 면에서 보면 일정한 상태로 된다. 이와 같은 현상을 용매화(solvation)라 하고, 특히 용매가 물일 경우는 이를 수화(hydration)라 한다.

전해질 수용액 속에 전리되어 있는 이온의 활동 능력을 활동도(activity)라 하는데, 일치되지만 용액의 농도가 진하면 활동도는 농도보다 작은 값을 나타낸다.

이런 경우 계산에 오차가 생기게 되므로, 농도에 1보다 작은 계수를 곱하여 실제 농도와 활동도가 일치하도록 하는데, 이때의 계수를 활동 계수(activity coefficient)라 한다.

다음 A, B 형태로 나타낼 수 있는 전해질 전리의 평행에 관한 설명이다.

A. B의 농도를 m, 전리하지 않은 농도를 [AB], 이온으로 된 농도를 각각 $[A^+]$ 및 $[B^-]$ 이라 하면, 평행 상태에서는 다음과 같은 관계가 이루어진다.

$$AB \rightleftarrows A^+ + B^-,\ [A^+][B^-]\ /\ [AB] = K$$

위의 식에서 K는 전리 상수이다.

전리도를 α로 나타내면 $[AB] = (1-\alpha) \cdot m$, $[A^+] = [B^-] = \alpha \cdot m$이므로 이것을 윗 식에 대입하면 다음과 같은 관계식이 이루어진다.

$$\alpha^2 \cdot m /(1-\alpha) = K$$

이것을 오스트발트의 희석율(Ostwald's dilution law)이라 하는데, 이식은 약전해질일 때는 좋으나, 강전해질의 수용액일 때에는 농도 대신 활동도를 사용한다.

[표 13.4] 각종 산 및 알칼리 0.1N 용액의 전리도(α) (15℃)

산 및 알칼리	이온식	전리도
염 산	$HCl \rightleftarrows H^+ + Cl^-$	0.9
질 산	$HNO_3 \rightleftarrows H^+ + NO_3^-$	0.9
황 산	$H_2SO_4 \rightleftarrows 2H^+ + SO_4^{2-}$	0.6
인 산	$H_3PO_4 \rightleftarrows 3H^+ + PO_4^{3-}$	0.1
아 세 트 산	$CH_3COOH \rightleftarrows H^+ + CH_3COO^-$	0.01
붕 산	$H_3BO_3 \rightleftarrows 3H^+ + BO_3^{3-}$	0.001
수산화나트륨	$NaOH \rightleftarrows Na^+ + OH^-$	0.9
수산화칼륨	$KOH \rightleftarrows K^+ + OH^-$	0.9
수산화바륨	$BaOH \rightleftarrows Ba^{2+} + 2OH^-$	0.8
수산화암모늄	$NH_4OH \rightleftarrows NH_4^+ + OH^-$	0.01

[3] 용액의 농도

어떤 물질이 용액 중에 포함되어 있는 용질의 질량을 농도(concentration)라고 하며 다음과 같이 분류한다.

1) 퍼센트 농도(percentage %): 용액 100g 중에 들어 있는 물질의 g 수에 %를 붙인 것이다.

퍼센트 농도 = (용질의 g 수 / 용매의 g 수 + 용질의 g 수) × 100

예를 들면 100g의 용액 중에 20g의 용질이 들어 있다면 이 용액의 농도는 20%가 된다. 이런 용액을 만들 때에는 물 80g과 용질 20g이 필요하게 된다. 물 100g에 염화나트륨 20g을 녹인 용액의 퍼센트 농도를 구하면 용액 100g에 들어있는 용질의 질량을 구한다. 용액의 질량은 100g + 20g = 120g이며, 120g의 용액에는 20g의 용질이 용해되어 있으므로 퍼센트 농도는 다음과 같이 계산한다.

$$120 : 20 = 100 : \chi = 16.67\%$$

이 용액의 퍼센트 농도는 16.67%가 된다.

2) 몰 농도(molarity, M): 용액 1 ℓ 중에 용해되어 있는 용질의 몰 수를 몰 농도라 한다.

몰 농도 = 용액 1 ℓ 에 녹은 용질의 g 수 / 용질의 분자량

예를 들면, 황산 1몰(98.08g)이 물에 용해되어 1 ℓ 의 용액을 만들었을 때 1몰 용액이라 하고 1M으로 표시한다.

수산화나트륨 4g이 용액 1 ℓ 에 녹아 있으면 수산화나트륨 1몰(40g)의 0.1에 해당하는 양으로 다음과 같이 구한다.

즉, 4/40 = 0.1M 용액이다.

3) 노르말 농도(normality, N): 용액 1 ℓ 중에 녹아 있는 용질의 그람 당량수를 나타내며 N 기호로 쓴다.

노르말 농도 = 용액 1 ℓ 중에 용질의 g 수 / 용질의 1g 당량

예를 들면 황산 1몰은 2그람 당량이므로 용액 1 ℓ 중에 황산 1몰(98.08g)이 녹아 있다면 이 용액을 2노르말 용액이라 하고 2N으로 표시한다.

수산화나트륨 1몰(40g)과 1g 당량은 같으므로 수산화나트륨 1몰이 1 ℓ 의 용액에 녹아 있다면 이 용액은 1N 용액이다. 이 때는 1M = 1N과 같다.

4) 몰랄 농도 (Molality, M): 용매 1,000g 중에 용해되어 있는 용질의 몰수로 나타낸다.

몰랄 농도 = 용매 1,000g 중에 용해된 용질의 질량 / 용질의 분자량

예를 들면 황산 1몰(98.08g)을 1,000g의 물에 녹인 용액은 1몰랄 용약이라 하며 1m 농도로 표시한다. 이 농도와 물 농도와의 차이를 보면 몰 농도는 용매의 단위가 1 ℓ 를 기준으로 하고, 몰랄 농도는 1,000g을 기준으로 하는 데서 비롯되는데 몰랄 농도의 주요한 장점은 온도에는 무관하다는 것이다.

[4] 산과 염기, 중화 반응 및 착염

1) 산과 염기

금속 원자와 치환할 수 있는 수소 원자를 갖는 화합물을 산이라 한다. 전리설에 따르면 산은 염산이나 황산같이 수용액 속에서 전리하여 수소 이온(H^+)을 내는 화합물을 말하는 실제로는 히드로늄 이온(H_3O^+)을 형성한다.

$$HCl + H_2O \rightarrow H_3O^+ + Cl^- \ (HCl \rightarrow H^+ + Cl^-)$$

염기를 물에 용해하면 수산 이온 (OH^-)을 만드는 화합물로서 수산화나트륨은 다음과 같이 수용액으로부터 처리한다.

$$NaOH \rightarrow Na^+ + OH^-$$

이처럼 전리된 수산 이온(OH^-)을 염기라 한다. 그러나 이온 결합성 염기인 NaOH와 $Ba(OH)_2$는 이미 결정에서 이온으로 존재하므로 이들의 이온화가 OH^-이온을 낸다고는 말할 수 없다. 그리고 산과 염기에 관하여 H^+이온과 OH^-이온의 유무에 관계없이 넓은 의미의 산과 염기의 정의가 필요하게 되어, 브뢴스테트(Brönsted)와 로우리(Lowry)는 새로운 산과 염기의 개념을 도입했다.

"산이란 양성자(H^+)를 다른 물질에게 주는 물질이며, 염기란 양성자를 받는 물질이다."

이것을 Brönsted-Lowry의 산-염기라고 한다. 아세트산과 암모니아의 이온화 과정을 생각해 보자.

$$\underset{\text{산}}{CH_3COOH} + \underset{\text{염기}}{H_2O} \rightleftarrows \underset{\text{염기}}{CH_3COO^-} + \underset{\text{산}}{H_3O^+}$$

$$\underset{\text{염기}}{NH_3} + \underset{\text{산}}{H_2O} \rightleftarrows \underset{\text{염기}}{OH^-} + \underset{\text{산}}{NH_4^+}$$

여기서 H_3O^+이온을 하이드로늄 이온(Hydronium ion)이라 부르며, 양성자가 몇 분자의 물에 수화되어 있다는 것을 나타낸 것이다.

Brönsted-Lowry의 산과 염기는 분자는 이온이 될 수 있으며, 실제로 수용액으로부터 이온화란 산이나 염기가 용매인 물 분자와 반응하여, 반대 전하를 가진 이온들은 내는 것에 불과하다.

앞의 두 예에서 H_2O분자는 상대 물질에 따라, 산도 되고 염기도 될 수 있는데, 이런 물질을 양쪽성 물질(amphiprotic substance)이라고 한다.

아레니우스의 산과 염기도 브뢴스테트-로우리의 그것에 해당된다. HCl 분자는 수용액에서 수화되었고, 다시 이온화되어 수화된 H^+이온과 Cl^-이온을 낸다고 확대해서 생각할 수 있다.

$$HCl(aq) \rightleftarrows H^+(aq) + Cl^-(aq)$$

$$CH_3COOH(aq) \rightleftarrows H^+(aq) + CH_3COO^-(aq)$$

여기서 (aq)는 몇 개의 물 분자를 표시하며, $H^+(aq)$는 히드로늄 이온에 해당한다. 따라서 이와 같은 반응식은 수용액에서 물 분자가 관여한다는 브뢴스테트-로우리의 산과 염기를 함께 포함하고 있다.

산과 염기의 세기는 일정한 농도의 산이 이온화하여 내놓는 H_3O^+이온 또는 $H^+(aq)$이온의 몰 농도가 클수록 강전해질이고, 강산이라고 말할 수 있다. 또 일정한 농도의 염기가 이온화하여 내놓는 OH^-이온 또는 $OH^-(aq)$이온의 몰 농도가 클수록 강전해질이고 강염기이다.

2) 중화 반응

산에 염기를 가하면 산의 성질이 없어진다. 이처럼, 산과 염기가 반응하여 염과 물이 생기는 반응을 중화 반응(neutralization reaction)이라고 한다.

$$\text{산} + \text{염기} \rightarrow \text{염} + \text{물}$$

$$HCl + NaOH \rightarrow NaCl + H_2O$$

$$H_2SO_4 + 2NaOH \rightarrow NaCl + H_2O$$

신과 염기는 산의 H^+이온 1개와 염기의 OH^-이온 1개가 1 : 1로 반응한다. H^+이온 1몰을 포함하는 산의 양을 그 산의 1당량이라 하고, OH^-이온 1몰을 포함하는 염기의 양을 그 염기의 1당량이라고 한다.

산과 염기는 각각 같은 당량씩 서로 반응하여 완전히 중화된다.

* 산의 1그램당량 = 산의 그램분자량/산 1분자에서 중화반응에 관여하는 H^+의 수
* 염기의 1그램당량 = 염기의 그램분자량/염기 1분자에서 중화 반응에 관여하는 OH^-의 수

한 물질의 당량에는 중화 반응에 따라 몇 가지의 경우가 있는데, NaOH와 H_2SO_4의 중화 반응에서 H_2SO_4의 당량은 두 가지가 있다. 즉, H_2SO_4의 H^+ 1몰과 2몰이 중화될 경우이다.

3) 착염

$Cu(NH_3)_4^{2+}$ 이온의 구조를 예를 들어 설명하면 다음과 같다.

이 구조에서 이온은 일정한 수의 분자가 금속 이온을 둘러싸서 일정한 입체적 구조를 가진 것인데 이것을 착이온이라 한다. 착이온을 이루는 금속을 중심 금속(central metal)이라 하며, 이것을 둘러싸고 있는 분자(또는 이온)는 비공유 전자쌍을 가지고 있는 것이 특징인데, 이것을 리간드(ligand)라고 한다. 그리고 착이온에서의 리간드의 수를 배위수(coordination number)라고 하며, 또 착이온을 포함하는 염을 착염이라 하고, 착염과 착이온을 포함하는 물질을 착물(complex compound)이라고 하다.

(예1)

황산구리와 시안화나트륨의 반응

$$CuSO_4 + 2NaCN \rightarrow CuCN\downarrow + Na_2SO_4 + CN^-$$

황산구리 시안화나트륨 시안화구리 황산나트륨 시안이온

시안화나트륨을 더 넣으면

(수용성)

$$CuCN + 2NaCN \rightarrow Na_2Cu(CN)_3 \rightleftarrows 2Na^+ + Cu(CN)_3^{2-}$$

착염 착이온

(예2)

황산구리와 암모니아수의 반응

$$CuSO_4 + 2NH_4OH \rightarrow Cu(OH)_2\downarrow + (NH_4)_2SO_4$$

암모니아수 침전 염

(수산화구리) (황산암모늄)

암모니아수를 더 넣으면

$$Cu(OH)_2 + 2NH_4^+ + NH_3 \rightarrow Cu(NH_3)_4^{2+} + 2H_2O$$

침전 (암모니아수 중의 암모늄 착이온 암모니아)(수용성)

4) 수소 이온 농도와 pH

물은 약전해질이기 때문에 물이 이온화하여 생긴 $[H^+]$와 $[OH^-]$는 매우 작다. 물에 염산을 소량 가하면 염산은 강전해질이므로 대부분이 이온화하여 공통 이온 효과의 결과 [OH-]은 더욱 감소된다.

$$H_2O \leftrightarrows H^+ + OH^-$$

$$HCl \leftrightarrows H^+ + Cl^-$$

(공통이온)

따라서, 물에 염산을 가한 용액은 산성 용액이다. 산성 용액이란 $[H^+]$가 $[OH^-]$보다 큰 상태이다. 즉,

산성 용액 : $[H^+] > [OH^-]$, $[H^+] > 10^{-7}M$, $[OH^-] < 10^{-7}M$

같은 방법으로, 물에 강전해질인 수산화나트륨을 소량 가하면, 수산화나트륨의 대부분이 이온화하기 때문에, 공통 이온 효과의 결과$[H^+]$가 감소된다.

$$H_2O \leftrightarrows H^+ + \boxed{OH^-}$$
$$NaOH \leftrightarrows Na^+ + \boxed{OH^-}$$

(공통이온)

따라서 물에 수산화나트륨을 가한 용액은 염기성 용액이다. 염기성 용액에서는 $[OH^-]$가 $[H^+]$보다 크다. 즉,

$$\text{염기성 용액} : [H^+] < [OH^-],\ [H^+] < 10^{-7}M,\ [OH^-] > 10^{-7}M$$

$[H^+]$는 보통 10의 몇 승의 꼴로 표시되어 비교하기가 매우 힘들다. 따라서 $[H^+]$의 크기를 간단히 표시하기 위하여 덴마크의 화학자 세에렌센(S.P.L. Soerensen)이 1909년 "수소 이온 농도의 역수의 상용 로그값"을 pH라는 수치를 만들어 이 수치로써 산 · 염기 및 그의 세기를 아는 척도로 쓰게 되었다.

$$[H^+] = 10^{-pH}$$
$$pH = -\log[H^+] = \log 1/[H^+]$$

만약, $[H^+] = a \times 10^{-b}M$이라면, $pH = b - \log a$가 된다.

마찬가지로, $[OH^-] = 10^{-pOH}$

$$pOH = -\log[OH^-] = \log 1/[OH^-]$$

따라서, 수용액에서는 다음 관계가 성립한다.

* 산 성 : $pH<7,\ pOH>7,\ pH + pOH = 14$
* 중 성 : $pH=7,\ pOH7,\ pH + pOH = 14$
* 염기성 : $pH>7,\ pOH<7,\ pH + pOH = 14$

[5] 완충 용액 (buffer solution)

어떤 용액에 산 또는 염기를 가했을 때 일어나는 수소 이온 농도의 변화를 작게 하는 작용을 하는 용액으로 pH를 일정하게 유지하거나 pH 측정의 비교 표준액으로 사용되며 그 반응을 아래와 같다.

일반적으로 약산인 HA와 강전해질인 NaA 혼합 용액인 수소 이온 농도를 살펴보면, HA는 약산이므로 $HA \rightleftarrows H^+ + A^-$와 같이 전리 평행이 이루어진다. 약산과 강전해질의 혼합 용액에 수소 이온은 다음과 같은 반응에 의하여 수소 이온이 제거된다.

$$H^+ + A^- \rightleftarrows HA$$

알칼리를 다음과 같은 반응에 의하여 수소 이온이 제거된다.

$$OH^- + HA \rightleftarrows A^- + H_2O$$

도금 작업의 예를 들면 니켈 도금액에서 완충제 역할을 하는 것은 붕산이다. 이러한 붕산을 첨가하면 도금액의 pH가 큰 변동이 없이 장기간 도금할 수 있는 잇점이 있다. 표 13.5는 각종 완충용액과 적용가능한 pH범위이다.

[표 13.5] 각종 완충 용액 및 pH 범위

완 충 용 액 의 조 성	pH 범 위
프탈산 + 프탈산칼륨	2.2 ~ 3.8
아세트산 + 아세트산나트륨	3.7 ~ 5.6
인산이수소나트륨 + 인산일수소나트륨	5.8 ~ 8.0
붕산 + 붕사($Na_2B_4O_7 \cdot 10H_2O$)	6.8 ~ 9.2
붕산 + 수산화나트륨	9.2 ~ 11.0

13.3.3 전기화학 반응

[1] 금속의 이온화 경향

금속 원자가 전자를 잃고 금속 이온으로 되려는 성질을 금속의 이온화 경향이라 한다. 이온으로 되기 쉬운 금속은 이온화 경향이 큰 것이고, 이온으로 되기 어려운 금속은 이온화 경향이 작은 것이다.

중요한 금속의 이온화 경향을 대(大) → 소(小)의 순으로 배열하면 다음과 같다.

K, Na, Ca, Mg, Al, Zn, Fe, Ni, Sn, Pb, (H), Cu, Hg, Ag, Pt, Au.

大← →小

수소는 금속은 아니지만, 양이온으로 되기 때문에 이 이온화 계열에 넣는다. 이처럼 금속을 이온화 경향의 대소에 따라 배열한 것을 금속의 이온화 계열 또는 전기화학적 계열(electrochemical series)이라 한다.

[2] 금속의 이온화 경향과 화학적 성질

이온화 경향이 큰 금속을 작은 금속의 염의 수용액에 넣으면 이온화 경향이 큰 금속은 이온으로 되어 녹아 들어가고 작은 금속의 이온은 금속으로 되어 석출한다.

예) 황산구리의 수용액에 아연을 넣으면 아연이 녹아 이온으로 되고 구리가 아연의 표면에 석출된다. 이 때 Cu^{2+} 이온이 감소하므로 용액의 청색이 점차 없어진다.

$$Cu^{2+} + Zn \rightarrow Cu + Zn^{2+}$$

이 변화는 다음의 두 단계의 변화로 나눌 수 있다.

$$Zn \rightarrow Zn^{2+} + 2e^{-} \qquad Cu^{2+} + 2e^{-} \rightarrow Cu$$

[3] 산화와 환원

황산구리의 수용액에 아연판을 담갔을 때의 반응에서 전자가 어떻게 작용하였는지에 대하여 살펴보기로 한다. 아연판을 황산구리 용액에 담갔을 때 아연 이온으로 되었다는 것은 전자가 아연으로부터 떨어져 나갔다는 것을 말한다.

$$Zn \rightarrow Zn^{2+} + 2e^{-}$$

한편, 황산구리 용액 속의 구리 이온은 이 전자를 받아들임으로써 구리 이온이 가지고 있던 정전하가 중화되어 금속 구리로 된다.

$$Cu^{2+} + 2e^{-} \rightarrow Cu$$

즉, 전자는 금속 아연으로부터 구리 이온을 거쳐 금속 구리로 이동한 것과 같다. 일반적으로 전자를 받아들이고자 하는 경향이 있는 물질을 전자 친화력이 크다고 하며, 반대로 전자를 내보내고 스스로는 이온으로 되기 쉬운 물질을 전자 친화력이 작다고 한다. 그러므로 이온화 경향이 큰 것은 전자 친화력이 작고 이온화 경향을 산화성 및 환원성과도 관계가 있다. 어떤 물질이 산소와 결합하거나 수소 화합물이 수소를 잃는 현상을 산화라고 하고, 산화물이 산소를 잃는 현상을 환원이라 한다.

$$2Cu + O_2 \rightarrow 2CuO \text{ (구리의 산화)}$$

$$N_2 + 3H_2 \rightarrow 2NH_3 \text{ (질소의 환원)}$$

그러나 산소나 수소가 반응에 관여하지 않는 상황에서의 산화·환원은 위의 개념을 확장하여 산화수(oxidation number)의 변화나 전자의 이동으로써 산화·환원을 정의한다.

예를 들면, HNO_3에서 N의 산화수를 χ라 하면 H = 1, O = −2이므로, $1 \times 1 + \chi + (-2) \times 3 = 0$, 따라서 N의 산화수는 +5이다.

산화수가 증가하는 반응을 산화 반응이라 하고, 산화수가 감소하는 반응을 환원 반응이라고 한다.

+2 ··········· 산화 ··· +3

$$2FeCl_2 + Cl_2 \rightarrow 2FeCl_3$$

0 ··· 환원 ··· −1

+2 ···············환원 ··· +1

$$2HgCl_2 + SnCl_2 \rightarrow Hg_2Cl_2 + SnCl_4$$

+2 ··· 산화 ········· +4

또 원자가 전자를 잃으면 산화되어 산화수는 증가하고, 전자를 얻으면 환원되어 산화수는 감소한다.

$$Fe^{2+} - e^- \rightarrow Fe^{3+} \text{ (산화)}$$

$$Cl + e^- \rightarrow Cl^- \text{ (환원)}$$

산화 반응과 환원 반응은 독립적으로 일어나는 것이 아니고, 항상 동시에 일어나며 이 때, 산화된 물질의 증가된 산화수는 환원된 물질의 감소된 산화수와 같다. 다시 말하면, 산화된 물질이 잃은 전자의 수와 환원된 물질이 얻은 전자의 수는 같다.

+3 ······ 환원 ······ +2

$$2FeCl_3 + SnCl_2 \rightarrow 2FeCl_2 + SnCl_4$$

+2 ··· 산화 ········· +4

이 반응에서 $SnCl_2$는 $FeCl_3$를 환원시키면서 자신은 산화되었고, $FeCl_3$는 $SnCl_2$를 산화시키면서 자신은 환원되었다. 즉, 위의 반응에서 $SnCl_2$와 같이 다른 물질을 환원시키고, 자신은 산화되는 물질을 환원제(reducing agent)라고 한다. 또 $SnCl_2$와 같이 다른 물질은 산화시키고, 자신은 환원되는 물질을 산화제라고 한다. 이처럼 산화와 환원은 수소와 산소를 주거나 받는 것뿐만 아니라, 전자를 주고받는 것으로도 정의할 수 있다.

한편 위에서 설명한 이온화 경향, 전자 친화력 환원성 및 산화성이라고 하는 것은 그 표현만이 다를 뿐 어느 것이나 같은 경향을 나타내고 있는 것으로서, 서로 평행 관계를 가지고 있으며, 이들의 관계는 표 13.6에 나타난 것과 같다.

[표 13.6] 이온화 경향, 전자 친화력, 환원성 및 산화성의 관계

이 온 화 경 향	크 다	작 다
전 자 친 화 력	작 다	크 다
환 원 성	크 다	작 다
산 화 성	작 다	크 다

13.3.4 전기분해

[1] 전류계 및 전압계의 사용 방법

전기 분해할 때, 정해진 조건에서 전기 분해를 하기 위해서는 전류와 전압의 크기 및 변화를 알아야 하며, 전해질 용액을 통하여 흐르는 전류의 양은 전류계(ammeter)로 측정하고, 전압의 크기는 전압계(volt meter)로 측정한다.

다음 전류계 및 전압계를 사용할 때 특히 유의하여야 할 몇 가지를 예로 들어 설명한다.

1) 전압계와 전류계의 연결

전압계와 전류계를 전해 탱크에 연결 할 때에는 틀리지 않도록 하여야 한다. 특히 직류일 때에는 계기의 단자에 (+) (−)의 기호 또는 빨강색과 검은색으로 극의 표시를 해 놓았으므로, 이를 확인한 다음에 연결하도록 한다.

그리고 전압계 및 전류계를 연결할 때에는 전압계는 회로에 병렬로 연결하고 전류계는 직렬로 연결한다. 또 전압계는 필요할 때에만 스위치를 넣거나 버튼을 누르고, 계기의 눈금을 읽은 다음 다시 끄도록 한다.

2) 직류용 계기의 사용

전기 분해에는 직류를 사용하므로, 계기도 직류용을 사용하여야 한다. 그 표시는 눈금이 있는 밑에 DC, 또는 —, =의 표시가 되어 있고, 교류용인 것에는 AC나 ~의 표시가 되어 있으며, ≃, ≅나 AC, DC의 표시가 있는 것은 직류 및 교류에 함께 사용할 수 있다는 것을 나타낸다.

3) 측정기와 계기

측정값에 알맞도록 계기를 골라야 한다. 예를 들면 2~3A의 전류를 측정할 때에는 그에 알맞은 5A까지의 눈금이 있는 계기를 사용하여야 한다. 만약 2A나 3A까지 측정할 수 있는 계기를 사용한다면 그 이상의 전류는 측정할 수 없으며, 또 계기에 무리를 주어 고장을 일으키기 쉽다. 반대로 용량이 큰 50A의 눈금이 있는 계기를 쓰면 정확한 값을 읽을 수가 없게 된다.

4) 정밀용 계기의 사용

전류의 전압을 재는 데에는 용도에 따라 정밀한 정도를 결정하여야 한다. 즉 같은 범위를 재는 계기일지라도 정밀하게 잴 수 있는 것과 그렇지 못한 것이 있으며, 일반적으로 정밀용 계기의 눈금 밑에는 거울이 달려 있는데, 이때에는 바늘과 거울에 비친 바늘의 그림자가 일치될 때의 눈금을 읽는다.

5) 도선의 사용

전압계와 연결하는 도선은 가늘어도 상관없지만 전류계에 연결하는 것은 전류의 크기에 따라 알맞은 굵기의 것을 사용하여야 한다.

특히 전원에서 나온 선로와 도금조의 +, −극 봉을 부스 바(Bus bar)라고 하며, 이것은 전원으로부터의 전압 강하와 발열을 방지하기 위해 충분한 굵기를 갖도록 해야 한다.

6) 계기의 취급

계기는 안정하게 놓아서 움직이지 않도록 하여야 한다. 즉 계기를 다룰 때 함부로 하면 정확한 측정을 할 수 없을 뿐 아니라, 계기가 고장을 일으키기 쉽다.

[2] 패러데이 법칙(Faraday' s Law)

지금 3개의 비이커에 각각 소금물, 질산은 수용액, 황산니켈 수용액을 넣고 전기를 통하면 표 13.7과 같다.

[표 13.7] 양극·음극 부분의 생성물

수 용 액	양 극 부 근 의 생 성 물
염 화 나 트 륨	염소 (Cl_2)
질 산 은	산소(O_2), 질산(HNO_3)
황 산 니 켈	산소(O_2), 황산(H_2SO_4)

패러데이(Faraday)는 1833년 전기에 의해 두 극에서 생성물이 석출되는 것을 보고 다음의 두 가지 법칙을 발견했다.

① 전해질 수용액 중에서 전극에 석출되는 물질의 양은 통과한 전기량에 비례한다.

② 전기량이 일정하면 전해질 수용액에서 전극에 석출하는 물질의 양은 그 물질의 화학당량 (원자량 / 원자가)에 비례한다.

즉 1화학 당량 (원자량 / 원자가)을 석출시키는데 필요한 전기량은 1패럿(F ; farad)=96,500 쿨롱 (C ; Coulomb = 26.8Ah)이다. (1쿠울롱은 1A의 전류를 1초 동안 통과시킨 전기량을 말한다).

1F에 의해서 석출되는 양은

H_2 ··· 1g (묽은 산 중에서), O_2 ··· 8g (묽은 산 중에서) Cu ··· 31.8g ($CuSO_4$ 수용액에서), Ni ···29.3g ($NiSO_4$ 수용액에서)이다.

은은 1C의 전기량에 의해서 107.88 (은의 분자량) / 96,500 (1F의 전기량) = 0.001118g을 석출한다. 그러나 도금에서는 1C에 의한 석출량이 너무 적으므로 1Ah를 사용하는 것이 편리하다.

이처럼 임의의 물질이 1C 또는 1Ah의 전기량에 의해서 방전 또는 석출되는 이론적인 양 (g수)을 전기화학 당량이라고 하며, 전기량의 단위에 따라 각각 ㎎/C, g/Ah, g/F의 단위를 쓰고 있다.

$$\text{화학 당량} / 96{,}500\ (g) = (\text{화학 당량}) \times 0.010364\ (mg/C)$$

$$\text{화학 당량} / 26.8\ (g) = (\text{화학 당량}) \times 0.03731\ (g/Ah)$$

표 13.8은 도금의 두께를 시간에 따라 계산할 수 있도록 만든 것이다.

[표 13.8] 도금 종류와 조건에 따른 전기화학당량

원 소	기 호	원자량	원자가	비 중	㎎/C	g/Ah	g/F
구 리	Cu	63.54	(알칼리)1	8.93	0.6585	2.372	64.54
구 리	Cu	63.54	(산) 2	8.93	0.3293	1.186	31.77
니 켈	Ni	58.71	2	8.9	0.3041	1.095	29.355
크 롬	Cr	52.01	6	7.1	0.0899	0.324	8.67
아 연	Zn	65.38	2	7.13	0.3388	1.219	32.69

1) 전류 효율 (current efficiency)

도금에 사용된 전류의 몇 %가 실제로 도금에 소비되었는가를 나타내며 음극 전류 효율을 Eff_c, 양극 전류 효율을 Eff_a로 표시한다.

① 음극 전류 효율 : 음극에 석출된 도금량이 통과한 전기량, 즉 패러데이의 법칙에 따른 이론적 석출량의 몇 %인가를 나타내는 것을 말한다. 표 13.9는 음극전류효율의 예를 보여주며, 다음 식으로 구한다.

$$Eff_c(\%) = \text{도금량} / \text{이론 석출량} \times 100$$

② 양극 전류 효율 : 양극으로부터 양극판이 용해되는 금속량이 통과한 전기량에 대한 이론 용해량의 몇 %인가를 나타내는 것으로 다음과 같다.

* $Eff_a(\%) = \text{양극 용해량} / \text{이론 용해량} \times 100$

이 두 효율 사이에는 다음과 같은 관계가 있다.

* $Eff_c = Eff_a$: 오랜 시간 도금을 하여도 액의 금속분의 변화가 없다.
* $Eff_c > Eff_a$: 양극 용해보다 도금량이 많으므로 액 속의 금속분이 점차 희박해진다. 예) 니켈 도금
* $Eff_c < Eff_a$: 음극에 석출(도금)량이 양극 용해보다 적으므로 액의 금속분이 점차 많아진다. 예) 알칼리 아연 도금

[표 13.9] 금속 석출의 Eff_c의 예

도 금 액	Eff_c	도 금 액	Eff_c
구리 (산성 도금액)	95～100%	니켈 도금액	90～98%
구리(알칼리 도금액)	로셀액 50～60%	은(알칼리 도금액)	100%
아연 (산성 도금액)	광택액 100%	크롬 (플루오르화물)	13～25%
아연(알칼리 도금액)	95～100%	Au (알칼리 도금액)	100%
주석(산성 도금액)	70～80%	Au (산성 도금액)	30～60%
주석(알칼리 도금액)	60～100%	크롬 (Sargent액)	13%

2) 전류밀도 (current density; CD)

단위 면적에 흐르는 전류의 세기를 말한다. 도금 작업에서 편의상 $1cm^2$(또는 dm^2)의 면적에 대한 전류의 세기를 나타내며, A/cm^2로 표시한다.

예) 전류밀도 $1A/dm^2$… $1dm^2$당 1A의 전류를 흘릴 때

따라서 전류밀도가 크면 같은 시간에도 두꺼운 도금이 된다. 양극과 음극의 면적이 다른 경우, 각 전류밀도는 다르다. 이 때 음극 전류밀도를 DK, 양극 전류밀도를 DA로 표시한다. 일반적으로 전류밀도라 하면 DK의 경우를 말하여 그대로 CD로도 나타낸다.

13.3.5 전기의 기초

[1] 전기의 단위와 법칙

1) 전류, 전압 및 저항의 단위

전류, 전압 및 저항의 단위는 표 13.10과 같다.

[표 13.10] 전류, 전압 및 저항의 단위

	기 호	명 칭	단 위	비 고
전 류	I	암페어	A	1/1,000A = mA (밀리 암페어)
전 압	E	볼 트	V	1/1,000V = mV (밀리 볼트)
저 항	R	오 옴	Ω	1 × 106Ω = MΩ (메가 오옴)
전 력		와 트	W	(I × E) (1,000W = kW)

2) 오옴의 법칙

전류, 전압 및 저항의 관계를 나타낸 것을 오옴의 법칙 (Ohm's law)이라고 한다.

$$E = I \times R \text{ 또는 } I = E / R,\ R = E / I \quad (\text{전압} = \text{전류} \times \text{저항})$$

위에서와 같이 전류는 전압이 높을수록 많이 흐르고 (비례 관계), 저항이 클수록 잘 흐르지 않는다(반비례 관계).

또한, 도체의 저항을 도선의 길이에 비례하고, 그 단면적에 반비례한다. 따라서 철사, 구리선 등은 길이가 길수록 저항이 크고 굵을수록 작다. 이것을 식으로 나타내면 다음과 같다.

$$R = K \times \ell / S$$

여기서, R : 저항 (Ω)

K : 길이 1m 각 물질에 따라 고유의 값을 가진 굵기 $1mm^2$의 저항 값

ℓ : 선의 길이

S : 선의 면적 (단면적 : mm^2)

3) 직렬과 병렬

저항은 직렬로 연결했을 때는 각 저항의 총합의 전체 저항 값이 된다. 또 저항을 병렬로 연결했을 때는 각 선의 전류는 각 저항에 반비례한다.

직렬인 경우 : $R = R_1 + R_2 + R_3 + \cdots\cdots$

병렬인 경우 : $1/R = 1/R_1 + 1/R_2 + 1/R_3 + \cdots\cdots$

여기서, R : 전체 저항 값, R_1, R_2, R_3 : 각각의 저항 값.

따라서 직렬에서는 각 선에 동일한 전류 I가 흐르고, 병렬에서는 I_1, I_2, I_3 만큼씩 각각 분산되어 흐른다.

[2] 전기도금의 회로

1) 전기 회로

도금할 경우 전원에서 나온 전류는 도금조를 통하여 다시 전원으로 들어온다. 이처럼 전류가 한 바퀴 도는 길을 전기 회로라고 한다.

2) 부스 바 (bus bar)

전원에서 나온 선로와 도금조의 +, −극봉을 부스 바라고 하며, 이것은 전원으로 부터의 전압 강하와 발열을 방지하기 위해서 충분한 굵기와 접촉 면적을 갖도록 해야 한다.

표 13.11은 구리선의 부스 바에 안전 전류 (소정 전류에 대한 충분한 굵기)를 나타낸 것이다.

[표 13.11] 구리선의 부스 바의 지름에 따른 안전 전류

전 류	구 리 선 의 지름
	mm
200	12.5
300	15.6
450	19.05
600	22.22
800	25.4
1,250	31.75
1,800	37.50

3) 전원의 접촉

도금용 전원(정류기 등)은 한 개의 도금조에 한 개의 전원을 연결시키는 것을 원칙으로 하나, 보통 한 개의 전원에 여러 개의 도금조를 배치하려 할 때도 있다.

저항을 붙인 후의 전압 강하는 다음과 같다.

$$\text{전압 강하} = V4 - V\chi$$
$$= I(R + r)$$

여기서 V4 : 전원 전압

$V\chi$: 임의적인 도금조의 전압

I : 전원 전류계에 나타난 전류

R : 조저항기의 저항

r : 선로의 저항

이때의 전력 손실은 다음과 같고 W' 만큼의 전력 낭비를 가져오게 된다.

$$W' = (V4 - V\chi) \times I$$

4) 걸이(rack)의 굵기

걸이는 전류를 충분히 흐르게 하도록 할 수 있는 굵기로 하고, 접촉면도 크게 해 주어야 한다. 또 금속 재료에 따라서 저항이 각각 다르므로, 표 13.12처럼 같은 전류에도 굵기를 상이하게 해야 한다.

[표 13.12] 걸이에 흘릴 수 있는 전류값 (A)

지 름	선 일 경 우 (A)					굵기	4각일 경우 (A)				
지 름	구리선	철 사	알루미늄 선	티타늄 선	황동선	크기 (㎜)	구 리	철	알 루 미 늄	티 탄	황 동
1.0	1.2	0.2	0.7	0.3	0.29	3×6	31	4	19	6	8
1.2	1.6	0.3	1.0	0.4	0.41	3×12.5	62	8	38	12	16
1.6	3.6	0.5	1.9	0.6	0.79	3×25	125	15	76	25	31
2.0	5.0	0.8	3.0	1.0	1.2	3×50	250	31	153	50	63
2.6	9.0	1.5	4.8	1.6	2.0	6×50	500	62	305	100	125
3.2	12.0	2.0	7.5	2.5	3.1	6×75	750	93	457	150	187
4.0	20.0	3.2	11.0	3.6	4.5	6×100	1,000	124	610	200	250

[3] 직류와 교류

1) 직류와 교류의 정의

전지에서 전류가 흐르는 것과 같이 전류의 방향이 항상 일정한 전류를 직류 (DC)라 하며, 전등이나 라디오에 사용되는 전류는 교번 전류 (간단하게 교류 : AC)로 +, −의 구별이 없고, +와 −가 교대로 규칙적으로 변하며, 1초 동안에 +, −가 서로 교대되는 횟수를 주파수 사이클(cycle) 또는 헬츠(Hz : Hertz)라고 한다.

우리나라에서는 모든 교류가 60Hz이며, 외국에서는 50Hz를 사용하는 데도 있다.

2) 전기 용어와 기호

표 13.13에 전기 용어와 그 기호에 대하여 요약하였다.

[표 13.13] 전기 용어와 그 기호

양	의 미	기 호	단 위	단위의 기호	법 칙 및 공 식
전압	전위의 차 또는 전기의 크기	E, e	볼트 킬로볼트 밀리볼트	V kV mV	오옴의 법칙 E=IR
전류	전기의 흐름 또는 전기의 크기	I, i	암페어 밀리암페어	A mA	오옴의 법칙 I=E/R
저항	전기의 흐름을 방해하는 것	R, r	오옴 메가 오옴(10^6) 마이크로 오옴(10^{-6})	Ω MΩ μΩ	직렬 $R=R_1+R_2+R_3\cdots$ 병렬 $1/R=1/R_1+1/R_2\cdots$
전류량 (전기량)	전류×시간	Q, q	쿨롱(Coulomb) 암페어시 패러데이(Faraday)	C Ah F	패러데이의 법칙 1Ah=3,600C, Q=It 1F=96,500C
전류밀도	단위 면적에 통하는 전류의 크기	D_K, D_A, C.D	암페어/평방 데시미터 암페어/평방피트	A/dm^2 A/ft^2	$1A/dm^2 ≒ 10A/ft^2$
전력	단위 시간의 전기의 양	P, p	와트 킬로와트	W kW	HP(마력의 단위), $P=EI=I^2R$ 1HP≒750W
전력량	전기의 일의 양, 전기 에너지의 양	W	줄 와트시 킬로와트시	J(Joule) Wh (kWh)	$W=Pt=EIt=EQ=I^2Rt$ 1J=0.24W (주울의 법칙)$=0.24I^2Rt$

3) 직류 전원

도금 공장에서 직류 전원으로서 직류 발전기, 금속 정류기, 변압 정류기 등이 사용되어 왔으나, 오늘날에는 주로 금속 정류기가 사용되고 있다.

정류기는 셀렌(Se), 게르마늄(Ge), 실리콘(Si)의 정류체로서 정류 작용을 하도록 되어 있으며 어느 것이나 정류 원리는 동일하다. 우리나라의 도금 공장에서는 가격이나 사용이 편리하여 실리콘 정류기를 많이 사용하고 있다. 그것은 반도체를 이용한 것으로서 셀렌 정류 소자 각 층의 두께는 표 13.14와 같다.

[표 13.14] 셀렌 정류 소자의 각 층의 두께

층 별	두 께 (㎜)
기 판	1.0
표면처리층	0.0001
셀 렌 층	0.1 - 0.01
정 류 층	0.001
합 금 층	0.1

기판은 철판 또는 알루미늄 판으로 되어 냉각·방열판의 역할을 겸하고 있으며, 이것을 표면 처리한 위에 셀렌을 융착시키고 다시 납이나 납 합금을 압착 또는 흡착한 것이다. 반도체(셀렌)와 금속(합금층)이 극히 얇은 절연판(정류층)으로 서로 간격을 두었을 때 셀렌에서 합금 층으로 전류가 흐르고 반대 방향은 저항이 매우 커서 전류가 흐르지 않게 되어 정류가 된다. 또한, 최근에는 정전류, 정전류밀도, 정전압 정류기가 자동 도금장치에 사용되고 있다. 정류 소자의 작용을 그림으로 표현하면 물이 흐르는 것과 같으며 오른쪽 방향으로는 물(또는 전류)이 잘 흐르지만 반대 방향으로는 물(또는 전류)이 흐르지 못한다.

최근 SCR(Silicon Controlled Rectifier) 정류기가 많이 사용되며 실리콘 정류 소자에 게이트(gate)를 만들어서 음극에서 두 번째인 P에 게이트를 붙여 전류를 그림 13.1과 같이 조절한다. 즉, SCR은 반도체인 개폐 소자이며, 게이트 회로에 미소한 전류를 주기만 해도 전류 제어가 되고, 전해 탈지나 구리 도금 등에 극성을 주기적으로 변화시키는 PR법 등에도 무접점으로 극성 변화 장치가 될 수 있다.

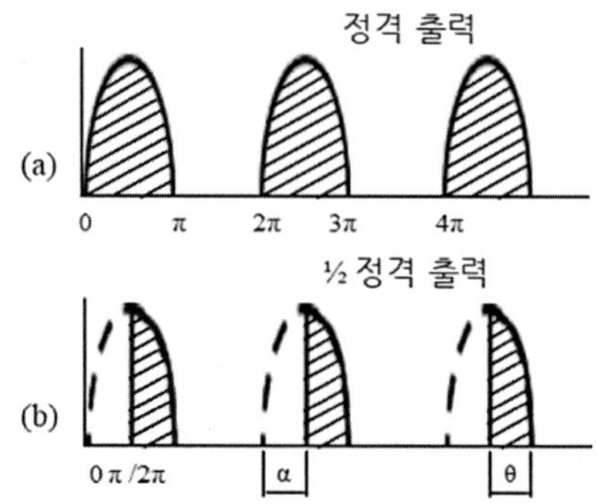

그림 13.1 단상 반파 정류회로와 SCR재출력 반파

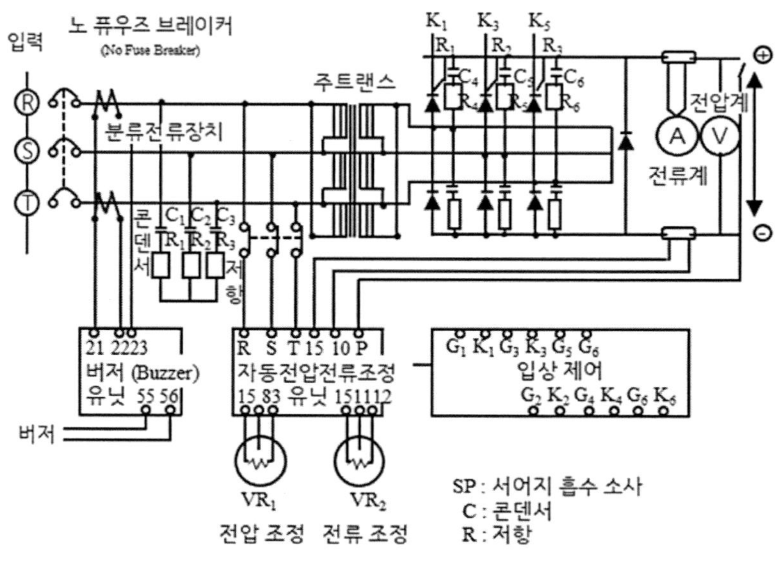

그림 13.2 단상 반파 SCR 정류기의 배선도

그림 13.2에서 게이트의 작용은 그림 13.3, 그림 13.4와 같으며, G(게이트에 해당)에서 물이 흐르지 않을 때는 밸브 J1이나 J2가 다 같이 닫혀서 A와 C에서도 물(또는 전류)은 흐르지 않는다.

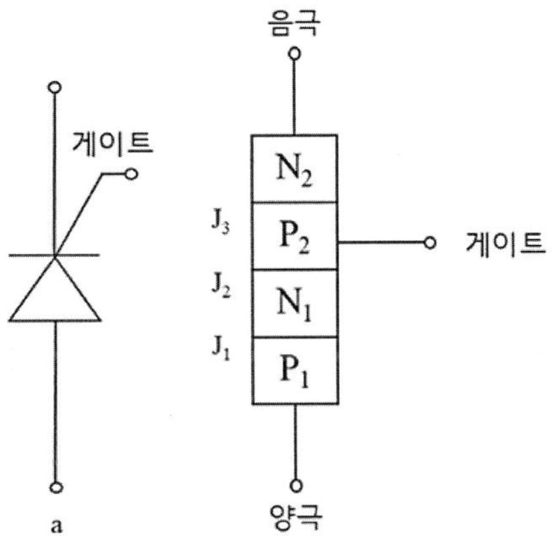

그림 13.3 SCR의 정류 소자와 게이트 연결

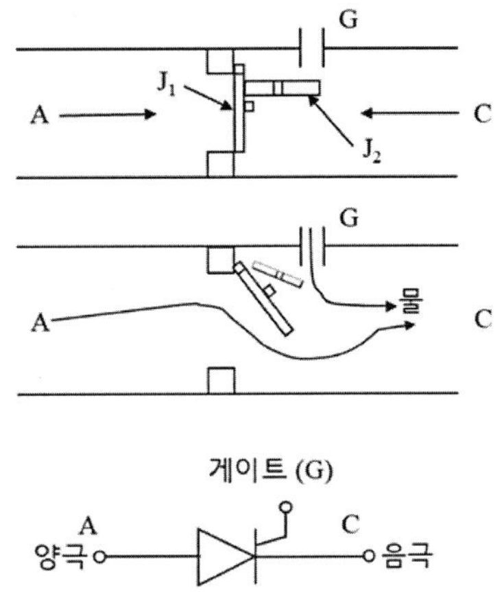

그림 13.4 SCR의 작동모형

그러나 G로부터 C를 향해 소량의 물을 흘리면 그림 13.4 가운데 그림과 같이 밸브 J2가 밀려서 열리고, 동시에 J1도 열리게 되어 물은 A로부터 C로 흐르게 되며, G의 물의 양에 따라 A→C에 흐르는 물의 양도 다르다. 그러나 이 때 C→A방향으로는 물이 흐르지 못한다.

즉, SCR의 게이트는 파이프 G에 해당하며 작은 게이트 입력으로 큰 힘을 제어시킬 수가 있다. 예를 들어 400A–2,500V의 SCR은 2.5V–400mA의 게이트 전력으로 제어할 수 있으므로 제어 전력비는 10^{-8}배 적게 든다.

그림 13.5에서 P형 정류 소자는 (b)형과 같이 4가인 Si에 3가인 In의 불순물이 극소량 들어 있다. 이때 전자가 한 개 부족하여 전자 구멍 (正孔)이 생기고, N형 정류 소자는 (a)와 같이 Si에 5가의 As극소량이 첨가되면 한 개가 과잉 자유 전자로 되어 정공과 과잉 전자가 서로 순간적으로 위치를 교대하기 때문에 전류가 흐르게 된다. 즉, N(negative)형은 전자를 줄 수 있는 것(donor)이며, P(positive)형은 구멍에 전자를 받아들일 수 있는 것(acceptor)이다.

이러한 P와 N을 P형 쪽에 +가 되도록 전압을 걸면, P형 중의 정공은 −에 끌려서 N형 중으로 들어가며, N형 중의 전자는 +에 끌려서 P형 중으로 들어가게 되어 많은 전류가 흐르게 된다. 그러나 반대로 P형에 −가 되도록 전압을 걸면 N형 중의 전자는 +로, P형 중의 정공(正孔)은 −로 끌려서 어느 것이나 전자와 정공의 공급이 중단되어 전류가 흐를 수 없게 된다. 따라서 한 쪽 전압(P가 +인 전압)에서만 전류가 흐른다.

전류 방식은 입력측이 단상인가 3상인가의 결선 방식에 따라 그림 13.5와 같이 표시한다.

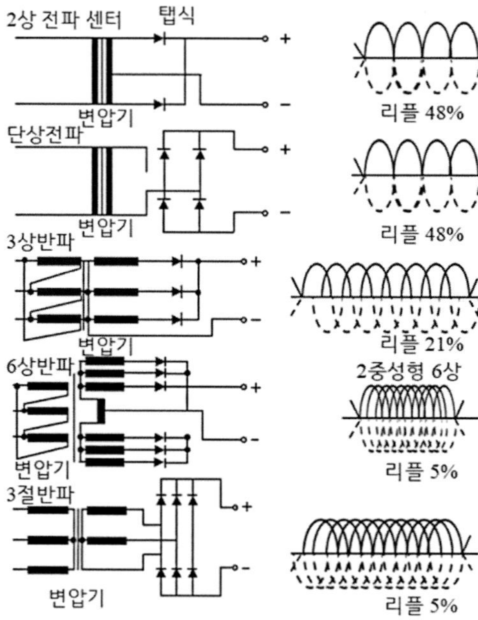

그림 13.5 금속정류 파형

전류 파형이 도금에 미치는 영향을 크며, 대체로 알칼리나 황산구리 도금 등에서는 단상반파가 광택이 많아지고, 광택 니켈 등에서는 광택 범위가 상당히 좁아져서 좋지 않다. 또한 크롬 도금에서도 단상반파는 피복력이 대단히 좋지 않으므로 특히 광택 니켈 도금과 크롬 도금에서는 3상 반파 이상을 사용해야 한다.

금속 정류기는 직류 발전기와는 달리 동작 부분이 없으며, 조용하고 설치에 기초가 필요없고 능률이 오르므로 현재 도금 공정에서는 대부분 이것을 사용하고 있다.

13.3.6 전극 반응

[1] 분해 전압과 과전압

1) 분해 전압

도금액 중에 전기를 흘려서 소정의 금속을 석출하게 하여 도금하려면, 전류밀도에서 말한 바와 같이 조 전압을 걸어 주어야 한다. 이 전압은 도금액의 종류에 따라 다르다. 도금액에 0V에서 조금씩 전압을 올리면 처음에는 전류가 거의 흐르지 않다가 어느 정도의 전압에 이르면 약간의 전압 상승으로도 급격히 전류가 많이 흐르기 시작하는 점이 나타나는데, 이 점을 분해 전압이라고 한다.

이 분해 전압은 금속이나 금속염 수용액의 종류에 따라 다르며, 전극에 따라서도 다르다. 예를 들어 $NiSO_4$의 분해 전압은 표 13.15와 같이 2.09V이다. 이것은 니켈 양극과 니켈 도금 음극이 아니고 백금 판으로서 양극을 사용할 경우 양극에는 산소가 음극에는 니켈 금속이 석출하는 데 필요한 전압이며, 이 전압으로서 백금

[표 13.15] 분해 전압(1N 액, 백금 양·음극판)

전 해 액	분 해 전 압 (V)	전 해 액	분 해 전 압 (V)
시안화 구리	1.5	황 산 구 리	1.49
황 산 니 켈	2.09	황 산	1.67
염 화 니 켈	1.85	수산화나트륨	1.69
황 산 아 연	2.35	질 산 은	0.70
크 롬 산	2.8		

양극에 산소, 백금 음극에 니켈이 석출하는데 필요한 이론적인 최소 진입(진기 분해, 즉 양극·음극의 단극 전위) E_r와 전해액에 전기 저항을 이겨서 전류를 흘러야 할 전압 E_{ohm}과 저항 이외의 과전압 등에 의한 필요 전압 E_{ir}을 이겨 나가야 비로소 전류가 흐르게 된다.

따라서 분해 전압 E_Z는

$$E_Z = E_r + E_{ohm} + E_{ir}$$

로서 나타낸다. 그러나 니켈 양극과 철, 황동 및 니켈 도금된 음극을 사용할 때는 물론 분해 전압이 약간 다르다.

보통 도금에서는 분해 전압 부근에서 도금하는 것이 좋으나, 고속도 도금에서는 이 분해 전압보다 훨씬 높은 전압으로 도금하고 있으며, 용액 내를 이처럼 높은 전압으로 도금하면 이온화 경향이 도금 금속보다 큰 것도 동시에 석출(분해 전압 이하이면 도금할 금속보다 이온화 경향이 작은 것만 동시에 석출함)되며, 음극 부근의 도금액 중의 금속분이 감소되어 가고, 수소 발생이 많아져서 피트가 생기므로 도금액 중의 불순 금속의 제거, 액 중에 양극 금속 용해 촉진 성분(염화니켈 등) 가입, 양극 면적의 증대와 용해가 용이한 상태의 양극 등을 사용해야 한다. 예를 들면 니켈의 경우는 전해 니켈 판을 사용할 것이 아니고 소극(dipolarized) 니켈봉 또는 동전형의 S니켈 등을 사용하거나 음극 진동, 공기 교반 및 피트 방지제 사용 등으로 액 관리를 적절히 하여 결함이 없는 도금을 해야 한다.

불순 금속을 제거하는 방법으로는 파형 전극으로 약전해(弱電解)를 하는데, 이것으로 오목 부분에는 약한 전류에서 이온화 경향이 작은 구리, 납 등일 석출하게 되고, 볼록 부분에는 높은 전류밀도에서 이온화 경향이 큰 아연, 철 등이 석출된다.

2) 과전압

분해 전압은 동일한 금속염 용액에 있어서도 전극의 재질, 전극면의 평활 상태, 온도, 전류밀도 등에 의해서 다르며, 이론적 석출의 최소 전압보다 크다. 이 전압의 차이를 과전압이라고 하는데, 음극면의 수소 발생이 금속의 재질, 표면 상태 등에 의해서 석출 전압이 달라지는 것을 수소 과전압이라 하고, 양극면의 산소가 발생할 경우의 석출 전압 차이를 산소 과전압이라고 한다.

과전압은 전극 면이 좋지 않고 온도가 높을수록, 또 전류밀도가 작을수록 작다. 표 13.16은 각 금속을 음극으로 했을 때의 수소 과전압과 양극으로 했을 때의 산소 과전압을 나타낸 것이다.

[표 13.16] 음・양극에서의 과전압 (25℃)

전 극 재 질	수 소 과 전 압	산 소 과 전 압
백금(흑표면)	0.00	0.24
백금(평활면)	0.09	0.44
철(NaOH액)	0.08	0.24
니켈(평활면)	0.21	0.12
구 리	0.23	0.25
납	0.64	0.30
아 연	0.70	–

[2] 분극 및 국부 전지

묽은 황산에 아연판과 구리판을 담근 다음 양쪽 전극 사이를 구리줄로 접속하고, 그 사이에 작은 전구를 달면 전구에 약한 불이 켜지는데 이것으로써 전류가 흐르고 있다는 것을 알 수 있다.

이 때, 아연 대산 이온화 경향이 작은 철을 황산 용액에 담그면 전구의 불은 더욱 약해진다. 아연을 전극으로 사용하였을 때라도 한참 있으면 전구의 불이 꺼지는데 이때, 구리 전극을 잘 관찰하면 작은 기포 방울(bubble)이 표면에 많이 붙어 있는 것을 볼 수 있으며, 이 거품을 제거하면 전구에 불이 다시 켜진다.

볼타 전지의 (－)극에서는 다음과 같은 반응이 일어난다.

$$Zn = Zn^{2+} + 2e^{-}$$

또, (＋)극에서는 구리판의 표면에서 다음과 같은 반응이 일어난다.

$$2H^{+} + 2e^{-} = H_2$$

이때, 구리판의 전극과 황산 용액의 경계면에서 생긴 수소 이온이 도선을 통하여 온 전자를 받아 중화하여 수소 가스로 되어서 그 표면에 붙어 있기 때문에 전류가 통하기 어렵게 된다. 그뿐 아니라, 수소는 전자를 버리고 수소 이온이 되어 반대 방향의 기전력을 가지려고 하기 때문에 전류가 점점 약해지는데, 이와 같은 현상을 분극 현상(polarization)이라 한다. 그리고 이와 같은 분극 현상을 일으키는 수소를 산소와 화합시킴으로써 이 분극을 없애주는 것을 감극(또는 소극)이라 한다.

만약 이때 아연 전극에 철이 들어 있을 때에는 아연이 (－)극, 철이 (＋)극, 그리고 묽은 황산 용액을 전해액으로 하나의 전지가 이루어지는데, 아연과 철이 접촉되어 그대로 전류가 통하면서 철의 표면에 수소가 발생한다.

이처럼 부분적으로 생기는 전지를 국부 전지(local cell)라 한다. 여기서 생기는 국부 전류는 전지의 기전력에는 조금도 도움을 주지 못하고 아연을 녹일 정도이며 금속을 부식시키는 요인이 된다.

이처럼 쓸모없는 자체 방전은 전지의 기전력을 약하게 만들므로, 전극으로 사용하는 아연은 순수한 것을 사용해야 하며, 묽은 황산 중에 구리 및 니켈 이온 등의 불순물이 섞여 있을 때에도 이들 이온이 아연의 표면에 석출되어 국부 전지를 이루기 때문에 해로운 결과를 가져온다.

13.3.7 단극 전위

[1] 단극의 평형 전위

지금까지는 전지의 기전력이나 분해 전압, 과전압 및 전해 전압을 하나의 반응계로 묶어 전압을 다루었는데, 전기화학 반응의 반응계는 (＋)극과 (－)극이 조합된 계이므로, 이를 구체적으로 다룰 때에는 (＋)극과 (－)극을 다시 나누어 다루는 것이 바람직하다.

일반적으로, 단극에 전류가 흐르지 않을 때의 전위를 단극(또는 전극)의 평형 전위라 한다. 즉 평형 전위란 단극을 이루는 두 상 사이의 계면의 전위가 평형 전위인 E의 값을 가지고 있는 동안에 아무런 변화도 일어나지 않을 뿐만 아니라 가역적임을 뜻하는 것이다.

금속의 접촉 전위차가 그 금속의 일(work) 함수의 차가 되도록 가장 간단한 단극의 계, 즉 금속과 전해질 용액을 조합한 계에 있어서도, 금속 M속의 금속이온 (M^+)과 용액 속의 금속 이온(M^+)과의 화학 전위(chemical potential)의 차에 따라서 단극 전위가 생긴다.

다시 말하면, 금속 M을 그 금속 이온(M^+)이 함유되어 있는 용액 속에 담그면 화학 전위의 차에 의하여 큰 쪽으로부터 작은 쪽으로 금속 이온이 이동하여, 금속과 용액의 계면에 전기 이중층이 생성된다.

이 이중층의 전위차에 의하여 금속 이온의 이동은 제한을 받아, 결국 일정한 전위차 $\triangle\varnothing$의 값을 가지는 이중층일 때만 평형을 이루게 된다. 그러면 $\triangle\varnothing$ 값은 단극의 평형 전위(차) E와 같게 된다.

단극 전위 E의 부호에 대해서는 금속 쪽이 용액 쪽보다 높은 전위를 갖는 때를 양(+)으로 하는 것을 원칙으로 하고 전위의 크기는 열역학에 의하여 다음과 같이 나타낼 수 있는데, 이 식을 네른스트(Nernst)의 식이라 한다.

$$E = Eo + \frac{RT}{nF} ln\alpha$$

여기서, E는 전극 전위, R은 기체 상수, T는 절대 온도, F는 패러데이 값, n은 이온 값, a는 이온의 활동도를 나타내며, E°는 금속이온의 활동도 a가 1일 때의 값으로 이것을 표준 단극 전위(standard electrode potential)라 한다.

단극 전위 E도 전지의 기전력의 경우와 마찬가지로 (−)극 반응이나 (+)극 반응의 자유 에너지의 변화량 △G에 대하여 같은 관계가 있다.

$$M^{n+} + ne^- \rightarrow M$$

$$X + ne^- \rightarrow X^{n-}$$

즉, 위의 식과 같이 전자를 고정시키는 쪽의 왼쪽에 놓았을 때 그 반응의 자유 에너지의 감소량 −△G(왼쪽 값에서 오른쪽 값을 뺀 것)와 단극 전이 E와의 사이에 다음 식과 같은 관계가 열역학적으로 이루어진다.

$$E = -\triangle G/nF$$

여기에서, 단극 전위 E의 값이 양(+)으로 큰 값을 가진다는 것은 −△G가 크다는 것을 나타내므로, 금속 M쪽이 금속 이온 (M^{n+})보다 안정 상태로서, 전자를 받아들이기 쉬운 상태, 즉 전자 친화력이 크다는 것을 의미한다. 바꾸어 말하면, 금속의 이온화 경향이 작다는 것을 뜻한다.

그런데, 단극 하나만으로는 전위 측정을 할 수 없기 때문에 단극 전위를 이미 알고 있는 다른 하나의 단극과 조합하여 전지를 만든 다음 그 기전력을 측정하여 구한다.

여기에, 이미 단극 전위를 알고 있으며, 그 기준이 되는 전극을 기준 전극 또는 보조 전극이라 부른다.

실제 측정에 있어서는 전지의 기전력의 경우와 똑같이 단극 전위를 측정하거나 단극과 기준 전극과를 전기적으로 연락하고자 할 때에는 염다리(salt bridge)와 중간 용액(혹은, 완충용액=buffer solution)을 사용한다.

중간 용액이나 염의 다리를 사용하는 것은 용액이 섞이는 것을 방지하고, 만약 섞이더라도 그 영향이 적게 미치도록 하기 위한 것이다. 이때 염의 다리의 앞 끝은 기름종이로 메우든지 용액 그 자체를 젤라틴 등으로 굳히는 때도 있다.

단극 전위의 값을 구할 때 척도는 약속에 의하여 표준 수소 전극을 온도에 관계없이 0V로 규정하고, 이보다 이온화 경향이 큰 금속에 대한 전위 값에는 －를 붙이고, 작은 것에 대해서는 ＋를 붙인다.

표 13.17은 여러 가지 전기화학 반응계의 표준단극전위 E°의 25℃에서의 값을 나타낸 것이다.

[표 13.17] 표준단극전위차 (E°, 25℃)

이	K/K^{+}	－2.92	Cd/Cd^{2+}	－0.40	Cu/Cu^{2+}	＋0.52	이
온	Ca/Ca^{+}	－2.81	Ni/Ni^{2+}	－0.23	Ag/Ag^{+}	＋0.79	온
화	Na/Na^{+}	－2.71	Sn/Sn^{2+}	－0.14	Pb/Pb^{4+}	＋0.8	화
경	Al/Al^{3+}	－1.69	Pb/Pb^{2+}	－0.12	Au/Au^{3+}	＋1.4	경
향	Zn/Zn^{2+}	－0.76	H_2/H^{2+}	±0.00	Au/Au^{+}	＋1.7	향
大	Cr/Cr^{3+}	－0.50	Sb/Sb^{3+}	＋0.10			小
↑	Fe/Fe^{2+}	－0.44	Cu/Cu^{2+}	＋0.34			↓

[2] 기준 전극, 유리 전극과 이온 전극

1) 수소 전극

수소 전극(hydrogen electrode)은 기체 전극의 하나이며 수소 이온을 함유하는 용액에 백금을 붙인 전극을 담그고, 그 표면에 수소 가스를 보내어 접촉시킨 것이다.

즉, 수소 이온의 활동도가 $\alpha H+$인 용액에 백금 전극을 담그고 여기에서 p H_2 atm의 수소 가스를 통하여준 전극에서 백금을 촉매로 하여 기체 속의 수소 (H_2)와 용액 속의 수소 이온 (H^+)이 평행을 유지한다.

이때의 평형 전위 $E_{H2/H+}$는 다음과 같이 나타낼 수 있다.

$$E_{H2/H+} = E° + \frac{RT}{2F} ln \frac{(a_H)^2}{pH_2}$$

윗 식에서 p_{H2}가 1atm이고 α_{H+}의 값이 1일 때는 표준 수소 전극 전위로 되며, 앞에서 설명한 바와 같이 온도에 관계없이 0V이다.

수소 전극은 수소 이온(H^+)에 대하여 가역적으로 작용하는 것으로서, 특히 측정할 때 그 기준이 되는 전극으로 중요하다.

2) 칼로멜 전극

수소 전극은 평형에 이르는 데 시간이 걸리고 장치가 복잡하기 때문에 실제적으로는 칼로멜 전극(calomel electrode)이 많이 사용되며, 칼로멜 전극은 그 사용이 목적에 따라 여러 가지 모양의 것이 만들어지고 있다.

칼로멜 전극은 수은과 염화제일수은을 포화시킨 염화칼륨 용액을 놓은 것이다.

이 때 사용하는 염화칼륨의 농도는 0.1N, 1N 및 포화 용액을 사용한다.

이 전극은 α_{Cl-}에 대하여 가역적인 전극이며, 염화제일수은의 용해도가 작고 또 온도에 대한 전위가 일정하다는 것에 바탕을 둔 것이다.

특히 포화 염화제일수은 전극은 산소가 녹아 있는 상태에서도 전위의 안정성이 좋으며, 액간 기전력을 작게 하는데 유효하므로 널리 사용되지만, 온도의 변동이 생겼을 때에 평형전위에 이르는 시간이 오래 걸리는 것이 결점이다.

보통 염화제일수은 전극의 25℃에서의 전위는 수소 전극을 기준 전극으로 하였을 때 다음과 같다.

0.1 N 염화제일수은 전극 : 0.3337 V

1 N 염화 제일수은 전극 : 0.2801 V

포화 염화 제일수은 전극 : 0.2444 V

3) 유리 전극과 이온 전극

같은 용매에 용해시킨, 성분이 다른 두 용액이 같은 온도, 같은 압력에서 막으로 나뉘어 있을 때, 이 막이 모든 용질을 자유롭게 통과시킨다면, 어느 정도 시간이 지난 다음 확산에 의하여 전체가 동일 성분으로 되어 평형에 도달하게 된다.

그러나 막이 어느 용질만을 통과시킬 때, 즉 선택 투과성을 가질 때에는, 자유롭게 통과할 수 있는 용질은 막의 양쪽에서 농도가 고르게 될 때까지 확산하지 않고 있다가 어느 정도의 비율이 되면 평형에 이르게 된다. 이것을 도넌의 막평형(membrane equilibrium)이라 하며, 유리 전극(glass electrode)은 이 막 전위를 응용한 것이다. 이것은 두께 0.025mm 정도의 얇은 유리 막을 사이에 두고 pH가 다른 두 용액을 접촉시켰을 때에 발행하는 막 전위를 이용한 것이다.

다시 말하면, 수소 이온과 수산 이온이 유리의 얇은 막 속에 용해되지만, 수소 이온만이 선택적으로 투과되는 하나의 반투막으로 되기 때문에 수소 이온에 대한 가역 전극이 된다.

유리 전극을 사용하여 다음과 같은 전지를 꾸민다. 칼로멜 전극 | 0.1M HCl | 유리막 | 피검액 | 염다리 | 칼로멜 전극이 전지의 기전력 E_X와 pH와는 다음과 같은 관계가 이루어진다.

$$E_X = Eg + \alpha\frac{2.303RT}{F}\cdot pH$$

여기서, Eg는 유리막의 안쪽과 바깥쪽에 생기는 전위차, 즉 부제 전위(un-symmetry potential, 유리 전극의 안팎에 같은 용액을 넣었을 때, 유리막의 안팎에서 생기는 전위차. 유리 전극으로 용액의 수소 이온 농도를 잴 때 쓰는 개념임)를 말하며, α는 유리의 조성, 제조 조건 등에 따라 달라지는 상수로서 대략 1이 된다.

위의 식에서 보면 E_X와 pH는 직선 관계를 나타내는데, 실제로는 pH = 2~11의 사이에서만 적용되며 pH값이 이보다 클 때에는 참 pH값보다 작은 값을 나타내고, 또 pH 값이 대단히 작을 때에는 참 pH값보다 너무 큰 값을 나타내는데, 앞의 경우를 알칼리 오차, 뒤의 경우를 산 오차라 한다. 따라서 이들의 오차를 되도록 줄이기 위하여 실제로 사용하는 유리 전극에 쓰이는 유리 조성의 한 예를 들면, 산화리튬(Li_2O) 25%, 산화바륨(BaO) 8%, 이산화규소(SiO_2)

67%로 이루어진 것이 있다.

유리 전극은 용액 속에 산화제나 환원제가 들어 있어도 관계없으며, 황화수소나 비소화합물, 시안화칼륨 등이 있을 때에도 사용할 수 있다.

특히 유리 전극을 써서 pH값을 바로 읽을 수 있도록 만든 장치를 유리 전극 pH 미터라 하는데, 이 pH 미터는 검사액의 양이 적어도 되는 이점과 함께 측정 시간이 짧은 특징을 가지고 있으므로 실험실에서뿐만 아니라 공업적으로도 널리 쓰이고 있다.

그러나 용매가 물이 아니거나 유리에 흡착되는 콜로이드 용액 및 산성 플루오르화물 속에서는 사용할 수 없다. pH값의 측정 방법은 유리 전극과 기준 전극으로 칼로멜 전극을 이어 하나의 전지를 꾸민 다음 그 전지의 기전력을 측정한다. 이때의 전위차는 pH값의 차와 비례 관계가 있으므로 유리 전극 안의 용액은 pH값을 잘 알고 있는 완충 용액을 넣어 두도록 한다.

한편, 유리 전극이 용액 속의 수소 이온 농도(수소 이온의 활동도)에 따라 어느 막 전위를 가지는 것을 이용하여 용액의 pH값을 측정한 것과 마찬가지로, 수소 이온 이외의 이온, 즉 나트륨 이온, 칼륨 이온, 염소 이온 및 시안화이온 등의 활동도를 각각 측정 할 수 있는 전극이 개발되었다.

이들 전극을 이온 전극(ion selective electrode)이라 하는데, 막 모양의 소자(elemental device)로 이루어 졌다. 측정 원리는 이온의 농도에 따라 소자의 표면에서 일어나는 반응을 이용하여 전위를 측정하여 구한다.

막 모양의 소자는 얇은 유리 막, 용해도가 작은 금속 염류의 막 및 이온 교환체 등의 세 가지 종류로 나눌 수 있다. 얇은 유리 막을 사용한 이온 전극으로 측정할 수 있는 이온의 종류는 나트륨 이온을 비롯하여 알칼리 금속 이온 및 암모늄 이온 등이고, 금속 염류를 사용하여 측정할 수 있는 것은 시안화이온, 할로겐 이온, 황 이온, 은 이온 등이며, 이온 교환체를 사용한 이온 전극은 질산 이온, 염소 이온, 구리 이온, 칼슘 이온, 염소산 이온 등이다.

이들 이온 전극을 사용할 때에는 온도, pH 및 함께 들어 있는 이온 등의 영향을 미리 고려하여야 한다.

13.4 전기도금 설비 및 전처리

13.4.1 전기도금 설비 개요

전기도금의 설비는 처음부터 목적에 따라 규모 있고 능률적인 것이라야 하며, 이 설비를 불완전하게 설계하면 아무리 좋은 도금 기술을 가지고 있다 하여도 비능률적임은 물론, 도에 결함이 생겨 불량품의 비율을 증가시켜주는 결과가 된다. 따라서 도금액의 조건을 고려하여 완전한 실비를 갖추어야 비로소 양질의 도금과 최고의 능률을 낼 수 있다. 도금할 재료의 크기와 수량에 따라서 도금 방법을 결정하고 또 수량과 공정에 따라 자동 또는 반자동식 도금 장치를 선정하게 된다.

[1] 작업 환경

도금 공장은 도금실과 연마실로 크게 나누며 모두 격리되어야만 한다. 공장 내부의 채광은 여러 가지 방법으로 하고, 환기, 악취, 가스, 습기 등을 제거해야 한다. 특히 연마실은 제진 설비를 갖추고 또 도금공장은 보통 기계 공장과 달리 화공 약품을 사용하기 때문에 내약품성과 내식성을 고려해야 한다. 사용 약품은 강산성과 강알칼리성으로 내약품성과 내식성을 고려하고 바닥은 잘 견딜 수 있는 것이어야 한다.

1) 공장의 위치 및 설치

공장입지 조건은 교통편이 좋고 주된, 발주 공장 또는 업자와의 연락이 용이하고, 전력과 노동력을 얻기 쉬우며 용수가 풍부하고, 배수, 배기가 좋은 공업 지대가 좋다. 특히 새로 도금 공장을 설치할 때는 공장의 크기, 장치의 작업성 적응성과 도금 가공품의 종류 형상을 충분히 살핀 뒤 알맞는 공정을 선정하여 설치하여야 한다.

2) 공장의 구조

① 외부로부터 먼지의 혼입을 방지하는 구조이어야 한다. 먼지가 도금액에 들어가면 여과 효력을 감소시켜 도금 후의 광택에 영향을 준다.

② 연마 작업 때의 먼지, 도금액 등에서 발생하는 수증기의 유해 가스는 곧바로 배출해야 한다.

③ 건물의 내부 구조는 습기, 약품에 대한 적응을 고려하고, 노출된 금속 재료에는 충분한 도장 처리를 한다.

④ 천장은 수증기가 응축이 되지 않도록 한다.

⑤ 검사를 용이하게 하기 위해서 각 공정에 충분한 채광 또는 조명을 고려한다. 특히 백열전구는 붉은 색을 띠고 있어서 니켈과 크롬의 색을 구별하기 곤란하므로 햇빛과 같은 색도를 갖는 형광등, 수은등을 사용한다.

⑥ 건물 높이는 수동식의 경우에는 도금조 깊이의 3배 이상, 자동식의 경우 4～5배 이상으로 한다.

⑦ 전원은 습기 및 부식성 가스에 침식되기 쉬우므로 따로 설치해서 원격 조작을 하는 것이 좋다.

⑧ 도금 공장의 지상 구조 기초는 콘크리트이며, 그 두께는 도금조의 중량 등에 의해서 결정된다. 수동적인 경우, 10～20cm 이상이면 좋으며 배수를 위한 지상의 경로는 1m에 대해 1.6～2cm를 기준으로 한다. 특히 콘크리트는 내식성이 좋지 않으므로 그 위에 아스팔트를 깔면 좋다.

3) 공장의 위치와 설비

공장의 위치가 주택, 상업 지대에 있을 경우에는 전력의 확보가 어려울 뿐 아니라 폐수, 소음, 배기에 신경을 써야 하며, 농업 · 어업 지대의 경우는 폐수 처리를 잘해야 하므로 공장 지대로 옮겨야 한다. 또한, 공장 설치 장소에 있어서의 용수량과 수질 등 용수 문제도 중요하다.

4) 채광 및 조명

공장 안은 능률적이 작업을 위해 적당한 명도를 유지해야 한다(표 13.18).

[표 13.18] 공장 내의 필요한 명도

부 분 별	소요한 명도
수세, 화장실	25～50Lx
도금실, 사무실	50～100Lx
연마실, 검사실, 실험실	100～200Lx

[2] 설비 및 배치

도금용 설비를 자동식으로 하느냐, 수동식으로 하느냐는 다음 사항에 의해서 결정된다.

① 도금의 종류와 그 규격이 단일하며 가공 제품의 치수와 재료가 일정하고, 수량이 많을 때는 자동 방식을 택한다.

② 다른 조건은 ①과 같은 것이라도 규격이 일정하지 않다든지 도금 이외의 처리 조건이 여러 부분으로 되어 있을 때는 반자동 방식을 택한다.
③ 제품의 치수가 다르거나 재료가 다른 것이 많고 수량이 적고, 도금의 종류가 많을 때는 수동 방식을 택한다.

1) 도금 탱크

(1) 철 탱크

알칼리성 도금액에 적합하며 철판은 측면이 2～3mm, 밑면이 3～4mm의 두께가 필요하다. 철 탱크는 용접 부분과 전기의 통전에 유의해야 한다.

(2) 라이닝된 철 탱크

철 탱크는 알칼리성 도금조 외에는 사용하기 곤란하고, 누설 전류 때문에 탱크 및 스팀 파이프 등이 침식될 우려가 있으므로 도금액에 적합한 라이닝을 해서 사용한다.

(3)고무 라이닝 탱크

무기산에 대해 안정하나 산화성의 크롬산, 질산 및 진한 황산에는 저항력이 없다. 연질고무는 60℃ 이하에서 사용 가능하며 광택 니켈 도금액 등에는 고무 중의 유기물이 녹아 구름낀 도금이 되기 쉽다. 경질 고무는 유기 용제에 의한 부풀음도 적고 산화성 산에 잘 견디며 100℃까지도 사용할 수 있다.

(4) 비닐 라이닝 탱크

약품이나 산화성 액에 강하지만 60℃ 이상이 되면 연화 현상이 생겨서 내약품성이 저하된다. 3mm이상의 비닐을 사용하면 반영구적이며, 뜨거운 공기로 용접해서 사용한다.

(5) 폴리에틸렌 수지 탱크

접착부가 없고, 평활하며, 밀착력이 강한 피막을 얻는 동시에 내약품성, 전기 절연성에도 우수하다.

(6) 납 라이닝 탱크

질산, 염산을 제외한 산성 도금액용으로 사용되고 있다. 특히 크롬도금, 황산에 의한 알루미늄 양극 산화, 황산아연 도금, 황산구리 도금에 널리 사용되고 있다. 납의 순도가 높은 것을 사용하도록 하고, 3～5mm의 두께로서 호올 등의 철 탱크가 부식되지 않도록 하며 용접도 주의해서 해야 한다.

2) 도금 설비의 부대설비

(1) 가열 설비

탱크의 가열은 연탄이나 중탕, 오일 버너로 사용하기도 한다. 그러나 가장 좋은 방법은 전기 히터나 납관, 철관, 티타늄관, 니켈관, 합성수지로 피복한 철관, 스테인리스강관, 탄소관 등을 사용하여 증기로써 탱크 측면 또는 밑면에 파이프를 설치하여 가열하는 것이 이상적이며, 전기 가열기는 보호관으로서 위의 증기용 관과 같은 재료를 사용할 수 있다. 또한 표 13.19처럼 보호관의 재질에 따라서 도금액에 수증기 열의 전달도 다르다.

(2) 배기 설비

배기 시설은 건강 보호를 위하여 반드시 필요하다. 산세나 크롬 도금, 알루마이트피막 탱크 등의 가스 발생을 가스 방지제 등으로 감소시켜서 작업장의 공기를 깨끗하게 해 주어야 한다.

[표 13.19] 증기 가열관리 재질

도 금 액	가 열 관 재 질
산성 도금액	탄소관, 티타늄관이나 석영관
알칼리성 도금액	철관, 스테인리스강 관
크롬 도금액	납관, 석영관

(3) 건조 설비

도금 후에는 신속하게 표면에 부착된 수분을 제거해야 하는데, 그대로 두면 표면에서 물방울이 남아 있어 얼룩이 생기게 된다. 특히 구리, 니켈, 아연 카드뮴, 금, 은, 구리 합금 등의 도금에 있어서는 변색이 되기 쉽기 때문에 최종 건조가 제품의 외관을 좌우하게 되므로 주의해야 한다.

① 톱밥에 의한 건조 … 현재 많이 사용되는 방법이지만 사용상에 많은 주의가 필요하다. 톱밥 중 소나무 톱밥 등은 수지분이 많고 건조 후에 반점이 생기므로 사용하지 않는 것이 좋고, 단풍나무, 도장 나무 등 경질 목재의 톱밥이 수지분이 없어서 적합하다.
② 원심 분리기에 의한 건조 … 주로 소형물을 취급하는 공장에서 주로 채택하고 있다. 원심 분리기는 러너의 하부에 날개를 붙이면 러너의 회전과 동시에 날개가 회전하면서 공기를 상부의 뚜껑으로부터 흡입하게 하여, 뚜껑에 붙어 있는 전열 가열 코일로 공기를 가열하

여 하부의 물건을 빨리 건조시킨 것이 좋다.

③ 건조기에 의한 방법 … 각형 또는 원형 건조실을 만들어 열풍, 연탄, 전열선, 적외선 램프, 중유 등으로 건조하는 방법이다. 이때 연탄가스나 과열에 의한 변색에 주의해야 한다.

[3] 도금 용수 및 폐수 처리

1) 도금 용수

도금액은 도금 공장에서 가장 중요하며 순도가 높은 약품이나 순수한 물을 사용하는 등의 액 관리가 필요하다.

(1) 수질

수질은 각 지방에 따라 다르며, 특히, 지하수는 표 13.20에서 보는 것과 같이 여러 물질을 함유하고 있다. 수돗물도 수도관에서 금속 불순물인 철, 납, 아연 등이 용해되어 나오고 있으며, 살균 과성에서 염소를 사용하고 있기 때문에 산성이어서 pH를 변화시킬 위험성도 있다. 지하수에는 현탁 고형물이 있어 도금 광택을 감소시키며, 거친 면이 되기 쉬우므로 제거해야 한다. 물에 많이 존재하는 칼륨은 니켈액 중에서 황산칼슘으로 침전하며, 마그네슘은 광택 구리용액에서 과잉 존재하면 도금을 거칠게 한다. 물의 염분은 은을 불용성 침전물로 만들므로 해롭고, 탄산가스는 알칼리 액 중에서는 탄산염을 생성하므로 양이 많아질 경우 좋지 않다. 물을 단순히 끓이기만 하여도 단물이 되는 센물을 일시 센물이라고 한다. 이것은 마그네슘이나 칼슘이 산성 탄산염으로서 물에 녹아 있을 때이며 끓이면 다음과 같이 칼슘이나 마그네슘의 염이 침전한다.

$$Ca(HCO_3)_2 \rightarrow CaCO_3 + H_2O + CO_2$$

$$Mg(HCO_3)_2 \rightarrow MgCO_3 + H_2O + CO_2$$

[표 13.20] 수질의 분류

용해고용물		현탁교용물	기체
칼슘	탄소염	오물	이산화탄소
마그네슘	중탄산염	녹과 유기물	산소
나트륨	황산염	무기질 콜로이드	질소
칼륨	질산염		염소
구리	염화염		
철	망간		
납	유기질 및 이의 염		

2) 도금액 성분의 역할

일반적으로 전기도금 용액의 조성은 복잡한데, 공통적인 성분을 들어 보면 다음과 같다.

① 도금하려고 하는 금속을 함유하는 염류
② 도금 용액의 전도성을 늘려주는 전해질
③ 양극의 용해를 도와주는 물질
④ 도금 용액의 pH를 조절하는 완충제
⑤ 도금된 금속 피막의 결정 상태를 좋게 해주는 첨가제

두 종류 이상의 약품을 넣어 여러 가지 역할을 나타내며 사용 약품은 주성분과 부성분으로 나눈다.

(1) 주성분

도금액 내에 도금을 하려는 금속 이온을 넣고 전류를 통하면 음극 부근에 금속 이온이 석출하고, 양극이 금속은 녹아서 확산에 의해 음극 부근으로 금속 이온을 공급해 준다. 전기에 의한 금속 이온의 이동 속도는 대단히 느리므로 주로 음극의 금속 이온 공급은 확산에 의한다. 도금액의 주성분은 다음 조건이 필요하다.

① 도금하고자 하는 금속의 수용액일 것
② 가격이 싼 금속일 것
③ 용해도가 높을 것
④ 공기 중이나 수용액 중에서 도금에 변질이 되지 않을 것

(2) 부성분

흔히 사용되는 것은 표 13.21과 같다.

[표 13.21] 도금액 부성분의 역할

부성분의 역할	시 안 화 구 리 액	광 택 니 켈 액
-pH를 조정, 유지한다.	수산화칼륨, 수산화나트륨	황산, 탄산니켈, 붕산
-액의 전도도를 높인다.	수산화칼슘, 수산화나트륨	황산, 염화니켈
-양극의 용해를 좋게 한다.	시안화나트륨, 로셀염	염화니켈
-도금액의 불순물제거	활성탄	활성탄(불순물 제거)
-광택 평활성을 좋게 한다.	로단칼륨, 광택제, 납염	부틴디올, 사카린, 광택제
-도금면의 피트방지	습윤제 (피트방지제)	습윤제 (피트방지제)

3) 도금액의 정화 방법

도금액의 여과는 꼭 필요한 것으로 광택 도금은 여과가 광택의 성과 여부를 좌우하는 중요한 요소의 하나이다. 여과에 의해서 제거되는 것은 불용성 고형입자 용액 중에 있는 부유 물질이다.

간접적으로 여과를 필요로 하는 것은 유기 물질을 활성탄으로 흡수시켜 여과 제거하며, 피트 방지와 고속 도금을 할 때에 공기교반이 가능해진다. 여과기가 없으면, 공기 교반으로 침전물이 부유해서 조잡한 도금면, 광택 불량, 피트가 많은 도금면, 밀착이 불량한 도금면 등의 결함이 생기므로 고형 입자나 부유물을 제거하여야 한다.

(1) 여과기 (filter)

여과기는 알칼리성, 산성에 따라 재질을 구별해서 사용해야 한다.

① 연속 여과 … 도금 작업 중에 연속적으로 여과하는 방법이며 1시간에 전액량을 3～5회 여과할 수 있는 용량이면 충분하다. 여과의 치밀도 No.5C 여과지를 통과한 액을 100으로 하고 듀보스크(Duvoscq) 비탁계로서 80～85의 청액도이면 도금 품질에는 지장이 없다고 보고 있다. 이 방법을 필요로 하는 액은 광택 시안화구리액, 광택니켈액 등이다.

② 정기여과 … 주1회 또는 월 2～3회 정기적으로 일정 시간 여과하는 방법이며 이 방법에 좋은 액은 스트라이크 구리액, 시안화아연액, 산성 아연액 등이다.

③ 정기 치환 여과 … 연속 여과를 한다고 해도 일부의 불순물이 계속 남아 있을 수도 있으므로 보조 탱크에 도금액을 옮겨 여과해서 도금 탱크에 다시 옮기는 것을 말하며 유기물이 있을 때 활성탄 처리를 할 때도 이 방법에 의하여 하는 것이 좋다. 크롬 도금액이나 전해 연마액 같은 것도 정기적으로 침전시켜서 제거하는 방법도 있다.

④ 여과포 … 도금액이 알칼리성 액이나 산성 액에 따라 포질(布質)이 다르다(표 13.22).

[표 13.22] 여과포와 사용 도금액

포 질	도 금 액 의 종 류
폴리프로피렌	광택 시안화구리, 산성 구리, 보통 니켈, 광택 니켈,
Saran fiber	광택 구리, 보통 니켈, 광택 니켈, 크롬, 산성 아연
나이론	광택 시안화구리, 광택 니켈, 시안화아연
면 포	광택 시안하구리, 보통 니켈

[4] 금속 불순물의 제거

도금액 속에 미량의 금속 불순물이 있으면 도금의 광택, 색 도금층의 물리적 성질, 밀착성 등이 나빠진다.

1) 약전해에 의한 방법

모든 도금액에 사용되는 것이 아니고 원칙적으로 도금하려는 금속의 석출 전압보다 낮은 전압으로 석출하는 금속만이 제거되도록 하는 것이다. 이때 파형 음극판을 사용하여 0.5A/dm^{2}의 낮은 전류밀도로 약전해를 하면 니켈 도금액 등과 같이 비교적 낮은 석출 전압을 가진 금속염 액에서는 니켈보다도 높은 전압으로 석출되는 금속분도 볼록, 부분에 석출되는 동시에 니켈분도 적은 양이나마 석출케 된다. 이처럼 파형 전극을 사용함으로써 구리, 아연, 철, 납 등의 불순물을 동시에 제거하는 유리한 접이 있다. 만일 아연 도금액과 같이 비교적 높은 석출 전압을 가진 도금액에서 아연의 석출을 방지하고, 낮은 전압에서 석출되는 금속을 제거하기 위해서는 0.2A/dm^{2}로 하는 것이 좋다. 니켈 도금액에서 구리분을 제거하고자 할 때는 0.3g/dm^{2}로 낮추고, 철이 불순 금속이라면 0.5A/dm^{2}에는 1～2V 전류면 충분하다.

2) 화학약품에 의한 방법

구리와 아연 불순물과 반응하여 침전 또는 해가 없는 이온(착이온)으로 만들어 활성탄에 흡수시켜 제거하는 방법이다.

[5] 폐수 처리

환경 보전법에는 폐수 배출 허용 기준에 있어 폐수에 대한 배출 교정을 정하고 있다. 도금 공장에서는 이에 준하여 적절한 폐수 처리를 해야 한다. 시안화물과 크롬산의 폐수는 유독하므로 분해되어 규정 이내로 무해무독하게 하여 버리도록 해야 한다. 도금탱크의 배열은 적절히 하여 배열하면 효과적이다.

폐수 처리 주성분과 그 처리 방법은 다음과 같다.

- 시안화 폐수 : 산화 처리
- 크롬산 폐수 : 환원 처리
- 산·알칼리 폐수 : 중화 처리
- 중금속 폐수 : 침전 처리

이 중 중금속 폐수는 다른 폐수 중에 혼입되어 있기 때문에 구별하기가 어려우므로 시안화물 크롬산, 산·알칼리의 세계통으로 구별하여 처리하며 다른 계통으로 혼입되지 않도록 한다.

1) 시안화물 폐수 처리

이 방법은 보통 알칼리 염소 처리를 하고 있으나 액이 농후할 때는 일단 전해 산화처리를 해서 어느 농도 이하로 만든 다음 알칼리 염소 처리를 할 때도 있다.

(1) 알칼리 염소 처리 ; 차아염소산나트륨(NaOCl), 아염소산나트륨($NaClO_2$) 표백분[$Ca(ClO)_2$] 등으로 처리하여 질소와 이산화탄소로 분해하여 무해, 무독하게 하는 방법이다.

제 1 단계 반응 ··· $NaCN + NaClO \rightarrow NaCNO + NaCl$

이 때 pH = 10～11 로 30～60 분간 반응시켜야 한다. pH가 낮을 때 맹독의 시안화염소가 생겨서 인체에 위험하다. 또 pH가 높으면 반응은 너무 느리게 된다.

제 1단계의 반응이 끝나면 pH를 8～9로 낮추고 다음 반응을 시킨다.

제 2단계 반응 ··· $2NaCNO + 3NaClO + H_2O \rightarrow 2CO_2 + N_2 + 2NaOH + 3NaCl$

이 반응은 30분에 완료된다. 그러나 pH를 너무 낮게 하면 염소분이 대기중으로 방출되는 경향이 있다. 표 13.23은 시안(CN^-)을 분해하는 데 필요한 산화제의 이론 필요량을 나타낸 것이다.

[표 13.23] 시안 1kg을 분해하는 데 필요한 산화제의 이론양(kg)

산 화 제	시안산까지 산화	CO_2, N_2까지 산화
Cl_2	2.73	6.83
HClO	2.00	5.00
NaOCl	2.85	7.15
$Ca(ClO)_2$	2.75	6.90

(2) 전해 산화 처리

① NaCl을 첨가하지 않을 때에는 전해에 의하여 양극에서 다음과 같이 반응이 된다.

제1단계 ··· $CN^- + 2OH^- \rightarrow CNO^- + H_2O + 2e$

제2단계 ··· $2CNO^- + 4OH^- \rightarrow 2CO_2 + N_2 + 2H_2O + 6e$

$CNO^- + 2H_2O \rightarrow NH_4^+ + CO_3^{2-}$

제 1단계에서 양극 산화되고, 제 2단계 반응이 되면서 질소와 이산화탄소가 생기고 이에 따라 가수 분해가 일어난다.

② NaCl을 첨가할 때에는 아주 묽은 시안화 폐수에 대해서 처리하며, 전류효율이 높고 시간도 단축되나 전극 소모가 많다.

$$2Cl^- \rightarrow Cl_2 + 2e$$

$$CN^- + Cl_2 + 2OH^- \rightarrow CNO^- + H_2O$$

$$2CNO^- + 3Cl_2 + 4OH^- \rightarrow 2CO_2 + N_2 + 6Cl^- + 2H_2O$$

13.4.2 연마처리

[1] 연마기의 종류와 연마 전처리

표 13.24와 표 13.25에 연마기의 표준치수를 요약하였다.

[표 13.24] 연마기의 표준 치수(I) (단위 :mm)

형식	전체의 길이	축의 지름	축의 거리	나사부 지금 허용한	나사의 길이	벨트용량		높이	레이스대		앵커보드의 구멍수	앵커보드 구멍의 거리
						기름	길이/개		폭	길이		
제1호	1,000	38	250～300	25.4±0.05	120	100	70	280	190	210	16	140×150
제2호	800	32	250～300	25.4±0.05	100	80	55	250	190	210	16	140×150
제3호	–	12	–	12.7±0.05	–	50	20	150	70	70	8	

[표 13.25] 연마기의 표준 치수(II)

형 식	연마기 축의 회전수(rpm)	사용하는 버프의 지름(mm)
제 1 호	1,000～2,000	350 이상
제 2 호	2,000～2,500	100～300 이하
제 3 호	3,000～7,000	100 이하

1) 벨트식 연마기

모터 1대로 여러 대의 연마기가 돌게 되어 있는 것을 말한다. 버프에 따라 연마의 정도가 회전 속도를 조절해야 하는데, 벨트식은 회전수가 거의 고정되어 있는 결점이 있다.

2) 모터 직결식 연마기

① 전동 연마기 ; 모터의 축이 연마기의 축으로 되어 있는 것을 말한다. 소형의 연마기에 사용

되며, 모터에 따라 회전수가 정해진다.

② 모터 내장식 연마기 ; 모터가 버프 레이스 밑에 있어 벨트로 회전하게 되어 있다. 회전 속도는 motor pulley의 변환으로 2～3단계로 변동시킬 수가 있다.

③ 가변속식 연마기 ; VS(variable speed) 모터가 붙어 있어서 핸들로 회전수를 무단, 연속적인 속도변화를 줄 수가 있어 버프 연마기로서는 이상적인 것이다.

3) 자동 연마기

가공물이 단순한 형체를 가지고 있으며 양이 많은 물건을 연마할 때 사용하고 있으며, 각 버프는 각각의 모터에 의 해서 회전되며, 각각 다른 면은 다른 연마 버프(조연마, 광연마 등)에 의해서 연속적으로 연마하게 되어있다.

4) 센터리스(centerless) 연마기

파이프 등의 버프는 보통 버프로서는 대단히 연마가 힘들고 능률이 오르지 않기 때문에 두 버프의 회전 속도를 달리 함으로써 연마를 하면, 파이프가 연속적으로 이동되면서 연마하도록 되어 있다.

5) 제진 설비

연마할 때 발생하는 먼지는 인체에 해를 주는 동시에 도금액에 들어가면 광택 도금용에는 계속하여 여과를 하므로 방해가 될 뿐 아니라 연마된 금속분, 버프 연마제재 유지성 등에 의해 도금 불량을 주게 된다. 따라서 반드시 연마실과 도금실과는 완전히 분리하여 먼지가 조금도 도금실에 들어가지 않도록 해야 한다.그리고 외부에서는 사이클론에 의해 제진 후 대기 중에 배출되도록 해야 한다.

연마에 있어 먼지의 발산이 많은 것은 에머리 버프를 사용할 경우이다. 에머리 버프에 에머리가 완전 교착되고, 연마 동작이 마찰 연마가 아니고 절삭 연마일 경우, 버프의 마모가 생겨 먼지 등이 증가되므로 되도록 금강사의 교착 공정을 충분히 연구할 필요가 있다.

연마 버프가 30000rpm 정도일 때 발산하는 먼지의 양은 대략 매초 0.2m내외임으로 먼지를 흡수하려면 배풍기의 흡수관을 연마기의 뒤에 놓고, 버프커버와 흡수관과의 사이를 접근시키는 구조로 만들 필요가 있다.

6) 회전식 연마기

연마하려는 물건이 소형이며 다수일 경우 회전식 연마기를 사용한다. 회전식 연마기는 수평식과 경사식의 두 가지가 있다. 일반적으로 장입품의 혼합이 잘 되어 균일하게 연마가 되는 장점이 있으나, 매스(mass)의 중앙부에 운동이 적은 부분이 있는 결점이 있다. 배럴의 형체는 단면이 8각인 것이 연마 효과가 좋아서 많이 채용되고 있으나, 원형이나 6각인 것이 사용되고 있다.

7) 진동식 연마기

최근에 발달한 방법으로서 보통 화전식 배럴에서는 유동층에서 연마가 되고 다른 부분은 연마가 되지 않는다. 따라서 연마되는 부분은 대체로 20%이하이다. 이 연마되지 않는 것을 감소시키기 위해서 배럴 전체에 진동을 주어 연마 능력을 향상시키고 있다.

8) 고속도 원심 유동식 바렐 연마기

원반의 90°위치에 1개씩 4개의 배열을 설치하고, 원반을 140~250rpm으로 공전시키면서 배럴 자체도 공전 방향의 반대 방향으로 자전하게 되어 있다

능률적으로는 일반 회전 배럴의 작업 시간보다 단축시킬 수가 있어 보통 조연마와 광연마를 각각 15~25분 정도로 완성시킬 수 있다. 물건은 주로 소형인 것으로 극히 엷은 판상, 구상, 봉상, 기어 등에 이용되고 있다.

[2] 버프 연마의 전처리

기계적 연마에서 생긴 금속분이 오목 부분에 견고하게 매몰되어 금속 표면이 광택이 생긴 것을 말하며, 이 때 외견상으로는 완전한 금속 표면으로 보이게 된다. 이것도 베일비층(Beilby layer)이라 불리고 있다. 버프 연마는 주로 도금면에 우수한 광택을 주는 경면(鏡面) 연마, 무광택 세틴 연마(satin finish ; 서리면) 및 귀를 따내는 목적 등의 경우가 있다. 도금할 재료의 표면에는 그리이스, 기계유, 방청유 등의 유지와 산화물이 부착되어 있다. 이것들이 부착된 재료를 연마하면 연마 능률이 저하되며 버프류를 손상시키므로 연마 전에 제거할 필요가 있다.

1) 탈지

재료에 부착된 유지를 제거하는 데는 도금용 탈지액의 폐액을 이용하는 것이 가장 좋다.

특히 연마 전에 시간적 여유가 있을 경우에는 장시간 탈지액 중에 담가 놓으면 좋다.

일반적으로 연마전의 탈지는 완전히 할 필요가 없고, 에머리 버프의 눈을 메우거나 버프를 더럽히지 않을 정도면 된다.

2) 산화물의 제거

연마 전에 녹을 제거하려면 상온의 묽은 산에 담그고, 때에 따라서는 12~24시간 산 중에 방치한다. 요는 재료를 거칠게 하지 않고, 연마 작업에 지장이 생기지 않을 정도로 녹과, 스케일을 제거한다는 것이다. 그러므로 금속에 따라 처리 방법, 처리 시간을 변경할 때가 많고, 특히 철강의 흑피는 완전히 제거하지 않으면 연마 능률이 크게 저하된다.

3) 버프의 손질

꿰맨 버프나 꿰매지 않은 버프의 사용 전 표면은 고르지 못하므로 이 표면을 평탄하게 할 때는 버프 긁기를 사용한다. 이것은 10mm 정도의 판에 20~25mm의 못을 여러 개 박은 것과 강철 브러시가 사용되고 있으며 금속제 원통에 여러 개의 구멍을 뚫어서 사용할 수도 있다. 에머리 버프의 표면을 평탄하게 할 때는 아교로 에머리가 고착되러 있으므로 기와나 경석으로 만든 에머리 버프 긁기 등을 사용하면 좋다.

[3] 버프 연마

1) 버프의 종류

(1) 에머리 버프

페이퍼 버프라고도 하며, 조연마는 면을 깎는 데 사용하는 버프로서 광택 연마와는 별실에서 작업하는 것이 이상적이다. 에머리의 교착제로서는 아교와 합성 접착제가 있고, 규산나트륨을 주체로 하여 합성한 것이다. 아교는 부패하기 쉽고, 취급하기 힘들지만, 합성한 시멘트에 비하면 탄성이 크고 연마분이 가공물 안에 파고 들어가는 층이 얕으며, 연마열에 의해서 연화하기 쉬우므로 150메시 이상의 작은 에머리에 적합하다. 아교는 부패하므로 매일 사용량만큼 용해하든가, 겨울철을 제외하고는 적당한 방부제를 첨가 건조한 후 발라 둔다. 분말 아교는 용해하는 데 1~2시간, 덩어리의 것은 6~8시간을 요한다. 아교를 냉수에 2시간 정도 담근 다음 이중탑으로 하여 60~66℃에서 용해시킨다. 이온도를 넣으면 접착력이 약해진다. 시멘트는 표면 탄성이 작고 연마열로 오히려 굳어지므로 180매시 이하의 굵은 입도에 적합하며, 접착력이 강해서 장시간 사용할 수 있다.

또 에머리를 바르기 전에 에머리와 버프를 40℃ 정도에서 예열하면 아교가 급속히 냉각하지 않고 버프에 잘 침투한다. 에머리에 대한 침투력을 향상시키고 완전히 교착하게 하여 에머리의 손실을 감소시키는 방법으로는, 에머리를 미리 계면활성제가 들어 있는 물로 씻어서 건조한 다음 아교칠을 하도록 하면 좋다. 도포 후 건조 온도 60℃, 습도 30%로서 4~6시간 건조하는 것이 가장 좋으며, 적외선 건조도 좋다. 또 건조한 페이퍼 버프는 사용 전에 표면 탄성을 크게 하고 에머리의 뾰족한 모를 없애기 위해서 목욕 시 때 벗기는 돌과 같은 연한 돌이나 철 파이프 등을 열마, 조정한다. 일반적으로 철강 재료 연마용 에머리는 90 → 120 → 180 → 250 → 320 메시의 순으로 연마하나, 재료 금속의 경도에 따라 이 공정을 가감할 수도 있다.

(2) 중 연마용 버프

중연마의 역할은 조연마의 연마흠을 완전히 없애는 데 있다. 조연마를 할 때에는 버프 눈을 정교하게 할 필요가 있으나, 중연마일수록 이것이 더 중요하다. 버프의 눈이 정연하면 연마면의 눈이 불규칙하고 서로 엉킨 눈일 경우에는 연마면이 보기 싫어지고 홈의 원인이 된다. 또 버프의 표면 속도가 작으면 정연하게 버프를 대도 눈이 엉클어지기 쉽다.

유성 연마재를 오래 버프에 눌러서 많이 묻히면 비산하므로 약간씩 횟수를 많이 해서 사용하는 것이 효과적이다. 외국에서는 자동 보급 장치 또는 액체로써 자동 보급하는 방법도 사용하고 있다.

2) 버프의 회전수와 원주 속도

버프의 회전수는 지름과 관련해서 생각해야 한다. 즉,

버프의 원주 × 버프의 회전수(rpm) = 원주 속도에 의해서 정해진다. 표 13.26은 각종 금속에 적합한 원주 속도의 범위를 나타낸 것이다.

[표 13.26] 각종 금속에 적합한 원주 속도 (m/min)

공정 \ 금속	탄 소 강	스테인리스강	구리, 황동	니 켈	크 롬	기타의 연질금속
재료 연마	1800～2700	2400～3000	1100～2700	1800～2840	—	1220～2440
광택 연마	2100～2700	2400～3000	2030～2700	2030～2440	2130～2440	1800～2130

[4] 연마재

1) 연마재의 종류

버프 연마에 사용되는 연마제는 표 13.27과 같이 에머리와 유성 연마제로 분류된다.

2) 각종 연마재의 사용법

연마제는 금속에 따라 또한 공정에 따라 각기 표 13.28과 같은 적합한 연마제를 사용해야 한다.

3) 유성 연마재

유성 연마재는 일반적으로 상온 또는 인체의 체온에 안정한 43～60℃ 정도의 융점을 가진 유지와 연마재로 융합시켜 덩어리(봉상)로 만든 것이다. 일반적으로 사용되는 유성 연마재의 성질은 다음과 같다.

(1) 트리폴리 (Tripoli)

중 연마용에 주로 사용되며, 성분은 50% 이상의 무수규산이며 규석분을 사용한다. 가장 많이 사용되고 있으며, 모든 금속 재료의 연마에 사용되고 있다. 마찰 금속의 연마에는 유지가 적은 것이 사용된다.

[표 13.27] 각종 연마재의 일람표

연 마 제		색	주 요 성 분	유지분(%)		모오스 경도
				스테아린 산	기타	
에머리		흑회	에머리(Al_2O_3 85%) 내외 카아보런덤(SiC) 알런덤(Al_2O_3) 코런덤(AlO_3) 알루미나(Al_2O_3)	(%)	(%)	7.0～9.0 9.5～9.8 9.2 8.8～9.8 9.0～9.6
유성 연마제	에머리 페이스트	흑적	에머리(SiO_2)			9
	트리폴리	적갈	규석(Fe_2O_3)	15～25	5	7
	크로카스	암흑	산화철(FeO)	10	5	6
	비엔나 라임	백색	산화칼슘(CaO) 산화마그네슘(MgO)	16	9	2
	청 봉	녹색	산화크롬(Cr_2O_3)	9	6	6
	지봉(루우즈)	적색	양질의 산화철 (Fe_2O_3)	10	5	6
	백 봉	백색	산화알루미늄(Al_2O_3)	16	9	9
	흑 봉	흑색	카아본블랙			
	경 석	회백색	Na_2O, SiO_2, Al_2O_3			
	연경석	백색	SiO_2	16	9	1～1.5

[표 13.28] 여러 가지 재료의 경도와 연마 방법

금속 또는 표면	모오스 경도	조연마	중연마	광연마
알루미늄	2.9	알루미나	트리폴리 또는 백봉	청봉
황동	3.5	알루미나	트리폴리, 크로카스	매치레스
구리	3	에머리	트리폴리, 크로카스	매치레스
경질도금 도금면	9		청봉 또는 백봉	백봉
금	29		청봉 또는 백봉	적봉
경질고무	–	알루미나	경석	트리폴리
모넬메탈	4.5		트리폴리	백봉
플라스틱	–	알루미나	트리폴리	백봉
니켈	4	애머리	트리폴리	라임
양은 (백동)	4.2	알루미나	트리폴리	라임, 적봉
스테인리스강	7	탄화규소	트리폴리 에머리	청봉
강	-	알루미나	페이스트	-
은	2.7	카아보런	딱딱한 적봉	무른 적봉
강철	4~7	덤	에머리 페이스트	라임
주석	1.8	-	산화 주석	크로카스
아연(die cast)	1.5	알루미나	트리폴리	라임

- 경석(화산쇄설물의 하나로 밝은 빛깔의 다공질 암석)
- 에머리(알루미나가 주성분인 연마제, 금강사라고 함)
- 트리폴리(잠정질(비정일인지 결정인지 분명하지 않은 상태) 규산인 트리폴리를 경화유, 파라핀 등의 고형 지방류로서 굳게 한 백색 연마제)
- 매치레스(Matchless Metal Polish)

(2) 크로카스(Crocus)

Fe_2O_3의 조성 연마재이며 황산철(FeS)을 태워서 만든다. 보통 금속 연마재로서 가장 값이 싼 것이며 널리 사용되고 있다. 연질 금속에 대해 충분한 연마력이 있다.

(3) 비엔나 라임(Vienna lime)

광택 연마용이며 광택 니켈 이전에는 니켈 연마재로서 많이 사용하던 것이다. 천연 돌로마이트(백운석) 광석을 태워서 만든 산화마그네슘(MgO)과 산화칼슘(CaO)의 혼합물이다. 이것은 습기를 흡수하며 녹는 결점이 있으나, 미분 알루미나 또는 산화철을 혼합해서 이 결점을 방지하고 있다.

(4) 청봉(green rouge)

광택 연마로서는 가장 좋다. 산화크롬을 원료로 하고 있으며 입도가 작고, 경도가 높아 버프를 하면 미분말이 연마면에 남아서 청색으로 아름답게 보이는 효과가 있다.

(5) 적봉(rouge)

크로카스와 다르며 화학적 제법에 의해 순수한 Fe_2O_3를 원료로 해서 금, 은의 광택 연마제로 사용되고 있다. 연마면은 청봉과 동일한 이유로 적색에 비친다.

(6) 백봉

산화 알루미나를 원료로 한 알루미늄 스테인리스강의 광택 연마제와 산업 백도를 원료로 한 비금속용이다.

(7) 흑봉

카본 블랙(Carbon black)을 주원료로하여 베이클라이트, 경질 고무 플라스틱의 연마에 사용되고 있다.

[5] 배럴 연마

1) 배럴 연마

배럴 연마는 배럴(barrel) 안에 가공물, 컴파운드, 연마제, 물 등을 넣고 회전하여 장입물의 충돌이나, 마찰 등에 의해 서로 때리고, 깎고, 닦는 작용을 하여 모기 없이지고 표면층이 깎이고 닦여서 광이 나게 하는 방법을 말한다. 배럴 연마는 물품 이외에 장입물에 따라 자기 연마와 롤 연마로 분류하고, 수용액의 유무에 따라 습식과 작업 방법에 의해서 연마 작업과 광택 작업의 두 종류가 있다. 배럴 연마는 소형 제품을 한꺼번에 대량 연마하는데 유리하다. 또한, 경비가 적게 들어 원가가 절감되는 이외에 제품의 완성도가 균일하다는 이점이 있다.

2) 배럴 내의 물체의 운동과 연마 작용

배럴 내의 물체는 이것이 제품이든 제품과 매체의 혼합물이든 모두 배럴의 회전에 따라서 위치가 이동한다. 그림 13.6은 배럴 내의 운동 상태를 표시한 것이다. @위치에서는 중력과 마찰력은 거의 동일 방향으로 작용하며, 배럴벽을 향해서 눌리고 있다. 다음 순간에는 배럴 속도와 마찰에 의해서 배럴 내의 물체는 ⓑ를 거쳐서 ⓒ까지 상승한다. 이 때 배럴 속도와 마찰이 너무 작으면 ⓐ, ⓑ, ⓒ의 번들형의 매스(mass)는 형체 그대로 상하 운동을 반복하게 되며 이 운동에 의해서는 연마 작용은 적다. 배럴이 20rpm의 속도를 가질 때 고채 매스는 ⓒ에서 ⓓ를 거쳐 ⓔ에 이르러 매스의 표면을 미끄러져 내려오는 운동을 한다. 이 때 미끄러지는 층의 길이와 두께가 연마 작용에 큰 영향을 준다. ⓒ, ⓓ, ⓔ의 운동을 하게 되면 물체는 낙하하지 않고 마찰에 의해서 연삭, 연마, 광택 완성이 된다. 이 때 미끄러지는 속도가 크므로 이들의 연마 작용을 빠르다. 다른 회전 연마가 생기는 위치는 ⓐ 및 ⓑ이며, 매스의 이동에 의해서 중력 마찰력에 의하여 연마가 행해진다.

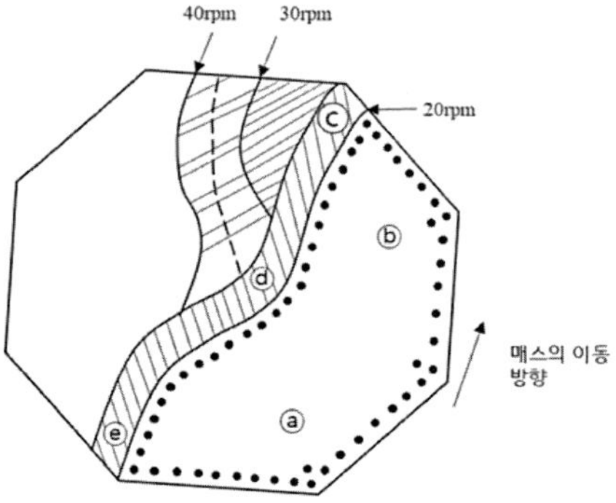

그림 13.6 배럴 내의 물질의 운동

3) 배럴의 회전수와 원주 속도

배럴 연마에서 배럴의 최적 회전수는 물체와 매체가 항상 접촉하고 있는 경우의 회전수이다. 이 회전수는 미끄러지는 층으로 관계가 있으며, 미끄러지는 층의 차이를 회전수 20, 30, 40 rpm에 대해 나타내면 그림 13.6에서와 같다. 이처럼 중요한 회전수는 가공물의 형태, 크기, 재료 금속의 종류, 연마전의 조면도, 연식의 정도, 끝마무리 정도, 끝마무리 가공의 목적, 배럴의 지름, 매체의 종류 및 크기에 의해서 결정된다. 광택 마무리의 경유 15~20rpm, 연마의 경우 30~40rpm으로 행하는 것이 좋다고 한다. 더 정확히 말하면 배럴을 원주 속도로 결정해야 한다.

일반적으로 권하고 싶은 배럴의 원주 속도는 30~60m/min이고, 이 원주 속도를 일정한 값으로 정했을 때 배럴의 지름이 크면 회전수는 적고, 지름이 작으면 회전수를 많게 해야 한다. 또 지름이 작을 때 일정한 원주 속도를 갖게 하기 위해 회전수를 많게 하면, 원심력의 작용에 의해서 물품과 매체가 분리해서 연마가 되지 않으므로 원주 속도에 의해서만 결정할 수도 없다. 일반적으로 연질 금속의 경우에 큰 연삭을 필요로 하지 않을 때의 원주 속도는 작게 하는 것이 바람직하다.

4) 장입량

배럴 내에 들어가는 물체의 양은 용적 %로 나타낸다. 20% 부근과 50% 부근에서 연마량이 극대값을 이루며, 광택과 평활도가 가장 큰 것은 60%부 근이다. 따라서 배럴 내의 장입량은

50~60%를 넣는 것이 좋다.

5) 배럴에 첨가하는 컴파운드와 수위

(1) 배럴 내에 액체를 넣을 때의 효과

① 장입된 물체와 물체 및 배럴벽과, 그 사이의 마찰에 대한 완충 작용
② 미끄러짐과 혼합 운동에 있어서의 윤활 작용
③ 장입 물체의 표면을 항상 깨끗하게 보호해 주는 청정 작용
④ 작업 후의 세척을 용이하게 해 주는 작용

따라서 물만 많이 넣어도 완충 작용은 증대하지만 컴파운드를 가함으로써 이 효과가 한층 증대된다.

(2) 컴파운드의 종류

① 산성 컴파운드 – 녹을 제거하는 목적으로 각종 산이 주체루 되어 있다.
② 알칼리성 컴파운드 –시안화나트륨, 수산화나트륨, 염산나트륨, 아질산나트륨 등을 사용하며, 방청과 광택을 목적으로 한다.
③ 비누형 컴파운드 – 저급 지방산의 나트륨 비누가 주체로 되어 있어 광택 효과를 높이고 있다. 컴파운드는 0.5~2%의 농도 범위에서 사용되고 있다. 산성 컴파운드는 염산, 황산을 주로하고, 알칼리성 컴파운드는 아질산나트륨과 인산나트륨 80%의 혼합물을, 또 광택과 연마를 목적으로 한 컴파운드는 알칼리성 컴파운드에 저급 지방산을 주성분으로 한 비누를 배합한 것이 있다. 광택 완성을 목적으로 한 비누형 컴파운드는 스테아린산나트륨을 주성분으로한 비누의 약 20% 용액이 좋다. 또한, 연질 금속의 컴파운드의 예로서 연삭, 연마를 목적으로 한 것은 방청제를 사용하면 좋고 구리, 황동, 두랄루민 등의 광택을 목적으로 할 때는 스테아린산나트륨을 주성분으로 한 비누 0.4~0.8을 넣는 것이 좋다. 배럴 내의 수위는 장입량을 60%로 하면 좋다.

6) 매체(media)

(1) 연마용 돌

연마용 돌의 크기는 연삭, 연마, 광택 완성 등의 연마 목적에 적당한 크기와 모양이 사용되며, 가공물의 종류에 따라서 적당한 돌을 선택해야 한다. 인조의 매체는 표 13.29의 괴상과 3각형의 것이 있으며 재질은 산화알루미늄, 탄화규소, 플라스틱 등으로 혼합하여 만들어진다.

[표 13.29] 연마용 돌의 크기와 모양

형 상	호 칭	크 기	형 상	호 칭	크 기
삼각 앵글커트	mm 30 20 15 10	두꺼운형 얇은형 14 10 12 7 10 5 7 3.5	원통	mm 20 15 10 8 6 5	mm 22 18 16 12 12 12
삼 각	30 20 15 10 6	14 12 10 7 5			
원통 앵글커트	20 15 10 8 6 5	22 18 16 12 12 12	구	12 15 10 7 5 4 3	20 15 10 7 5 4 3

(2) 금속 매체

금속 볼과 이형 쇼트 : 각종 형체의 금속볼 및 이형 쇼트가 있는데, 이들의 연마 작업 때의 연마 역할을 나타내었다. 이 금속 볼의 크기는 지름이 일반적으로 약 2/32～3/8″ 범위에 있고 경도가 큰 금속에는 3/16～1/4″, 연질 금속에는 5/32″가 사용된다. 물건의 형체에 따라서 다르나 일반적으로 금속 볼과 이형 쇼트의 배합 비율은 금속 볼이 75～90% 이형 쇼트는 10～25%가 사용된다. 볼로 연마할 때는 광택이 있는 금속 볼을 사용해야 광택이 생기므로 볼의 저장에는 주의해야 한다.

[6] 분사 연마법

압축 공기로서 연마재의 입자를 초고속으로 가공물의 표면을 때리면 다음과 같은 4가지 효과를 얻게 되는데, 이것을 분사 연마 가공이라고 한다.

1) 서리면 처리(satin finishing)

이 작용은 다른 방법보다 용이하고 확실한 서리면을 얻을 수 있으며 1μm 정도의 구름이 낀 것 같은 미세한 서리면으로부터 약 20μm의 거친 서리면을 물리적인 방법으로 얻을 수 있다. 요철의 깊이도 자유로이 조절할 수 있다.

2) 연삭 효과(grinding effect)

무수히 많은 연마제가 분사되어 가공면을 극히 미세하게 연삭하여 원형을 변형시키지 않으면서 다음과 같은 특성을 나타낸다.

① 방향성이 없는 연삭
② 찌그러지지 않는 연삭 작용
③ 미량의 연삭
④ 면조도의 개선 작용
⑤ 오목, 볼록한 면의 균일 연삭

3) 세정 연삭 효과(cleaning effect)

이 작용은 화학 처리하기 곤란하거나 공해 문제가 생기는 금속 표면의 스케일 또는 오물을 완전히 제거할 수 있으며, 버핑(buffing)이나 수가공을 대용하여 여러 가지 효과를 얻을 수 있다.

4) 피이닝 효과(peening effect)

무수히 많은 쇼트(shot)로 때려 가공 표면에 충격을 줌으로써 효과가 나타나는데 연마재의 연삭성, 크기, 비중, 분가 입력, 각도, 거리 및 분사 에너지에 따라서 다르며, 수형의 입자가 직각으로 투사될 때 입자의 운동 에너지로 강한 충격력을 갖게 하면 피이닝 효과는 최대값이 된다.

이상 4가지의 효과는 목적에 따라 한 가지 효과를 강조하면서 다른 효과를 억제할 수 있어도 완전히 효과가 없다고는 할 수 없다. 표 13.30에는 재료에 따른 피이닝효과를 나타낸 것이다.

[표 13.30] 각종 재료에 대한 피이닝 효과

종 류	Al	연강	황동	스테인리스 강	아연	조 건
재료의 처음 경도	50	188	83.5	118	38	미소 경도계(Wt.100g)
에머리# 120	59.8	206	102.5	129	45.5	시료 50㎜×50㎜, 압력 5kg/㎠
유리알# 120	83	387	200	426	89.8	거리 80㎜, 각도 90°, 시간 30sec

5) 블라스트

블라스트는 고속 분무체를 노즐로써 분사 또는 날개형으로 투사하여 가공물의 표면에 충돌시키는 냉간 가공이다. 블라스트 고속체는 공기와 연마재로서 구성되는 2개 상의 방식을 건식 블라스트라 하고 공기, 연마재, 액체 등의 3개 상의 구성 방식을 습식 블라스트라고 한다. 한편, 구미 지역에서는 습식 블라스트를 액체 호우닝이라 하기도 하며, 건식 블라스트도 샌드 블라스트, 쇼트 피이닝 등 여러 가지로 부르기도 한다. 습식, 건식 블라스트 가공의 선택은 가공물의 종류, 가공 목적, 전후의 공정 처리 등을 참작하여 결정해야 한다.

[7] 전해 연마 및 화학 연마

1) 전해 연마(electro-polishing)

전해 연마는 제품을 적당한 전해 연마액 속에 넣어 도금할 때와는 반대로 제품을 양극화하고 음극은 납, 스테인리스 강판, 탄소봉 등을 사용하여 전류를 통과시킨다.

이 때 제품의 표면은 서서히 용해되며 용해된 금속 이온에 의해 제품은 금속 이온이 축적되어 양극 피막이 생성되기도 한다. 오목 부분은 금속 이온의 이동과 확산이 적어서 그 양이 많아져 전기가 잘 통하지 않으며, 양극 피막의 파괴도 잘 일어나지 않아 그 용해가 어렵고, 볼록 부분은 금속 이온이 적어서 집중적으로 전기가 통하여 볼록 부분의 금속만 용해되며, 평활하게 연마가 된다. 전해 연마는 스테인리스강, 알루미늄, 구리 및 구리 합금, 철강 등의 작은 제품에 많이 사용되고 있다. 전해 연마에 사용되는 전류는 직류와 교류를 동시에 사용하는 경우도 있으나 일반적으로 직류를 사용하고 있으며, 표 13.31에는 전해 연마액 조성과 작업 조건의 관계를 나타낸 것이다.

2) 화학 연마(chemical polishing)

화학 연마도 전해 연마와 마찬가지로 재료 표면의 볼록 부분을 화학적으로 용해시켜 평활하게 하는 방법이다. 그러나 전해 연마와는 달리 전해 연마와는 달리 전류로 인한 불균형성이 적으며 전기를 사용하지 않으므로 조작이 간단하다. 화학 연마에 의한 연마 작용은 산의 농도나 산화제의 종류 등이 중요한 조건이 된다. 일반적으로 알루미늄과 그 합금, 구리와 그 합금, 스테인리스강, 아연 도금 등에 사용되고 있다. 연마비는 액을 오래 사용할 수 없으므로 비교적 비싸다. 표 13.32는 각종 금속의 화학 연마액의 조성과 작업 조건의 한 예를 나타낸 것이다.

[표 13.31] 전해 연마액 조성과 작업 조건

항 목		알 루 미 늄	스 테 인 리 스 강	구리 및 구리 합금
액 조 성	인 산	40~80%	65~90	67 %
	황 산	5~50 %	(약간)	10 %
	물	약 간	약간	23 %
	첨 가 제	아세트산, 크롬산, 에틸렌글리콜	크롬산, 중크롬산염 아세트산, 글리세린	–
자업조건	온 도	50~90 ℃	상온~125 ℃	상온~30 ℃
	전 압	5~30 V	5~25 V	2~2.5 V
	전류밀도	–	30~500 A/m^2	10A/m^2
	연마시간	1~10 분	1~5 분	10 분

13.4.3 전처리

도금할 물건의 표면에는 여러 가지 더러움과 녹이 있다. 더러움은 주로 유지이며, 유지가 있는 것을 도금하기 전에 열처리나 기계 가공을 한다. 열처리를 한 것은 열처리 유를, 기계 가공한 것은 절삭유나 윤활유를 사용하면 녹은 철이 대기 중에서 녹슬기 쉽고 검은 녹은 열처리로 인하여 대기 중에서 고온으로 가열된 현상이며 붉은 녹은 실온의 대기 중에 방치할 때 생긴다. 그러므로 유지와 녹은 단순히 철 위에 부착된 것은 제거하기 쉬우나, 속에 묻혀 있는 것은 제거하기가 까다롭다. 버프 등으로 연마할 때 유지가 타 붙어서 화학적으로 결합되어 있을 때는 제거하기가 더욱 곤란하다. 따라서 유지 또는 녹을 제거해서 깨끗한 금속면 위에 도금을 해야만 부착이 좋고, 피트나 부풀음이 없는데 이런 제거 공정을 전처리라고 한다. 도금할 금속면은 깨끗한 것 외에 활성화시켜야 비로소 충분한 밀착을 얻을 수 있다. 따라서 도금 직전에 염산, 기타 금속 활성화제 중에 수 초 동안 담구어 전처리를 한다.

연마 → 예비 세정 → 알칼리 탈지 →수세 →전해 탈지 →수세 → 산침지 또는 활성화 → 수세 → 중화 → 수세 → 스트라이크 → 수세 → 도금

예비 세정은 유기 용제로 탈지하는 과정을 말하며, 이때 유지의 전부가 제거되는 것은 아니고, 유지의 대부분이 유기 용제에 녹아서 없어지며, 얇은 유지 막은 여전히 남아 있으므로 예비 세정이라고 본다.

[표 13.32] 화학 연마액의 조성과 작업 조건의 예

재질	화학연마액 조성	온도 (℃)	비 고
알루미늄	인산(89%) 100ℓ 질산(비중 1.42) 10～20	90～130	황산을 가해도 좋으나 고온이 필요하게 된다. 황산구리, 질산구리의 첨가는 피트를 방지한다.
아연, 카드뮴	크롬산 150～250g/ℓ 황산 13～25	20～45	질산 3～6mℓ, 아세트산 30～60mℓ/ℓ를 첨가하여도 좋다
구리 합금	황산 700～800g/ℓ 질산 200～300g/ℓ 염산 10～50g/ℓ 물 100～600g/ℓ	20이하	물로 냉각하면서 행하고, 숙련을 요하며, 침지 시간을 몇 초로 짧다.
	인산 60～80% 질산 10～20g/ℓ 아세트산 0～30g/ℓ	30～40	질산을 증가시키면 용해량이 증가한다.
니켈	인산 20ℓ 황산 40g/ℓ 질산 40g/ℓ 물 20	60	용해량 5.4μm/min
철강	옥살산 4～5% 과산화수소 2～3	25～30	탄소강에 적합하나 액의 수명이 짧다. 용해량 5μm/min

[1] **탈지**(degreasing, cleaning)

금속 제품은 위에서 말한 바와 같이 유지 등으로 더러워져 있다. 이 유지는 식물성 유지와 광물성 유지로 대별할 수 있으며, 그 밖에 동물성 유지도 있다. 금속에 부착되어 있는 유지를 제거하는 처리를 탈지 또는 세정이라고 한다. 따라서 탈지할 때는 위의 어느 유지인가를 알아야 한다. 식물성 유지는 알칼리로 제거되나 광물성 유지는 알칼리로 제거하기가 곤란하므로 유기 용제를 사용한다(표 13.33 참조).

1) 용제 탈지(예비 세정, solvent cleaning)

용제 탈지는 광물유를 제거하는데 쓰이며, 용제나 용제의 증기 속에 탈지할 물건을 담그면(침지) 유지는 용해되어 제거된다. 용제는 또 유지와 금속 사이로 침투해서 서로의 밀착을 약하게 하므로 유지가 기계적으로 탈락하기도 한다. 용제 탈지법은 용제의 증기 중에 침지시키는 방법이 가장 많이 사용되고 있다. 그러나 용제 중에 침지하는 것은 증기 중에 침지하는 것보다 탈지 효과가 떨어지는데, 그 이유는 용제 중에 용해된 유지가 물건을 꺼낼 때 다시 표

면에 묻어 나와 증기 중에는 유지분이 전혀 없어지기 때문이다. 이와 같은 방법을 증기 탈지(vapor cleaning)라고 한다. 용제 중에 가장 많이 사용되는 것은 트리크롤로 에틸렌, 퍼크롤로 에틸렌이며, 최근 인체의 해독 감소와 값의 저하를 목적으로 트리크롤로 에탄도 사용한다. 이들은 인화성이 없으면서도 용해력이 강하므로 안전하게 사용할 수 있다.

[표 13.33] 탈지법의 종류

알칼리 침지 탈지	알칼리액에 담근다. 주로 동식물성 유지 제거에 유효하다.
초음파 이용 알칼리 침치 탈지	초음파를 알칼리액 중에 방사해서 탈지 효력을 향상시킨다.
알칼리 전해 탈지 (양극 전해)*	양극에 발생하는 산소에 의한 기계적 제거효과를 이용한다.
알칼리 전해 탈지 (음극 전해)*	음극에 발생하는 수소에 의한 기계적 제거효과를 이용한다.
알칼리 전해 탈지 (PR전해)	예를 들어 양극 10초, 음극 10초로 교대하여 전해한다.
에멀션 침지 탈지	용제를 에멀션으로 만든다. 광물유 제거에 좋다.
배럴 알칼리 탈지**	알칼리의 작용과 배럴의 기계적 작용을 병용한 것이다.
용제 침지 탈지**	유기 용제(트리크롤로 에틸렌) 등에 침지한다.
용제 증지 탈지**	트리크롤로 에틸렌 증기를 이용한다.

비고 * 우선 다른 방법으로 예비 탈지를 하고, 마무리 탈지로서 이것을 이용하는 경우가 많다.
** 2조식 또는 3조식은 이 두 가지 방법을 병용한 것이다.

트리클로로르에틸렌(HClC = CCl_2)은 비등점이 85.7～87.7 이므로 쉽게 증기로 되어 탱크 속에 충만되지만 탱크의 윗부분에 설치되어 있는 구리로 만든 냉각 파이프(수도물)층에서 비등점 이하가 되어 액체로 응축되어 회수된다.

무기층은 트리클로로르에틸렌 증기의 유출을 막기 위해 높이는 탱크폭의 반 이상이 되어야 한다. 또 3조식에서 온액에 담근 후 냉액에 담그는 것은 물건의 온도가 높으면 증기 중에 들어가도 증기가 응축하지 못하기 때문에 냉각시킨다. 또한 트리클로로르에틸렌 중에 유지가 혼입하면 트리클로로르에틸렌의 비등점은 높아지고, 비중은 반대로 내려가기 때문에 트리클로로르에틸렌의 더러워진 정도는 비중이나 비등점을 측정해 보면 알 수 있다. 비등점이 상승하면 보통 사용하고 있는 온도에서는 증기의 발생이 적어지므로 탈지력이 감소된다.

트리클로로르에틸렌의 탈지에서 주의해야 할 점은 트리클로로르에틸렌의 독성이다. 이 증기를 사람이 마시면 인체에 해로우 작용을 한다. 따라서 트리클로로르에틸렌 탈지기에서 물건을 꺼낼 때는 3m/min 이하의 속도로 하고 그 장치로부터 트리클로로르에틸렌 증기가 나오지 않도록 해야 한다.

2) 에멀션 탈지(emulsion cleaning)

유화 탈지라고도 하며, 유기 용제, 계면활성제와 물로 만든 에멀션을 사용하므로 에멀션 탈지라고도 한다. 액 조성의 한 예를 표 13.34에 나타내었다.

[표 13.34] 에멀션 탈지액의 한 예

액 조 성	탈지조건
케로신 (등유) 6부 폴리옥시알킬에테르 * 3부 물 1~3부 오르소 규산 나트륨 **	1) 약온은 상온 2) 이 탈지만으로는 충분하지 못하므로, 이 액에 탈지 후 다시 알칼리 탈지와 전해 탈지를 해야 한다.

비고 * 계면활성제,

** 이것으로 탈지 효과를 도와주므로 사용할 때도 있음.

3) 알칼리(침지) 탈지[알칼리 세정, alkaline(soak) cleaning]

알칼리성 액 중에 제품을 담가 탈지하는 것을 알칼리 침지 탈지라고 한다(표 13.35). 보통 철 탱크를 사용하며, 걸이에 걸든가 바스켓에 넣어 탈지한다. 알칼리는 동식물성 유지를 다음과 같이 検化하여 유지를 물에 녹을 수 있는 비누와 글리세린으로 분해시킨다. 여기서 생긴 비누 성분은 용액의 표면 장력을 저하시킬 뿐만 아니라 유지를 유화, 분산시키는 작용을 한다.

예비 탈지(에멀션, 용제 탈지 등) → 중간 탈지 (알칼리 침지 탈지) → 최종 탈지 (전해 탈지)

[표 13.35] 알칼리 침지 탈지액의 조성과 탈지 조건

용도별 / 약 품	철 강 용(g/ℓ)					구리 및 구리합금용 (g/ℓ)	아연 및 알루미늄용 (g/ℓ)
	大오염	中오염	輕오염	일반용	일반용		
수산화나트륨	40	13	–	30	20～40	5～15	–**
탄산나트륨	25	25	–	15	20～40	20～40	15～20
제3 인산나트륨	7	12	25	–	0～10	10～30	–
올소규산나트륨	–	–	–	–	5～15	–	–
메타규산나트륨	–	12	28	–	–	5～10	10～20
피로인산나트륨	–	–	–	–	–	–	10～15
비 누	–	–	–	7.5	–	–	–
현탁물질 *	–	–	–	7.5	–	–	–
계면활성제	1.5	0.75	0.75	1.0	1～3	1～3	1～3
온 도(℃)	80～95	80～90	80～90	60～80	60～80	45～70	40～70

비고 * 현탁 물질로서 금속면을 굵게 되므로 기계적 탈지 효과가 있다.

** Zn, Al은 알칼리에 침식되기 쉬우므로 수산화나트륨을 사용하지 않는다.

그러나 광물유는 알칼리에 의한 분해나 용해가 되지 않으므로, 알칼리 용액에 계면활성제를 넣어 이와 같은 유화 분산력에 의한 제거 방법을 강구하고 있다. 금속은 pH에 따라 침식과 변색이 되기 쉬우므로 사용할 때에는 적절한 pH 범위를 가진 탈지제를 사용해야 한다. 표 13.36은 알칼리 침지 탈지액의 조성과 탈지 조건을 나타낸 것이다. 표 13.37은 각종 금속에 대한 한계 값을 나타내었다. 알칼리 탈지제에는 비이온형, 산세에는 음이온형이 일반적으로 사용되며 양성형은 전처리에서는 거의 사용되고 있지 않다.

[표 13.36] 탈지와 동시에 얇은 구리 도금을 하는 액 조성과 전해 조건

액 조 성	전해조건
수산화나트륨 5～10g/L 탄산나트륨 20～30g/L 시안화구리 10g/L 시안화나트륨 20g/L	액 온도 70～80℃ 음극 전류밀도 10A/dm^2 양극 전류밀도 3A/dm^2 양극 : 구리판

[표 13.37] 금속의 종류와 부식이 생기는 한계값

금속의 종류	부식이 생기는 pH
아 연	10.0
알루미늄	10.0
주 석	11.0
황 동	11.5
철 강	13.0 (알칼리에는 거의 침식되지 않는다)

4) 전해 탈지

최종 탈지에 사용되며, 탈지 순서는 다음과 같다.

전해 탈지는 음극 전해 탈지, 양극 전해 탈지, PR 전해 탈지의 3가지 종류가 있다. 어느 것이나 음양 두 극에서 발생하는 수소 가스와 산소 가스를 이용한 것이며, 기계적으로 표면에 부착된 유지를 날려 보내는 효과가 있다.

음극에서는 수소 발생량이 양극의 산소 발생량의 2배가 되므로 음극 전해 탈지 방법이 효과적이나, 철강 제품에서는 수소 취성이 생기기 쉽다. 또한, 액 중에 금속이 용해되어 있으면 음극면에 석출되어, 오히려 더러움이 증가될 가능성도 있다. 양극의 경우 수소 취성을 생기지 않으며, 액 중에 금속 이온이 들어가 있어도 석출되지는 않으나 산소의 발생으로 금속이

산화되어 얇은 산화 피막이 생기는 데, 이 피막을 탈지 후 산에 침지하면 용해된다. 그러나 전해 중에 재료 금속이 약간 용해하여, 재료의 광택과 평활도를 감소시키는 결점이 있다.

PR전해(periodic reverse current)는 음극 전해와 양극 전해의 장점을 동시에 이용하고자 한 것인데, 가장 많이 사용되는 것이 음극 전해 탈지이다.

전해 탈지액의 조성은 탈지 중 수소 가스 때문에 폭발할 우려가 있으므로 기포성이 적은 비이온계 활성제를 사용하도록 한다. 또 이 비이온계 활성제는 고온에서 액을 혼탁하게 만드므로 저온에서 사용할 필요가 있다. 표 13.38은 전해 탈지액의 조성과 전해 조건의 예를 나타낸 것이다.

[표 13.38] 전해 탈지액의 조성과 전해 조건

재 료 / 약 품	철	구리 및 구리 합금		아연, 알루미늄
수산화나트륨	75g/L	1) 3g/L	2) 5g/L	–
제3인산나트륨	10g/L	13g/L	40g/L	15g/L
탄산나트륨	14g/L	13g/L	시 안 화 나 트 륨	15g/L
계면활성제	1g/L	0.3g/L	20g/L	0.3g/L
액 온	80～90℃	60～70℃	60～80℃	60～70℃
전 압	6V	6V	6V	6V
전류밀도	7～10A/dm^2	3～4A/dm^2	5～10A/dm^2	3～4A/dm^2
기 타	음극/양극 탈지	교호 탈지*	음극/양극 탈지	교호 탈지*

비고 * 교호 탈지 : 음극 탈지 후 30초 동안 양극으로 하는 탈지 방법, 이때 30초 동안 양극으로 하는 것은 음극 탈지 중에 생긴 피막을 용해 제거하고, 금속 표면을 활성화시키기 위한 것이다.

철에 녹이 있고, 그 위에 유지가 붙어 있는 것은 알칼리액에 시안화나트륨을 첨가하거나 시안화나트륨과 EDTA를 첨가한 액에서 PR전해를 하면 녹과 유지가 동시에 제거된다. 예를 들어 수산화나트륨 50g/L, 탄산g/L, 나트륨 50g/L, 시안화나트륨 20g/L액에서 액온 60℃, 전류밀도 10A/dm^2, 양극 10초, 음극 10초로 반복, 전해하면 된다. 시안화나트륨은 녹의 제거, 철의 표면을 깨끗하게 하는 힘이 강하다. 전해 탈지와 동시에 시안화구리 도금을 하는 방법이 있다. 이때의 구리 도금은 극히 얇은 구리 도금이며 표 13.36과 같은 액을 사용한다.

5) 초음파 탈지법

일반적으로 탈지액에 교반과 진동을 주면 효과가 높아진다는 것은 잘 아는 사실이다. 탈지액에 초음파 진동을 주면 더욱 효과적이며 떨어지기 힘든 고형물이나 구석에 있는 더러움도 쉽게 떨어진다.

사람의 귀에 들리는 주파수는 18kc(kilo-cycle)/sec 이하인데, 이 이상의 사이클을 초음파라고 하며 20~40kc/sec를 보통 사용한다. 세척이 잘 되는 이유는 초음파를 액체 중에 방사하면 공동 현상(cavitation)이 생기기 때문이다. 이것은 초음파에 의해 액 중에 진공 또는 저압의 공동이 무수히 발생하고 다음 음파의 반주기 때 압축 파괴하며, 이 때 액체가 충격적 압력에 의해 세정할 물건 표면의 먼지, 오물 등은 액 중에서 이탈, 분산된다.

세정액으로서는 용제나 수용성 세제가 목적에 따라서 사용되고, 용제는 역시 트리클로르에틸렌, 트리클로로에탄 등이며 용액에 비해서 공동 현상의 효과는 적다. 수용성 세제로서는 알칼리 탈지약과 비이온 및 양이온계 계면활성제가 사용된다.

[2] 녹의 제거

1) 녹(scale)

철에 녹이 스는 것은 대기 중의 수분이 철의 표면에 응축되기 때문이다. 공기의 습도가 65% 이상이 되면 공기 중의 수분은 철의 표면에 응축하기 쉽고, 습도 80%가되면 대기의 온도와 철의 온도 차이가 3.7℃이상 되어 응축된다. 응축한 물은 철과 반응해 수산화제이철 ($Fe(OH)_3$)이 생기면 붉은색을 띠므로 붉은 녹이라 한다.

붉은 녹은 조습하여 철과의 밀착력이 약하기 때문에, 응축된 물이 붉은 녹을 통해서 다시 철과 작용하여 철의 부식을 일으킨다. 이 때 생긴 $Fe(OH)_2$는 그 일부가 $Fe(OH)_3$로 변하므로 붉은 녹은 $Fe(OH)_2$와 $Fe(OH)_3$의 혼합물이 되지만, 공기 중의 탄산가스와 반응 탄산제일철 ($Fe(OH)_3$)로 되기도 한다. 또한 철을 공기 중 575℃ 이상에서 가열하면 흑색 산화물이 되며, 흑피, 검은 녹, 스케일(scale)이라고 한다. 흑피는 3종류의 철 산화물로 되는데 흑피는 철을 열처리 할 때와, 고온에서 단조할 때 생긴다. 붉은 녹도 건조한 공기 중에 오래 방치해 두면 검게 변하며 검은 녹으로 보일 때가 있다. 이것은 산화제2철 92.3%, 산화제1철 6.18%, 탄산제일철 0.62% 등으로 되어 있으며, 흑피와는 성분이 다르다.

녹을 제거하는 방법은 두 가지가 있는데 산에 침지시키는 화학적 방법과 샌드 블라스트나 액체 호우닝 등의 기계적 방법이 있다. 산처리 방법은 수소 취성을 일으킬 우려성이 있으나, 기계적 방법은 수소 취성의 염려가 없다. 표 13.39는 탈청(descaling) 방법의 종류를 나타낸 것이다.

[표 13.39] 탈청 방법의 종류

탈 청 방 법		비 고
화학적 및 전기화학적 방법	산침지	가장 널리 이용되고 있으며, 황산을 사용한다.
	양극 전해 탈청	수소 취성이 생기지 않는다.
	음극 전해 탈청	수소 취성이 생긴다.
	PR 전해 탈청	탈청 속도가 빠르다.
	알칼리 전해 탈청	EDTA 등에서 음양극이 전해된다.
	용융 알칼리 탈청	두꺼운 녹이나 스케일의 신속 제거
기계적 방법	버프 연마에 의한 탈청	버프연마가 되지 않는 부분의 탈청 곤란하다.
	와이어 브러싱에 의한 탈청	묽은 녹의 제거 효과적, 검은 녹에는 부적당.
	샌드블라스트에 의한 탈청	재료가 무광으로 된다.
	액체 호우닝에 의한 탈청	생산성이 나쁘고, 재료가 무광으로 된다.

비고. 기계적 방법으로는 수소 취성이 생기지 않는다.

2) 산세(pickling)

재료를 열처리하거나 공기 중에 오래 방치해서 금속 표면에 산화 피막이나 수산화물이 생긴 것을 산을 이용하여 화학적으로 제거하는 것을 말하여, 재료 금속에 따라서 처리 약품이나 조건이 다르다.

(1) 철강의 산세

철강의 생기는 녹은 위에서 설명한 바와 같이 스케일과 수산화물인 붉은 녹으로 나눌 수 있으며, 스케일은 또한 575℃를 경계로 열처리 온도에 따라 고온 스케일과 저온 스케일(FeO 층은 없음)로 나눌 수 있다. 스케일은 보통 용량 10%, 50~70℃의 황산이나 10~20%의 염산을 상온에서 사용하여 비교적 장시간 처리한다. 고온 스케일은 크랙(crack)이 많아 산이 쉽게 침투해서 용해 속도가 빠르나, 저온 스케일은 크랙이 적어서 시간이 더 걸린다.

붉은 녹은 염산(10~20% 용량)을 사용한다. 또한, 산에 의해서 산화물이나 수산화물은 용해된다.

그러나 이 때 산화물뿐만 아니라 철의 표면도 용해되어 금속의 표면은 거칠어지며 다음과 같이 수소 가스가 발생한다.

재료의 용해를 산식(acid etching)이라 하며, 스머트(smut)라는 검은 먼지 같은 것이 금속 표면에 생기며, 수소 가스는 철의 원자 공동 등에 침입하여 수소 취성의 부작용이 생기게 된다. 이 스머트는 제거하기가 까다롭고 도금의 밀착을 해치는 원인이 된다. 산세는 초음파를 사용하면 스케일의 제거 속도가 대단히 빨라지며, 5% 황산으로 60분간 상온 침지로 녹의 제거가 불충분하던 것을 42kc를 하면 25～30분으로 충분히 제거된다. 이 때 수소의 발생량도 대단히 적어진다.

산세의 목적은 금속의 산화물이나 수산화물을 제거하는 데 있으나, 금속도 동시에 용해시켜 금속면을 위에서와 같이 거칠게 한다. 이 산식을 방지하기 위하여 산에 첨가하는 것이 산식 억제제이며 수소 취성도 적어진다.

산식 억제제는 무기물과 유기물이 있으나 주로 유기물이 사용되며, 여기에는 아교, 젤라틴, 전분, 키놀린 등과 코르타르 추출물 등 각종의 유기화합물이 있다.

(2) 구리 및 구리 합금의 산세

구리와 구리 합금의 산화물은 CuO・Cu_2O이며 보통 10～30%의 황산을 사용한다.

또 광택 침지용으로 질산・황산・염산의 혼합액을 몇 초 정도에 처리하는 것을 질산 처리라고 한다. 이때 갈색의 아질산 가스가 심하게 발생하므로 배기 장치를 잘 해야 하며, 중금속 이온의 폐수 처리도 한다. 최근에는 이 질산 처리 대신 화학 연마액이 시판되어 질산의 산화력을 과산화수소나 무기 과산화물로 대신하여 아질산 가스의 발생이 없고 자동화 처리도 가능하다. 질산 처리보다는 광택이 떨어지나 니켈 도금용에는 지장이 없다.

(3) 기타 금속의 산세

아연 다이캐스트 … 질산과 플루오르화수소산의 혼합물을 사용한다.
스테인리스 강 … 황산, 질산, 플루오르화수소산 등으로 되어 있는 혼합산을 사용한다.

3) 산 침지(acid dip)

산 등이 들어 있는 수용액 중에 금속을 잠시 담그는 처리를 산 침지라 하며, 도금 직전에 담그는 것은 소재의 표면에 남아 있는 알칼리를 중화하고, 전처리 때 생긴 얇은 산화층을 제거해서 표면을 활성 상태로 만들어 주는 역할을 한다. 이 기능만을 강조해서 활성화 산 침지 또는 단순히 활성화라고 하여, 도급의 밀착을 좋게 한다. 활성화란 스테인리스 강강 표면의 부동태를 제거・처리하는 활성화와는 다소 의미가 다른 것에 주의하고 활성화 산 침지에 사용되는 처리액은 철 재료에는 황산 용량 5～10% 또는 염산 5～15%를 사용하며 전해 또는 초음파를 도입하는 경우도 있다. 구리 합금 재료는 황산 5～10%, 염산 10～20%가 사용되며, 아연 다이캐스트에는 황산, 염산, 플루오르산의 0.2～2% 혼합물로 균일한 가스가 발생할 때까지 담근다. 불균일한 가스가 발생하면 정상적인 도금이 곤란하므로 주의해야 한다.

4) 기타 철의 탈청법

산의 액 중에서 전해하여 탈청하는 방법이 있는데, 전해 탈청법이라고 하며 녹이 있는 재료를 양극, 음극으로 할 때가 있다. 예를 들면 200~250g/L의 황산액 중 (40~60℃)에서 재료를 양극, 납판을 음극으로 하여 5~10A/dm^2의 양극 전류밀도로 10~20분간 전해하면 양극면으로부터 발생하는 산소가 녹을 기계적으로 탈락시키므로 탈청이 이루어진다. 이 때 철의 용해는 거의 없는 부동태가 된다. 재료를 음극으로 할 때도 음극에 발생하는 수소 가스에 의해 기계적으로 녹이 제거되지만 수소 취성을 일으킬 때가 많다. 예를 들면 황산 100~150g/L의 액 중에서 3~10A/dm^2 전류밀도로 10~15분간 전해하며 액온은 40~50℃가 적합하다. 그러나 전해 탈청법은 실제로 많이 사용하고 있지 않다. 알칼리액 중에서 탈청하는 방법을 알칼리 탈청법이라고 하며, 특징은 다음과 같다.

+ 철은 알칼리에 의해 침식되지 않으므로 산세가 필요 없다.
+ 녹은 전해 때 발생하는 가스에 의해서 기계적으로 탈락되는 동시에 전기화학적으로도 용해 제거된다.
+ 녹이 제거되는 동시에 탈지도 된다.
+ 수소취성이 생긴다.

표 13.40에 알칼리 전해 탈청법의 한 예를 나타내었다. 이 중 EDTA는 (ethylene diamine tetra acetic acid의 약자) 백색의 분말이며, 탈지, 탈청, 탈 스머트가 동시에 되어 편리하나, EDTA나 글루콘산나트륨이 비교적 고가인 것이 단점이다.

[표 213.40] EDTA나 클루콘산나트륨을 사용한 전해 탈청법

액 조 성	전 해 조 건
EDTA 또는 글루콘산나트륨 30~50 g/ℓ 시안화나트륨 30~100 g/ℓ 수산화나트륨 30~200 g/ℓ	1) 액온 50~60℃ 2) 전해는 3~20A/dm^2로 1~3분간 전해하거나, 음극과 양극을 10초씩 교대로 전해하면 좋은 효과가 있다. 3) 배기 장치가 필요하다.

비고. 이 방법은 탈청 외에 탈지, 스머트 제거 등이 동시에 되므로 전처리 공정이 간단하다. (EDTA는 EDTA 2 나트륨염이나 4나트륨염이 사용된다.)

또한, 특수한 방법으로는 수산화나트륨에 염화물이나 황산염을 넣어서 500℃ 부근까지 가

열, 용융 시킨 뒤 녹아있는 철을 침지하여 탈청하는 방법이 있다.

① 바다 속에 가라앉은 철선 같은 두꺼운 녹을 신속하고 효율적으로 처리할 수 있다.
② 이 액에 침지하면 녹은 재료와의 밀착이 약화되어 탈락하기 쉬우며 이 밖에 샌드블라스트, 액체 호우닝 등의 기계적 방법도 적용할 수 있다.

5) 스머트 제거

산처리 때 철 표면에 생기는 검은 피막인 스머트(Smut)는 손끝으로 문지르면 손에 묻어나는 밀착성이 없는 피막이다. 스머트는 철이 산에 용해될 때 용해되지 않고 남는 탄소, 규소, 산화철 등이며, 따라서 저탄소강보다 고탄소강이 많은 스머트를 남기게 된다. 스머트는 브러싱을 하든가 알칼리액 중에서 전해 또는 PR전해를 하지 않으면 제거하기가 힘들다. 전해하면 발생하는 산소 또는 수소 가스에 의하여 제거된다.

[3] 중화 처리

중화 처리는 도금 직전의 공정이며, 재료 표면을 도금액의 pH에 맞추는 처리 방법이다. 도금액이 산성(니켈 도금 등)일 때에는 앞의 활성화 산 침지가 중화 처리를 겸할 수 있고, 알칼리성의 도금액(시안화구리 도금, 시안화아연 도금 등)일 때는 활성화 후에 재료 표면의 pH를 알칼리성으로 하기 위해서 시안화나트륨이나 수산화나트륨액을 사용한다. 또 도금액이 중성(피로인산구리 등)일 때는 활성화 후 수세가 충분하면 중화 처리를 생략할 수 있다.

중화 처리에서 주의해야 할 점은 중화액이 도금액에 들어가더라도 도금액의 관리나 도금 피막에 나쁜 영향을 주지 않아야 한다는 점과 중화 처리에 의해 재료 표면의 pH가 불균일하지 않은 적절한 농도 범위를 유지시켜야 한다는 점이다.

13.4.4 도금액 관리 및 도금층 시험법

[1] 도금액 관리

욕관리란 도금액(전처리액, 후처리액)을 항상 좋은 상태로 일정하게 유지하는 관리수단을 말한다. 도금액은 가동하고 있을 때는 물론, 가동하지 않는 때라도 변화되는 것이 보통이다. 액상태의 변화에 따라 양극 용해 상태, 액의 전도도, 분해(도금)전압, 도금층의 석출상태 등에 영향을 받는다. 따라서 도금조건이 달라지고 품질이 좋지 않은 도금이 발생하게 된다.

욕조성은 화학분석에 의해 확인할 수 있는데 어느 때나 항상 분석을 한다는 것은 여간 어려운 일이 아니며 광택제 등은 특수 기기가 아니면 분석이 불가능한 것도 있다. 그러므로 도금액의 pH, 비중, 도금의 외관, 헐셀시험 또는 밴드시험 등에 의해 도금욕의 상태를 확인하고 정상 상태로 조정해야 한다. 그리고 액이 변동되는 원인을 찾아 그를 제거하거나 그에 대한 대책을 세워서 욕이 항상 일정한 조성이 유지되도록 미리 미리 조치를 취하는 것이 욕관리이다.

도금욕 성분을 크게 나누면 주성분, 부성분, 첨가제 등 세 가지로 나눌 수 있다.

먼저 주성분은 도금금속의 금속염 즉 구리도금에서는 황산구리, 시안화구리, 니켈도금에서는 황산니켈, 크롬도금에서는 무수크롬산, 아연도금에서는 염화아연, 시안화아연, 산화아연 등을 말한다. 금속농도가 적을수록 사용 전류밀도가 작고 타기 쉬우며, 보다 大 전류밀도에서 도금하려고 하거나 고속도 도금을 하려면 금속농도를 크게 한다. 부성분은 전도도 염, 양극용해 촉진제, 완충제 등이다. 전도도 염은 도금욕의 전도도를 좋게 해주는 것으로 강산 즉 황산, 염산 및 그 염, 알카리 욕에서는 강알칼리 즉 수산화나트륨 및 그 염 등이 이에 해당된다. 전도성이 낮은 욕은 전력 사용량이 많아지고 욕온도 상승 등 불리한 점이 많다.

양극용해 촉진제는 도금을 할 때 대부분은 녹아 나오는 양극을 사용한다. 이 때 도금된 만큼의 금속성분이 양극으로부터 녹아 나와야 하는데 그렇지 못할 때가 많다. 양극이 잘 녹아 나오도록 넣어주는 성분이 양극용해 촉진제이다. 양극용해에 의해 욕중에 금속 성분을 보충하는 것이 금속염을 가지고 보충하는 것 보다 경제적이고 불순물 혼입도 적다. 양극용해 촉진제와 전도도 염은 거의 같은 것이 쓰인다. 양극용해 촉진제가 적어도 양극이 잘 녹아 나오지 않거나 욕온이 너무 낮거나 양극 면적이 너무 작아 양극 전류밀도가 커도 잘녹아 나오지 않는다. 많은 도금욕이 pH 범위가 정해져 있다. 정해진 pH 범위에서 좋은 도금이 얻어지므로 작업중 pH 변동이 일어나지 않도록 넣어주는 성분이 완충제(buffer)이다.

산성이 강한 도금욕이거나 알칼리성이 강한 도금욕 보다는 산성 또는 알칼리성이 약한 도금욕에서 그 영향이 크다. 완충제로는 붕산(니켈도금), 황산, 알루미늄(황산아연도금) 등이 대표적이다. 주성분인 금속염과 전도도 염 등 부성분이 있으면 도금은 되나 흔히 광택이 나지 않고 좋지 않은 도금이 된다. 광택이나 도금의 질을 좋게 하는 등 특수한 목적을 위해 넣어주는 약품을 첨가제라고 한다. 광택제는 바탕 표면의 거칠기보다도 더 광택이 나는 도금을 할 수 있어서 요즘은 버프연마를 하지 않는 경우가 많다. 이처럼 광택을 내주는 약품으로 시안화구리 도금에서는 티오시안화칼륨, 니켈도금에서는 사카린, 2부틴 104디올 등이 그 대표적인 것이나 특허제품의 광택제가 수없이 많다. 광택제는 작업에 따라 소모되므로 수시로 보충해야 한다. 자동 보급기에 의해 연속주입하거나 간이 적하기를 사용한다.

물성 조절제로는 전착 응력을 감소하는 응력감소제를 들 수 있으며, 예로서 니켈도금의 1차 광택제가 대표적이다. 도금금속의 결정을 미세하게 하는 약제로는 젤라틴, 감초, 펩톤 등을 들 수 있다. 산화제 및 환원제는 욕중의 성분을 산화 또는 환원시킬 필요가 있을 때가 있다. 알칼리성 주석산욕에 과산화수소 첨가(2가 주석이온을 4가의 주석이온으로 산화하기 위해)와 니켈도금욕에 과산화수소 첨가 또는 공기교반(불순물인 철이온을 산화 침전제거를 위해) 등이 그 예이다. 크롬욕에서 욕중의 3가 크롬이 부족할 때 도금욕에 옥살산이나 구연산 등을 가해 6가 크롬을 환원하거나 시안화구리 도금욕에서 6가 크롬이 불순물로 축적되었을 때 하이드로설피이드를 첨가하여 환원시켜 그 해를 제거한다. 도금면에 피트가 생길 경우에 이것을 방지하는 약품이 피트방지제이다. 계면활성제의 하나인데 시안화구리 도금욕에는 폴리옥시에틸렌라우일 알콜이 쓰이고 니켈욕에서는 라우릴황산나트륨 등이 흔히 쓰인다. 비산방지제(미스트 방지제)는 도금시 가스가 나올 때 도금액이 극히 작은 방울로 비산되어 나올 경우가 있다. 이처럼 비산되어 나오는 것을 방지하기 위해 쓰는 약품이다. 일반적으로 피트방지제와 겸해서 사용한다. 크롬도금욕의 비산 방지제는 크롬산의 강한 산화력에 분해되지 않는 특수한 계면활성제를 사용해야 한다. 이온 봉쇄제(길레이트제), 도금욕중에 있는 특정(흔히 불순물) 이온의 작용(예 : 음극석출)을 억제하기 위해 가해지는 약품이다. 한가지 예로 니켈도금욕 중에 혼입한 불순물인 구리의 석출을 억제하기 위해 EDTA를 사용하는 것을 들 수 있으나 장기간 사용하면 이온 봉쇄제의 축적에 따른 결함이 나타나므로 이와 같은 처리는 일시적 방편으로만 사용해야 한다.

1) pH 관리

pH는 수용액 중에서 수소이온 농도[H+]의 크기를 나타내는 편의적인 수치로서 수소 이온의 지수를 말한다. 순수한 물이나 수용액에서 물분자 H_2O는 H^+와 OH^-로 극히 소량의 이온이 된다. 순수한 물은 20℃에서 1L의 물중에 10^{-7}g(10^{-7}mol)의 H^+ 이온이 포함되어 있다. pH란 [H^+] 이온 농도의 지수의 숫자만을 나타낸 것으로 순수일 경우([H^+]=10^{-7}mol/L)는 지수의 숫자가 7임으로 pH=7이 된다.

순수한 물 즉 중성의 수용액에서는 H^+와 OH^-이온의 농도가 다같이 10^{-7}mol/L이며, 산성에서는 H^+이온이 많이 존재한다. 예를 들어 순수에서의 H^+ 이온보다 10배로 많아지면 (10^{-7}→10^{-6}) pH=6이 되며 100배로 줄어지면 (10^{-7}→10^{-9}) pH=9가 된다. pH=14일때는 H^+이온이 없고 OH^- 이온이 1mol/L 있을 때이고 pH=0일 때는 OH^- 이온이 없고 H^+ 이온이 1mol/L 있을 때이다.

도금시 산처리, 알칼리탈지, 시안화구리, 피로인산구리, 니켈도금 등의 액에서는 이 액의 pH가 제품의 품질에 영향을 많이 미치므로 처리액의 pH 관리를 잘해야 한다. 특히 광택니켈 도금액에서는 그 영향이 크다. 황산구리 도금액이나 크롬도금액에서는 pH가 별 영향이 없으므로 측정할 필요가 없다. 이 액들은 아주 강산성이기 때문에 pH의 변동이 거의 없다. pH를 측정하는 방법으로는 ① 유리전극 pH 미터를 사용하는 방법, ② pH 시험지를 사용하는 방법, ③ 비색법에 의한 방법 등이 있으나 요즘은 거의 다 pH 미터에 의해 측정하고 있다. pH 미터의 원리는 간단하다. 수소이온의 농도가 다른 2개의 액을 전지로 회로를 구성하면 농도의 농담에 의하여 전위차가 생긴다. 따라서 한쪽 액의 pH를 일정하게 유지하고 양극간의 전위차를 측정하여 다른 쪽의 pH를 아는 방법이 그 원리이다. 실제 pH 미터 측정은 기기사용 지시서에 따라 조작하도록 하고 여기서는 사용할 때 유의 사항을 기술하기로 한다.

pH 미터 조작상 유의사항은

㉠ 전극을 장기간 사용하면 그 표면에 스케일이 생기는 경우가 많다. 이때에는 0.1N 염산, 크롬산혼액, 비눗물 또는 기타의 세정제로 잘 씻고 다시 증류수로 잘 씻는다.

㉡ 유리전극이 건조하면 지시가 늦어진다. 전극을 더러운 상태로 건조한 것은 한층 더 그 영향이 크다. 따라서 유리전극은 쓰지 않을 때에도 맑은 물에 담가둘 필요가 있다. 오래 건조상태로 있던 것은 증류수에 충분히 담근 후 사용하는 것이 좋다. 또 급히 사용하고자 할 때는 0.1N 염산에 10~20분 정도 담가둔 후 증류수로 잘 씻고 나서 사용한다.

㉢ 비교전극은 액이 닿은 부분이 더러워지면 지시오차, 지시속도 저하, 지시불안정 등의 원인이 된다. 이 더러움을 제거하는 데는 염화칼리포화용액에 담가 놓으면 필요하면 가열도 한다. (가열하는 경우는 급속히 열을 가하지 말고, 또 뜨거운 상태를 찬물로 급히 식히지 않는다)

㉣ 불화물을 함유하는 용액은 유리를 용해하므로 유리전극은 사용할 수 없다.

㉤ 유리전극은 파손되기 쉬우므로 취급에 유의한다.

㉥ 비교전극 중의 염화칼리 포화용액은 사용중 감소하므로 때때로 보충 또는 전량을 교환해 준다.

㉦ 표준액을 써서 온도에 따른 pH 값의 조정을 몇번 하여도 소정의 pH 오차범위 이상일 때는 그 pH 미터는 수리를 해야 한다. 그리고 실제로 도금액의 pH를 조정하는데 있어서 황산이나 수산화나트륨을 사용할 때 진한 황산이나 고형의 수산화나트륨을 써서는 안 된다. 그대로 도금욕에 첨가하면 국부적으로 도금욕이 과열 또는 끓어올라 위험할 뿐 아니라 욕성

분 특히 유기첨가물을 분해시킬 염려가 있다. 미리 이들을 10～20%의 수용액으로 만들어 놓고 그것을 사용 하는 것이 좋다.

2) 욕온도 관리

전처리 공정의 용제탈지제, 침지탈지액, 전해탈지액, 산세액 등은 거의 가열해서 사용하고 있다. 탈지나 산세 등은 액의 온도에 의해 그 효과가 크게 영향을 받으므로 적절한 온도관리가 필요하다. 또한, 전기도금에 있어서는 도금욕의 온도가 제품의 광택, 외관, 피복력, 균일성, 전류효율 등에 중요한 영향을 미치게 되므로 도금욕의 온도관리는 항상 규정온도 범위를 벗어나지 않도록 주의해야 한다. 우선 작업 시작 시 온도가 낮기 쉬운데 이때부터 제 온도에 올라있도록 조치하고 다음은 작업 중 욕온도가 급격히 상승하거나 떨어지는 일이 없도록 조치해야 한다. 욕온이 조금 낮을 경우는 전류밀도를 조금 낮추고 시간을 늘려 도금하되 가장 적합한 조정치를 알아둔다. 온도 측정 기구는 유리제 온도계, 바이메탈 온도계, 압력식 온도계, 열전온도계, 비접촉식 온도계 등 많으나 현장에서 유리제 봉상 온도계가 많이 쓰인다. 봉상 온도계로 온도 측정 시 유의 사항은 정지상태의 욕은 잘 교반하여 액의 아래 위 및 모든 부위가 같은 온도일 때 측정하고 깨끗한 온도계를 가능한 깊이 넣어 측정한다. 피도금물 중심위치가 좋다. 온도 상승이 완전히 멈춘 후 온도계와 직각인 시선으로 시차가 없도록 눈금을 읽는다.

3) 비중관리

비중과 농도와의 관계 : 도금액의 비중을 측정하면 도금액에 함유된 모든 성분의 총합된 농도를 알 수가 있다. 황산구리도금액 또는 크롬도금액은 비중 측정으로 농도관리를 간단하게 할 수 있다. 예를 들어, 황산구리도금액을 비중 측정하여 황산구리+황산의 농도를 알면 황산만을 화학분석에 의해 간단히 구하면 황산구리농도를 구할 수가 있다.(농도관계표가 있어야 됨). 보오메계로 액을 측정하였더니 보오메계 20°Bé이 나오고 황산을 간단히 분석하였더니 50g/L가 나왔다고 하면 황산구리는 218g/L(268－50=218)임을 알 수 있다. 크롬도금욕은 더욱 비중 관리가 쉽다. 그 이유는 크롬산이 대부분이며 황산은 1/100밖에 포함되어 있지 않으므로 크롬도금액의 보오메는 크롬산의 농도를 나타내는 것으로 보아도 좋기 때문이다. 보오메 22°Bé라면 크롬산 250g/L의 농도로 나타내며, 만일 보오메 15°Bé라면 크롬산 160g/L로, 표준액일 때는 90g/L를 보충해야 한다. 비중관리 시 주의해야 할 것은 액중에 불순물이 있으면 농도가 높은 것으로 착각한다는 것이다. 황산구리 도금액이나 크롬도금액에 상당량의 철분이 혼입될 수 있고 그 외에 불순물도 많아 오차가 많음을 유의해야 한다. 분석치와 비중과의 차이가 많을 때 즉, 비중이 너무 높게 나올때는 불순물이 많다는 것을 알려주는 것이다. 또 하나 주의해야 할 것은 측정시료를 채취할 때 도금탱크의 액면이 항상 일정한 높이에 있는가 액면 표시를 해놓고 확인해야 한다. 측정할 때마다 액면의 높이가 다르다고 하면 측정치는 의미가 없는 값이 된다.

비중측정 : 도금액 비중의 측정에는 흔히 보오메계를 사용한다. 비중계를 사용하여 비중을 직접 측정해도 되나 보오메계가 눈금이 더 커서 농도차를 알기 쉽기 때문이다. 물보다 무거운 액체를 측정하는 보오메계를 중(重)보오메계라고 하고 물보다 가벼운 액체를 측정하는 보오메계를 경(輕)보오메계라고 한다. 중보오메도 : 15% 식염수에 보오메계를 뛰었을 때 나타나는 도수를 15°로 순수에 보오메계를 띄웠을 때 나타내는 도수를 0°로 하여 이 사이를 15 등분하여 눈금을 부친 것이다. 경보오메도 : 10% 식염수에 보오메계를 띄웠을 때의 도수를 0°로 하고 순수에 보오메계를 띄웠을 때의 도수를 10°로 하여 이 사이를 10 등분하여 눈금을 붙인 것이다. 비중과 중보오메도 및 경보오메도와의 관계를 식으로 표시하면 다음과 같다.

$$\text{중보오메도}(°\text{Bé}) = 144.3[1-(1/\text{비중})]$$

$$\text{경보오메도}(°\text{Bé}) = 144.3[(1/\text{비중})=1]$$

도금액의 측정에는 중보오메계를 쓰며 보통 보오메계라고 하지만 한 눈금이 0.1°의 정밀도를 가진 보오메계를 사용해야 한다.

측정조작 방법은

㉠ 실린더(500ml가 적당함)에 측정액을 9할 정도 채운다.

㉡ 측정액은 15℃ 부근까지 교반봉으로 교반하면서 냉각한다.(15℃에서 눈금이 만들어짐).

㉢ 측정액에 활성제 등이 들어 있어서 측정액의 표면에 기포가 쌓일 때는 피페트로 기포를 흡입하여 제거한다.

㉣ 중보오메계를 측정액 중에 조용히 띄워서 눈금을 읽는다. 이 때 주액면 높이에 맞추어 시차가 없도록 정확하게 읽는다.

㉤ 그 때의 온도를 온도계로 읽고 측정값을 기록한다. (예 : °Bé 22°/15℃)

4) 표면장력

도금액이나 전처리 액 중에 함유되어 있는 계면활성제의 양의 과다를 알아보는데 표면장력을 측정해서 알아볼 수가 있다. 표면장력의 측정에 적하법, 모세관 상승법, 윤환법 등이 있으나 적수계(Stagmometer)를 사용하는 적하법이 주로 쓰인다. 이 방법은 일정량의 용액일 때 떨어지는 방울수가 표면장력에 비례하여 증가하는 것을 이용한다. 표면장력을 이미 알고 있는 순수를 사용하였을 때, 떨어지는 방울수와 비교하여 값을 구한다. 측정방법은 다음과 같다.

㉠ 적수계는 크롬산 세정액으로 충분히 세정하여 깨끗이 한다.
㉡ 순수의 온도를 측정한다.
㉢ 적수계에 순수를 넣고 순수의 일정량을 적하시켜 떨어진 방울수를 측정한다.
㉣ 동일 조작을 반복하여 방울수의 평균치를 구한다.
㉤ 미리 여과해둔 시료액을 ㉡㉢㉣의 조작에 따라 방울수를 측정하고 방울수의 평균치를 구한다.
㉥ 시료액의 비중을 측정한다.
㉦ 온도에 따른 순수의 표면장력을 표에서 구한다. 10℃일 때 74.22 dyne/cm, 20℃일 때 72.75dyne/cm, 30℃일 때 71.18dyne/cm
㉧ 다음 식에 의해 시료액의 표면장력을 구한다.

[2] 도금층 시험법

1) 두께 시험

도금 두께의 측정은 다음과 같은 방법으로 구한다. 파괴식 시험과 전해식 시험의 일정한 면적의 도금층에 일정한 전류를 흘려서 양극 용해시키는 방법이다.

비파괴식 시험을 보면 중량차에 의한 방법인데 도금 전후의 중량의 차를 화학천칭으로 측량하여, 도금층의 비중과 도금표면적으로부터 평균도금 두께를 계산하고, 이것을 두께로 환산하는 방법이다. 전자식 두께 측정은 도금층을 통과 가능한 진동, 빛 등을 투사하여, 도금층과 피도금층의 물성이 다름으로 인한 반사시의 차이를 이용하에 두께를 측정한다. 와전류에 의한 방법 즉 접촉 코일위에 생기는 유도전리의 리액턴스(X ; 코일에 교류가 흘렀을 때 생기는 저항과 같은 성질을 가진것)를 이용하는 것이다. 마지막으로 형광 X-선에 의한 방법이 있는데 여기된 X-선이 도금층을 때릴 때, 도금층과 소지층에서 그 물질(원소)특유의 X-선이 방출하는데, 도금층의 두께가 두꺼울수록, X-선을 많이 흡수하므로, 형광 X-선의 양은 감소한다.

2) 밀착성

굴곡 시험을 행하며, 굴곡기에 시편을 삽입하고, 전후 90도 1회 왕복을 1회로 counter할 때, 피복박리 시까지의 횟수를 측정하여, 밀착성을 판단한다. 정성적인 방법이다. 다음으로 Acoustic Emission(AE법)인데 이는 정량화기능, 바늘을 힘을 조금씩 증가시키면서 움직이고 여기서 음향 신호를 받아 피드백해서 파괴지점에서의 하중 조사하는 것이다. 테이프법은 가장 간단하여 널리 사용되는데, 원리는 tape를 대상물에 on, off하며, 박리되는 정도를 판단한다. 압흔법은 로크웰, 브리넬 경도기 등을 사용해 압흔자에 의해 찍힌 crack 길이로 측정한다.

3) 내식성 시험

pin hole의 수로 측정하며, 도금 피막에서 소지까지 달하는 구멍이 있는지 없는지를 약품으로 조사하는 방법이며, 이것에는 페록실 시험이 많이 사용되고 있다. 염수분무 시험은 도금피막의 내식성의 가속시험법이다(그림 13.7). 현재 일반적으로 중성 염수 분무시험이 행해지고 있다.

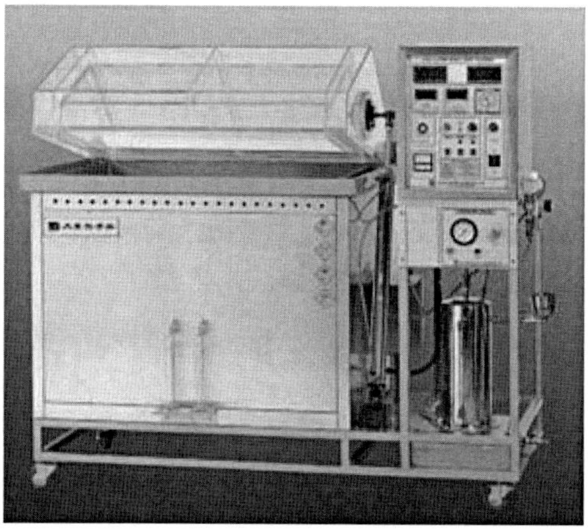

그림 13.7 염수분무시험기

13.5 표면처리의 종류 및 특징

13.5.1 구리도금

구리는 공기 중 변색하기 쉽지만 열 및 전기전도도가 양호하고 연하여 연마하기 쉽기 때문에 여러 가지 도금의 하지 도금으로 이용 된다

구리도금은 +1가, +2가 어느 것이나 석출 시킬 수 있다. +1가 이온은 시안화구리 도금액, +2가 이온은 황산구리, 붕소플루오르화구리, 피로인산구리, 술파민산구리, 등으로부터 석출 된다.

+1가 이온은 1Ah에 2.37g, +2가 이온은 1A/h에 1.186g 석출되므로 +1가 이온을 (2배 석출) 주로 사용한다.

최근에는 방청, 장식, 기능도금에 실용화 되고 있다.

① 원자번호: 29 ② 원자량: 64.546 ③ 용융점(M.P): 1,083 ℃

구리도금의 종류;

① 산성액: 황산구리 도금, 붕불화구리 도금, 썰파민산구리 도금
② 알카리성액: 시안화구리(청화동)도금, 피로인산구리 도금

[1] 황산구리($CuSO_4$)도금

1) 도금액의 조성 및 조건 (비중: 25℃에서 19～24°Bé)

[표 13.41] 도금액의 조성 및 조건 (비중: 25℃에서 19～24°Bé)

성분 및 조건	표준액	비고
$CuSO_4$, g/l	150～250	보통 : 240g/l
H_2SO_4, g/l	45～80	보통 : 50g/l비중(÷1.83)
광택제 cc/ℓ	적정량	시판용
온 도 ℃	10~30	18~23 ℃
음 극전류밀도	1~8	교반시 10A/dm^2이상 흐른다.
양극전류밀도	0.5~5	면적은 물품표면적 2배이상

양극	함인동판	양극 불용선 피막 제거
여과	상시여과	1시간당 액이 4～6회 순환
교반	공기교반	
염소이온(ppm)	20~120	
시간(min)	10~30	

- 공해가 적고 비용이 적게 들며 평활성이 좋다.
- 하지 도금, 착색 하지, 전주, 프린트기판 도금에 사용한다.
- 철, 아연, 납, 아연 다이캐스팅 상에 밀착력이 나빠 직접 도금이 어렵다.
- leveling(평활화)작용이 좋아 버프 흠을 없애고, 광택을 얻기 쉽다.
- 피복력은 알칼리성 욕에 비하여 떨어진다

2) 도금액 성분의 역활

(1) $CuSO_4 \cdot 5H_2O$

① 구리이온의 보급원이며 욕의 전도성을 좋게 한다.

② 농도가 크면 높은 전류밀도로 작업할 수 있다.

③ 구리의 양이 25℃에서 240g/L 이상 되면 탱크 바닥이나 양극에 결정이 생긴다.

★ 결정을 없애주는 방법

- H_2O로 희석 시킨다.
- 극의 면적을 감소시켜 농도를 낮춘다.

★ 부동태 - passivity

- 도금액 중에서 분해 전압에 달하게 되면 양극에 산소가 발생하게 되며 양극 표면에 안정된 산화물층이 생겨 양극이 불용성으로 된다.
- 금속이나 합금이 어느 용액 중에서 화학적 또는 전기화학적인 용해나 반응이 정지되는 표면 상태를 말한다.

★ 부동태화된 상태를 없애주는 방법

- 여과포, 양극주머니: 묽은 염산이나 황산에 담근다.
- 양극판: 브러시로 깨끗이 닦아낸다.

(2) H_2SO_4

① 전기 전도도를 증가시킨다.

② 황산40g/L 이하에서는 도금욕의 전도성이 저하되고, 액온도가 상승한다.

③ 양극 용해를 양호하게 해준다

④ 황산의 양이 많으면 양극에 부동태 현상이 나타남.

⑤ 보통 45～60cc/l정도이며 농도가 높으면 균일전착성이 감소되고, 고전류밀도부는 광택이 감소한다.

(3) 광택제

① 도금면의 광택이 양호하다

② 결정이 미세하고 수지상 석출을 방지한다

- 수지상 석출: 도금이 평활하지 않고, 요철 또는 새집같이 구멍이 많은 도금이 되는 현상,(광택제를 사용하지 않을 경우 많이 나타남)

③ 도금 면이 평활해진다.

④ 전류밀도가 증가한다.

⑤ 도금 층이 경화된다.

⑥ 과량이면 도금 층이 주름지거나 균열이 생긴다.

⑦ 타 광택제로 전환 시는 활성탄 처리를 해 준다

3) 도금액의 관리

(1) 온도

① 18～23℃가 가장 적당하다.

② 온도가 낮으면 도금이 취약해지고 10℃ 이하에서는 밀착 불량이 난다. 황산동 결정이 생겨 농도가 낮아짐.

③ 온도가 높으면 도금 표면이 거칠게 되기 쉽고, 광택제를 분해시켜 소비량이 많아진다

④ 가열관은 석영관, 티타늄관.

(2) 양 극

① 인(P: 0.01～0.05%)을 함유한 함인동판을 사용한다.

② 물품 면적의 최소 2배 이상의 양극을 사용한다.

③ 양극 주머니를 씌워 준다. (폴리프로필렌 등)

★ Sludge－양극에서 녹아 나오는 찌꺼기.

(3) 교반

① 균일한 광택을 얻기 위해 교반시킨다.

② 무교반시 액의 상,하 농도차가 생겨 광택의 차이가 난다.

③ 구리이온이나 광택제를 물품에 골고루 보내주므로 높은 전류밀도가 되어 Pit 또는 광택의 얼룩무늬 발생을 막아준다.

④ 교반방법 － 공기교반, 음극진동, 초음파교반.

※ Pit 원인 ; 전처리 불량, pH 불량, 농도 불량, 전류밀도의 과대, 접촉 불량, 불순물 혼입, 표면 장력이 크다, 수소기포부착, 무교반

(4) 여과

① 양극 Sludge 나 외부에서 들어온 먼지, 이물질 등을 제거해야 부풀음, 피트, 거친 도금 등을 방지 해준다.

② 여과기는 1시간에 액이 4～6회 순환할 수 있는 능력이 있어야 한다.

4) 불순물의 영향

(1) 철. 니켈: 가장 들어가기 쉬운 불순물로 전도도가 저하, 많으면 거친 도금이 된다.

－ 대책: 공기교반으로 철을 산화시키고, 수산화나트륨으로 중화시켜 pH를 4.7 정도로 맞춰서 수산화제2철로 침전시킨 다음 여과하여 황산을 가해 pH를 맞춘다.

(2) 납: 연속여과

(3) 안티몬(Sb), 비소(As): 도금이 조잡하고 취약하다.

－ 대 책: 젤라틴을 적당량 가한다.

(4) 유기 불순물: 광택제, 계면활성제와 같은 첨가제의 분해 생성물, 도금조의 라이닝, 양극 주머니 재료 등을 들 수 있으며 활성탄 처리로 제거된다.

5) 황산구리도금의 결함, 원인과 대책

[표 13.42] 황산구리도금의 결함, 원인과 대책

결함	원인	대책
양극에 불용성 피막이 형성된다.	① 양극 전류가 높다 ② 염화물 과잉 ③ 황산 140g/ℓ이상 ④ 질산은 혼입	① 양극면적 증가 ② 아연분말 처리 ③ 황산 80g/ℓ조정 ④ 염산을 가해 염화은으로 침전제거
암적색의 밀착력이 약한 거친 도금이 된다	① 황산, 황산구리 부족 ② 온도가 낮다 ③ 전류밀도가 높다 ④ 무교반	① 보충 ② 온도유지 18−23℃ ③ 전류밀도 저하 ④ 교반
거친 도금이 석출된다	① 액에 부유물이 있다 ② 양극에 블순물이 많다	① 액의 연속여과 ② 고순도 양극으로 대처
면의 광택이 부족하다	① 광택제가 많거나 적다 ② 유기불순물이 많다 ③ 온도가 높다 ④ 무교반	① 분석후 조정 ② 활성탄처리 ③ 온도를 맞게 ④ 교반

[2] 시안화구리 (청화동−CuCN)도금

1) 도금액의 조성 및 조건

(1) 시안화구리 스트라이크욕(저농도): 스트라이크(strike)란 높은 전류밀도로 짧은 시간 (30sec～1min)에 도금하는 것을 말한다.

① 특히 1분 이상 Strike를 하고 싶을 때는 롯셀염($KNaC_4H_4O_6 \cdot 4H_2O$)을 첨가하는 것이 좋다.

② 도금의 두께는 1～2μm이다.

③ 유리시안화 나트륨의 감소는 밀착불량을 초래한다.

④ Al상에 Strike는 NaOH, KOH을 넣지 않는다.

(2) 중농도와 고농도 도금액

① 양극 전류밀도는 1.6～2.1A/dm^2의 범위에서 양호한 도금을 얻을 수 있다.

② 3.2A/dm^2 이상이 되면 양극에 불용성 피막이 생겨 양극 용해가 잘 안 된다.

③ 액을 교반하면 전류밀도를 높일 수 있다.

④ 액의 농도가 높아서 묻어나는 손실이 크다.

⑤ 고전류밀도로 도금하기 때문에 Pit 발생이 쉬우므로 계면활성제를 넣는다.

[표 13.43] 저농도, 중농도와 고농도, 바렐욕 도금액

	저농도 (스트라이크)	중농도(일반욕)	고농도(고속도)	바렐욕
시안화구리	15～30	60～75	90～120	45～60
시안화나트륨	20～45	70～85	100～140	70
유리시안화나트륨	11.5～15	7～12	10～15	15～23
수산화나트륨	0～7	10	20	–
롯셀염	15～30	70～85	100～140	70
pH	11.5	12.5	12.5～13	–
온도 ℃	40～55	50～65	60～80	50～60
전류밀도 A/dm^2	0.5～4	2～4	4～80	–
교반	–	음극, 공기	음극, 공기	–
음극효율%	30～50	80～99	90～99	–
여과	연속	연속	연속	–
전압V	4～6	↑6	↑6	6～12
전압V	4～6	↑6	↑6	6～12
°Bé(비중측정단위)	6～8	12～15	20～25	

◎ 참고사항

+ 이온: 전리로 인해 생긴 전기를 가진 입자를 말한다.

+ 전리: 전해질 수용액 중에서 일부분이 전기적 성질을 가지고 음이온과 양이온으로 분리되는 것.

+ 음극효율 : 음극에 석출된 도금량은 전기가 통과한 이론 석출량의 몇 % 인가를 나타내는 것

2) 도금액 성분의 역할

(1) 시안화구리

– 시안화구리는 구리이온의 보급원이다.

– 시안화구리는 물에 용해되지 않으므로 시안화나트륨을 용해한 용액에 넣어 용해시키면 시안화나트륨과 반응하여 시안화구리 나트륨(착염)을 만들어 구리이온을 공급한다.

$CuCN + 2NaCN \rightarrow Na_2Cu(CN)_3$

★ 착염 : 염의 수용액 중에서 이온과 이온의 결합에 의해 만들어진 이온을 착이온이라 하며, 이 착이온을 가진 염을 착염이라 한다.

(2) 유리시안화나트륨

- 시안화나트륨에 시안화구리를 가하면 착염을 만들고 이때 남은 시안화나트륨을 유리시안화나트륨 이라 한다.
- 유리시안화나트륨은 양극을 용해 구리이온을 조절하는 역할을 한다.
- 욕 중에 NaCN이 너무 많을 때는 도금속도가 늦고 가스가 심하게 난다(물에 보충하여 pH를 적 범위로 낮춘다)
- 고 농도 액에서 구리이온이 적을 때 고전류 부분이 타고 액이 푸른색으로 되며 양극 용해가 나빠져 밀착불량을 일으킨다.

(3) 시안화나트륨

- 백색의 조해성 고체로 산과 반응하면 독성이 매우 큰 시안화수소(HCN) 가스를 발생하므로 환기를 해야 한다.
- 양극용해 작용과 전류효율에 큰 영향을 미친다.

(4) 수산화나트륨(NaOH), 수산화칼륨(KOH)

- pH를 높이고 전기 전도도와 평활한 도금에 도움을 준다.
- 양극용해 및 피복력 향상을 위해 첨가한다.

(5) 탄산나트륨(Na_2CO_3)

- NaOH과 NaCN이 작업 중 산화 또는 공기 중에 이산화탄소(CO_2)를 흡수하여 자연적으로 생성한다.
- 함유량은 60g/l가 한계로 이상이면 양극 용해와 광택, 평활성이 나빠 조잡한 도금이 된다.

(6) 롯셀염(주석산나트륨 칼륨−$KNaC_4H_4O_6 \cdot 4H_2O$)

- 유리시안화나트륨의 양극 용해를 도와준다.
- 두꺼운 도금이 가능하며 광택을 좋게 한다.
- 시안화구리 도금에는 양극 용해를 위해 가한다.

(7) 티오시안화칼륨(KCNS)-로단칼륨

- 광택제 역할을 하며 불순물에 대한 영향도 억제 해준다.
- 무기광택제 : 티오황산나트륨, 아셀렌산 나트륨, 아연산나트륨, 카드뮴, 아연, 니켈, 염기성 탄산납
- 유기광택제 : 사카린, 티오요소, 구연산염

3) 도금액의 관리

탄산나트륨의 관리 60g/L이상이면 음극전류효율 저하, 액의 전도도 감소를 가져온다.

※ 제거 방법

- 냉각법; 5℃ 이하로 냉각 결정체로 석출, 침전 후 여과 제거한다. (주로 겨울에 사용. 양의 약 반 정도 제거)
- 희석법
- 수산화칼슘 첨가법 - 수산화칼슘, 황산칼슘으로 침전 제거하는 방법.

ex) 수산화칼슘에 의한 제거법 $Na_2CO_3+Ca(OH)_2 \rightarrow CaCO_3\downarrow+2NaOH$
위의 반응으로 탄산칼슘이 침전하기 때문에 1kg의 탄산나트륨을 제거하는데 0.7kg의 $Ca(OH)_2$이 필요하다. - 수산화칼슘을 가한 후 온도를 80~85℃로 유지해서 2시간 이상 교반, 방치한 후 여과시킨다.

4) 불순물의 영향

(1) 유기 불순물

- 현상 : 밀착불량, 얼룩, 피트, 핀 홀, 광택불량
- 대책 : 활성탄 처리, 연속여과(유기물, 광택제 제거)

(2) 금속 불순물

[표 13.44] 불순물의 영향, 제거방법

불순물	영 향	제거방법
6가 크롬	0.01g/l 되면 무광택, 조잡, 균일 전착성불량, 밀착 불량	– 공전해(전해환원) – 차아황산나트륨으로 환원
Pb	0.03g/l 이하 광택제 역할. 많아지면 피트발생, 조잡한 도금, 분극이 생긴다.	– 약전해(65℃, 0.2 A/dm^2) – 청화소다 첨가침전
Zn Cd	0.02g/l 이하 광택제 역할. 많아지면 음극효율 저하, 저전류밀도부에 황동석출	– 약전해(65℃, 0.2 A/dm^2)

13.5.2 니켈도금

[1] 니켈도금의 개요

니켈도금은 철, 황동에 대해 직접적으로 밀착이 좋은 도금을 얻을 수 있으며, 광택제를 사용 완전 광택을 낼 수 있어 도금 금속 중 최고의 가치가 있는 금속이다.

1) Ni의 특징

① 원자가 : 2(Ni^{2+}), 원자량 : 58.71, 비중:8.9(20℃), 용융점:1445℃

② 변색이 적고 방청력이 크다.

③ 경도, 유연성이 좋고 은백색으로 장식용으로도 좋다.

④ 질산에 박리되며, 황상과 염산에 약간 녹는다.

⑤ 내식성, 내마모성, 납땜성이 좋다.

2) 용도

니켈도금은 최종 하지도금으로 많이 쓰이며, 전주도금, 특수도금, 방식과 장식도금 등 도금 중 가장 많이 사용됨.

3) 종류

광택 니켈, 무광택 니켈, 싸틴(Satin) 니켈, 니켈 스트라이크, 듈 니켈, 전주용 슬파민산니켈, 흑색 니켈, 경질 니켈, 붕플오르화 니켈, 슬폰산 니켈, 바렐 니켈, 화학 니켈, 2중 니켈(빈광택→광택니켈), 3중 니켈(반광택→스트라이크 니켈→광택니켈)

(1) 니켈 스트라이크

-3중 니켈 도금시 중간에 밀착을 양호하게 하기 위해 스트라이크 도금을 해준다.

★ (청화동도금 금지→밀착불량의 원인)

(2) 무광택 Satin니켈

- 비전도성 초립자 (0.2～0.8μm)첨가.
- 무광택 유백색 색상을 준다.

(3) 듈 니켈 도금(Dull Nickel Plating); Microporous Ni-plating

- 광택니켈후 도금액 내에 특수한 불용성 초립자(0.02μm 이내)가 표면에 부착되면 그 부분이 도금이 되지 않게 하는 방법이다(미국 Udylite사의 상품명).
- 내식성이 좋은 미소다공성 도금을 하는 방법이다.

(4) 전주용 슬파민산니켈

- 고속도, 고광택, 저내부 응력, 고평활성이 요구되는 도금에 쓰인다.

(5) 붕플루오르화 니켈

- 유연성이 좋고, 내부응력이 적어 전주용 도금에 쓰인다.

(6) 슬폰산 니켈 : 저 내부응력, 전주용 고속도금이다.

[2] 광택 니켈 도금

1) 도금액의 조성 및 조건

[표 13.45] 광택 니켈 도금액의 조성 및 조건

성분 및 조건	Udylite사 조건	비 고
$NiSO_4 \cdot 6H_2O$, g/ℓ	240～320	240
$NiCl_2 \cdot 6H_2O$, g/ℓ	45～60	45
H_3BO_3, g/ℓ	45～60	45
광택제(#63/#61) mℓ/ℓ	10/5	도금시 반대

온 도 ℃	55～65	55
전류밀도 A/dm^2	1～12	2−8
교 반	공기교반	−
여 과	상시여과	−
pH	3.5～4.5	5
시 간, 분	5～15	10
양 극	전해니켈	−

※ 완충작용 : pH 변화를 안정하게 해주는 역활

※ 완충제 : 붕산, 의산니켈

※ 붕 산 : 4.5～5.5 pH

※ 의산(포름산) 니켈 : 2.5～4.0 pH

2) 도금액 성분의 역할

(1) $NiSO_4$:니켈함유량−22.3%

① 도금의 주성분이며, 니켈 이온의 공급원이다.

② 농도가 감소하면 광택이 저하하고 충분한 도금 두께가 되지 않고 도금 속도도 느리다.

(2) $NiCl_4$: 니켈함유량−24.7%

① 양극 용해를 좋게 하고, 액의 전기전도도 향상.

② 밀착성, 평활성이 향상되어 전류밀도가 넓어진다.

③ 과잉되면 Pit와 피막를 경화시키며, 적을 때는 광택이 떨어진다.

④ 양극 분극을 감소시켜 욕의 전도성을 좋게 해준다.

− 수소가스의 방해

(3) H_3BO_3

① 백색 결정 또는 미세한 분말로 80℃ 이상에서 잘 용해되며, 액의 온도가 낮으면 도금액 중에서 결정으로 된다.

② pH의 완충제 역할을 하며, 광택범위 확대, 평활성, 내부응력 감소, 균일 전착성 향상, 검게 타는 현상감소 등의 역할을 한다.

③ 부족시 도금 색이 뿌옇고 pH 변동이 심하며, 고전류밀도부가 타는 현상을 가져온다.

★ 양극분극 : 가용성의 양극분극에서는 용해된 금속 이온이 축적되고 농도가 짙어져 있기 때문에 용해되려고 하는 것을 방해하려는 움직임.

(4) 광택제

① 1차 광택제와 2차 광택제로 분류한다.

② 1차 광택제

- 2차 광택제 보호와 소지가 가지고 있는 광택을 유지하고 내부응력으로 강한 도금을 좀더 유연성 있는 도금으로 해준다.
- 1차 광택제가 모자라면 도금이 취약해지고 내부응력이 커진다.
- 한번 첨가하면 장시간 동안 사용한다.

★ 종류 : 1.3.6-나프탈렌, 사카린, 슬폰산소다, 슬폰아미드, G-1, 그리인라벨-Ⅱ, SL-21, 유딜라이트 #63 등이 있다.

③ 2차 광택제 – 면을 유리알 같이 좋은 광택을 만들어 준다.

- 광택도금에 있어 고속도, 저 pH욕에서 도금을 할 때는 Pit가 생기기 쉽다. 계면 활성제인 피트방지제를 사용 할 필요가 있다.

★ 종류 : 젤라틴, 부텐디올, 쿠마린, 포르말린, G2, MSL-Ⅱ, SL-22, 유딜라이트 #61 등이 있다.

④ 광택제 첨가 방법

- 처음 광택제의 비율을 1차 : 2차를 2 : 1 로 하고 도금 시작후 비율을 1차 : 2차를 1 : 3-4로 보충 해준다.
- 활성탄 처리를 하면 새로운 액을 건욕한 것과 같이 광택제을 넣어준다.

(5) 니켈 양극

① 전해 니켈 양극

- 순도 99.98%며 불순물은 Fe, Cu, Pb, C, S 등이다.
- 양극용해가 나쁘기 때문에 양극전류밀도를 2A/dm^2 이하로 해야 한다.
- 양극은 적은 것을 여러 개 사용하는 것이 좋다

② 카아보나이즈드 양극 (C-Ni니켈양극)

- 양극 전류밀도는 5～6A/dm^2로 높고, 전기니켈을 용해하여 C와 Si 성분이 소량 첨가시킨 후 주조한 뒤 압연한 것이다.

- C와 Si 성분이 불용성 물질이 있기 때문에 양극주머니를 씌워준다.

③ 디폴라이즈 니켈양극

- 전기니켈을 고주파 유도로에서 용해하여 산소를 0.05~0.1% 정도 함유시켜 주조한 후 압연시켜 10mm 판으로 만든 것이다.
- 양극전류밀도를 3A/dm^2까지 사용하고 광택제 없는 Watt욕에 적합하다.

④ SD니켈양극

- 전기니켈에 소량의 S(0.01–0.02%)을 넣어서 양극 용해가 잘 되게 만든 것이다.
- 소각형으로 티타늄바스켓에 넣어서 사용한다.
- 양극 전류밀도는 2A/dm^2 이하이다.
- 양극 불용성이 적어 널리 사용된다.

3) 도금액의 관리

(1) 니켈 농도

① 소모량과 니켈양극의 용해 부족으로 농도가 낮아지므로 보오메로 측정 보충한다.

② 1주일에 한번은 분석에 의해서 조정 해준다.

(2) 염화물

① 물건에 묻어 감소하므로 분석에 의해 보충한다.

② 적으면 양극용해, pH가 떨어지며, 평활작용, 유연성이 적어진다.

(3) pH 완충제

① pH 저하

- 양극용해가 나쁜 것을 의미 Pit가 생기기 쉽다.
- pH를 높이는 약품은 탄산니켈 4%의 가성소다, 수산화암모늄 등이 있다.

② pH 증가

- 양극 용해가 좋은 것을 의미하며 구름이 끼기 쉽고, 도금이 취약하게 되기 쉽다.
- pH 안정제 약품은 붕산, 황산, 염산 등이 있다.
- 붕산의 과량은 도금에 지장은 없으나 온도가 낮을 때 여과기에 의해 제거 소모되는 경향이 있다.

(4) 광택제

① 물건에 묻어 나오는 것, 분해, 전착, 활성탄처리 등에 의해 소모된다.
② 광택제는 전류량(A×h), 도금상태, 분석에 의해 보충한다.

(5) 온 도

① 액온도가 70℃ 이상이면 광택제가 분해될 수 있다.
② 온도가 낮으면 고전류밀도 부분이 타기 쉽다.

(6) 교 반

교반은 성분, 농도, 온도를 균일하게 유지하고 전류밀도를 높여 고속도로 도금하며 완전 광택을 얻는다.

(7) 여 과

액 중의 먼지, 양극슬러지, 수세과정에서 유입되는 각종 불순물이 불량의 원인이며 상시 여과를 한다.

(8) 피트 방지

① 피트 방지제는 라우릴 황산나트륨이 사용된다.
② 피트는 유·무기 불순물이나 광택의 비율이 맞지 않을 경우 일어나기 쉽다.
③ 피트 방지제는 표면장력을 저하시켜 수소의 기포가 표면에서 이탈되어 피트가 방지된다.

(9) 유기 불순물 혼입의 경로

버프연마제, 먼지, 콤프레셔로부터 공기와 더불어 윤활유 혼입 기타 방법에 의한 방청유, 기계유 유입 탈지, 수세 부족 등이 있다. (활성탄 처리로 제거)

(10) 무기 불순물

① Zn, Fe, Pb, Cu는 0.5A/dm^2로 약전해 하면 거의 제거할 수 있다.
② 불순물이 없을 경우 약전해 판이 백색이 된다.

[3] 무광택 니켈도금

1) 도금액의 조성과 조건

[표 13.46] 무광택 니켈 도금 조성 및 조건

성분과 조건	복염욕	보통욕	왓트욕	회전욕
황산니켈암모늄	75	–	–	–
황산니켈	–	150～200	240	70～150
염화니켈	–	–	45	–
염화암모늄	15	15	–	30
붕산	15	15	30	30
PH	6.0～6.2	5.4～6.2	1.5～6.0	5.0～5.5
온도	실온	20～35	40～50	30～40
음극전류밀도	0.4～0.5	10.5～1.5	2～10	–

① 무광택 니켈은 니켈염, 염화물, 붕산이 주체가 된다.

★ 니켈염 : 황산니켈, 황산니켈 암모늄

★ 염화물 : 염화니켈, 염화암모늄, 염화나트륨

② 광택제를 첨가하지 않고 특수한 미립자로 액속에서 물건에 때려 무광택으로 만드는 방법이다.

③ 샌드블라스트 등으로 미리 표면에 쇠가루로 때려 무광을 내는 경우도 있다.

[4] 2중 니켈도금

① 장식니켈 도금법인 Cu–Ni–Cr의 도금 공정을 Ni–Ni–Cr의 공정으로 변형하는 방법이다.

② 하층은 평활성과 연성을 갖는 S(황) 성분이 없는 반광택 니켈 도금을 하고, 상층은 광택 니켈 도금을 하여 내식성 향상이 주목적이다.

③ 도금의 두께

★ 반광택니켈을 약 14μm(75%)로 하고

★ 광택니켈을 약 6μm(25%)로 행하고 있다.

④ 수도꼭지, 파이프, 특히, 아연 다이캐스팅 등 내식성을 필요로 하는 도금에 행해진다.

1) 2중 니켈 도금공정

탈지 → 전해탈지 → 산침지 → 반광택니켈 → 광택 니켈 → 크롬도금

2) 도금층이 내식성을 주는 이유

① 반광택 니켈은 전기화학적으로 광택 니켈보다 적은 전위를 가지고 있어 광택 니켈에 부식이 일어나면 반광택 니켈층에서 저지된다.

② S이 없는 니켈은 S이 있는 니켈보다 화학적 용해도가 작다.

③ 광택 니켈이 엷을 때 옥외 노출시험, 가속 부식시험, Etching을 시키면 pin hole이 많고 광택 니켈층이 속히 부식된다는 것을 알 수 있다.

3) 니켈층간의 밀착성 관리

① 수세하는 도중 공기 중 피막이 생기므로 간단하고 빠르게 한다.

② 액중 유·무기물의 접촉에 의해 밀착성이 떨어진다.

③ 대기 중 불활성 물질을 처리하기 위해 내부 환기를 철저히 한다.

④ 2중니켈 도금은 하지용으로 무광택욕을 써도 좋으나 작업성이 나쁘기 때문에 약간의 광택제를 함유하고 있는 것을 사용하는 것이 좋다.

4) 반광택 니켈 도금의 광택제

① 1.4부텐디올 → 0.2g/L

② 포르말린 → 1mg/L

③ 쿠마린 → 0.1g/L

④ 쿠마린 → 0.1g/L + 포르말린 1mg/L

⑤ 쿠마린 → 0.1g/L + 1.4 텐디올 0.05g/L

[5] 3중 니켈 도금

① 광택과 반광택 중간에 극히 엷은(0.3~0.8μm)스트라이크 니켈도금을 하는 것이다.

② 기본 액의 성분은 광택 니켈 도금액과 같다.

③ 도금공정; 반광택 니켈 → 니켈 스트라이크 → 광택 니켈 (수세 공정 없음)

④ 도금액 조성 및 작업조건

[표 13.47] 3중 니켈 도금 성분 및 조건

성분 및 조건	
$NiSO_4 \cdot 6H_2O$, g/ℓ	250～350
$NiCl_2 \cdot 6H_2O$, g/ℓ	60～110
H_3BO_3, g/ℓ	30～40
pH	10～25
온 도 ℃	2～3.5
음극전류밀도 A/dm^2	40～50
여 과	활성탄 사용불가

[6] 니켈 스트라이크 도금

① 스테인리스강 위에 밀착이 좋은 도금을 얻기 위해 행하는(전처리 과정) 도금으로 3중 니켈 도금용으로 좋다.

② Watt니켈 도금액 이라고도 말한다.

③ 염산의 가스가 발생하므로 배기설비를 해야 한다.

④ 도금액 조성 및 조건

[표 13.48] 니켈 스트라이크 도금 성분 및 조건

성분 및 조건	
$NiCl_2 \cdot 6H_2O$, g/ℓ	240
HCl, g/ℓ	125
온도, ℃	상온
음극전류밀도, A/dm^2	5~10
전압	6
시간, sec	20～120
양극	니켈판, 탄소판

[7] 흑색 니켈 도금

① 흑니켈은 장신구, 광학기기, 군용 등으로 빛의 반사를 방지하고 은은한 감각을 주기 위해 하는 도금이다.

② 일반적으로 내식성이 낮아 장식용으로 이용된다.

③ 밀착력은 양호, 내마모성과 유연성은 좋지 않아 두께를 얇게 하는 것이 좋다.

④ 변색방지을 위해 투명락카 코팅을 한다.

⑤ 액 종류는 황산니켈욕과 염화니켈욕 두 가지가 있으며 염화니켈욕이 우수하다.

◎ 도금액 조성 및 조건

[표 13.49] 흑색 니켈 도금 성분 및 조건

성분 및 조건	염화물	
$NiCl_2 \cdot 6H_2O$, g/ℓ	75	* KSCN :흑색증가 아연: 적색증가 *최종수세는 얼룩지기 쉬우므로 증류수를 사용한다.
염화암모늄, g/ℓ	30	
KSCN, g/ℓ	15	
염화아연, g/ℓ	30	
pH	5.0～5.5	
온도, ℃	상온	
전류밀도, A/dm^2	0.2	

◎ 황산니켈 도금액 조성 및 조건

- 황산니켈 → 75 g/L
- 황산니켈 암모늄 → 45 g/L
- 황산 아연 결정 → 40 g/L
- KSCN → 20 g/L
- pH→5.6～5.9
- 온도 → 상 온
- 전류밀도 → 0.05～0.2
- 전압 → 0.5～1.5

[8] 바렐 니켈 도금

① 도금액 조성 및 작업조건

[표 13.50] 바렐 니켈 도금 성분 및 조건

성분 및 조건	
황산니켈, g/ℓ	200～300
염화니켈, g/ℓ	40～50
붕산, g/ℓ	30～40
온도	45～65
pH	4.5～5.0

② 도금상 주의 할점

- 양극, 음극, 부스바, 접점 등을 깨끗이 한다.
- 양극의 표면적, 바렐의 구멍을 크게 하는 것이 좋다.
- 회전수는 물건에 따라 다르게 한다.
- 온도는 70℃ 이하로서 되도록 높게 유지한다.
- 양극용해 촉진 약품이 부족하지 않도록 한다.
- 묻어 나오는 액량을 계속 보충한다.

③ 회전수

- 직경이 작은 바렐 : 15～20 rpm
- 직경이 큰 바렐 : 5～15 rpm
- 보통 : 6～8 rpm

[9] 전주니켈 도금(슬파민산니켈 도금)

- 전기화학 작용을 이용하여 주물을 만드는 것이다.
- 기능도금의 일종으로 도금을 이용 물품을 만드는 제조기술이다.
- 전주는 모형의 표면에 두꺼운 도금을 하여 이것을 모형에서 분리하여 모형과 완전히 반대편 형상의 제품을 얻거나 그 얻어진 제품의 표면에서 박리처리를 하여 같은 모양의 두꺼운 도금에 의해 모형의 표면과 같은 제품을 얻는 방법이다.
- 전주에서의 두께는 일반적으로 전기도금보다 두껍고 보통 0.025μm～25μm 정도이며, 전기도금의 0～50배이다.

1) 용도

전기면도날망, 레코드 스템프, 비디오디스크 스템프, 로켓트 노즐, 광학 부품 (렌즈, 반사경, 프리즘), 기계부품 (기어, 캠) 등

2) 도금액의 종류

술파민산니켈, 붕불화니켈, 염화암모늄, 염화니켈, 왓트, 술폰아미드산 니켈욕 등이 있으며 이중 술파민산니켈과 왓트액이 가장 많이 사용된다.

3) 전주 작업 공정

원형 → 모형제작 → 전도성 부여 → 전주니켈도금 → 박리처리 → 끝손질 (불필요한 부분 제거, 크롬도금)

★ 모형 제작 재료 : 황동, 알루미늄, 아연다이캐스팅, 플라스틱, 스테인리스강, 아연, 목재, 석고

– 목재나 석고는 왁스나 락카를 도포한다.

★ 전도성 부여 : 흑연, 동분말, 스파터링–은경처리

4) 도금액 조성 및 조건

[표 13.51] 전주 니켈 도금 조성 및 조건

왓트 니켈		슬파민산 니켈	
황산니켈	225～300	황산니켈암모늄	315～450
염화니켈	37.5～52.5	염화니켈	0～22.5
붕산	30～45	붕산	30～45
온도	44～65	온도	30～60
교반	공기, 기계	교반	공기, 기계
pH	3.0～4.2	PH	3.5～4.5
양극	니켈판	양극	니켈판
음극전류밀도	2.7～10.8	음극전류밀도	5～32.3
여과	상시	여과	상시

① 슬파민산은 무기물의 결정체이며, 흡수성이 없어 증발하지 않는다.

② 슬파민산은 독성과 냄새가 없고 가스 발생도 없다.

③ 도금 후 다음 작업을 위해 약전해를 해 주어야 한다.

④ 양극판은 바스켓을 쓰는 것이 좋다.

⑤ 특징은 경도, 내마모성, 인장강도, 기계적 강도가 크다.

[표 13.52] 광택 니켈 도금액 결함 원인 및 대책

결함	원인	대책
밀착불량	① 전처리 불량 ② 액의 혼탁 ③ 불순물 ④ 2중 도금되어 있다.	① 전처리법 검토 ② 여과 ③ 구리, 철, 아연, 유기물, 불순물에 주의. ④ 전원 파형, 접촉에 주의한다.
구름낌	① 전처리 불량 ② 온도가 높거나 낮다. ③ 전류밀도 부적당 ④ 교반이 불충분 ⑤ 붕산,니켈,염화물 부족 ⑥ 액의 혼탁과 pH가 부적당	① 전처리법 검토 ② 온도 조절 ③ 전류밀도 조정 ④ 송풍설비, 송풍량 점검 ⑤ 분석에 의해 보충 ⑥ 여과. pH를 측정 수정한다
피트	① 재료, 전처리가 불량 ② 전류밀도 과대 ③ 온도가 낮다. ④ pH가 낮다. ⑤ 액의 혼탁 ⑥ 불순물	① 재료의 검토와 전처리법 검토 ② 조절 및 전류 분포에 주의 ③ 온도를 높인다. ④ 탄산니켈, 4%수산화나트륨을 첨가 ⑤ 여과 ⑥ 철, 유기 불순물에 주의
더덕부착	① 전처리 불량 ② 액의 혼탁 ③ 양극에 잔사가 생긴다	① 브러시, 전해탈지액의 청정도에 주의 ② 여과 ③ 양극주머니 사용, 여과량을 증가
평활도 광택도 감소	① 광택제 부족 ② 니켈농도 부족 ③ 암모니아염이 들어있다. ④ 액의 혼탁 ⑤ 불순물	① 분석 또는 할셀 시험으로 보충 ② 분석해서 보충 ③ 들어가지 않도록 주의 ④ 여과 ⑤ 철, 크롬산, 유기물 불순물에 주의
취약한 전착	① 광택제의 과잉 ② PH가 너무 높다. ③ 전류밀도 과대 ④ 불순물	① 액을 묽게 하든가 전해, 제거한다. ② 황산이나 염산으로 낮춘다. ③ 조절한다. ④ 불순물을 제거한다.

조잡한 도금	① 전처리 불량 ② 니켈농도 부족 ③ 염화물 부족 ④ 온도가 낮다. ⑤ 전류밀도 과대 ⑥ 전류분포 불량(국부적 전류밀도 과대) ⑦ 혼탁 ⑧ 불순물	① 연마, 탈지, 솔질, 수세에 특히 주의 ② 황산니켈 보충, Bé 10° 이상 올림 ③ 염화암모니아, 염화니켈 보충 ④ 20℃ 이상에 가온 ⑤ 0.5～1A/dm²로 조정 ⑥ 극간거리를 크게 또는 보조음극 사용 ⑦ 여과 ⑧ 특히 구리, 납, 철에 주의
부풀음	① 하지구리도금 불량 ② 니켈농도 부족 ③ 전류밀도 과대	① 구리도금조건을 검토 ② 황산니켈 보충 ③ 0.5～1A/dm²로 한다.

[표 13.53] 니켈 도금액 결함 원인 및 대책

결함	원인	대책
밀착불량	① 전처리 불량 ② pH가 부족 ③ 니켈농도 부족 ④ 액의 혼탁 ⑤ 불순물 ⑥ 온도가 낮다. ⑦ 전류밀도 과대	① 전처리 검토 (특히 탈지액, 약산침지액을 조사) ② 황산, 탄산니켈 또는 암모니아수로서 조정 ③ 황산니켈보충, Bé 10° 이상으로 한다. ④ 여과, 양극주머니 사용 ⑤ ④를 참조해서 제거 ⑥ 20℃ 이상으로 가온 ⑦ 0.5～1A/dm²로 조정
회색도금	① 니켈농도가 낮다 ② pH가 높다. ③ 붕산 부족 ④ 불순물	① 황산니켈을 첨가해서 Bé 10° 이상으로 한다. ② 묽은 황산으로 수정 ③ 분석, 규정의 농도로 만든다. ④ 제거한다.
줄	① 전처리 불량 ② 니켈농도 부족 ③ 전류밀도 과대 ④ 불순물 ⑤ rack결함	① 탈지법, 수세를 특히 주의 ② 황산니켈보충, Bé 10° 이상으로 한다. ③ 0.5～1A/dm²로 조절 ④ 특히 아연, 질산근, 유기물을 조사해서 제거 ⑤ 걸이 구조검토, 니켈 도금된 것 제거

균일피복성 불량	① pH가 낮다. ② 니켈농도 부족 ③ 염화물 부족 ④ 액온이 낮다. ⑤ 전류밀도가 낮다 ⑥ 접촉 부족 ⑦ 불순물	① 탄산니켈 또는 암모니아수로서 조정 ② 황산니켈을 가해서 Bé 10° 이상으로 한다. ③ 염화암모니아, 염화니켈 보충 ④ 20℃ 이상으로 한다. ⑤ 0.5～1A/dm^{2}로 한다. ⑥ 부스바, 걸이의 접촉부 조사, 걸이 구조 검토 ⑦ 제거한다.
피트	① 전처리 불량 ② pH부족 ③ 니켈농도 부족 ④ 붕산 부족 ⑤ 농도가 낮다. ⑥ 전류밀도 과대 ⑦ 접촉 불량 ⑧ 불순물 ⑨ 혼탁	① 탈지, 산세, 수세에 특히 주의 ② 황산, 탄산니켈, 암모니아수로 조정 ③ 황산니켈을 가해서 Bé 10° 이상으로 한다. ④ 분석해서 보충 ⑤ 20℃ 이상으로 한다. ⑥ 0.5～1A/dm^{2}로 조정 ⑦ 걸이와 걸이 사이에 중량차가 있을 경우, 한쪽만 전류가 흐른다. ⑧ 철, 망간, 유기물에 주의 ⑨ 여과하고, 양극을 주머니로 싼다

[표 13.54] 니켈 도금액 불순물의 영향 및 대책

불순물	허용량	고장	원인	대책
알루미늄	0.008	구름이 끼고 전류밀도가 높은 곳 탄다.	소지(알루미늄, 아연다이캐스트)나 여과보조제에 혼입	pH 0.5이상에서 방치, 여과
크롬산	0.006	피복력 불량, 음극효율 저하	크롬액의 물방울 걸이의 수세 불량	탄산납으로 제거한 후 납을 제거(약전해)
칼슘	–	거친 도금	브러시용 탄산칼슘, 짠물 도금약품, 탈지액, 수세불량	여과
구리	0.007	피복력 불량 구름낌, 걸이 접촉부와 홈부가 검은 빛깔	구리 도금액 수세 불량, 약품, 각극봉 용해 구리도금 제품낙하	0.02～0.03A/dm^2 약전해로 제거 EDTA0.1g/l의 첨가도 효과가 있다.
철	0.006	피복력 불량, 구름낌,경하고 취약, 내부응력 큼	물, 약품. 양극판, 철제품낙하, 철탱크 파손, 기타	pH 5.0 이상으로 하고 공기로 산화해서 여과

납	0.008	취약	납탱크, 납관, 납으로 만든 펌프 여과기	2.5A/dm^{2}로서 약전해로 제거
아연	0.008	피복력 불량, 구름낌 취약	소지(아연 다이캐스트) 황동 제품의 용해 약품	0.5A/dm^{2}로서 약전해로 제거
질산	–	피복력 불량, 구름낌 취약	산세약 물방울, 약품	pH 1.0에서 1A/dm^2 연속 전해
과산화수소	–	피복력 불량, 구름낌 취약	과산화수소 사용에 의한 잔존	활성탄을 가하고 70℃에서 분해
유기물(광택제 이외의 것)	–	피복력 불량, 구름낌 취약	탈지후 수세불량 먼지, 광택제 분해 생성물, 약품	활성탄 처리
과잉의 광택제 및 표면 활성제	–	구름낌 취약	약품	활성탄 처리, 술폰산염은 과산화수소로 가열분해 한 후 과산화수소를 활성탄 처리로 제거

13.5.3 크롬도금

[1] 보통크롬도금

- 장점 : 외관이 보기 좋고 대기 중에서 변색이 없으며, 염산 이외의 산에 대해서 부식되지 않는 성질을 지님
- 단점 : 전착에 의한 크롬도금층은 핀홀이나 균열이 생기기 쉽고 소지를 완전히 피복하기 힘들다. 따라서 구리, 니켈 등의 핀홀이 없는 다른 금속을 사용하고, 그 위에 얇게 전착시킨다.
- 주목적 : 변색방지(외관목적)
- 특징 : 양극이 불용성인 것을 사용(전류만 흘려주는 역할)

[2] 플루오르(불)화물 크롬도금액

1) 일반 플루오르화물 크롬도금

황산 대신 촉매근으로서 플루오르화합물을 첨가하는 것인데, 이는 상당히 우수한 특징을 지니며 보통욕의 황산의 일부 또는 전부를 대치한다. 전자는 장식용과 공업용 크롬에 이용되며, 후자는 배럴이나 망을 사용한 크롬도금 등에 사용된다.

(1) 장점 (황산과 병용할 때)

① 보통욕의 잇점과 플루오르화물욕의 잇점을 동시에 얻음

② 광택 도금 범위가 넓고 고전류밀도에 있어서도 모서리에 돌기물이 생기지 않음

③ 전류효율이 약간 높음

④ 크롬 위에 크롬을 도금하기 용이

⑤ 피복력이 큼

⑥ 저온에서 작업 가능

(2) 단점

① 플루오르화물은 기화하기 쉬워 황산에 비해서 안정성이 적음

② 전착(전기도금) 중 소지가 부식되기 쉬움

③ 양극의 소모가 빠름(불용성 양극으로 대체하여 사용)

④ 액의 노화가 빠름

★ 황산을 전혀 첨가하지 않은 플루오르화물 함유액은 위의 장점 중 1), 2)의 장점은 없으나, 피복이 우수하며 저전류밀도에서 전착이 가능함(광택도는 약간 저하)

2) SRHS욕(self regulating high speed chromium plating bath)

액 조성이 자동적으로 조절되며, 전착속도가 빠르다. 미국의 United Chromium사가 개발한 크롬 도금욕으로 자동조절 고속도욕이라고 불린다. 무수(無水)크롬산, 황산 스트론튬, 규불화칼리로 되어 있다. 촉매근 SO_4^{2-}를 포화한도 이상으로 유지하고 작업에 따라 감량을 자동적으로 보충하며 과도한 황산은 제거된다. 욕조성이 자동적으로 조정되어 음극 전류효율이 좋고 전착속도가 서젠트욕보다도 빠르다. 황산 스트론튬은 난용성(難溶性)으로 용해도가 일정[$(Sr^{2+})(SO_4^{2-}) = 3.2\times10^{-7}$]한 것을 이용하고 있다.

3) 액조성

① 플루오르화암모늄욕 : 상온에서 사용 가능

② 규소플르오르화물욕 : 외국에서 많이 사용되며, 앞으로 플루오르화물욕의 대표적이 될 것임

③ SRHS욕 : 장식용, 고업용, 배럴 및 균열이 없는 크랙프리 크롬도금 등 모든 부문에 사용 가능

4) 크롬도금에 미치는 직류전원의 영향

- 크롬도금에서 전류파형이 미치는 영향이 크다.

5) 양극

- 반드시 불용성 양극 사용 - 이유
  - 금속크롬보다 크롬산의 값이 싸다
  - 크롬 양극의 제조가 곤란하다(취성이 강하며 가공이 어려움)
  - 크롬금속을 양극으로 사용하면 음극과 양극의 전류효율이 다르므로 3가 크롬이 과잉된다.
- 납 양극 사용 : 상기의 결점이 없어지고 음극에서 생성된 3가 크롬이 다시 산화되어 평형 상태로 보존시키는 작용을 함
- 양극과 음극의 면적비 : 일반적으로 1:1을 기준으로 함

6) 걸이(rack)와 보조음극

- 적당한 걸이의 굵기와 각각의 접촉저항이 동일하도록 한다(스프링식 이용).
- 가공물의 주변부가 불필요하게 두껍게 되든가 타는 것을 방지하고자 할 때는 보조전극을 사용한다.

7) 액관리

① 약품의 소모 및 보충 : 양극은 불용성이므로 소모되는 크롬분은 모두 크롬산에 의해서 보급한다. 크롬산 농도를 일정하게 유지하는 방법으로서 보오메 비중계를 많이 사용한다.

② 3가 크롬 : 대략 1～5g/L(3g/L가 최적)가 적량

3가 크롬액 보충방법 : 3가 크롬 자체를 첨가하는 방법, 약품을 첨가하여 환원시키는 방법, 약전해에 의해서 환원하는 방법

③ 금속불순물 : 액이 함유하고 있는 불순물 중 금속이온으로서는 철, 구리, 아연 등이 있으며, 광택에 영향을 많이 미친다.

④ 3가 크롬 및 철분의 제거 : 도금액의 노화를 방지

[3] 경질 크롬도금(공업용 크롬도금)

- 도금준비 : 도금 전 세척은 장식도금의 경우와 동일하게 하여야 하나, 도금이 부착해서는 안 될 부분을 도료나 도금용 왁스 등을 사용하여 피복 절연해야 한다.

- 양극에칭 : 양극에칭은 도금피막의 밀착성을 좋게 하기 위한 것이며, 소지의 산화물, 베일비층 등을 제거하고 건전한 소지면을 얻고자 하는데 있으며, 공업용 크롬으로서는 불가결한 조작이다.
- 각종 금속소지의 전처리
- 도금액 : 일반적으로 장식용과 동일한 조성을 사용하나, 경도를 높이기 위해 크롬산의 농도를 낮추어 사용하기도 한다.
- 도금조건과 작업과정 : 양극처리를 한 것은 즉시 도금을 하는 것이 좋다.
- 경도 : 전해에 의해서 얻어신 크롬은 경도가 대단히 높고 액의 조성, 액의 온도, 전류밀도, 액 중 불순물 등에 의해서 정도의 차이가 생긴다.
- 양극배치 : 양극의 재질은 장식용과 동일한 것을 사용하며 동일 전류밀도를 유지하도록 배치한다.

[4] 착색 크롬도금

- 착색 크롬도금은 황산을 전혀 갖고 있지 않은 것도 있고, 약간 함유하고 있는 것도 있다.
- 흑색 크롬욕은 개미산, 프로피온산, 아세트산 등의 유기물을 함유
- 전착물은 75%의 크롬 25%의 크롬산화물로 되어 있다.

[5] 마이크로-크랙 크롬도금과 마이크로-포오러스 크롬도금

- 니켈-크롬도금의 내식성의 개선책으로 마이크로-크랙(micro-crack)크롬도금이나 마이크로-포오러스(micro-porous)크롬도금이 가장 높은 내식성을 얻을 수 있고, 니켈도금의 두께도 감소시킬 수 있다.
  →(이유) 이들 크롬도금이 보통 크롬도금에 비해서 마이크로-크랙은 4~5배의 크랙, 즉 1cm의 직선상에 교차되는 크랙수가 300내외, 마이크로-포오러스는 크롬도금 구멍을 $1cm^2$당 10,000개 내외로 생기게 해서 부식전류를 크랙층 또는 미소공만큼 분산시켜 약화하여 부식을 방지하는 것이다.

1) 마이크로-크랙 크롬도금

① 이중 마이크로-크랙 크롬도금법 : 하층은 일반 크롬도금이며, 상층은 규소플루오르화스트론튬 등이 들어있는 크롬도금액을 사용한다.

② 단층 마이크로-크랙 크롬도금법 : 마이크로-크랙을 발생시킬 수 있는 특수한 액 또는

작업조건에 의한 단층 크롬도금법

③ 포스트(post) 니켈 스트라이크 : 보통 광택니켈도금 위에 고응력의 니켈 스트라이크를 하고, 보통 광택 크롬도금을 함

2) 마이크로-포오러스 크롬도금(컴포지트 니켈도금)

도금액 중에 균일한 크기의 입자를 분산시켜 비금속입자를 균일하게 전착시킨 컴포지트(composite) 니켈을 도금하고, 그 위에 보통 광택 크롬도금을 하여 마이프로-포오(micro-pore:미소공)가 생기게 한 것

[6] 다공성(porous) 크롬도금

마이크로-포오러스에 비해 마크로-포오러스(macro-porous)라고 말할 수 있는, 육안으로도 볼 수 있는 크기의 구멍이나 균열을 가진 도금을 말한다. 즉 이것은 장식용 크롬도금용이 아니고 경질 크롬도금에 사용하는 내마모성을 얻기위한 목적으로 도금을 한다.

일반 경질 크롬도금은 표면이 치밀하기 때문에 기름의 보유성이 적고, 고속 또는 고압력이 걸리는 부분에 사용하면 타 붙는 경우가 생긴다. 다공성 크롬도금은 이 결함을 개선한 방법으로 구멍이나 균열에 윤활유가 침투되어 내마모성을 증가시킨다.

우리나라에서는 주문자측의 인식 부족으로 광택있는 일반경질 크롬도금만을 하고 있으나, 피스턴링이나 내연기관의 실린더에 결질크롬도금을 하고 있어 사용수명을 길게 하고 있다.

13.5.4 아연도금

[1] 개론

1) 아연도금피막의 성질

아연은 구리, 니켈, 크롬과는 달리 경도도 낮고 변색이 되기 쉬우며, 백색분이 생기면서 녹이 슨다. 또한 산, 알칼리에 대해서도 약한 금속이지만 철에 대하여 방식성이 크기 때문에 철의 방청도금으로서 널리 이용되고 있다.

2) 아연도금의 종류

- 용융도금 : 용융아연 중에서 철을 담가서 도금
  - 0.04~0.08 mm의 두께로 도금. 전기도금 보다는 두껍게 도금

- 세라다이징(sheradizing)법 : 아연 분말과 철을 접촉 가열시켜서 아연을 침투
- 전기도금법 : 수용액을 사용
- 메커니컬도금 : 아연분말을 유리구 등으로 때려서 코팅하는 방법
  - 수소취성이 없어야 할 제품에 적용
- 크로메이트 방법 : 광택처리, 착색, 미장 도금의 역할

3) 아연도금의 내식성

아연의 단극전위는 −0.76V이므로 −0.44V의 단극 전위를 가진 철에 대해서 보호작용을 한다. 즉 철이 녹슬 환경에서 이 면에 아연이 있으면, 우선 아연이 철 대신 산화하면서 철이 녹스는 것을 방지해 준다. 아연은 철 대신 녹이 슬며 아연도금 중에 핀홀이 있어도 철을 보호해 준다. 따라서 도장할 때도 아연도금을 한 후 도장하여 아연도금과 도장으로 철을 더욱 보호하도록 하는 경우가 많다.

4) 전기아연도금의 두께

아연도금의 내식성은 순아연이 도금되었을 때 특히 강하므로 아연의 순도가 되도록 99.99%의 높은 것을 사용하도록 하고, 핀홀이 없는 도금을 할 필요가 있다. 전기도금의 두께는 미국에서는 0.0025~0.013mm를 추천하고 있다. 아연도금은 센물보다 단물에 대해 약하고 탄산수나 산소를 많이 함유한 물에도 약하다.

5) 아연도금의 설비

- 도금 탱크 : 아연도금 탱크는 보통 알칼리욕에서는 철제 탱크를 라이닝 없이 사용
- 도금액의 여과 : 상시 여과
- 정류기 : 직류 단파
- 교반 및 양극 주머니
- 액의 온도 : 25−30℃
- 크로메이트 설비 : 현재 아연도금을 한 후 거의 전부 크로메이트 처리를 함으로 크로메이트의 설비가 필요

[2] 산성 아연도금

전류효율이 알칼리 아연도금법에 비해서 대단히 좋으며, 수소취성이 적고 주물이나 고 단소강 등에서 쉽게 도금이 되는 특징이 있고, 도금액의 전도성이 좋아 전력이 상당히 적게 소요된다.

• 염화아연욕의 성질 : 염화아연액의 주성분은 염화아연($ZnCl_2$)과 염화암모늄(NH_4Cl)이며, 이들 수용액은 산성에서 다음과 같은 클로로아연착염으로 된다.

$$ZnCl + nNH_4Cl \rightarrow NH_4[ZnCl_2] \cdots\cdots\cdots\cdots n = 1$$

$$(NH_4)_2[ZnCl_4] \cdots\cdots\cdots\cdots n = 2$$

$$(NH_4)_3[ZnCl] \cdots\cdots\cdots\cdots n = 3$$

도금액 중에서 $(ZnCl_3)^-$, $(ZnCl_4)^{2-}$, $(ZnCl_5)^{3-}$ 등의 아연착염으로 되며 순차적으로 Zn^{2+}이 공급된다.

1) 액의 종류

(1) 염화아연도금액

염화암모니아법과 염화칼리법의 두 방법이 있으며, 산성아연도금액 중에서 이 법이 가장 광택이나 평활성이 크고, 균일전착성과 전도도가 높다. 또한 음극전류효율이 95–98%으로 높아 수소발생이 없어 탈수소처리가 거의 필요 없다. 결점으로는 pH가 낮은 것은 설비에 대한 부식성이 크고, 전처리를 철저히 해야 하며, 도금층에 가루가 생기는 경우가 있다.

(2) 황산아연도금액

아연도금액 중 가장 오래된 방법이지만 현재 연속 전기아연도금 강판용 이외에는 많이 사용되지는 않는다. 도금할 물건이 단순할 때는 광택도 좋으나 균일전착성과 전도도가 나쁜 것이 결점이다.

(3) 붕불화아연도금액

항산욕과 같이 균일전착성이 좋지는 않으나 바렐이나 정지도금에서 고속도도금이 가능하다는 장점이 있다. 또 주철이나 고탄소 열처리강에도 도금이 잘 된다. 결점으로서는 도금액이 부식성이 크고 폐수처리가 문제이다.

2) 도금불량과 그 대책

[표 13.55] 도금 불량 원인 및 대책

결함	원인	대책
광택불량	광택제의 부족 온도가 높다 불순물의 혼입(구리,납)	광택제의 적당량을 보충 40℃ 이하에서 도금 불순물제거
액의 혼탁	온도가 낮거나 높다 pH가 낮거나 높다 액 중의 염화암모늄의 농도가 높다.	20−40℃를 맞춘다. pH값을 적절히 맞춘다. 분말으로 표준값으로 보존한다.
구름낌	전류가 너무 크다 염화아연의 농도가 낮다 온도가 낮다	$10A/dm^2$ 이하로 도금 분석하여 표준조성으로 20℃ 이상에서 도금
밀착불량	금속 불순물이 혼입	아연말 처리 또는 약전해, 과산화수소 처리

[3] 알칼리 아연도금

피복력이 좋고 또한 후처리로서 광택이 있으며 색채는 주석, 크롬도금 등과 구별하지 못할 정도로 예쁘게 보인다. 또한, 광택제를 사용하면 직접적으로 크로메이트를 하지 않고도 광택이 있는 예쁜 도금을 할 수도 있으나, 근년에 와서는 폐수와 에너지 절약 문제로 그 수요가 감소되었다.

1) 시안화아연 도금액

(1) 액조성 및 작업조건

NO.1액은 피복력이 좋다. NO.2액은 동일 음극 전류 효율을 가지려면 좀더 높은 전류밀도로 작업해야 하며, 균일 전착성이 약간 떨어진다. 이들 액에 유기 광택제를 사용하면 광범위한 전류밀도와 광택도금을 얻을 수 있으며, 치밀한 전착을 얻을 수 있어 크로메이트도 잘 된다. NO.3액은 저시안화아연 도금액이며, 최근 공해 문제로 시안분을 적게 사용하는 경향이 있다.

[표 13.56 시안화아연 도금액 약품, 종류 및 종류

약품 및 조건 \ 액의 종류	NO.1	NO.2	NO.3
시안화아연 [$Zn(CN)_2$]	60	80	
시안화소오다 (NaCN)	42	38	
가성소오다 (NaOH)	80	112	
첨 가 제	약간	약간	약간
시안화아연 대신 산화아연을 사용할 때			
산성아연 (ZnO)	42	56	10
시안화소오다 (NaCN)	92	105	10
가성소오다 (NaOH)	38	56	75

(2) 각 성분의 역할

- 금속아연 : 금속아연성분이 적으면 피복력의 불량, 전류효율의 저하의 원인이 되며, 양극이 검게 되고 너무 많으면 전류효율은 좋으나 광택도금을 얻기 힘들다
- 시안화소다 : 시안화소다는 산화아연이나 시안화아연을 착염으로 만들어 용해시키는 역할을 한다.
- 가성소다 : 가성소다는 도금액의 전도성을 좋게 해 주며, 아연산소다로서 착염도 만들어 준다.

[4] 징케이트 아연도금액

최근에 시안분의 공해를 없애기 위한 목적으로 사용되기 시작했으며, 산화아연과 가성소오다만을 사용한 도금액으로써 저농도 크로메이트가 가능하다.

[표 13.57] 징케이트 아연 도금액 조성 및 용액

액조성	배럴액	정지액
산화아연 (ZnO)	15−27g/l	15−30g/l
가성소오다 (NaOH)	150−200g/l	160−240g/l
제1 및 제2 광택제	적 량	적 량
온 도	15−35℃	(음극) 0.5−8A/dm^2
탱크전압	8−15V	(양극) 1−3A/dm^2

[5] 아연 크로메이트 처리

아연도금은 도금한 상태로는 변색이 되기 쉽고 지문이 묻기 쉽다. 특히 습기가 있는 공기 중에서는 백색 반점이 생기기 쉽다. 크로메이트 처리를 하면 내식성이 수배로 증가하며, 광택 있는 미려한 도금면을 얻을 수가 있다. 이것을 유니크롬이라고도 한다. 크로메이트에는 광택용과 피막용의 두 가지가 있고, 광택용 크로메이트도 유색과 무색의 두 가지가 있다. 피막용도 유색과 무색이 있다.

[표 13.58] 아연 크로메이트 시간에 따른 내식성 상태

녹의 상태	도금만 행한 것	광택용크로메이트 (청색의 것)	황색크로메이트 (브론즈)	올리브크로메이트 (엷은 갈색)
백색반점이 발생하기까지의 시간	8	24-100	100-200	100-500
붉은 녹이 발생할 때까지의 시간	150-400	250-1000	250-1000	500-1000

1) 크로메이트 처리액

크로메이트 처리액을 대별하면 고농도과 저농도의 두 가지 종류가 있다. 고농도는 화학 연마작용이 있으나 저농도는 광택이 없는 착색 크로메이트를 얻고자 할 때 사용해도 좋다. 고농도를 사용하면 도금 비용이 높아지고 공해가 크다. 액 조성을 보면 다음과 같다.

- 광택처리용 : 크롬산(300-250g/l) 황 산(5-25g/l) 질 산 (10g/l)
  위의 액에 아세트산 5g/l을 넣는다.
- 착색 및 피막 : 크롬산(50-75g/l) 황산(5-10g/l)
  중크롬산소오다 (200-250g/l) 황 산(5-10g/l)

2) 크로메이트 피막의 성질

크로메이트 처리의 원리는 아연 도금면의 일부를 용해시키고, 크롬산아연을 함유한 피막을 생성시키는 데 있다. 일반적으로 이 처리로서 2-4μ정도의 아연막이 녹아서 엷어진다. 따라서 5μm 이상의 도금이 필요하다.

① 물리적 성질 : 대개의 크로메이트 피막은 생성 당시는 약하고 제라틴과 같은 피막이다. 이것을 건조시키면 서서히 경화되며 소수성으로 되며, 물에 잘 녹지도 않으며, 따라서 내마보성이 향상된다.

② 내식성 : 피막의 강도, 6가 크롬의 함유량, 처리방법 및 피막두께에 따라서 좌우되며 대단

히 좋은 내식성도 얻을 수 있다. 부식에 대한 방패는 피막 속의 6가 크롬에 의한 부식 억제 능력과 피막 자체의 물리적인 차단(소수성 등)의 두 가지가 역할을 한다.

③ 도장에 대한 밀착성 : 페인트, 래커 및 기타의 유기도료에 대한 크로메이트 피막의 밀착성은 우수하다.

④ 염색성 : 크로메이트 피막의 생성초기에는 염료를 흡수할 능력을 가지고 있으므로, 크로메이트 처리 후 즉시 염색을 해야 한다.

⑤ 화학연마성 : 크로메이트 처리를 할 때 외관을 좋게 하기 위하여 아연도금층을 화학연마하여 표면의 일부를 깍아내고 광택을 얻게 하는 방법도 있다.

⑥ 경도 : 크로메이트 피막은 젖어있을 때는 연하고 손상되기 쉬우나 건조시키면 상당히 강하며, 취급이나, 프레스 및 압착가공에도 대개는 견딜 수 있다.

⑦ 내열성 : 65도 이상으로 가열 건조하면 급격히 내식성이 저하된다.

⑧ 전기 저항성 : 크로메이트 피막은 소지가 부식되어 산화피막으로 덮인 것보다는 전기의 접촉저항이 낫다. 피막의 두께가 엷을수록 전기의 접촉저항은 적으며, 따라서 투명피막이 가장 적고, 무지개색의 황색피막, 두꺼운 황갈색피막의 순으로 전기 저항이 크다

⑨ 가공성 : 전기용접성, 가스용접, 납땜성

3) 크로메이트처리의 원리

이 처리액은 6가 크롬을 주성분으로 하고 황산, 질산, 아세트산 등의 무기산 및 유기산 등의 촉진제 외에 아세트산 등의 완충제를 갖추고 있는 용액이다. 화학적 처리를 하면 아연도금표면에 6가 및 3가의 착화합물을 생성 고착시키게 한다. 크로메이트 피막의 생성원리를 보면 다음과 같다. 즉 아연도금한 물건을 크롬산 화합물 및 산이 있는 용액에 담그면 크로메이트 피막이 된다.

4) 크로메이트 처리방법

(1) 크로메이트 처리액

광택크로메이트, 유색크로메이트, 흑색크로메이트 및 농녹색 크로메이트액으로 구분할 수 있으며, 농도에 따라서 저농도, 중농도, 고농도 크로메이트액으로 구분할 수 있다.

(2) 크로메이트액 관리 방법

크로메이트액은 사용하는데 따라서 점차 노화함으로 적절히 보충하다가 새로 건욕할 필

요가 있다. 노화의 원인은 크롬산 농도 저하, 용해아연의 증가, pH의 상승 등이다.

13.5.5 화학도금 및 플라스틱상의 도금

[1] 서론

최근 화학도금과 플라스틱도금은 플라스틱의 급속한 진보와 더불어 그 사용범위가 커졌고, 플라스틱의 도금으로 종래의 금속재료 분야를 많이 잠식하고 있다.

1950년 초기에 프린트기판(PCB)의 스루우 홀(through hole)에 도금을 해야 할 필요에 의해서 무전해구리의 연구가 시작되었고, 이 연구가 현재의 플라스틱상 도금의 시초가 되었다.

현재 플라스틱상의 도금은 ABS수지만이 공업적으로 사용되고 있으며, 무전해니켈 도금법이 내식성이 높은 도금을 얻을 수 있기 때문에 이 방법도 사용하게 되어, 현재 구리와 니켈이 두 가지 도금법으로 크게 나눌 수 있게 되었다.

[2] 화학도금용 수지

ABS, 폴리프로필렌, 폴리술폰, 폴리카아보네이트가 다른 수지와 비교해서 상당히 큰 밀착력을 가지고 있다.

[3] 화학도금법

플라스틱 표면에 화학 도금을 하는 것은 플라스틱 표면에 전도성을 주기 위한 것이다. 화학적 환원법에 의한 도금법은 은경법으로 유리 등에 이용되어 액조성도 여러 가지다. 이 방법은 현재 플라스틱에 응용되고 있으나 은이 주성분이기 때문에 재료비가 비싸고 밀착성 등이 좋지 않은 결점이 있지만 플라스틱 표면에 쉽게 전도성을 만들어주는데 가장 편리하다.

1) ABS도금의 공정

[표 13.59] ABS도금 공정 설명

공 정			설 명	작 업 예
전처리	화학도금	① 정면 및 세정 ② 중화 ③ 기계적 조면화 ④ 화학적 에칭(etching) ⑤ 수세 ⑥ 감수성 부여 처리 ⑦ 수세 ⑧ 활성화처리 ⑨ 수세 ⑩ 은도금 ⑪ 구리도금 ⑫ 니켈도금 ⑬ 수세	약알칼리(규산이 없는) 약산 conditioning(컨디셔닝) conditioning(컨디셔닝) 3단식이 좋다 sensitizing--주석염 3단식이 좋다 activation Au, Ag, Pt, Pd 3단식이 좋다 수지의 절연성을 저하시킨다 일반적인 화학동 화학니켈	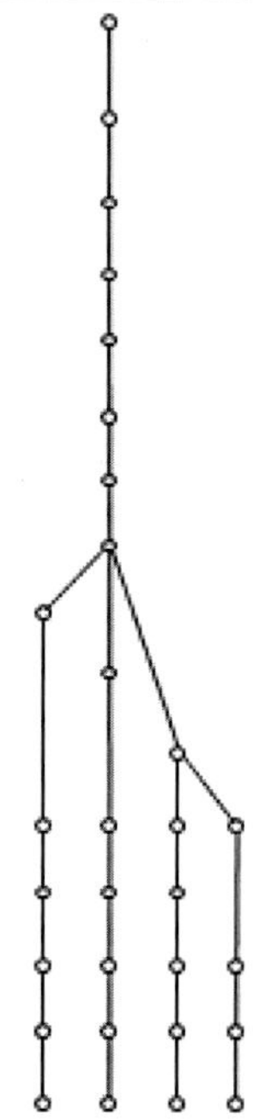
도금	전기도금	⑭ 광택황산구리도금 ⑮ 광택니켈 ⑯ 수세 ⑰ 성도금	Cr, Ag, Au 등	

에칭(조면화)의 공정은 플라스틱 표면에 친수성을 주며 흠을 만들어 흠에도 도금이 되게 하여 밀착이 좋도록 할 목적으로 한다.

2) ABS공정 에칭액의 조성과 종류

[표 13.60] ABS수지 에칭액의 조성 및 조건

	1	2	3	4
크롬산 (g/ℓ)	40	100	30	550
황산(비중 1.84) (ml/ℓ)	550	420	600	250
인산(비중 1.7) (ml/ℓ)	100	200	–	–
액온도 (℃)	60～65	60～65	55	65
침지 시간 (분)	15～30	15～30	15～30	5～30

감수성부여의 공정은 친수성이 된 플라스틱 표면에 감성을 주기 위해서 (염화 제일 주석 10

~50g, 순수 1000ml) 액에서 처리하며 이 처리를 하지 않으면 화학 도금은 일어나지 않는다.

활성화처리의 공정은 다음의 화학 도금을 하기 위한 발판 즉 핵 생성의 과정이다.

감수성 부여와 활성화 처리를 하면 은이나 팔라듐의 촉매 입자가 먼저 공정에서 고무성분이 용해되어 생긴 작은 구멍 중에서 석출한다. 이 상태에서 화학 구리 또는 화학 니켈도금 등을 하면 우선 작은 구멍안의 촉매를 핵으로 하여 도금이 시작되어 구멍을 메우고 계속해서 수지상에 수십 분의 1μ 의 얇은 막이 생기면서 충분한 전해성을 가질 때까지 피막이 성장되어 전기도금이 가능하게 되는 것이다.

액티베이션은 다음의 액과 조건에서 한다.

[표 13.61] 액티베이션 용액과 조건

1)

염화 팔라듐	0.25~0.5g	상온에서 30초~5분간 처리
물	1000ml	
염산	2.5~10ml	

2)

염화금	0.5~1.0g/l	상온에서 0.5~5분간 처리
염산	10ml	

3)

질산은	2.5~10g/l
암모니아	10~20ml/l

순수를 사용하며 질산은의 경우 암모니아를 처음 가할 때는 침전이 생기나 더 가하면 착염이 되어 투명하게 된다. 활성화 처리는 염화제일 주석인 2가의 주석염이 용이하게 산화되어 4가로 된다. 이때 핵 중의 팔라듐, 금, 음의 이온은 환원되어 금속의 팔라듐, 금, 은으로 만들어져 플라스틱 표면에 석출하게 된다. 따라서 센시타이징의 액이 노화하여 전부가 4가의 주석이온으로 변하면 액티베이션의 반응은 생기지 않게 된다. 질산은을 사용하면 팔라듐이나 금보다 질산이 두껍게 되며 배럴합금 등에 적합하나.

① 화학 도금액의 조성법

– 제 1액의 조성 : 질산은 3～20g + 순수 1000ml

이 용액을 37%의 암모니아수로 방울방울 떨어뜨려서 다갈색의 전은을 만들고, 이것이 다시 투명하게 될 때까지 암모니아수를 떨어뜨린다.

– 제 2액의 조성 : 석회석 칼륨 소오다(로셀염) 20～30g + 순수 1000ml

도금하기 전에 1액과 2액을 같은 비율로 섞어 센시타이징한 물건을 넣으면 은의 피막이 생긴다. 약 3～5분 정도면 충분하다.

② 캐탈리스팅

프린트기판의 스루우오울에 쓰여온 방식이며 (1)의 방식과는 달리 논브러싱이 가능한 특징이 있으므로 프린트 기판에 쓰인다. 플라스틱상의 도금일 경우 원 래크방식에 적합하다는 것이 인정되어 최근에 비교적 많이 쓰이고 있다. 염화 팔라듐(0.5g), 염화제일주석(25g), 염산 (300ml), 물 (600ml), 안정제 등 첨가제 약간, 위의 용액 중에 팔라듐이온이 금속팔라듐으로 되고 동시에 4가인 주석이온이 이것을 안정화 분산 시킨다.

[4] 구리의 화학도금

알칼리성 2가의 구리착염을 주성분으로 하여 환원제로서는 포르말린, 하이드라진 염 및 금속의 아염산염 등이나 이들의 복합제를 사용할 수 있으며 공업적으로는 포르말린이 주로 사용된다.

1) 알칼리성 2가의 구리착염의 환원반응

$$2HCHO + 4OH^- \rightarrow 2HCOO^- + 2H_2O + 2e + H_2(\text{산화})$$

$$Cu^{2+} + 2e \rightarrow Cu\ (\text{환원})$$

2가의 전자가 2가 구리이온을 금속구리로 환원시키는데 사용되며 동시에 포르말린이 개미산으로 산화된다. 포르말린의 각 pH에서의 표준 산화-환원 전위는 다음과 같다. 알칼리성에서 강력한 환원력을 갖고 있으며, 포르말린이 많이 사용되고 있다. 화학 도금액의 조성을 이루고 있는 성분

① 가성 소오다. : pH를 조성

② 로셀염 : 알칼리성에서 구리가 침전하지 못하게 되는 착화염

③ 탄산염 : 도금속도를 증가시키며 액을 안정시킨다. 50g/l가 되면 도금속도가 떨어지고

부풀음이 생기게 된다.

④ 포르말린 : 환원제

⑤ 도금 촉진제 : EDTA, 트리메탄올아민 등

⑥ 안정제 : 도금 속도를 늦추지만 도금액의 안정성을 증가 시킨다. 에로서티오요소, 메르캡트벤조디아졸 등이 있다.

2) 화학합금액의 조성 및 예

① 황산구리 7g/L 로셀염 22g/L 염화니켈 2g/L 가성 소오다 5g/L 탄산 소오다 2g/L 포르말린 25ml/L

② 황산구리 0.04M 파라 포름알데히드 0.3～0.5M 로셀염 0.1M 티오요소 0.05～0.2mg/L 가성소오다 pH 12.5

관리방법 : 보통 분석법으로 알칼리 금속 구리분을 분석하든가 간단히 pH측정과 화학 도금액의 색으로 판정할 때도 있다. 도금두께는 ABS상에 도금을 할 때는 0.2～0.3μ의 두께로 화학도금을 하며, 너무 두꺼우면 도금면이 조잡하게 되거나 밀착이 나빠지므로 10～15분 동안만 도금하면 된다.

[5] 화학니켈도금

화학니켈 반응은 Brenner, Gutzeit등의 이론에 따르면 차아인산에 의해 산화될 때 원자 상태의 수포를 발생한다. 즉

$$H_2PO_2^- + H_2O \rightarrow HPO_3^{2-} + H^+ + 2H \text{ (촉매상에)}$$

원자상의 수소에 의해 니켈이온이 환원되어 결국 액 중에서 다음과 은 반응을 하게 된다.,

$$H_2PO_2^- \text{ (차아인산이온)} + Ni^{2+} + H_2O = Ni + 2H^+ + H_2PO_3^{2-} \text{ (아인산이온)}$$

$$H_2PO_2^- + H_2O = H_2PO_3^- + H_2$$

$$2H_2PO_2^- = 2P + H_2PO_3^- + 2H_2O$$

3몰의 차아인산이온은 니켈 1몰을 석출 시키는 데 사용된다.

또한 차아인산 소오다는 아인산소오다로 산화되어 비교적 불용성이므로 액 중의 pH도 낮

아지고 농도가 높아지면 액 중에 분산하여 액이 흐려지며 콜로이드상의 침전이 생긴다. 이것이 핵이 되어 차아인산 소오다가 분리되어 이 침전물에도 니켈이 석출하게 된다.

(1) 화학 니켈도금액의 성분

① 니켈염 (니켈이온의 공급)
② 차아인산소오다 (NaH_2PO_2, 환원제)
③ 킬레이트제 : 히드록시착산, 히드록시프로피온산, 구연산, 인산 등의 히드록시카르본산 등
④ 촉진제 및 완충제 : 도금액의 pH가 화학도금 중에 변동하므로 완충제가 필요하나 이들 약품은 동시에 도금속도를 촉진시키는 역할도 하는 경우가 많다. 위의 킬에이트제도 이 작용을 하고 있다. 예를 들면 식초산, 프로피온산, 말론산, 호박산등이다.
⑤ 기타 첨가제 : 티오요소 황화납 등은 도금의 성질 또는 액을 한층 안정화시키기 위에서 광택제등이 사용된다.

[표 13.62] 인산염을 환원제로 한 무전해 니켈 도금액의 조성 및 종류

조성 \ 액의 종류	산성형(고온)	알칼리형(고온)	알칼리형(상온)
	g/l	g/l	g/l
황산니켈	33	–	–
염화니켈	-	30	21
차아인산소오다	20	10	24
능금산(malic acid)	18	–	–
호박산소오다	16	–	–
납(Pb++로서)	0.003	–	–
구연산암모늄	–	65	–
구연산소오다	–	–	45
염화암모늄	–	50	30
pH	5 ~ 6	8 ~ 10	8 ~ 9
온도(℃)	85 ~ 95	80 ~ 90	30 ~ 40

[표 13.63] 보통 화합물을 환원제로 한 무전해 니켈 도금액 조성 및 종류

액의 종류 / 조성	산성형(고온)	알칼리형(고온)	알칼리형(상온)
	g/l	g/l	g/l
염화니켈	30	30	–
황산니켈	–	–	20
에틸렌 디아민	60	–	–
수소화붕소나트륨	0.6	–	–
디에칠아민보오른	–	–	3
질산칼륨	0.07	–	–
아세트산소오다	–	20	–
호박산소오다	–	20	–
구연산소오다	–	10	–
구연산암모늄	–	–	12
염화암모늄	–	–	15
2-엘캡토벤조지아졸	–	–	0.0002
수산화나트륨	40	–	–
에탄올	–	40	–
디에틸아민보오론	–	3	–
온도(℃)	90～95	50～60	25～35
pH	14	5～6	6.5～7.5

[표 13.64] 무전해 니켈 도금의 온도별 석출속도

온도(℃)	90	80	70	60	50
μ/h	25	14	7	4	2

석출된 니켈은 5～7%의 보론이 함유되어있으며 10～30μ/h의 도금속도를 가진다.

13.5.6 금속착색 및 인산염처리법

[1] 금속착색

금속의 착색은 금속 표면에 적당한 색조를 주는 동시에 소지의 방식·장식, 내마모성·내열성을 갖도록 요구된다. 주로 구리 및 황동을 주재료로 한 제품, 건축용 금속제품, 실내용품, 조명기구, 인체의 장식품 등 응용부분이 많다.

얻어지는 색의 농담은 처리시간, 약품의 농도, 배합률 등에 의해서도 달라지나, 보통 금속의 표면에 산화물, 탄화물, 황화물, 화합물 등이 생기므로 방청용·장식용으로 사용된다. 여기에 도장을 하면 피막을 더욱 보호할 수 있다.

[2] 인산염처리법

1) 인산염피막

인산칼슘 또는 마그네슘은 값이 싸지만 수용액의 해리도 관계로 단독으로 사용하고 있지 않다. 또한 인산철도 좋은 피막이 되지 않으므로 많이 사용되지 않고 있다. 결국 아연 또는 망간의 정인산염이 여러 가지 유리한 점과 경제적인 이유로 많이 실용 되고, 특히 아연염이 많이 사용되고 있다. 근래에는 얇은 인산철피막을 얻을 목적으로 알칼리 금속염이 많이 사용된다.

2) 인산염에 영향을 미치는 여러 인자

(1) 처리 액의 농도

- 처리 액의 조성은 단순한 것에서 복잡한 것까지 여러 가지가 있다. 각 처리액을 통해서 산의 비가 가장 중요한 의미를 갖게 된다. 산의 비가 너무 낮으면(유리산이 많다) 부식반응이 너무 강해서 피막형성이 길게 되어 거친 표면을 얻게 되며, 반대로 산의 비가 높으면 부식반응의 개시가 늦어서 좋은 피막이 형성되지 않는다,
- 전산도는 철강의 종류와 그의 표면에 상태에 따라 경험적으로 적당한 농도를 정하고 있다. 전산도가 너무 높으면 유리산의 절대량이 많아지므로 앞에서 말한 바와 같이 좋지 않으며, 약제의 소비량이 높아진다.
- 산의 비는 처리 온도와 피막화성시간에 대단한 영향을 주며 클수록 처리온도를 낮출 수가 있으며 또한 화성시간도 수십 분에서 수분으로 단축시킬 수 있다. 그러나 한편 화성피막은 얇아지며 방청성은 저하한다.
- 처리액중의 양이온 즉 망간, 아연, 철 등의 함유량 및 이의 비율도 인산염 피막 화학반응 및 생성피막의 성질에 큰 영향을 준다. 경험으로 보아 보통 강철의 경우 단순한 인산망

간법 또는 아연법은 처리액중의 Me/Fe또는 Zn/Fe 는 9:1～7:3의 양비를 유지하며 방청성이 좋은 피막을 얻을 수 있다.

- 철분이 많아질수록 피막의 화성시간이 길어지고 피막결정이 거칠어져서 방청성이 나쁘다.

(2) 처리온도

- 처리액의 온도는 인산염의 해리도에 관계하여 피막생성반응에 중대한 영향을 주고 있다. 단순 인산망간 법은 97℃ 이상이 절대적으로 필요하며 이 이하의 온도에서는 피막의 성질은 대단히 노화한다.

(3) 처리시간

- 피막을 완성시키는데 필요한 시간은 인산망간이냐 인산 아연이냐, 농도와 산의 비 등에 따라 크게 좌우 된다. 피막이 완성되었는지에 대한 판단은 보통 금속 표면으로 부터 수소의 발생이 보이지 않게 되었을 때이다. 실험적으로는 백금판을 대극으로 하여 전류를 측정해서 정한다. 피막이 완성되는 종점까지는 반드시 처리를 계속해야 한다.

(4) 산화제의 종류와 이의 영향

- 처리액 중에 구리 또는 은이온이 있으면 피막화성반응에 선행하여 철면에 구리 또는 은의 미립자가 석출하여 인산염의 핵이 된다는 것과 피막의 화성을 빠르게 하는 효과가 있다.
- 니켈 또는 코발트 이온을 처리액에 넣어주면 표면산화된 강의 피막화성에 좋은 효과를 준다.
- 질산근, 염소산근, 질소산근, 아질산근 등의 산화제가 처리액 중에 있게 하면 피막화성이 촉진된다. 그러나 산화제의 양이 너무 많으면 오히려 피막의 화성을 저해하는 효과를 주기도 한다.

(5) 불순물의 영향

- 처리액 중에 인산이외의 음이온이 있으면 큰 영향을 준다. 붕산과 같은 약산은 문제가 되지 않으나 황산, 염산과 같은 강산이나 이의 염은 피막의 화성을 저해한다.
- 질산, 아질산 등은 촉진제로서 처리액에 첨가하여 피막의 화성시간을 단축하며 결정을 치미하게 하는 효과가 크나, 피막의 방청성은 그리 많지는 않다.
- 유기산은 개미산, 수산을 제외하면 그리 큰 영향은 없다.
- 양이온으로는 As, Al, Cr등이 해롭다.

- 계면 활성제는 전처리에서도 묻어 들어올 때가 있으나 음이온, 비이온계는 해가 없으며 양이온계는 약간의 장해를 준다.
- 은의 수소과전압을 높이는 것, 피막을 용해하는 것 등은 해롭다.

(6) 재질

- 황동의 재질은 인산염피막 화성반응에 크게 관계된다.

(7) 표면상태

- 압착, 인발, 압연 등의 소성가공을 받은 면은 단순 인산망간법으로는 피막이 되기 힘들다. 그러나 촉진제가 있는 처리액은 이와 같은 면에도 좋은 피막을 만든다.
- 샌드블라스트한 면은 인산염 피막처리에는 가장 안성맞춤이다. 다만 사용하는 모래의 입도가 굵으면 조면이 되고 생성 피막의 방청성에 영향을 준다.
- 황산, 인산 등으로 산세한 면은 수세하고 곧 인산염 처리를 하면 어떠한 처리액에서도 또한 어떠한 시공법에서도 거친 결정의 피막이 된다.
- pH 10 이상의 알칼리성 용액에서 처리한 면은 거친 결정성 피막이 생기므로 만일 알칼리 처리를 했을 때는 앞에 말한 표면인산처리를 하는 것이 좋다.
- 가솔린, 벤졸 등의 유기 용제류가 묻어있는 면은 인산염의 피막처리반응에 지장이 없다.
- 스프레이식 인산염 피막 법에서는 이와 같은 면에서도 피막 처리가 되도록 유기용제 또는 계면 활성제를 병용하여 피막이 되도록 고안되어있으나 원칙적으로는 유지분을 완전히 제거하는 것이 좋다.
- 녹은 미리 제거해야 한다.
- 진동을 주거나 피처리 물건을 흔들어 주면 표면의 수소기포가 빨리 제거되므로 피막형성이 빨라진다.

3) 인산염피막의 성질과 시험법

(1) 외관

- 인산망간계 : 회색 또는 회 흑색의 외관이며 손톱으로 긁으면 백색의 줄이 생긴다. 피막 중의 철분이 많을수록 또한 결정입자가 거칠수록 검게 보인다.
- 인산아연계 : 두꺼운 피막은 회색 또는 회흑색의 결정정의 외관을 나타내는 것은 망간계와 같으나 다소는 색이 엷다. 엷은 막은 결정입자가 가늘기 때문에 회색 또는 은회색이다.

– 인산 철계 : 이 계의 피막은 극히 엷으므로 황, 청, 청자색 등의 색을 나타낸다.

(2) 현미경적 외관

피막면은 현미경X100으로 충분히 관찰할 수 있다. 다만 인산 철계는 결정성이 아니기 때문에 전자 현미경이라야 알 수 있다.

(3) 피막의 성분과 화학조성

[표 13.65] 인산염 피막의 성분 및 화학조성

피 막 계	화학 조성	참고문헌
인산망간	$Mn_5H_2(PO_4)_4 \cdot 4H_2O$ $Fe\ HPO_4 \cdot 2H_2O$	PB Report 100514
인산아연	$Zn_3(PO_4)_2 \cdot 4H_2O$ $FeHPO_4 \cdot 2H_2O$	D.E. Fishlook, Product Finishing, 8(1957), 90～91
인 산 철	$FcHPO_4\ 2II_2O$ $\gamma\ Fe_2O_3$	S.L. Eisler

(4) 피막의 두께

피막의 두께는 전처리 방법, 인산염의 피막액 조성, 가공방법에 따라 두께의 차이가 크다. 대략적으로 1～30μ정도의 것이 생긴다. 이때 물건의 전 표면이 완전히 균일하게 피막의 두께로 된다고는 할 수 없다. 예를 들어 굽은 곳, 원통같은 것은 외면보다는 내면이 어느 정도 두껍다.

(5) 시공법

시공법은 다음의 6공정으로 대별할 수 있다.

① 사전처리 ② 표면청정 ③ 피막화성 ④ 시일링 ⑤ 사후처리 ⑥ 완성처리

(6) 사후처리

마무리작업 전에 다음의 작업을 한다.

– 가공품 표면에 때가 끼어 있으면 손 브러시 등으로 가볍게 닦아 낸다.

– 200도 정도에서 30분 이상 가열하여 수소를 축출해야 한다.

(7) 마무리 작업

피막의 사용목적에 따라 기름, 왁스, 라놀린 등을 도포한다.

13.5.7 양극산화법

[1] 서론

일반적으로 알루미늄의 양극처리가 대부분을 차지하고 있으므로 알루미늄의 양극산화를 말하기도 한다. 이를 anodizing라고도 부르며 알루미늄 물품을 전해액에서 양극으로 하고 전기를 통하면 양극에 발생하는 산소에 의해서 알루미늄 면이 산화되어 산화알루미늄 피막이 생기게 된다. 이 피막은 대단히 강하며 내식성이 크고 매우 적은 전도성의 섬유상이 되어 여러 가지 색으로 염색을 할 수 있다. 이러한 알루미늄의 애노다이징은 일용 취사도구에서부터 건축자재, 전기통신기기, 광학기기. 장식품, 기계부분품, 자동차부분품 등에 사용된다.

[2] 애노다이징법의 종류

애노다이징피막은 전해액의 종류, 농도, 전압, 전류의 성질, 전류밀도, 온도, 전해시간, 액의 신고 등에 따라 다르며 알루미늄의 재질, 가공상태에 적합한 조건을 선정해야 한다.

현재 공업화되어 있는 애노다이징법의 종류는 다음과 같다.

[표 13.66] 애노다이징법의 종류 및 조건

조건 \ 종류	옥살산법	황산법	크롬산법
농도 (중량 %)	$H_2C_2O_4$ (1) 3～5% (2) 10%	H_2SO_4 10～20%	CrO_3 3%
온도	(1) 20～30℃ (2) 15～60℃	(1) 15～22℃ (2) 옥살산 첨가하면 35℃ 까지	40±20℃
전압	(1) AC 40～80V (2) DC 25～30V	(1) DC 12～20V (2) AC 15～25V	DC=0V로부터 서서히 상승해서 40V로 하고, 최후 5분간은 50V로 한다.
전류밀도	(1) AC 1～3A/dm^2 (2) DC 1～3A/dm^2	0.5～1.5A/dm^2	0.3～0.4A/dm^2
시간	10～60분	5～100분	60분
피막두께	$H_3C_3O_4$5%, 30±2℃ AC 3A/dm^2, 40분간에 10～12μ	$H_2SO_4$20%, 30±5℃DC 1.0A/dm^2, 20분간에 5～7μ	15분간에 3～3.5μ

특징	특히 순 Al에 대해 서는 경도, 耐蝕性 등 매우 우사한 피막을 얻는다. 탈지력이 좋고 저질 Al에도 광택이 좋다. 결점으로는 전력, 약품비가 많아진다.	설비가 많이 드나 유지가 용이하고, 유지비가 적으므로 보급이 많아지고 있다. 탈지력은 작으나 Al합금 및 착색용의 애노다이징에 적합하다.	듀랄루민제에 적합한 애노다이징법이며, 내식성이 있고 회색 도자기와 같은 표면의 피막이며 강도가 약하다. 착색에는 적합하지 않다.

[3].애노다이징용 알루미늄 재료

매우 다양한 종류가 있으나 그중 가장 많이 사용하는 것은 다음과 같다.

[표 13.67] 애노다이징용 알루미늄의 분류

분 류		Al 재료의 명칭 (ALCOA 호칭)
압연재	Al Al Mn Al–Mg Al–Cu–Mg Al–Mg–Si	고순 Al(99.8% Al), EC(99.5% Al), 2S(99.0% Al) 3S(1.2% Mn) 52S(2.5% Mg, 0.25%Cr), 56S(5.2% Mg 0.1% Mn, 0.1% Cu) 듀랄루민 17S(4% Cu, 0.5Mg), 24S(4.5% Cu, 1.5% Mg) 61S(1.0% Mg, 0.6% Si)
주물재	Al–Si Al–Cu–Si Al–Mg	실루민(11～14% Si) 라우탈(3～5% Cu, 2～5% Si) 히드로나트륨(4～10% Mg)

일반적으로 순도가 높을수록 제일 좋은 피막이 생기며 불순물이 들어가는 데 따라서 질이 저하 된다.

또한, 합금으로서는 마그네슘과 망간은 기계적 성질이 현저히 향상되며 피막의 질에도 영향이 거의 없다. 그러나 구리, Si 등은 피막의 질을 매우 저하 시킨다. 특히 구리는 내식성을 매우 나쁘게 만든다.

[표 13.68] 애노다이징 피막의 성분 및 종류

피막의 종류 / Al 재료	옥살산 피막 (교류)	황산 피막(직류)	크롬산 피막 (직류)
99.8% Al	투 명	투 명 무 색	불투명 회백색
99.5% Al	반투명 다갈색	투 명 무 색	〃 회 색
2S(90.0% Al)	불투명 다갈색	반투명 담황색	〃 회 색
3S(1.2% Mn)	불투명 황갈색	반투명 담황색	〃 다회색
50S(1% Mg)	투 명 담금색	투 명 무 색	〃 회 색
52S(25% Mg, 0.25% Cr)	반투명 금 색	투 명 담황색	〃 황회색
Al-Si(실루민 43S 등)	불투명 회 색	불투명 암회색	〃 암회색
Al-Cu(듀랄루민 등)	반투명 적갈색	반투명 담회색	〃 적회색

[4] 애노다이징 피막의 구조

애노다이징 전해액 중에 알루미늄을 양극으로 해서 통과하면 우선 Al_2O_3의 얇은 층이 생긴다. 이때 전압이 충분히 크면 그림 13.8과 같이 전해액의 침식작용과 겸해서 이 얇은 피막이 파괴되면서 상당한 양의 열을 발생하고, 이 열은 더욱 전해액에 의한 침식을 조장시켜 주므로 다공성의 피막이 되며 통전이 된다. 이때 생긴 발생기의 산소가 내부에 있는 알루미늄을 산화시켜 새로운 활성층이 생성한다.

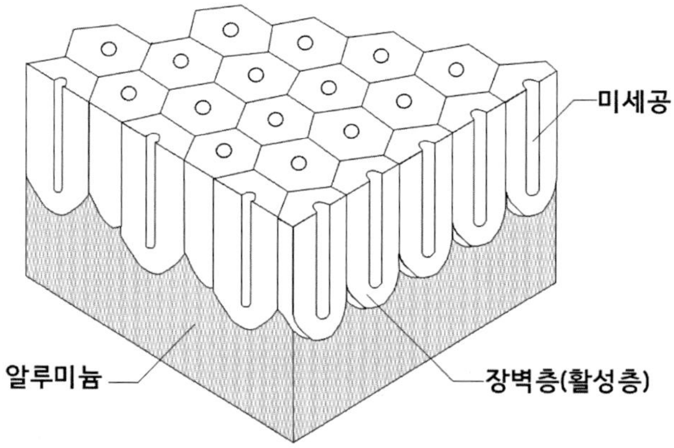

그림 13.8 양극산화피막

이와 같은 것이 반복되어 산화피막이 내부로 성장하는 것이다.

[5] 애노다이징 설비

애노다이징은 방법에 있어서 전기도금과 별 차이 없고 공장의 입지 배치 설비 등의 공통점이 많으므로 도금 공장 에서도 용이하게 실시할 수 있다. 그러나 전원에 있어서 15V 내외를 요하며 교류전압 때는 조정트랜스가 필요할 때가 있으므로 약간의 차이가 있다.

- 전원 : 교류인 옥살산 피막의 경우에는 40~80V의 오토트랜스, 황산 피막인 경우에는 금속 정류기 15~20V의 것이 필요하다. 전해 연마용으로는 15~30V의 것이 필요하며 큰 전류를 필요로 하기 때문에 대용량의 정류기가 있어야 한다.
- 애노다이징 탱크 : 애노다이징법, 물건의 수량과 가격 등에 의해서 그 재료의 구조나 형상 등을 달리 하지만 일반적으로 철판, 목재 등에 경질 비닐, 경질 고무 등을 라이닝하고 있다. 황산액의 경우에는 납을 라이닝 할 수 있으며 때에 따라서는 이것 자체를 음극으로 상용하고 크롬산의 경우에는 철판자체로도 무방하다.

1) 래크(걸이)

반드시 알루미늄을 사용해야 한다. 애노다이징을 할 때마다 반드시 가성소오다나 인산크롬 산을 혼합한 고온 액에서 산화 피막 층을 용해 제거해야 한다. 틀걸이나 일반 걸이에 물건을 걸면 탈지로부터 염색 혹은 시일링까지 그대로 사용하는 것이 좋고 만일 도중에 물건에 손을 대거나 다시 걸게 되면 불량품이 많이 생긴다.

2) 미스트

애노다이징의 전해 중에 음극으로부터 발생하는 다량의 수소가스를 발생시키며 이는 부식, 인체에도 해를 주게 되므로 배기 설비가 필요하다. 그러나 평면적으로 크므로 충분한 배기를 하기가 힘들다. 따라서 이것을 보완하는 방법으로 염화 비닐이나 폴리프로필렌의 소구를 액면에 띄우는 수도 있다. 애노다이징액을 사용하는 중에 기름, 오물 등으로 차츰 액이 더러워지므로 여과를 한다.

3) 냉각 설비

애노다이징은 옥살산법, 황산법, 크롬산법 등의 종류와 목적으로 하는 조건에 따라 적정 온도가 다르다. 그러나 어느 경우에도 일정한 범위에 액온을 유지하지 않으면 좋은 애노다이징 피막은 얻을 수가 없다. 액온이 상승하면 액의 침식에 의해서 애노다이징면의 내마모성이 감소되고, 표면에 백분이 생기거나 광택이 감소한다. 온도가 저하하면 애노다이징 피막이 성장하기 힘들뿐만 아니라, 염색 애노다이징 때 부분적으로 표현이 생기기 쉽다. 애노다이징은 전해중 다량의 열이 발생한다. 이것은 소비전력에 의한 것으로 크롬 또한 알루미늄의 산화에 의해서도 일어난다. 크롬산법은 가온할 필요가 있고 겨울에는 일반액에서도 가열할 필요가 있다.

애노다이징의 온도조절로서는 결국 냉각 설비가 주이며 필요한 경우에는 가온설비를 해 놓고 되도록 자동 온도 조절장치를 마련해서 앞에 언급한 공기 교반장치와 겸용해서 온도를 일정하게 보존하도록 한다.

– 애노다이징의 냉각법

- 직접 냉각법 : 직접 전해액을 냉각한다.
- 순환 냉각법 : 전해액을 파이프를 통해 옮겨서 냉각시키게 된다.

일반적으로 직접냉각법이 많이 사용되며 냉각관의 재료의 선택을 잘 해야 한다.

[6] 전처리

애노다이징의 전처리로서의 탈지는 옥살산 교류전해의 경우에는 전해 중에서 탈지가 행하여 진다.

1) 알칼리탈지법

알루미늄은 알칼리에 침식을 당하게 되므로 pH 9～11의 약 알칼리로서 탈지할 필요가 있다. 계면활성제로는 비이온 활성제가 효과적이다.

2) 전해연마법

전해연마 후 피막처리를 하면 백색으로 구름이 낄 때가 많은데 이것은 전해 연마 때 얇은 산화피막이 생겼기 때문이며 5～10%의 NaOH를 40～50도에서 가스가 발생할 때까지 침지해서 제거하거나 인산–크롬산 혼합 고온액에서 피막을 제거하도록 하면 된다.

[7] 옥살산법

반적으로 옥살산 알루마이트법이라고 하며 일본에서는 교직중첩법을 사용하면 최고의 성능을 준다고 한다. 합금의 경우 염색에는 황산 피막이 더 좋으나 옥살산 알루마이트법이 손쉽고 예비 탈지가 필요 없으며 광택도 황산법보다 좋으므로 황색의 일반용에는 주로 이것을 사용한다.

옥살산을 직류만으로 전해하면 피팅이 생겨 구멍이 군데군데 뚫어지게 되므로 교류를 혼합하든가 크롬산을 글리세린 등의 경화제를 넣어서 직류 전해하면 이러한 현상이 없어진다. 또한, 옥살산 피막을 형성하므로 피막을 두껍게 만들면 충분히 황금색이 되어 착색이 필요 없게 된다. 따라서 무색을 필요로 할 때는 크롬산 0.3% 정도를 가한다.

옥살산법은 황산법보다 전류 효율이 좋고 피막의 투께는 거의 통전량에 비례한다. 그러나 교류에서는 전류의 크기가 항상 변하고 있기 때문에 급히 커질 때 발열작용이 생기고, 전류가 적을 때나 음극으로 되었을 때 용해되므로 두께의 생성도는 직류일 때보다는 훨씬 적으며 $2A/dm^2$일 때 비로소 이론값에 가까워진다. 옥살산액에서도 액온이 상승하면 용해 작용이 급상승하므로 직류나 교류에서도 온도의 상승과 더불어 전류 효율이 급히 내려간다.

[표 13.69] 옥살산법의 종류 및 방법

	피막의 성질	피막의 생성	온도, 농도의 영향	조작	실시 조건의 예
교류법	연하고 굴곡성이 있으며 직류법과 동일한 두께의 경우 내식성이 크다.	적다. 교류 전류계의 읽기에 0.36을 곱하면 직류값에 해당한다.	액온은 보다 높아도 좋다. 농도의 영향은 크다.	간단	40～60V $2\sim3A/dm^2$ 25～30℃ 5～60분
직류법	경도가 크고 電蝕에 의해서 구멍이 생기기 쉽다.	많다.	액온은 낮을 필요가 있다. 농도의 영향은 작다.	간단	40～60V $1\sim2A/dm^2$ 18～20℃ 10～60분
교직중첩법	경하고 내식성이 있고 최고의 피막을 얻을 수 있다.	많다. 단시간에 두꺼운 피막을 얻을 수 있다.	중간	복잡전력 소비량이 크다	DC 25～30V $1\sim3A/dm^2$ 20～30℃ 15～60분

[9] 황산법

황산 애노다이징은 알루미늄의 옥살산보다 많고 피막의 두께에는 저온, 고압으로 하진 않는 한 한계가 있다. 합금 성분에 의한 악영향이 적은 피막의 색상도 옥살산보다는 엷으며 염색에 적합하다. 또한, 전압이 낮고 전력량이 적으므로 약품 가격이 저렴하다.

황산액에 의한 피막의 용해가 크기 때문에 피막이 무르고 착색력이 좋은 막을 만들고자 할 때는 액온을 27~30도로 상승시기고 황산 농도를 높여 준다. 또한, 다공성이 적은 피막을 얻고자 할 때는 황산농도를 7% 정도로 낮추고 온도를 21~24도로 하여 한층 견고한 막을 얻고자 할 때는 황산 6~15%에 옥살산 3~6%를 혼합해서 22도에서 전해를 한다.

알루미늄 순도의 영향은 옥살산보다는 적다.

황산 애노다이징을 한 후에 수세와 중화를 충분히 하지 않으면 피막이나 물품의 흠부에 황산이 잔류하여 후에 알루미늄을 부식시키는 동시에 염색을 할 때도 황산액이 흘러내려 탈색이 되므로 희박한 암모니아수나 중조의 열액 내에 침지 하여 충분히 중화한 후 염색에 착수해야 한다.

[10] 경질피막법

경질양극산화처리는 전해 온도를 저온(+10~-10℃)으로 하고 있으나 작업상 또는 보수관리상 온도가 높은 것이 좋다. 따라서 30μ 정도의 두께이면 10℃ 정도가 좋다. 그러나 두꺼운 피막이 필요하기 때문에 높은 전류밀도를 많이 사용하며 전압도 20~180V까지 점차 상승시키면서 전해한다. 전해액은 보통 황산 10~20%를 사용하며 60분에 60μ전후의 두께로 된다. 온도는 일반적으로 0~10도를 많이 사용하며, 두께가 두꺼워 질수록 전압을 상승시키면서 전류밀도를 유지한다.

[11] 착색법

착색피막법의 이점이며 특색 중의 하나가 착색처리가 가능하다는 것이다. 어떠한 색이라도 염료의 선택에 따라 대부분의 색 처리가 가능하다. 염료에는 다음과 같이 1) 유기 염료와 2) 무기 염료의 두 종류가 있다.

[12] 봉공처리(sealing)

애노다이징피막은 다공질이며 흡착성이 있으므로 피막이 더러워지기 쉽고 손에 들러붙는 성질이 있으며, 구멍내부에 황산 등의 잔류물이 있어서 후에 부식의 원인도 되고, 염색을 했을 때는 염료가 우러나오거나 퇴색되기 쉽다. 따라서 반드시 봉공처리(Sealing)를 해야 한다.

1) 증기 시일링
2) 순수 시일링 (증류수나 이온 교환수를 사용해 80~100도에서 10~30분간 침지)
3) 아세트산 니켈-코발트 시일링(염색이 엷어지는 것을 방지하기 위해서 Ni-Co염의 수용액에서 시일링을 하면 염료가 빠지지 않는다.)

[13] 피막의 시험법

1) 두께측정법

시험에 사용하는 시험편은 시험 전에 120도에서 1~2시간 가열하여 건조한 후 현미경으로 단면에 대해 측정하거나 전기적으로 피막 측정기로 측정한다.

2) 내마모성 시험

원리는 두께 측정법과 같다. carborundum을 낙하시켜서 피막이 벗겨질 때까지의 시간을 초로 측정한다. 피막이 벗겨지면 전류가 흐르게 되므로 알 수 있다.

3) 내식성 시험

10%의 수산화나트륨을 떨어뜨림으로써 피막이 제거될 때까지의 시간을 초로 측정한다. 피막이 제거되면 즉시 알루미늄 소지와 가성소다가 반응해서 가스가 발생한다.

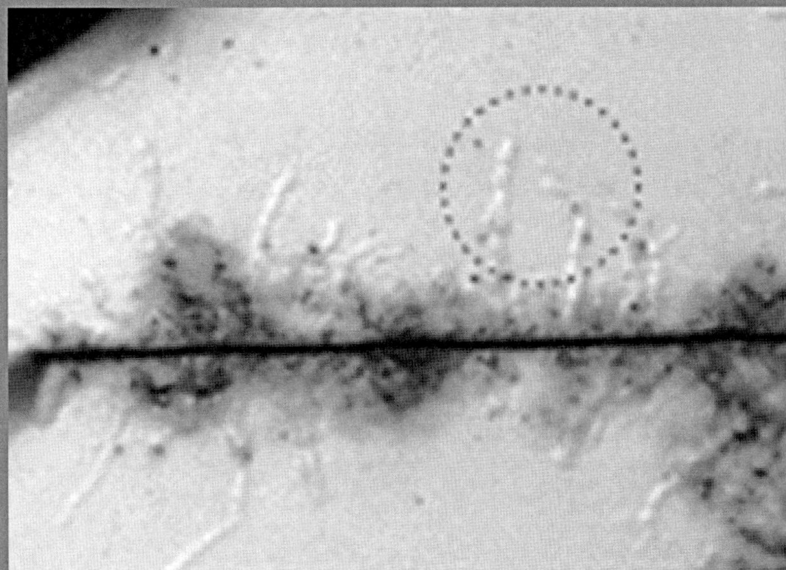

제3편
재료의 수명 감시기술

제14장 부식감시

14.1 서론

유전, 가스전이나 정유공장 및 화학 공장과 같이 부식성이 큰 환경에서 사용되는 재료를 선정할 때에는 대부분 내식성과 경제성 사이에서 타협이 이루어진다. 즉, 대부분의 사용 환경에서 내식성을 보이는 구하기 힘든 고가의 금속(예를 들면 슈퍼스테인리스강과 같은 재료와, 많은 환경에서 쉽게 부식되지만 쉽게 구할 수 있고 덜 비싼 금속인 탄소강 사이에서 적절한 타협이 이루어지는 것이 대부분이다.

때로는 설계단계에서는 내식성을 가지는 것으로 판단하여 선정되었으나 실제 운전조건에서는 부식이 발생하는 재료도 있다. 특히 이러한 경우에는 부식에 영향을 미치는 운전변수에 대한 감시 및 제어와 부식속도의 온라인감시가 매우 효과적인 부식방지 대책이 될 수 있다. 경우에 따라서는 여러 종류의 재료가 공정설비용 재료로 사용되는 경우가 있다.

예를 들어 프로세스의 다른 설비에서는 덜 비싼 재료가 사용됨에도 불구하고 열교환기 튜브와 같이 매우 민감한 설비의 재료로 내식성 합금이 사용될 수도 있다. 경우에 따라서는 내식성이 떨어져서 사용할 수 없는 탄소강을 부식억제제 주입설비나 또는 음(양)극방식과 함께 사용하는 것이 더욱 효과적인 경우도 있다. 특히 이처럼 내식성이 떨어지는 재료와 별도의 방식조치를 동시에 취했을 경우에는 방식조치의 건전성이 재료의 수명을 좌우하기 때문에 재료의 수명기간 동안 지속적으로 방식법에 대한 검사와 진단이 필요하다.

또한, 부식 감시는 화학공장, 정유산업 분야뿐만 아니라 가스공급배관을 비롯한 교량, 선박, 항공기 등과 같이 안전을 고려해야 하는 대형구조물 등의 시공 및 유지관리 분야에서 매우 중요한 의미를 가지는 작업이다. 이 산업분야에서는 공장 또는 구조물들을 오랜 기간 계속해서 가동시켜야 하기 때문에 부식이 발생할 수 있는 잠재력을 가진 환경 하에서 가동 중인 장치의 내구성 및 안정성 평가를 위해서는 실질 부식발생여부, 또는 경우에 따라서는 더욱 적극적으로 속도를 추정할 수 있는 부식 감시가 필수적이다.

물론 공장 설계 및 시공 단계에서 자재공급자 또는 설계엔지니어로부터 공급되는 자재의 부식 특성에 관한 자료를 제공받기도 하지만 그 자료는 특정 화학물질의 농도 및 온도 등에서 측정한 제한된 수치들이 대부분이며, 재료가 실제 환경에서 사용될 때에는 부식성 분위기의 온도나 농도가 계속해서 변화될 수 있을 뿐만 아니라 제공받은 재료가 다양한 환경에서 사용될 수도 있으므로 제공된 자료만을 근거로 설비재료의 부식성을 예단하는 것은 위험한 결과를 초래할 수도 있다. 따라서 운전 설비의 안전 사용이 필요한 경우 설비의 부식 거동이 어떻게 변화하는지 지속적으로 조사하고 이 결과를 바탕으로 부식을 저감하기 위한 적극적인 관리를 해야만 한다.

부식감시란 부식과정을 이해하거나 부식방지 기술의 효과에 관한 정보를 얻기 위해 설비에 적용되는 체계적인 부식 혹은 퇴화과정의 측정방법이라고 정의할 수 있다. 다시 말해서 감시기술을 적용하는 목적은 시간에 따른 부식속도의 변화를 감시하여 효과적인 방식체계 수립을 위한 자료로 삼는 것이다. 일반적으로 설계단계에서 산정되는 설비나 구조물의 수명은 사용한 재료의 종류나 두께에 따라 결정되는 것으로서 시간에 따른 환경의 부식성이 일정할 뿐 아니라 재료의 부식속도가 알려진 속도법칙(예를 들어 직선적인 변화)에 따른다는 점을 가정하고 있다. 그러나 이러한 이상적인 경우는 실제 거의 존재하지 않으므로 재료, 코팅 및 부식억제제 등의 효과를 감시할 수 있는 부식감시 체계의 도입이 필요하다. 특히 부식감시의 주요 관심사항은 피해의 근원이 되는 부근에 접근이 불가능하여 가장 간단한 육안 관찰이 불가능하거나 직접적인 측정평가가 불가능한 경우이다.

14.1.1. 부식감시의 중요성

산업 현장 구조물이나 사회 간접 시설(예를 들어 도로, 교량, 가스배관, 상하수도관) 등에 대한 부식 감시는 다음과 같은 의미를 가진다고 할 수 있다.

첫째로 안전에 관한 사항이다. 부식으로 인한 재료 수명 감소는 산업 구조물이나 사회 간접 시설의 예상하지 못한 급작스런 파괴 및 손상을 초래하여 인사 사고 등의 재해를 불러 일으키기에 충분하다. 미국에서 부식비용이 약 70억불로 보고되고 있는 가스 및 석유공급배관을 예로 든다면 미국의 New Mexico의 Carlsbed에서 발생한 매설 가스배관의 내면부식으로 인해서 유발된 가스공급배관의 폭발사고 때문에 큰 인명피해 및 재산피해가 발생한 사례가 있다(그림 14.1).

그림 14.1 가스배관부식으로 인해서 발생한 폭발 사례

이처럼 세간의 이목을 끄는 많은 배관 파손 사례를 토대로 미국에서는 고압가스(액체) 공급배관의 부식방지를 위한 새로운 법규와 규정이 제정되어 배관의 외면 및 내면부식에 관련된 건전성을 진단하기 위한 기법의 도입을 법규화하여 배관의 안전성을 확보하기 위한 노력을 하고 있다.

둘째로 비용절감의 측면이다. 전술한 것처럼 자재 공급자가 제공하는 일반적인 부식 자료만을 근거해야 할 때에는 자료의 불확실성으로 인해서 어쩔 수 없이 안전계수를 높게 잡으려는 경향이 크다. 그러다 보면 예상 내구년수를 너무 짧게 평가하는 결과를 초래한다. 다시 말해서 공급되는 자재가 기술규격을 만족하고 있고 사용기간 동안 운전환경의 부식성이 그다지 심각하지 않은데도 짧게 산정된 내구 년수로 말미암아 불필요한 보수 작업을 실시함으로써 경비의 남용을 초래할 수도 있다. 미국 교통부에서는 도로 및 교량의 철근 부식을 감시하려는 노력을 하고 있는데 이는 차량의 안전 운행 보장 측면 외에 적정 보수시기를 선정함으로써 정비 절감을 꾀하려는 의미도 있다.

미국의 부식비용 (cost of corrosion) 조사 결과에 따르면 부식으로 인한 직접손실비용은 연간 2760억불로 미국 GDP의 약 3.1%에 해당하며 1인당 연간 약 970불에 달하는 매우 큰 비중을 차지하고 있다. 또한, 이러한 부식을 억제하기 위해서 적용되는 방식기법의 현장적용, 연구개발, 교육 등과 관련된 직접비용은 연간 1210억불, 미국 GDP의 1.38%에 해당한다. 이 직접비용 이외에도 설비운영주체 입장에서 고려해야 할 경비인 방식시스템의 개발, 설계 및 적용과 관련이 있는 인건비, 유지비 등을 포함한다면 그 비중은 더욱 클 것으로 판단된다. 우리나라의 경우 2005년 GDP 대비 2.7%의 부식비용이 조사되었다.

물론 부식이란 매우 자연적인 현상이며, 그 형태 또한 매우 다양하기 때문에 부식현상 및 이와 관련된 비용을 완벽하게 “0”으로 만드는 것은 불가능하다. 그러나 효과적인 부식관리

방법을 도입한다면 부식비용의 약 25-30% 정도는 절감할 수 있는 것으로 분석되고 있다. 즉, 적절한 방식기법과 부식감시 및 방식유지관리 시스템을 적용함으로써 사회 안전, 자산 및 환경보전 및 비용절감이 가능하다고 할 수 있다.

14.1.2. 부식감시기술의 종류

현재 현장에서 적용되고 있는 대표적인 부식감시기술의 종류와 대략적인 특징을 표 14.1에 나타내었다. 표에 수록된 대부분의 감시기법들은 부식속도를 직접 측정하기보다는 부식환경의 변화에 따른 영향을 감시하는 방법이다. 재료의 수명예측을 위해서는 이러한 부식감시기술들은 반드시 주기적인 실제 검사결과와 비교할 필요가 있다. 부식감시기술의 선택을 위해서는 재질, 사용환경 등은 물론 유체의 상태, 열교환조건, 정적, 또는 반복응력조건의 유무 등과 같은 여러 조건을 고려해야만 한다. 그럴 뿐만 아니라 부식형태, 예를 들면 공식, 침식, 응력부식균열 (SCC), 미생물부식 (MIC) 등에 대한 사전평가 역시 감시기술 선정을 위한 중요한 인자가 된다. 부식감시에 영향을 미치는 인자들을 정리하면 다음과 같다.

- 환경 매질의 화학 조성
- 온도, 압력 및 유속
- 불용성 금속화합물 또는 물질의 존재
- 틈새 (crevice)
- 내외부의 응력 (인가응력, 잔류응력 등)
- 계면
- 전해질의 상변화 (기화 또는 액화 여부)
- 금속의 화학조성
- 금속학적 구조
- 이종금속 접촉 효과 (galvanic effect) 등

이처럼 부식성에 영향을 미치는 복잡한 변수들의 존재를 고려하면 한두 가지의 변수만을 고려하여 실시한 실험실 규모의 부식시험 데이터를 근거로 실제 설비의 부식성을 진단하는 것은 신뢰성이 떨어질 수밖에 없다. 실제 부(방)식 감시는 두 가지 이상의 방법으로 진단하는 것이 보편적이며 안전하다.

[표 14.1] 부식감시기술의 종류 및 특징

대분류	소분류	조업중 온라인감시 가능여부	부식속도 측정
비파괴검사	· 초음파측정법 (UT) · Radiography · Thermography · Eddy current/magnetic flux · Intelligent pigging	Offline	Direct
분석화학	· pH 측정 · 용존기체량 측정 (O_2, CO_2, H_2S) · 금속이온함량 (Fe^{2+}, Fe^{3+}) · 미생물분석 (e.g., SRB)	Offline	Indirect
운전조건	· pH · 유속 · 압력 · 온도	Online	Indirect
전기화학법	· 전위 측정 · 정전위 측정법 · 동전위 측정법 · AC임피던스법 · 전기화학 노이즈법	Online 또는 Offline	Direct 또는 Indirect
부식감시 (corrosion monitoring)	· 무게감량측정용 쿠폰 · 전기저항법 · 선형분극법 · 수소투과감시 · 갈바닉 전류 측정법	Online	Direct

14.2 부식감시기술 (Corrosion Monitoring Techniques)

14.2.1. 비파괴검사 (nondestructive testing; NDT)

부식의 관점에서 비파괴검사는 부식결함의 위치를 찾아내고 부식형상 및 부식량을 측정하는 기술로 정의할 수 있으며 대부분의 정유, 화학공장 등의 검사업무 중에 가장 중요한 과정이다. 재료의 설계, 시공 시의 정보를 정확히 알고 있다면 검사시점의 부식속도를 정확하게 측정할 수 있다는 장점이 있으나, 조업 중에 부식이 진행되고 있는 중의 온라인 감시는 불가능하다.

[1] 육안 검사 (Visual Inspection)

육안 검사는 가장 기본적이며, 다른 모든 검사 방법에 대한 기본이라 할 수 있다. 육안 검사를 행함으로써 얻을 수 있는 특징들은 다음과 같다.

① 결함의 원인을 분석하는데 도움을 준다.
② 더욱 심오한 검사 방법의 도입 필요성을 알려준다.
③ 재검사 시의 위치 선정에 도움을 준다.
④ 재검사 방법의 종류를 결정하는데 도움을 준다.
⑤ 해당 설비의 부식 유형 파악으로 번식법 선택에 도움을 준다.
⑥ 적정 소재 선정, 시공 절차 및 시공 상의 숙련도 등을 확인할 수 있으므로, 차기에 동일한 문제의 재발을 방지할 수 있다.

[2] 초음파검사 (ultrasonic testing; UT)

초음파검사(UT)는 가장 많이 사용되고 있는 비파괴 검사 기술의 하나로 매우 광범위한 응용범위를 가진다. 초음파는 주로 재료 내부에 존재하는 결함을 효과적으로 검출하는 목적으로 사용되지만 이와 동시에 부식에 의한 두께감소를 측정하는 기술로서 광범위하게 사용되고 있다. 두께측정을 위해서는 간단한 펄스 에코 (pulse echo) 원리가 사용된다. 이 방법에서는 전달자(transducer)에 의해 생성된 음파가 시험편을 통해 전달되다가 반사되어 돌아오는 음파의 에너지를 측정하게 된다.

이때 시편의 두께는 방출된 음파와 반향된 음파의 시간차(pulse transit time)에 재료에서의 음파의 전달속도를 곱하고 2로 나눈 값이 된다. 초음파를 이용한 두께측정 결과는 다른 방법과 비교하여 신뢰성이 있고 관련 기기의 개발도 활발히 이루어지고 있다. 신뢰성 있는 결과를 얻기 위해서는 전달자가 부착되는 표면이 평탄하고 깨끗하여야 하며 적절한 접속소자(couplant)를 사용하여 부착되어야 한다. 음파의 속도는 온도에 따라 크게 변화하므로 온도보정이 필요한 경우가 많다.

UT검사 결과가 그래프로 표시되는 방법은 크게 세 가지, 즉, A-scan, B-scan, C-scan이 있다. A-scan은 전술한 것처럼 receiver에서 수집한 초음파 에너지를 시간의 함수로서 나타내는 것이다. 즉, 수신 초음파에너지를 y축에, 시간을 x축에 도시함으로써 신호의 진폭으로부터 결함부의 상대적인 크기를 알 수 있다. 만일 재료중에 그림 14.2와 같은 결함이 존재하고 그림과 같은 방향으로 UT검사가 이루어진다면 A-scan은 그림 14.3과 같은 결과로 나타난다.

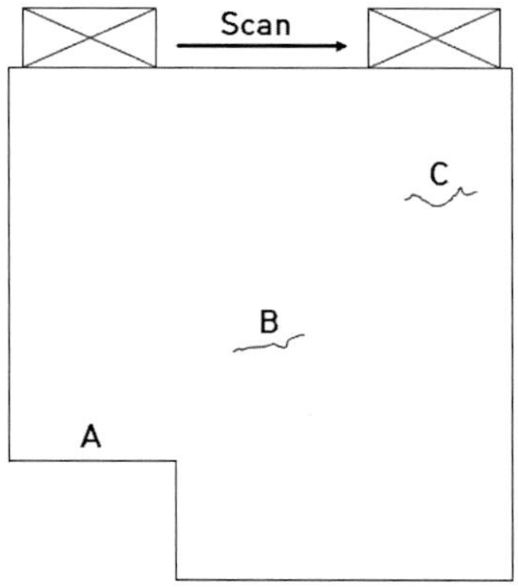

그림 14.2 가상 결함의 위치 및 UT검사 방향

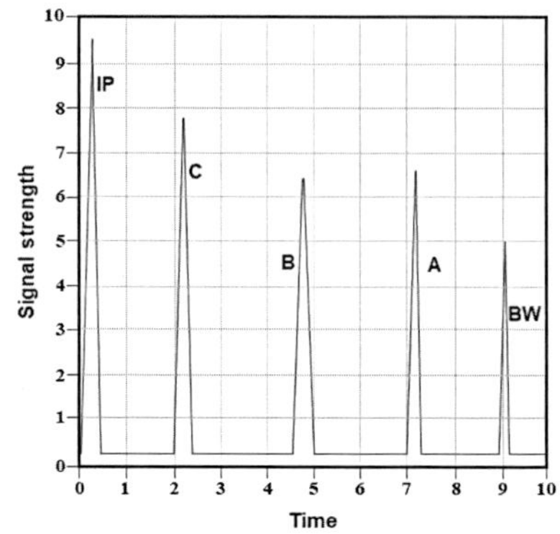

그림 14.3 그림 14.2의 결함을 UT검사했을 때 A–scan 결과 (IP: initial pulse, BW: Back wall)

한편 B-scan은 시편의 단면도로 결과가 나타난다. 즉, 초음파의 time-of-flight (TOF)가 y축에, x축에는 전달자의 linear position이 표시되며 결함부의 깊이와 결함부의 (스캔방향으로의) 대략적인 직선길이를 알 수 있다. 그림 14.2와 같은 결함을 검사하면 B-scan결과는 그림 14.4와 같이 나타난다.

C-scan은 결함의 크기, 위치 및 형상을 알 수 있는 일종의 평면도 (plan view) 형태로 나타난다. 즉, 전달자의 스캔 패턴에 평행한 평면도를 얻을 수 있다. 일반적으로 C-scan은 컴퓨터에 의해서 조정되는 시스템과 같은 자동화된 데이터획득시스템을 통해서 생성된다. 그림 14.5에 UT 스캔 패턴과 이에 따른 결함의 C-scan 표시 형상을 나타내었다.

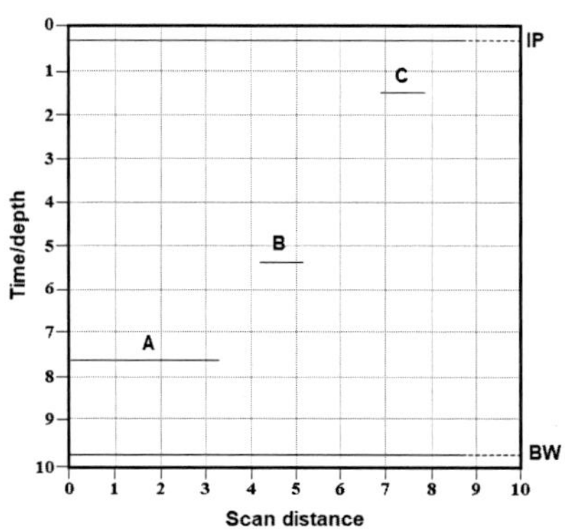

그림 14.4 그림 14.2의 결함을 UT검사했을 때 B–scan 결과

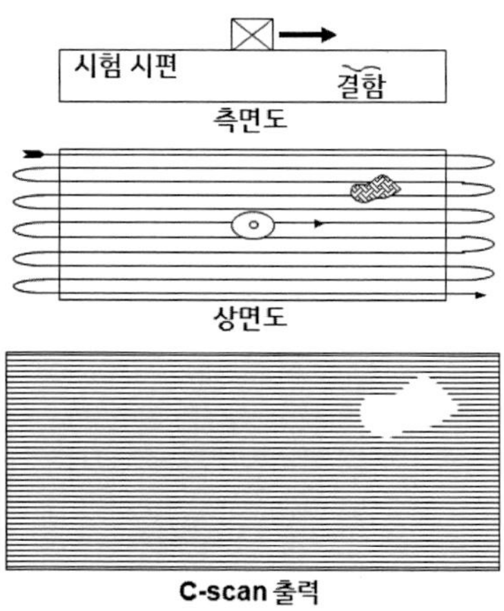

그림 14.5 C–scan 형상

그림 14.6은 항공기 날개표면의 볼트/너트 사이의 틈새에서 발생한 부식부위를 상용 C-scan UT장비로 검사한 결과 예이다.

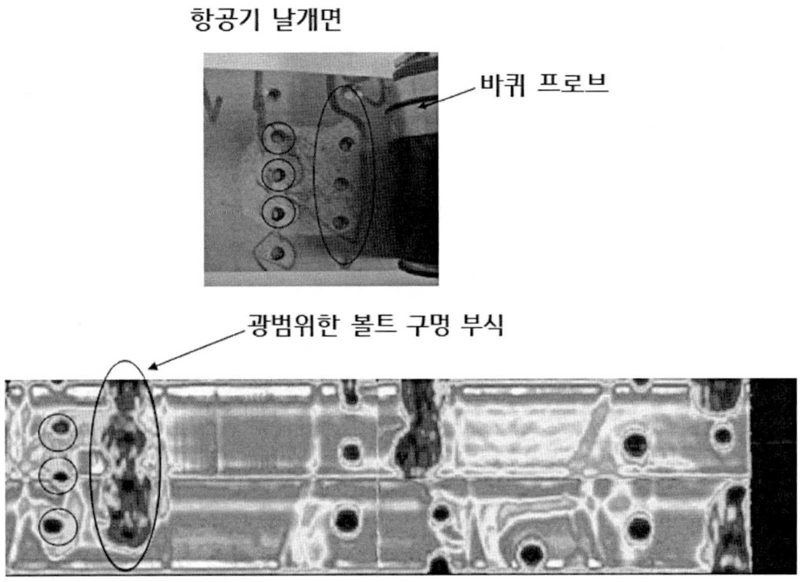

그림 14.6 항공기 날개표면의 UT C-scan결과 예

UT검사는 단순한 두께측정 이외에도 보일러관 등에서 발생하는 침적물의 두께 측정에도 성공적으로 이용되고 있으며 최근에는 관련기기의 발달로 고온용 탐지프로브(probe)와 마이크로미터 단위까지 측정이 가능한 초정밀 프로브도 상용화되어서 시판되고 있다.

[3] 방사선검사 (Radiography testing; RT)

역사적으로 용접부 결함 및 균열을 성공적으로 탐지해 낸 후 방사선검사(radiography testing; RT)는 플랜트 등을 비롯한 현장의 부식을 밝혀내는 방법으로 널리 적용되기 시작 되였다. 이 방법은 측정 기술의 종류에 따라 보편적 조사법 (conventional), 배면 산란 조사법 (back-scattered radiography) 및 투과법 (transmitted radiation) 등이 있다. 이는 매우 숙련되고 자격이 인정된 작업자를 필요로 한다. 그림 14.7은 RT법으로 검출한 내면부식 검출 사례이다.

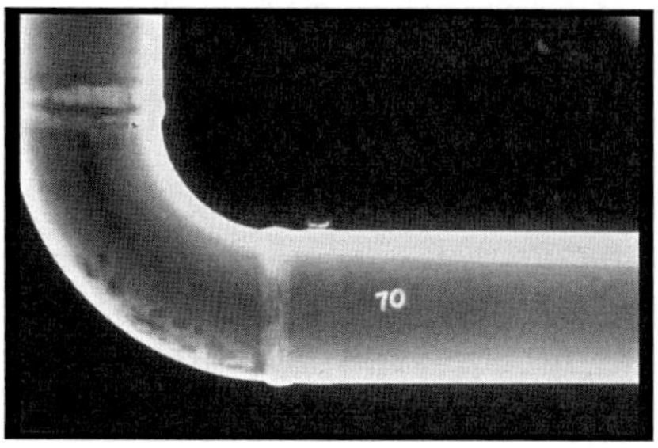

그림 14.7 RT법으로 검출한 배관 내부의 pit

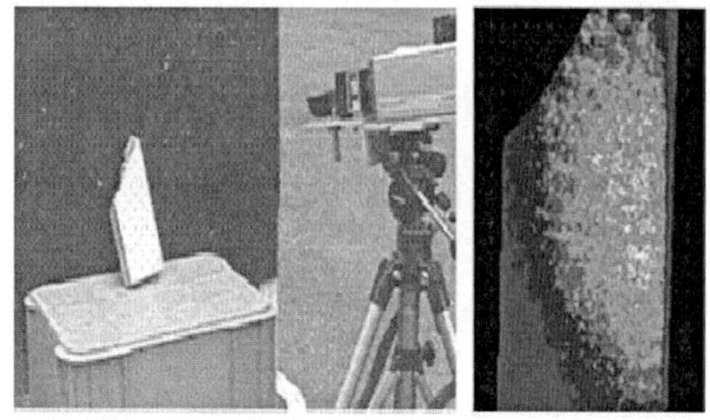

그림 14.8 적외선 열감지법에 의한 측정 결과 예

[4] **적외선 열감지법** (Infrared Thermography)

반응로 (reactor), 노(furnace)와 노관 (furance tube), 반응스택 (stack), 구조물 구성품 (structural members) 및 회전 장치 (rotating equipment) 등에서의 열 발생점 (hot spots)을 카메라로 찾아내는 것으로, 이는 물질이 고온일 때 큰 주파수의 근적외선(near IR)을 발생시키는 원리를 바탕으로 한다. 그림 14.8은 열감지법측정장비와 파손이 발생한 시편의 측정 결과 예이다.

[5] **음향방출검사법** (acoustic emission; AE)

AE는 SCC와 같은 미소균열의 성장단계에서 재료로부터 방출되는 음향파를 검출하고 측정하는 기술이다. 따라서 매우 민감한 센서인 마이크(microphone)를 균열이 의심되는 구조물의 곳곳에 설치하여 검사한다. 음향파는 압력이나 온도 변화로 야기되는 기계적인 응력으로 인해서 생성되나 온라인 측정시에는 항상 background noise의 존재도 고려해야만 한다. 비단 결함의 성장뿐만 아니라 소성변형 역시 음향센서에 의해서 검출 가능하며 균열의 마모로 인한 평활화(fretting) 또는 corrosion pocket의 파괴 등에 의한 2차 방출도 검출할 수 있다. 그러나 결함이 존재하는 부위를 검출하는 정성적인 특성을 가지므로 UT와 같은 보조 검사를 통한 추가 검사를 필요로 한다.

오프라인검사는 보통 구조물/설비의 건전성을 평가하기 위한 목적으로 이루어지는 반면에 온라인검사는 조업조건이 결함의 전파에 미치는 영향을 조사하기 위한 목적으로 이루어진다. 오프라인 검사시에는 약 150-175 kHz의 주파수범위, 온라인 검사시에는 노이즈 효과를 최소화하기 위하여 약 1 MHz의 주파수 범위에서 검사가 이루어지나 검출 범위는 약 0.5m 정도로 감소한다. 그림 14.9는 상용 AE 검사장비를 이용하여 검사를 실시하는 모습이고, 그림 14.10은 지상저장탱크(aboveground storage tank; AST)의 바닥판을 AE 검사한 결과 사례이다.

그림 14.9 상용 AE검사장비 예

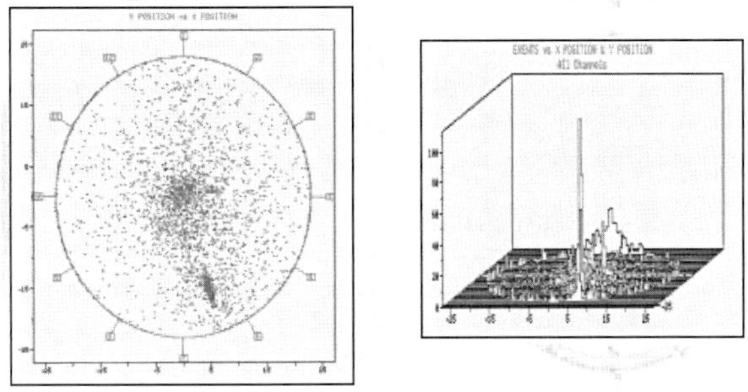

그림 14.10 AST 바닥판의 AE검사결과 예

[6] 와전류 비파괴검사 (Eddy Current Testing; ECT)

와전류 비파괴검사는 전자기유도(electromagnetic induction)원리를 이용하는 비파괴검사 방법이다. 전기전도도를 가지는 재료가 AC전류가 흐르는 코일로부터 생성된 자기장에 노출되면 재료의 표면 및 내부에 와전류(eddy current)가 유도된다. 생성된 유도 와전류는 역으로 코일의 자장과 반대부호의 자기장을 생성한다. 이러한 자기장의 상호작용에 의해서 코일에 전류흐름에 대한 저항, 즉, 임피던스(impedance)가 발생하게 된다. 이 임피던스의 변화를 측정함으로써 재료의 전류전달특성에 영향을 미치는 조건, 예를 들면 부식을 검출하는 방법이다. 그림 14.11에 ECT의 원리도를 나타내었다.

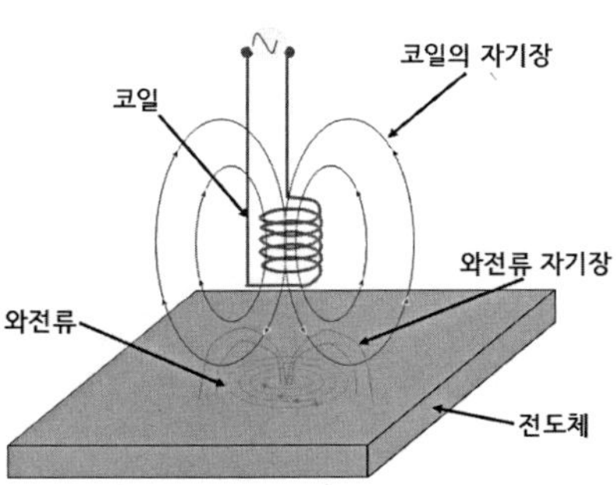

그림 14.11 ECT의 원리

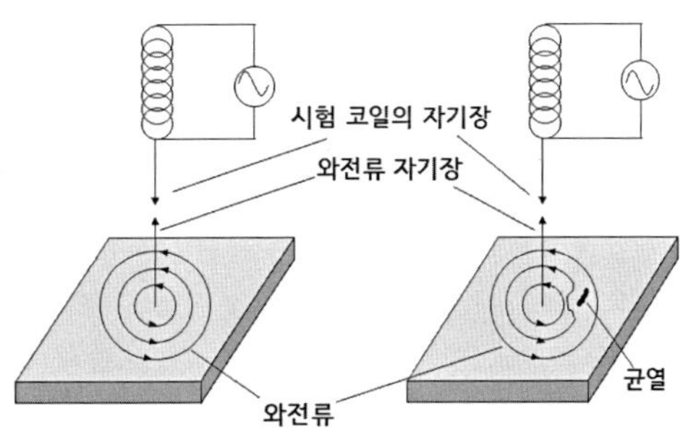

그림 14.12 ECT를 이용한 균열 검출 원리

와전류는 표면에서 가장 강하고, 재료 내부로 들어갈수록 그 강도가 감소한다 (표피효과; skin effect). 와전류의 강도가 1/e, 즉, 표면강도의 약 37%로 감소하는 깊이를 skin depth라고 한다. 와전류는 전기전도도, 투자율 (magnetic permeability), 재료의 형상 및 기하학적 특성 및 결함 특성의 변화 등에 민감하므로 균열, 개재물의 존재, 재료의 기공도 및 부식 등의 검출

이 가능하며 약 0.4mm정도의 두께를 가진 재료의 검사도 가능하다. 특히 균열이 존재하면 그림 14.12와 같이 2차유도 와전류의 원형 흐름에 왜곡이 생기므로 균열의 위치에서 전류의 강도가 변하게 된다.

또한, 전도성 물질위에 비전도성 코팅이 되어 있는 경우에 코팅 두께를 측정하는 목적으로도 사용된다. 즉, 그림 14.13과 같이 코팅 두께에 따라서 전도성 재료 내부로부터 검출되는 와전류의 크기에 차이가 발생하므로 코팅두께 측정이 가능하다.

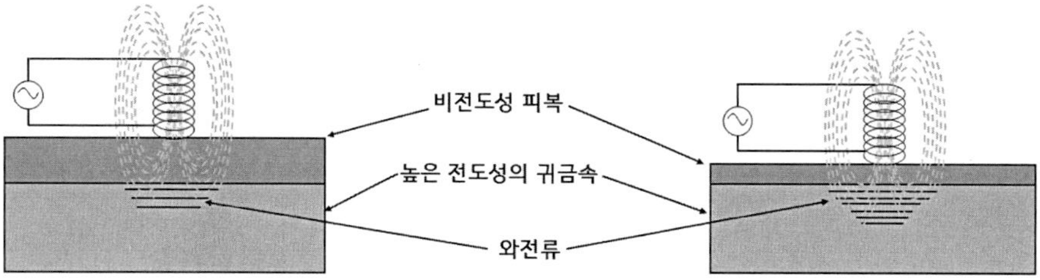

그림 14.13 ECT를 이용한 코팅두께측정 원리

또한, 전기전도도와 투자율의 변화에 따라서 와전류특성이 변화하는 현상을 응용하여 재료의 분류, 열손상 정도 검출, 클래딩(cladding)재료 또는 도금된 재료의 두께 측정, 열처리효과의 감시 등 다양한 목적으로 적용 가능하다. 그림 14.14에 대표적인 상용 와전류검사기기의 예를 나타내었다.

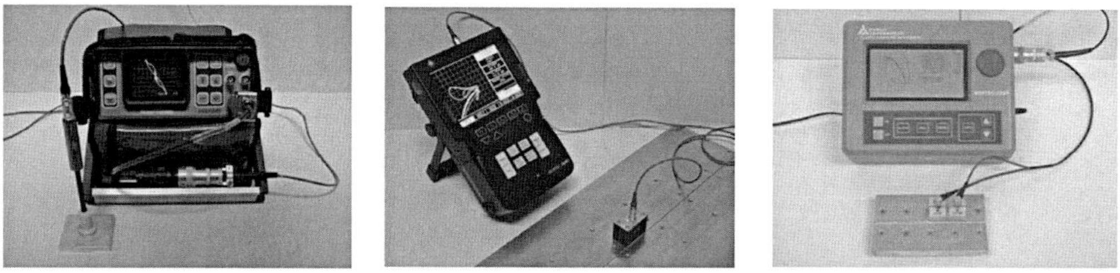

그림 14.14 상용 ECT장비 예

와전류검사의 장단점을 정리하면 다음과 같다.

A. 장점
• 작은 균열 및 결함에 민감하다. • 표면 및 표면근처의 결함 검출이 가능하다. • 검사결과를 즉시 알 수 있다. • 휴대용 장비를 이용하여 간편한 검사가 가능하다. • 결함검출 이외의 다양한 목적으로 사용 가능하다. • 검사대상 전처리가 쉽다. • 검사프로브를 재료에 접촉시킬 필요가 없다. • 복잡한 형상 및 크기라도 전도성재료에 대해서는 적용 가능하다.
B. 단점
• 전도성 재료에만 적용가능하다. • 검사대상 표면에 프로브를 위치시켜야 한다. • 검사를 위한 기술습득과 훈련이 필요하다. • 표준물질(reference standard)이 있어야 한다. • 재료 내부로의 검사 깊이에 제한이 있다. • 프로브 코일이 감긴 방향 및 프로브 스캔 방향과 평행하게 존재하는 delamination과 같은 결함의 검출은 어렵다.

14.2.2. 비전기화학적 방법

[1] 무게감량 쿠폰법

가장 기초적인 부식감시기법의 하나로서 쿠폰을 이용하여 일정한 시간 동안 부식에 따른 무게감량을 정량화하는 방법이다. 쿠폰은 물론 평가대상 설비와 동일한 재질이어야 하며 보통 띠상 또는 판상 형태로 제작되며 설비의 벽면 등에 부착되거나 부식성 매질 내에 삽입된다. 결과의 신뢰성을 확보하기 위해서는 쿠폰 준비과정에서의 표면처리 및 설치과정에서의 쿠폰 위치에 대한 주의가 필요하다. 일정한 시간이 지난 후 쿠폰을 회수한 후 육안검사, 부착물의 유무, 부식형태, 무게감량 등으로부터 필요한 정보를 얻게 된다.

쿠폰법에서는 시간 간격을 미리 결정한 후 무게감량 등의 조사를 실시하는 것이 보통이며 3, 6, 12개월의 간격이 일반적이다. 그림 14.15는 "planned interval test"의 절차 및 결과해석 방법을 나타낸 것이다.

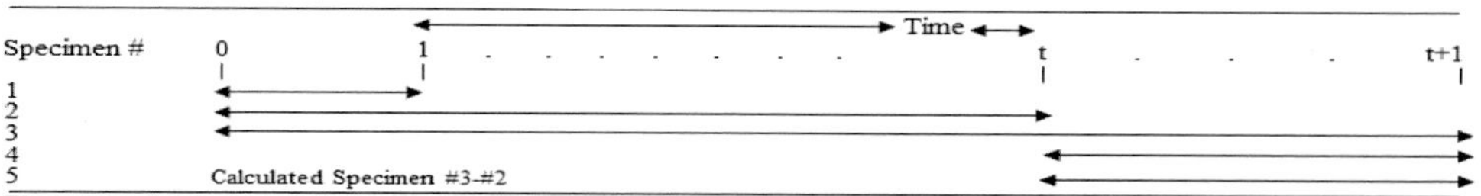

The test specimens are placed in the same test vessel which contains the corrosive solution. The test conditions are kept constant during the duration of the test program. The parameter being measured is the penetration, as defined below

Interpretation		Criteria
Liquid Corrosiveness	—Unchanged if	1 = 4
	—Decreases if	1 > 4
	—Increases if	1 < 4
Metal Corrodibility	—Unchanged if	4 = 5
	—Decreases if	4 > 5
	—Increases if	4 < 5

Other Combinations of Interpretation;

Liquid Corrosiveness	Metal Corrodibility	Criteria
1. unchanged	unchanged	1 = 4 = 5
2. unchanged	decreases	1 = 4 > 5
3. unchanged	increases	1 = 4 < 5
4. decreases	unchanged	1 > 4 = 5
4. decreases	decreases	1 > 4 > 5
6. decreases	increases	1 > 4 < 5
7. increases	unchanged	1 < 4 = 5
8. increases	decreases	1 < 4 > 5
9. increases	increases	1 < 4 < 5

Example of Planned Interval Corrosion Test Program

Exposure; Test specimens were of AISI Type 316L. (UNS S31603) stainless steel (density 7.98 g/cm³), with dimensions of 25 × 50 × 3 cm (1 × 2 × 1/8 in.), immersed in 500 mL of 15 % methylsulfonic acid, + 5 % sulfuric acid, balance water, at atmospheric pressure and 45°C.

Specimen Number	Duration Days	Mass Loss mg	Penetration mm	Penetration mils	Apparent Corrosion Rate mm/y	Apparent Corrosion Rate mpy
1	0-1	1495	0.064	2.4	23	880
2	0-4	2240	0.095	3.6	8.7	330
3	0-5	2280	0.097	3.7	7.1	270
4	4-5	95	0.004	0.15	1.5	55
5	calc. 3-2	40	0.002	0.06	0.7	32

$$\text{Penetration} = \frac{(\text{mass loss in mg})(\text{C-factor})}{(\text{area in mm}^2 \text{ or in.}^2)(\text{density in g/cm}^3)}$$

where C = 1 for mm: or C - 0.061 for mils

$$\text{Apparent Corrosion Rate} = \frac{(\text{Penetration in mm or mils})365}{\text{time in days}}$$

From penetration information: Specimen 1 > 4 > 5

Based on the interpretation criteria, the liquid has decreased its corrosiveness during the test, and suggests the formation of a protective film owing to a decrease in metal corrodibility

그림 14.15 Planned Interval Test

그림 14.16은 대표적인 쿠폰의 예이다.

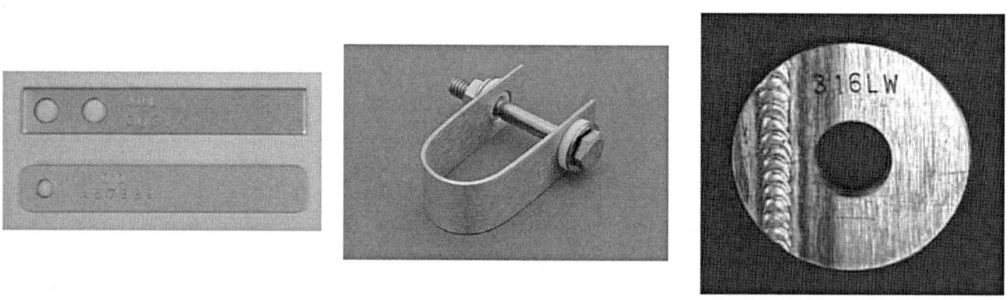

그림 14.16 부식시험용 쿠폰의 예

그림과 같이 일반적인 쿠폰에서부터 설비의 응력부가조건을 모사하기 위한 쿠폰, 또한 용접부의 부식특성을 모사하기 위한 시편 등 다양한 형태의 쿠폰이 목적에 맞게 사용되고 있다. 그림 14.17은 여러 가지 해안가의 부식성 대기환경에 노출된 금속재료의 부식특성을 평가하기 위해 폭로시험(exposure test)중인 쿠폰의 예이고 그림 14.18은 고압의 유체가 흐르는 프로세스배관에 회수가 가능한 쿠폰을 설치하는 방법의 개념도이다.

그림 14.17 쿠폰이 설치된 폭로시험장 예

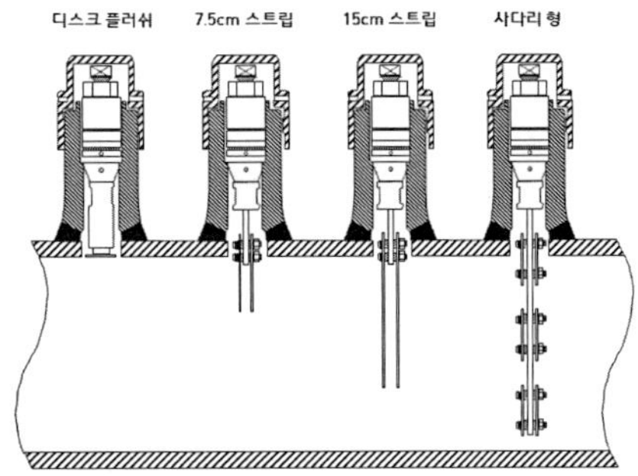

그림 14.18 고압라인에 회수가 가능한 쿠폰의 설치 방법

쿠폰을 사용할 경우 가장 주의할 점 중의 하나는 검사기간 동안에 부식환경이 변할 수 있다는 점이다. 즉, 무게감량이란 일정 시간동안에 발생한 부식손실의 총량을 의미하는 것으로 이로부터 평균 부식속도를 구할 수는 있으나 시험기간이 비교적 장기간이므로 단기간에 걸친 부식환경 변화의 영향 등을 평가하는 방법으로서는 부적절하다.

실제로 쿠폰법은 재료선정을 위한 시험 등에 많이 사용되나 (거치대에 다양한 재료의 쿠폰들을 거치하여 각각의 부식정도를 평가), 수명평가를 위한 부식감시 기술로서는 한계가 있다. 예를 들어서, 이 방법은 부식억제제의 사용효과나 대략적인 성능을 평가할 수는 있으나 부식억제 성능이 95% 이상인 부식억제제들 사이의 미세한 성능차를 평가할 수는 없다.

A. 장점
• 많은 수의 쿠폰을 동시에 투입할 수 있으며 용접 부위와 같은 금속학적 특성을 모사할 수 있다. • 실험실적 시험에 비하여 실제 설비에서 재료의 부식 거동을 조사할 수 있다. • 부식억제제 사용시 부식억제제 거동을 감시할 수 있다. • 장기간 노출이 가능하다. • 틈새 부식 (crevice corrosion), 공식 (pitting corrosion) 등과 같은 부식형태 및 특성에 따라서 적절한 형태로 쿠폰을 설계할 수 있다.
B. 단점
• 부식성의 급격한 변화에 따른 부식거동 변화를 측정할 수 없다. • 쿠폰을 수거하기 전까지는 재료의 국부적인 부식 감시가 불가능하다. • 쿠폰으로부터 계산된 부식속도를 설비 부식속도로 직접 환산할 수 없다. • 설비의 부식 형태가 쿠폰의 부식 형태와 항상 일치하지는 않는다.

[2] 전기 저항법 (Electrical resistance (ER) method)

전기저항법(electrical resistance method; ER method)은 금속이 부식으로 인하여 단면적이 감소하면 전기 저항이 증가하는 원리를 이용한 것이다.

$$R = \rho \frac{L}{A}$$

위 식에서 L은 프로브의 길이, A는 단면적, ρ는 프로브금속의 비저항, R은 저항이다. 부식속도를 측정하고자 하는 금속을 와이어 (wire) 등과 같은 형태로 적절한 케이스에 삽입하여 부식환경에 노출시키며 일정 전류를 흘려준다. 부식에 의해 단면적이 감소하게 되어 전기 저항이 증가하게 되면 전류를 흘려준 양단간의 전위는 증가하게 되어 부식현상이 감시된다. 부식으로 인한 전기 저항이 대개 크기 때문에 전체적인 전기저항에 미치는 표면에 부착된 부식생성물에 의한 영향은 무시할 만하다. 이 방법을 통해 측정되는 부식속도는 측정기간 동안의 부식량의 총합이라는 점에서 쿠폰법과 유사한 한계점이 있으나 시간에 따른 저항변화추이로부터 부식경향의 변화를 추정할 수는 있다. 그림 14.19는 대표적인 상용 시스템인 Corrosometer이다.

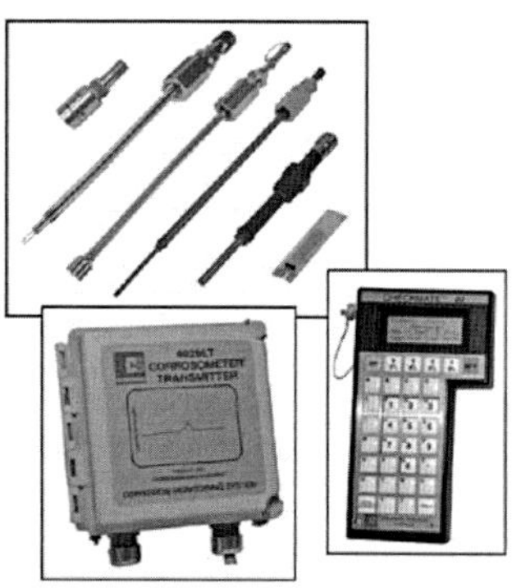

그림 14.19 대표적인 상용 시스템인 Corrosometer

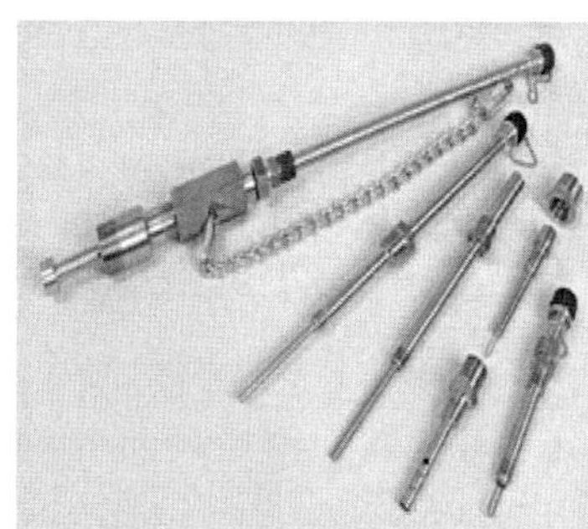

그림 14.20 대표적인 ER센서 (Alabama Specialty Group)

그림 14.20의 ER센서와 부식속도의 측정이 가능한 휴대형 측정장치, 또는 데이터의 저장이 가능한 데이터 로거가 한 세트로서 현장에서 부식속도를 측정하거나 또는 일정 기간 설치 후 장기간에 걸친 ER센서의 응답을 측정할 수 있다. 상용 전기저항 측정장비에 의해 얻은 부식속도측정결과의 한 예를 그림 14.21에 나타내었다.

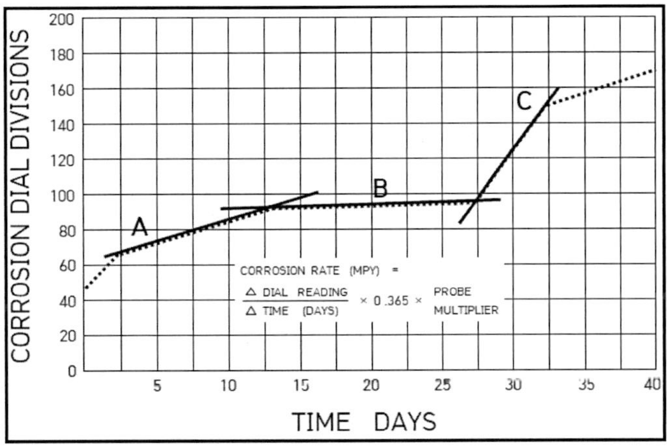

그림 14.21 전형적인 부식속도측정 응답곡선

부식속도는 곡선의 기울기와 관계가 있으며, 실제 부식속도를 구하는 식과, 기울기 'A'에서 부식속도를 구하는 과정은 각각 다음과 같다.

$$\text{Corrosion rate (mpy)} = \frac{\Delta dialreading}{\Delta time, (day)} \times 0.365 \times \text{probe multiplier}$$

$$\text{Corrosion Rate of Slope A (mpy)} = \frac{100-80}{15-8} \times 0.365 \times 10 = 10.4$$

또한 부식속도를 측정하고자 하는 설비의 특성을 고려하여 와이어 대신 튜브, 스트립 등의 여러 가지 모양에 시편이 사용될 수 있으며, 케이스는 부식 분위기 조건에 따라 적절한 재료를 선택해야 한다.

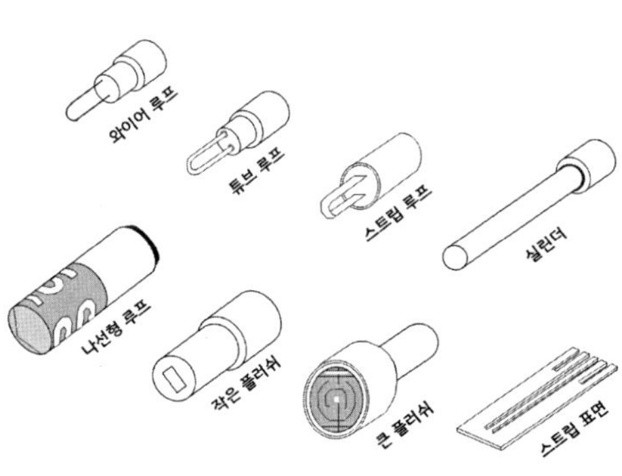

그림 14.22 다양한 ER센서의 형태

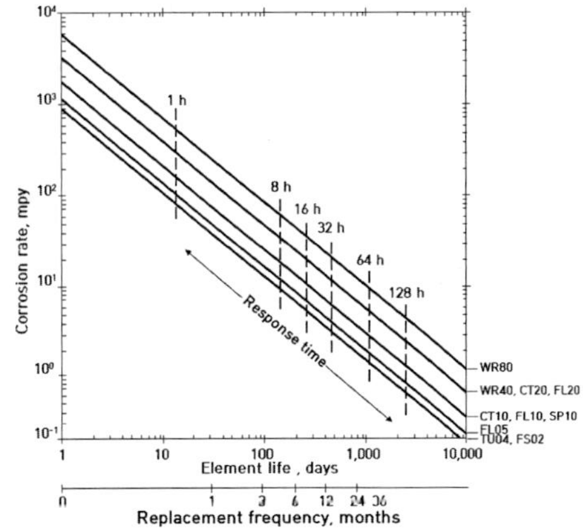

그림 14.23 ER센서 선정 가이드라인

그림 14.22와 같은 ER센서를 이용한 기법에서 특히 주의를 기울여야 하는 부분은 바로 주위의 온도변화에 따른 금속의 저항 변화이다. 온도가 변화될 경우 나타나는 저항 변화를 금속이 부식되어 나타나는 저항 변화로 오인되지 않도록 기준이 되는 금속(즉, 부식환경에 노출되지 않고 온도변화에 따른 저항 변화만을 측정할 수 있는 센싱부)을 반드시 함께 투입해야 한다.

센서의 두께를 얇게 하면 센서의 민감도가 증가하며 작은 부식속도의 변화도 측정할 수 있다. 그러나 민감도의 개선은 센서 수명의 감소를 야기하게 된다. 일반적으로 ER센서 제조업체에서는 그림 14.23과 같은 센서 선정을 위한 가이드라인을 제시하고 있다.

이외에도 ER센서의 민감도를 크게 향상시킬 목적으로 진공증착법 등에 의해서 제작한 수 마이크로미터 두께의 박막형 ER센서가 상용화되었는데, 주로 부식방지를 목적으로 실시된 방식기법의 효율을 평가하기 위한 목적으로 사용된다. 그림 14.24는 박막형 ER센서의 원리도이다.

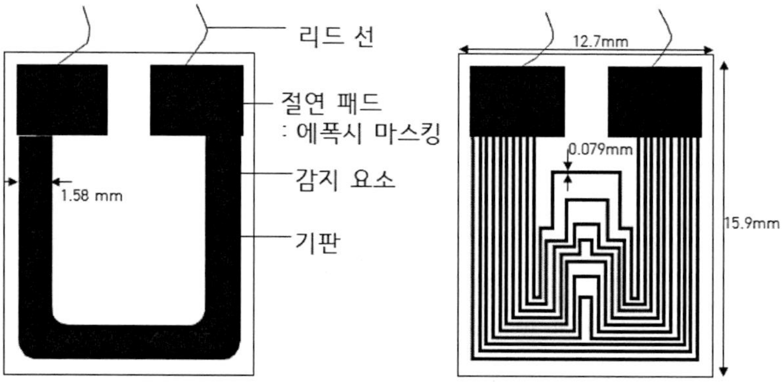

그림 14.24 박막형 ER센서

그림과 같이 단선형 또는 다선형으로 제작되어 단순히 부식속도를 측정하거나 또는 국부부식을 감지할 목적으로 적용된다. 그림 14.25에 박막형 ER센서의 적용사례들을 나타내었다.

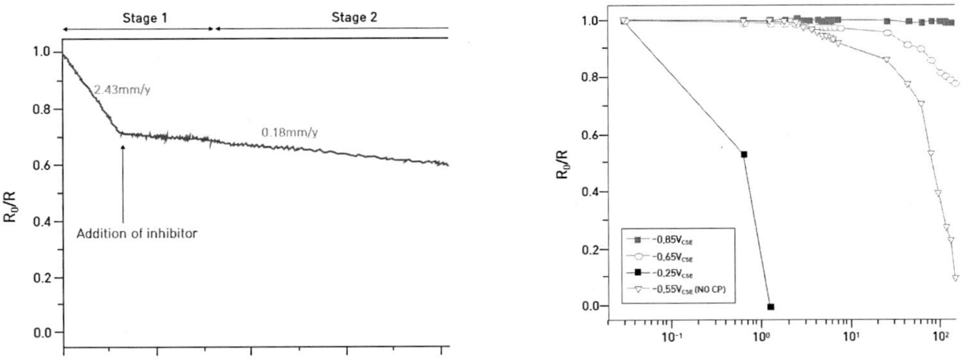

그림 14.25 박막센서의 전형적인 응답 예 ; (a) 55°C, 3% NaCl용액에 부식억제제(NALCO 39L)를 0.5% 첨가했을 때 센서응답, (b) 3% NaCl용액중에서 CP전위에 따른 센서응답

그림에서 보듯이 부식억제제를 투입했을 때 부식속도의 급격한 변화를 감지하거나, 음극방식을 실시할 경우 방식전위의 변화에 따른 미세한 부식속도 변화를 민감하게 검출가능하다. 벌크형 센서를 이용하는 경우 약 1mpy (0.05mm/y)의 부식속도변화를 측정하는데 약 60-70일이 소요되는데 비해서 민감도가 향상된 박막형 센서를 적용함으로써 즉각적으로 부식속도의 변화를 알 수 있다. 이 정도의 부식속도변화는 특히 부식억제제나 CP와 같은 방식기법이 적용된 시스템에서 방식효율이 감소할 때 나타날 수 있는 변화이므로 방식효율성의 평가에 적합하다고 판단된다.

ER법으로 구한 부식속도는 쿠폰법에 의해 얻은 결과와 유사하나 ER법은 설비 작동 동안 연속적으로 재료의 부식 거동을 조사할 수 있다는 이점이 있다. 또한, 후술할 전기화학적 기법이 수분이 존재할 때에만 작동하는데 비해서 ER센서는 수분이 존재하지 않아도 적용가능하다는 장점이 있다. 건습 사이클의 변화에 따른 부식속도(그림에서는 저항변화)의 측정이 가능하다. 그러나 균일한 부식이나 국부적인 부식의 모든 경우에 저항은 증가되므로 어떤 형태의 부식이 일어나는지는 판단할 수 없다.

[3] 수소투과감시법 (Hydrogen Permeation Monitoring)

부식반응 중 음극 반응으로 발생할 수 있는 수소원자가 서로 결합하여 분자의 형태로 기체화되지 못하고 재료 내부로 침투하여 재료 내부의 결함부위에 축적되면 재료를 취화시켜서 수소박리, 수소취성 및 수소유기파괴와 같은 문제가 발생할 수 있다. 이처럼 수소 발생량을 관찰할 필요가 있는 경우 수소투과탐시법을 적용할 수 있다. 그림 14.26은 상용화된 수소투과탐지 센서의 한 예이다.

그림 14.26 상용 수소투과감지장치 예

그림과 같이 센서를 반응기나 배관의 외면에 부착시키는 형태이며, 부식반응에서 발생한 수소가 탐지봉내 얇은 벽을 통하여 확산하여 튜브 내부의 압력을 나타나게 한다. 압력의 증가 속도는 압력계로 측정한다. 재료내에 축적되어 취화를 일으킬 수 있는 수소의 임계농도가 존재하는 것으로 알려져 있으며 이들 농도를 기준으로 설비의 안정성을 감시하는 장치이다. 이러한 감시장치를 통해서 수소의 발생을 감지함으로써, 수소 박리, 수소 취성 예방이 가능하다. 탄화수소를 주로 다루며 황화수소에 의한 문제가 주요 관심사인 정유산업 및 석유화학 산업 등에서 많이 사용된다.

14.2.3. 전기화학적 감시방법

부식의 전기화학적 특성을 고려할 때 금속/용액 계면의 전기(화학)적인 특성을 측정하는 기술이 부식분야의 기초연구에서부터 부식감시분야에 이르기까지 광범위하게 적용되고 있다. 자연적으로 측정되거나 또는 외부에서 부가된 조건에 대한 응답으로 나타나는 전위나 전류는 부식에 대한 매우 중요한 정보를 제공하며 다양한 전기화학적인 기법에 의해서 측정 가능하다.

[1] **선형분극법** (Linear polarization resistance method; LPR)

선형분극법은 ER법과는 다르게 전도도를 가지는 액상의 매질에서만 적용 가능하며 그 접근 방법이 전기화학 이론에 근거하고 있어 현장에서 뿐만 아니라 실험실에서도 부식공학의 학문적인 해석 방법으로도 널리 사용되는 방법이다. 즉, 부식전위 부근(±20mV)에서는 전류와 전위사이에 선형적인 관계가 유지된다는 전기화학적 특성을 이용하여 인가된 전류(또는 전위)에 의한 전위(또는 전류)의 변화 양상으로부터 분극저항(polarization resistance; R_p)을 측정하는 방법이다. 분극저항을 알면 Stern-Geary식으로 부터 부식속도를 결정할 수 있다. 선형분극법은 부식반응의 양극반응과 음극반응의 속도를 결정하는 속도식이 아래와 같이 지수적인 관계에 있을 때 적용이 가능하다.

$$i_a = i_{corr}\, 10^{\Delta\phi / \beta_a}$$

$$i_c = i_{corr}\, 10^{-\Delta\phi / \beta_c}$$

위 식에서 i_a는 양극반응의 부식속도를 전류로 표현한 식이며, i_c는 음극반응의 속도식에 해당된다. β_a, β_c는 각 반응에 관계된 계수로서 분극곡선 등으로부터 얻어질 수 있는 값이다. 측정을 간편하기 위하여 동일한 두 개의 전극으로 셀을 구성하여 여기에 20 mV 내외의 전위차를 인가하는 2 전극법이 널리 활용되고 있다. 이때 인가된 전위와 전류의 비를 분극저항, R_p라고 부르며, 이 값과 부식속도에 비례하는 부식 전류밀도의 사이에는 아래의 Stern-Geary 관계식이 성립된다.

$$i_{corr} = \frac{1}{2.3}\frac{i_{appl}}{\Delta\phi}\left(\frac{\beta_a \beta_c}{\beta_a + \beta_c}\right)$$

이때 산소확산이 부식속도를 지배한다면 부식속도는 음극반응(산소환원반응)의 한계전류밀도가 된다. 이 경우 β_c는 무한대가 되므로 위 식은 다음과 같다.

$$i_{corr} = \frac{\beta_a}{2.3}\frac{i_{appl}}{\Delta\phi}$$

결론적으로 다음과 같이 표현할 수 있다.

$$i_{corr} = \frac{B}{R_p}$$

즉 각 반응의 타펠 기울기(β_a, β_c)를 알고 있다면, 부식전위로부터 양과 음의 방향으로 5-10 mV 분극된 범위에서 R_p를 구한 후 식을 이용하여 i_{corr}을 계산할 수 있다. 식에서 i_{corr}에 영향을 주는 요인으로는 β_a, β_c가 있는데 자세한 정보가 없는 경우에는 β_a, β_c를 각각 0.12V로 적용한다. 이 때 식은 다음과 같은 간단한 식으로 정리된다.

$$i_{corr} = \frac{0.026}{R_p}$$

또한, 이때 구한 i_{corr}는 패러데이의 법칙에 의해서 다음과 같이 쉽게 무게감량(ΔW)으로 환산할 수 있다.

$$\Delta W = \frac{i_{corr} A_t \, t}{nF}$$

이 식에서 t는 시간 (sec), At는 부식되는 금속의 원자량 (g/mole), n은 교환되는 전자의 수, F는 패러데이 상수(Faraday's constant)로서 96500 C/mol이다. 그림 14.27에 대표적인 상용 LPR 프로브의 형태를 나타내었다.

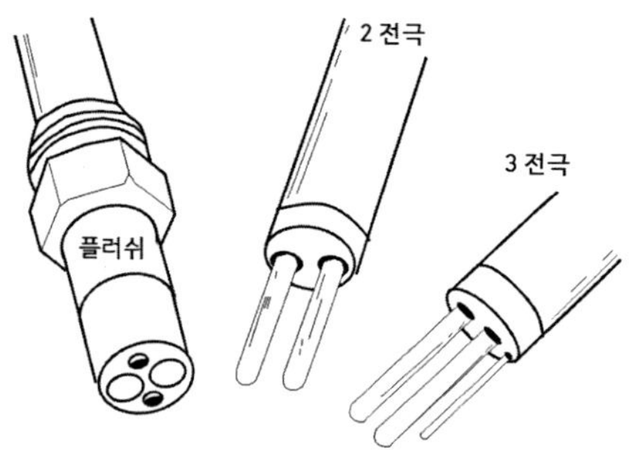

그림 14.27 선형분극법 프로브 개요도

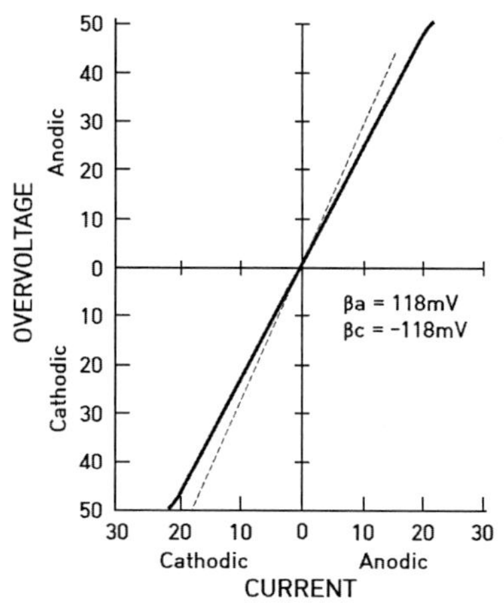

그림 14.28 선형분극법의 전형적인 응답곡선

사용 편의성을 고려하여 2전극 (two electrode) 시스템이 많이 사용되며 경우에 따라서 3전극시스템이나 변형된 형태가 사용되기도 한다. 그림 14.28은 LPR법으로 구한 전형적인 응답곡선의 예이다.

부식생성물이나 석출물 등이 표면에 존재할 경우나 전해질의 비저항이 큰 경우에는 피막의 저항이나 용액저항으로 인해서 분극저항이 실제보다 크게 측정될 가능성이 존재하므로 한계가 있다. 선형분극법은 이러한 한계점을 정확히 인식하고 적절한 기기와 프로브가 사용된다면 현장에서의 부식감시를 위한 좋은 방법이 될 것이다. 실제로 이 방법은 국부부식의 가능성이 없는 탄소강이나 동합금에 대한 부식억제제 성능평가 등에 널리 사용되고 있다.

전술한 부식 쿠폰이나 ER센서 및 LPR센서 모두 시스템의 특성에 맞게 다양한 형태로 제작되어 설치 가능하다. 그림 14.29에 고압 시스템에 적용 가능하며 회수가 가능한 부식 프로브의 개념도를 나타내었다.

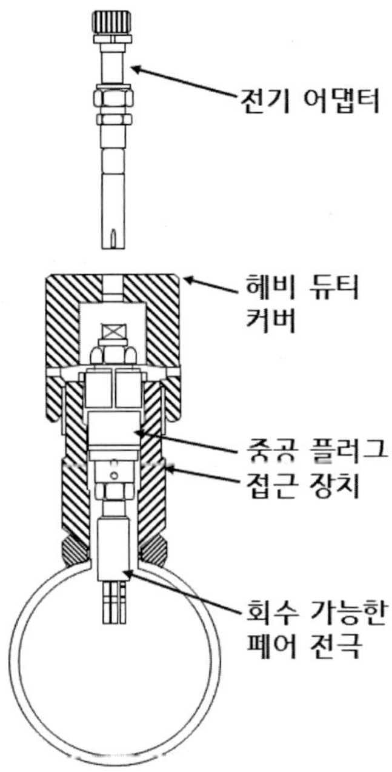

그림 14.29 고압시스템용 회수 가능한 부식 프로브 개념도

[2] 전위측정법 (Potential monitoring method)

전위측정법은 음극방식시스템의 적정성 여부나 콘크리트에서의 철근의 부식 여부를 진단하기 위해 많이 사용되는 간접적인 부식감시법이다. 또한, 이 방법은 현재의 전위상태가 재료의 활성화 혹은 부동태 구역인지를 가늠할 수 있게 해 주며 나아가 공식이나 SCC가 발생할 수 있는 전위영역에 접근할 경우 이를 미리 감지하여 대책을 세울 수 있도록 해준다. 전위측정을 위해서는 프로세스 특성에 알맞은 기준전극이나 유체에서 부식성이 없는 기준전극을 사용한다. 이 방법은 부식상태만이 감시될 뿐이며 부식속도는 측정할 수 없다.

[3] 갈바닉전류측정법

서로 다른 금속간의 부식상태를 감시하기 위해서는 널리 사용되고 있는 시험법이다. 이 방법에서는 무저항 전류계(zero resistance ammeter; ZRA)가 사용되는데 이종 금속의 접촉에 의한 부식속도를 측정할 수 있다. 또한 동일한 재질로 제작된 두 개의 전극을 사용하여 매체의 부식성과 전류 크기 사이의 상관 관계를 조사할 수도 있다. 이 방법은 부식속도가 느릴 때에는 정확도가 떨어진다는 단점이 있다. 최근에는 두 개의 전극을 무저항 전류계와 연결하고 동시에 선형분극이나 임피던스 측정을 위한 기기에 연결하여 쌍전류 (coupling current)는 물론 부식속도를 동시에 측정할 수 있는 방법이 제시되기도 하였다.

그림 14.30은 용접부의 선택적인 부식현상을 감시하기 위해서 제작된 ZRA센서의 개념도이다. 그림과 같은 센서를 부식성 매질에 노출시키면 그림 14.31과 같은 응답을 통해서 용접부의 부식특성을 평가할 수 있다. 그림에서는 열영향부(heat affected zone; HAZ)의 선택적인 부식으로 인해서 갈바닉 전류가 지속적으로 측정되는 것을 확인할 수 있다.

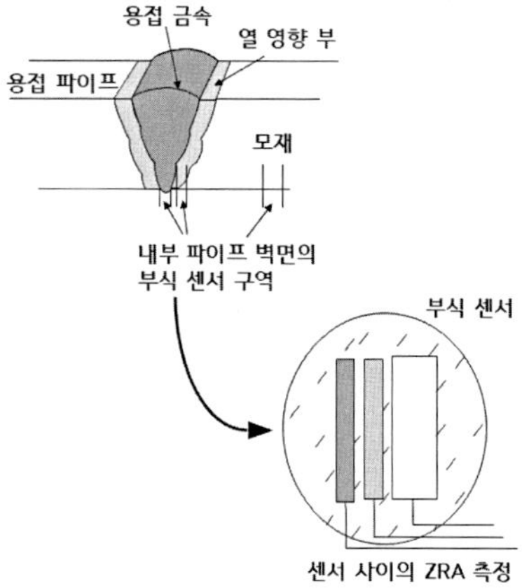

그림 14.30 용접부 부식특성평가를 위한 ZRA센서 개념도

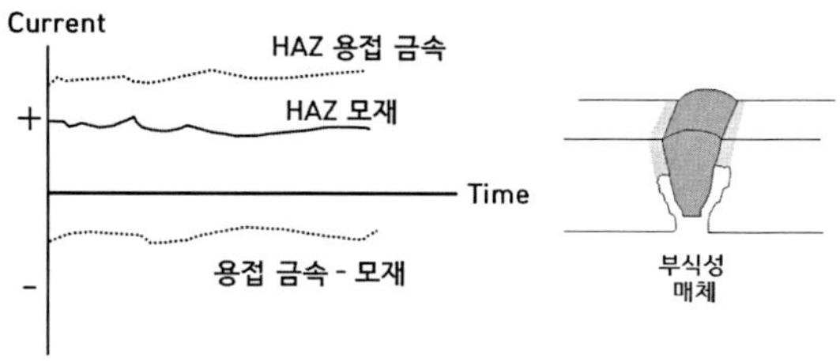

그림 14.31 용접부 ZRA전류측정 결과 예

[4] **전기화학적 임피던스법**(Electrochemical Impedance Spectroscopy; EIS)

전기화학적 임피던스법(EIS)은 전기화학계의 주파수 분포가 가능한 선형분극법의 확장된 형태라고 할 수 있으며 분극저항은 물론 전해질의 저항을 동시에 측정할 수 있는 기법이다. EIS에서는 관심대상 전극에 약 0.1 Hz에서 100 kHz의 주파수를 가진 약 10mV 진폭의 AC 전위를 인가한다. 이때의 위상변이(phase shift) 응답과 등가회로 (equivalent circuit) 모델을 이용하여 유용한 정보를 얻게 된다.

그림 14.32의 등가회로는 자연전위상태에서 부식이 발생하는 경우 금속-전해질 계면을 묘사한 가장 간단한 RC회로 모델이다.

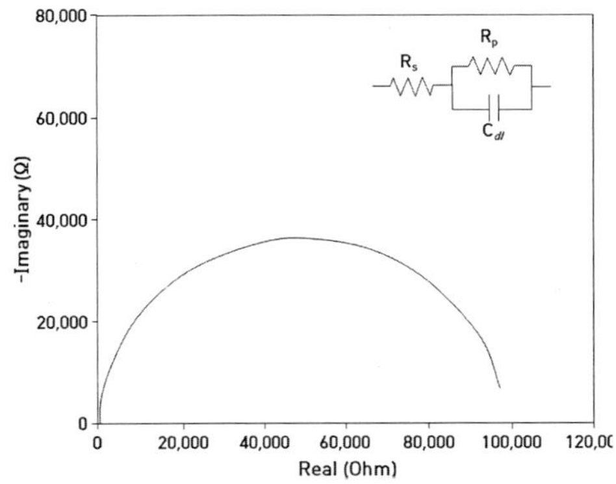

그림 14.32 등가회로 모델 (RC 회로)

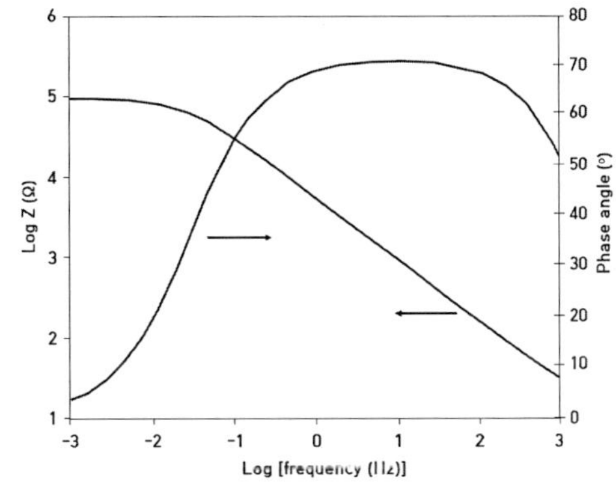

그림 14.33 그림 14.33의 등가회로에 대한 Bode Plot

이 회로의 거동은 다음의 식으로 묘사할 수 있다.

$$Z(\omega) = R_s + \frac{R_p}{1 + (j\omega R_p C_{dl})^{\beta}}$$

R_s: 용액저항

R_p: 분극저항

ω: AC분극 주파수

Cdl: 전기적 이중층의 커패시턴스

그림 14.32는 $R_s = 10\,\Omega$, $R_p = 100\,k\Omega$, 그리고, $C_{dl} = 40\mu F$인 경우의 응답곡선(Nyquist plot)이다. 그림 14.33은 그림 14.32의 결과를 주파수-임피던스의 관계를 나타내는 Bode plot으로 그린 것이다.

그림에서 고주파 응답곡선으로부터 R_s를 구할 수 있고, 이후 저주파에서 측정한 임피던스 값에서 R_s를 제외하면 R_p를 구할 수 있다. 이후 부식속도는 선형분극법과 같은 방법으로 R_p로부터 구한다.

부식관련 연구에 사용되는 실험실적 EIS(주파수 범위가 대략 20 kHz에서 1 mHz 사이에서 측정됨)을 현장조건에서 부식감시를 목적으로 적용하기 위해서는 측정속도 및 측정결과의 해석상에 많은 개조가 필요하다. 예를 들어서 1 kHz에서 1 mHz까지의 임피던스 측정에는 30분 이상의 시간이 필요하므로 잘 조절된 실험실과 달리 현장조건과 같이 부식환경의 변화가 발생할 수 있는 불안정한 계에서는 적용이 어렵다.

14.3 산업분야별 부식감시기법

14.3.1. 대기부식감시

대기부식으로 인한 경제적 손실은 매우 크며, 환경의 특성상 다른 형태의 부식보다 그 비중이 매우 크다. 특히, 사회간접자본을 구성하는 교량 등과 같은 대형 구조물, 항공산업, 군용기 등에서 그 피해가 매우 큰 것으로 보고되고 있다. 미공군의 통계자료에 따르면 연간 대기부식으로 인한 손실은 수십억불에 달하는 것으로 보고된다. 부식공학의 관점에서 대기환경은 크게 네 가지로 구분할 수 있다.

산업대기환경 (Industrial): 산업대기환경은 오염도에 따라서 부식성이 변화한다. 특히 부식에 영향을 미치는 두 가지 성분은 황화합물과 NOx이다. 이 오염물들은 이슬, 안개 등과 반응하여 대기에 노출된 금속표면에 강산피막을 형성한다.

해양대기환경 (Marine): 해양대기는 부식성을 가진 해염을 함유한 안개나 에어로졸 입자가 바람에 의해서 내륙 쪽으로 이동한 후 금속표면에 흡착하는 것으로 설명할 수 있다. 염에 의한 오염도는 보통 바다로부터 멀어지면서 감소하며 풍향의 큰 영향을 받는다.

시골대기환경 (Rural): 보통 시골의 대기는 부식성이 큰 성분을 거의 포함하지 않는다. 그러나 유기물/무기물 먼지성분을 함유할 수 있다. 이 환경의 주요 부식유발인자는 바로 습기이다. 특히, 열대환경에서는 평균온도가 높을뿐만 아니라 상대적으로 높은 습도, 강한 태양열 그리고, 야간에 오랜 시간동안에 걸친 응축현상 등의 특징을 가지므로 부식성이 크다.

실내대기환경 (Indoor): 실내대기환경은 일반적으로 부식성이 작은 것으로 고려된다. 그러나 국부적으로 오염물질이 존재할 때 외부로 대기를 방출시키거나 제습설비 등에 의한 조절이 이루어지지 않는다면 부식성이 커질 가능성도 있다. 또한 PC나 통신장비와 같은 경우는 약간의 실내대기부식의 결과로 큰 오류를 초래할 수도 있다. 예를 들어 자동차의 마이크로칩과 같은 경우는 차체와 같은 부식환경에 노출되지는 않으나 부식으로 인한 손상에 대한 허용도가 매우 작기 때문에 피코그램(10-12g) 단위의 부식에 의해서도 큰 문제가 발생할 수 있다.

대기부식에 영향을 미치는 인자를 평가하기 위한 다양한 방법이 개발되어 왔다. 온도, 상대 습도(relative humidity; RH), 풍향 및 풍속, 태양열의 복사도, 강우량 등은 쉽게 기록 가능하다. 반면에 쉽게 결정하기 어려운 변수로는 젖음시간 (time-of-wetness; TOW), 이산화황 농도 (오염도), 염소이온농도 (오염도), 등이 있다. 그러나 이러한 변수들도 측정할 수 있는 방법이 개발되어 현재 적용중이다. 부식속도에 미치는 여러 부식인자들을 감시함으로써 대기부식을 더 잘 이해할 수 있고, 부식방지를 위한 유지관리 절차와 검사주기의 결정, 재료의 대기부식 거동의 예측 및 조절을 위한 유용한 자료로 활용할 수 있을 것이다.

[1] RH와 TOW

RH는 일정 온도에서 포화상태에서의 수증기량에 대한 현재의 수증기량의 비로서 정의되며 %로 나타낸다. 임계습도 (critical humidity level) 이상의 환경에 노출된 금속표면에는 아래의 그림 14.34와 같은 박막 정도 두께의 얇은 수막이 형성된다.

양극 반응 : $2Fe \rightarrow 2Fe^{2+} + 4e^-$

음극 반응 : $O_2 + 2H_2O + 4e^- \rightarrow 4OH^-$

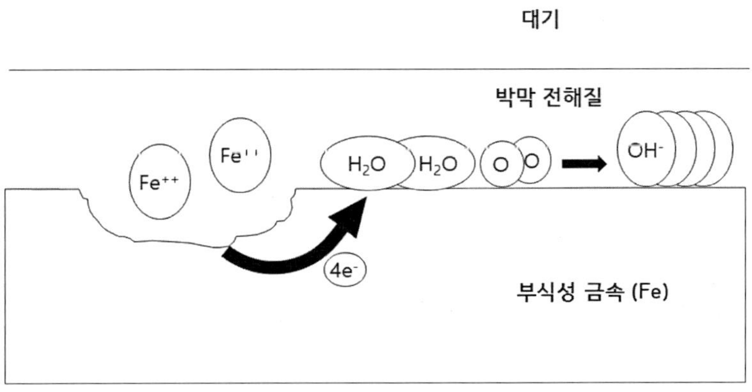

그림 14.34 철의 대기부식 개념도

이 수막은 육안으로 거의 관찰이 불가능하지만 이 수막 내에 함유된 부식성 오염물질은 상대적으로 고농도이며, 특히 건습이 반복되는 환경에서는 더욱 농축되는 특성을 가진다. 임계습도는 부식이 발생하는 금속의 특성, 부식생성물 및 표면흡착물이 수분을 흡수하는 특성, 대기오염물질의 존재여부 등에 의존하는 변수이다. 예를 들어 철강재료는 대기환경이 오염되지 않은 경우에 한해서 임계습도가 60% 이상인 경우 수막이 형성된다고 알려져 있다.

대기환경의 부식성 분류는 ISO 9223에 수록되어 있다. TOW는 상대 습도가 80% 이상이고 온도가 0°C이상인 총시간으로 정의된다. 따라서 연간 몇 시간 또는 몇 일로 표현되거나, 또는 연간 몇%의 시간으로 정의할 수 있다. 또한, 0°C 이하에서도 부식이 발생한 사례를 바탕으로 추운 지역에서는 습도 50% 이상, 온도 -10°C 이상인 시간으로 TOW를 정의하기도 한다. 또한, Serada에 의해서 TOW를 측정하는 방법도 개발되었다. 이 방법은 습도의 존재를 감지할 수 있는 Cu-Au 또는 Zn-Au 박막이 그림 14.35와 같이 빗(comb)의 형태로 서로 얽혀있는 형태이며 (두 금속 사이의 간격은 약 100-200 μm) 평소에는 두 금속사이에 전위차이가 발생하지 않다가 센서 표면에 습기가 석출되어 두 금속간에 갈바닉쌍이 형성되면 전위차이가 발생하게 된다.

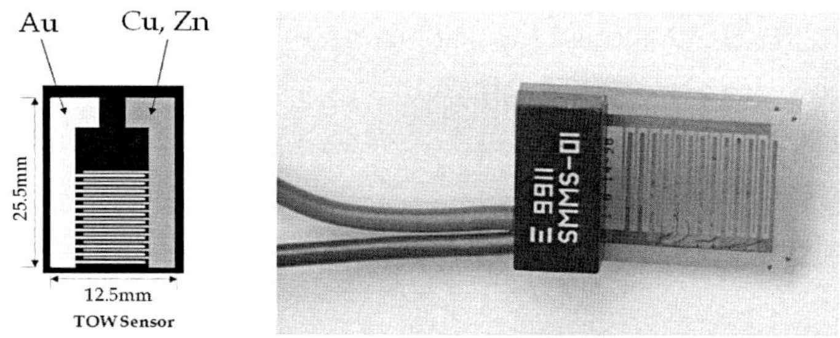

그림 14.35 젖음시간 측정센서

그림 14.36은 건습이 반복되는 챔버 내에 노출된 TOW센서의 응답 예이다. 그림과 같이 "wet"사이클과 "dry" 사이클이 명확하게 구분되고 있다. 또한, 그림 14.37과 같이 TOW센서와 ER센서를 동시에 설치하여 TOW에 따른 부식속도를 정량적으로 구하기도 한다.

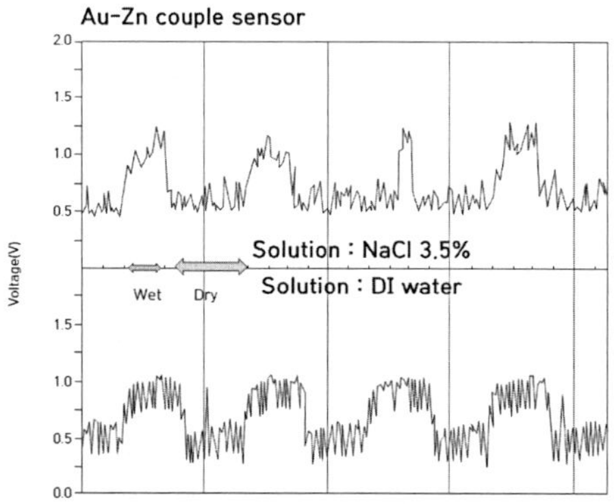

그림 14.36 젖음시간 센서의 응답 예

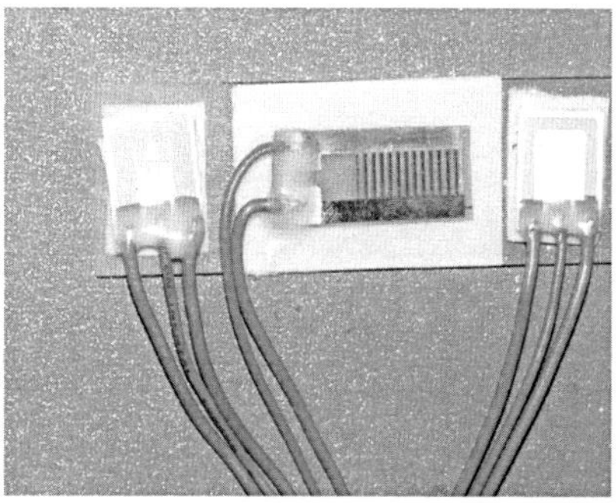

그림 14.37 현장에 설치된 TOW센서와 ER센서

[2] 오염물 (pollutants)

석탄, 디젤유, 가솔린 및 천연가스와 같은 화석연료의 연소산물인 기체상의 이산화황(sulfur dioxide, SO_2)은 금속의 부식에 영향을 미치는 가장 중요한 오염물질의 하나이다. 이

산화황보다 상대적으로 덜 알려진 부식촉진물질은 역시 화석연료의 연소산물인 NOx이다. NOx는 주로 도시지역의 차량배기가스로부터 발생한다. 이산화황 및 NOx와 대기부유입자가 결합한 후 태양광의 자외선의 조사를 받으면 새로운 화학물질이 형성된다. 대표적인 물질이 바로 도심지의 스모그(smog)나 연무(haze)이다. 연무의 약 50% 정도가 바로 황산과 질산의 결합에 의해서 형성된다.

이산화황 오염도는 보통 대기 중의 농도($\mu g/m^3$)로 표시한다. 일정 부피중의 이산화황 농도를 연속적으로 측정할 수 있는 정밀한 방법이 존재하지만 이는 대기 중의 이산화황 농도이며, 금속의 부식속도에 미치는 영향을 정확히 알기 위해서는 표면에 석출하거나 석출해서 수화된 이산화황 양을 알아야만 한다. 따라서 $mg/m^2/day^2$의 단위로 황산염석출속도를 측정함으로써 부식과 연관된 유용한 정보를 얻을 수 있다.

[3] 해염입자 (airborne particles; chlorides)

실외대기 중의 에어로졸 입자의 농도는 위치, 계절, 대기조건, 고도 및 풍속 등 다양한 변수의 영향을 받는다. 스페인의 한 연구에 따르면 풍속이 3 m/s 이상인 경우에 염화물석출속도와 풍속 사이에 상관관계가 존재하고 대부분의 해염입자는 해안에서 약 400~600m 정도의 지역 내에 석출한다는 보고가 있다.

공중염도는 대기중의 기체상 및 콜로이드상 염의 농도를 의미하며 $\mu g/m^3$의 단위로 표현된다. 또한, 이 물질이 금속표면에 석출함으로써 부식이 조장되므로 경우에 따라서는 $mg/m^2/day^2$의 석출속도로 표현하기도 한다.

부유염해에 의한 오염도를 측정하기 위한 수많은 방법이 존재한다. 예를 들어 “wet candle method”는 상대적으로 간단해서 많이 사용되나 일반 상태에서는 표면에 석출하지 않는 dry salt도 포집한다는 단점이 있다. 이 방법에서는 직경과 표면적을 알고 있는 젖은 심지가 부유염화물의 석출속도를 측정하는데 이용된다 (그림 14.38).

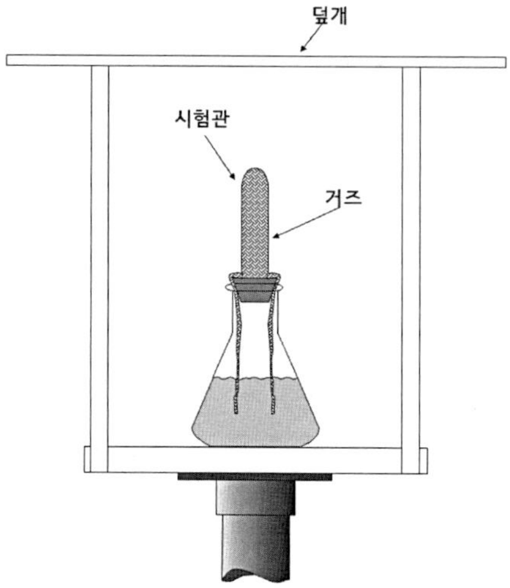

그림 14.38 Wet candle method의 포집장치 개념도

그림과 같이 40% 글리콜-물 혼합용액 또는 수용액에 의해서 심지는 젖은 상태로 유지된다. 해염입자나 콜로이드가 젖은 심지에 포집되어 유지된다. 일정 주기로 심지에 포집된 염화물량에 대한 정량분석을 실시하고 새로운 심지를 교체 설치하게 된다. 실제 환경에서 이 방법은 금속표면의 염화물석출속도보다는 대기중의 염분에 대한 정보를 제공하는 역할이 더 크다. 즉, 수직면에 도착하는 염화물의 총량을 측정하는 개념이며 반드시 측정값이 부식성과 관련이 있지는 않다.

[4] **대기부식성** (atmospheric corrosivity)

대기의 부식성을 직접적으로 측정하는 가장 간단한 방법은 쿠폰을 통한 폭로시험을 실시하는 것이다. 대기조건에 노출된 후 쿠폰을 회수하여 무게감량, pit밀도, pit깊이 및 다른 검사를 실시한다. 대기부식 시험용 거치대에 노출된 편평한 쿠폰이 가장 일반적으로 사용된다. 그림 14.39는 한국부식방식학회에서 수행한 대기부식지도 작성을 위한 대기 노출시험 중인 거치대에 설치된 다양한 금속재료의 쿠폰의 예를, 그림 14.40은 시간의 경과에 따른 탄소강 쿠폰의 부식형상을 나타낸 것이다.

그림 14.39 한국부식방식학회에서 수행 중인 폭로시험 의 예

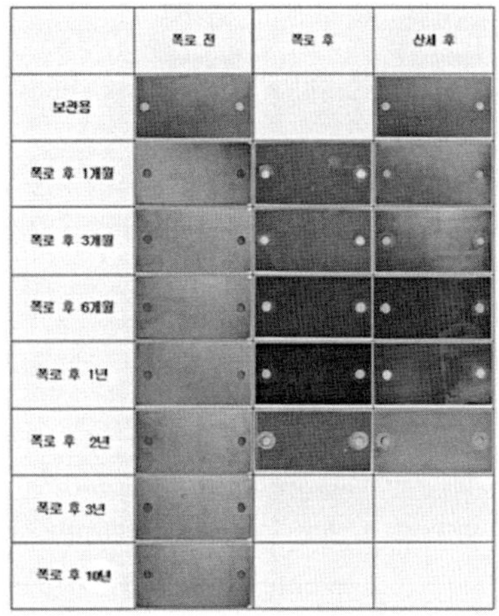

그림 14.40 옥외폭로시험 전후의 탄소강 쿠폰 표면

이외에도 경우에 따라서는 대기 중에서 발생하는 SCC를 모사하기 위한 U-bend시편 또는 C-ring시편 등이 설치되기도 한다. 이 쿠폰법의 가장 큰 단점은 의미 있는 데이터를 얻기 위해서 매우 긴 시간이 필요하다는 점이다. 예를 들어 약 20년 이상 폭로시험을 실시하는 경우도 적지 않다. ISO 9226의 경우에는 아래의 그림과 같은 helical coil형태의 시편이 정의되어 있으며 실제 대기부식 폭로시험 프로그램에서 많이 사용된다. 또한 볼트 위에 helical 와이어가 감겨져 있는 형태의 이종금속접촉시편도 산업대기환경과 해양대기환경의 부식성 평가를 위한 CLIMAT (CLassify Industrial and Marine ATmosphere) 프로그램에서 사용되는 쿠폰의 근간을 이루고 있다. CLIMAT 쿠폰은 그림 14.41과 같이 나일론, 1010 탄소강 (UNS C10100 or C10080) 및 CA110 동 (UNS C11000) 볼트에 1100 알루미늄 (UNS A91100) 와이어가 감겨져 있는 형태이다.

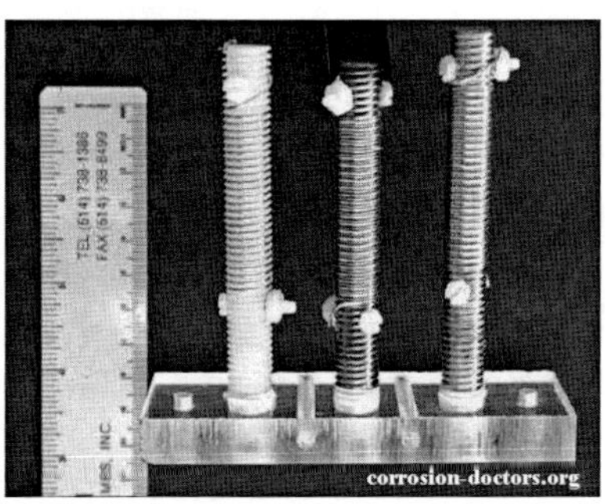

그림 14.41 CLIMAT 쿠폰

그림 14.42 폭로시험중인 CLIMAT 쿠폰 예 (MCI 16)

90일 폭로시험 후에 알루미늄 와이어의 무게감량을 측정하여 대기부식성을 평가한다. Al-Cu쌍은 해양 및 산업대기환경에서 강하게 반응하는 반면에 Al-steel쌍은 해양대기환경에서만 강하게 반응하는 것으로 보고되고 있다 (Doyle et al, 1982). Al-steel쌍의 무게감량비율(%)은 일반적으로 해양대기부식지수(marine corrosion index; MCI), Al-Cu쌍의 무게감량비율은 산업대기부식지수 (industrical corrosion index; ICI), Al-나일론쌍의 무게감량비율은 대기부식지수(atmospheric corrosion index; ACI)로 알려져 있다. MCI평가결과에 근거하여 다음 표와 같이 해양대기의 부식성을 분류한다.

[표 14.2] MCI에 근거한 해양대기부식성 분류

MCI	분류	중요성
0-2	negligible	Average habitable area
2-5	Moderate	Seaside
5-10	Moderately severe	Seaside and Exposed
10-20	Severe	Very exposed
> 20	Very severe	Very exposed, Wide and sand swept

그림 14.42는 폭로시험이 광범위하게 진행되고 있는 미국 NASA Kennedy Space Center beach에 설치된 CLIMAT 시편의 60일 경과 후의 사진이다.

최근에는 ISO 9223~9226에 제시된 부식등급 평가방법에 바탕을 둔 대기 환경의 부식성 평가를 실시하는 사례가 증가하고 있다.이 ISO 표준은 기본적으로 TOW, 대기 오염원(SO_2, Cl^-)의 정량적 농도 측정 결과와 부식량의 상관관계를 구하는 방법이다. 이 상관관계로부터 대기의 부식성을 5단계로 구분하게 된다. 이 5단계 등급과 대기환경에 노출된 금속의 폭로 첫해의 부식속도 사이의 상관관계가 ISO 9223에 제시되어 있으며, 그 이후의 계속되는 부식속도는 ISO 9224에 명시된 방법을 이용하여 얻을 수 있다. ISO 9225는 대기 중의 부식유발인자의 측정 방법, 즉, Cl^-, SO_2, TOW 세 가지를 규정하고 있으며 이 세 항목을 분석하여 대기부식성을 평가한다. ISO 9226은 대기부식성 평가를 위하여 사용한 표준시험편의 부식량(즉, 무게감량)으로부터 부식속도를 측정하는 방법을 규정하고 있다. 유럽, 북중미 및 일본 등지의 여러 선진국에서는 이러한 표준을 바탕으로 다양한 지역에서 강(steel), 아연(zinc), 알루미늄(aluminum), 및 구리(copper)를 사용하여, 1년, 2년, 4년 및 8년간에 걸친 실제 부식성 평가가 현재 진행 중에 있다. 이러한 장시간 폭로시험의 중간결과를 살펴보면 전술한 것처럼 대기부식에 큰 영향을 미치는 인자는 이산화황 농도, 표면잔류염분량, 그리고 TOW 등이다. ISO 표준에는 표 14.3 및 표 14.4와 같은 부식성 등급을 규정하고 있다.

[표 14.3] TOW등급

Wetness Class	Time Wet %	Hours Wet per year	Examples of Occurrence
T1	<0.1	<10	Indoor
T2	0.1-3	10-250	Indoor - unheated
T3	3-30	250-2,600	Shed storage or cold climate
T4	30-60	2,600-5,200	Outdoors temperature climate
T5	>60	>5,200	Tropical outdoor or surf

[표 14.4] 이산화황 및 염화물 등급

	SO_2			Chloride
SO_2	Deposition rate	Concentration	Cl	Deposition rate
Class	$mg\ m^{-2}\ day^{-1}$	$mg\ m^{-3}$	Class	$mg\ m^{-2}\ day^{-1}$
P0	<10	<12	S0	<3
P1	10-35	12-40	S1	3-60
P2	36-80	41-90	S2	61-300
P3	81-200	91-250	S3	>300

이 과정을 거쳐서 최종적으로 표 14.5와 같은 재료별 부식등급 및 표 14.13과 같은 환경인자에 따른 부식등급을 정의한다.

[표 14.5] 부식등급에 따른 대기부식속도 (g/m^2)

부식 등급	강	구리	아연	알루미늄	내후성강
	ST LT	ST LT	ST LT	ST LT	ST LT
1	<0.5 0.1	<0.01 <0.01	<0.1 <0.01	<0.01 <0.01	<0.1 <0.1
2	0.5-2 0.1-1.5	0.01-0.1 0.1	0.1-0.5 0.01-0.5	0.01-0.025 0.01-0.02	0.1-2 0.1-1
3	2-10 1.5-6	0.1-2 0.1-1.5	0.5-2 0.5-2	0.025-0.2 0.02-0.2	2-8 1-4
4	10-35 6-20	2-3 1.5-32	2-4 2-3.5	0.2-1.0 0.2-1	8-15 4-10
5	>35 >20	>3 >3	>4 3.5-8	>1.0 >1.0	>15 >10

[표 14.6] 환경인자에 따른 부식등급 (탄소강)

	τ1			τ2			τ3			τ4			τ5		
	S0–S1	S2	S3	S0–S1	S2	S3	S0–S1	S2	S3	S0–S1	S2	S3	S0–S1	S2	S3
P0–P1	1	1	1-2	1	2	3 – 4	2 – 3	3 – 4	4	3	4	5	3-4	5	5
P2	1	1	1-2	1 – 2	2-3	3 – 4	3 – 4	3 – 4	4-5	4	4	5	4-5	5	5
P3	1-2	1-2	2	2	3	4	4	4	5	5	5	5	5	5	5

Cl^-, SO_2의 부착속도(또는 부착량)를 결정하기 위해서는 이 오염물질을 포집할 수 있는 특수한 포집장치를 설치하여 일정 기간 운용한 후에 포집장치의 표면에 석출한 부식성 물질을 분석함으로써 오염물질의 부착속도를 구할 수 있다. 그림 14.43은 Cl^-와 SO_2의 포집용 장치의 개념도이다.

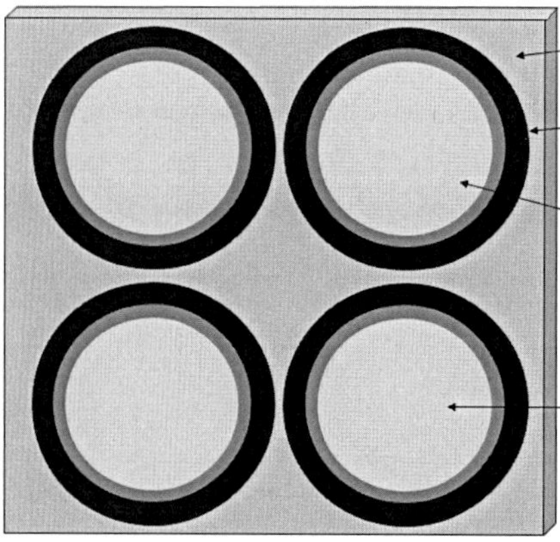

그림 14.43 부식성 물질 포집장치 개념도

그림과 같이 테플론 재질의 판 위에 건조한 거즈(dry gauze)와 알칼리화된 여과지(alkalinized filter paper)를 각각 두 개씩 설치하여 오염물질이 포집장치 표면에 부착되도록 노출시킬 수 있다. Cl^- 부착속도 측정용 거즈는 시판되는 거즈를 일정 크기로 잘라낸 후 증류수로 세척하여 표면에 흡착되어 있는 오염물질을 제거한 후 건조시킨 후에 사용한다. SO_2 부착속도 측정용 여과지는 미리 일정 크기로 절단한 후에 여과지를 70g/l 농도의 Na_2CO_3 수용액에 2분간 침지하여 여과지를 알칼리화시킨 후 105°C에서 1시간 건조시킨 후 설치한다. 폭로시험이 완료되면 포집장치를 회수한 후, Cl^-의 부착속도는 회수한 거즈를 일정량의 증류수에 넣어서 부착물질을 용해시킨 후 그 용액을 분석하여 부착량 및 부착속도를 측정하며, SO_2

의 부착속도는 회수한 여과지를 메탄올 1ml로 적신 후 29ml 증류수에 침지하고, 30ml의 0.003M NaOH와 30ml의 0.05% H_2O_2를 추가적으로 첨가하여 부착물질을 용해시킨 후, 용액을 분석하여 구할 수 있다. 그림 14.44는 역시 한국부식방식학회의 옥외폭로시험 프로그램 중에 설치된 포집장치의 한 예이다.

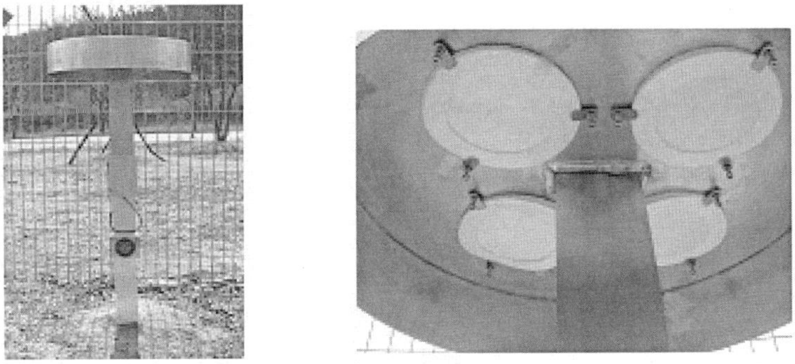

그림 14.44 옥외폭로시험장에 설치된 포집장치

14.3.2 미생물부식 (Microbiologically Influenced Corrosion)

미생물부식(microbiologically influenced corrosion; MIC)이란 미생물의 활동에의해서 금속의 부식이 발생하거나 가속화되는 현상을 말한다. 그림 14.45는 금속표면에 미생물이 부착되어 형성된 생물막(biofilm)과 그 하부에서 발생한 공식의 사례를 나타내는 사진이다.

그림 14.45 생물막과 MIC 사례

미국의 통계를 보면 부식과 fouling을 유발하는 미생물의 서식 억제를 위해서 소모되는 살균제(biocide) 비용이 1991년 기준으로 약 1,178억불에 달한다는 보고가 있다. 효과적인 미생

물부식 완화 프로그램에는 이와 같은 살균제의 투입 등과 함께 그 목적의 달성 여부를 파악하기 위한 주기적이고 지속적인 부식 감시가 필수적으로 포함될 것이다. 특히 MIC로 인한 위험성이 잘 알려져 있는 냉각수, 열교환기, 폐수처리설비, 저장탱크, 배관류 및 발전소 등과 같이 공업용수 등을 취급하는 시스템에서는 더욱 부식감시가 필요하다.

미생물의 신진대사(metabolism)와 부식반응의 상호작용에 의해서 국부적으로 매우 빠른 속도로 부식이 발생할 수 있기 때문에 기본적으로는 미생물의 존재여부 - 특히 가능하다면 금속표면에 흡착되어 서식하는 -를 검출하는 감시기술을 통해서 MIC의 위험성에 대한 검출이 가능하다. 미생물의 개체수 또는 활동도를 측정함으로써 미생물의 존재 여부를 정량적으로 검출할 수 있는 많은 기법들이 상용화되어 있고 지금도 새로운 기술들이 개발되고 있다.

초기의 MIC 감시기법은 시스템으로부터 채취한 수용액 단위 부피 내에 존재하는 미생물의 개체수를 평가하는데 관심이 집중되었다. 이 데이터와 ER센서나 선형분극법과 전기화학적인 측정결과 및 경우에 따라서는 무게감량쿠폰의 시험 결과를 MIC의 위험성을 평가하였다. 산업 유형에 따라서는 부유성 미생물에는 세균, 균류 (fungi), 조류 (algae) 및 다른 미생물들이 유체 내에 존재할 수 있다. 대부분의 경우, 금속표면에 흡착된 미생물보다 유체 중에 부유하는 부유성 세균(planktonic bacteria)의 검출이 쉽기 때문에 미생물 검출 기법을 적용한 MIC 감시는 부유성 세균 개체수 측정에 집중되어 있다. 그러나 부유성 세균의 개체수나 활동도가 반드시 부식과 직접적인 관련이 있지는 않다는 보고가 있다. 따라서 부유성 세균 분석은 단순히 시스템에 어떤 미생물이 서식하고 있다는 정보만을 제공할 수 있으며 반드시 다른 분석이 동시에 이루어져야 MIC위험성에 대한 감시가 가능하다. 예를 들면 다음과 같은 분석이 동시에 이루어져야 한다.

1) 통상적인 미생물학적 기법이나 광학 현미경 등을 이용한 금속표면에 흡착되어 있는 고착성 세균 개체수 측정
2) 생물막의 미생물 군락의 직접 관찰. 이는 시스템에 적용된 재료와 같은 재질의 쿠폰을 사용함으로써 가능하며 다양한 형태의 쿠폰이 상용화되어 적용되고 있다. 쿠폰을 수거한 후 전자현미경, 형광현미경이나 Atomic Force Microscopy 등을 이용하여 표면을 관찰하고 평가할 수 있다.
3) 공정수(process water)와 금속표면에서 검출된 미생물의 동정
4) 부식생성물과 생물막의 화학적 정보를 얻기 위한 표면 분석
5) 생물막과 부식생성물을 제거한 후 금속표면의 부식형태 관찰

6) 전기화학적인 부식측정법
7) 수질 및 산화환원전위의 측정
8) 각 운전시스템에 고유한 정보의 습득, 예를 들면 살균제의 농도 및 투입시기, 냉각수 시스템의 절전운전제어시기 (duty cycle) 등을 위한 쿠폰의 표면관찰을 통해서 많은 정보를 얻을 수 있다.

[1] 미생물 검정 (biological assay)

생물 검정은 액체 시료나 고체 퇴적물 등을 대상으로 이루어지며 활동성 미생물의 개체수 측정, 신진대사 또는 미생물과 연관된 특정 효소의 활동도를 측정하거나, 대사산물의 농도를 측정하는 방법 등에 의해서 이루어진다. 표 14.7에 미생물 검정을 위한 여러 가지 방법의 특징을 나타내었다.

[표 14.7] 미생물 활동도 분석 방법

분석항목	방 법	특 징
미생물 개체수	• 현미경 분석 현미경 관찰을 통해서 셀개체수를 측정 형광염료를 이용하여 특정 미생물 검출	• 위상차현미경, 형광현미경 등과 같은 고해상도 현미경 필요 • 셀개체수를 직접 측정할 수 있으나, 셀의 응집이나 형광염료로 인한 간섭 존재
Viable cell count sulfate reducing bacteria(SRB) acid producing bacteria(APB) 다른 미생물	• 최확수법(most probable number; MPN) 특정 배지의 일련의 튜브 내에 시료를 희석한 후 각 희석튜브에서 미생물의 성장에 근거하여 개체수를 결정	• 상용화된 키트(kit)를 이용하여 현장에서 시료를 채취한 후 접종 가능함. • 성장 수일에서 수주일(최대 4주)이 경과함
미생물 동정 Identification of microorganisms	• Fatty acid methyl ester 분석 현장시료로부터 채취한 지방산의 methyl ester성분을 가스크로마토그래피로 분석 • Probes based on nucleic acid base sequences 특정 미생물이나 단백질의 DNA나 RNA에 결합하는 프로브 • Reverse sampling genome probing 미생물의 DNA 분석 (reference 미생물이 존재할 경우에 적용)	• 지방산은 특정 미생물의 지문 역할을 하며, 상용화된 기술임 • 전문가와 특별한 실험실 설비가 필요함 • 특정 미생물의 존재여부 확인 가능, 화학처리후의 개체수 변화 등의 추적 가능하지만 전문가와 장비 필요함.
Biomass	• 단백질, 핵산, lipopolysaccharide 등 분석 잘 정립된 기술, 광범위하게 적용됨	현장 시료중에 존재하는 미생물의 개체수는 세포구성성분의 농도와 관련 있음
신진대사 활동도 Metabolic activity	• ATP 상용화 기술	ATP 농도와 미생물의 신진대사 활동도 사이의 관계가 잘 정립되어 있으며, 그 농도는 시료내의 미생물 활동도를 반영함

효소 활동도 Enzyme activity	• Hydrogenase or sulfate reductase assay 특정 효소의 활동도를 분석	상용키트가 있으며, hydrogenase활동 또는 MIC와 연관이, sulfate reductase는 SRB의 존재와 연관이 있는 것으로 판단

[2] 쿠폰 상세 검사

MIC 역시 일반적인 부식현상과 마찬가지로 부식시험용 쿠폰의 표면을 주의하여 검사함으로써 많은 정보를 얻을 수 있다. 대표적인 쿠폰으로 그림 14.46은 생물막의 채취가 가능한 장치의 하나이다.

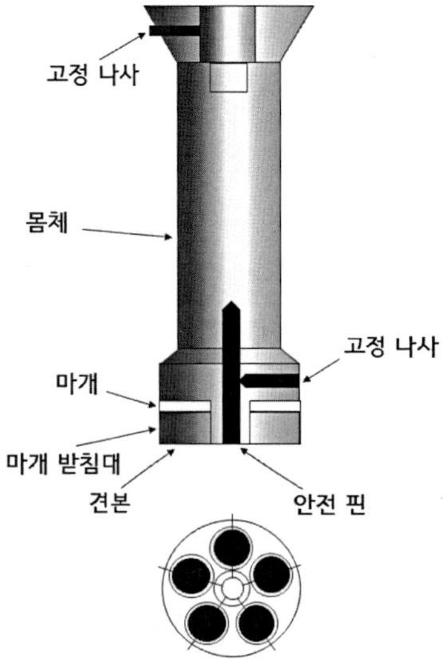

그림 14.46 생물막 채취용 장치 예

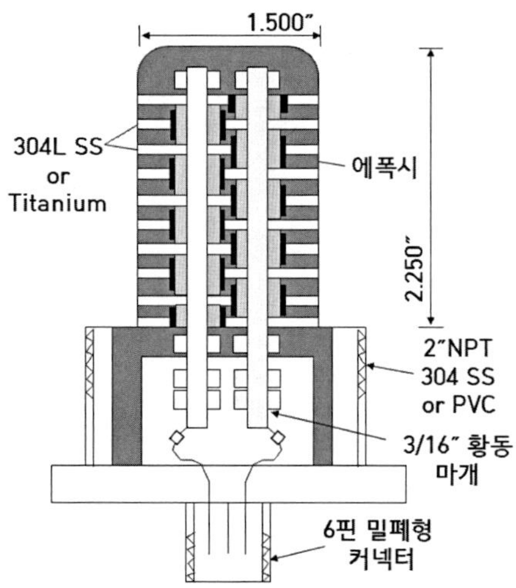

그림 14.47 BioGEORGE MIC 검출용 프로브

조업 중인 시스템에 일정 기간 노출시킨 후 쿠폰을 회수하여 표면을 관찰함으로써 생물막의 분포형상, 흡착된 고정형 세균의 종류 및 개체수, 실제 부식정도 등에 대한 다양한 정보의 습득이 가능하다.

[3] 전기화학적 방법

생물막의 활동도를 측정하기 위한 전기화학적인 방법에 근거한 감시장비도 상용화되어 있다. 그림 14.47은 그 한 예로 생물막 형성과정을 연속적으로 실시간 감시할 수 있는 장치이다.

일련의 스테인리스강 또는 Ti재질의 디스크 전극이 플랜트의 환경에 노출되는데 대부분의 시간 동안에는 서로 다른 두 금속전극이 shunt를 통해서 연결되어 있으며 주기적으로 짧은 시간동안 두 전극 사이에 일정 전위를 인가한다. 이때 전위가 off일 때 흐르는 전류와 전위가 on일 때의 전류차이가 전기화학반응에 영향을 미치는 생물막의 활동도에 해당한다. 이는 미생물의 활동에 의해서 금속표면의 전기화학적 특성이 변화하게 되어 두 전극사이에 흐르는 갈바닉 전류값이 변화하기 때문이다. 그림 14.48에 이 장치를 이용하여 측정한 전류값의 예를 나타내었다.

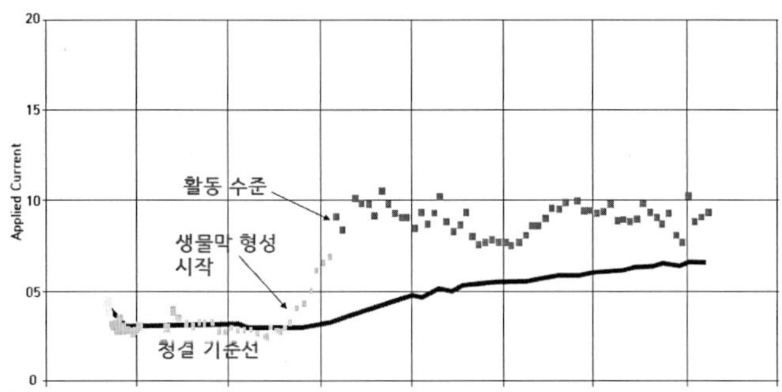

그림 14.48 BioGEORGE 프로브로 검출한 응답신호

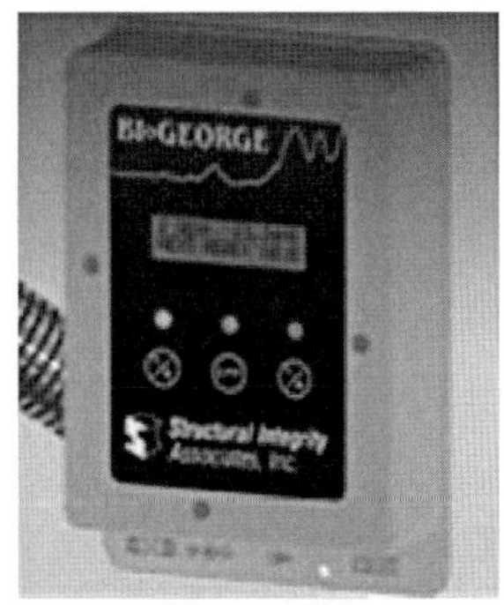

그림 14.49 BioGEORGE 프로브의 control box

그림에서 알 수 있듯이 부식환경에 노출된 프로브 표면에 생물막이 형성되면서 갈바닉 전류는 "baseline"값으로부터 변화하여 증가하기 시작한다. 이처럼 전류값이 증가하게 되면 아래의 그림 14.49와 같이 프로브에 연결된 "control box"를 통해서 경고신호가 전송되어 작업자에게 정보를 전달할 수 있으며, 전류의 크기로부터 미생물의 활동도를 추정할 수 있다.

14.3.3 항공기 부식 (Aircraft corrosion)

최근 미국공군(U.S. Air Force; USAF)에서는 원래 20~30년의 설계수명으로 제작된 군용기의 일부를 60~80년 정도 연장해서 사용하고 있다. 이처럼 노후화된 비행기에서 부식문제 및 이와 관련된 유지비용이 매우 크다는 것은 잘 알려져 있다. 엄밀하게 말하면 항공기의 부식은 전술한 대기부식의 범주에 해당한다.

다른 산업분야와 마찬가지로 항공기의 부식검사 및 비파괴검사는 매우 잘 알려진 기술로 널리 적용되고 있으나 부식감시는 아직 시작단계에 불과하다. 최근에는 부식감시센서 시제품들이 속속 제작되어 미국, 캐나다, 호주 및 영국, 남아프리카공화국 등에서 운용중인 항공기에 적용되는 사례가 늘고 있다. 부식감시기술의 도입을 통해서 불필요한 검사회수를 줄이고, 예방보전활동을 최적화하며 실제 운전조건에서 사용재료의 성능을 평가할 수 있다.

항공기의 경우 부식에 취약한 부위에 접근하기가 어려운 경우가 많다. 따라서 이러한 부위는 보통 부식의 발생여부에 상관없이 고정된 계획에 따라서 일정 시기마다 검사가 이루어지는데 만일 접근불가능한 부위의 부식발생정도 및 그 심각성을 부식센서(corrosion sensor)를 이용하여 판단할 수 있다면 불필요한 검사행위를 줄이고 비용을 절감할 수 있기 때문에 부식감시기술의 도입되었고, 다양한 부식센서 시작품들이 제작되어 작동 중에 있다.

가장 간단한 부식감시기술로는 환경 부식성을 측정하는 방법을 들 수 있다. 미국 US Coast Guard의 Aging Aircraft Branch에서는 항공기에서 발생하는 부식을 억제하기 위한 수단으로 제습설비(dehumidificaiton system)를 설치한 후 그 효과를 검증하고자 하였다. 그림 14.50은 온도와 습도를 측정하기 위해서 HH-60J 헬리콥터에 설치된 센서의 응답을 나타낸 것이다.

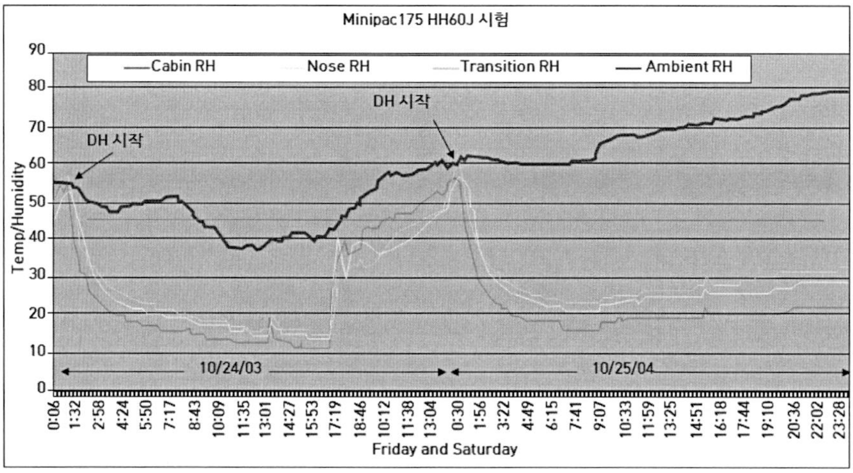

그림 14.50 온도/습도 측정결과를 통한 제습효율검증

그림과 같이 제습(그림에서 DH)이 실시되면서 항공기 내부의 습도가 크게 감소하여 부식성이 무시할만한 수준으로 감소한다는 것을 명확하게 알 수 있다.

그림 14.51은 또 다른 사례로서 비행기의 여러 부위에 ER센서를 설치한 경우이다.

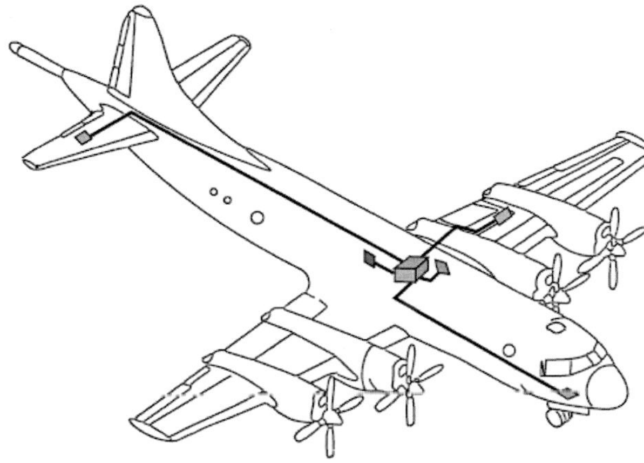

그림 14.51 비행기(maritime patrol aircraft)에 설치된 ER센서

이 경우 wheel bay에서 가장 큰 부식속도가 측정되었다. 최근에는 lap joint의 부식을 감시하기 위하여 박막형태의 센서가 설치되었으며 무선통신에 의해서 측정결과가 실시간으로 전달되기도 한다. 그러나 전기화학적 기법을 적용한 센서들의 경우 국부적인 부위에 대한 부식정보만 전달하기 때문에 그 측정결과의 해석에 주의가 필요하다.

해양환경을 자주 운행하는 항공기의 경우에 부식을 방지하기 위해서 가장 많이 사용하는 방식법은 바로 항공기의 세척이다. 그러나 이러한 세척을 통해서 부식을 완벽하게 억제할 수는 없으므로 부식감시에 대한 요구가 역시 증가하고 있다. 지상에 설치된 부식센서와 운항을 반복하는 항공기에 설치된 부식센서의 응답을 비교한 결과 운행환경의 부식성은 시간에 따른 변동폭이 매우 크고 항공기의 여러 부위별로도 편차가 크다는 것이 보고되어 부식감시의 중요성은 더욱 커지고 있다. 이처럼 부식감시기술의 적용을 통해서 항공기 재료의 내식성에 대한 시험, 평가 및 새로운 합금 개발에 대한 수요도 증가하고 있는 실정이다.

제15장 방식감시

15.1 콘크리트 철근부식 및 방식감시

전 세계적으로, 특히 북미 지역을 중심으로 대형 콘크리트 구조물의 부식현상이 큰 관심사가 되고 있다. 미국의 경우 매년 콘크리트 구조물의 부식방지를 위해서 투입하는 비용이 약 83억불로 추정되고 있으며, 미국 내에 존재하는 약 500,000개 이상의 교량중 약 15%가 부식으로 인해서 구조적인 문제를 가지고 있다는 보고가 있고 이로 인해서 미국 교통성에서는 최근에 열화된 콘크리트 교량의 갱생 프로그램에 약 1550억불을 투자하고 있다. 이처럼 현존하는 구조물이 점차 열화되고 있는 상황에서 콘크리트 구조물의 부식정도를 정확히 평가하고 부식데이터로부터 잔여수명을 추정하는 기술은 점점 그 중요성이 인식되고 있다.

토목건축산업 분야에서 부식측정은 시공 및 검사 단계에서 보통 1회의 측정만을 의미하는 경우가 많기 때문에 측정결과의 신뢰도가 떨어진다는 단점을 가지고 있다. 게다가 설계/시공단계에서 특별히 큰 실수가 없는 한 철근콘크리트 구조물에서 철근의 부식문제가 보통 시공 후 수십년이 경과한 후에 문제가 되는 경우가 많다는 점을 고려하면 연속적인 부식감시를 실시하자고 발주자를 설득하는 것이 과거에는 그리 쉽지는 않았다. 그러나 철근부식손상의 시간의존성에 대한 많은 연구결과 및 현장검사결과가 축적되고 또한 부식감시기술이 발달하면서 연속측정에 의한 부식감시의 중요성이 더욱 설득력을 얻고 있는 상황이라고 할 수 있다. 또한, 최근에는 콘크리트구조물의 건전성을 감시하기 위한 "smart sensing" 시스템의 적용사례가 점점 늘어나고 있기 때문에 이러한 시스템과 부식감시기술을 적절히 결합하여 경제적으로 큰 비용손실을 초래하는 부식의 발생을 초기에 검출하고 부식이 발생하는 지점을 비교적 정확하게 판단하는 기법이 적용 가능할 것으로 판단된다.

15.1.1. 철근 전위 측정을 통한 부식감시

가장 간단한 철근부식감시기법이 바로 부식전위(corrosion potential, E_{corr})를 측정하는 방법이다. 측정 절차 및 측정 데이터의 해석방법 등은 ASTM C876표준에 수록되어 있다. 전위측정 개념은 그림 15.1과 같다.

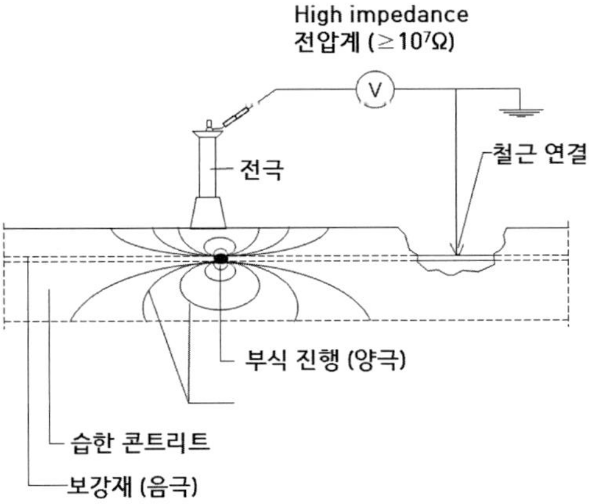

그림 15.1 철근 전위 측정 방법

이 기법의 기본 원리는 만일 부식반응으로 인해서 철근표면에 형성된 부동태가 파괴되고 표면이 활성화 상태가 되면 E_{corr}이 (-)방향으로 변화하는 현상이다. 그림 15.1과 같이 기준전극을 콘크리트 표면에 접촉시키고 철근과 전기적으로 접촉시킨 상태에서 전압계 등을 이용하여 측정할 수 있다. 전형적인 전위측정결과의 판독 기준은 표 15.1과 같다.

[표 15.1] 전위측정값의 의미 (ASTM C876)

전위 (V/CSE)	중요성
> -0.20	부식이 발생하지 않을 확률 90% 이상
-0.20 ≤ 전위 ≤ -0.35	부식발생여부 알 수 없음
< -0.35	부식이 진행되고 있을 확률 90% 이상

이 기법의 가장 큰 장점은 적절한 장비를 이용하여 콘크리트의 넓은 면적에 걸쳐서 전위지도(potential map)를 작성할 수 있다는 점이다. 그림 15.2는 이러한 목적으로 상용화된 6개의 기준전극으로 구성된 전위측정용 프로브와 프로브를 이용하여 전위를 측정하는 모습을 나타낸 것이다.

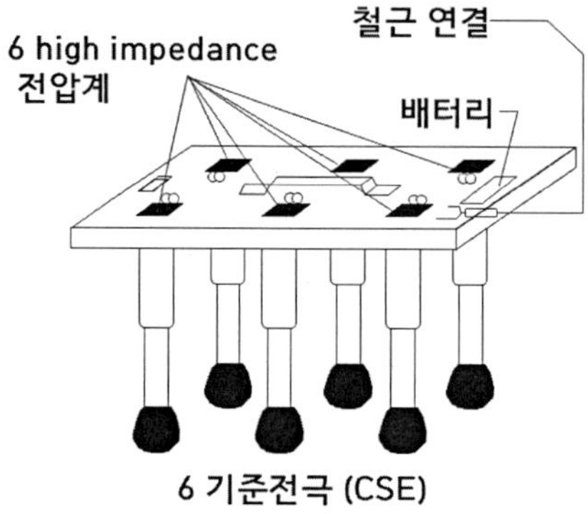

그림 15.2 전위측정용 프로브

그림 15.3은 측정한 전위를 바탕으로 작성한 전위지도의 예이다.

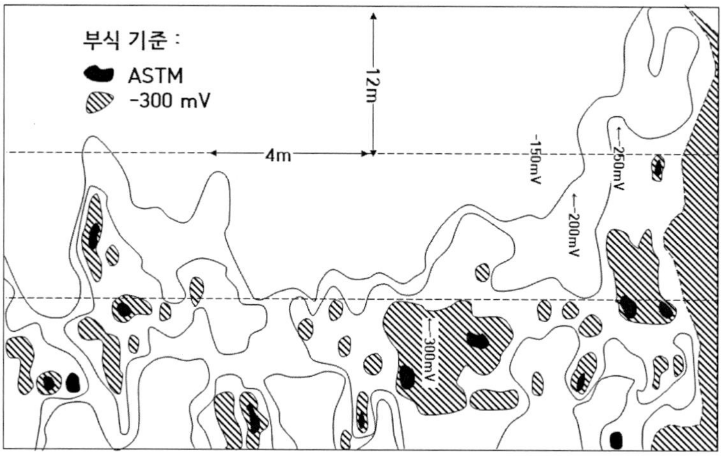

그림 15.3 전위지도의 예

특히, 교량과 같은 분야에서는 전위지도를 작성함으로써 상대적으로 문제가 발생할 수 있는 부위를 쉽게 파악할 수 있다. 최근에는 시공단계에서부터 콘크리트 내에 기준전극을 미리 콘크리트 내부의 철근 주변에 설치함으로써 전압강하를 배제한 철근의 분극전위 측정도 가능하다. 그림 15.4는 시공 시에 미리 설치된 기준전극의 예이다.

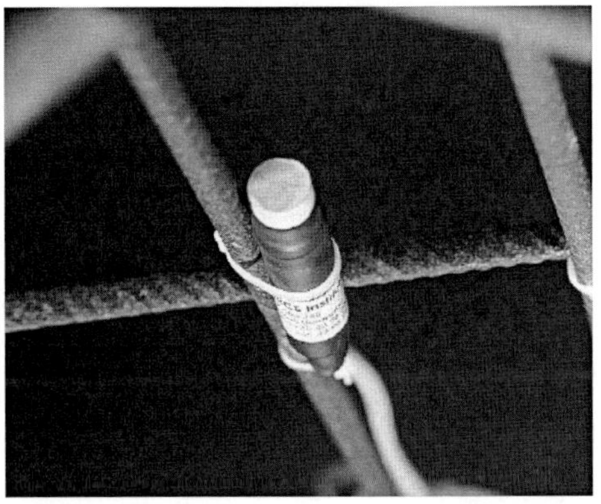

그림 15.4 콘크리트 시공시 설치된 기준전극 예

또한, 전위 측정시 철근과의 직접적인 접촉이 번거롭기 때문에 이를 피하기 위해서 그림 15.5과 같이 두 개의 기준전극을 이용하여 콘크리트 표면에서 전위 구배(potential gradient)를 측정하는 방법도 많이 적용된다.

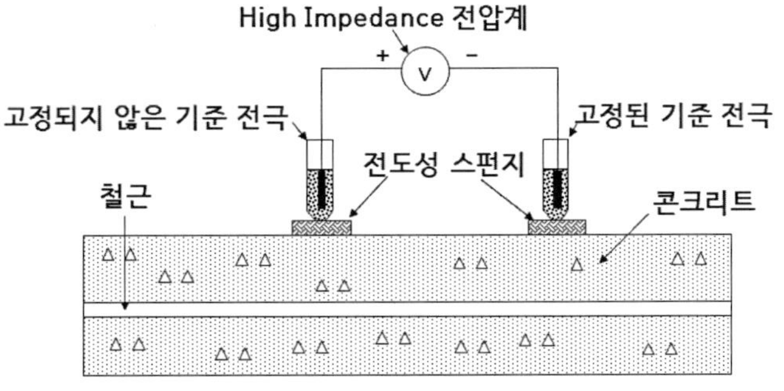

그림 15.5 전위구배 측정법

15.1.2. 선형분극법을 통한 부식감시

이 기법은 철근부식의 감시 목적으로 광범위하게 사용되고 있으며 콘크리트 표면으로부터 설치깊이를 달리하면서 센서를 설치하면 외부로부터 부식성 물질의 침입에 따른 부식속도의 변화를 측정할 수 있다. 단, 콘크리트 매질의 전도도가 매우 낮기 때문에 센서 설계에 주의를 기울여야 전압강하로 인한 측정오차를 줄일 수 있다. 또한, 부식속도를 측정할 때 몇 분 정도의 시간이 소요된다. 또한, 표면에 기준전극과 상대전극을 접촉시키면서 부식속도를 측정할 때의 단점은 측정된 부식속도가 어느 정도 면적의 철근을 대표하는 값인지가 불명확하다. 따라서 최근에는 그림 15.6과 같은 guard ring device를 사용하여 측정면적을 명확하게 하면서 LPR측정을 하려는 시도가 이루어지고 있다.

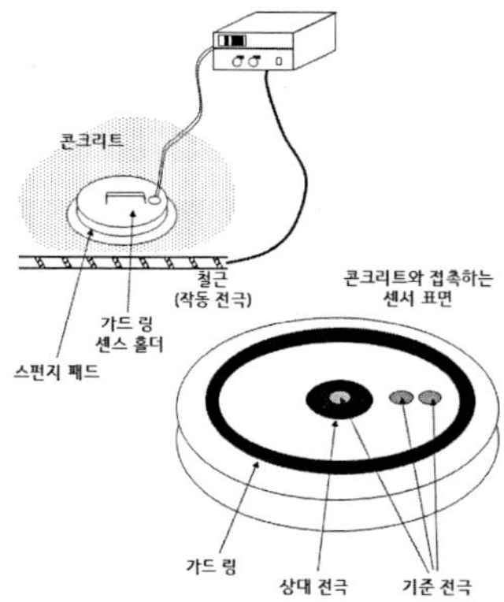

그림 15.6 Guard ring device

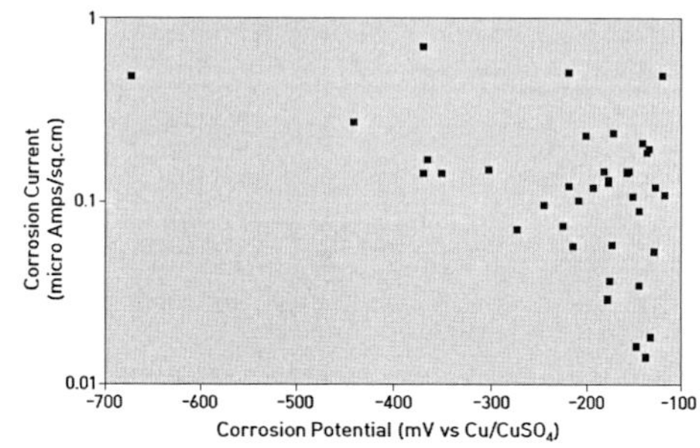

그림 15.7 Kennedy Bridge에서 LPR법으로 구한 부식속도와 부식전위의 관계

그림과 같이 센서를 측정하고자 하는 콘크리트 위에 접촉시키고 철근과 전기적으로 연결시킨 후, guard ring과 대극의 전위가 같아질 때까지 잠시 안정화시킨 후 LPR측정을 함으로써 링으로 둘러싸인 영역의 평균부식속도를 구할 수 있다. 이 방법은 북미지역에서 교량의 부식속도 측정을 위해서 많이 사용되고 있다. 그림 15.7은 캐나다 토론토의 401번 고속도로에 위치한 Kennedy Bridge에 대해서 이 방법으로 측정한 부식속도와 부식전위의 상관관계를 비교하여 나타낸 예이다.

그림에서 알 수 있듯이 측정값의 편차가 존재하기는 하지만 부식속도가 작을수록 철근전위는 부동태 영역에 가까운 값을 나타내고 있다.

15.1.3 GPM(Galvanostatic Pulse Technique)을 통한 부식감시

GPM에서는 대극을 콘크리트 표면에 접촉시킨 후 짧은 시간 동안 작은 진폭의 양극펄스 정전류를 철근에 인가하면서 철근의 전위응답(E)을 측정하고 응답패턴을 분석하여 부식속도를 측정하는 기술이다. 통상적으로 적용되는 펄스 인가시간과 인가전류는 약 5-10초, 5-400mA 정도이다.

만일 전극반응을 그림 15.8과 같은 간단한 등가회로(Randle circuit)로 설명할 수 있는 경우라면 정전류 조건에서 ΔI의 펄스전류가 인가되었을 때 시간에 따른 응답전위의 변화거동은 아래의 식과 같이 표현할 수 있다.

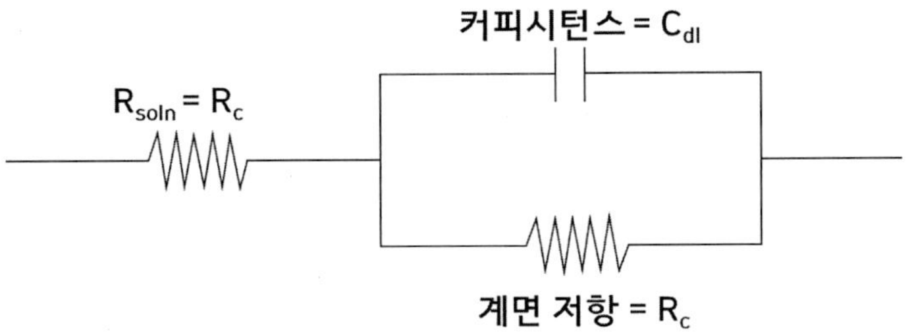

그림 15.8 부식시스템을 모사하는 Randle circuit

$$\eta_t = \Delta IR_c + \Delta IR_p(1 - e^{(-\frac{t}{CR_p})})$$

여기에서 ηt는 전극(철근)의 전위변화량, ΔIR_c는 콘크리트의 전압강하(용액저항에 해당), R_p와 C는 각각 분극저항 및 전기적 이중층의 capacitance이다. 전압강하 성분, ΔIR_c는 아래의 그림 15.9와 같이 펄스전류를 차단하면 수 마이크로초 이내에 순간적으로 사라지는 성분이므로 전위의 순간적인 변동응답으로부터 측정 가능하다.

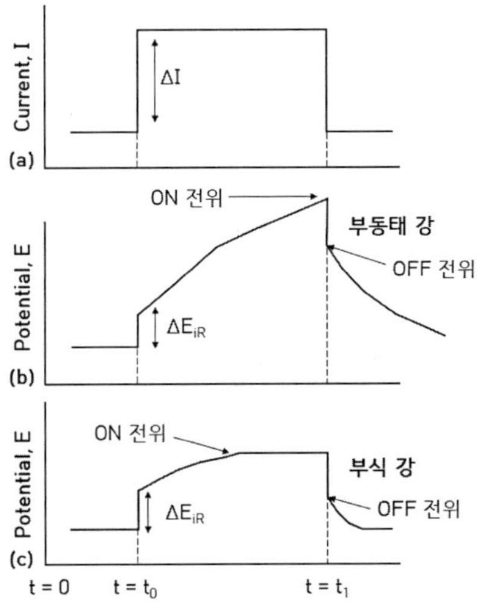

그림 15.9 GPM전류인가 및 전위변화 원리

이후 전위는 시간에 따라 다음 식 (12)와 같이 지수함수적으로 감소한다.

$$\frac{\eta_t}{\eta_{max}} = \exp(-\frac{t}{CR_p})$$

여기에서 η_{max}는 전류가 차단되는 순간의 최대분극량이고 ηt는 이후 시간 t에서의 분극량에 해당한다. 그림 15.9 (a)에서 보듯이 시간 t_0-t_1 사이에 펄스전류 ΔI가 인가되면 그림 (b), (c)와 같이 철근의 전위는 인가되는 순간 전압강하 성분만큼 순간적으로 증가한 후 지수함수적으로 η_{max}까지 증가하게 된다. 시간 t_1에서 전류를 차단하면 전압강하가 순간적으로 사라진 후 서서히 전위가 변화한다. 철근 주변의 콘크리트가 건전해서 철근의 부동태를 유지하는 경우(그림 (b))와 철근이 부식되는 경우(그림 (c))를 비교하면, R_p의 차이로 인해서 부동태를 유지하는 경우의 전위변동이 크다는 것을 알 수 있다. 철근이 매우 건전한 경우에는 시간 t_1이후의 전위변화가 몇 mV정도로 매우 작은 경우도 있다. 그림 15.10에 상용 GPM장비(GalvaPulse^{TM})를 이용한 부식속도측정 예를 나타내었다.

그림 15.10 GPM을 이용한 콘크리트교량 철근의 부식속도 측정

GPM기법을 이용함으로써 약 10초 이내의 짧은 시간에 철근부식속도를 측정할 수 있으며, 전술한 guard ring 시스템과 동시에 적용하게 되면 어느 정도 면적의 철근의 부식속도를 구한 것인지 쉽게 알 수 있으므로 효과적인 철근 구조물 전체의 부식속도분포를 판단할 수 있다. 그림 15.11은 GalvaPulse^{TM}를 이용하여 수영장 벽체의 부식속도를 측정한 후 부식속도지도를 작성한 사례이다.

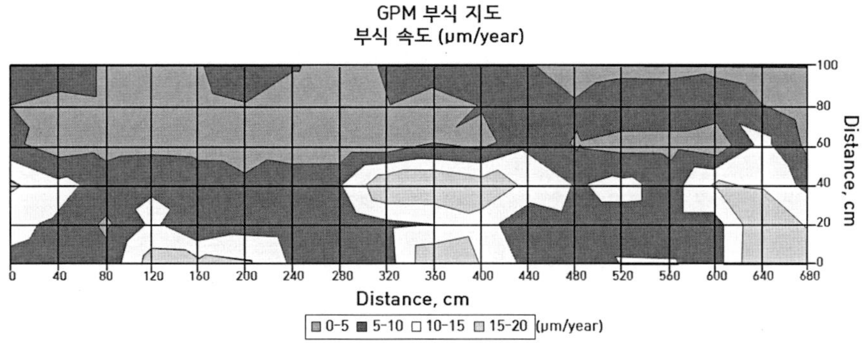

그림 15.11 GalvaPulse로 측정한 부식지도 예

15.1.4 전기화학적 임피던스법을 통한 부식감시

DC분극법과 마찬가지로 EIS측정도 콘크리트 내에 매립된 센서를 대상으로 또는 대형구조물을 대상으로 측정 가능하다. 특히 대형구조물을 대상으로 할때에는 LPR법과 마찬가지로 guard ring device를 적용할 수 있다. EIS측정결과를 정확하게 해석하기 위해서는 콘크리트환경에 노출된 철근의 등가회로를 얼마나 잘 제시하는지 여부가 매우 중요하다. 상대적으로 복잡한 등가회로의 예를 그림 15.12에 나타내었다.

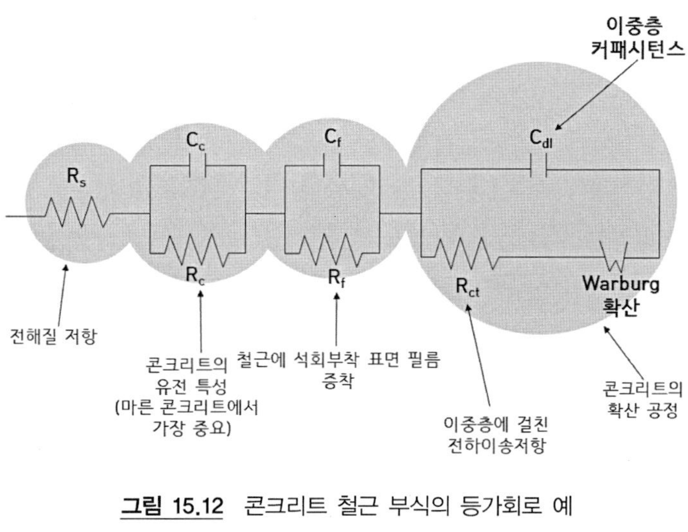

그림 15.12 콘크리트 철근 부식의 등가회로 예

이론적으로는 정확한 콘크리트 저항(solution resistance)과 적절한 모델을 사용함으로써 LPR법보다도 더 정확한 부식속도의 측정이 가능하다. 그림 15.13은 EIS의 전형적인 응답인 Nyquist plot의 한 예이다.

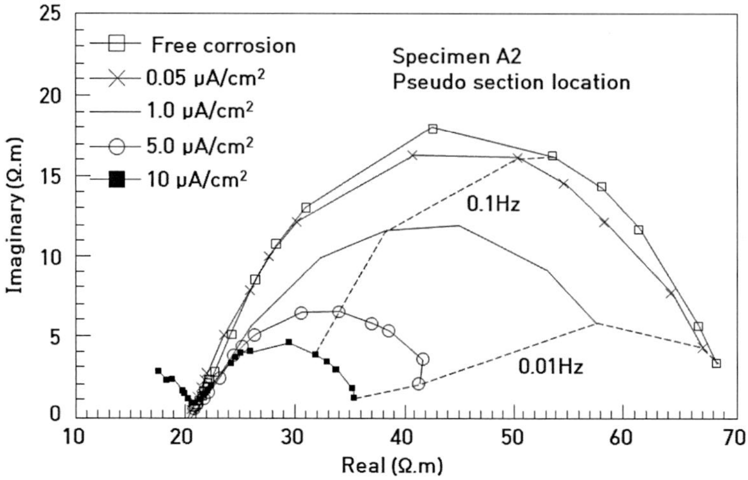

그림 15.13 염화물에 의한 열화도가 다른 여러 철근의 EIS의 응답곡선 예

15.1.5 철근콘크리트 방식

[1] 철근콘크리트의 품질개선

1) 콘크리트의 조합

콘크리트는 양생과정에서 pH 12~13의 고 알칼리성 환경이 된다. 알칼리성 환경에 의해 콘크리트 내부 철근의 표면에 치밀한 부동태 피막을 형성하고 있기 때문에 부식과 열화에서 보호될 수 있지만 여러 가지 유해요인에 의해 부동태 피막이 파괴되어 부식이 진행 된다. 철근콘크리트의 재질향상을 위해선 콘크리트 구성요소의 비율을 외부인자의 침입이 어렵도록 피복두께를 고려하여 투과성이 낮은 조직을 만들어야 한다. 특히 콘크리트의 조성 중 물과 시멘트의 비율이 중요하다. 콘크리트 표준시방서에는 해수환경 중에서 해수, 대기 그리고 조수간만의 차가 발생하는 비말대 등에서의 물시멘트비를 다르게 적용하고 있다. 이는 일반적으로 사용하는 물시멘트비보다 시멘트의 비율을 더 높여서 철근과의 접착성을 뛰어나게 하고 공극이 적은 조밀한 콘크리트 조직을 형성시키기 위한 것이다.

2) 에폭시 피복 철근의 사용

콘크리트 내부의 염소이온이 일정 농도를 초과하면 콘크리트의 중성화가 발생하지 않은 환경에서도 보호피막이 파괴되어 철근의 부식이 촉진된다. 또한 콘크리트 배합 시 바닷모래가 혼입되거나 동절기 제설제로 사용되는 염화칼슘 등은 철근의 부식을 촉진하는 요소로 내구성 및 안전 측면에서 여러 가지 문제점이 발생할 수 있다. 이러한 문제를 해결하기 위해 방식도장을 입힌 철근을 사용할 수 있다. 에폭시는 철근과의 접착성 및 내식성이 우수하고 시공이 편리하여 많이 이용되고 있다. 이러한 에폭시 피복방법은 내식성은 뛰어나나 굽힘 가공성이나 콘크리트와의 밀착성이 떨어지기 때문에 역학적 성능을 고려해야 하며, 피복에 국부적인 손상이 발생했을 때에는 손상부위에 집중적으로 공식을 일으킬 우려가 있기 때문에 엄격한 품질관리와 시공관리가 필요하다.

3) 금속피복 또는 스테인리스 철근 사용

금속피복으로는 도장, 도금, 클래드 용접(clad welding), 물리/화학 증착법 및 용사법이 있다. 코팅재료로 사용되는 금속에는 아연과 알루미늄, 그리고 아연과 알루미늄 합금이 있는데 이 금속들은 철근보다 이온화 경향이 큰 활성금속이기 때문에 철근을 보호하는 희생양극으로 작용하여 철근의 부식을 억제한다. 최근에는 아연 및 알루미늄의 용사코팅이 적용되기도 한다. 용사코팅은 철근모재에 부착되는 피막의 형성속도가 빠른 장점이 있다. 그러나 금속피복의 경우 내식성은 물론, 구조물의 내구성과 환경 등을 고려하여 코팅재료, 시공방법, 도막두께 등을 신중하게 결정해야 한다. 최근에는 부식성 및 강도를 고려하여 스테인리스강재를 이용한 철근을 사용하기도 한다.

[2] 물리·화학적 보수

1) 패칭(patching)

일반적인 패칭은 가장 값이 싸고 시공시간이 빠르며, 널리 사용되는 보수공법으로서 염화물의 침입 및 탄산화 등으로 부식 손상된 콘크리트를 제거한 후 그 부분을 새로운 콘크리트나 몰탈(mortar)로 채우는 보편화된 공법이다. 패칭은 보수 후 기존의 구조물과 부착부(패칭부) 사이의 재질차로 인한 인장하중의 변화로 인해 균열이 발생할 가능성이 높아지며, 전기화학적으로 조성이 다른 상태이기 때문에 새로 패칭한 콘크리트와 몰탈 부분은 음극이 되고 염화물이 남아있는 주위의 철근은 양극되어 갈바닉 부식이 발생할 수 있다. 최근에는 보수기술과 재료의 발달로 많이 개선되었으나 부식과 패칭 보수의 반복되는 문제는 아직도 해결되지 않고 있다.

2) 코팅 및 실링

염화물이나 이산화탄소에 의해 열화, 부식된 콘크리트에는 코팅과 실링이 필요하다. 또한, 건축물의 미적 가치를 높이는데 사용되기도 한다. 실링재를 통하여 공극의 크기가 줄어들어 물의 기체입자는 출입할 수 있으나, 이산화탄소와 같은 미립자는 통과할 수가 없게 된다. 염화물과 같은 경우에도 실링재와 비슷한 재질의 코팅재가 사용되어 콘크리트의 공극에 막을 형성하여 액체는 통과하지 못하고 기체만 투과하게 된다. 그러나 코팅막은 본래 콘크리트의 공극에 수분이 있을 경우 이로 인한 부식이 발생할 수 있으며, 방수막 역시 외부충격에 의해 파손될 우려가 있기 때문에 사용 시 주의해야 한다.

3) 자켓 및 케이싱(jacket and casing)

새로 건설되거나 패칭 보수된 콘크리트 교량의 교각(pile)에 일반적으로 FRP 자켓(fiber reinforced plastic jacket)이나 케이스(case)를 씌우는 작업을 통해서 부식의 속도를 지연시키거나 구조적인 용량, 강도를 높일 수 있다. 이 방법으로 표면에서의 부식인자 침입을 방지할 수는 있으나 FRP 자켓이나 케이스 내부의 모세관현상에 의해 수중의 해수가 내부의 콘크리트 공극을 타고 흡수되어 올라오며, 조수간만의 차로 인해 수면부에서 건습이 반복될 경우 보수하기 전과 비교하여 부식경향은 크게 변하지 않는다. 그러나 자켓 및

케이싱 방법을 음극방식과 함께 적용될 시 자켓이나 케이스 내부에 충분한 전해질이 채워져 오히려 전기전도성이 증가하므로 우수한 방식효과를 나타낼 수 있게 된다.

4) 부식억제제(corrosion inhibitor)의 사용

부식억제제란 부식의 속도를 저하시키는 물질로서 부식을 발생시키는 양극반응 또는 음극반응 중 한쪽의 반응을 감소시키거나 양측 모두의 반응을 감소시키기 위해 사용된다. 화학작용과 기능에 대해 분류하면 크롬산염, 아초산염, 폴리인산염, 중탄산염과 같은 무기(無機) 억제제와 알콜 혼합제, 에틸렌 글리콜 용액, 윤활제, 페인트계, 디클로로에탄과 같은 유기(有機)억제제로 나눌 수 있고, 일반적으로 아질산소다($NaNO_2$), 크롬산칼륨($KCrO_3$), 안식향산소다(C_6H_5COONa), 아질산칼슘($Ca(NO_2)_2$) 등이 사용되고 있다. 양극억제제의 경우 크롬산이온(CrO_4^{2-}) 혹은 질산이온(NO_2^-)등을 포함한 물질로 음극반응을 촉진하여 양극에 높은 전류밀도를 가하므로 부동태 피막을 생성시켜 부식을 억제한다. 음극억제제의 경우 중성용액의 음극반응을 일으키는 산소를 제거하거나 이동을 억제하여 부식을 감소시킨다. 하지만 수소의 환원반응을 막을 수 없기 때문에 수소취화의 우려로 거의 사용되고 있지 않다. 이러한 부식억제제는 초기 배합 시에 혼화제로 사용되는 경우와 구조물의 표면에 도포하는 형태로 구분할 수 있는데, 구조물의 이력과 사용조건, 그리고 부식의 형태에 맞추어 적절하게 적용한다.

[3] 전기화학적 음극방식법

1) 외부전원법

외부전원법은 외부 전원장치로부터 강제로 방식전류를 철근으로 배류하는 음극방식법이다. 외부전원법은 방식하고자 하는 철 구조물을 외부전원장치의 (-)극과 연결하고, (-)극에서 (+)극으로 방식전류를 흐르게 하기 위한 직류전원을 얻기 위해 교류를 직류로 변환하는 정류기(rectifier)를 설치하여 양극을 (+)극에 연결하여 회로를 형성한다. 양극에서는 산화반응을 통해 전자를 방출하여 음극의 산화반응을 억제하는 역할을 하는데, 장기간 안정된 전류를 공급해야 하기 때문에 소모성이 적은 금속이나 특수 표면처리 된 금속을 사용한다. 통상 티타늄(Ti), 나이오비움(Nb) 등이 많이 사용된다. 또한, 구조물의 구조와 방식전류의 분포에 따라 리본형, 메쉬형 등 다양한 형태의 양극이 적용된다(그림 15.14). 과방식에 의해 철의 전위가 -950 mV(SCE) 이하가 되면 수소 환원 반응이 활성화되어 수소기체가 발생하게 되는데 이때 수소분자가 철의 입계 또는 결함사이 공간에서 결합하여 수소기체가 발생하여 터질 경우 순간응력으로 인해 철의 취성파괴가 일어날 수 있으므로, 특히 프리스트레스 (prestressed) 콘크리트 등 장력을 가진 콘크리트 구조물에서 는 이점을 유의해야 한다.

리본형 메쉬형 리본의 매립

그림 15.14 철근 콘크리트 음극방식용 양극

2) 희생양극법

희생양극법은 방식하고자 하는 철 구조물보다 부식성 즉, 이온화 경향이 큰 금속의 양극을 전해질 환경에 설치하고, 전기적 연결을 통해 방식전류를 가해주는 음극방식법이다. 이 양극은 용해되어 소모되고 이온의 용해 시 발생한 전자가 음극인 철로 이동하여 철의 산화반응을 억제하는 역할을 하게 된다. 일반적으로 철의 방식을 위한 희생양극으로는 알루미늄(Al), 아연(Zn), 마그네슘(Mg) 등이 사용되고 있으며, 방식 환경과 반응생성물에 따라 적합한 재료를 선택하여 적용하게 된다. 콘크리트 표면에 설치된 희생양극을 철근과 전기적 연결을 함으로써 두 금속간의 전위차에 의해 전류가 자발적으로 공급된다. 희생양극법은 철 구조물과의 전기적 연결로 전자의 흐름이 확보됨과 동시에 전해질 환경에서 이온의 이동이 원활하게 이루어지며, 소모된 희생양극은 교체할 수 있기 때문에 훨씬 효율적이라 할 수 있다. 그러나 방식에 필요한 구동력(driving force)이 작아 방식효과가 국부적이고, 소모되는 아연을 교체할 수 없는 단점이 있다. 비저항이 적은 해수환경에서는 벌크(bulk) 또는 망(mesh) 형태의 희생양극을 매달아 사용하는 기본적인 방법 이외에도 콘크리트 표면에 희생양극을 열원으로 고압 용사 하는 방법이 사용되기도 한다.

15.2 매설배관의 부식감시 및 방식감시

매설배관의 음극방식(cathodic protection; CP) 시스템은 매우 오랜 시간 동안 문제없이 효과적으로 운용되어야 하기 때문에 관련 시스템 및 감시장비에 대한 신뢰성 요구가 크다고 할 수 있다. 따라서 CP시스템의 유지관리 프로그램에서 가장 중요한 요소는 규칙적으로 방식시스템의 효용성 및 설비 건전성에 대한 점검이 필요하다.

매설배관의 경우에는 대기 중에 노출된 금속구조물과 비교할 때 부식의 관점에서 부식가능성이 높은 환경에 있다고 할 수 있다. 토양 중에는 적당한 양의 수분과 적당한 양의 용존 산소가 있으며 경우에 따라서는 여러 가지 산성 이온들이 존재하기도 하여 자연 상태로 있을 경우 자연부식속도가 대기 중에 비하여 수십~수백배가 된다. 또한 매설구조물은 각종 유틸리티를 운반하는 배관류, 건물이나 토목구조물의 기초 파일(pile)류, 유류나 가스의 저장을 위한 저장탱크 등 대부분 사회간접자본 성격의 것들로서 우리들의 실생활이나 산업활동을 지탱해 주고 있는 것들이다.

따라서 매설구조물의 토양에 의한 부식은 전체 부식에서 차지하는 비중이 클 뿐 아니라 사회에 미치는 파장면에서도 중요성이 대단히 높다고 할 수 있다. 우리나라는 70년대 말까지도 매설구조물의 부식에 대하여 거의 무방비 상태였으며 80년도부터 일부 배관을 중심으로 토양부식을 방지하기 위하여 전기방식조치를 하기 시작하였다. 최근에는 매설구조물의 부식 심각성에 대한 인식이 많이 확산되어 많은 구조물에서 설계단계에서부터 방식조치가 들어가고 있으며, 또한 기 매설구조물에 대하여도 방식 보강 조치를 하고 있다. 따라서 이미 시공

되어 있는 매설구조물에서 현재의 방식상태를 파악하고 문제점을 드러내 그 원인 분석과 해결 방안을 제시하는 진단기술은 매설구조물의 부식 방지 및 수명 연장을 위하여 반드시 필요하다고 할 수 있다.

15.2.1 매설배관 위치탐측

매설배관의 정확한 경로를 파악하는 것은 피복손상부 탐측 및 관대지전위를 측정하는데 있어 매우 중요하다. 즉, 배관 직상부를 정확히 알아야 피복손상탐측시 신호가 진단대상 배관에서 오는 것인지 타 설비에 의한 간섭인지를 판명하는데 도움이 되며, 후술할 CIPS에 의한 관대지전위 측정에서도 직상부에서 측정해야 토양저항에 의한 전압강하(IR Drop)를 크게 줄일 수 있어 정밀한 배관상태 파악에 도움이 된다.

이미 건설된 매설배관을 탐측기기를 이용하여 직접 탐측할 수 있는 방법으로는 크게 pipe locator를 이용하는 방법과 GPR(Ground Penetrating Radar)을 이용하는 방법으로 나눌 수 있다. Pipe locator는 매설배관에 송신기(transmitter)를 연결한 후 전자기장을 가하여 배관을 자화시켜, 배관 상부에서 수신기(receiver)로 자속을 감지하여 배관의 위치를 찾는 것으로 그림 15.15에 사용 예를 나타내었다.

그림 15.15 Pipe locator를 이용한 배관 위치 탐측

이 방법의 장점은 설치가 간편하고 높은 숙련도가 필요하지 않아 가장 많이 사용되고 있으나 배관이 교차하거나 근접하여 존재할 경우 배관을 정밀하게 Locating 할 수 없다는 단점을 가지고 있다. 기타 방법으로 pipe Locator를 개선한 C-SCAN, PCM (Pipe Current Mapper) 등이 있으며 최근에 PCM의 정밀도가 크게 향상되고, 직입자의 숙련도가 증가하면서 현업에 많이 사용되고 있다.

15.2.2. 음극방식 시설물의 점검

음극방식 시설물로는 배관 전기방식을 위한 희생양극 및 외부전원설비(정류기 및 불용성 양극), 방식전위 측정함(Test Box, 이하 TB), 절연플랜지 등이 있으며, 점검의 목적은 각 시설물들의 존재여부, 작동여부, 건전성 여부 등을 파악하여 본격진단의 기초를 제공하기 위한 것이다. 국내 정유 및 석유화학공단의 경우에는 설비가 오래되고 타 설비와 혼재해 있는 경우 고의성 여부를 떠나 설계 및 준공도면대로 설비가 되어 있지 않거나, 서로 설비가 바뀌어 관리가 되고 있는 경우가 적지 않게 발견되고 있어, 기존 방식이력 자료의 신뢰성을 확보하는 차원에서도 시설물 점검은 반드시 필요하다.

15.2.3. 토양비저항 측정

여러 가지 토양이 갖는 인자들 중에서 부식에 가장 큰 영향을 미치는 인자는 토양비저항(soil resistivity)이다(표 15.2). 비저항이 높은 지역에서는 누설전류량이 적어 미주전류(stray current)에 의한 부식의 위험도 감소할 뿐 아니라 그 속에 포함되는 화학성분(그 대부분이 유해 인자임)의 양이 적기 때문에 자연부식의 위험도 적어진다고 할 수 있다.

[표 15.2] 토양비저항에 따른 토양부식성 예

토양비저항(Ω·cm)	토양 종류	부식 예상도
> 20,000	모래(sand)	미약(virtually not corrosive)
10,000 ~ 20,000	모래(sand)	약간 발생(weakly aggressive)
5,000 ~ 10,000	양토(loam)	발생(moderately aggressive)
3,000 ~ 5,000	양토(loam), 이탄(peat)	다소 강하게 발생(aggressive)
1,000 ~ 3,000	지하수(freshwater)점토(clay), 이탄(peat)	강하게발생 (strongly aggressive)
< 1,000	염분(brackish), 점토(clay)	매우 강하게 발생 (very strongly aggressive)

토양비저항 측정법으로는 4 전극법(Wenner Four Electrode Method)과 토양상자(土壤箱; soil box)을 이용한 방법이 있다. 토양상자를 이용한 방법은 절차가 간단한 반면에 샘플의 채취과정에서 발생할 수 있는 수분의 변화 혹은 밀도의 변화 등으로 현장과 조건이 다를 수도 있으므로, 대부분 현장에서는 측정하고자 하는 깊이의 평균저항을 가장 오차가 적게 측정할 수 있는 4 전극법이 주로 쓰이고 있다. 4 전극법(Wenner Four Electrode Method)의 측정원리

는 그림 15.16과 같다.

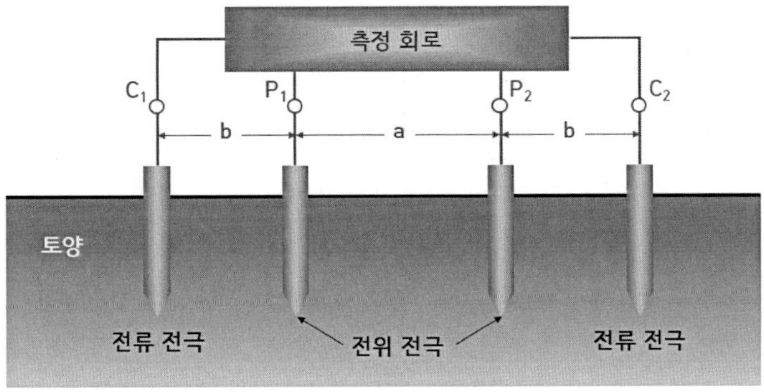

그림 15.16 4전극법에 의한 토양비저항 측정 원리

그림과 같이 4개의 전극을 토양 중에 설치한 후, 바깥쪽의 C_1, C_2 전극에 전류 I를 흘리면 이 전류의 흐름으로 인해서, 안쪽 P_1, P_2 전극 사이에 전압 V가 유기되는데 이 때 V=IR의 관계에 의해서 R을 구하고 다음 식에 의하여 토양비저항 ρ를 구한다.

$$\rho,\ \Omega\cdot cm = \pi bR/(1-b/(b+a))$$

여기에서

b = Outer electrode spacing, m

a = Inner electrode spacing, m

R = Resistance, Ω

일반적으로 전극의 간격은 일정하게(a=b로) 대개 배관의 매설깊이로 하며, 따라서 식은 다음과 같이 된다.

$$\rho,\ \Omega\cdot cm = 2\pi aR$$

배관이 매설되는 주변 매질의 비저항 측정자료는 1) 토양 부식성의 정도 판단, 2) 방식소요 전류밀도 결정, 3) 방식방법의 선택, 4) 양극의 형태와 위치선정, 5) 양극의 접지저항 설계 등에 활용된다.

15.2.4 관대지전위 측정

매설배관의 방식 진단에서 가장 일반적이며 확실한 방법이 배관의 방식전위(관대지전위)

를 측정하는 방법이다. 방식전위를 알면 배관의 부/방식 상태를 알 수 있기 때문이다. 즉 토양에서 가장 많이 사용되는 포화황산동 기준전극(saturated Cu/$CuSO_4$ reference electrode; CSE) 기준으로 일반적으로 방식전위는 측정 전위값이 방식기준인 -850mV보다 낮은 값이면 그 지역 방식전위는 양호하다고 할 수 있고 만약 -850mV 근처이거나 그 이상이면 방식 상태를 정밀 점검할 필요가 있다. 그림 15.17과 같이 매설배관에서 인출한 전선과 토양 표면에 접촉시킨 기준전극 사이에 전압계(voltmeter)를 연결시켜 기준전극에 대한 배관의 전위를 측정한다.

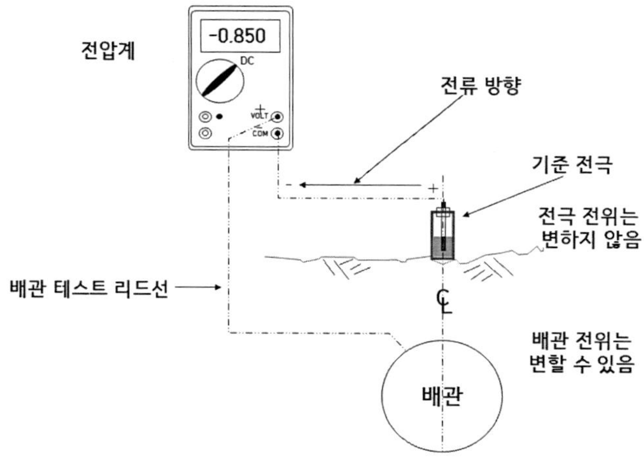

그림 15.17 전위측정 원리

이렇게 측정한 값을 관대지전위 또는 P/S전위 (Pipe-to-Soil Potential)라고 한다. 현장에서 P/S전위를 측정할 때 기준전극으로 가장 많이 사용하는 것은 포화황산동전극이며 해수의 오염이 의심되는 지역과 같이 특수한 상황 하에서는 염화은(Ag/AgCl)전극을 사용하기도 한다. 일반적으로 장거리 매설배관의 방식전위는 대략적으로 300~500m마다 존재하는 TB에서 위와 같은 방법으로 측정하며 이렇게 측정한 방식전위는 그 지역 배관의 방식현황을 나타내는 척도가 된다.

더욱 정확한 방식 상태를 알기 위해서는 근간격 전위조사법(CIPS, Close Interval Potential Survey)을 사용하기도 한다 (그림 15.18).

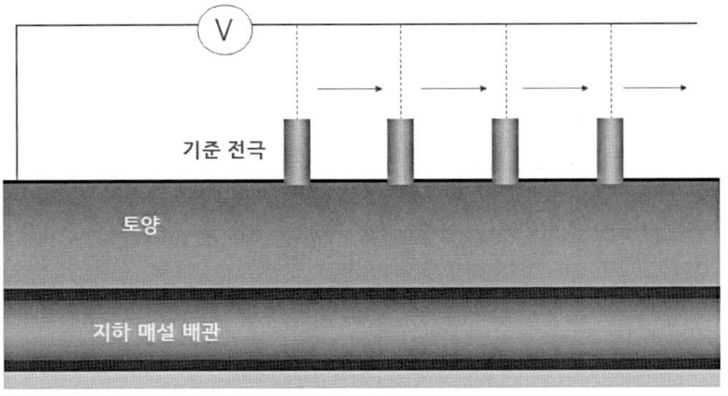

그림 15.18 CIPS법 개념도

이 방법은 그림과 같이 배관과의 연결선을 길게 하여 배관의 직상부에서 배관을 따라 P/S 전위를 상황에 따라서 다르기는 하지만 약 5~30m 간격으로 연속적으로 측정하는 것으로, 측정된 전위를 거리에 따라 그림으로 표현할 경우에 그 지역에서 국부적인 방식전위 불량 지점을 정확히 찾을 수 있고, 만약 간섭 문제일 경우에 방식전위의 경향을 정확히 파악하여 간섭 지점과 간섭원인을 정확히 알 수 있다.

그런데 P/S전위는 배관 표면의 분극전위(polarized potential)가 아니라 여기에 토양에 의한 전압강하가 포함된 전위이다. 즉 기준전극이 배관 표면에 가까이 위치하지 않기 때문에 배관의 실제 전위만 측정되는 것이 아니라 토양 저항에 의한 전압강하가 포함된 값이 측정된다. 즉, 배관은 절연물질로 피복이 되어 있어, 전류의 유출입은 일부 피복이 벗겨진 곳으로만 가능하므로 일반적으로 전류의 유입경로 면적이 작고, 토양저항에 따른 전압강하는 상당히 크다. 따라서 실제 배관 노출부의 분극전위를 측정하는 것은 배관의 방식 진단에서 매우 중요한 일이다. 현장에서 매설배관의 분극전위를 측정하는 것은 그리 간단한 일은 아니지만 만일 배관이 외부전원법에 의해서 방식되고 있는 경우라면 가장 일반적이고 오차를 최소화하는 방법 중의 하나가 배관을 방식하고 있는 전원(정류기)을 차단하면서 전위를 측정하는 방법이다. 즉, 정류기의 전원을 on/off하면 그림 15.19와 같이 전류가 차단된 순간에 토양에 의한 IR이 제거된 배관 표면의 전위값을 측정할 수 있다. 그림 15.20은 원격으로 정류기를 on/off시키면서 CIPS검사를 실시하는 개념도를 나타내었다.

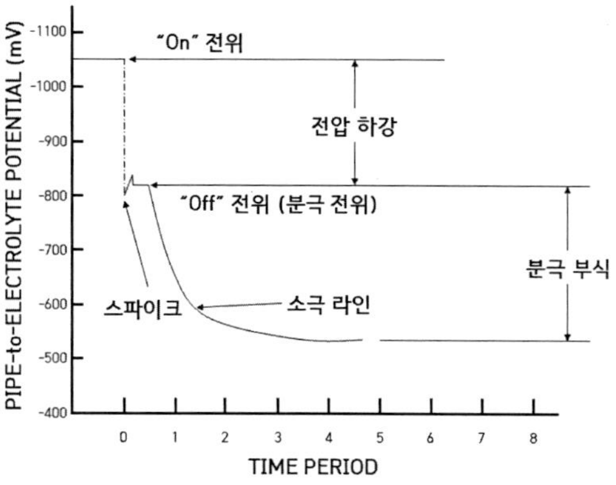

그림 15.19 정류기를 차단한 순간의 배관 전위변화

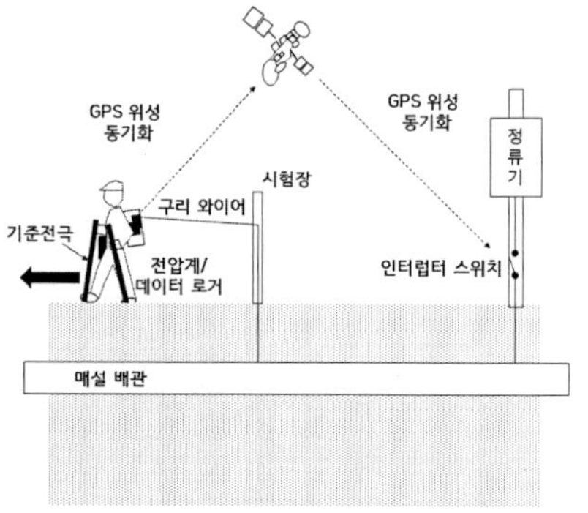

그림 15.20 On/off CIPS법 개념도

이 방법은 가장 쉽고 효과적으로 측정할 수 있는 방법이기는 하나, 실제 현장에서 사용하기에는 여러 가지 문제점이 있다. 먼저 측정 기기에서 나타나는 한계가 있다. 일반적으로 현장에서는 전압계 또는 펜(pen)을 사용하는 아날로그형 전위기록장치를 사용하는데 그 응답속도가 빠르지는 않다. 그런데 전류차단은 mili-second 단위에서 이루어지고 급격한 소극(depolarization)현상을 보이므로 현장에서 아무리 응답속도가 빠른 기기를 사용한다고 할지라도 어느 정도의 오차는 가지게 된다. 또한, 현장에서는 어떠한 구간의 매설배관을 방식하기 위하여 1대의 정류기를 사용하지 않고 여러 대의 정류기를 사용하기도 하며 부분적으로는 타 시설물을 방식하기 위한 정류기에서 간섭이 들어올 수도 있다. 이러한 경우에는 1대의 정류기를 차단한다고 할지라도 다른 정류기 및 간섭원에서 들어오는 전류를 차단하지 못하므로 정확한 분극전위를 측정할 수 없다. 따라서 동시에, 같은 시간에 전위 측정 지점에 영향을 미치는 모든 정류기를 on/off시켜야 하며 이것은 그리 간단한 문제가 아니다. 또 한가지 문제점으로 희생양극으로 방식을 하고 있는 지역에서는 모든 희생양극을 동시에 차단하여야 하므로 사실상 이 방법으로 분극전위를 측정하는 것은 불가능하다. 마찬가지로 외부전원법과 희생양극법을 동시에 사용하는 지역에서도 이 방법의 적용은 어렵다. 또한 지하철 간섭이 들어오는 지역에서는 지하철 간섭을 순간적으로 차단할 수 없으므로 이 방법의 적용은 곤란하다.

분극전위를 측정할 수 있는 방법으로 최근에 가장 많이 연구되고 있는 방법은 시험용 시편을 매설하는 방법이다. 시험용 시편의 매설에 의한 분극전위 측정 원리는 그림 15.21과 같다.

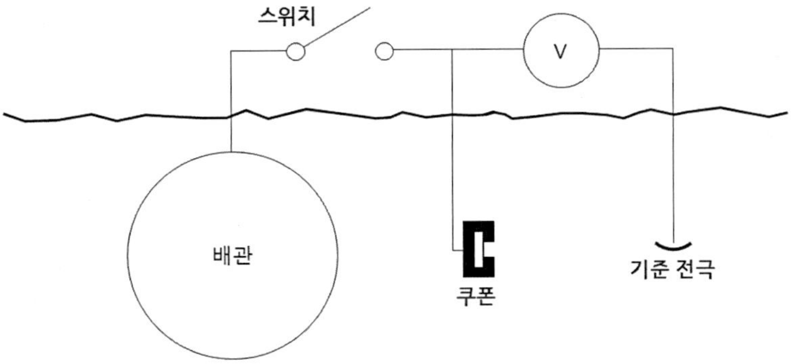

그림 15.21 시험용 시편을 이용한 분극전위 측정 원리

배관과 같은 재질이면서 배관에서 예상되는 피복손상부와 비슷한 크기의 시편을 토양에 매설하고 이를 배관과 전선으로 연결하여 전기적으로 한 몸체를 만들도록 한 후 배관의 전위를 측정하는 대신 시편의 전위를 측정함으로써 배관의 전위를 간접적으로 측정하는 방법이다. 이는 배관에 있는 피복손상부의 전위 거동이나 배관과 전기적으로 연결된 시편의 전위 거동이 같다는 가정이 필요하며 이는 충분히 타당성이 있다고 판단된다. 이러한 원리를 적용하여 분극전위를 측정하는 방법은 크게 두 가지이다. 하나는 IR 성분을 제거하기 위하여 시편과 배관의 전기적 연결을 순간적으로 차단하여 시편으로 유입되는 전류를 차단하고 그 순간의 시편의 전위를 측정하는 방법이다. 또 하나의 방법은 전기적 연결을 차단하지 않고 그대로 연결된 상태에서 기준전극을 시편에 아주 가까이 밀착시켜 시편의 분극전위를 측정하는 방법이다. 처음 방법은 앞에서 언급한 바와 같이 역시 측정 시간의 정밀도로 인하여 나타나는 측정기기에 의한 오차를 포함하게 된다. 또한 연결선을 차단한 순간에만 분극전위를 측정할 수 있으므로 연속적인 분극전위의 측정은 불가능하다. 한편 후자의 방법은 연속적인 분극전위의 측정이 가능하며 연결선을 차단할 필요가 없으므로 일반적으로 방식전위를 측정하듯이 분극전위를 측정할 수 있다는 장점이 있다. 그러나 시편에 기준전극을 아주 가깝게 밀착해야 한다는 문제점이 있다.

방식전위를 측정하는 장치로 일반적으로 사용되는 것은 디지털 전압계(digital voltmeter) 혹은 아날로그형 기록장치(electric pen-type chart recorder; EPR) 등이다. 디지털 전압계는 휴대가 간단하나 전위가 시간에 따라 변화하는 곳에서는 정확한 측정 및 그 경향을 파악하기 어렵다. EPR은 용지에 펜으로 연속 기록하는 장치이다. 시간에 따른 전위변화 경향을 알 수는 있으나 디지털로 저장이 불가능하며 오랜 시간 동안 방식전위의 기록이 불가능하다. 최근에는 이러한 문제점을 해결하고 지속적인 방식전위 기록 및 데이터의 저장을 위하여 현장 설치용 데이터 로거(data logger)가 개발되어 활용되고 있다. 이러한 데이터 로거는 1회 설치로 현장에서 1개월 이상의 데이터 저장이 가능하며 저장한 데이터를 컴퓨터에 전송하여 분석하도록 되어 있다. 이러한 데이터로거를 사용하면 한 지역의 방식전위를 동시간에 측정하여 그 구간 전체의 방식전위 변화 양상을 알 수 있다. 그림 15.22는 지하철 차량기지 주변에서 간섭을 받고 있는 매설 가스배관의 여러 지점에서의 전위를 데이터 로거를 설치하여 동시에 6분간 측정한 결과값이다.

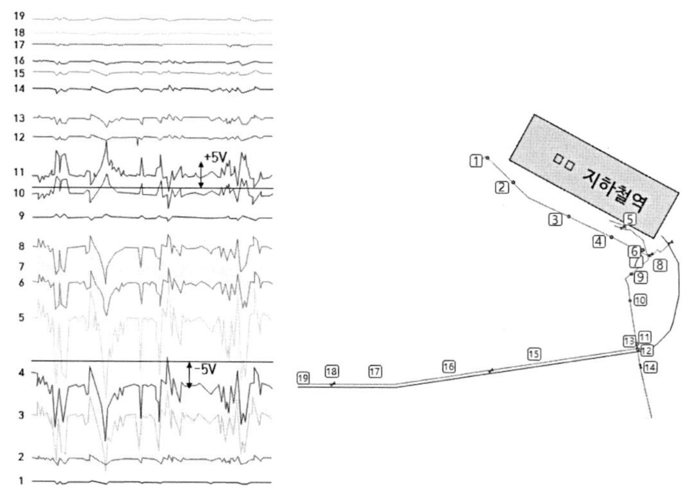

그림 15.22 데이터 로거를 이용한 간섭 평가 예

그림과 같이 동시간에 측정한 여러 지점에서의 전위변화로부터 미주전류의 유출입 지점을 명확하게 파악할 수 있다. 또한, 최근에는 이러한 배관의 전위측정 및 정류기의 출력 제어를 원격감시제어시스템을 통해서 상용 무선통신망 등에 의해서 구현되어 적용되고 있다.

15.2.5 배관 피복손상부 탐측

배관의 피복 손상부위는 부식 및 방식의 측면에서 매우 중요한 역할을 한다. 즉, 부식성 환경에 금속재료가 직접 노출되는 것을 의미하며, 전기방식의 측면에서는 적정 방식상태를 유지하기 위한 방식전류의 증가, 즉, 유지비용의 증가를 의미한다. 또한, 손상부의 피복이 들뜬 경우, 들뜬 피복과 배관 표면 사이에 존재하는 틈새(crevice) 내부는 방식이 제대로 이루어지지 않을 수도 있기 때문에 되도록이면 피복손상부를 빠른 시간 내에 찾아내고, 필요에 따라서 굴착 후 보수해야만 한다.

매설배관의 피복손상부 탐측법에는 교류전류를 이용한 방법(Pearson법, Woodberry법) 및 직류전류를 이용한 방법(CIPS법, DCVG법) 등 여러 방법이 있으나 이 강좌에서는 비교적 국내 환경에 적합하게 개량되고 가장 정확도가 높은 DCVG법에 대해 서술하고자 한다. 직류전위구배법(DCVG method; Pulsed Direct Current Voltage Gradient method)은 직류전류를 사용하는 방법이다. 직류전류법은 기본적으로 인가한 직류전류로 인해 배관주변에 발생하는 전위구배를 측정하여 피복손상부를 탐측하는 방법으로 전술한 CIPS도 이 범주에 속한다. 그러나, 가장 대표적인 방법은 바로 DCVG법이다. DCVG법은 두 개의 포화황산동 기준전극을 사용하여 배관의 직상부를 따라 약 10m 이내의 간격으로 이격시킨 두 기준전극 사이의 전위차, 즉 지표면 전위구배(soil-to-soil potential; S/S)를 측정하는 방법이다. 이 때 배관에 가하는 방식전류를 주기적으로 on/off시키고, on일 때의 전위차에서 off일 때의 전위차를 보정하여 전위구배를 정확히 측정한다. 이 때 그림 15.23과 같이 방식전류는 저항이 가장 낮은 피복손상부로 집중되고, 피복손상부 주위에 큰 토양전위구배가 발생하게 된다.

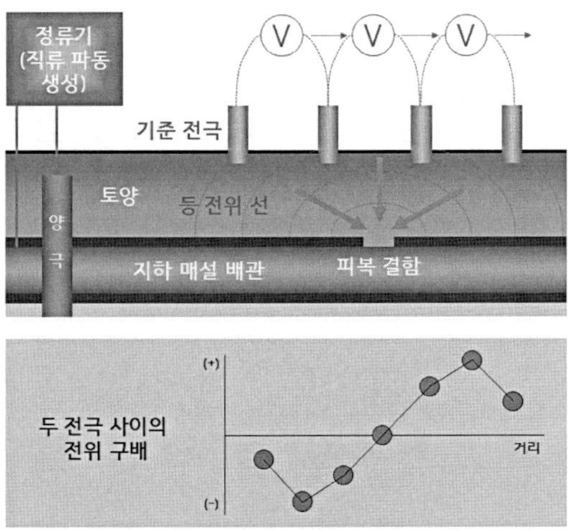

그림 15.23 DCVG법에 의한 피복손상탐측 원리

따라서 두 기준전극을 사용하여 지표면에서 배관 길이방향으로 배관을 따라 전위를 측정하면 손상부 주변에서 [on전위 - off전위]의 부호가 역전되는 현상이 발생하며, 역전지점이 손상부라는 것을 알 수 있다. 이 방법의 정확도는 90% 이상으로서 매우 정밀하여 미세한 손상부까지 탐지할 수 있다. DCVG법은 해외의 각국에서도 상용화되고 있으며, 국내에서도 이미 고압 천연가스 수송배관의 피복 손상부 탐지를 위해서 경상 업무로서 주기적으로 활용되고 있다.

15.2.6 간섭현상의 탐지

공단지역과 같이 수많은 지중 매설물이 밀집해 있고 방식 설비 등 많은 전기 시설이 혼재해 있을 경우, 설비간에 전류의 유출입이 발생하여 급속하게 부식이 진전될 수 있다. 이를 통칭하여 간섭(interference)이라고 한다. 따라서 간섭현상의 유무와 정도를 파악하는 것은 지하배관의 건전성 확보 차원에서 매우 중요하다.

간섭에는 간섭원의 종류에 따라 크게 교류간섭과 직류간섭이 있다. 교류간섭은 다시 고압송전선 등에서 유도되는 이차전류에 의해 배관에 전류의 흐름이 생기는 유도성 간섭과 배전선의 접지에 의한 저항성 간섭으로 나누어 진다. 직류간섭은 주변에 양극원이 있을 경우 배관이 음극화되는 양극간섭과 음극원에 의해 배관이 양극화되는 음극간섭, 그리고 이들이 함께 발생하는 합동간섭으로 나누어지며, 이 밖에도 지하철이 운행되는 지역에서 발생하는 지하철 간섭도 직류간섭에 해당된다. 여기서는 공단지역에서 주로 발생하는 양극 및 음극간섭에 대해 좀 더 상세히 알아보기로 한다.

양극간섭이란 외부전원법으로 방식하고 있는 타 배관 또는 시설물의 양극으로 인하여 가스배관이 음극화되는 것을 말한다. 그림 15.24와 같이 두 배관이 어느 정도 거리를 두고 매설되어 있고 하단의 배관을 방식시키기 위하여 설치한 양극이 두 배관의 가운데에 위치하여 있다면, 양극의 전위분포가 가스배관(간섭을 받는 배관)에도 영향을 주어 양극과 가까운 곳에 위치하는 가스배관이 음극화되며 양극에서 나온 전류가 이 부분으로 유입된다.

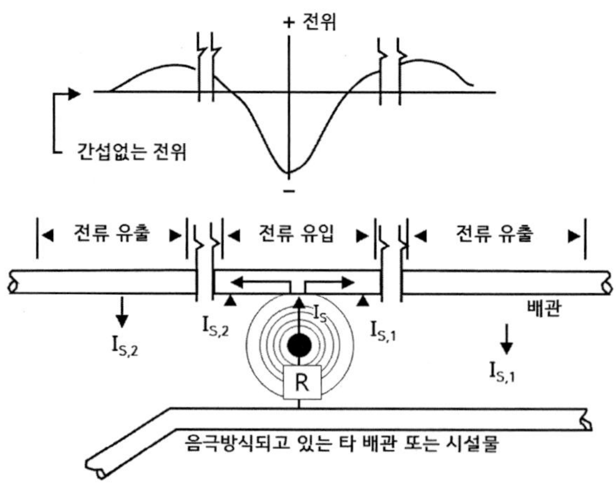

그림 15.24 양극간섭 개념도

이렇게 유입된 전류는 양극과 멀리 떨어져 양극의 영향권 밖의 지역에서 유출되어 하단의 방식되고 있는 타 배관 또는 시설물로 다시 유입되어 정류기로 돌아간다.

음극간섭은 방식으로 인하여 음극화된 타 배관 또는 시설물의 주변에 가스배관이 있을 때 이 음극화된 타 배관 또는 시설물의 영향을 받아서 가스배관이 양극화되는 것을 의미한다. 그림 15.25와 같이 방식되고 있는 타 배관 또는 시설물 가까이에 가스배관이 있으면 음극화된 간섭배관(간섭영향을 주는 배관, 여기서는 방식되고 있는 타 배관 또는 시설물)의 영향을 받아서 가스배관은 양극화되어 전위가 올라가며 전류가 유출된다.

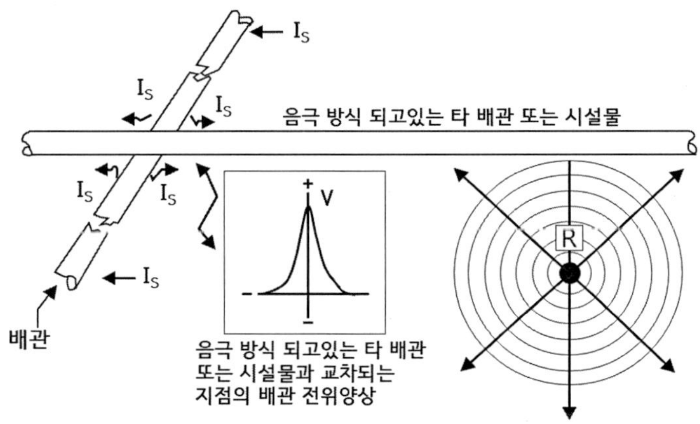

그림 15.25 음극간섭 개념도

간섭의 영향조사는 기본적으로 간섭을 주는 타 배관 또는 시설물의 전위를 변화시키면서 간섭원과 간섭을 받는 배관의 전위변화를 관찰하는 방법을 사용한다.

그림 15.24와 같은 양극간섭의 경우 간섭을 주는 정류기를 on/off하면서 간섭을 받는 배관의 전위를 관찰하여 on 전위가 낮고 off 전위가 높으면 양극간섭을 받고 있다고 판단한다.

그림 15.25와 같은 음극간섭의 경우도 역시 간섭을 주는 정류기를 on/off하면서 교차지점에서 간섭을 받는 배관의 on 전위가 높고, off 전위가 낮으면 음극간섭을 받고 있다고 판단한다.

[부식용어집 및 색인]

용어	정 의	관련 영문 용어	페이지
가변 전류 시험	전류 밀도가 미리 정해진 방법에 의해 시간에 따라서 단계적으로 변하는 전기 화학적 시험	galvanostep test	
가변 전위 시험	전극 전위가 미리 정해진 방법에 의해 시간에 따라서 단계적으로 변하는 전기 화학적 시험	potentiostep test	
가속 부식 시험	운전 중일 때보다 짧은 시간 내에 결과를 얻기 위해 더 가혹한 조건에서 수행하는 부식 시험	accelerated corrosion test	
갈바닉 계열	특정 환경에서 금속의 자연 부식 전위에 따라서 순서를 매긴 표 비 고; 다른 전자 전도체가 포함될 수도 있다.	galvanic series	62, 114, 115, 116, 127
갈바닉 방식 (희생양극)	방식하고자 하는 금속과 보조 전극을 연결시켜서 형성된 부식 전지로부터 방식 전류가 얻어지는 전기 화학적 방식법 비 고; 갈바니 방식은 음극 방식 또는 양극 방식일 수도 있다.	galvanic protection	54, 175, 186, 214, 280
갈바닉 부식	부식 전지의 작용에 의한 부식 비 고; 이 용어는 간혹 이종 금속 사이에서 형성된 부식전지의 작용으로 한정되기도 한다. 즉, 이종 금속 부식	galvanic corrosion	22, 113, 127, 208, 248, 257, 503
갈바닉 양극	희생 양극. 갈바니 음극 방식용 양극으로 사용되는 금속성분 비 고; 갈바니 양극은 방식시키려는 금속보다 부식 전위가 낮아야 한다.	galvanic anode	187, 216
갈바닉 전지	전해질과 직렬로 연결된 서로 다른 전극들의 조합 비 고; 갈바니 전지는 전류의 전기 화학적인 원인이고, 전극들이 외부의 전자 전도체를 통해서 연결되면 전류를 발생시킨다.	galvanic cell	53, 177
공식 개시 전위	주어진 부식성 환경에서 부동태 표면의 함몰 개시가 가능한 가장 낮은 전위값	pitting initiation potential	
공식(孔蝕)	금속 표면으로부터 내부까지 확장된 구멍을 유발시키는 국부 부식	pitting corrosion	12, 95, 97, 103, 122

과부동태 상태	금속이 부동태 상태 범위 이상의 전위값으로 분극되어 공식은 발생하지 않지만 부식 전류(가 상당히 증가하는 상태	transpassive state	93, 94, 95, 255
과부동태 전위	금속이 과부동태 상태가 되는 값 이상의 부식 전위	trans-passivation potential	95, 255, 270
국부 부식	부식성 환경에 폭로된 금속 표면의 일부 부위에서 우선적으로 집중된 부식 비 고; 예를 들면 국부 부식의 결과 구멍, 균열 또는 홈 등이 발생될 수 있다.	localized corrosion	97, 103, 123
균일 부식	표면 전체에서 거의 같은 속도로 진행되는 전면 부식	uniform corrosion	97, 113, 258
기상 부식 (고온산화)	유일한 부식성 환경으로서 건조한 기체만을 가지며, 금속 표면에 어떠한 액상도 존재하지 않을 때 발생하는 부식	gaseous corrosion	(173)
기준 전극	안정되고 재현성이 있는 전위를 가져서 전극 전위 측정을 위한 기준으로 사용되는 전극	reference electrode	67, 355, 356
내식성	주어진 부식 시스템 내에서 사용 가능성을 유지할 수 있는 금속의 능력	corrosion resistance	51, 80, 97, 119, 154
내구성	사용 및 유지를 위한 규정 조건을 만족시키면서 규정 시간 이상 사용 가능성을 유지할 수 있는 부식 시스템의 능력	durability	22, 49, 120, 191, 219, 346, 503
녹	주로 수화철 산화물로 구성된 눈에 보이는 부식 생성물	rust	24, 50, 62, 143, 153
농담 전지	전극 근처의 부식성 물질의 농도 차이로 인해서 전위차가 발생하는 부식 전지	concentration cell	54, 117
대기 부식	상온에서 부식성 환경으로서 지구의 대기에 의한 부식	atmospheric corrosion	14, 22, 24, 26, 170, 478
동전류시험	전류 밀도가 미리 정해진 속도에 의해 시간에 따라서 연속적으로 변하는 전기 화학적 시험	galvano-dynamic test	
동전위시험	전극 전위가 미리 정해진 속도에 따라서 연속적으로 변하는 전기 화학적 시험	potentio-dynamic test	
모사 부식시험	운전 조건을 모사한 환경에서 수행하는 부식 시험	simulated corrosion test	
미생물 부식	부식 시스템에 존재하는 미생물의 작용과 관련된 부식	microbial corrosion	173, 285, 487

미주 전류 부식	원래의 회로 이외의 경로를 통해 흐르는 전류에 의해서 발생하는 인가 전류 부식	stray-current corrosion	
방식	부식 손상을 감소시키기 위한 부식 시스템의 조절	corrosion protection	6, 49, 181, 184
방식도	방식으로 인해서 얻어진 부식 손상의 감소 비율(%) 비 고; 존재하는 부식의 모든 종류가 고려되어야한다.	degree of protection	471
방식층	부식 속도를 감소시키는 금속 표면상의 물질층 비 고; 이러한 층은 인위적으로 적용되거나 부식과 같은 반응에 의해서 자발적으로 형성된다.	protective layer	
방식 전류밀도	방식 전위 범위 내에서 부식 전위를 유지하기 위해서 필요한 전류 밀도	protection current density	284
방식 전위	방식 전위 범위에 들어가기 위한 부식 전위의 시작값(threshold)	protection potential	281, 283, 289, 508
방식 전위 범위	특정한 목적으로 허용될 만한 내식성이 얻어지는 부식전위값의 범위	protection potential range	289
방식 피복	금속 표면에 방식을 목적으로 적용되는 재료층	protective coating	190, 191, 218, 219
방식성 분위기	부식성 물질을 제거, 배출시키거나 부식 억제제를 첨가하여 부식성을 감소시킨 인공적인 분위기	protective atmosphere	
배류 방식	금속 물체로부터 미주 전류를 배류시킴으로써 미주 전류 부식에 대한 전기 화학적 방식 비 고; 예를 들면 방식시키려는 금속과 미주 전류원의 음극부분을 연결시킴으로써 배류가 될 수 있다.	electrical drainage protection	
부식	금속과 그 주변 환경의 물리 화학적 상호 작용으로 금속의 성질을 변하게 한다. 이로 인해서 금속, 환경 또는 기술 시스템 전체 또는 일부의 기능에 심각한 손상이 유발될 수 있다. 비 고; 이 상호 작용은 간혹 전기 화학적인 특성을 나타낸다.	corrosion	1, 5, 7, 116, 120, 188, 279, 385, 439
부 식 성	주어진 부식 시스템에서 금속의 부식을 유발시키는 환경의 능력	corrosivity	4, 13, 20, 24, 36, 39, 132
부동태 상태	부동태화의 결과로 발생하는 금속의 상태	passive state, passivity	73, 78, 95, 97

부동태 전류	부동태 전위에서의 부식 전류	passivation current	95, 121, 157, 256
부동태 전위	부식 전류가 최대값인 부식 전위로서 그 값 이상이면 금속이 부동태인 일정 전위 범위가 있는 전위	passivation potential	95, 255, 270
부동태층	부동태 상태의 층. 금속과 환경 사이의 반응을 통해 금속 표면에 형성되는 얇고 견고한 보호(방식)층	passivation layer	248
부동태화	부동태층에 의한 부식 속도의 감소 비 고; 불완전한 부동태화는 국부 부식을 유발할수 있다.	passivation	78, 93, 133,161, 207, 271
부동태화제 (산화제)	부동태화를 유발하는 화학 물질	passivator	70, 96, 119, 124, 207, 358
부식 가능성	규정된 부식 시스템에서 예상되는 부식 효과에 대한 정성적 또는 정량적인 표현	corrosion likelihood	
부식 깊이	금속의 원래 표면과 부식영향을 받은 금속 표면의 점 사이의 거리	corrosion depth	
부식 생성물	부식의 결과로 형성된 물질	corrosion product	16, 18, 19, 27, 33, 137, 176, 468
부식 속도	단위 시간당 금속에 미치는 부식 영향 비 고; 부식 효과는 시간에 따라서 변할 수도 있고, 부식되는 표면의 모든 부위에서 같지 않을 수도 있다. 그러므로 부식도에 대한 보고서에는반드시 부식 효과의 종류, 시간 의존성과 발생 부위를 기록해야 한다.	corrosion rate	51, 101, 119, 121, 127, 238, 282, 468, 484
부식 손상	금속, 환경 및 기술 시스템 전체 또는 일부의 기능을 손상시키는 부식 영향	corrosion damage	23, 97, 503
부식 시험	금속의 내식성, 부식 생성물에 의한 환경 오염, 방식 효율 또는 어떤 환경의 부식성을 평가하기 위한 시험	corrosion test	22, 33, 115, 124, 157, 482
부식 억제제	적절한 농도로 부식 시스템 내에 존재할 때, 부식성 물질의 농도를 크게 변화 없이 부식 속도의감소 역할을 하는 화학 물질 비 고; 부식 억제제는 일반적으로 농도가 낮을 때 효과적이다.	corrosion inhibitor	113, 135, 140, 182, 205
부식 전류	금속의 산화로 인한 양극의 부분 전류 비 고; 부식 전류 밀도는 패러데이의 법칙에 따라 전기 화학적 부식 속도에 해당한다.	corrosion current	89, 473

부식 전위	주어진 부식 시스템 내에서 금속의 전극 전위 비 고; 이 용어는 고려 대상인 금속 표면으로 또는 금속 표면으로부터 전류 흐름의 유무에 상관없이 사용된다.	corrosion potential	95, 97, 120
부식 전지	부식되고 있는 금속이 그 전극들 중의 하나를 형성하고 있는 부식 시스템 내에서 단락된 갈바니전지 비 고; 양극과 음극 사이의 거리에 대하여 매크로 전지의 경우에는 수 mm에서부터 수 km, 마이크로 전지의 경우에는 미시적인 크기	corrosion cell	53, 88, 113, 132, 170, 278, 289
부식 체계	하나 이상의 금속과 부식에 영향을 미치는 환경으로 구성된 시스템	corrosion system	
부식 파손	기술 시스템 기능 상실로 규정되는 부식 손상	corrosion failure	
부식 효과	부식으로 인해 부식 시스템의 일부가 변하는 것.	corrosion effect	114
부식성 물질	금속과 접촉하고 있을 때 부식을 유발시키는 물질	corrosive agent, corrodent	91, 181, 237, 238, 486
부식성 환경	하나 이상의 부식성 물질을 함유하고 있는 환경	corrosive environment	16, 132, 183, 207
분극 저항	전극 전위 증가분을 이에 상응하는 전류 증가분으로 나눈 값 비 고 ;보통 분극 저항은 자연 부식 전위 근처에서 측정된다(선형 분극 측정). 이 방법으로 측정된 분극 저항은 자연 부식 전류와 관계가 있다.	polarization resistance	160, 261, 268, 473, 476, 477, 499
사용 가능성	부식으로 인한 손상 없이 규정된 기능을 수행할 수 있는 부식 시스템의 능력	serviceability	
사용 연수	부식 체계가 사용 가능성을 만족시키는 동안의 시간	service life	
산화	반응 물질이 하나 또는 그 이상의 전자를 잃는 공정	oxidation	4, 18, 20, 50
산화제	전자를 받아들여서 산화를 유발시키는 물질 비 고; 산화 중에 산화제는 환원된다.	oxidizing agent	70, 119, 124, 180, 204
세균 부식	세균의 작용에 의한 미생물 부식	bacterial corrosion	

스케일	고온에서 금속 표면에 형성된 부식 생성물의 고체층 비 고; 스케일이란 용어는 일부 국가에서는 과포화 수로부터 석출되는 석출물을 정의하는 데 사용되기도 한다.	scale	183, 207, 224, 227, 379, 388, 394
양극	양극 반응이 두드러진 전극	anode	4, 18, 113, 122, 167
양극 반응	전자 전도체로부터 전해질로의 양(+) 전하 전달에 상응하는 전극 반응 비 고; 전류가 전자 전도체로부터 전해질로 흐른다.	anodic reaction	4, 89, 103
양극 방식	부식 전위를 부동태 상태의 전위 범위까지 증가시키는 전기 화학적 방식	anodic protection	184, 187, 213
양극 부분 전류	전극 상에서 발생하는 양극 반응과 관계 있는 모든 전류의 합	anodic partial current	
양극 세어	양극 반응 속노에 의한 부식 속도의 제한	anodic control	
외부 전원 방식	외부 전기 에너지로부터 방식 전류가 공급되는 전기 화학적 방식법 비 고; 외부 전원법 방식은 음극 방식 또는 양극 방식일 수도 있다.	impressed current protection	54, 175, 186, 214, 280, 293
운전 부식 시험	운전 중에 수행하는 부식 시험	service corrosion test	
음극	음극 반응이 두드러진 전극	cathode	4, 24, 53, 67, 73, 78
음극 반응	전자 전도체로부터 전해질로의 음(−) 전하 전달에 상응하는 전극 반응 비 고; 전류가 전해질로부터 전자 전도체로 흐른다. 음극 반응은 환원 과정이다.	cathodic reaction	5, 26
음극 방식	금속의 부식 속도가 현저하게 감소하는 수준으로 부식 전위를 감소시키는 전기 화학적 방식	cathodic protection	54, 471
음극 부분 전류	전극 상에서 발생하는 음극 반응과 관계 있는 모든 전류의 합	cathodic partial current	
음극 제어	음극 반응 속도에 의한 부식 속도의 제한	cathodic control	

이종 금속 부식	다른 금속에 의해 전극이 형성된 갈바니 부식(이종 금속 접촉 부식)	bimetallic corrosion	113
이종 금속 전지	서로 다른 금속의 두 전극을 형성하고 있는 부식전지(갈바닉 전지)	bimetallic cell	54
인가 전류 부식	외부 전류의 작용에 의한 전기 화학적 부식	impressed current corrosion	
임계 습도	주어진 금속 부식도의 급격한 증가를 유발시키는 그 이상의 대기 상대 습도값	critical humidity	15, 27, 479
임시 방식	제한된 시간 동안만 유지되는 방식 비 고; 임시 방식의, 예를 들면 금속 제품의 저장, 수송 기간 동안 또는 설비의 가동 중지 기간 동안 적용된다.	temporary protection	
자연 부식 전위	금속 표면으로 또는 금속 표면으로부터 외부와의 전류 흐름이 없을 때의 부식 전위(개방회로전위)	free corrosion potential	81
자유 부식 전류	자유 부식 전위에서의 부식 전류	free corrosion current	
재활성 전위	재활성화가 발생하는 값 이하의 부식 전위	re-activation potential	
재활성화	전극 전위의 감소에 의한 탈부동태화	re-activation	
저항 제어	부식 전지 내의 전압 강하에 의한 부식 속도의 제한	resistance control	
전극	전해질과 접촉하고 있는 전자 전도체 비 고; 전기 화학적 의미로는 전극은 이 시스템의 양쪽 계면의 좁은 범위로 그 의미가 사실상 제한된다.	electrode	27, 52, 54, 57, 60, 61, 64
전 해 질	이온에 의해서 전류가 전달되는 매체	electrolyte	12, 21, 24, 60
전극 반응	전자 전도체와 전해질 사이의 전하 전달에 상응하는 계면반응	electrode reaction	350
전극 분극	전극 전위의 변화 비 고; 간혹 자연 부식 전위가 기준값으로 사용된다. 예를 들면 이 변화는 외부 전류의 적용 또는 산화제 또는 환원제의 첨가에 의해서 발생된다.	electrode polarization	4, 78, 81
전극 전위	같은 전해질과 접촉하고 있는 전극과 기준 전극 사이의 외부 회로에서 측정된 전압	electrode potential	57, 60, 68

전기화학적 방식	부식 전위의 전기적 제어에 의해서 얻어지는 방식	electrochemical protection	2, 13, 15, 50, 52, 80
전기화학적 임피던스법	다양한 주파수에서 작은 진폭의 교류 전위 또는 전류 신호에 대한 부식되고 있는 전극의 응답에 기반을 둔 전기화학적 시험	electrochemical impedance spectroscopy, EIS	107, 476, 501
전기화학적 부식	적어도 하나의 양극 반응과 하나의 음극 반응을 수반하는 부식	electrochemical corrosion	
전류 계단 시험	준정전위 시험, 지속 시간과 전류 증가량 또는 전류 감소량이 각 단계마다 같은 가변 전류 시험	galvanostaircase test	
전류밀도	전극의 단위 면적당 전류	current density	80, 82, 83, 94
전류밀도/전위 곡선	전극 전위와 전류 밀도의 상관 관계 그림	current density potential curve	83, 90, 93, 94, 96
전면 부식	부식성 환경에 폭로된 금속의 표면 전체에서 진행된 부식(균일부식, uniform corrosion)	general corrosion	113
전위 계단 시험	준정전위 시험, 지속 시간과 전위 증가량 또는 전위 감소량이 각 단계마다 같은 가변 전위 시험	potentio-staircase test	
정전류 시험	전류 밀도가 일정하게 유지되는 전기 화학적 시험	galvanostatic test	
정전위 시험	전극 전위를 일정하게 유지시킨 상태에서의 전기 화학적 시험	potentiostatic test	
총전류	전극상에서 모든 양극 및 음극의 부분 전류의 합 비 고; 총전류는 전극 전위와 같은 많은 변수들에 의존한다.	net current (of an electrode)	
침적물 부식	부식 생성물 또는 다른 물질로 구성된 침적물의 하부 또는 그 주변 가까이에서 발생하는 국부 부식	deposit corrosion	116
탈기	환경으로부터 공기를 제거하는 것. 비 고; 산소만을 제거하는 것은 탈산소(deoxygenation)라고 하는 것이 더 적절하다.	de-aeration	4, 181, 205
탈부동태화	부동태층이 전체적으로 또는 국부적으로 제거되어 부동태 상태의 금속의 부식 속도가 증가되는 현상	depassivation	103
탈부동태화제	탈부동태화를 유발하는 화학 물질	depassivator	

토양 부식	토양이 부식성 환경이 되는 매설 금속의 부식 비 고 ; 이 토양 용어는 자연적으로 생긴 물질뿐만 아니라 도상 (道床) 및 뒤 채움재와 같이 구조물 덮개용 물질도 포함한다.	underground corrosion	173, 509
통기차전지 (산소농담전지)	전극 근처의 산소 농도 차이로 인해서 전위차가발생하는 부식 전지 비 고; 어떤 경우에 통기차 전지는 활성 – 부동태전지를 유발한다.	differential aeration cell	54
틈새 부식	금속 표면과 다른 표면(금속 또는 비금속) 사이에 형성된 좁은 구멍이나 틈의 주변 가까이 또는 내부에서 발생하는 국부 부식	crevice corrosion	116
한계 전류	주어진 전극 과정 중 가장 느린 비전기 화학적 단계에 의해 허용되는 최대 전류	limiting current	85, 86, 87
해양 부식	해수가 부식성 환경의 주요 물질인 경우 발생하는 부식 비 고; 이 정의는 해수 침지 및 비산되는 지역 조건 모두를 포함한다.	marine corrosion	
현장 부식 시험	공기, 물 또는 토양과 같은 자연 환경에서 수행되는 부식시험	field corrosion test	
혼합 제어	둘 또는 그 이상의 제어 인자의 동시 작용에 의한 부식 속도의 제한	mixed control	
화학적 부식	전기 화학 반응이 수반되지 않은 부식	chemical corrosion	110
확산층	특정 종의 농도가 벌크 상태의 값과 다른 전극 표면의 전해질 층 비 고; 이 층 내부에서는 확산이 전극에서 형성되거나 소비되는 종의 중요한 전달 방법이다.	diffusion layer	25
확산 제어	금속 표면으로의 부식성 물질 또는 금속 표면으로부터의 부식 생성물의 확산 속도에 의한 부식 속도의 제한	diffusion control	85
환원	반응 물질이 하나 또는 그 이상의 전자를 받아들이는 과정	reduction	2, 4, 5, 20, 24, 25, 52
환원제	전자를 내놓아서 환원을 유발시키는 물질 비 고; 환원 중에 환원제는 산화된다.	reducing agent	338, 358, 393, 436
활성 상태	부동태화 전위 이하에 존재하는 부식되고 있는 금속 표면의 상태	active state	96, 389

활성 – 부동태 전지	금속 표면의 한 부분은 양극으로 작용하는 활성 상태이고 다른 부분은 음극으로 작용하는 부동태 상태인 부식 전지	active- passive cell	
휘발성 부식 억제제	기체상의 형태로 금속 표면에 도달할 수 있는 부식 억제제	volatile corrosion inhibitor	